XIANGJIAO
GONGYIXUE

橡胶工艺学

第 2 版

杜爱华　等　编著

化学工业出版社
·北京·

内容简介

本书首先介绍了橡胶制品中常见的原材料,如生胶、硫化体系、补强填充体系、防护体系和增塑体系的品种、性能特点、作用原理;然后介绍了橡胶加工工艺,包括塑炼、混炼、压延、挤出和硫化等工艺过程;最后简介了橡胶行业的环保要求。

本书适合高分子材料与工程专业的学生和橡胶行业工程技术人员学习使用。

图书在版编目(CIP)数据

橡胶工艺学 / 杜爱华等编著. --2版. --北京:化学工业出版社,2024.10. --ISBN 978-7-122-46440-8

Ⅰ.TQ330.1

中国国家版本馆CIP数据核字第2024TF7415号

责任编辑:赵卫娟　　　　装帧设计:王晓宇
责任校对:王鹏飞

出版发行:化学工业出版社(北京市东城区青年湖南街13号　邮政编码100011)
印　　装:河北鑫兆源印刷有限公司
787mm×1092mm　1/16　印张24¼　字数611千字　2025年1月北京第2版第1次印刷

购书咨询:010-64518888　　　　售后服务:010-64518899
网　　址:http://www.cip.com.cn
凡购买本书,如有缺损质量问题,本社销售中心负责调换。

定　价:98.00元　　　　　　　　　　　　　　　　　　版权所有　违者必究

第 2 版前言

党的二十大报告明确指出，坚持把发展经济的着力点放在实体经济上，推进新型工业化，加快建设制造强国，全面实施创新驱动发展战略。近年来我国橡胶工业取得了巨大的进步，也面临着重大的变革。自 2006 年以来，我国轮胎产量和橡胶消耗量稳居世界第一位。橡胶工业由大到强，建设世界橡胶工业强国，也将是历史必然。随着橡胶工业的不断发展壮大，产品结构调整、自主创新对橡胶行业技术人员的要求越来越高。为了适应形势需要，《橡胶工艺学》（第 2 版）充分采纳了同行专家在教材使用中反馈的意见、建议，同时考虑到作为新形态教材便于学生自学和加深理解相关内容，在每一章中补充了思考题，加工工艺部分加入了 12 个视频，每章的讲义 PPT 制作成二维码，扫描即可实现在线同步学习。

全书分三部分：第一部分原材料配合，介绍了橡胶制品中常见的原材料（包括生胶、硫化体系、补强与填充体系、防护体系和增塑体系）的品种、性能特点、作用原理（第一章到第五章）；第二部分是橡胶加工工艺，介绍了混炼、压延、挤出和硫化等工艺过程（第六～九章）；第三部分介绍了橡胶行业的环保要求，党的二十大报告强调推动绿色发展，促进人与自然和谐共生，橡胶行业也重视绿色转型、积极推进环境污染防治、实现"双碳"目标，因此单列了第十章，强调行业的可持续发展，培养工程理念。

本书适合高分子材料与工程专业的学生和橡胶行业工程技术人员学习使用。

本书绪论、第一、十章由杜爱华编写，第二章由赵菲编写，第三章由吴明生、孙举涛共同编写，第四章由孙翀编写，第五章由高光涛编写，第六章由吴明生编写，第七～九章由邓涛编写。

本书是在青岛科技大学橡胶工程教研室老师的集体努力下完成的，感谢各位老师的辛勤付出。特别感谢阿朗新科的程宝家博士对原材料配合部分提出许多宝贵意见。

由于编者水平和经验局限性，不足之处在所难免，敬请广大读者批评指正。

编者
2024 年 7 月于青岛科技大学

目 录

绪论 — 001

第一节　橡胶在国民经济中的重要性　001
第二节　橡胶材料的特征　002
一、结构特征　002
二、性能特点　002
第三节　橡胶的定义　003
第四节　橡胶的配合与加工　003
一、原材料配合　003
二、橡胶的加工过程　004
三、检测　004
四、橡胶的性能表征　004
第五节　橡胶的历史与发展现状　005
一、天然橡胶的认识与发展　005
二、合成橡胶的诞生与发展　006
三、橡胶工业的发展　007
四、橡胶行业的发展现状　007
思考题　010
参考文献　010

第一章 生胶 — 011

第一节　概述　011
一、橡胶的种类　011

二、橡胶的产量及应用 ... 011
第二节　天然橡胶 ... 012
一、天然橡胶植物 ... 012
二、天然橡胶的制造 ... 014
三、天然橡胶的分类和等级 ... 015
四、天然橡胶的成分及其对加工、使用性能的影响 ... 016
五、天然橡胶的分子链结构和聚集态结构 ... 017
六、天然橡胶链烯烃的化学性质和物理机械性能 ... 019
七、天然橡胶的配合与加工 ... 023
八、天然橡胶的质量控制 ... 023
九、天然橡胶的代用品 ... 024
十、天然橡胶的应用 ... 024
第三节　丁苯橡胶 ... 024
一、单体及分类 ... 025
二、丁苯橡胶的聚合工艺 ... 025
三、丁苯橡胶的结构与性能 ... 028
四、丁苯橡胶的典型性能参数 ... 031
五、丁苯橡胶的配合与加工 ... 032
六、丁苯橡胶的应用 ... 032
第四节　聚丁二烯橡胶 ... 032
一、聚丁二烯的分类 ... 033
二、聚丁二烯橡胶的聚合工艺 ... 034
三、聚丁二烯橡胶的结构与性能 ... 035
四、聚丁二烯橡胶的配合与加工 ... 036
五、聚丁二烯橡胶的应用 ... 037
第五节　乙丙橡胶 ... 037
一、单体及分类 ... 038
二、乙丙橡胶的聚合工艺 ... 038
三、乙丙橡胶的结构与性能 ... 039
四、乙丙橡胶的典型性能参数 ... 042
五、乙丙橡胶的配合与加工 ... 044
六、茂金属催化聚合乙丙橡胶 ... 047
七、乙丙橡胶的应用 ... 047
第六节　丁基橡胶 ... 047
一、单体及分类 ... 048
二、丁基橡胶的聚合工艺 ... 048
三、丁基橡胶的结构与性能 ... 049
四、丁基橡胶的典型性能参数 ... 051
五、丁基橡胶的配合与加工 ... 052

六、丁基橡胶的应用　　054
第七节　丁腈橡胶　　054
一、单体及分类　　054
二、丁腈橡胶的聚合工艺　　054
三、丁腈橡胶的结构与性能　　055
四、丁腈橡胶的典型性能参数　　057
五、丁腈橡胶的配合与加工　　058
六、丁腈橡胶的应用　　059
七、特殊品种丁腈橡胶　　060
第八节　氯丁橡胶　　062
一、单体及分类　　062
二、氯丁橡胶的聚合工艺　　062
三、氯丁橡胶的结构与性能　　063
四、氯丁橡胶的典型性能参数　　064
五、氯丁橡胶的配合与加工　　065
六、氯丁橡胶的应用　　065
第九节　特种橡胶　　066
一、饱和碳链极性橡胶　　066
二、杂链橡胶　　067
第十节　热塑性弹性体　　068
第十一节　液体橡胶和粉末橡胶　　069
一、液体橡胶　　069
二、粉末橡胶　　070
第十二节　胶粉和再生橡胶　　070
一、胶粉　　071
二、再生橡胶　　071
思考题　　072
参考文献　　073

第二章　橡胶的硫化体系　　074

第一节　概述　　074
第二节　橡胶的硫化反应历程及其表征　　075
一、橡胶的硫化历程　　075
二、硫化历程的表征　　076
第三节　无促进剂的纯硫黄硫化　　079

一、硫黄的品种　　　　　　　　　　　　　　　　　　079
　二、硫黄的裂解和活性　　　　　　　　　　　　　　　080
　三、不饱和橡胶分子链的反应活性　　　　　　　　　　080
　四、纯硫黄硫化机理　　　　　　　　　　　　　　　　080
　第四节　有促进剂、活性剂的硫黄硫化　　　　　　　　081
　一、促进剂的分类　　　　　　　　　　　　　　　　　082
　二、常用促进剂的结构与特点　　　　　　　　　　　　082
　三、促进剂的并用　　　　　　　　　　　　　　　　　090
　四、促进剂的选择　　　　　　　　　　　　　　　　　091
　五、硫黄硫化机理　　　　　　　　　　　　　　　　　092
　六、硫载体　　　　　　　　　　　　　　　　　　　　093
　七、活性剂　　　　　　　　　　　　　　　　　　　　094
　八、防焦剂　　　　　　　　　　　　　　　　　　　　095
　第五节　各种硫黄硫化体系　　　　　　　　　　　　　095
　一、普通硫黄硫化（CV）体系　　　　　　　　　　　　095
　二、有效硫化（EV）体系　　　　　　　　　　　　　　096
　三、半有效硫化（SEV）体系　　　　　　　　　　　　097
　四、高温快速硫化体系　　　　　　　　　　　　　　　098
　五、平衡硫化（EC）体系　　　　　　　　　　　　　　099
　第六节　非硫黄硫化体系　　　　　　　　　　　　　　102
　一、过氧化物硫化体系　　　　　　　　　　　　　　　102
　二、金属氧化物硫化体系　　　　　　　　　　　　　　106
　三、酚醛树脂硫化体系　　　　　　　　　　　　　　　106
　四、醌二肟硫化体系　　　　　　　　　　　　　　　　108
　五、特种橡胶硫化体系　　　　　　　　　　　　　　　108
　六、通过链增长反应进行的交联　　　　　　　　　　　110
　七、辐射硫化　　　　　　　　　　　　　　　　　　　111
　第七节　硫化胶的结构与性能　　　　　　　　　　　　111
　一、交联密度对硫化胶性能的影响　　　　　　　　　　111
　二、交联键类型对硫化胶性能的影响　　　　　　　　　112
　思考题　　　　　　　　　　　　　　　　　　　　　　113
　参考文献　　　　　　　　　　　　　　　　　　　　　114

第三章　橡胶的补强与填充体系　　　　　　　　　　116

　第一节　概述　　　　　　　　　　　　　　　　　　　116

一、补强与填充的概念　116
　二、填料的作用　117
　三、填料的分类　117
　四、补强与填充的发展历史　117
　第二节　炭黑对橡胶的补强　118
　一、概述　118
　二、炭黑的分类与命名　120
　三、炭黑的性质及主要技术参数　122
　四、炭黑对橡胶加工性能的影响　131
　五、炭黑对硫化胶性能的影响　134
　六、炭黑的补强机理　140
　第三节　白炭黑对橡胶的补强　142
　一、白炭黑的制造　142
　二、白炭黑的结构　143
　三、白炭黑的性质　144
　四、白炭黑对橡胶加工性能的影响　147
　五、白炭黑对硫化胶使用性能的影响　149
　六、白炭黑的发展与应用方向　149
　第四节　其它填料　151
　一、有机树脂补强剂　151
　二、无机填充剂　155
　三、短纤维补强　157
　四、新型纳米增强技术　160
　五、新型碳纳米材料补强　163
　思考题　168
　参考文献　169

第四章 橡胶的老化与防护　170

　第一节　概述　170
　第二节　橡胶的热氧老化　171
　一、橡胶的氧化反应机理——自动催化自由基链反应　171
　二、影响橡胶热氧老化的因素　174
　三、橡胶的热稳定性　176
　第三节　橡胶热氧老化的防护　177
　一、自由基终止型抗氧剂的作用机理　177

二、分解过氧化氢物抗氧剂的作用机理　　179
　　三、抗氧剂结构与防护效能的关系　　179
　　四、抗氧剂的并用效能　　181
　第四节　橡胶的臭氧老化和防护　　182
　　一、橡胶臭氧化反应机理　　182
　　二、橡胶臭氧老化的影响因素　　183
　　三、橡胶臭氧老化的防护方法　　185
　第五节　橡胶的其他老化及防护　　186
　　一、橡胶的疲劳老化及防护　　186
　　二、有害金属离子的催化氧化及防护　　188
　　三、橡胶的光氧老化及防护　　189
　　四、橡胶的生物老化与防护　　190
　第六节　橡胶防老剂的使用及进展　　191
　　一、普通防老剂　　191
　　二、长效性防老剂　　194
　　三、环保型防老剂　　196
　　四、橡胶防护体系的设计　　197
　思考题　　197
　参考文献　　198

第五章　橡胶的增塑剂及其它加工助剂　199

　第一节　增塑剂的概念及分类　　199
　第二节　增塑剂的增塑原理　　200
　　一、增塑剂与橡胶的相容性　　201
　　二、增塑剂对橡胶玻璃化转变温度的影响　　202
　第三节　石油系增塑剂　　203
　　一、石油系增塑剂的生产　　203
　　二、操作油　　204
　　三、其它石油系增塑剂　　212
　第四节　煤焦油系增塑剂　　213
　　一、煤焦油　　214
　　二、古马隆树脂　　214
　第五节　松油系增塑剂　　215
　　一、松焦油　　215

二、松香　　216
　　三、歧化松香（氢化松香）　　216
　　四、妥尔油　　216
　第六节　脂肪油系增塑剂　　216
　　一、硬脂酸　　216
　　二、油膏　　217
　　三、其它　　217
　第七节　合成增塑剂　　218
　　一、合成增塑剂的分类及特征　　218
　　二、酯类增塑剂在橡胶中的应用　　220
　第八节　增塑剂的环保性及耐久性　　223
　第九节　增塑剂的质量检验　　224
　第十节　其它加工助剂　　225
　　一、分散剂　　225
　　二、均匀剂　　226
　　三、隔离剂　　226
　　四、脱模剂　　227
　　五、其他助剂　　227
　思考题　　228
　参考文献　　228

第六章　混炼工艺　　229

第一节　概述　　229
　一、橡胶混炼发展历程　　229
　二、混炼工艺及要求　　232
　三、炼胶设备及其工作原理　　232
　四、炼胶工艺方法　　242
第二节　炼胶准备工艺　　242
　一、生胶塑炼　　242
　二、原材料的质量检验　　253
　三、原材料的补充加工　　253
　四、配料称量　　254
　五、设备的预热与检查　　254
第三节　胶料混炼工艺　　255

一、开炼机混炼工艺 255
二、密炼机混炼工艺 260
三、低温一次法连续炼胶工艺 269
四、液相连续（湿法）混炼工艺 272
五、双螺杆连续混炼工艺 273
六、几种橡胶的混炼特性 273

第四节　混炼胶的质量检验 274
一、胶料的快速检查 274
二、填料分散度的检查 275

第五节　混炼胶微观结构及其调控 279
一、混炼胶的微观结构 279
二、混炼胶微观结构与硫化胶性能的关系 279
三、混炼胶微观结构的调控 282

思考题 283
参考文献 283

第七章　压延工艺　285

第一节　压延原理 286
一、压延时胶料的塑性流动和变形 286
二、压延时胶料的受力状态和流速分布 286
三、辊筒挠度及其补偿 287
四、压延胶料的收缩变形和压延效应 288

第二节　压延准备工艺 289
一、胶料的热炼与供胶 289
二、纺织物干燥和拉伸张力控制 290
三、纺织物浸胶 290
四、尼龙和聚酯帘线的浸胶热伸张处理 294

第三节　压延工艺 296
一、胶片压延 296
二、纺织物挂胶 301
三、钢丝帘布压延 305
四、压延半成品厚度的检测控制 307

思考题 309
参考文献 309

第八章 挤出工艺　310

第一节　橡胶挤出设备　310
第二节　挤出原理　312
一、挤出机的喂料　312
二、胶料在挤出机内的塑化　312
三、胶料在挤出机中的运动状态　313
四、胶料在机头内的流动状态　313
五、胶料在口型中的流动状态和挤出变形　314
第三节　挤出机的生产能力及挤出机的选型　315
一、挤出机的生产能力　315
二、挤出机的选型　317
第四节　口型设计　317
一、口型设计的一般原则　317
二、口型的具体设计　318
第五节　挤出工艺　319
一、热喂料挤出工艺　319
二、胎面及内胎挤出　322
三、冷喂料挤出工艺　325
四、其他类型挤出机挤出　326

思考题　328
参考文献　328

第九章 硫化工艺　329

第一节　概述　329
一、硫化的意义　329
二、正硫化的测定方法　330
第二节　硫化条件的确定　331
一、硫化温度的确定及其影响因素　331
二、硫化时间、等效硫化时间的确定和等效硫化效应的仿真　332
三、硫化压力的确定　338
第三节　硫化介质及其热传导性　339
一、硫化介质　339

二、硫化热传导计算 341
三、制品硫化热传导的有限元分析 344
第四节 硫化方法 346
一、介质热硫化 346
二、压力热硫化 347
三、连续硫化 348
四、其他硫化方法 351
第五节 硫化橡胶的收缩率 352
一、制品硫化收缩率和制品准确收缩率的确定 352
二、胶料收缩率的影响因素 353
第六节 橡胶制品的硫化后处理 354
一、模具制品硫化后的修整 355
二、橡胶模型制品的后处理 357
三、含纤维骨架的橡胶制品的后处理 358
四、橡胶海绵制品的后处理 358
第七节 橡胶制品常见的质量缺陷分析 358
一、橡胶制品质量缺陷与混炼胶性能的关系 358
二、胶带制品常见的硫化质量缺陷 359
三、轮胎制品常见的硫化质量缺陷 360
四、橡胶模型制品常见的硫化质量缺陷 360
思考题 361
参考文献 362

第十章 橡胶工业的环保与法规 363

第一节 橡胶工业的环保问题 363
一、各类原材料的环保问题 363
二、生产过程对环境的污染 366
三、固体废弃物对环境的污染 368
第二节 橡胶行业涉及的环保法规 369
一、REACH 法规 370
二、轮胎标签法 372
思考题 373
参考文献 373

绪论

材料、信息和能源并称为现代科学技术的三大支柱。材料又分为金属材料和非金属材料两大类。非金属材料又分为有机和无机两大类。橡胶属于有机高分子类材料。

第一节　橡胶在国民经济中的重要性

橡胶是现代国民经济与科技领域中不可缺少的高分子材料,用途十分广泛,不仅能满足人们的日常生活、医疗卫生和文体生活等各方面的需要,还能满足工农业生产、交通运输、电子通信和航空航天等各个领域的技术要求。

橡胶可以制造出工作温度在-100~300℃范围内,深度真空和超高压条件下,耐腐蚀性介质、耐辐射、耐紫外线和臭氧、阻燃隔热、消音减震、绝缘导电、耐动态疲劳、具有磁性和生物功能等各种要求的制品,可代替钢铁等金属、木材、玻璃和陶瓷使用,但不能被其他材料所取代,对国民经济与现代高科技领域的发展具有重要的作用。橡胶工业的发展决定并反映了国民经济和现代高科技领域的整体发展水平。

橡胶广泛用于制造各种日常生活用品,如雨衣、雨鞋、胶鞋、拖鞋等,各种医用胶管和瓶塞、人体橡胶器官和假肢配件等。

飞机、船舶、机车、汽车用各种橡胶配件和防护、装饰材料,也都必须采用专门的橡胶制造。例如大型船舶需要几万件橡胶制品,一艘3万吨级的军舰要用约68吨橡胶。重型飞机也需要上万件橡胶配件,汽车则需要各种橡胶管、胶带和耐油、耐热密封配件。汽车工业的发展和交通运输工业都离不开橡胶以及其他高分子材料。

军工、航空和航天工业上必须使用各种特种橡胶配件,以及防护、密封与粘接材料,有些则属于高性能、多功能材料和制品。虽然大多数橡胶制品是作为配件用到其他设备上,但其作用却是至关重要的,一旦失效人命关天、损失巨大。如美国"挑战者号"航天飞机发射升空73s后爆炸,这场灾难导致7位宇航员丧生,价值12亿美元的航天飞机炸成碎片落入大西洋。导致这场灾难的原因是航天飞机火箭推进器喷口部位的橡胶O形密封圈失效。

橡胶工业对于减轻重量、提高速度、节省燃料意义重大。离开它,现代国民经济的各个部门和高科技领域就不可能生存，更不可能发展。反过来，也正是这些领域的发展需求才促进了橡胶工业的迅速发展。

第二节　橡胶材料的特征

一、结构特征

① 橡胶材料的分子是由重复单元（链节）构成的长链分子，分子链中键容易旋转，有高度的活动性，分子链柔顺性好，玻璃化转变温度（T_g）低于室温；

② 在常态（无应力）下是非晶态，分子彼此间易于相对运动，在使用条件下不结晶或结晶度很小；

③ 在使用条件下无分子链间的相对滑移，即无冷流现象，分子之间可以通过化学交联或物理缠结相连接，形成三维网状分子结构，以限制整个分子链的大幅度活动。

二、性能特点

1. 高弹性

常温下具有高弹性是橡胶的独特特征，因此橡胶也被称为弹性体。橡胶的高弹性表现在：①具有特别大的弹性变形，有的橡胶制品甚至可以被拉伸到1000%以上，而金属的弹性变形小于1%；②变形后去掉外力，能迅速恢复原来的形状，永久变形很小；③弹性模量特别低，只有$10^5 \sim 10^6$ Pa，而金属材料为$10^{11} \sim 10^{12}$ Pa，橡胶的模量比金属约小6个数量级，也就是说较小的力就会使橡胶发生较大的变形；④橡胶的应力-应变曲线与金属和塑料不同，不出现屈服现象。

橡胶的高弹性变形来源于它的大分子链中键比较容易旋转，在外力作用下整条大分子链容易变形，所以模量低，在外力除去后，因为分子热运动又容易使其自动恢复原来的形状。

2. 黏弹性

橡胶具有高弹性，但它不是绝对的弹性体，同时还有黏弹性。所以橡胶的变形滞后于应力，变形速度具有时间依赖性，具体表现为应力松弛、蠕变和生热。

3. 电绝缘性

通用橡胶是优异的电绝缘体，天然橡胶、丁基橡胶、乙丙橡胶和丁苯橡胶都有很好的介电性能，所以在绝缘电缆等方面得到广泛应用。

4. 热性能

① 导热性：橡胶是热的不良导体，是优异的隔热材料，如果将橡胶做成微孔或海绵状态，其隔热效果会进一步提高，使热导率下降。任何橡胶制品在使用中，都可能会因滞后损失而产生热量，因此应注意散热。

②热膨胀：由于橡胶分子链间有较大的自由体积，当温度升高时其链段的内旋转更容易，会使其体积变大。橡胶的线膨胀系数约是钢的20倍。对于同一种橡胶，胶料的硬度和

生胶含量对收缩率有较大影响，收缩率与硬度成反比，与含胶率成正比。

5. 老化性

橡胶材料和其他材料一样，也具有一定的使用寿命，在外界条件下如热、氧、臭氧、紫外光、机械力的作用下，性能逐渐下降，以至于丧失使用价值。

橡胶还具有以下特性：密度小，不容易被酸碱腐蚀，对液体渗透性低，强度比较低，硬度低等。

第三节
橡胶的定义

高弹性材料变形到什么程度，去掉外力后恢复到什么程度才可以界定为橡胶呢？ASTM D1566 中定义如下：橡胶是一种材料，它在大的变形下能迅速而有力地恢复变形。能够被改性，改性的橡胶实质上不溶于（但能溶胀于）沸腾的苯、甲乙酮、乙醇-甲苯混合物等溶剂中。改性的橡胶在室温（18～29℃）下被拉伸到原长的 2 倍并保持 1min 后除去外力，它能在 1min 内恢复到原来长度的 1.5 倍以下。

定义中所指的改性实质上是指硫化（交联），轻度交联的橡胶是典型的高弹性材料。橡胶是个广义的概念，根据其加工阶段不同，又有更具体的说法，如生胶、混炼胶、硫化胶。生胶和混炼胶统称为未硫化胶。

第四节
橡胶的配合与加工

生胶随温度的变化（或外力速度的变化）可呈现玻璃态、高弹态、黏流态三态，如天然橡胶（NR）在 $-72℃$ 以下为玻璃态，在 130℃ 以上为黏流态，在两温度之间为高弹态。未硫化的橡胶高温下变软乃至黏流，不能保持稳定的形状和必要的性能，低温变硬。正因为如此，生胶必须经过加工之后才能具有应有的使用性能，由此便产生了橡胶的配合与加工。

一、原材料配合

橡胶作为橡胶制品的基体材料，必须配合其他的配合剂。配合体系及其作用如下：

配合体系
- 生胶：基体材料。
- 硫化体系：使橡胶由塑性状态变成弹性状态。
- 补强填充体系：提高力学性能，改善加工工艺性能，降低成本，赋予特殊性能如阻燃、导电等。
- 防护体系：延长橡胶制品使用寿命，主要防护热氧、臭氧、光氧、疲劳等引起的老化。
- 增塑及操作体系：降低胶料黏度、改善加工性能、降低成本，主要有增塑剂、分散剂、增黏剂、塑解剂等。
- 特种配合体系：赋予橡胶特殊性能，如黏合、着色、发泡、阻燃、抗静电等。

二、橡胶的加工过程

不同的橡胶制品有不同的加工过程,但炼胶(塑炼和混炼)、压延、挤出、成型和硫化是橡胶加工的基本工艺过程,简介如下:

工艺过程
- 炼胶:分为塑炼和混炼。塑炼的目的是降低分子量、降低弹性、提高塑性,制成可塑性满足要求的塑炼胶;混炼是将橡胶与配合剂均匀地混合和分散,制成混炼胶,使用设备为开炼机、密炼机或挤出机。
- 压延:可制造胶片(压片和压型)和骨架材料覆胶(钢丝、帘布的贴胶或擦胶)。
- 挤出:通过口型连续挤出不同断面形状的半成品如胶管、型材、胎面、胎侧、内胎、三角胶条、胶片等,采用挤出机完成。
- 成型:将构成制品的各个部件组合在一起。成型工艺和设备很多,典型的成型设备是轮胎成型机。
- 硫化:橡胶加工的最后一道工序,根据制品结构不同,该过程使用不同的硫化设备,如个体硫化机、硫化罐、平板硫化机以及微波等设备在一定的工艺条件下完成。

三、检测

橡胶制品的性能是通过三部分测试来保障的,包括原材料质量检测、工艺性能检测和硫化胶性能检测。

检测
- 原材料质量检测:各种原材料在使用之前,须按规定标准进行检测,合格方能使用。
- 工艺性能检测:通常检测混炼胶的加工性能,包括生胶和混炼胶的硬度、密度、可塑性或门尼黏度、硫化曲线、分散度等;压延和挤出还要监测厚度和半成品的外观质量;硫化产品外观也要随时观察。
- 硫化胶性能检测:包括两部分:第一部分为硫化胶半成品(即硫化试样)的检测,包括常规的力学性能如拉伸强度、拉断伸长率、硬度、定伸应力、撕裂强度、老化性能、疲劳性能、磨耗性能等,这些性能既可起到控制生产过程的作用,又可起到表征产品性能的作用;第二部分为制品性能,它能更确切地反映制品的实际情况,包括直接用制品测拉伸强度和伸长率,进行成品模拟实验、使用实验。

四、橡胶的性能表征

1. 未硫化胶的流动性

未硫化胶包括生胶和混炼胶,其流动性的好坏直接关系到加工性能。流动性的好坏通常用门尼黏度或可塑度来表征。

门尼黏度,常用 ML(1+4)100℃ 表示,用圆盘剪切黏度计或门尼黏度仪测量。原理是将胶料填充在黏度仪的模腔和转子之间,合模,在一定的温度下(一般为100℃)预热(一般 1min),转子转动一定时间(一般 4min)时测得的转矩值。该值越大,表明胶料的黏度越大,流动性越差。

可塑度常用威廉式塑度计和华莱士塑性计测试。威廉式塑度计是将未硫化的圆柱形橡胶样品以规定的压力压缩在两个平板之间,在一定温度下经过一定时间后解除外力,将其恢复一定的时间后测定高度。以不能恢复的高度为分子,以原高度与负荷压缩下高度之和为分母,得到的比值,即可作为衡量可塑度的指标。比值越大,可塑度越大,流动性越好。

2. 拉伸性能

橡胶的拉伸性能通常包括拉伸强度、拉断伸长率、定伸应力、拉断永久变形等。拉伸强度是哑铃形试样在规定的条件下拉伸到断裂过程中，试样所承受的最大拉伸应力，单位为MPa。拉断伸长率是试样断裂时，被拉伸的长度与原工作长度之比。定伸应力是将试样的试验长度部分拉伸到给定伸长率所需的应力。定伸应力越高，表明橡胶抵抗变形的能力越强。拉断永久变形是试样拉伸断裂后标线之间的残余变形。硬度表示橡胶抵抗外力压入的能力，以邵尔A硬度表示。橡胶的硬度在一定程度上与其他性能相关。撕裂强度是试样撕断时单位厚度所承受的力，单位为kN/m。

3. 磨耗性能

常用阿克隆磨耗表示，其原理是将规定的轮形试样（或将橡胶条形试样粘在轮子上）与规定的砂轮对磨1.61km，计算试样磨耗掉的体积，以$cm^3/1.61km$表示。磨耗掉的体积越大，表明耐磨性越差。

4. 耐油或耐介质性能

橡胶材料除接触各种油类介质外，在化学工业中有时还接触酸、碱等腐蚀性介质。在这些液体中除受腐蚀作用外，在高温下还会导致膨胀和强度、硬度的变化；同时橡胶内的增塑剂和可溶性物质被抽出，导致质量减小、体积缩小。因此耐油性或耐介质性是工作在介质中的橡胶的重要性能。一般是在一定温度下，在介质中浸泡若干时间后测定其质量、体积、强度、伸长率和硬度的变化来评定橡胶耐油或耐介质性能的好坏。

5. 耐老化性能

橡胶受氧气（空气）、臭氧、热、光、水分和机械应力等因素作用后容易引起性能变差。橡胶的耐老化性能可通过自然老化和人工加速老化实验（热空气老化、湿热老化、臭氧老化等）测定。耐老化性能可用老化后试样的强度、伸长率、硬度的变化来表示，变化率越小，耐老化性能越好。

6. 疲劳寿命

在一定的周期性动态负荷作用下使试样发生周期性变形，材料或制品出现裂纹或断裂的时间，用周期数表示。橡胶的疲劳形式通常有拉伸疲劳、压缩疲劳和屈挠疲劳三种。

7. 抗湿滑性

表明橡胶制品在有水或湿路面上的抓着力，抗湿滑性不好，则易打滑。该性能是轮胎安全性的重要考核指标。

8. 滚动阻力

主要针对轮胎或动态工作的制品而言，胶料的$tan\delta$高，意味着用此胶料制造的胎面生热高，滚动阻力大，燃油消耗大。

第五节
橡胶的历史与发展现状

一、天然橡胶的认识与发展

考古发现早在1000多年前，南美洲印第安人就使用天然胶乳制造器具。在南美洲亚马孙河流域生长着一种高大的乔木，当地的居民将树皮割破后，就有乳白色的液体一滴一滴流淌下来。当地的印第安人把这种液体叫做"树的眼泪"，把树称为"流泪的树"。这种树就是三叶橡胶树。

哥伦布在1493—1496年第二次航行时看到海地人玩的球能从地上弹跳起来，了解到这个球是用树上流出来的浆液制成的，这时欧洲人才第一次认识到了橡胶这种物质。第一位以科学文献形式记载橡胶的是法国人康达明（Condamine）。1735年他参加了巴黎科学院赴南美洲的考察队，在那里住了8年，翔实记述了橡胶的资料，收集了样品并寄回巴黎。1748年法国工程师弗雷斯诺（C. F. Fresneau）在圭亚那森林中考察了橡胶树，根据其研究成果写了一篇备忘录，详细描述了天然橡胶的物理性能及其应用前景，并致信康达明。这些工作于1755年发表，这是第一篇有关天然橡胶方面的科学论文。

1839年美国人固特异（C. Goodyear）发明了橡胶硫化工艺，至此天然橡胶才真正被确认了其特殊的使用价值，成为一种极其重要的工业原料。到19世纪中期，橡胶工业在英国已经初具规模，天然橡胶的消耗量达到了1800多吨。后来，由野生林采集的天然橡胶供不应求，英国开始计划人工种植天然橡胶树。

1876年英国人威克姆（H. Wickham）从巴西亚马孙河口采集橡胶种子，并私运了7万颗橡胶种子至英国，在皇家植物园种植成功，后又将树苗移植到当时英属锡兰（也就是今天的斯里兰卡）种植，后来又发展到马来西亚、新加坡、印度尼西亚等东南亚国家种植。此即为巴西橡胶树在远东落户的开端，开始了橡胶人工种植的时代。

天然橡胶树对生长条件要求很苛刻，必须在适宜的土壤、气候和湿度等自然条件下生长。世界主要天然橡胶生产国大多位于南纬10°到北纬15°之间，所以权威人士预言北纬17°以北是橡胶种植的禁区。世界天然橡胶总产量的90%以上来自泰国、马来西亚、印度尼西亚、越南等东南亚国家。目前世界天然橡胶的年产量约1400万吨。

我国天然橡胶种植始于1904年。云南土司刀安仁从新加坡购买了8000多株三叶橡胶树苗，在云南种植，开始了我国的天然橡胶种植史。1906年，海南华侨又从马来西亚引进橡胶树苗4000株，种植在海南琼海一带，建起了我国第一个橡胶园，成为我国发展橡胶事业的重要基础。到1949年，历经40多年的发展，年产干胶也仅约200吨。中华人民共和国成立后，民用工业、国防工业都急需大量天然橡胶，天然橡胶成为重要的战略物资。

1950年，我国把发展天然橡胶提到了议事议程，开始在海南岛、雷州半岛建立自己的橡胶基地。我国橡胶的种植区域在北纬18°～24°，打破了国际权威人士对于"北纬17°以北为植胶禁区"的结论，并获得较高的产量。目前我国天然橡胶的年产量超过80万吨，在70多年间增长了4000多倍，是天然橡胶重要生产国之一。

二、合成橡胶的诞生与发展

1826年，英国科学家法拉第用化学的方法分析天然橡胶，确定了天然橡胶的化学组成，确定其单体分子是异戊二烯，为后期合成橡胶的发展奠定了基础。合成橡胶的历史一般认为是从1879年布恰尔达特在实验室第一次由异戊二烯制得了类似橡胶的弹性体开始的。1909年，德国拜耳公司霍夫曼的领导小组成功合成出2,3-二甲基-1,3-丁二烯橡胶，又叫甲基橡胶，后来因性能差而逐渐停产。20世纪30年代以后，合成橡胶有了重大突破，实现了乳液聚合的丁苯橡胶、丁腈橡胶、氯丁橡胶的工业化生产。20世纪50年代，Zieglar-Natta发明了定向聚合立体规整橡胶，出现了乙丙橡胶、异戊橡胶、顺丁橡胶等。1965—1973年间出现了热塑性弹性体，是橡胶领域分子设计的一种成功尝试，是近代橡胶的新突破。

在我国，1950年，中科院长春应用化学研究所首先开展了氯丁橡胶的科研工作。1958年四川长寿化工厂生产出我国第一块氯丁橡胶，拉开了我国合成橡胶工业的序幕。1960年、1962年，兰州化学工业公司相继工业化生产出了顺丁橡胶、丁苯橡胶、丁腈橡胶。

三、橡胶工业的发展

为解决胶乳不能运回欧洲的问题，1768年法国人马凯尔发现可用乙醚溶解天然橡胶，并制作出医用软管。1823年英国人麦金托什（C. Mackintosh）发现天然橡胶可以溶解在石脑油中，同时用天然橡胶溶液制成防雨布，并申请专利，为此在格拉斯哥建立一家公司专门从事防雨布的生产。人们认为这就是橡胶工业的起点。后来该公司还制作橡胶鞋和水龙带，但其制品热天发黏、冷天变脆，质量很差。

Hancock在1826年发明了双辊炼胶机，1839年美国人Goodyear发明了橡胶硫化工艺，这两项发明很快用于橡胶工业，使橡胶的应用得到了突破性进展，奠定了橡胶加工业的基础。1888年英国兽医Dunlop发明了充气轮胎，1895年法国米其林兄弟首次将橡胶充气轮胎应用在汽车上。各大轮胎公司的成立，极大地促进了天然橡胶工业的发展，使得对天然橡胶原材料的需求迅猛增加。1870年全球天然橡胶消耗量为8000吨。

我国的橡胶工业是从1915年在广州建立的第一个橡胶厂——广州兄弟塑胶公司开始的。20世纪20年代建立了正泰和大中华橡胶厂，20世纪30年代山东、辽宁、天津陆续建立了橡胶厂。如今中国橡胶工业已走过百年，蓬勃发展。每年全球轮胎75强排名中，中国轮胎企业占据30多个席位。

四、橡胶行业的发展现状

现代橡胶行业的发展主要是围绕着高性能化、功能化、绿色化、自动化、节能等几个方面。

1. 橡胶材料的发展

（1）橡胶

从1965年马来西亚实行标准橡胶计划，天然橡胶实现了比较科学先进的生产之后，亟待解决的问题是天然胶乳制品的蛋白质过敏问题，使用人群中表现出过敏症的达2.5%。研究表明，过敏是由天然胶乳制品中残留的可抽出（可溶性）蛋白质引起的。目前世界上只有少数几个国家有低蛋白胶乳及制品生产。我国也已研制出了符合美国食品与药品管理局质量标准（可溶性蛋白质量分数小于50×10^{-6}）的低蛋白胶乳。

第二次世界大战以后，各国政府都认识到天然橡胶的不可替代性，都加快了本土天然橡胶的开发进程。美国一方面加强银胶菊的商业化开发，另一方面又以蒲公英橡胶为研究对象，启动"卓越计划"。欧盟以蒲公英和银胶菊为研究对象实施"珍珠计划"。我国也从2012年开始开发以蒲公英橡胶为主，以银胶菊和我国特有杜仲橡胶资源为辅的第二天然橡胶资源，为实现我国天然橡胶的多元化供应提供强有力的技术支持。

20世纪90年代茂金属催化技术用于工业，能合成出分子量分布和规整度可以调整、性能更好的弹性体。该技术容易实现高级α-烯烃、非共轭二烯、苯乙烯、环烯烃等聚合。如用乙烯和α-辛烯共聚的乙烯-辛烯共聚物（EOC），因为辛烯的摩尔分数和分布可控，辛烯共聚破坏了聚乙烯的结晶区，形成结晶和非结晶共存的材料，制得了力学性能和加工性能良好平衡的系列聚合物，可用注射、挤出、吹塑方法加工，也可用橡胶的加工方法制成弹性体。又如杜邦-道弹性体公司推出了13个茂金属乙丙橡胶mEPDM，其商品牌号为Nordel® IP。高效、节能、清洁的气相聚合乙丙（Nordel® MG）已于2002年问世。

由于溶聚丁苯橡胶性能好于乳聚丁苯，它逐步渗入轮胎业，用量已约占丁苯橡胶的70%。第三代溶聚丁苯橡胶运用集成橡胶的概念，通过分子设计和链结构优化组合，最大限度地提高了性能，成为合成橡胶的发展重点。采用稀土钕系催化剂制造的聚丁二烯橡胶（BR）的加工性能、物理性能和抗湿滑性能优于其他催化体系BR。丁基橡胶（IIR）出现了显著改善加工性能的星形支化型IIR和星形支化型卤化IIR。丁腈橡胶（NBR）的高性能化方面，有粉末丁腈和氢化丁腈等。值得一提的是氢化丁腈橡胶实现了国产化，国内已有赞南和道恩两家公司利用自主技术实现了氢化丁腈橡胶的工业化生产。

热塑性硫化胶（TPV）作为新型的橡塑共混热塑性弹性体，已成为发展最快的一类高性能热塑性弹性体。近年来开发具有特殊性能或功能的TPV材料成为重要发展方向。如埃克森公司开发的具有高气体阻隔性能的异丁烯-对甲基苯乙烯共聚橡胶/聚酰胺（BIMS/PA）体系TPV产品，用于汽车轮胎内衬层，比普通丁基橡胶的气体阻隔性能高7~10倍，气密层的厚度仅为原来的1/10。道康宁公司开发了硅橡胶基TPSiV产品，其中硅橡胶/热塑性聚氨酯（SiR/TPU）体系TPSiV具有柔软、生物相容性、良好的弹性、优异的人体亲和性、极其舒适的人体触感和良好的包覆性，在各类可穿戴智能设备、电子器件、医疗保健、生活器材等领域具有很好的应用前景。

（2）炭黑

炭黑作为补强剂已经有100多年的历史了，1872年首次实现了炭黑的工业化规模生产。1912年英国人莫特发现了炭黑对橡胶的补强作用，特别是发现其能显著提高轮胎耐磨性能以后，炭黑的需求量迅速增长。近代炭黑工业在橡胶工业的带动下得以迅速壮大。新品种炭黑相继工业化，如低滞后炭黑、特种炭黑、双相炭黑。

白炭黑起源于德国，20世纪40年代末实现了沉淀法白炭黑的工业化生产。20世纪70年代，Wollf等人发现在胎面胶中采用白炭黑并用硅烷偶联剂取代部分炭黑作为填料，可以大大降低轮胎的滚动阻力，而且不损害胎面的耐磨性。米其林公司1993年推出了第一代以白炭黑为胎面填料的环保节能轮胎，被称为绿色轮胎。随着近年来高分散白炭黑的开发成功，白炭黑已经大量用于轮胎行业。

虽然作为补强剂的炭黑和白炭黑的一次结构都落在纳米材料的尺寸范围（1~100nm）内，但20世纪90年代以前没有从纳米角度来考虑。从20世纪90年代起，纳米技术的迅速发展给聚合物（包括橡胶）的补强又赋予了新的内涵，使得补强进入一个新的发展时期。传统的无机填料（白炭黑除外）尺寸都远大于纳米材料的范围，又加上它们的亲水性，虽然在表面改性方面曾取得很好的效果，但填料的结团问题还是没有得到根本的解决。纳米材料的比表面积很大，表面上的活性点自然多，再加上由于纳米尺寸可能产生特殊的效应，使得纳米材料与橡胶的作用会更强。特别是原位生成纳米填料和插层技术的研究，既能获得纳米范围的尺寸，又能解决分散问题。

近年来，石墨烯因其独特的二维碳原子层的蜂巢状晶体结构使其具有优异的物理化学特性（如超高的比表面积，优良的导电、导热性能）而备受重视，并广泛应用于橡胶中。

(3) 助剂

橡胶助剂是在橡胶加工成具备优良弹性和使用性能的橡胶制品过程中，必须添加的一系列精细化工产品的总称。包括硫化和硫化活性剂、促进剂、防老剂、加工助剂和特种功能性助剂等，是橡胶工业重要的原材料。

自 2002 年起我国橡胶消耗量稳居世界第一，自 2005 年起我国轮胎产量超过美国稳居世界第一。橡胶和轮胎工业的快速发展拉动和刺激了我国橡胶助剂产业的飞速发展，我国已经成为全球最大的橡胶助剂生产国和供应国，2014 年，我国橡胶助剂产量达到全球的 75%，对全球橡胶助剂供应具有绝对话语权。

20 世纪 80 年代开始，国际上对仲胺类促进剂在硫化和使用过程中产生亚硝胺而致癌的问题进行了公议，随后各种法规相继出台，如 REACH 法规 2007 年开始实施。各国加快了助剂绿色化生产进程，不断开发满足绿色轮胎要求的橡胶助剂品种，重点发展环保芳烃油、高性能微晶蜡、耐黄变和耐水解的高分子量酚类抗氧剂、高效防老剂 FR、新型对苯二胺类防老剂 4030 和防老剂 4050、长效防老剂 TAPTD、多功能促进剂 TiBTM、环保塑解剂、高效增黏树脂等。同时助剂行业也环保先行，推进清洁工艺。

易产生亚硝胺的仲胺类促进剂，可用伯胺结构和苄胺结构的促进剂代替，如用促进剂 NS 代替促进剂 NOBS，在绿色轮胎中使用四苄基二硫化秋兰姆代替促进剂 TMTD；用二苄基二硫代氨基甲酸锌代替促进剂 PZ 和促进剂 EZ。针对间苯二酚在加工过程中"发烟"刺激人体皮肤和呼吸道等问题，采用有机胺类 AIR 系列黏合剂从根本上替代了间苯二酚。橡胶塑解剂五氯硫酚在国际上被疑为有毒物质，拜耳公司开发了 2,2-二苯酰氨基二苯基二硫化物，国内开发的有机金属络合物如塑解剂 PS、ATS、DZ-8 等具有很好的塑解效果。

现代配合剂发展的一个重要方向是一剂多能，即多功能化。达到这个目的有两个途径，一个方法是把具有不同功能的官能团合成到一种化合物中，如 N,N'-双(2-苯并噻唑二硫代)呱嗪，具有防焦烧、促进和硫化功能，还可以提高耐热性。又如低聚酯（不饱和聚酯），在混炼过程中起到增塑剂作用，硫化时参与交联，对制品有明显的增硬作用，还有增黏作用。另一个方法是复配，把具有不同作用的配合剂混合在一起。

2. 橡胶工艺与设备的发展

橡胶加工工艺的进展有两方面，一方面是传统工艺过程及其设备的日臻完善；另一方面是非传统的新概念技术的开发。

炼胶、压延、挤出、成型和硫化是五个基本的加工工艺过程。近年来在橡胶机械绿色制造和智能化方面取得了巨大的进步。

(1) 混炼工艺及装备创新

橡胶混炼是炼胶加工技术的瓶颈，是产品性能的关键。通过生胶破碎复配、一次法低温炼胶等先进工艺的应用，可大幅度提高混炼胶质量，提高生产效率，降低能耗；通过智能制造减少人为的质量问题，降低生产成本，提升产品竞争力。

低温一次法连续混炼工艺将传统的多段混炼改为一次连续混炼，即胶料通过密炼机高温混炼后，先经过第一台开炼机冷却，再通过中央输送系统对称分配到多个开炼机上进行低温混炼，制得终炼胶，全过程实现自动控制。

湿法混炼技术是把填料制成水分散体，与橡胶乳液或橡胶溶液在液相状态下混合，再经凝聚、脱水、干燥等过程生产橡胶混炼胶的方法。该技术实现了连续混炼过程，简化了混炼程序，减少了混炼设备、能源和劳动力投入，因此大大降低了混炼成本，与传统炼胶相比节能效果显著。

智能制造是以 MES 系统为核心，向上集成 ERP 系统、PLM 系统（产品协同设计管理系统），向下集成设备自动化系统（PLC、DCS）、自动物流系统（AGV 小车）、智能仓储系统（WMS）、在线检验系统，以"设计-制造-管理-服务"闭环为主线，构建纵向信息贯通、横向业务集成的轮胎智能制造新模式，从而提高制造过程的自动化、柔性化、数字化、网络化、智能化水平。这个系统的应用，将实现从传统工业时代的规模取胜到信息化时代的技术取胜。

（2）轮胎部件制备及成型精准高效

轮胎部件制备及成型涉及橡胶压延、挤出、裁断、六角形钢丝圈缠绕、轮胎成型等工序。销钉机筒冷喂料挤出机具有节能、产量高、胶温低、总体投资省等优点，目前已在许多挤出生产工艺中取代了热喂料挤出机和一般冷喂料挤出机，并取代开炼机热炼胶料用于压延机供胶。

（3）硫化设备和工艺改进并举

近年来橡胶机械企业及轮胎制造商围绕节能降耗在硫化设备、工艺及智能化方面也取得了一定的突破。在硫化工艺方面，轮胎行业重点推广氮气硫化工艺、等压变温轮胎硫化工艺、智能硫化控制系统，节能效果显著。

思考题

（1）简要说明生胶、混炼胶、硫化胶的区别和联系。
（2）橡胶最典型的特征是什么？
（3）橡胶配方的基本组成包括哪些成分？各成分有何作用？
（4）橡胶基本的加工工艺过程有哪些？
（5）橡胶配合加工过程中的测试内容包括哪些？

参考文献

[1] 于清溪. 橡胶工业发展史略 [M]. 北京：化学工业出版社，1992.
[2] 杨清芝. 现代橡胶工艺学 [M]. 北京：中国石化出版社，1997.
[3] 田明，李齐方，刘力，等. 茂金属乙烯-辛烯共聚物弹性体的应用 [J]. 合成橡胶工业，2001，24（2）：123.
[4]《中国化学工业年鉴》部. 中国化学工业年鉴 2002—2003 [M]. 北京：中国化工信息中心，2003.
[5] 杨清芝. 实用橡胶工艺学 [M]. 北京：化学工业出版社，2005.
[6] 张立群，张继川，廖双泉. 天然橡胶及生物基弹性体 [M]. 北京：化学工业出版社，2014.
[7] 中国化学会橡胶专业委员会. 1915—2015 中国橡胶工业百年 [M]. 中国化学会橡胶专业委员会，2015.

第一章 生胶

第一节 概述

生胶是人们对橡胶聚合物的俗称。生胶与其它配方组分（包括补强填充体系、增塑体系、防护体系、硫化体系等）经混合后成为混炼胶，进一步成型和硫化（交联）之后得到硫化橡胶。我们所熟悉的轮胎和工业橡胶制品（包括胶管、胶带、鞋底和密封件等）大多是硫化橡胶。在本章中，如无特别说明，生胶和橡胶都是指尚未硫化的橡胶聚合物。

一、橡胶的种类

橡胶的种类很多，其分类方法有以下几种：
① 根据来源分为天然橡胶和合成橡胶；
② 根据用途分为通用橡胶和特种橡胶；
③ 根据极性分为极性橡胶和非极性橡胶；
④ 根据交联方式分为传统硫化橡胶和热塑性弹性体；
⑤ 根据生胶的形态分为固体块状、粉末状、颗粒状、液体状、胶乳等。

涉及具体胶种时，还因门尼黏度、共聚物中单体含量、催化剂种类、聚合工艺、键合结构的不同，是否充油、充炭黑，稳定剂对生胶颜色的影响等又产生了许多亚类和不同的牌号。

常见分类如表1-1所示。

二、橡胶的产量及应用

相关统计数字表明，2022年天然橡胶的世界总产量1410万吨，我国天然橡胶产量74万吨；合成橡胶的世界总产量2089万吨，我国合成橡胶产量909万吨。2023年世界主要合成橡胶产能见表1-2。

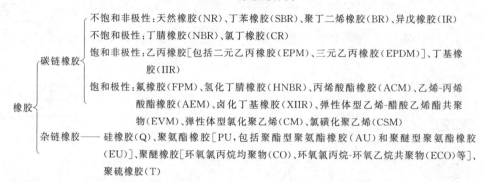

表1-1 橡胶的分类

表1-2 2023年全球主要合成橡胶产能　　　　　单位：万吨/年

橡胶种类	BR	SBR	IIR	EPDM	NBR	CR	HNBR
中国	185.7	182	50.5	39.5	27.4	7.5	1.0
全球	518	644.4	147.2	217.8	89.2	35	4.2

橡胶最重要的应用之一是轮胎。2022年世界轮胎产量接近20亿条。每条轮胎平均橡胶用量为6～7kg。轮胎用橡胶大约占橡胶总产量的60%～70%，其余30%～40%的橡胶被用于各种用途，如胶管、胶带、密封件等。大部分橡胶制品都需要硫化，例如密封条、密封件、胶管、电绝缘制品、防尘罩和波纹管、橡胶垫、阻尼件、低密度隔热海绵、屋顶防水卷材、胶带、球和气球、雨衣和潜水装备、绝缘电线电缆、（安全）手套、储罐和水池内衬等。当然，也有部分橡胶应用不需要硫化，例如，BR用于提高聚苯乙烯的抗冲击性能，其它橡胶用于工程塑料和热固性树脂的增韧。二元乙丙橡胶（EPM）还可用作发动机润滑油的黏度指数改性剂，硅橡胶用于某些特殊的润滑用途。NR和乳液聚合物（例如CR、NBR和SBR）可用于各种乳胶，以及胶水和黏合剂。SBR和苯乙烯-丁二烯嵌段结构的热塑性弹性体可用于沥青改性。高纯度IIR和特殊牌号SBR分别用于口香糖和泡泡糖。最近，官能化SBR和HNBR被用于锂离子电池，作为高导电性碳材料的分散剂，或分别作为负极（采用SBR）和正极（采用HNBR）的黏结材料。

第二节

天然橡胶

一、天然橡胶植物

天然橡胶（NR）是从植物中提取的，自然界大约有2000多种植物都含有NR，但绝大多数不具备采集价值。NR主要是从热带植物三叶橡胶树的乳液中提取出来的。因此也把NR称为三叶橡胶或者巴西橡胶。目前只有三叶橡胶成功实现了大规模商业化开发，其他品种的NR仅有少量生产。三叶橡胶树原产于亚马孙河流域。世界上种植三叶橡胶树的国家，除中国外均分布在南纬10°以北,北纬15°以南的赤道附近。我国是唯一在北纬15°以北成功种植三叶橡胶树的国家,种植面积居世界第四位,橡胶年产量已超过80万吨。NR产量较大的国家有泰国、印度尼西亚、马来西亚、印度、越南、中国、斯里兰卡、尼日利亚和巴西等。

除了三叶橡胶外,还有银胶菊、蒲公英、古塔波树、巴拉塔树、杜仲树等植物产胶。银胶菊胶因不会引起过敏现象,而在医用外科手套和安全卫生产品方面备受关注。杜仲树是我国特有的含胶植物,新中国成立初期,我国曾经尝试开发杜仲胶代替古塔波胶,目前仍在尝试规模化种植与开发。蒲公英橡胶的性能和巴西三叶橡胶类似,如果经过品种改良,产量可达到三叶橡胶的平均水平,就可以完全不受热带气候条件的限制大规模商业化开发。我国科研工作者从2012年开始尝试蒲公英的育种、改良,并提取出橡胶。

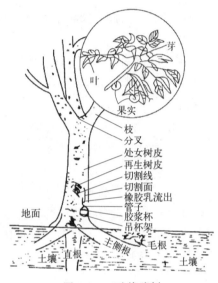

以上含胶植物均进行过商业开发,但是所产橡胶各不相同。如三叶橡胶树、银胶菊和蒲公英所产橡胶是顺式-1,4-聚异戊二烯;而古塔波树、巴拉塔树和杜仲树所产的是反式-1,4-聚异戊二烯。

三叶橡胶树属高大乔木,树木高达30m,它的指状复叶具有三片小叶,由此而得名,见图1-1。全树都有胶乳管,从树干割胶,破其乳管,收集流出的胶乳(图1-2),就是制造固体NR的原料。

图1-1 三叶橡胶树

橡胶树的生长发育分为5个阶段:

① 苗期,从播种、发芽到开始分枝阶段,需要1.5~2年的时间;

② 幼苗期,从分枝到开割阶段,要4~5年;

③ 初产期,从开割到产量趋于稳定的阶段,需要3~5年的时间;

④ 旺产期,从产量稳定到产量明显下降,大约持续20~25年;

⑤ 降产衰老期,从产量明显下降到失去经济价值阶段。

 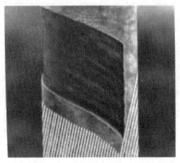 

图1-2 天然橡胶的割胶

第一章 生胶 013

二、天然橡胶的制造

1. 原材料

（1）新鲜胶乳

新鲜胶乳是好的原材料。

（2）杂胶

根据来源和所得橡胶的质量，可将杂胶分为三类。

① 胶头、胶团、泡沫胶以及碎胶屑：这些杂胶如能及时加工，所得到的橡胶性能与烟胶片性能相近。

② 胶线、皮屑胶：这些杂胶由于与树皮接触时间较长，杂质较多，易受到氧化，性能比前一类差。

③ 泥胶：这类杂胶含有许多泥沙等杂质，而这些杂质有促进橡胶氧化变质的作用，制得的产品外观质量和理化性能都较差。

2. 制造工艺

新鲜胶乳是制造高等级标准胶、烟胶片、白绉片等的原材料。它们的制造步骤通常为：稀释、过滤、除杂质、凝固、除水、干燥、分级、包装等几个过程。但品种不同，加工工艺不同。

（1）标准胶（颗粒胶）的制备

标准胶是指质量符合"标准胶质量标准"的各种 NR。在我国，标准胶目前只限于采用颗粒胶生产工艺生产的天然生胶，而其他天然生胶，如烟胶片、风干胶片、绉胶片等仍未纳入标准胶中。其制备过程如下：

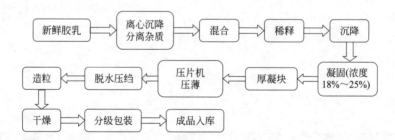

（2）烟胶片

烟胶片（RSS）是 NR 的传统产品。在标准橡胶出现以前，它是天然生胶最主要的品种。目前仍有生产和市场需求。其制备过程如下：

新鲜胶乳→混合→加水稀释→过筛→凝固→凝块浸水→压片→洗片→滴水挂片→熏烟干燥→分级包装

（3）风干胶片

风干胶片生产工艺与烟胶片有许多相同之处，其区别在于：一是胶乳凝固时除加酸以外还加入适量的氯化亚锡；二是胶片的干燥采用自然风干和热干燥相结合的方法。

三、天然橡胶的分类和等级

1. NR 主要按照制法及用途分类

天然橡胶 { 三叶橡胶 { 通用类：标准胶、烟胶片、风干胶片、绉胶片 / 特种类：充油胶、轮胎胶、低蛋白质胶、易操作胶、纯化胶、炭黑共沉胶、胶清胶 / 改性胶：难结晶胶、接枝胶、氯化胶、氢氯化胶、环氧化胶等 } / 其他橡胶：杜仲胶、银菊胶 }

2. NR 的分级

上述四种通用胶中有两种分类方法，其中标准胶按照理化指标来分级，烟胶片等按外观质量来分级。

（1）标准胶

标准胶也称为颗粒胶，它是工厂化大规模生产、采用科学的组分/性能分类标准检测控制的 NR。马来西亚橡胶研究院 1965 年首先提出了"标准马来西亚橡胶"分级方案，并以 SMR 的名称推广到全世界，各主要产胶国都参照其标准先后制定出本国的标准胶分级方案。中国标准胶的国家标准为 GB/T 8081—2018，等级和代号见表 1-3。

表 1-3 国产标准胶的技术要求（GB/T 8081—2018）

性能		各级橡胶的极限值					检验方法
		恒黏胶（SCR CV）	浅色胶（SCR L）	5 号胶（SCR 5）	10 号胶（SCR 10）	20 号胶（SCR 20）	
标志颜色		绿	绿	绿	褐	红	
留在筛网上的杂质(质量分数)/%	≤	0.05	0.05	0.05	0.10	0.20	GB/T 8086
灰分(质量分数)/%	≤	0.5	0.5	0.6	0.75	1.0	GB/T 4498.1
氮含量(质量分数)/%	≤	0.6	0.6	0.6	0.6	0.6	GB/T 8088
挥发分(质量分数)/%	≤	0.8	0.8	0.8	0.8	0.8	GB/T 24131.1
塑性初值(P_0)	≥	—	30	30	30	30	GB/T 3510
塑性保持率(PRI)	≥	60	60	60	50	40	GB/T 3517
拉维邦颜色指数	≤	—	6	—	—	—	GB/T 14796
门尼黏度[ML(1+4)100℃]①		60±5	—	—	—	—	GB/T 1232.1

① 有关各方同意也可采用另外的黏度。

现在世界上 NR 产胶国 70%～90% 的产量采用标准胶工艺制造，质量等级用杂质含量、灰分、挥发分、氮含量、塑性保持率、塑性初值等指标来控制，分为恒黏橡胶、低黏橡胶、浅色胶、全胶乳、5 号、10 号、20 号、50 号和通用胶共 9 个等级。该分类方法的主要优点是产品根据理化性能分级，而且这些理化性能均可用客观的检验方法测定，质量有保证，因而得到用户的普遍接受。

塑性保持率（PRI）是指生胶在 140℃×30min 加热前后华莱士塑性保持率，以百分数表示，该值越高，说明该胶抗氧化断链能力越强，用式（1-1）表示：

$$塑性保持率 = \frac{P}{P_0} \times 100\% \tag{1-1}$$

标准胶主要特征如下：①质量差异性小，性能比较稳定；②分子量和门尼黏度均低于烟胶片，因此一般经过简单塑炼即可，有的甚至直接加工使用；③硫化速率稍低；④生胶机械强度低于烟胶片；⑤包装合理，标识清楚，易于运输、储存和使用。标准胶主要用于轮胎、胶管、胶鞋、胶布和各种橡胶制品中。

（2）烟胶片和绉胶片

烟胶片（ribbed smoked sheets，RSS）和绉胶片是由三叶橡胶树上流下的白色乳浆经凝固、压片、干燥得到。用烟熏干燥而成的称为烟胶片；不经熏烟，用空气干燥而成的称为风干胶片（air dried sheets，ADS）。

国产烟胶片国家标准 GB/T 8089—2007，分一级、二级、三级、四级、五级和等外级六个等级。烟胶片根据外观的透明度、清洁度、强韧度以及是否有发霉、生锈、小气泡、树皮屑、发黏等欠缺和欠缺的程度、熏烟是否适度等分级。各级均有实物标样，以便对照。绉胶片国家标准也为 GB/T 8089—2007。

烟胶片有如下特性：①有结晶性，自补强性能好，生胶和配合橡胶的拉伸强度高；②分子量大、门尼黏度高，需经塑炼才能应用；③非橡胶成分多且变化较大，因此品质均一性较差，硫化时间长短不同、不易掌握，物理机械性能差异较大；④滞后损失小，耐屈挠疲劳性能较好。

烟胶片是 NR 中有代表性的品种，产量和消耗量较大，因生产设备比较简单，适用于小胶园生产。由于烟胶片是以新鲜胶乳为原料，并且在熏烟干燥时，烟气中含有的一些有机酸和酚类物质等对橡胶具有防腐和防老化作用，因此烟胶片的综合性能好、保存期较长，是 NR 中物理机械性能最好的品种，可用来制造轮胎及其他橡胶制品。烟胶片制造时耗用大量木材，生产周期长，生产成本高。

（3）特种及改性 NR

脱蛋白天然胶是指将新鲜的天然胶乳通过水洗或者蛋白酶水解的方式，将天然胶乳内的游离蛋白和橡胶粒子表面的结合蛋白进行脱除而得到的 NR。经过脱蛋白纯化工艺处理后，NR 的氮含量和灰分含量极低，使其致敏性大大降低，因此主要制成乳胶制品，广泛应用于医药、卫生、保健等领域。

黏度恒定 NR 是在胶乳或湿的颗粒胶中，加入极少量的储存硬化抑制剂，保持生胶有一个稳定的黏度范围，再经过凝固、干燥得到黏度稳定的 NR。这类橡胶通常不需要塑炼。

易操作 NR 是由 20% 硫化胶乳与 80% 新鲜胶乳混合凝固，经干燥、压片制成。因压延、挤出时表面光滑、收缩小，常用来制备压延、挤出制品。

充油 NR 是在胶乳中混合大量填充油（芳烃油或环烷油），经絮凝、造粒、干燥而成。亦可将填充油直接喷洒在絮凝的颗粒上，经混合压块而成。适用于乘用轮胎胎面、管带和胶板等产品。

四、天然橡胶的成分及其对加工、使用性能的影响

1. 成分及作用

使用胶乳制造 NR 时会有部分非橡胶烃成分残留在固体 NR 中，一般的固体 NR 中非橡胶烃占 5%～8%（质量分数），见表 1-4，橡胶烃占 92%～95%。鲜胶乳中含有多种蛋白质。蛋白质易吸潮、发霉，使电绝缘性下降，增加生热性，某些人接触它时会引发过敏；蛋白质分解产物可促进硫化，迟延老化；颗粒状的蛋白质有增强作用。丙酮抽出物是指 NR 中能溶

于丙酮的那部分非橡胶烃成分，主要由类脂和它的分解产物构成。新鲜胶乳中的类脂主要由脂肪、蜡、甾醇、甾醇酯和磷脂构成。胶乳加氨后类脂中某些成分分解产生硬脂酸、油酸等脂肪酸。某些丙酮抽出物在混炼时起分散作用，硫化时起促进作用，使用时起防老化作用。在此，特别需要指出的是磷脂不溶于丙酮，所以它不属于丙酮抽出物，它的分解产物有胆碱，能促进硫化。灰分中主要有磷酸钙和磷酸镁，还有少量的会促进橡胶老化的铁、铜、锰等变价金属化合物，对于它们有含量限制。如美国标准胶就规定了铜含量低于 0.00082%，锰含量低于 0.0010%。

表1-4 非橡胶烃成分及其含量（质量分数）

成分名称	含量/%	成分名称	含量/%
蛋白质	2.0～3.0	灰分	0.2～0.5
丙酮抽出物	1.5～4.5	水分	0.3～1.0

2. 蛋白质过敏

天然胶乳含有 $2\%\sim3\%$ 的蛋白质，可能引起天然胶乳制品接触者过敏，由于近年来使用增多，过敏事件频繁发生，过敏比例为 12.5%，其中 2.5% 有过敏症，10% 血液中产生抗体。引起过敏的原因主要是胶乳制品中残留的可溶性蛋白质。可溶性蛋白质质量分数小于 110×10^{-6} 时基本不会发生过敏症状。然而用离心浓缩生产的胶乳及其制品中所残留的可溶性蛋白质质量分数远远大于 110×10^{-6}。采用酶、辐射、多次离心洗涤等方法可使胶乳的蛋白质含量有效降低。我国已制出残留可溶性蛋白质质量分数低至 45.4×10^{-6}（最低达 35.7×10^{-6}）的低蛋白质胶乳，满足美国食品与药品管理局的质量标准——可溶性蛋白质质量分数小于 50×10^{-6} 的要求。目前世界上只有少数国家成功开发出低蛋白质胶乳及其制品并投入生产，其中马来西亚是主要的低蛋白质胶乳生产国家。

五、天然橡胶的分子链结构和聚集态结构

1. NR 的大分子链结构

NR 主要由顺式-1,4-聚异戊二烯构成，占 97% 以上，还有 $2\%\sim3\%$ 的 3,4-键合结构。NR 分子链上有少量的醛基。在贮存过程中，醛基可与蛋白质的分解产物氨基酸反应形成支化和交联，进而使生胶黏度升高。推测 NR 大分子的一端是二甲基烯丙基，另一端是焦磷酸基。NR 分子量很大，主体主要由 1,4-聚异戊二烯组成，结构式为：

$$\mathrm{-\!\!\!+\!CH_2\!-\!\underset{\underset{CH_3}{|}}{C}\!=\!CH\!-\!CH_2\!\!+\!\!\!_n}$$

2. NR 的分子量和凝胶

NR 的分子量分布比较宽，绝大多数在 3 万～3000 万之间。分子量分布指数在 2.8～10 之间，为双峰分布：在 20 万～100 万低分子量区域存在一个峰，在 100 万～250 万高分子量区域存在一个峰。三叶橡胶的这种双峰分布规律基本可以用三种曲线进行描述，如图 1-3 所示。Ⅰ型和Ⅱ型都有明显的两个峰；Ⅲ型仅有一个峰。这三种分布计算得到的平均分子量不同，Ⅰ型<Ⅱ型<Ⅲ型。双峰的低分子量部分对加工有利，高分子量部分对性能有利。用凝胶渗透色谱（GPC）测定分子量可知，当分子量大于 1.00×10^5 时，就开始有支化。随分子量增加，支化程度增加。

NR 中含有 10%～70% 的凝胶，因为树种、产地、割胶季节、溶剂的不同，凝胶变化范围比较宽。凝胶中有炼胶时可以破开的松散凝胶，还有炼胶时不能破开的紧密凝胶。紧密凝胶的尺寸约为 120nm，分布在固体胶中，见图 1-4。紧密凝胶对 NR 的强度，特别是未硫化胶的强度（格林强度）有贡献。

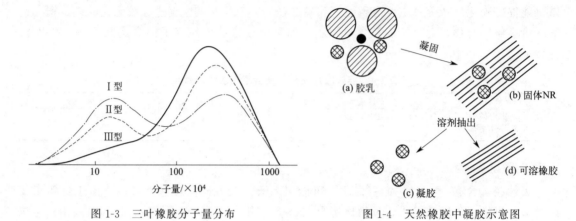

图 1-3　三叶橡胶分子量分布　　　　图 1-4　天然橡胶中凝胶示意图

3. NR 的结晶性

（1）低温结晶性

NR 的结晶与其他高分子材料的结晶类似，但 NR 结晶相比聚乙烯等是一个相对缓慢的过程。硫化 NR 和未硫化 NR 都会发生低温结晶现象，未硫化橡胶的低温结晶现象更明显。

NR 中的顺式-1,4-聚异戊二烯可结晶，为单斜晶系，晶胞中有 4 条分子链、8 个异戊二烯链单元，见图 1-5。晶胞等同周期为 0.810nm。结晶部分的密度为 1.00g/cm^3，在低温、

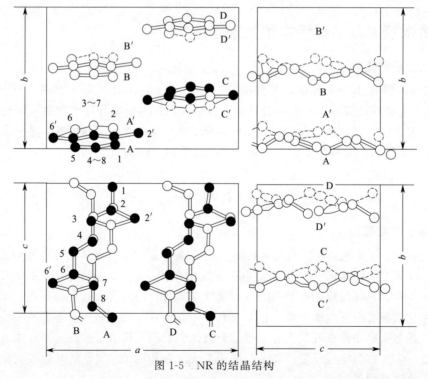

图 1-5　NR 的结晶结构

拉伸条件下均可使 NR 结晶，实际上 NR 结晶温度范围为 $-50\sim10℃$，结晶最快温度 T_k 为 $-25℃$，温度过高和过低都不利于 NR 结晶。NR 中的非橡胶成分对 NR 的结晶具有明显的促进作用，一方面它们充当异相成核剂，另一方面它们与橡胶烃分子链末端相互作用，形成了复杂的空间网络结构。

（2）应变诱导结晶

对硫化 NR 进行拉伸很容易使分子网络结构在外力作用下取向，即应变诱导结晶。一旦应变撤去，这种结晶又会迅速消失，NR 的结构和外形随之恢复。从图 1-6 可见 NR 的结晶对应变响应性敏感，所以自补强性比较好。

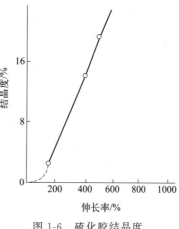

图 1-6　硫化胶结晶度和伸长率的关系

六、 天然橡胶链烯烃的化学性质和物理机械性能

（一） NR 的化学性质

1. 链烯烃的一般反应性

NR、BR、IR、SBR、NBR、CR 都是二烯烃类橡胶。每条大分子上都有成千上万个双键，双键中的 π 键和小分子烯烃双键中的 π 键本质相同。π 电子云分布在原子平面的上下，是电子源，为 Lewis 碱，可与卤素、氢卤酸等亲电试剂发生亲电的离子加成反应。该反应分两步：首先形成中间体——碳正离子，然后完成反应。该加成反应的速度取决于碳正离子的结构，反应速度的顺序是：叔碳正离子＞仲碳正离子＞伯碳正离子。

链烯烃也与自由基反应：与氧、过氧化物、紫外线和自由基抑制剂（如氢醌）的反应就是自由基反应的标志。其反应速度类似于上述碳正离子：叔碳自由基＞仲碳自由基＞伯碳自由基。

链烯烃还发生 α-H 反应，α-H 就是指与双键相邻碳原子上的氢。α-H 易于脱掉，形成烯丙基自由基，发生取代、氧化反应。

2. NR 的反应性

上述几种反应是 NR 及其他不饱和橡胶发生硫化、老化及其防护、化学改性的基础。NR 分子链上平均每四个碳原子上便有一个双键，可以发生离子或自由基加成，也可以发生 α-H 反应，这主要取决于反应条件。当然实际的硫化、老化及防护都是相当复杂的。NR 的有机过氧化物硫化、氧化及引发剂存在下的马来酰亚胺的改性主要都是 α-H 反应。NR 有 a、b、c 三个 α-H 位置，J. L. Ballend 证实了三个位置 α-H 的活性为 $a>b>c$，见表 1-5。

表 1-5　α-H 的活性

位置	C—H 解离能/(kJ/mol)	C—H 断裂容易程度[①]
a	320.5	11
b	331.4	3
c	349.4	1

① 数值越高，C—H 断裂越容易。

大量实践表明，硫黄促进剂的硫化和热氧化反应活性，与 HCl 的亲电离子型加成反应中的反应活性，都是 NR＞BR＞CR。分析如下：

BR：双键碳原子上无取代基，双键上电子云密度正常，未被极化。

NR：双键碳原子上连着推电子的甲基，不仅双键上电子云密度比一般的大，双键被活化，而且双键被极化。

CR：双键上连有的是电负性比较大的氯原子，双键上电子云密度比一般的小，双键活性下降，而且被极化。

（二）物理机械性能

1. 一般物理参数

NR 的一般物理学参数见表 1-6。

表 1-6　NR 的一般物理学参数

性能	数值	性能	数值
密度/(g/cm^3)	0.913	折射率(20℃)	1.52
内聚能密度/(MJ/m^3)	266.2	燃烧热/(kJ/kg)	44.8
体积膨胀系数/($\times 10^{-4}$K^{-1})	6.6	热导率/[W/(m·K)]	0.134
体积电阻率/(Ω·cm)	$10^{15} \sim 10^{17}$	比热容/[kJ/(kg·K)]	1.88～2.09

2. 玻璃化转变温度

橡胶的玻璃化转变温度与分子量无关，与分子链段的长短、橡胶的品种等有关。表 1-7 列举了常用橡胶的玻璃化转变温度。橡胶中配合增塑剂可以提高链段的活动能力，从而降低玻璃化转变温度。

通常用玻璃化转变温度表征橡胶的耐寒性能，玻璃化转变温度越低，耐寒性越好。

表 1-7　常用橡胶的玻璃化转变温度

类型	T_g/℃	类型	T_g/℃
天然橡胶	−73～−70	异戊橡胶	−73～−70
丁苯橡胶	−60～−58	丁腈橡胶(25%～30%丙烯腈)	−47～−40
顺丁橡胶	−108～−102	乙丙橡胶	−65～−60
丁基橡胶	−70～−65	氯丁橡胶	−50～−40
氟橡胶	−30～−28	硅橡胶	−128～−120

NR 生胶加热变软并逐步变为黏流态的温度为 130℃，开始分解的温度为 200℃，激烈分解的温度为 270℃。

3. 弹性

NR 生胶和交联密度不太高的硫化胶的弹性是非常高的，在通用橡胶中仅次于顺丁橡胶。在 0～100℃ 范围内回弹性为 50%～85%，弹性模量仅为钢的 1/3000，伸长率可达 1000%，拉伸到 350% 时，去掉外力后将迅速回缩，仅留下 15% 的永久变形。

NR 高弹性的特点：①弹性变形大，最高可达 1000%，而一般金属材料的弹性变形不超过 1%；②弹性模量小，约为 10^5Pa，而一般金属材料弹性模量可达 $10^{10}\sim10^{11}$Pa；③弹性模量随着绝对温度（热力学温度）的升高呈正比增加，而一般金属材料的弹性模量随温度升高而降低；④形变时有明显热效应。

高弹性来源于：①键的内旋转位垒低，如—CH_2—CH =CH—CH_2—中的双键不能旋转，而与双键连接的 σ 键旋转位垒仅为 2.07kJ/mol，可认为自由旋转；②分子链上每 4 个主链碳原子上有一个侧甲基，侧基不密、不大；③分子间相互作用力不大，内聚能密度仅为 266.2MJ/m^3，大分子运动相互束缚小。根据 Small 的基团摩尔体积数据，按比例绘制了六种胶的分子链平面示意图，见图 1-7。BR 没有侧基，NR 有侧基，而 IIR 有密集的侧甲基。由图 1-7 便可形象地理解 NR 有中上等弹性的原因。

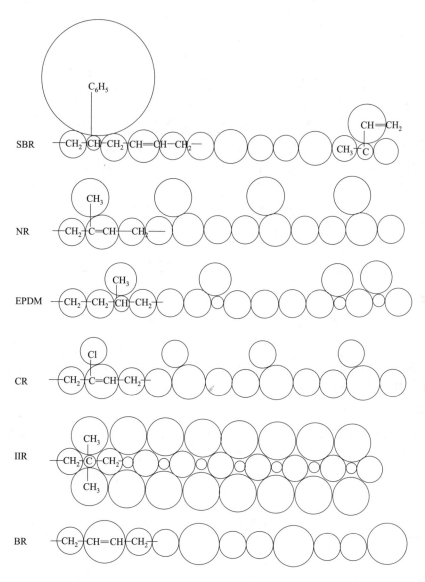

图 1-7　几种橡胶分子链平面示意图

4. 强度

NR 具有相当高的拉伸强度和撕裂强度，未补强 NR 硫化胶的拉伸强度可达 17～25MPa，补强硫化胶可达 25～35MPa，撕裂强度可达 98kJ/m，且随温度升降变化不那么显著。特别是未硫化胶的拉伸强度（格林强度）比合成橡胶高很多。未硫化胶的强度对加工是很重要的，如轮胎成型需要受到比较大的拉伸，如果一拉就断了，那么这类工艺就很难实施了。NR 与 IR 的应力-应变曲线对比见图 1-8，NR 拉伸强度高的原因，一方面是它有好的拉伸结晶性；另一方面可能是它含有凝胶，特别是紧密凝胶的贡献。

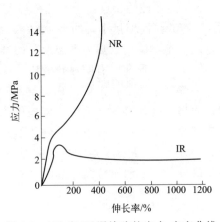

图 1-8　NR 和 IR 混炼胶的应力-应变曲线
NR 配方（质量份）：SMR 100，S 2，
M 0.75，ZnO 5，SA 3，HAF 45，防老剂 1；
IR 配方（质量份）：除 M 1.75 外，
其余与 NR 同（试验温度 25℃）

5. 电性能

NR 的主要成分橡胶烃是非极性的，虽然某些非橡胶烃成分有极性，但含量很少，所以总的来讲，NR 是非极性的，是一种绝缘性较好的材料。绝缘体的体积电阻率在 10^{10}～10^{20} Ω·cm 范围内，而 NR 生胶一般为 10^{15} Ω·cm。硫化胶和生胶的电性能见表 1-8，虽然硫化引进了少量极性因素，使它们的绝缘性能略有下降，但仍然是比较好的绝缘材料。

表 1-8　硫化胶和生胶的电性能

电性能	硫化胶	生胶	电性能	硫化胶	生胶
体积电阻率/(Ω·cm)	10^{14}～10^{15}	10^{15}～10^{17}	介电损耗角正切	0.5～2	0.16～0.29
介电常数	3～4	2.37～2.45	介电强度/(MV/m)	20～30	20～40

6. 耐介质性能

介质通常是指油类、酸、碱、试剂等液体物质。如果橡胶既不与其反应，又不互溶，那么该橡胶就耐这种介质。因为 NR 是非极性橡胶，所以不耐非极性的油，如汽油、机油、变压器油、柴油等；不耐苯、环己烷、异辛烷等。生胶在上述介质中溶解，硫化胶溶胀。NR 耐极性介质，如乙醇、丙酮、水等。

7. 疲劳性能

橡胶材料的疲劳破坏都是源于在外加因素的作用下，材料内部的微观缺陷或薄弱处逐渐破坏。天然橡胶由于具有拉伸结晶性，因此耐疲劳性优异，尤其是在较大变形条件下。从表 1-9 中可以发现，NR 的疲劳裂纹扩展速率常数是最低的，具有最好的耐破坏性能。

表 1-9　各种橡胶材料的疲劳裂纹扩展速率常数

橡胶	未填充	填充	橡胶	未填充	填充
天然橡胶	2.0	2.0	丁腈橡胶	2.7	2.8
异戊橡胶	3.8	2.0	氯丁橡胶	1.7	3.4
丁苯橡胶	2.3	2.4	三元乙丙橡胶	3.4	3.2
顺丁橡胶	3.6	3.0			

七、天然橡胶的配合与加工

1. 配合

NR 具有广泛的配合适应性，许多配合剂都能用于 NR。NR 必要的配合体系是硫化体系，实际工程上一般都要用的体系还有老化防护体系、补强填充体系和增塑体系，有时需特种配合体系，如阻燃、发泡、黏合、磁性、导电、电绝缘、着色、透明等。NR 最常用的硫化体系是硫黄硫化体系，其中包括硫黄、促进剂和活性剂。常用的促进剂有噻唑类（如 M）、次磺酰胺类（如 CZ）、秋兰姆类（如 TMTD）等。活性剂多用氧化锌和硬脂酸。过氧化物、马来酰亚胺、酚醛树脂等也都能硫化 NR。防老剂主要有胺类，如 4020 等对苯二胺类，非污染酚类，如 2246 等。补强填充体系可以不用，NR 有好的自补强性，但为进一步提高力学性能，改善加工性能和降低成本，一般使用补强剂。补强剂主要是炭黑和白炭黑，也有用补强树脂及甲基丙烯酸盐类补强的。填充剂常用的有碳酸钙、陶土、滑石粉等；有机的如木粉、果壳粉；工业废料如粉煤灰等。增塑体系有石油系的环烷油、芳香油、石蜡，还有煤焦油、松焦油、古马隆等。

2. 加工

NR 具有最好的综合加工性能，对加工设备、加工条件有比较宽范围的适应性。

（1）塑炼

NR 中除了恒黏胶、低黏胶外，均需塑炼。通用 NR 门尼黏度比较高，1 号烟胶片的门尼黏度在 90~120 之间，必须通过塑炼取得适当的可塑性，方能进入混炼阶段。NR 易取得可塑性，使用塑解剂效果明显，高、低温塑炼均可，开炼时辊温为 45~55℃，密炼排胶温度为 140~160℃，螺杆挤出连续塑炼时排料温度约 180℃。NR 易发生过炼，应予以注意。

（2）混炼

NR 易吃料，对多数配合剂的湿润性较好，配合剂分散比较好，开炼、密炼均可。混炼过程中不会像某些合成橡胶那样出现粘辊、掉辊、出兜、裂边、压散等问题，混炼操作比较容易。通常的加料顺序：生胶→小料→补强填充剂→增塑剂→硫化剂→薄通下片。

（3）压延挤出

NR 易于压延挤出，胶料的收缩率低，半成品的尺寸、形状稳定性好，表面光滑。胶料的黏着性好，帘布、帆布擦胶、贴胶时，半成品的质量易于得到保证。

（4）硫化

NR 具有良好的硫化特性，模压硫化、直接蒸汽硫化、热空气硫化均可；硫化参数易于调控，如硫化的诱导期、硫化速率易于调控等；硫化操作容易，胶料流动性好，黏着性好，不仅模制品质量好，且出模容易。适宜的硫化温度是 143℃，一般不超过 160℃，如果温度再高，则硫化时间要短。NR 易发生返原，应予注意。

八、天然橡胶的质量控制

生胶是橡胶制品的母体材料，使用者必须根据所使用生胶应符合的标准进行质量检查，达到标准的方可使用。常用的标准有：国际标准（ISO）、国家标准（GB）、化工行业标准（HG）、企业标准（代号各家自定）、ASTM 标准。

九、天然橡胶的代用品

1. 异戊橡胶

异戊橡胶（IR）是溶液聚合的高顺式-1,4-聚异戊二烯，分子量分布比较窄，支化少，几乎没凝胶，不含NR那些非橡胶烃成分，仅含微量的残留催化剂。所以它的纯度比较高，为质量均一无色透明体。IR是最接近NR的一种合成橡胶，配合加工类似于NR。配合时，硫黄要比NR少10%～15%，促进剂要多10%～20%，密炼时容量要多5%～15%，挤出压延收缩率小，黏着性不亚于NR，加工流动性好，硫化速度比NR慢，弹性和NR一样好，生热和永久变形比NR低，吸震性和电绝缘性都比较好。未硫化胶的强度比NR低很多，基本可代替NR，用于轮胎、管带、胶鞋等领域，近年来逐步成为医疗卫生、食品、日常用品、健身器材方面的重要原料。

2. 反式-1,4-聚异戊二烯

反式-1,4-聚异戊二烯（TPI）可来源于自然界的植物——杜仲树，也可以人工合成。国内工业化生产的TPI源于青岛科技大学黄宝琛教授自主知识产权开发的本体沉淀聚合技术。TPI是NR（IR）的同分异构体，二者的差别主要在于两个亚甲基位于双键的位置不同。TPI尽管分子链同NR分子链一样柔顺，但它在常温下可结晶，是一种硬质塑料状态而不是弹性橡胶状态。由于TPI熔点不高（$T_m=60℃$），限制了其在塑料材料及制品领域中的应用。如果要想将TPI作为弹性体来应用，必须抑制或破坏其结晶。根据硫化程度不同，TPI呈现三种不同的状态。未硫化状态下它是一种具有结晶性的热塑性材料，轻度交联后可用作形状记忆材料，完全交联则变成弹性体，可用于轮胎、减震零件等，可部分替代NR、BR或SBR使用。

十、天然橡胶的应用

NR主要用于轮胎，特别是子午线轮胎、管带、胶鞋等各类橡胶制品。各种不要求耐油、耐热等特殊要求的橡胶制品都可使用，它的应用范围十分广泛，特别对于加工性能满足不了要求的合成橡胶，往往采用与NR并用的方法。

第三节

丁苯橡胶

丁苯橡胶（SBR）是丁二烯和苯乙烯的共聚物，按聚合方式可分为乳聚丁苯橡胶（ESBR）和溶聚丁苯橡胶（SSBR）。

SBR是最早工业化的合成橡胶之一。1937年德国I.G. Farben公司开始工业化生产ESBR，商品名为Buna® S。第二次世界大战爆发以后，橡胶的需求量激增，美国政府投资成立橡胶储备公司，动员8家公司和14所院校从事合成橡胶的开发，于1942年生产出ESBR，因受美国政府控制并接受财政投资，因此命名为政府橡胶-S（GR-S）。苏联也于1949年开始了ESBR的生产。中国的首套ESBR装置由苏联援建，于1960年5月在兰州投产。

以上ESBR的共聚温度较高（约50℃），通常称为高温ESBR。20世纪50年代初，随着氧化-还原引发剂体系的技术性突破，ESBR实现了低温聚合（约5℃）。与高温ESBR相比，低温ESBR的特点是分子量高、分子量分布窄、支化程度低，其物理机械性能更好。目前，低温ESBR约占ESBR的90%。随着合成橡胶技术的不断发展，自1951年出现了充油丁苯母胶后，又出现了充炭黑丁苯母胶、充油充炭黑丁苯母胶、高苯乙烯丁苯橡胶、羧基丁苯橡胶和液体丁苯橡胶等品种。

20世纪60年代中期，随着阴离子聚合技术的发展，SSBR开始工业化生产。SSBR的微观结构、结合苯乙烯含量和长链支化度可以在很宽的范围内变化，因此可以微调并优化轮胎的重要性能，例如湿抓地力、滚动阻力、耐磨性，以及良好的混炼胶加工性能。随着轮胎标签法的出台与实施，SSBR是现在合成橡胶发展的重点之一。20世纪80年代以来，官能化SSBR被开发出来，它与炭黑的相互作用更强，不仅改善了炭黑的分散，而且SSBR分子链末端与炭黑附着，可用于生产滚动阻力更低的轮胎胎面。20世纪90年代，随着绿色轮胎技术的出现，SSBR的研究重点转向可与白炭黑发生相互作用和反应的官能化。1996年，燕山石化建成第一套SSBR生产装置。

20世纪80年代末，人们将高分子设计理论与轮胎动态性能的优化结合起来，提出了集成橡胶的新概念，其中苯乙烯-异戊二烯-丁二烯三元共聚橡胶（SIBR）是最具代表性的产品。通过分子设计和链结构的优化组合，SIBR集良好的低温性能、低滚动阻力和高抓着力于一身，最大限度地提高了轮胎胎面的综合性能。在过去的十年中，ESBR正逐渐被SSBR取代，非官能化SSBR正逐渐被官能化SSBR取代。SIBR产品的商业化进程较慢，主要原因是生产成本过高。

一、单体及分类

1. 单体

SBR是由苯乙烯和丁二烯两种单体共聚而成。有些SBR产品中会引入第三单体，例如异戊二烯、二乙烯基苯、萜类衍生物和含官能团的单体，以改善某些特定的性能。

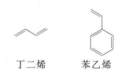

2. 分类

SBR通常按制备方法进行分类，见表1-10。

二、丁苯橡胶的聚合工艺

1. ESBR的聚合工艺（以低温聚合为例）

低温聚合ESBR的工业化技术已经非常成熟，其生产工艺流程如图1-9所示。ESBR生产线通常由标准化的生产单元组成，包括聚合单元（串联反应器组）及单体回收单元（包括丁二烯闪蒸罐、苯乙烯汽提塔）。聚合之前，先将丁二烯、苯乙烯、链转移剂（例如硫醇）、活性剂（例如铁盐）、水和乳化剂等进行预冷，然后连续加入第一个反应器中，采用过氧化

表 1-10　SBR 的分类

物作为引发剂，在 5~10℃下进行聚合。当单体转化率达到 60%~70%时，加入自由基清除剂（也称为快速终止剂）终止反应。胶乳被输送到闪蒸罐中，去除未反应的丁二烯，回收的丁二烯被压缩，之后重新参与聚合。然后，胶乳被送入汽提塔以脱除残留的苯乙烯。随后向胶乳中加入稳定剂，以保护聚合物在干燥过程不发生热降解，并且使橡胶聚合物的性能在储存过程中保持稳定。如果生产充油 E-SBR 牌号，应该在絮凝之前加入填充油，使其与胶乳混合。最后，胶乳被送入储存罐待用。

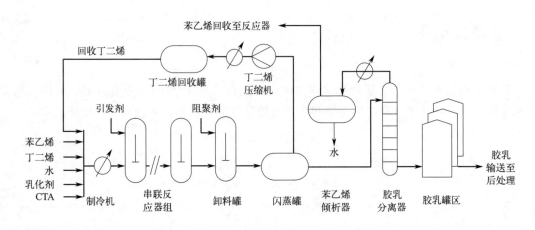

图 1-9　ESBR 低温聚合和单体回收的工艺流程示意图

来自储存罐的胶乳被泵入高速剪切的搅拌槽，加入酸和絮凝剂破坏胶乳的稳定，可以得到絮状橡胶颗粒。从絮凝槽罐中流出的絮状橡胶颗粒经过振动筛，除去多余的水。然后，在第三个槽中清洗，以去除絮凝剂残留物。这时，絮状橡胶颗粒的含水量仍然很高，将其送入脱水机，通过压缩和挤压，进一步降低其水分。橡胶行业通常使用隧道式烘干设备，其内部是循环运转的输送带，絮状橡胶颗粒平铺在输送带上，用热空气对其进行干燥，直到产品的挥发分满足质量规范，然后把干燥后的絮状颗粒压成橡胶块，如图 1-10 所示。

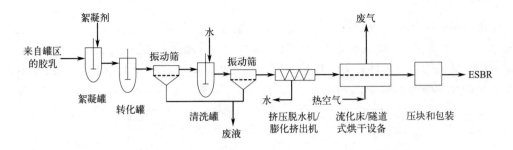

图 1-10 固体 ESBR 橡胶的工艺流程图

商业化 ESBR 产品中含有聚合时加入配料的残留物，这些非橡胶成分约占 10%，通常包括松香酸、松香皂、防老剂 D、灰分、挥发分等，会影响 SBR 的性能，如松香酸的残存会影响硫化速度，一般来说，ESBR 的硫化速度比天然橡胶慢。

2. SSBR 的聚合工艺

典型的 SSBR 生产装置包括原料准备（溶剂与单体的干燥和纯化）、聚合、溶剂脱除、絮状橡胶颗粒的干燥、压块和包装等单元。SSBR 的生产有间歇工艺和连续工艺两种。在间歇工艺中，反应器进料（溶剂、单体、引发剂、改性剂）、聚合、偶联/官能化、产物分离等操作在时间上是分开的，因此生产效率相对较低。聚合反应中，所有的聚合物分子链几乎同时开始增长，因此分子量分布非常窄。有必要对聚合物分子链进行部分偶联，以改善加工性能，同时抑制生胶的冷流。在间歇工艺中，可以通过引发剂来除去原料中的杂质，而且聚合物分子链在反应器中的停留时间较短，不易发生链终止，因此 SSBR 链末端官能化的效率更高。与之相比，连续工艺的生产效率更高，见图 1-11。所得产品的分子量分布较宽，有利于混炼胶的工艺性能，但是链末端官能化的效率较低。

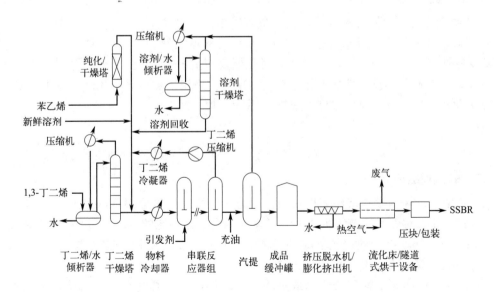

图 1-11 SSBR 阴离子聚合的连续工艺流程示意图

3. SSBR 的官能化

阴离子聚合 SSBR 过程中可引入官能团，官能团的位置可以在聚合物分子链的链首（α-官能化）、链末端（ω-官能化）以及分子链中部（链中官能化）。链中官能化有两种方式：一种是采用官能化的第三单体；另一种是在聚合反应之后对聚合物分子链进行改性。SSBR 官能化改性的化学路径如图 1-12 所示。

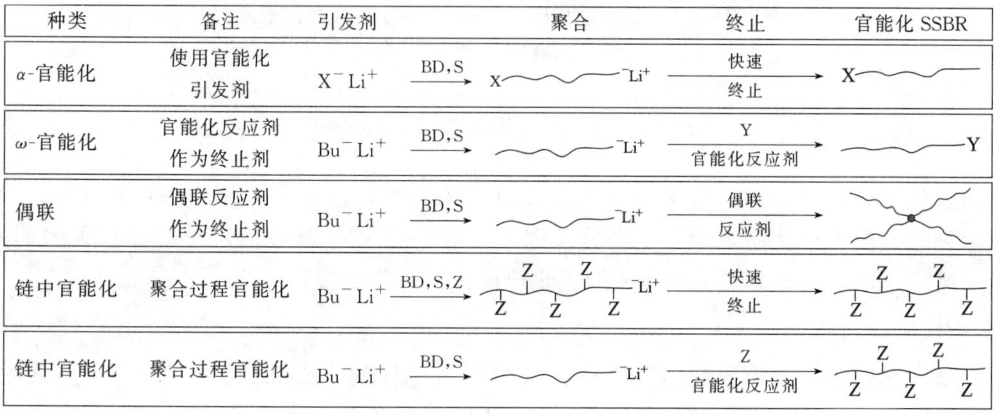

种类	备注	引发剂	聚合	终止	官能化 SSBR
α-官能化	使用官能化引发剂	X^-Li^+	$\xrightarrow{BD,S}$ X~~~~Li^+	快速终止	X~~~~
ω-官能化	官能化反应剂作为终止剂	Bu^-Li^+	$\xrightarrow{BD,S}$ ~~~~Li^+	Y 官能化反应剂	~~~~Y
偶联	偶联反应剂作为终止剂	Bu^-Li^+	$\xrightarrow{BD,S}$ ~~~~Li^+	偶联反应剂	✳
链中官能化	聚合过程官能化	Bu^-Li^+	$\xrightarrow{BD,S,Z}$ ~~Z~Z~Z~~Li^+	快速终止	~~Z~Z~Z~~
链中官能化	聚合过程官能化	Bu^-Li^+	$\xrightarrow{BD,S}$ ~~~~Li^+	Z 官能化反应剂	~~Z~Z~Z~~

图 1-12 SSBR 官能化改性的化学路径

三、丁苯橡胶的结构与性能

对于大多数 SBR 产品来说，苯乙烯和丁二烯是无规共聚的。而在热塑性 SBR 中，两种单体是嵌段共聚。在 SBR 的大分子链中，丁二烯有 3 种构型［如图 1-13 中（a）～（c）所示］。

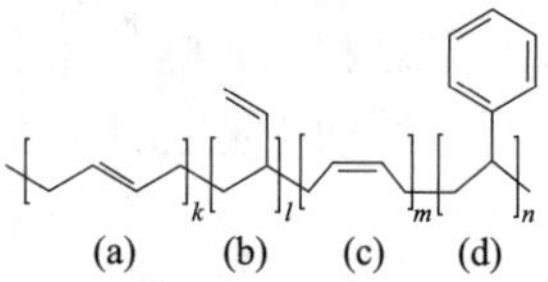

1. 不饱和性与反应性

SBR 属于不饱和度较高的碳链橡胶。与 NR 相比，SBR 的双键含量较低，其侧基苯环为弱吸电子基团。苯环对双键及双键上 α-氢的反应性有钝化作用，且体积较大，对化学反应有一定的空间位阻作用，因此化学反应性比 NR 稍低，表现为：采用硫黄体系硫化时，硫化速度比 NR 慢；耐老化比 NR 稍好，使用温度上限比 NR 约高 10～20℃。

图 1-13 SBR 的化学结构示意图

2. 非极性

与 NR 一样，SBR 为非极性橡胶，可以耐极性介质，但与强氧化介质接触时性能下降较快。

3. 丁二烯的微观结构

ESBR 中丁二烯的微观结构无法控制，而是主要取决于聚合温度（表 1-11）。对于低温 ESBR 来说，丁二烯在其主链上的 1,2-乙烯基结构几乎是固定的（8%～14%）。随着聚合温度的升高，反式-1,4 结构的比例下降；更高比例的顺式-1,4 结构只能在非常高的聚合温度下获得，因此不适合 E-SBR 的工业化生产。

SSBR 采用阴离子活性聚合，合成过程中苯乙烯与丁二烯比例、丁二烯单元的微观结构、聚合物的宏观结构、单元组成的排列顺序、分子量及分子量分布都可进行控制，能够获得滚动阻力、抗湿滑性及耐磨性三者之间的最佳平衡。SSBR 与 ESBR 的对比见表 1-12。

表 1-11 苯乙烯含量和微观结构对 SBR 的 T_g 的影响

种类	牌号	结合苯乙烯含量/%	1,3-丁二烯单体/%[①]			T_g/℃
			顺式-1,4	反式-1,4	1,2-乙烯基	
低温 ESBR	Buna® SE1502	23.5	9	76	15	−57
低温 ESBR	Buna® SE1793	23.5	10	75	15	−55
低温 ESBR	Buna® SE1799	40.0	9	75	16	−41
高温 ESBR	典型 SBR 1006	23.5	22	58	20	−55
S-SBR	Buna® SL4525-0	25.0	41	49	10	−69

① 此表中顺式-1,4 + 反式-1,4 + 1,2-乙烯基 = 100%。

表 1-12 ESBR 和 SSBR 的对比

项目	低温 ESBR	SSBR	对胎面胶料性能的影响
聚合方式	自由基乳液聚合	阴离子溶液聚合	
苯乙烯含量/%	1~60	1~45	湿抓地力,耐磨,滚动阻力,刚度
1,2-乙烯基含量/%	8~14(固定)	10~80(可控)	湿抓地力,耐磨,滚动阻力
分子量分布	宽(4~6)	窄(1.5~2)	窄分布有利于耐磨和降低滚动阻力
共聚单体分布	随机	从无规到嵌段	无规分布有利于降低滚动阻力
长链支化	多且不可控	可控:线型,无规,星型支化	对动态性能不利
链端功能化	不适用	易反应	降低滚动阻力
乳化剂	高达 6%	无	对动态性能不利

4. 玻璃化转变温度与弹性

与 NR 相比,SBR 大分子链上的侧基(苯基和乙烯基)体积更大,因此分子链不易内旋转,柔顺性较差;而且 SBR 内聚能密度更高(297.9~309.2 kJ/m),分子链间作用力更大。所以,SBR 的 T_g 比 NR 高,弹性中等,不如 NR。

5. SBR 的耐磨性优于 NR

轮胎的道路试验结果(图 1-14)表明,在不同苛刻程度的路面条件下,SBR 胎面的耐磨性始终优于 NR,而 BR 只有在高度苛刻的路面上才优于 SBR。一般来说,SSBR 的耐磨性优于 ESBR,官能化 SSBR 的耐磨性则可得到进一步提高。

6. SBR 的抗湿滑性和滚动阻力

SBR 主要用于制造轮胎胎面,胎面胶料的耐磨性、抗湿滑性和滚动阻力构成了轮胎性能的"魔鬼三角"。抗湿滑性是指轮胎在干、湿路面以及冰、雪路面上的抓地能力,它与汽车的行驶安全性紧密相关。滚动阻力是指轮胎在滚动时因发生周期性形变而损耗的能量(即滞后损失),它关系到汽车的燃油经济性。对于轮胎来说,抗湿滑性能与 0℃时的损耗因子(tanδ)相关,其值越高越好;而滚动阻力与 60℃(或 50℃)的 tanδ 相关,其值越低越好。采用炭黑和白炭黑填充的 ESBR 和 SSBR

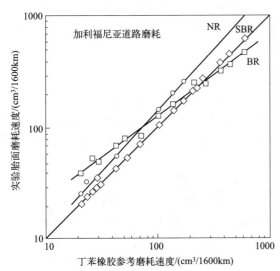

图 1-14 轮胎胎面胶料的磨耗与
道路苛刻程度之间的关系
50 份 HAF:美国北方加利福尼亚道路试验

胶料，其 tanδ 随温度的变化（图 1-15）表明：使用 SSBR 和白炭黑的轿车轮胎胎面胶，在 60℃时具有最低的 tanδ 值，在 0℃时具有最高的 tanδ 值，可以提供最佳的轮胎性能。

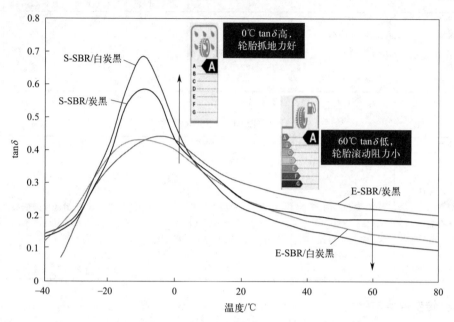

图 1-15　不同 SBR 胎面硫化胶的损耗因子 tanδ（10Hz）与温度的关系曲线

SSBR 的 T_g 对轮胎胎面性能有重要影响。苯乙烯无规分布的 SSBR，其 T_g 主要取决于聚合物中 1,2-乙烯基和苯乙烯单体的含量，顺式/反式-1,4-结构的比例几乎不影响 T_g。随着 1,2-乙烯基和结合苯乙烯含量的增加，SSBR 的 T_g 升高，较高的 T_g 可以改善轮胎的抗湿滑性能，但轮胎的滚动阻力和耐磨性能会下降。针对不同的应用需求，可以通过不同的乙烯基/苯乙烯组合来获得目标 T_g。高结合苯乙烯含量可以提高胶料的动态刚度，改善胎面胶的抓地力和操控性能，因此可用于超高性能夏季轮胎。高乙烯基含量的 SSBR 能够降低胎面胶的滚动阻力和磨耗，可用于优先考虑滚动阻力的绿色轮胎。低 T_g 的 SSBR 主要应用于冬季胎和卡车胎的胎面。

7. 官能化 SSBR

SSBR 的官能化可以显著改善胎面胶的性能，特别是滚动阻力和耐磨性，同时不会对胎面胶的抗湿滑性能产生负面影响。轮胎性能改善的程度取决于官能团的类型、官能化的位置和官能化的程度。

当官能团位于聚合物分子链的链首（α-位）或末端（ω-位）时，其作用最大。α-位和 ω-位的官能团与填料表面发生相互作用，可以改善填料的分散，并且限制链末端的活动能力。这两种情况都可以减少滞后损失。对于线型 SSBR 来说，每条分子链上的官能团最多为两个。相比之下，当每条分子链上的官能团数目相同时，链内官能化的效果较差。但是，链内官能化可以在每条分子链上引入两个以上的官能团。因此，就硫化橡胶的动态性能而言，链内官能化 SSBR 明显优于 α-位和 ω-位官能化 SSBR。

8. 结晶性与强度

SBR 是丁二烯和苯乙烯的无规共聚物，是非结晶材料，属于非自补强性橡胶，所以 SBR 的生胶强度、未补强硫化胶强度都远低于 NR。加入补强填料后，SBR 硫化胶的强度也低于同等配方的 NR 硫化胶。

9. 耐龟裂性能

SBR 的耐起始龟裂性能比 NR 好，但裂口增长速度比 NR 快，SSBR 的耐花纹沟龟裂性比 ESBR 好。

10. SBR 的常用物理参数

SBR 的物理参数见表 1-13。

表 1-13 SBR 的物理参数

性能	数值	性能	数值
密度/(g/cm³)	0.92～0.95	比热容/[kJ/(kg·K)]	1.89
体积膨胀系数/($\times 10^{-4} K^{-1}$)	6.60	热导率/[W/(m·K)]	0.300
折射率(23℃)	1.53	介电常数(1000Hz)	2.5
溶解度参数/MPa$^{1/2}$	17.0		

四、丁苯橡胶的典型性能参数

商业化 SBR 的典型性能参数包括门尼黏度 [ML(1+4)100℃]、结合苯乙烯含量、1,2-乙烯基含量、充油类型和含量。

1. 门尼黏度

随着门尼黏度的升高，SBR 的强度和弹性得到改善，但流动性会受到影响。高门尼黏度（特别是充油牌号）、线型结构 SSBR 具有最低的滞后损失（即最低的滚动阻力），但是混炼胶不易加工。降低门尼黏度、增加长链支化可以改善加工性能，但是会增加滞后损失。

2. 结合苯乙烯含量

随着结合苯乙烯含量的增加，SBR 的 T_g 升高，硫化胶的硬度、模量、强度和湿抓地力提高，胶料加工性能改善（挤出收缩率变小，挤出物表面光滑），耐热老化性能得到一定程度提高（因为双键含量下降），但是硫化速度变慢、耐磨性下降、弹性降低、生热增大、滚动阻力增加。ESBR 的结合苯乙烯含量可高达 60%，SSBR 的结合苯乙烯含量通常不超过 45%。SBR 产品以结合苯乙烯含量 23.5% 最为常见，其大分子链上平均每 6.3mol 的丁二烯才有 1mol 的苯乙烯。

3. 1,2-乙烯基含量

随着 1,2-乙烯基含量的增加，SBR 的 T_g 也会升高，但低于同等结合苯乙烯含量对 T_g 的影响。相同 T_g 的 SSBR 在较高温度下，含较多 1,2-乙烯基的橡胶比含较多结合苯乙烯的橡胶具有更低的滞后性、更高的高温回弹性、更低的生热及滚动阻力。

4. 充油类型和含量

高分子量的橡胶通常具有更好的硫化胶性能，为了改善其加工性能，通常会在橡胶生产过程中加入填充油，以降低橡胶表观黏度（即充油后的橡胶黏度降低），以有利于胶料的混炼和加工成型。

SBR 产品中常用的填充油包括：精制残留芳香烃抽提油（TRAE）、精制蒸馏芳香烃抽提油（TDAE）、残留芳香烃抽提油（RAE）、氢化环烷油等，它们也可用作 SBR 混炼胶的增塑剂。

五、丁苯橡胶的配合与加工

1. 配合

　　SBR 的配合原则与 NR 大致相似，主要区别在于：SBR 没有自补强性，因此必须使用补强性填料；SBR 的不饱和度比 NR 低，因而硫黄用量较低，一般为 1.0～2.5 份，促进剂用量则比 NR 多。为了降低滚动阻力，在轿车胎面 SSBR 配方中采用白炭黑替代炭黑后，滚动阻力降低了 20%，冰雪抓地力提高了 8%，湿抓地力提高了 5%，同时耐磨性（胎面寿命指标）和噪声保持在同等水平。在白炭黑填充的混炼胶中，需要使用硅烷偶联剂对白炭黑表面进行疏水化处理，以改善与非极性 SSBR 橡胶的相容性，从而改善白炭黑的分散性。在混炼过程中，温度需要升至 160℃，以便白炭黑和硅烷之间发生化学反应，从而抑制终炼胶中的白炭黑粒子再次发生团聚。

　　SSBR 混炼胶中通常会使用防老剂，以提高其耐老化性能，例如耐热、耐臭氧、耐光和耐机械降解。在 SSBR 混炼胶中，通常使用两种或两种以上的防老剂，例如 PPD 或石蜡，用量分别为 1～2 份。为了改善未硫化胶的黏着性，通常可加入 5 份酚醛树脂增黏剂。由于树脂和增塑剂是低分子量、低 T_g 的物质，只有用量合适，才能得到所需的混炼胶门尼黏度、刚度、混炼胶 T_g，以及硫化胶的动态性能。

2. 加工

　　①SBR 的综合性能仅次于 NR，好于大多数合成橡胶；②密炼排胶温度应低于 130℃，以防止或减少生成凝胶；③SSBR 包辊性差，但混炼生热比 ESBR 小；④ESBR 的挤出压延收缩率大，SSBR 则有较大改善；⑤SBR 的黏性比 NR 差。

六、丁苯橡胶的应用

　　约 70% 的 SBR 用于轮胎工业，此外还广泛用于胶管、胶带、胶鞋、橡胶地板、密封件、黏合剂以及许多其它橡胶制品。除要求耐油、耐热等特殊性能以外的一般场合均可使用 SBR。

第四节

聚丁二烯橡胶

　　聚丁二烯橡胶（BR）是以 1,3-丁二烯为单体，在溶液中经阴离子聚合或配位聚合而得到的合成橡胶。根据催化剂种类、聚合技术和条件的不同，BR 单体（即顺式-1,4、反式-1,4 和 1,2-乙烯基）的含量也不同。人们通常把顺式-1,4-含量超过 90% 的产品称为顺丁橡胶。顺丁橡胶的玻璃化转变温度（T_g）非常低，具有优异的弹性，在低温下具有优异的动态性能。

　　20 世纪初，德国法本公司以金属钠为催化剂生产了 BR，商业化产品以 Buna® 为商标。随着 Ziegler-Natta 催化剂技术的发明与发展，1960 年美国菲利普斯石油公司首先工业化生产了高顺式含量的钛系 BR。1961 年美国费尔斯通轮胎橡胶公司建成了锂系 BR 生产装置；

1962年美国古德里奇公司建成钴系BR生产装置；1965年日本引进美国菲利普斯的生产技术并采用日本普利司通公司的镍系催化剂生产BR。我国于1966年建成1000t/a的BR工业装置。1970年中科院长春应化所研制成功了用于制备高顺式BR的稀土催化剂，并完成了工业化实验。现在，高顺式BR的首选工艺是基于钕催化剂，该工艺由德国拜耳公司（其合成橡胶产品现在由阿朗新科公司运营）和Enichem公司在20世纪70年代开发，拜耳公司于20世纪80年代将其投入商业化生产。中国于1998年实现了稀土BR的工业化。

与其它催化剂相比，稀土钕系BR具有顺式-1,4含量高、1,2-乙烯基含量极低、支化度低等特点，在降低轮胎滞后损失和生热、降低滚动阻力、提高耐磨性等方面具有独特的性能。此外，聚合过程容易控制、不易产生凝胶、易于脱挥和回收，因此是近些年来研发的热点领域。

一、聚丁二烯的分类

1. 丁二烯单体及键合方式

丁二烯单体有3种聚合方式：顺式-1,4-聚合、反式-1,4-聚合和1,2-聚合。1,2-聚合还有3种异构体，即无规、全同、间同。根据催化剂种类、聚合技术和条件的不同，这些不同构型和异构体的排列方式和比例也不同，因此聚丁二烯的微观结构也不同。

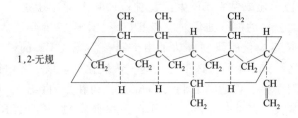

2. 分类

BR 的聚合方法有溶液聚合和乳液聚合，其中以溶液聚合最为常见。溶液聚合 BR 可按微观结构进一步分类：

① 高顺式：顺式 96%～98%，镍系、钴系、稀土钕系催化剂；
② 中顺式：顺式 92%～95%，钛系催化剂；
③ 低顺式：顺式 35%～40%，锂系催化剂；
④ 反式：反式 94%～99%，钒系催化剂，室温下为非橡胶态；
⑤ 高乙烯基 1,2-聚丁二烯橡胶：乙烯基 70% 以上；
⑥ 中乙烯基 1,2-聚丁二烯橡胶：乙烯基 35%～55%。

二、聚丁二烯橡胶的聚合工艺

以连续溶液聚合工艺为例，如图 1-16 所示。典型的 BR 生产步骤包括：单体/溶剂精制、聚合、添加剂加入、蒸汽汽提、挤压脱水、烘干、压块和包装。首先将溶剂和单体输入串联反应器组的第一反应器中，加入催化剂或引发剂，聚合反应开始。当几乎所有单体都参与聚合反应后，添加质子物质以终止聚合，再加入稳定剂和其它添加剂（例如填充油），然后通过蒸汽汽提除去溶剂，得到湿的絮状橡胶颗粒。然后进入后处理工序，絮状橡胶颗粒先后经过振动筛除水、挤压脱水、膨化干燥、热风箱干燥，最后压块并包装。

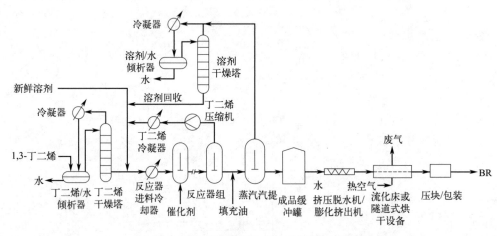

图 1-16 BR 连续溶液聚合的工艺流程示意图

在聚合过程中，丁二烯以不同的构型（顺式-1,4、反式-1,4 和 1,2-乙烯基）接入增长的聚合物分子链。催化剂不同，所得 BR 产品的微观结构、长链支化和分子量分布也不同，如表 1-14 所示。

表1-14 不同BR（采用不同的催化剂）的典型微观结构、长链支化度和分子量分布

项目	Nd-BR	Co-BR	Ni-BR	Ti-BR	Li-BR
顺式-1,4/%	98	97	97	93	38
反式-1,4/%	1.5	1	1	2	51
1,2-乙烯基/%	0.5	2	2	5	11
长链支化度	低	高	高	中	低
分子量分布(M_w/M_n)	2.1	3.1	4.2	3.4	1.1

三、聚丁二烯橡胶的结构与性能

1. 不饱和度与反应性

BR属于不饱和度较高的碳链橡胶。BR主链中的双键含量比SBR多，与NR类似。其化学反应性比SBR高，比NR低，硫化速度中等，耐老化性能优于NR。

BR的抗机械降解性能较好，塑炼后门尼黏度下降的幅度比NR小得多，也比SBR小，因此延长混炼时间对胶料的挤出性能（口型膨胀、挤出速度等）几乎没有影响。

2. 非极性

BR为非极性橡胶，可以耐极性介质，但与强氧化介质接触时性能下降较快。BR与SBR、NR以及CR都有较好的相容性。

3. 玻璃化转变温度与优异的弹性

BR分子链上无侧基，分子间作用力小，柔顺性好，因此具有变形恢复快、回弹性高、滞后损失小、生热低等优点。BR的弹性在通用橡胶中是最好的。

BR的玻璃化转变温度（T_g）主要受其微观结构影响。1,2-乙烯基会降低分子链的活动性，从而导致T_g升高。钕系BR的顺式-1,4含量很高，1,2-乙烯基含量极低，因此T_g非常低（-104℃）。而锂系BR通常含有11%的1,2-乙烯基，其T_g为-93℃。锂系BR是完全无定形的，而高顺式BR是半结晶的聚合物。聚合物微晶的熔点（T_m）随顺式-1,4含量的增加而升高，随1,2-乙烯基含量的降低而升高。与锂系BR不同，高顺式BR具有高度立构规整性，可以发生应变诱导结晶，但结晶程度较低。

因此，BR具有优异的低温性能，在冬季轮胎胎面胶中可以并用部分BR；具有良好的耐屈挠性能，是轮胎胎侧的首选胶种；同时具有较好的耐磨性，在配方中并用一定的BR，可以提高轮胎、鞋底等橡胶制品的耐磨性，延长其使用寿命。但是，BR的抗湿滑性能较差，轮胎胎面胶中BR的并用比例不宜太高，否则会降低抗湿滑性能。BR的力学性能较差，不耐切割，拉伸强度和撕裂强度低于SBR，更低于NR。BR与NR、SBR性能的对比见表1-15。

表1-15 BR、NR、SBR三种橡胶的性能对比

性能	BR	NR	SBR
拉伸强度/MPa	17.5	28.0	23.8
拉断伸长率/%	500	520	580
300%定伸应力/MPa	8.4	12.6	9.8
拉伸强度(93.3℃)/MPa	9.8	19.6	10.5
生热/℃	4.4	4.4	19.4
回弹性/%	75	72	62
硬度(邵尔A)	63	62	60

4. 分子量分布和长链支化度

BR 的分子量分布和长链支化度对其流变行为有显著影响。高线型结构的 BR 具有明显的冷流性,胶块容易发生变形。引入长链支化可以有效降低冷流性。对于门尼黏度相同的不同聚合物,长链支化度较高的牌号,其混炼胶的黏度较低,挤出性能更好。阿朗新科公司针对钕系 BR 开发了特别的改性和支化技术,并已应用于 Buna® Nd EZ 易加工系列产品,可以在优良的加工性能和优异的硫化性能之间获得最佳的平衡。对于热塑性塑料改性而言,支化可以降低橡胶的黏度,从而调节塑料的抗冲击强度和光泽度。

在所有的 BR 产品中,钕系 BR 的分子量分布最窄。因此,钕系 BR 的分子量越高,其交联网络的分子链末端就越少,硫化橡胶的动态性能就越好,这是因为链末端的运动会吸收能量,增加了滞后性。不同 BR 牌号的胎侧配方,其损耗因子($\tan\delta$)-温度曲线见图 1-17。镍系 BR 硫化胶在 60℃时的 $\tan\delta$ 值比钕系 BR 高,预示着它的滚动阻力比 Nd-BR 高。对比不同分子量的钕系 BR 产品,可以看出,高分子量牌号 Buna® CB 22 具有最低的滚动阻力。

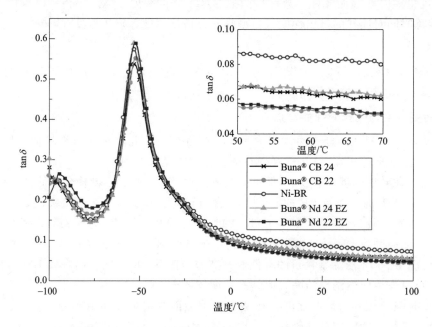

图 1-17 不同 BR 轮胎胎侧配方的 $\tan\delta$-温度曲线(10Hz)

5. BR 的常用物理参数

BR 的常用物理参数见表 1-16。

表 1-16 BR 的常用物理参数

性能	数值	性能	数值
密度/(g/cm³)	0.92~1.0	热导率/[W/(m·K)]	0.22
体积膨胀系数/(×10⁻⁴K⁻¹)	6.7	折射率(23℃)	1.526
溶解度参数/MPa^{1/2}	17.0		

四、聚丁二烯橡胶的配合与加工

1. 配合

BR 的优缺点都很突出,耐低温性能、耐磨性和低生热性能都很优异,但抗撕裂性能、抗湿滑性能和抗刺扎性能都不好，因此 BR 通常会与 NR 或 SBR 并用，用于轮胎不同部位的胶料中。

BR 与 NR、SBR 有类似的配合原则。一般要配合补强剂，配合 10 份白炭黑就能有效地提高它的抗刺扎性。它的黏着性欠佳，所以有时需要配合增黏剂。

2. 加工

BR 的加工性能不如 SBR。主要表现在以下几方面：

① 生胶易发生冷流（因自重流淌），因此对 BR 生胶和混炼胶的存放都有较高的要求。

② 混炼性能差：开炼时易出现脱辊、起兜、破边等问题；密炼时可发生打滑，所以密炼的容量比 NR 多 10%～15%；它的黏着性差，密炼时胶料成团性差。

③ BR 的热撕裂强度低，对温度敏感，挤出压延性能不如 NR，可通过并用 NR 或 SBR 来改善。

④ 胶料流动性好，硫化时容易充满模具，不易发生过硫。

五、聚丁二烯橡胶的应用

BR 主要用于轮胎工业，此外还广泛用于胶管、胶带、胶鞋、体育用品（如高尔夫球）以及其它橡胶制品。锂系 BR 主要用于热塑性塑料抗冲击改性，例如高抗冲聚苯乙烯（HIPS）和本体聚合 ABS（mABS）。除要求耐油、耐热等特殊性能以外的一般场合均可使用 BR。

第五节
乙丙橡胶

乙丙橡胶［EP(D)M］是乙烯、丙烯和少量非共轭二烯烃（通常称为第三单体）的共聚物，其主链完全饱和，具有优异的耐老化性能，对热、氧气、臭氧和辐射有很好的抗耐性，对水、极性介质、各种酸性和碱性化学物质也有很好的抗耐性。根据是否含有第三单体，EP(D)M 可分为二元乙丙橡胶（EPM）和三元乙丙橡胶（EPDM）。目前 EP(D)M 已经发展成为在非轮胎制品应用中消耗量最大的合成橡胶品种，其用途和用量还在不断扩大。

20 世纪 50 年代意大利 Montecatini 公司以乙烯和丙烯为单体，采用齐格勒-纳塔催化剂体系成功合成了 EPM。1957 年意大利实现了 EPM 的工业化生产。1959 年诞生了 EPDM，它在保持 EPM 优异性能的同时，侧链上引入了少量不饱和双键，实现了硫黄硫化体系硫化，因而备受橡胶制品加工企业的青睐，并一举扩大了 EP(D)M 的应用范围。1963 年后意大利埃尼化工、美国杜邦公司、美国尤尼罗尔公司、荷兰帝斯曼公司等相继工业化生产 EP(D)M。

我国对 EP(D)M 的合成及应用研究较早，1972 年兰州石化公司建成了国内第一条年产 2000 吨 EP(D)M 的生产线，试生产过少量产品。1997 年吉林化学工业公司引进日本技术建成 2 万吨级 EP(D)M 生产装置。

近年来，阿朗新科公司成功开发了可控长链支化结构的 EPDM 新品种，其特点是分子量分布窄、支化度高、性能好。催化剂技术也从传统的 Ziegler-Natta 催化剂体系发展到茂金属催化剂（包括杜邦陶氏公司、埃克森美孚公司等），并进一步发展至后茂金属催化剂技术（例如阿朗新科公司的 ACE 技术）。

一、单体及分类

1. 单体

EP(D)M 的主要单体是乙烯和丙烯。EPDM 所使用的第三单体（非共轭二烯烃）有以下四种：

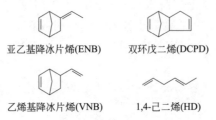

亚乙基降冰片烯(ENB)　　双环戊二烯(DCPD)

乙烯基降冰片烯(VNB)　　1,4-己二烯(HD)

2. 分类

根据是否含有第三单体，EP(D)M 可分为二元乙丙橡胶（EPM）和三元乙丙橡胶（EPDM）。EPDM 又可根据第三单体的种类进一步分为 ENB 型（目前大多数 EPDM 均采用 ENB 作为第三单体）和 DCPD 型（目前仅有两家公司在生产为数不多的几个牌号），HD 型 EPDM 已经退出市场，VNB 型 EPDM 牌号尚在开发之中（仅有三家公司推出过 VNB 含量超过 1% 的试验性产品）。

根据使用习惯，常用的其它分类方法还有：

① 按照 EPDM 生胶充油与否、充油量的多少进行划分：为了改善高分子量 EPDM 产品的加工性能，通常会在生产 EPDM 时填充石蜡油，充油量从 10 份到 100 份不等。

② 按照 EP(D)M 生胶的门尼黏度高低进行划分：一般将门尼黏度［ML(1+4)125℃］40 以下的生胶牌号划为低黏度类；将门尼黏度在 40～80 之间的生胶牌号划为中等黏度类；将门尼黏度高于 80 的生胶牌号划为高黏度类。

③ 按照乙烯含量（质量分数）的高低进行划分：一般可将 EP(D)M 划分为无规型（低乙烯含量，约为 45%～55%）、半结晶型（中等乙烯含量，约为 55%～65%）、结晶型（高乙烯含量，约为 65%～75%）。

④ 按第三单体的含量（质量分数）进行划分：可将 ENB 型 EPDM 划分为低不饱和度类（ENB 含量约为 1%～3%）、中等不饱和度类（ENB 含量约为 3%～5%）、高不饱和度类（ENB 含量约为 5%～8%）、极高不饱和度类（ENB 含量约为 8%～10%），ENB 含量最高一般不超过 12%。

二、乙丙橡胶的聚合工艺

EP(D)M 的工业化生产有三种聚合工艺：溶液聚合、悬浮聚合和气相聚合。包括我国吉林化学工业公司在内的世界上大多数 EP(D)M 合成企业均采用溶液聚合，采用此工艺的 EP(D)M 合成装置约占总产能的 90%。美国联合碳化物公司曾经采用气相聚合工艺生产 EPDM，但装置已于 2008 年关闭。

图 1-18 是典型的 EPDM 溶液聚合工艺流程示意图。聚合之前需要对单体进行精制（避

免极性物质干扰催化剂活性）和深度冷却（中和聚合反应产生的热量）。向反应器中的均相溶液注入催化剂后，聚合反应开始。通常通过单体进料配比和单体转化率来控制聚合物的化学组成，通过温度和添加链转移剂来控制门尼黏度。对于 Ziegler-Natta 催化剂体系，催化剂灭活后会产生酸性残留物，需要通过水洗去除这些残留物。接下来，将稳定剂和填充油（视牌号而定）加入黏稠胶浆中，然后进行闪蒸（去除未反应的单体并进行回收）和蒸汽汽提（去除溶剂以及残留的未反应单体），分离出来的絮状颗粒橡胶进入成品缓冲罐。然后进入后处理工序，絮状橡胶颗粒先后经过振动筛除水、挤压脱水、膨化干燥、热风箱干燥，最后压块并包装。早期 EPDM 工厂的设计产能通常在 2 万~4 万吨/年，随着催化剂技术和聚合工艺的不断发展，同时考虑到市场需求量和生产规模效益，近年来新建装置的生产能力通常在 8 万吨/年以上，有的可高达近 20 万吨/年。

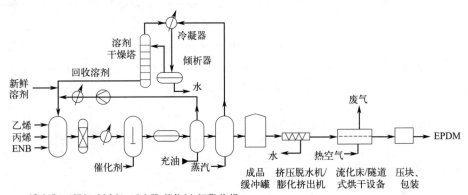

图 1-18　EPDM 溶液聚合的工艺流程示意图

三、乙丙橡胶的结构与性能

EPM 的结构式如下：

$$\text{---}(\text{CH}_2\text{---}\text{CH}_2)_m\text{---}\underset{\underset{\text{CH}_3}{|}}{\text{CH}}\text{---}\text{CH}_2\text{---})_n$$

EPDM 的结构式如下 [以最为常见的亚乙基降冰片烯型三元乙丙橡胶（ENB-EPDM，简称 E 型）为例]：

$$\sim(\text{CH}_2\text{---}\text{CH}_2)_x(\text{CH}_2\text{---}\underset{\underset{\text{CH}_3}{|}}{\text{CH}})_y\text{CH}_2\text{---}\underset{\substack{|\\\text{CH}\text{---}\text{CH}_2\text{---}\text{CH}\\|\quad\quad\quad|\\\text{CH}_2\text{---}\text{C}\\\quad\quad\|\\\quad\quad\text{CH}\\\quad\quad|\\\quad\quad\text{CH}_3}}{\text{CH}}$$

1. 高饱和度与优异的耐老化性能

EP(D)M 是主链完全饱和的碳链橡胶，其中 EPM 是完全饱和的，EPDM 仅在侧链上有少量（摩尔分数 1%~2%）不饱和双键。因此，EP(D)M 对臭氧、氧气、热和辐射有很好的抗耐性。

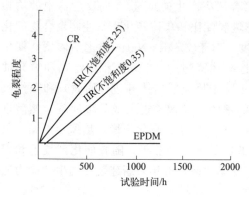

图 1-19　EPDM、IIR 和 CR 耐臭氧性能的对比

EP(D)M 的耐热性是通用橡胶中最好的，采用有效硫黄硫化体系的胶料可在 120℃下长期使用，采用过氧化物交联体系的胶料则可在 150℃下长期使用。

EP(D)M 具有优异的耐臭氧性能，被誉为不龟裂橡胶，是通用橡胶中最好的，其次是 IIR，再次是 CR。三种橡胶的耐臭氧性能对比见图 1-19。不同第三单体的 EPDM，其耐臭氧性有所差异，DCPD 型最好，ENB 型次之。

EP(D)M 还具有优异的耐天候老化性能，能够长期经受大气中的臭氧、氧气、阳光暴晒、紫外线、风、雨、雷电、雾等自然天候老化。这一突出性能使得 EP(D)M 广泛用于汽车和建筑用密封条、防水卷材、户外帐篷等耐候性要求极高的场合。据报道，早在 1968 年，采用 Keltan® EPDM 生产的单层防水卷材就已铺设在荷兰建筑物的屋顶上，到 2016 年仍在正常使用（图 1-20）。

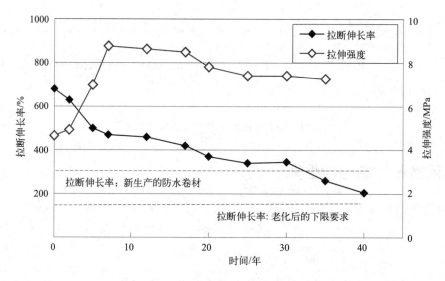

图 1-20　1968 年投入使用的单层 EPDM 防水卷材的性能随时间的变化曲线

2. 非极性

EP(D)M 是一种非极性橡胶，溶解度参数为 $15.8\text{MPa}^{1/2}$，对极性介质如水和水溶液、极性溶剂以及许多酸性和碱性化学物质有很好的抗耐性，但在非极性介质如烃类溶剂、燃料、油和脂肪中会发生明显的溶胀。随着乙烯含量的增加、交联程度的提高、配方填充量的提高（通常采用高分子量 EPDM，特别是充油产品），EPDM 硫化胶的耐油体积溶胀率可以降低至约 70%。此外，在浓酸的长期作用下，EP(D)M 硫化胶的性能会下降。

EP(D)M 具有优异的耐水性能，包括常温水、热水、过热水和水蒸气。从表 1-17 中可以看出，EP(D)M 具有最好的耐过热水性能。此外，关于耐水蒸气性能，EP(D)M 最优，IIR 优，SBR 和 NR 良，CR 差。

表 1-17　160℃过热水中几种橡胶性能对比

胶种	拉伸强度下降80%的时间/h	5d后拉伸强度下降/%
EPDM	10000	0
IIR	3600	0
NBR	600	10
MVQ	480	58

注：MVQ—甲基乙烯基硅橡胶。

3. 玻璃化转变温度与低温性能

EP(D)M 的 T_g 范围为 $-65 \sim -40℃$，主要取决于乙烯单体含量。此外，根据经验，每增加 1% 的第三单体，无规型 EP(D)M 的 T_g 通常会增加约 1℃。EP(D)M 的 T_g 并不遵循无定形共聚物的典型 Fox-Flory 规律，因为当乙烯单体含量较高时，T_g 会受到乙烯结晶度的影响而升高（图1-21）。可以看出，当乙烯单体含量较低（低于55%）时，EP(D)M 不会发生结晶，玻璃化转变温度也很低，因此具有良好的低温性能。

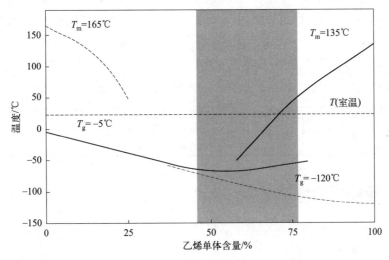

图 1-21　EP(D)M 的熔点（T_m）和玻璃化转变温度（T_g）随乙烯单体含量的变化
灰色区域代表商业化 EP(D)M 产品的典型乙烯单体含量范围

4. 弹性

EP(D)M 分子链中的碳原子通过饱和的 C—C 键连接，因此旋转能垒非常低。丙烯单体的甲基构成了主链的侧基，这些侧基仅在一定程度上限制了主链围绕 C—C 键的旋转。主链上的不饱和第三单体具有很高的刚性，但数量很少。因此，与其它橡胶相比，EPDM 的主链相对更灵活，缠结分子量较小。与其它相同分子量的橡胶相比，EP(D)M 的分子链缠结更多，因此具有相对较高的（门尼）黏度。当 EPDM 交联时，大量的瞬态缠结被限制在交联网络中，这有助于提高 EPDM 硫化胶的性能。尽管 EP(D)M 的不饱和程度较低，硫化速度相对较慢，化学交联密度较低，但 EP(D)M 硫化胶的总网络密度（化学交联和受限缠结密度之和）非常高。因此，交联 EPDM 橡胶制品具有良好的弹性。

具有高分子量、窄分子量分布和高 ENB 含量的 EPDM，其单个分子链上的 ENB 单体数目更多，因此具有最好的弹性。

5. 优异的电绝缘性能

EP(D)M 为非极性碳链橡胶，其体积电阻率可高达 $10^{16}\Omega\cdot cm$，比 NR 及 SBR 要高 1~2 个数量级，耐电晕可达 2 个月，而 IIR 只有 2h。特别是在浸水后，EP(D)M 仍能保持良好的绝缘性能，而且 EP(D)M 胶料的挤出性能优异，因而广泛用于中低电压的电线电缆。EPM 的电绝缘性能比 EPDM 好。

6. 物理机械性能

EP(D)M 几乎不会发生任何应变诱导结晶，没有自补强性，因此必须使用补强性填料，以获得有用的性能。EP(D)M 的力学性能通常随着分子量和乙烯单体含量的增加而升高，随着分子量分布变宽、填充量增加而下降。

7. 常用物理参数

EP(D)M 的生胶一般为半透明至透明、白色至琥珀色固体。大多产品为块状，乙烯单体含量高的牌号有一部分是颗粒状，此外还有液体 EP(D)M 产品。与其它橡胶相比，EP(D)M 的密度非常低（无定形：约 $0.86\ g/cm^3$；结晶型：约 $0.88\ g/cm^3$），具体见表 1-18。

表 1-18　EP(D)M 的物理参数

性能	数值	性能	数值
密度/(g/cm³)	0.86~0.88	比热容/[kJ/(kg·K)]	2.2
泊松比	0.49	热导率/[W/(m·K)]	0.355
体积膨胀系数/($\times 10^{-4} K^{-1}$)	7.0	分解温度(N_2)/K	570
表面张力/(mN/m)	29.4~36.8	体积电阻率/(Ω·cm)	10^{16}
折射率(23℃)	1.474	介电常数(20℃，10Hz)	0.2~0.25

四、乙丙橡胶的典型性能参数

商业化 EP(D)M 产品的典型性能参数包括门尼黏度[ML(1+4)125℃]、乙烯单体含量、第三单体含量、充油份数、分子量分布和支化度。

1. 门尼黏度

橡胶工业通常采用门尼黏度来表征橡胶聚合物及其混炼胶的流动性。橡胶聚合物的门尼黏度与分子量密切相关，分子量越高，门尼黏度越高，流动性下降。此外，门尼黏度还随分子量分布变宽而下降，随支化程度增大而下降。

较低门尼黏度的橡胶聚合物具有更好的加工性能。在混炼时，橡胶对固体填料颗粒的浸润速度更快，混炼时间较短。混炼胶门尼黏度低，有利于加工成型；模压和注射成型时需要的压力小，充模性更好，不容易发生焦烧；挤出成型的机头压力较低，生产效率更高。对于含有骨架材料的胶管、胶带等橡胶制品，具有较低黏度的混炼胶有利于对织物的浸润，从而改善橡胶和织物的界面黏合。

较高门尼黏度的橡胶聚合物通常具有更好的硫化胶性能，这是因为高分子量橡胶聚合物具有更完善的交联网络（松散末端等网络缺陷更少），因此具有优异的物理机械性能，弹性好，永久变形小，还可以采用较高填充量的配方设计。而且，较高的门尼黏度可以提高混炼过程中的剪切力，有利于固体配方组分（例如填料和活性剂氧化锌）在橡胶中的分散。此外，较高的混炼胶黏度可以提高未硫化胶料的形状保持能力，这对于 EPDM 挤出制品的抗塌陷性能尤为重要。

EP(D)M 商业化产品的门尼黏度跨度非常广，从低于 10 到超过 100，目的是满足不同硫化胶性能和加工性能的要求。随着橡胶制品对性能要求的不断提高，以及橡胶加工设备的发展，近年来 EP(D)M 生胶的门尼黏度［ML(1+4)125℃］已由之前的最高 80 左右提高到超过 100，此时就需要在合成过程中对 EPDM 填充石蜡油，以降低 EPDM 产品的表观黏度，改善其混炼性能。

2. 乙烯单体含量与结晶性

EP(D)M 主要由乙烯和丙烯两种单体组成，它们的组成比例对 EP(D)M 的加工性能和物理机械性能有重要影响。通常以乙烯单体的质量分数为衡量指标，并且通常乙烯、丙烯和第三单体的质量分数总和为 100％。

EP(D)M 商业化产品的乙烯单体含量范围通常为 45％～75％。对于齐格勒-纳塔催化剂的 EP(D)M 产品来说，当乙烯单体含量低于 55％时，产品没有结晶，属于无规型；当乙烯单体含量在 55％～65％之间时，产品有少量结晶，通常称为半结晶型；当乙烯含量超过 65％时，产品的结晶程度较高，但仍远低于 HDPE（乙烯含量 72％的 EPDM，其结晶热低于 HDPE 的 20％），属于结晶型。

对于半结晶型和结晶型 EP(D)M，随着乙烯含量的增加，结晶度随之增加，带来更高的生胶、混炼胶和硫化胶的模量和强度，配方填充量（特别是矿物填料）也可增加，使胶料的流动性更好，挤出橡胶制品的外观更光滑，但是会使低温性能大幅下降，硫化胶在压缩或拉伸后永久变形较大，橡胶制品的尺寸变形（特别是收缩）较大，而且容易出现喷霜、喷油、彩虹色等外观质量问题。

3. 第三单体的类型和含量

第三单体的类型和含量是影响硫化特性和硫化胶性能的直接因素。在不同类型的非共轭二烯烃分子中，双键的反应活性因立体构型不同而有所差异，这直接影响了聚合反应的速率和橡胶聚合物的硫化速度。

对于硫黄硫化体系来说，ENB 的硫化速度更快、交联密度更高，因此是 EPDM 产品中最为常用的第三单体。DCPD 的硫化速度比 ENB 和 HD 慢，且气味较重，因此应用范围有限。VNB 的烯丙基位置没有氢原子，因此无法采用硫黄硫化。

对于过氧化物硫化体系来说，因为 VNB 的不饱和双键位于分子末端，空间位阻更小，因此过氧化物交联效率更高，其次是 DCPD、ENB、HD，交联速度之比约为 4∶1.3∶1∶0.2。EPM 无法采用硫黄硫化体系，其过氧化物交联密度通常较低。增加过氧化物用量虽然可以提高交联密度，但未反应的残留过氧化物含量会随之增加，反而不利于耐老化性能。因此对于耐高温橡胶制品来说，最佳选择是第三单体含量中到低的 EPDM，其综合性能要优于不含第三单体的 EPM。

第三单体含量通常采用 FT-IR 进行测试，并采用质量分数来表示。目前仍有少数厂家采用传统的碘值方法来表示，即碘值越高，代表第三单体的含量越高，即 EPDM 的不饱和度越高。

随着第三单体含量的增加，EPDM 混炼胶的焦烧时间缩短、硫化速度加快、交联密度升高、挤出生产效率提高（因为硫化速度更快），硫化胶性能也会发生相应变化，例如硬度和定伸应力升高，拉断伸长率和撕裂强度下降，室温到 100℃ 的压缩永久变形得到改善（即数值更小），高温压缩永久变形变差，耐老化性能（耐热、耐臭氧、耐强腐蚀性介质等）下降。提高第三单体含量，对 EPDM 的黏着性、化学改性等会有帮助。

当 EPDM 与其它橡胶进行并用时，通常要考虑不同胶种之间的硫化速度匹配性。一般来说，当与 NR、SBR、BR、NBR 等高不饱和度的橡胶并用时，建议选择第三单体含量较高的 EPDM 牌号；而当与 IIR 等低不饱和度的橡胶并用时，建议选择 DCPD 型 EPDM 或者 ENB 含量较低的牌号，例如含 ENB 2%～4%。

4. 充油类型和份数

对于分子量非常高的橡胶聚合物，通常会在橡胶生产过程中加入填充油，以便能够有效地进行 EP(D)M 的工业化生产，并且降低橡胶聚合物的表观黏度（即充油后的橡胶聚合物黏度降低），从而便于胶料的混炼。

绝大多数充油 EPDM 产品中都填充石蜡油。早期充油 EPDM 产品所使用的石蜡油中含有一定的芳烃成分，因此胶块颜色发黄，在光线照射下非常容易产生凝胶；而且牌号切换时需要对生产设备进行清洗，以避免污染其它非充油牌号。近些年来，大多数充油 EPDM 产品已经转向填充不含芳烃成分的无色石蜡油，虽然其耐热性略逊于高黏度、高闪点的黄色石蜡油，但是大大提高了 EPDM 的生产效率，而且避免了石蜡油中芳烃成分对硫化体系（主要是过氧化物体系）的干扰，因此硫化效率和耐老化性能得以改善。

充油 EPDM 产品中的充油量也各不相同，从低至 10 份到高至 100 份。对于减震橡胶制品、低硬度橡胶制品以及 TPV 类热塑性弹性体材料等，通常会采用充油高达 100 份的牌号，以同时满足物理机械性能和加工性能的要求。

5. 分子量分布与支化度

当门尼黏度一定时，分子量分布较宽的 EPDM 通常具有较低的数均分子量和较高的重均分子量，其中高分子量部分提高了混炼胶的熔体强度，有利于挤出机喂料和提高复杂形状橡胶制品的抗塌陷性能；低分子量部分则使得混炼胶具有较低的门尼黏度，有利于挤出（更低的能耗或更高的生产率，不容易出现鲨鱼皮现象）和模压（更短的生产周期）。与之相比，分子量分布窄的 EPDM 具有更完善的橡胶交联网络（松散末端减少），所以硫化胶的物理机械性能（特别是弹性和压缩永久变形）会得到改善。

随着人们对聚合物结构与加工流变性能的深入研究，支化特别是长链支化结构的优点受到越来越多的关注。阿朗新科开发出了专利化的可控长链支化技术（CLCB），在聚合过程中通过不饱和双键的阳离子反应，将可控的长支链引入分子量分布总体较窄的聚合物大分子链中，使得 EPDM 可以保持窄分布产品的良好物理机械性能，同时改善了加工性能（图 1-22），即具有更好的混炼性能（吃粉速度、分散性能、不易发生炭黑焦烧）、抗塌陷性能、挤出速度等。

五、乙丙橡胶的配合与加工

1. 配合

对于开发特定用途的橡胶制品来说，选择合适的 EP(D)M 牌号至关重要。乙烯含量低于 55% 的无定形牌号，能够充分发挥橡胶材料的高弹性和密封特性，通常用来满足低温压缩永久变形、长期密封和高弹性要求。相比之下，乙烯含量 65% 以上的结晶型 EPDM 在常温下具有更高的生胶强度，其硫化胶具有优异的拉伸和撕裂性能。第三单体的种类和含量决定了硫化速度和交联密度，以及产品的耐热老化性能。分子量、分子量分布和长链支化影响着混炼胶的加工性能和硫化胶的力学性能。如果必须尽量减少使用增塑剂（例如耐高温制

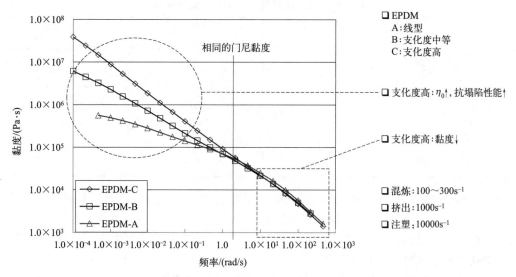

图 1-22 可控长链支化对工艺性能的影响

品、饮用水相关制品），那就应当选择低分子量（即低门尼黏度）的牌号，以保证合适的加工性能。高分子量和高乙烯含量牌号可以大量填充填料和增塑剂，从而降低配方成本。

与二烯烃类橡胶相比，EP(D)M 的不饱和度较低，因此炭黑补强对其拉伸性能的改善效果较差。EP(D)M 通常采用中等补强性能的炉法炭黑，例如 N500、N600 和 N700 系列，它们可以很好地平衡混炼胶性能（混炼和成型加工）和硫化胶的力学性能。其中，快压出炉黑（FEF）N550 是配方首选，这是因为 EP(D)M 广泛应用于各种挤出橡胶制品。EP(D)M 也可以采用白炭黑进行补强（填充量一般低于 30 份，以避免分散不良），以及采用 $CaCO_3$、陶土、滑石粉等矿物填料以降低配方成本。

矿物油是 EP(D)M 的常用增塑剂，用量可高达 200 份，其作用是调整混炼胶黏度和硫化胶硬度，同时可以降低混炼胶成本。EP(D)M 与非极性石蜡油高度相容，而环烷油中含有一定的芳香族成分，因此当其用量超过 80 份时，有发生喷油的风险。环烷油可以替代石蜡油，或与石蜡油并用，以获得优异的低温柔顺性，但高温性能将受到影响，导致热老化后硫化胶的刚度增加、收缩率变大。环烷油也被推荐用于饮用水橡胶制品，因为它的微生物滋长程度较低。石蜡油的碳氢结构与 EP(D)M 相似，因此在过氧化物交联时，其分子链上的氢像 EP(D)M 一样容易被夺取。这将导致过氧化物交联效率的降低，为此可以通过增加过氧化物（和助交联剂）的用量来弥补。环烷油中的芳香族成分与石蜡烃相比，对自由基具有更高的本征反应活性。因此，环烷油会更严重地干扰过氧化物交联，所以应避免在过氧化物交联配方中使用环烷油，尤其不建议使用芳烃油。合成酯类增塑剂的极性比 EPDM 高，因此与 EPDM 的相容性有限。一般情况下，可加入不超过 15 份的合成酯类增塑剂以改善低温性能，过高则会导致硫化胶发生喷油。

EPM 完全饱和，只能用过氧化物交联。EPDM 的侧基上有不饱和双键，因此可以选用多种硫化体系，最常见的是硫黄硫化体系，以及过氧化物和树脂交联。硫黄硫化适用于 EPDM 的大多数应用场合。常用促进剂中含有氮、硫、磷、氧原子和/或锌离子，极性比 EPDM 高。它们在 EPDM 中的溶解度相对较低（表 1-19），容易发生喷霜。因此，EPDM 配方设计时通常采用多种促进剂并用，每一种都低于各自的溶解度极限，以实现有效的硫黄硫化。

表 1-19　硫黄促进剂在 EPDM 中的溶解度

硫黄促进剂	溶解度上限/份	硫黄促进剂	溶解度上限/份
TeDEC	0.3	ZDBC	2.0
BiDMC		CBS	
TMTD	0.5~0.7	TBBS	2.5
TMTM		MBS	
DPTD		MBT	
ZDMC		MBTS	3.0
ZDEC	0.7~0.9	硫黄	
DTDM		ZBEC	高
TETD			

根据硫化体系的不同，可以得到多硫键为主的交联网络，使硫化胶具有良好的应力-应变和动态性能；也可以得到单硫键和双硫键为主的交联网络，从而获得更好的高温压缩永久变形和耐热性。对耐高温要求更苛刻的应用，应当采用过氧化物或者树脂交联体系，得到的 C—C 交联键具有最好的热稳定性能。

EP(D)M 的主链完全饱和，具有优异的耐高温、耐臭氧性能，因此当使用温度不超过 100℃ 时，通常不需要添加防老剂。对于 ENB 含量中到高的 EP(D)M 牌号，加入防老剂可以提高其耐热老化性能。对于过氧化物交联体系，应避免使用自由基捕捉剂。常见的防老剂包括胺类和酚类。对于 EPDM 的过氧化物交联体系和硫黄硫化体系，最常用的防老剂组合是 1,2-二氢-2,2,4-三甲基喹啉（TMQ）和甲基巯基苯并咪唑锌（ZMMBI）并用，用量分别是 1~2 份。浅色 EP(D)M 制品容易发生紫外线老化，户外使用时需要配合更复杂的防护体系，即酚类抗氧剂、紫外线吸收剂和受阻胺光稳定剂（约 2 份）的组合。

EPDM 可与其它聚合物并用。EPDM 具有优异的耐臭氧特性，可用作二烯烃橡胶的非污染型抗臭氧剂，例如轮胎上的白色字标和胎侧。并用 30 份 EPDM 即可改善耐臭氧性能，低于 20 份时改善效果并不明显。EPDM 也可与少量的其它橡胶并用，例如并用 7.5 份二烯烃橡胶，可以显著改善硫黄硫化 EPDM 混炼胶的动态疲劳性能。在过氧化物交联的 EPDM 配方中，并用 EVM 可以改善耐油性能和无卤阻燃性能［需要与 $Al(OH)_3$、$Mg(OH)_2$ 等并用］。EPDM 与热塑性塑料（特别是 PP）的共混物可用于生产热塑性硫化胶（TPV）。

2. 加工

EP(D)M 加工无特殊困难，但开炼机炼胶包辊、吃料、分散性相对差些，黏着性也差，因此大多数 EP(D)M 混炼胶是用密炼机加工的。通常采用传统混炼工艺（正炼法）以获得良好的分散，也可以采用"逆炼法"以缩短混炼时间，提高混炼效率。具体步骤是：先加入填料、油和其它"松散"配料（不包括交联体系），然后再加入橡胶。此工艺的特点是初始剪切力高，混炼速度快，但通常会导致填料的分散性较差，不适用于外观质量要求高的挤出制品。

连续挤出硫化的密封条和胶管是 EP(D)M 的最主要应用。EP(D)M 混炼胶通常采用冷喂料挤出机，特点是产量高、质量稳定，特别适合生产断面复杂的型材。多台挤出机可共用一个机头和口模，实现密实胶料和海绵胶料的共挤出，以及与金属骨架或塑料基材的共挤出。EP(D)M 胶料的连续热空气硫化线通常包括高温模块（热空气或红外加热），用来对挤出密封条的表面进行快速硫化；并采用超高频微波（UHF）对密封条的整个断面进行快速、均匀加热。对于过氧化物交联的混炼胶来说，可以将 EP(D)M 胶料浸没在盐浴中进行连续硫化，但不能采用热空气和微波硫化，否则外层胶料会因与氧气接触而发生降解，导致表面发黏。可以采用硫化罐对过氧化物胶料进行硫化，硫化之前需要用氮气等对硫化罐进行吹扫，以避免空气中的氧气干扰过氧化物交联。

六、茂金属催化聚合乙丙橡胶

茂金属催化剂是催化剂技术的一项重大突破，最早用于聚烯烃（例如聚乙烯）和热塑性弹性体的生产，后来也用于生产EPDM。与传统的齐格勒-纳塔催化剂相比，茂金属催化剂用于生产EPDM的主要优点是：

① 更高的催化活性，因此用量大大降低，生产过程不需要对最终橡胶产品进行清洗脱灰；

② 更高的反应温度操作窗口，因此能耗更低，包括反应物料（例如单体/溶剂）的深度冷却、未反应单体的回收和溶剂汽提等。

阿朗新科公司开发了新一代催化剂技术，即ACE^{TM}技术，该技术在乙烯与α-烯烃和二烯烃的三元聚合反应中具有优异的催化性能，并且解决了传统茂金属催化技术难以工业化生产高分子量、高第三单体含量EPDM产品的问题。为了克服传统茂金属EPDM产品分子量分布窄、加工性能（特别是挤出性能）不佳的问题，阿朗新科将其可控长链支化专利技术与ACE^{TM}技术相结合，其加工性能得到显著改善。

七、乙丙橡胶的应用

EPDM以其优异的耐老化性能、加工性能（特别是高效的挤出性能）和性价比（特别是高填充胶料），广泛应用于汽车行业（其中汽车密封条约占EPDM总消耗量的1/3）、建筑行业（门窗密封条、使用寿命超过25年的屋顶防水卷材等）、塑料改性（特别是动态硫化热塑性弹性体）、工业橡胶制品、电线电缆、润滑油添加剂等。

第六节
丁基橡胶

普通丁基橡胶（IIR）是异丁烯和少量异戊二烯（摩尔分数0.5%~2.5%）的共聚物。IIR主链具有很高的饱和度，其周围有密集的侧甲基，限制了分子的热运动，因此具有优异的气密性和阻尼特性。IIR可以在脂肪族溶剂中采用氯或溴进行卤化改性，分别得到氯化丁基橡胶（CIIR）或溴化丁基橡胶（BIIR），统称为卤化丁基橡胶（XIIR）。卤化改性后，硫化速度和交联程度得到了提高，还改善了IIR与高不饱和二烯烃橡胶的相容性和共硫化性能。丁基橡胶主要用于轮胎，接近90%的XIIR用于轮胎气密层，超过65%的IIR用于轮胎内胎和硫化胶囊。

IIR的开发始于聚异丁烯（PIB）的合成研究。德国Farben公司于1931年成功地在-75℃下制备出聚异丁烯。这种聚合物具有独特的耐老化性能，特别是用于制造不需要硫化的片材、密封胶和口香糖，但其不能硫化，难以在橡胶领域应用。1937年，美国标准石油公司（现在的Exxon公司）通过将异丁烯和少量的二烯烃共聚得到了能够硫化的聚合物，即IIR，并于1943年在美国实现工业化生产。XIIR的研究与开发始于20世纪50年代，目的是提高 IIR 硫化性能并改进与其它橡胶并用的相容性。1954 年美国 Goodrich 公司工业化生产了 BIIR，但因工艺不成熟而于 1969 年停产。加拿大宝兰山公司于 1965 年成功开发了连续制造 BIIR 的工艺，并于 1971 年实现工业化生产。1960 年美国标准石油公司工业化生产了 CIIR。XIIR 的需求量约占丁基橡胶总需求量的 75%。

我国 IIR 的研究开发始于 20 世纪 60 年代，并建立了中试生产装置。1999 年，北京燕山石化公司引进技术，建成中国第一套 30kt/a 丁基橡胶生产装置。

一、单体及分类

1. 单体

IIR 是通过溶液聚合得到的，单体如下：

$$CH_2=C(CH_3)-CH_3 \quad \text{异丁烯} \qquad CH_2=C(CH_3)-CH=CH_2 \quad \text{异戊二烯}$$

2. 分类

丁基橡胶可根据卤化与否分为普通丁基橡胶（IIR）和卤化丁基橡胶（XIIR），XIIR 又可分为氯化丁基橡胶（CIIR）和溴化丁基橡胶（BIIR）。Exxon 公司采用异丁烯和少量对甲基苯乙烯共聚然后进行溴化改性，制备了全饱和结构的溴化异丁烯-对甲基苯乙烯共聚物（BIMSM），也可归为 BIIR。BIMSM 可与聚酰胺共混，采用动态硫化技术制备热塑性硫化橡胶 TPV。

上述分类中还可根据门尼黏度、不饱和度或者卤化物含量、防老剂是否为污染性物质等进一步分为不同的牌号。此外还有星形支化结构的 IIR 和 XIIR。

二、丁基橡胶的聚合工艺

IIR 是以异丁烯与少量异戊二烯为单体，在一氯甲烷溶剂中进行阳离子聚合得到的共聚物。聚合反应的化学过程包括链引发、链增长、链转移和链终止。图 1-23 是典型工厂生产 IIR 的简化工艺流程示意图，包括淤浆聚合、蒸汽汽提和后处理单元。聚合之前需要对单体进行精制和深度冷却（至 $-100℃$），然后在连续反应器中进行聚合。聚合生成的 IIR 不溶于一氯甲烷，而是以微细粒子的状态悬浮在溶剂中，随后从反应器上部导出管连续流出。然后是闪蒸（去除未反应的单体并进行回收）和蒸汽汽提（去除溶剂以及残留的未反应单体），同时加入防老剂和分散剂，防止聚合物在后续加工中发生分解，以及橡胶粒子发生结团或互相黏着现象。之后进入后处理工序，絮状橡胶颗粒先后经过振动筛除水、挤压脱水、膨化干燥、热风箱干燥，最后压块并包装。

对 IIR 进行卤化改性可以得到 XIIR。首先是将 IIR 溶解在槽罐中的脂肪族溶剂中，通常是己烷。将溶解后的橡胶/己烷溶液送入高速搅拌的反应器，同时通入溴（Br_2）或氯（Cl_2）。卤化反应完成后，得到的混合物被送到邻近的釜罐中，加入氢氧化钠中和反应副产物 HBr 或 HCl。对于 BIIR 产品，需要加入环氧大豆油（ESBO）以中和残留的 HBr，使橡胶保持稳定，后处理工序与 IIR 相同。

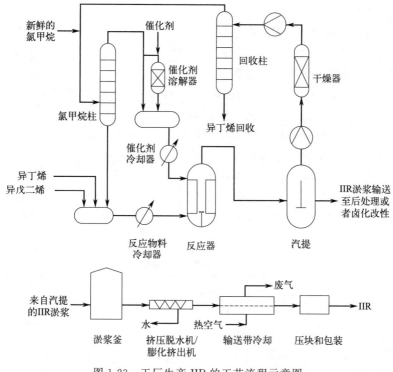

图 1-23 工厂生产 IIR 的工艺流程示意图

三、丁基橡胶的结构与性能

丁基橡胶的结构式如下：

其中异戊二烯分子以反式-1,4-结构形式无规地分布于分子链中，几乎不存在 1,2-连接结构或 3,4-连接结构。丁基橡胶具有以下结构特点。

1. 高饱和度

IIR 的饱和度很高，其分子主链上的异丁烯含量为 97.5%～99.5%（摩尔分数），异戊二烯仅为 0.5%～2.5%（摩尔分数）。因此，IIR 具有优良的耐老化性能，包括耐热、耐臭氧和耐天候老化。但是，EP(D)M 的主链是完全饱和的，而 IIR 的不饱和双键位于主链上，因此 IIR 的耐老化性能不如 EPDM。此外，在热氧老化时，EPDM 通常会因进一步交联而变硬，而 IIR 则会因分子链发生断裂而变软。

2. 非极性

IIR 是非极性橡胶，而且不饱和度非常低，因此具有较好的化学稳定性，特别耐极性溶剂（在甲醇、乙醇、乙酸等中的溶胀很小），耐动植物油、脂肪酸、酯类、极性油（例如磷酸酯类液压油），对多数无机酸和有机酸都有良好的抗耐性。IIR 具有良好的耐水、耐过热水性能，吸水性很差。IIR 与其他橡胶在磷酸酯油中的体积溶胀率对比见图 1-24。

3. 密集的侧甲基带来优异的气密性

气体通过聚合物的扩散速度与聚合物分子的热运动有关。IIR 分子链中侧甲基排列密集，限制了聚合物分子的热运动，因此透气率低、气密性好。在通用橡胶中，IIR具有最好的气密性（表1-20），因此特别适用于内胎、球胆、医用瓶塞等。实测IIR和NR内胎保压性参数见表1-21。具有片状结构的填料，例如滑石粉、蛭石、石墨烯，特别是纳米黏土，可以增加气体分子在橡胶基体中扩散的路线长度（即扩散路径更为曲折），从而进一步降低橡胶的透气性。当剥离的纳米黏土以垂直于气体梯度的排列方式分散在橡胶基体中时，气体透过率可以降低几个数量级。这一原理可用来开发网球和不透气的橡胶膜。

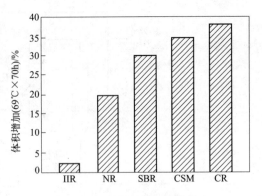

图1-24　IIR与另外四种橡胶在磷酸酯油中的体积溶胀率

表1-20　不同橡胶的渗透率　　　单位：$\times 10^{-8} cm^2/(s \cdot MPa)$

胶种	空气		氮气		二氧化碳	
	60℃	80℃	60℃	80℃	60℃	80℃
IIR	20	50	15	35	130	290
NBR（34% ACN）	35	70	20	55	560	630
NBR（18% ACN）	140	—	90	—	750	—
CR	70	120	45	80	580	760
SBR	150	260	110	200	1200	1500
EPDM	200	350	—	—	—	—
NR	250	400	180	330	1600	2100
硅橡胶	3300	4100	2800	3600	9500	15000

注：ACN—丙烯腈。

表1-21　IIR与NR内胎保压性对比

胶种	原始压力/MPa	压力降/MPa		
		1周	2周	1月
NR	0.193	0.028	0.056	0.114
IIR	0.193	0.003	0.007	0.014

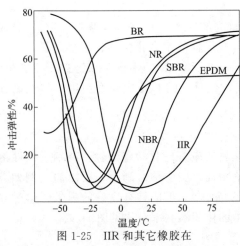

图1-25　IIR和其它橡胶在−50～75℃范围内冲击弹性的对比

4. 玻璃化转变温度范围宽：低回弹，高阻尼

IIR主链上每隔一个C原子就有两个相邻的侧甲基，极大地限制了分子链的运动能力，使得其玻璃化转变温度范围非常宽。因此，在很宽的温度范围内（−30～50℃），IIR的回弹性都不高于20%，即具有良好的阻尼特性。即使温度接近60℃，IIR仍具有很高的阻尼性能。当温度超过80℃时，IIR橡胶制品与其它橡胶一样，具有良好的回弹性（图1-25）。

IIR在高变形速度下的阻尼特性是聚异丁烯链段所固有的，在很大程度上，其阻尼特性不受温度、不饱和度、硫化状态和配方的影响。

5. 结晶性

IIR 是结晶型橡胶，生胶本身就具有较高的强度。IIR 的结晶对温度不太敏感，在低温下不易结晶，在高度拉伸时会发生应变诱导结晶，但结晶能力比 NR 低。

与 NR、BR 的结晶分子呈平面锯齿排列的结构不同，IIR 结晶中分子主链是螺旋状的，而且分布在螺旋两侧的每一对甲基彼此都错开了一个角度，所以 IIR 的分子链仍然有较好的柔顺性，玻璃化转变温度较低。

6. 绝缘性能

IIR 的电绝缘性能比一般合成橡胶好，体积电阻率可达 $10^{16}\Omega\cdot cm$ 以上，比一般橡胶高 $10\sim100$ 倍。

7. 常用物理参数

IIR 的常用物理参数见表 1-22。

表 1-22 IIR 的常用物理参数

性能	数值	性能	数值
密度/(g/cm³)	0.91~0.72	折射率(23℃)	1.51
体积膨胀系数/($\times10^{-4}/K^{-1}$)	5.6	体积电阻率/($\Omega\cdot cm$)	10^{16}
比热容/[kJ/(kg·K)]	1.95	介电常数(1kHz)	2.38
热导率/[W/(m·K)]	0.130	损耗常数(1kHz)	0.003

四、丁基橡胶的典型性能参数

商业化 IIR 的典型性能参数包括门尼黏度 [ML(1+8)125℃] 和不饱和度，XIIR 的性能参数还有卤化物含量。

1. 不饱和度

随着异戊二烯含量的增加，IIR 的不饱和度增大，其性能也随之变化：硫化速度加快，硫化程度增加；黏着性和相容性增加；定伸应力和硬度增大，但拉伸强度和伸长率降低；耐臭氧性能下降；耐化学品腐蚀性降低；电绝缘性能下降。

2. 卤化丁基橡胶（XIIR）

为了提高 IIR 的硫化速度，提高黏着性，改善共混性能，可以对 IIR 进行卤化，包括氯化和溴化。氯化或溴化反应发生在异戊二烯部分，为氯或溴的取代反应，而 IIR 的双键基本上完全保存下来。因此，XIIR 保留了 IIR 的优异气密性、低回弹性。与 IIR 相比，卤化改性带来的优点是硫化多样性，硫化反应活性提高，与高不饱和二烯烃类橡胶的共硫化能力得到了改善。

商业化 CIIR 产品的含氯量为 1.1%~1.3%，BIIR 的含溴量为 1.8%~2.1%。

CIIR：[结构式]

BIIR：[结构式]

XIIR 具有一系列不同于 IIR 的特性：
① 反应活性高，硫化速度快，交联效率高，制品的压缩永久变形小；

② 交联结构热稳定性好，制品的耐热性比 IIR 更优良，硫化胶的应力松弛更慢；
③ 硫化平坦性好，适于厚制品的硫化；
④ 容易与其它橡胶共混，共硫化性好。

C—Br 键能比 C—Cl 低，因此，与 CIIR 相比，BIIR 的硫化活性更高，交联方式更多，硫化胶稳定性也更好。CIIR 的优点则是焦烧时间更长，工艺安全性更好。

3. 溴化异丁烯-对甲基苯乙烯共聚物（BIMSM）

美国 Exxon 公司采用对甲基苯乙烯替代异戊二烯，开发了全饱和结构的 BIMSM，耐热性能得到进一步提高。由于对甲基苯乙烯降低了 BIMSM 的分子链柔顺性，其气密性和高阻尼特性比 XIIR 有所提高。Exxon 公司将 BIMSM 与聚酰胺共混，通过动态硫化技术制备了热塑性硫化橡胶，进而可采用吹塑工艺生产厚度更薄的轮胎气密层，从而在保证气密性的前提下降低轮胎气密层质量，进而降低轮胎的滚动阻力。但 BIMSM 分子链刚性的提高会影响轮胎的动态性能。此外，在实际生产过程中，不仅需要新建专门的生产线，还需解决若干工艺问题，例如吹塑气密层接头处的黏合，较薄的气密层在硫化时容易产生打褶（由硫化胶囊的变形引起），气密层与胎体的黏合等。

五、丁基橡胶的配合与加工

1. 配合

丁基橡胶（包括 IIR、CIIR 和 BIIR）的最重要特性是对氧、空气和水蒸气的气密性。一般来说，增塑剂和聚合物添加剂对气密性不利。对于丁基橡胶的具体应用来说，硫化体系的选择非常重要，通常是根据所需的硫化体系来选择具体牌号。此外，某些应用并不需要硫化，例如口香糖、黏合剂和嵌缝剂等。

与其它无定形橡胶一样，丁基橡胶需要使用补强性填料，以获得高强度、抗撕裂和耐磨性。填料类型对丁基橡胶的加工性能和硫化胶性能的影响与其它烃类橡胶相似。丁基橡胶配方中的填料用量通常较低（<80 份）。加入片层状填料，可以增加气体分子在橡胶中的移动路径，从而提高其气密性。无机填料，例如片层状结构的黏土或滑石粉，常用于医用橡胶制品，例如医用瓶塞，也可少量用于轮胎气密层。

丁基橡胶配方中可使用液体增塑剂，以改善加工性能，并降低硫化胶的硬度和模量。对于在动态条件下使用的厚制品，增塑剂也可以用来改善其低温性能，例如，需要在冬季使用的内胎。大多数 IIR 配方使用矿物油作为增塑剂。由于 IIR 的极性低，建议使用石蜡油和环烷油。如果增塑剂或其它配方组分含有不饱和成分，可能会影响硫化。在医用橡胶制品中，经常采用聚乙烯蜡作为增塑剂，它能够在混炼时熔融，可以降低硫化制品中的可抽提物含量。

最常用的硫化体系是硫黄硫化体系，其次是酚醛树脂（其硫化胶耐热好，压缩永久变形小，硫化时不返原），以及针对小众应用的特殊交联体系。与高不饱和橡胶相比，IIR 的双键含量较低，因此需要更强的促进剂体系。将烯丙基卤引入 IIR（即得到 XIIR），可以大大提高其硫化速度，并且能够使用不饱和橡胶常用的其它交联体系。IIR 和 CIIR 很少采用过氧化物交联，因为发生的分子断裂超过形成的交联。但是，BIIR 可以采用过氧化物和助交联剂（例如 N,N'-间苯基双马来酰亚胺）进行交联。BIIR 和 CIIR 都可以单独采用氧化锌进行交联。

为了获得最佳的气密性，配方中使用 100 份丁基橡胶。有时会与其它橡胶并用，主要是为了平衡其它性能。例如，轮胎气密层采用 100 份 BIIR，可以确保高气密性，也能满足与胎体的附着力要求。但是，对于 CIIR 气密层，通常会并用少量 NR 以增强附着力，但这不利于气密性。实验室结果表明，采用 15 份 NR 取代 CIIR，气密性会损失 40%。

2. 加工

丁基橡胶的混炼工艺与其它橡胶类似。但应注意以下问题：

① 为了获得良好的填料分散，建议填充系数比 SBR 胶料高出约 10%。

② 必须避免混入高不饱和的橡胶，否则硫化性能会受到影响。所以，用于混炼丁基橡胶的设备必须十分干净，如果前一批次混炼的是高不饱和橡胶，要确保没有任何残留。与 IIR 相比，XIIR 受到的影响略低一些。

③ 补强性填料和加工助剂应在混炼初期尽早加入。

④ 加入大约 1/3 的补强性填料后，可以加入蜡和增黏树脂。

⑤ 硬脂酸、抗氧剂和防焦剂应在混炼初期加入。

⑥ 胺类抗氧剂会交联 BIIR，应在二段混炼加入。

⑦ XIIR 的排胶温度通常应比其它橡胶低约 20℃；促进剂、硫黄和氧化锌应在混炼后期加入，因为这些是 XIIR 的硫化剂。

⑧ 由于丁基橡胶的气密性好，需要额外小心，以确保混炼胶和终炼胶中没有窝气。

丁基橡胶的混炼胶通常使用真空挤出机进行挤出，挤出机螺杆应具有可变螺距或可变螺纹深度，料筒与口型的夹角要小，厚的挤出断面需要长的口型流道。建议料筒和口型温度大约为 120℃。如果挤出质量要求高的薄制品，例如轮胎气密层或者是内胎，通常需要事先单独滤胶，可以采用 40 目筛网，以去除团聚的填料粒子或未分散的橡胶颗粒。如果采用滤胶工艺，有时需要在滤胶结束后加入硫化体系，以防止焦烧。在胶料挤出之前，建议停放 24h。如果停放时间较短，挤出半成品的尺寸可能难以控制，从而会影响表面光滑程度。采用开炼机热炼和供胶，其辊温应在 70℃ 左右，辊速要均匀，这样空气就不会进入物料。最佳方式是以均匀速度给挤出机喂入温度均匀的物料。增加混炼胶黏度，可以更有效地除去窝气。混炼胶的配方不同，最佳挤出温度也要相应调整，通常在 105～130℃ 范围内。

可以用常规压延设备生产丁基橡胶片材。采用预热开炼机将胶料均匀加热到 85℃ 左右，并以均匀的速度喂入压延机。喂料开炼机的辊速应保持稳定，以减少窝气。压延机的建议温度：上辊为 95～110℃，中辊为 70～80℃，下辊为 85～105℃。如果出现气孔问题，降低上辊和中辊的温度往往是有效的解决方法。对于厚胶片来说，避免气孔的另一种常用工艺是使用两片较薄的胶片，在压延机上贴合成所需的厚度。在这种工艺中，新鲜胶料从压延机后部喂入上辊和中辊之间，在精确的张力控制下，将已经压延好的胶片（厚度约为目标厚度的一半）送入中辊和下辊之间。

丁基橡胶可以采用常规的模压成型技术和设备。模压坯料可以是挤出成型，也可以是开炼下片或压延胶片冲压而成。当模具中使用两片或多片坯料时，坯料的表面必须没有脱模剂，否则可能会出现分层。在模压硫化的开始阶段，可以快速连续地交替施加和释放模具压力，以排出胶料中的窝气。

六、丁基橡胶的应用

丁基橡胶具有优异的气密性，主要用于轮胎工业（包括内胎、气密层、硫化胶囊、翻胎用包封套等）和医用胶塞。丁基橡胶也具有优良的耐热性和耐极性介质性能，因此也常用于耐热管带、防水卷材、防腐衬里、电缆、聚烯烃的改性剂、密封填缝材料、胶黏剂等。

第七节
丁腈橡胶

丁腈橡胶（NBR）是 1,3-丁二烯和丙烯腈（ACN）的无规共聚物，其主链上含有极性的丙烯腈官能团，因此对油、脂肪、润滑脂和燃料油具有优异的抗耐性，广泛应用于汽车、机械、航天航空、油田化工等领域。

1930 年，德国 Faben 公司首先发表了 NBR 合成的专利，并于 1937 年实现了 NBR 的间歇式高温聚合工业化生产。第二次世界大战的爆发，极大地促进了包括 NBR 在内的整个合成橡胶工业的发展，美国、苏联、加拿大等国家先后开始工业化生产 NBR。1962 年，兰州石化引进苏联的高温乳液聚合技术，在兰州建成 1.5kt/a 的生产装置。截至 2020 年底，我国 NBR 的产能已达 240kt/a。

一、单体及分类

1. 单体

NBR 是 1,3-丁二烯和丙烯腈（ACN）的乳液共聚物，其单体结构如下：

1,3-丁二烯　丙烯腈

2. 分类

NBR 主要根据 ACN 含量（质量分数）进行分类，ACN 含量一般在 18%～53% 之间。可分为极高 ACN 含量（≥43%），高 ACN 含量（36%～43%），中高 ACN 含量（31%～35%），中等 ACN 含量（25%～30%），低 ACN 含量（≤24%）。

随着 NBR 生产规模和应用范围的扩大，为了改善产品性能或工艺性能，特殊品种 NBR 也不断被开发出来。例如，在聚合过程中加入不饱和羧酸单体可得到羧基丁腈橡胶（XNBR），加入含两个不饱和双键的第三单体可制备预交联丁腈橡胶（XL-NBR），采用丙烯酸酯替代部分丁二烯可得到丁腈酯橡胶，加入反应型（聚合型）防老剂可得到聚稳丁腈橡胶。对 NBR 分子链上的丁二烯进行选择性氢化，可以得到耐高温性能优异的氢化丁腈橡胶（HNBR）。此外还有粉末丁腈橡胶、液体丁腈橡胶（LNBR）、PVC/NBR 共混胶等特殊品种。

二、丁腈橡胶的聚合工艺

NBR 乳液聚合可分为高温聚合和低温聚合两种。目前，大多数 NBR 采用低温聚合（温度为 5~15℃），其特点是可以更好地控制聚合物的化学组成，得到的聚合物具有更多的线型结构，凝胶含量低。低温聚合采用氧化-还原引发剂。高温聚合（温度为 40~50℃）通常采用过硫酸盐作为引发剂，得到的聚合物具有较多的支化结构，甚至会生成凝胶，通常必须进行塑炼，且压延、挤出性能较差。

NBR 乳液聚合的工业化生产有间歇工艺和连续工艺两种。间歇工艺在生产小批量产品时更加灵活，而连续工艺则有更高的产量。典型的 NBR 生产连续工艺（图 1-26）包括一系列连续搅拌反应器（CSTR）、单体回收装置和后处理装置。

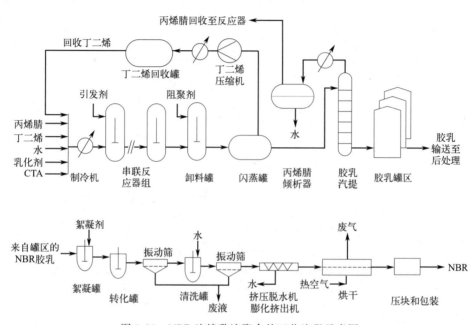

图 1-26　NBR 连续乳液聚合的工艺流程示意图

三、丁腈橡胶的结构与性能

1. 不饱和度

NBR 是不饱和碳链橡胶，因此对氧气、臭氧、热以及辐照的抗耐性有限。其耐热、耐臭氧老化性能均优于 NR、BR 和 SBR，但不如 CR。

2. 极性与优异的耐介质性能

ACN 中的氰基具有非常大的电负性，所以 NBR 为极性橡胶，对非极性和弱极性介质如矿物油、石油、碳氢燃料、油脂、有机溶剂等具有优异的抗耐性。

美国汽车工程师学会（SAE）对橡胶材料进行分类（J200/ASTM D2000），将橡胶材料按耐油性、耐热性分为不同的等级，见图 1-27。图上的横坐标以 ASTM No.3 油的溶胀率表示耐油性，纵坐标表示耐热性，都分为 A、B、C、D、E、F、G、H、J、K 十个等级，等级越高，则耐油性或耐热性越好。NBR 的耐油等级约 J 级以上，比较好，而耐热性仅为 B 级。NBR 与几种橡胶的耐寒性对比见图 1-28。由图可见 NBR 的耐寒性比 FPM（氟橡胶，包括 KALREZ 和 VITON）和 CO 好，但比 NR、EPDM、CR 差。

3. 抗静电性

NBR 的体积电阻率为 10^9~$10^{10}\Omega\cdot cm$，低于或等于半导体材料的体积电阻率上限

($10^{10}\Omega\cdot cm$)，因此 NBR 是一种半导体类橡胶材料，具有抗静电性，随 ACN 含量增加，抗静电性提高。

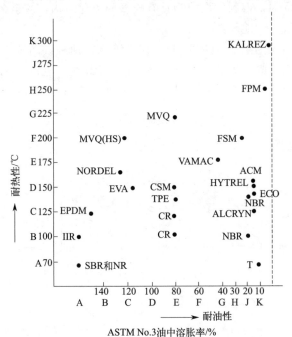

图 1-27　弹性体材料的耐热性和耐油性

ASTM No.3 油中的试验温度：A（70℃），B（100℃），C（125℃），D～K（150～275℃）；
SAE J200/ASTM D200 分类中只包括硫化弹性体，在此为了比较也列出了热塑性弹性体；
耐油性和耐热性与每种胶种的牌号、配方有很大关系

KALREZ—全氟醚；VAMAC—乙烯-丙烯酸甲酯共聚物；ALCRYN—热塑性弹性体；
FSM—氟硅橡胶；HYTREL—聚酯型热塑性弹性体；EVA—乙烯-醋酸乙烯酯共聚物

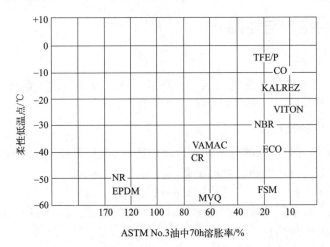

图 1-28　几种弹性体的使用温度下限和耐油性

4. 其它

NBR 是非结晶型橡胶，纯胶硫化胶强度较低，通常达到 3～4.5MPa，配方中需使用补强性填料才能获得良好的力学性能和耐磨性。

NBR 的气密性好，仅次于 IIR。

NBR 与 PVC、酚醛树脂、尼龙等极性材料的相容性很好，可以通过共混来改善这些材料的抗冲击性能。

5. 常用物理参数

NBR 的常用物理参数见表 1-23。

表 1-23 NBR 的常用物理参数

项目	不同 ACN 含量时的参数值			
	高	中高	中	低
密度/(g/cm³)	约 0.999	0.978	0.968	0.945
比热容/[kJ/(kg·K)]	1.97			
热导率/[W/(m·K)]	0.256	0.250	0.250	
折射率			1.523	
线性膨胀系数/($\times 10^{-4} K^{-1}$) 玻璃化转变温度 T_g 以上 玻璃化转变温度 T_g 以下	2.20 0.73		2.30 0.70	2.40 0.80
玻璃化转变温度 T_g/℃	-22	-38	-46	-56
溶解度参数/MPa$^{1/2}$	10.30	9.64	9.38	8.70
体积电阻率/(Ω·cm)			$10^9 \sim 10^{10}$	
介电常数(1kHz)			$7 \sim 12$	
介电强度/(kV/mm)			约 20	

四、丁腈橡胶的典型性能参数

NBR 的典型性能参数包括门尼黏度[ML(1+4)100℃]和 ACN 含量。门尼黏度对产品性能和加工工艺的影响与其它橡胶类似。市售 NBR 的 ACN 含量从 15%～53%不等，随 ACN 含量增加，分子极性增大，分子间的作用力增大，内聚能密度增大，NBR 性能变化如下：分子链柔性、弹性、耐低温性、黏着性、绝缘性都下降；而 T_g、密度、模量、硬度、气密性、强度、耐磨性、加工生热性、压缩永久变形、抗静电性、耐非极性油的能力都提高。

随 ACN 的增加，NBR 的不饱和度下降，所以耐热、氧、臭氧、天候等老化性都会有所提高。

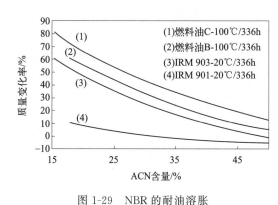

图 1-29 NBR 的耐油溶胀性能随 ACN 含量的变化

1. ACN 含量对耐油性能的影响

随着 ACN 含量的增加，NBR 的耐非极性介质性能得到提高，特别是在油中的溶胀率降低（图 1-29）。需要指出的是，如果 NBR 的化学组成不均匀，其溶胀程度会增加。因此，ACN 含量分别为 28%和 38%的两个牌号以 50:50 并用，其溶胀要高于 ACN 含量 34%的单一牌号。在实际应用中，当橡胶制品与生物基燃料（例如乙醇或生物柴油）接触时，NBR 化学组成是否均匀是非常关键的，这会严重影响橡胶制品的性能。

2. ACN 含量对低温性能的影响

NBR 分子链中的 ACN 含量越高，体积较大的侧基就越多，还会发生更多的偶极相互作用，这两者都会降低分子链段运动，导致 T_g 升高，符合 Gordon-Taylor 线性方程（图 1-30）。NBR 的低温性能不仅取决于 ACN 含量，也取决于聚合方法和单体进料。如果分子链上丙烯腈和丁二烯的分布不均匀，就可能会出现两个 T_g，导致低温性能变差。

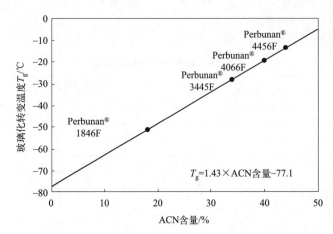

图 1-30　ACN 含量对玻璃化转变温度的影响

3. ACN 含量对气密性的影响

NBR 的透气性随着 ACN 含量的增加而降低（图 1-31），即气密性得到改善。当 ACN 含量较高时，NBR 的气密性与 IIR 相当。丙烯腈的永久偶极导致了更高的 T_g，这又进一步提高了气密性。

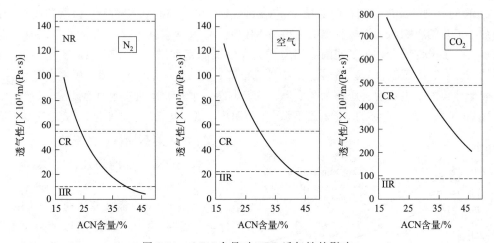

图 1-31　ACN 含量对 NBR 透气性的影响

五、丁腈橡胶的配合与加工

1. 配合

选择合适的 NBR 牌号时，应当综合考虑耐介质性能、力学性能以及耐低温等性能，以选择最佳的 ACN 含量。例如，ACN 含量不必过高，只要能满足最大的耐油性能就好，因为过高的 ACN 含量会损害低温柔顺性，或者可能导致橡胶部件发生不可接受的体积收缩。一般来说，对于大多数橡胶制品，中等 ACN 含量（25%～30%）牌号足以提供所需的耐油性能。对于芳香烃含量较高的燃料和油，例如燃油 C，应当选择 ACN 含量 39%～49% 的牌号。当低温要求苛刻（－50～－40℃）、耐油性要求中等时，建议选择 ACN 含量 18%～25% 的牌号。

与其它合成橡胶一样，NBR 需要使用活性填料（例如炭黑或白炭黑）补强，以获得预期的力学性能。应当根据橡胶制品的生产工艺和最终性能来选择合适的炭黑类型。NBR 密封件通常采用注射或模压成型工艺来生产。静态密封件通常需要优异的压缩永久变形性能，因此应当使用相对较高用量的低活性炭黑，通常是 N700 系列到 N900 系列。动态负载的密封件或胶带类橡胶制品则需要使用高活性炭黑，以获得更高的模量、撕裂性能和耐磨性，因此通常选择 N330 到 N550 系列的炭黑。与炭黑相比，矿物填料，特别是白炭黑，以及包括陶土在内的硅酸盐，可以提高 NBR 硫化胶的耐热性。

NBR 配方中通常采用芳香族矿物油、合成的醚基或酯基增塑剂。邻苯二甲酸酯是传统的低成本增塑剂，但邻苯二甲酸二辛酯（DOP）等增塑剂可能会对健康产生不利影响，因而其应用受到越来越多的限制。脂肪族酯类是一类很好的替代增塑剂，具有很好的低温性能。醚类和硫醚类增塑剂与 NBR 的相容性很好，因而被广泛应用。偏苯三酸三(2-乙基己基)酯（TOTM）具有良好的高、低温综合性能。另一种选择是使用高分子增塑剂，例如聚己二酸酯，以有效地减少高温条件下长期使用时增塑剂的挥发。但是，高分子增塑剂的塑化效果较差。

NBR 主链的不饱和度很高，通常采用硫黄硫化体系。为了获得最佳的高温压缩永久变形，推荐使用有效硫化体系和过氧化物交联。

芳香胺类稳定剂（例如对苯二胺）可以改善 NBR 的耐热老化性能，但此类抗氧剂具有污染性，也就是说，随着时间的推移，它们会导致橡胶制品表面逐渐发生变色。聚 2,2,4-三甲基-1,2-二氢喹啉（TMQ）与甲基-2-巯基苯并咪唑（MMBI）以 1:1 的比例并用，对防老化有协同效应。常用的非污染型防老剂包括受阻苯酚类，例如 2-甲基-4,6-二(辛硫甲基)苯酚（即抗氧剂 1520）。为了改善 NBR 的耐臭氧性能，建议并用 N,N'-二(1,4-二甲基戊基)对苯二胺（即抗氧剂 77PD）和臭氧防护蜡，用量分别为 2 份和 3 份。臭氧防护蜡会迁移到制品表面，形成臭氧防护层。防止 NBR 臭氧龟裂的另一种方法是 NBR 与 PVC 共混。

2. 加工

NBR 可采用各种常规橡胶设备进行混炼和加工。可以采用双辊开炼机，也可以采用密炼机混炼与开炼机冷却相结合。后续加工主要是硫化成型，例如注射、模压或者转移成型。NBR 混炼胶还可采用其它成型工艺，包括型材或发泡制品的挤出成型和连续硫化，片材和膜片的压延成型。

六、丁腈橡胶的应用

NBR 以其优异的耐非极性介质性能（包括油、脂肪、润滑脂和燃料油等），广泛应用于汽车、机械、航天航空、油田化工等领域，例如胶管、胶带、密封条、密封圈、油封、胶辊、手套、橡胶地板、鞋底、采油封隔器等。NBR 还经常用于超低密度隔热海绵、抗静电制品（例如纺织皮辊、皮圈等）、摩擦材料（酚醛树脂改性）、PVC 改性、胶黏剂等。

七、特殊品种丁腈橡胶

1. 洁净丁腈橡胶牌号

NBR 采用的是自由基乳液聚合工艺，胶乳絮凝后，部分乳化剂会残留在固体橡胶颗粒中。生产工艺不同，化学物质（主要是乳化剂）的残留量也不同。洁净牌号的残留量很低，适合用于注射工艺，特点是模具污染很轻。此外，残留的乳化剂，例如脂肪酸，在混炼和加工过程中可以作为加工助剂，但也会影响 NBR 混炼胶的黏着性。

此外，乳化剂体系中的皂类残留物会迁移到橡胶制品的表面，从而滋生细菌、真菌和其它微生物。而且，即使 NBR 中仅含有非常少量的残留单体和链转移剂，也会影响橡胶制品的 VOC 含量和感官性能，特别是味觉和嗅觉。这对于许多应用场合来说都很重要，例如饮用水和食品接触用橡胶制品、密闭环境中使用的橡胶制品（例如室内、汽车和火车内部使用的橡胶地板等）。

2. 羧基丁腈橡胶（XNBR）

在 NBR 的聚合过程中加入丙烯酸或者甲基丙烯酸，可以得到 XNBR。引入的羧基可以形成离子键网络，显著改善 NBR 的耐油溶胀性和耐磨性，赋予硫化胶更高的硬度、模量、拉伸强度（尤其是高温时）、撕裂强度、黏着性；但不足之处是低温柔顺性变差、回弹性降低、压缩永久变形较大、焦烧安全性明显下降、耐水性变差。

此外，羧基对亲水表面具有极好的附着力，这使得 XNBR 非常适合用于输送纸张的橡胶输送带或鞋底。XNBR 一个非常特殊的应用是纺纱行业的皮辊和皮圈，因为纺纱行业采用的是亲水性的棉线和合成纤维。

3. 预交联丁腈橡胶（XL-NBR）

在 NBR 的聚合过程中加入含有不饱和键的双官能团单体，可以在共聚物分子内自行交联，得到部分交联的产品，通常称为预交联丁腈橡胶（XL-NBR）。其主要特点是胶料更容易挤出或压延，挤出胀大现象减小、压延收缩率减小、挤出或压延半成品表面光滑平整。

预交联程度较低的 XL-NBR 牌号，其支化度高于 NBR 常规牌号，有利于混炼和加工，但拉伸强度有所下降。预交联程度较高的 NBR 牌号可作为抗冲击改性剂，用于改性热塑性塑料，例如聚氯乙烯（PVC）和热固性酚醛树脂。

4. 粉末丁腈橡胶（PNBR）

一般将粒径在 1mm 以下的橡胶颗粒称为粉末橡胶。在合成橡胶中，NBR 是最早粉末化的胶种，主要是为了满足 PVC 等极性塑料改性及加工的要求。

PNBR 可以通过研磨或喷雾干燥工艺生产。研磨粉末产品的颗粒比较粗糙、形状不规则，而喷雾干燥粉末产品的颗粒要小得多，呈球形。两种产品都需要添加隔离剂，使粉末保持自由流动。

PNBR 产品包括线型和预交联型两种类型。线型 PNBR 可以很好地溶解在极性的非质子有机溶剂（例如甲苯或甲基乙基酮）中，可用于制备 NBR 溶液，例如生产黏合剂；而预交联型 PNBR 则无法溶解。

PNBR 的一个重要应用是 PVC 改性。PNBR 作为 PVC 的增塑剂，具有极低的抽出与迁移性，有利于 PVC 制品的压延、挤出工艺性能（例如抗塌陷性好，产品收缩小，制品尺寸稳定性高），可以改善 PVC 制品的低温性能、弹性、耐磨性、压缩永久变形、耐热老化性能等。PNBR 还可用于改性酚醛树脂，增强树脂对摩擦材料各组分的黏结力，改善摩擦材料的柔软性和耐冲击性，满足汽车、火车及传动机械的制动刹车部件对摩擦材料的要求。

5. 氢化丁腈橡胶（HNBR）

氢化丁腈橡胶（HNBR）是对 NBR 进行选择性氢化，将主链上丁二烯单元的不饱和双键还原成饱和的 C—C 单键，而丙烯腈单元则不受影响。因此，HNBR 既具有 NBR 对油品和腐蚀性介质的良好抗耐性，同时也具有优异的耐臭氧、耐紫外线（UV）、耐高温老化性能。此外，丁二烯链段氢化之后成为乙烯链段，有一定的结晶趋势，可以发生应变诱导结晶，所以具有优异的动态和力学性能。而且，HNBR 在高温下仍具有优异的力学性能，同时具有优异的室温和高温压缩永久变形。

德国拜耳公司从 19 世纪 70 年代就开始了 NBR 加氢的研发工作。1988 年，拜耳公司与加拿大宝兰山公司合资，在美国建设了第一家 HNBR 工厂，产品商标为 Therban®。此后，日本 Zeon 公司也投入工业化生产。中国从 19 世纪 90 年代开始进行 NBR 氢化的研究工作，目前国内有赞南和道恩两家公司生产。

氢化度是 HNBR 的重要指标。在加氢过程中可以控制聚合物主链中的残余双键含量，从而调节 HNBR 的耐热、耐氧化和耐臭氧降解等性能。如果聚合物完全氢化，即残余双键含量低于 0.9%，可以获得最好的耐热性和耐天候性。完全氢化的 HNBR 只能用过氧化物交联，而部分氢化的 HNBR 既可以用过氧化物体系交联，也可以用硫黄体系硫化。部分氢化的 HNBR（残余双键含量＞1%）的优点是交联效率更高。交联密度越高，模量越大，硬度越高，并可改善压缩永久变形性能。如果介质会与 HNBR 的不饱和双键发生反应，则建议选择低残余双键含量的 HNBR 牌号。例如当工作环境中的 H_2S 浓度较高时，建议采用中等丙烯腈含量、完全饱和的 HNBR 牌号。

HNBR 的 T_g 随着丙烯腈含量的增加而升高，这是因为聚合物主链上的丙烯腈体积更大、极性更高，降低了链段的运动能力。当丙烯腈含量超过 39% 时，可以采用线性 Gordon-Taylor 方程计算 HNBR 共聚物的 T_g。当丙烯腈含量较低时，T_g 对丙烯腈含量的依赖程度降低；当丙烯腈含量低于 30% 时，T_g 不再发生变化。为了进一步改善低温性能，通常会加入第三单体用以抑制较长的亚甲基链段的结晶，从而获得优异的低温性能。

常规 HNBR 聚合物的门尼黏度 [ML(1+4)100℃] 为 60 或更高。在典型的 HNBR 配方中，填料的加入很容易导致胶料的门尼黏度值超过 90，这不利于挤出或注射工艺。虽然可以通过添加大量的增塑剂来降低混炼胶的门尼黏度，但这也会降低硫化胶性能（拉伸性能、弹性）。为了避免这一问题，阿朗新科在 NBR 的氢化反应之前，采用大分子复分解反应技术降低 NBR 的分子量，开发出了 Therban® AT 系列产品，其门尼黏度较低（通常为 39）。

除了上述低温、低门尼黏度品种之外，还有羧基 HNBR、丙烯酸盐增强 HNBR、HNBR/聚酰胺共混物（具有更好的耐高温性能）。

HNBR 主要应用于汽车行业，其中汽车同步带是 HNBR 的最大应用领域。此外，HNBR 还可用于各种汽车胶管、密封件、波纹管、动力转向带、减震系统，并可能被用于发动机支架。HNBR 的另一个重要细分市场是石油和天然气行业，例如封隔器胶桶、防喷器、定子泵、密封件、金属件包覆等。HNBR 也可用于生产各种胶辊，包括造纸和钢铁在内的不同行业。此外，它还可用于生产工业领域的传动带、板式换热器垫片、压缩机胶管、密封件等。

第八节

氯丁橡胶

氯丁橡胶（CR）是以氯丁二烯（即2-氯-1,3-丁二烯）为主要原料，经均聚或共聚（通常与2,3-二氯-1,3-丁二烯共聚）制得的高分子聚合物。CR通常采用自由基乳液聚合技术进行工业化生产。CR分子链上含有大量的氯原子，因而难以燃烧，具有良好的耐候性（耐紫外线和臭氧）和耐热老化性能，对极性和非极性介质的抗耐性中等。

1931年，美国杜邦公司采用本体聚合工艺首次合成了CR；1935年，采用乳液聚合工艺首次成功地商业化生产了CR，生产过程中使用了硫黄和秋兰姆来控制黏度。1949年，开发了耐老化性能更好的硫醇调节型CR。苏联于1940年实现CR工业化，其后日本、德国拜耳公司等也相继实现工业化生产。我国1950年开始CR的研究，1958年在四川长寿化工厂建成我国第一套CR生产装置。目前我国CR的生产能力仍不能满足国内市场的需求。

一、单体及分类

1. 单体

CR的主要单体是2-氯-1,3-丁二烯，反应时以1,4-聚合为主，其中反式-1,4结构占85%，顺式-1,4占10%；此外，1,2-结构占1.5%，3,4-结构占1%。

结构式 $\text{+CH}_2\text{—C=CH—CH}_2\text{+}_n S_x\text{—}$ $n=80\sim100, x=2\sim6$；仅硫调型有S_x

氯丁二烯单体的工业化生产有两种工艺路线：乙炔工艺和丁二烯工艺。相比之下，丁二烯工艺更安全，能源消耗更少。

2. 分类

根据CR的用途可分为橡胶型和黏合剂型。

根据分子量调节剂的种类可分为硫黄调节型（简称硫调型）、硫醇调节型（M型）、黄原酸调节型（XD型），以及混合调节型。

CR还可根据结晶程度、门尼黏度等进行分类。

二、氯丁橡胶的聚合工艺

CR的工业化生产通常采用自由基乳液聚合，特点是反应温度控制良好、工艺过程安全稳定（图1-32）。大多数CR生产商使用半间歇式反应器，其优点在于灵活性高，品种切换容易。连续聚合工艺的优点在于生产稳定性好、效率高，不同批次产品之间的结构和流变性能差异较小。

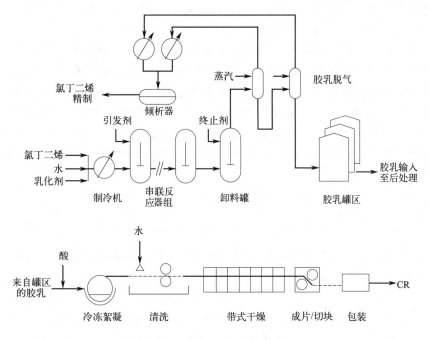

图1-32　CR的生产工艺流程图

聚合温度越低，反式-1,4结构就越多，聚合物的结晶度也就越高。应变诱导结晶使得CR黏合剂产品具有更好的（剥离）强度。CR黏合剂产品通常在较低的聚合温度下生产（被称为"低温牌号"），而常规橡胶用的CR产品通常在较高的温度下聚合（被称为"高温牌号"）。

三、氯丁橡胶的结构与性能

1. 不饱和性与反应性

CR虽然是不饱和碳链橡胶，但由于有97%以上都是1,4-聚合，所以就有97%以上的氯原子是连在双键碳原子上，为乙烯基氯结构，这种氯不易被取代，双键也失活，使得CR的反应活性大大下降，所以CR的抗老化性能（耐热、耐臭氧、耐天候等）优于NR、BR、SBR等二烯类橡胶，但不如EP(D)M、IIR等饱和碳链橡胶。同样原因，CR主链上的不饱和双键无法采用常规硫黄-促进剂体系硫化，虽然配方中有时会使用硫黄，但主要目的只是改善胶料的某些性能，例如低温压缩永久变形、模量等。CR中1,2-结构（仅占1.5%左右）上的氯很活泼，可以发生交联反应。

2. 极性

CR是极性橡胶，对非极性介质具有中等程度的抗耐性，相当于中等丙烯腈含量的NBR。

3. 结晶性能

CR分子链中的反式-1,4含量很高，极易规整排列形成结晶，属于立构规整结晶性橡胶。CR的玻璃化转变温度（T_g）为-40℃，具有良好的低温柔顺性。但是，如果在低温下存放较长时间，就会发生缓慢的结晶，导致硬度升高。CR在外力作用下会发生应变诱导结晶，再加上极性氯原子之间的相互作用力较大，因此强度高、抗撕裂性好、耐屈挠龟裂、耐动态变形、综合力学性能良好。

4. 难燃性

氯的存在使得CR具有固有的难燃性，接触火焰时能燃烧，但离开火焰便自熄。通常采用极限氧指数（LOI）作为衡量材料燃烧性能的指标，其定义是指试样在氮氧混合气体中维持蜡烛状燃烧时所需的最低氧气体积。极限氧指数达到27的材料就是难燃材料，CR的极限氧指数为38~41。常用橡胶的极限氧指数见表1-24，极限氧指数越高，越难燃。

表1-24 常用橡胶的极限氧指数

聚合物	极限氧指数	聚合物	极限氧指数	聚合物	极限氧指数
NR	19~20	SBR	19~20	FPM	>60
NBR	19~22	CR	38~41	EPDM	19~20
BR	19~20	IIR	19~20	PE	17.4
Q	22~24				

但包括CR在内的含卤聚合物在燃烧时会释放出酸性的卤化氢气体，腐蚀性很大，对生物有毒害作用。

5. 电性能

CR分子中含有极性氯原子，电绝缘性比NR、SBR、IIR差，其介电常数为6~8，体积电阻率为10^{10}~$10^{12}\Omega\cdot cm$，因此通常仅用于600V以下的低电压。由于其耐候、耐臭氧老化及难燃的特点，常被用作电缆护套以及低压电线的绝缘层。

四、氯丁橡胶的典型性能参数

CR的典型性能参数包括门尼黏度和结晶倾向。CR的结晶过程非常缓慢，需要几天甚至几个月的时间；当将产品温度加热至超过40℃时，结晶会消失。结晶会增加CR橡胶发生失效的风险，因为结晶后CR硬度升高、弹性下降。在聚合物主链中引入共聚单体2,3-二氯-1,3-丁二烯（DCB），可以降低分子链的规整性，从而使结晶趋势降低为原来的1/100~1/10。

采用不同分子量调节剂的CR产品，其性能特点也有所不同。

（1）硫黄调节型（简称硫调型，又称通用型）

聚合过程中加入硫，可以在CR主链上形成多硫键，随后用二硫化四乙基秋兰姆（TETD）对多硫键进行降解、断链，从而得到工艺性能优异的CR产品。硫黄调节型CR的硫化胶，其网络结构更加松弛（内部应变低），因此，在周期性机械应力作用下的热耗散较低。它的硫化胶有轻微的蠕变倾向，一方面会增加永久变形，但另一方面，它会降低局部应力集中，延长橡胶制品的耐久性和使用寿命，因此可用于动态橡胶制品，特别是空气弹簧。硫黄调节型CR对帘布、织物和金属的黏合性也非常好。

（2）硫醇调节型（M型）

采用硫醇作为分子量调节剂，生成的CR链末端没有反应性，具有很好的耐热性和很低的压缩永久变形。

(3) 黄原酸调节型（XD 型）

采用二硫化二异丙基黄原酸酯（调节剂丁）作为分子量调节剂，生成的链末端具有反应性，可以参与橡胶的硫化，从而增加交联网络的弹性，提高力学性能。与硫醇调节型 CR 牌号相比，黄原酸调节型牌号具有更好的动态性能，但压缩永久变形较差，尤其是高温压缩永久变形会变差。

预交联 CR 产品可以提供更好的尺寸稳定性、形状保持性，较低的挤出胀大，挤出物外观光滑。

CR 黏合剂产品包括快速结晶和中速结晶两类。快速结晶类用于要求初黏力高、最终黏合强度高和黏结速度快的接触黏合剂。这些黏合剂牌号特别适用于自动化程度高、生产周期短的行业，例如制鞋行业。如果不需要高的初黏力（例如地板或屋顶），建议使用中速结晶 CR 产品，它们可以延长黏合剂的开放时间，提高加工过程的可靠性，而且黏合层更柔软、更有弹性。

五、氯丁橡胶的配合与加工

1. 配合

与其它橡胶相比，CR 配方的不同之处主要在于它的硫化体系，CR 胶料通常采用金属氧化物进行交联，典型的硫化体系是 ZnO 5 份、MgO 4 份。ZnO/MgO 交联体系常用的促进剂是 N,N'-乙烯基硫脲（ETU），它可以提高硫化速度和交联密度，从而降低压缩永久变形。但是，它也会降低胶料的储存稳定性和焦烧安全性。

CR 配方中硬脂酸的用量为 0.5~1.0 份，以减少粘辊现象，同时可以改善填料的分散。4,5-甲基苯并三唑可用作硫黄调节型 CR 产品的防焦剂。对于发泡橡胶制品，常用发泡剂是偶氮二甲酰胺（ADC）和磺酰肼类发泡剂，用量为 1~8 份。间苯二酚可以增强橡胶与不同基材的黏合，但焦烧安全性不好。

CR 配方中经常使用中等极性的矿物基增塑剂，可获得加工性能和胶料成本的综合平衡。配方中也可使用环烷油，其特点是易于混炼、性能良好，但用量较高时容易迁移到表面，且高温下的挥发性较大。芳烃油的成本较低，但会导致浅色胶料变色。当需要改善阻燃性、低温柔顺性、回弹性时，可以使用合成增塑剂。磷酸酯作为可燃矿物油的替代品，是阻燃配方的重要增塑剂。使用氯化石蜡可进一步提高 CR 的阻燃性能。

2. 加工

CR 在加工方面有两个特别的问题：①贮存不稳定，贮存中 CR 的大分子易由线型结构变成交联网状结构，变硬，进而失去了加工性。硫调型的 CR 可存放约 10 个月，非硫调型的可存放约 40 个月，所以使用 CR 应注意不要过期。②CR 加工时三种状态（玻璃态、高弹态、黏流态）变化比 NR 三态温度低，炼胶易粘辊。

六、氯丁橡胶的应用

CR 主要用于阻燃、黏合以及动态应用场合，例如难燃输送带、电缆护套、空气弹簧、桥梁支座、轴承防尘罩、汽车雨刷、潜水衣等。

第九节

特种橡胶

特种橡胶包括两大类：一类是碳链饱和极性橡胶，另一类是杂链橡胶。有十余种，用量仅占全部橡胶的1%左右，但它们往往是用在苛刻或特殊条件下，使用价值高。

一、饱和碳链极性橡胶

目前有五种橡胶属于饱和碳链极性橡胶，这类橡胶主链都是饱和碳链，极性是由侧基提供的，侧基有两类：一类是卤素（氯或氟），另一类是酯基。其极性的强弱取决于极性侧基的品种和浓度。有的品种还含有硫化点单元。从性能上看，它们的稳定性好，耐热120℃或以上，耐老化、耐非极性油类，都能用过氧化物硫化。下面将简述它们各自的特点。

1. 氟橡胶（FPM）

FPM 是侧基被氟取代的橡胶，从20世纪50年代初期，美国、苏联就开始含氟弹性体的开发。最早投入工业化生产的是美国杜邦和3M公司的 Viton A 和 Kel-F 弹性体。FPM 的主要特点是耐高温、耐油。其种类有十余种，有代表性的品种是23型、26型和246型。

26型 FPM 是偏氟乙烯和六氟丙烯的共聚物，如果 FPM-26 在合成中引入四氟乙烯单体，就形成了三元共聚物，即246型。

$$26\text{型} \quad -(CH_2-CF_2)_m-(CH_2-CF)_n- \atop \qquad\qquad\qquad\qquad\qquad\quad |\atop \qquad\qquad\qquad\qquad\quad CF_3$$

FPM 的性能特点是：耐高温，250℃下可长期工作，320℃下短期工作，耐油，耐腐蚀，可耐王水，有阻燃性，耐高真空性好；但耐低温性能不佳，弹性低，随温度升高力学性能显著降低。它主要用于航空、化工、石油、汽车等工业部门，作为密封材料、耐介质材料等。

2. 丙烯酸酯橡胶（ACM）

丙烯酸酯橡胶是以丙烯酸酯为主单体经共聚而得的弹性体，其主链为饱和碳链，侧基为极性酯基。

由于特殊结构赋予其许多优异的特点，如耐热、耐老化、耐油、耐臭氧、抗紫外线等，仅次于硅橡胶、氟橡胶，力学性能和加工性能优于氟橡胶和硅橡胶。但不耐低温，不耐水，不耐酸碱。ACM 耐高温，180℃下可长期工作，200℃下短期工作。特别是它耐含极限压力剂（含5%～20%的氯、磷、硫化合物）的润滑油。ACM 被广泛应用于各种高温、耐油环境中，成为近年来汽车工业着重开发推广的一种密封材料，特别是用于汽车的耐高温油封、曲轴、阀杆、汽缸垫、液压输油管等。

3. 氯磺化聚乙烯（CSM）

由聚乙烯经过氯化和氯磺化反应制得，含氯量（质量分数）23%～45%，典型氯含量为35%。硫含量为0.8%～2.2%，通常为1.0%～1.4%之间，以磺酰氯的形式存在，磺酰氯是硫化点。具有优异的耐臭氧性、耐候性、耐热性、难燃性、耐水性、耐化学药品性、耐油性、耐磨性等。CSM的力学性能较好。

CSM在电线电缆、防水卷材、汽车工业等领域已得到广泛应用。

4. 氯化聚乙烯

由聚乙烯经氯化反应制得。根据结构和用途不同，氯化聚乙烯可分为树脂型氯化聚乙烯（CPE）和弹性体型氯化聚乙烯（CM）两大类。作为CM，氯的含量（质量分数）为25%～45%，作为热塑性弹性体氯含量为16%～24%。

CM性能与CSM有些相近，具有优良的耐候性、耐臭氧性、耐化学药品性及耐老化性能，具有良好的耐油性、阻燃性及着色性能。

5. 乙烯-醋酸乙烯酯共聚物

乙烯和醋酸乙烯酯（VA）共聚物中VA的含量为5%～95%，各品种间性能差别较大，分为树脂型乙烯-醋酸乙烯酯共聚物（EVA）和弹性体型乙烯-醋酸乙烯酯共聚物（EVM）。EVM中VA含量为40%～70%。

EVM具有较好的耐热性、耐老化性、阻燃性，可用于电缆工业中。

二、杂链橡胶

这类橡胶的分子链上有—Si—O—、—C—O—、—C—N—O—、—C—S—，它们都是杂链的，所以归在一类，但它们性能之间却没有明显的共同规律。

1. 硅橡胶（Q）

Q是以硅氧键（—Si—O—）单元为主链，以有机基团为侧基的线型聚合物。它与C—C键单元为主链的线型聚合物在结构和性能上明显不同。它是典型的半无机半有机聚合物，既具有无机高分子材料的耐热性，又具有有机高分子材料的柔顺性。在20世纪40年代初期美国道康宁公司和GE公司最早生产二甲基硅橡胶。我国在20世纪60年代初期研究成功并投入工业化生产。Q的化学结构通式为：

$$R_3Si\left[\begin{array}{c}R\\|\\Si\\|\\R\end{array}-O\right]_m\left[\begin{array}{c}R_1\\|\\Si\\|\\R_2\end{array}-O\right]_n\begin{array}{c}R\\|\\Si-R_3\\|\\R\end{array}$$

通式中R、R_1、R_2、R_3代表烷基或烃基，也可以是其他基团。m、n为聚合度，可以在很宽的范围内变化。R通常是甲基，R_1、R_2通常是甲基、乙基、苯基、乙烯基、三氟丙基等，R_3通常是甲基、羟基、乙烯基等。根据引入侧基的不同，可以改善和提高Q的某些性能。如用苯基取代一部分甲基，可以改进Q的压缩永久变形和耐高、低温性；引入三氟丙基可以使Q具有良好的耐油性。

Q的主要特点是耐高温、低温。Q分为热硫化型、缩聚反应型、加成反应型三种。典型的是甲基乙烯基硅胶，乙烯基是硫化点，含量为0.05%～0.5%（摩尔分数）比较适宜，能有效提高硅橡胶的硫化活性。典型的甲基硅橡胶的结构式如下：

$$\left[\begin{array}{c}CH_3\\|\\Si-O\\|\\CH_3\end{array}\right]_n$$

Q 的性能：在橡胶材料中耐高、低温性是最好的，可在 $-100 \sim 250℃$ 范围内长期使用。常温拉伸状态下，在 150×10^{-6} 的臭氧中，几种胶的龟裂时间如下：SBR，立即；NBR，1h；CR，1d；IIR，7d；FPM 及 CSM，超过 14d；Q，数月。它具有非常优异的耐天候性，常温暴晒 20 年硬度仅上升 7，伸长率下降了 55%，拉伸强度下降了 31%。它具有卓越的电绝缘性能，因本身绝缘性好，又不吸潮，燃烧后留下的还是绝缘体的 SiO_2，所以作为绝缘体非常可靠，耐电晕寿命是聚四氟乙烯的 1000 倍，耐电弧寿命是 FPM 的 20 倍，所以高压输电线路上硅胶绝缘子已成主流；而且硅橡胶还可以做成优异的半导体或导体。它的表面张力极低，仅为 $2 \times 10^{-2} N/m$，对绝大多数材料不粘，是一种特别好的隔离材料。它具有良好的生物医学性能，可作为植入人体材料；在橡胶类材料中，它有很好的透气性，与其他类透气好的材料比，它的透气性又不那么大，适合作为保鲜材料。但一般 Q 的强度相当低，不耐湿热密闭老化，不耐非极性油。

2. 聚氨基甲酸酯橡胶（PU）

分子链中有—N—C—O—结构的橡胶称为聚氨基甲酸酯橡胶（简称聚氨酯橡胶）。按加工方法和形态分类有浇注型、热塑性和混炼型，浇注型使用最多。按分子结构分为聚醚型和聚酯型，前者耐低温性好于后者。

该类胶的性能特点：在橡胶类材料里，它具有最高的拉伸强度（$28 \sim 42MPa$）；具有最好的耐磨性，耐磨性是 NR 的 9 倍；缓冲减震性好；耐油和耐药品性好；有广泛的硬度范围（$10 \sim 95$，邵尔 A）；黏着性很好，在胶黏剂领域获得广泛应用；生物医学性能好；气密性与 IIR 相当，但该胶不耐水，滞后损失大。

3. 聚醚橡胶

分子链中有—C—O—结构的橡胶称为聚醚橡胶。通常是由含环氧基的环醚化合物（环氧烷烃）经开环聚合而得到的弹性体。包括氯醚橡胶和环氧丙烷橡胶。氯醚中有环氧氯丙烷均聚物（CO）、环氧氯丙烷和环氧乙烷的共聚物（ECO）。ECO 有下述性能特点：具有介于 ACM 和中高 ACN 含量 NBR 之间的耐热性，比 CO 低 $10 \sim 20℃$；耐臭氧性介于饱和胶与不饱和胶之间；黏着性好；导电性为 NBR 的 100 倍；气密性最好。氯醚胶老化后都变软，它们的加工性能和力学性能都不够好。

环氧丙烷胶是由环氧丙烷聚合，再引入硫化点单元的聚合物，具有与 NR 相当的弹性；耐臭氧良好；耐寒性达 $-65℃$；耐油性和 NBR 相当；具有良好的耐撕裂性、耐屈挠性；120℃下可长期使用。

4. 聚硫橡胶

分子链上有—C—S—键的橡胶称为聚硫橡胶（T）。有液体、固体、胶乳三种形式，液体聚硫橡胶使用得比较多。

性能：耐溶剂及化学药品，气密性、耐候性、耐臭氧性良好，主要应用于密封材料、腻子领域。

第十节

热塑性弹性体

热塑性弹性体（TPE）是一种在常温下显示出橡胶材料的高弹性，在高温下可塑化加工成型的聚合物材料。不需要热硫化；用塑料的加工方法加工；配料少或不需要配料；节能、简化工艺，易于实现生产自动化；易于实现质量的严格控制；下脚料可再利用，节约材料，有利于环保。但它有压缩永久变形偏大等不足。热塑性弹性体也在不断改进，如开发了改进压缩变形的，提高了耐热性，改善了流动性、抗冲击性，增加了可涂性，较软的品级和可发泡的牌号等。TPE的发展速度是很快的，其增长率为一般橡胶的几倍。

TPE有几种分类方法：按交联相的性质分；按高分子链的结构分；按制备方法分。如按结构可分为苯乙烯类，约占50%；聚烯烃类，约占27%；其他有聚氨酯类、共聚酯类、聚酰胺等。本节仅简述苯乙烯-丁二烯-苯乙烯三嵌段共聚物（SBS）、共混型的聚烯烃热塑性弹性体。

1. 苯乙烯-丁二烯-苯乙烯嵌段共聚物

SBS属于TPE。SBS分子链上S段是指聚苯乙烯段，一般具有聚苯乙烯的性质，在聚苯乙烯的T_g以下，多条分子链上的S段聚集玻璃化，形成一个几十纳米的小硬结，即硬相，在SBS中起约束软段硫化点的作用。按形态结构，SBS的硬相称为分散相，也称岛相。B段是聚丁二烯段，和一般聚丁二烯性质一样，是软段。许多SBS分子的B段聚集在一起就构成了软相。在SBS中，软相是连续相，也称海相。SBS的相态结构见图1-33。当温度高于聚苯乙烯的T_g时，S段的小玻璃体解开，不再起硫化点的约束作用了，这时就可以实现热塑性加工。嵌段TPE中的硬段还可以是结晶形成的硬相，如聚酯型TPE；也可以是氢键形成的硬相，如聚氨酯TPE。软段还可以有聚异戊二烯、聚醚等。软段、硬段的化学结构决定了热塑性弹性体的性能，如SBS的某些性能就和SBR贴近。

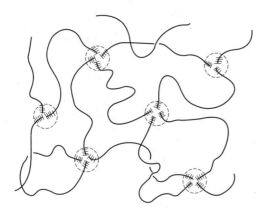

图1-33　TPE网络结构示意图（SBS）

2. 聚烯烃热塑性弹性体

这是一类以橡胶和树脂为原料，以机械共混方法制造的TPE。目前使用比较广泛的是聚丙烯和乙丙橡胶的共混物，其中乙丙橡胶与聚丙烯是通过机械共混使橡胶产生动态硫化的热塑性弹性体，它的形态结构是橡胶为分散相，树脂为连续相，商品名为Santoprene的热塑性弹性体就是这种。Santoprene耐老化，耐臭氧，使用温度范围为－40～150℃，压缩永久变形小，耐疲劳，耐磨，耐撕裂性能比较好。有相当于CR的耐介质性能，得到了广泛的应用。

第十一节

液体橡胶和粉末橡胶

一、液体橡胶

液体橡胶是一种分子量大约在2000～10000之间的低聚物，在室温下为黏稠状流动性液体。经适当化学反应可形成三维网状结构，从而获得和普通硫化胶类似的物理机械性能。液体橡胶的特点是：①分子量应适当小一些，以保持流动状态；②能产生交联，而且交联物的物理机械性能要达到普通硫化胶的水平。

液体胶可分为遥爪型和一般型的。遥爪型液体橡胶在分子链两端有活性端基，有的在分子链上也有活性基，遥爪端基如下：

高活性的：—SH、—NCO、—COCl、—Li、—NH$_2$。

中等活性的：—CH$_2$Cl、—CHO、—COOH、—CH—、—Br。

低活性的：—OH、—Cl、—NR$_2$、>C=O。

液体橡胶也可根据其主链的结构进行分类，目前商品化液体橡胶有许多种，如二烯类液体橡胶、链烯烃类液体橡胶、聚氨酯类液体橡胶、液体硅橡胶、液体聚硫橡胶、液体氟橡胶等。

液体橡胶与固体橡胶相比具有以下优点：①液体橡胶是浇注型弹性体，加工工艺易于实现机械化、连续化和自动化，可减轻劳动强度和改善作业环境；②加工设备和模型的投资减少；③节约辅助费用（如节能）；④不用溶剂、水等分散介质，在液体状态下加工（无溶剂、无污染）；⑤借助主链扩展和交联方法，可在广泛的范围内调节物性和硫化速度。

缺点是：①比相应的固体橡胶贵；②在强度和耐屈挠性方面还存在问题；③在补强填充剂的混炼、成型加工方面必须建立独自的工艺系统（难以使用现有的橡胶加工设备）；④加工工艺若不实现机械化、自动化和连续化，反而成本很高。

液体橡胶可作为预聚体、密封剂、灌注材料和反应性加工助剂等。

二、粉末橡胶

粉末橡胶指外观为粉末，粒径小于 1mm 的橡胶。粉末橡胶并不改变原来生胶的物理化学性能，而只改变橡胶产品的形状。其特点是：①省去橡胶加工的切胶工序；②分散性好，称量配料易实现自动化、连续化，混炼中节能、节时；③简化流程，可直接进行挤出或模塑；④可在密闭系统内操作，改善劳动条件。

粉末橡胶的生产方法有两类：一类是直接以橡胶胶乳或溶液为原料；另一类是以成品块状橡胶为原料进行粉碎，前者较为经济。制造粉末橡胶的工艺有：机械粉碎法、喷雾干燥法、闪蒸干燥法、冷冻粉化法、直接聚合造粒法等。

粉末橡胶特别适用于制作注压及压出产品，如胶管、电缆护套、胶板以及各种模压制品，此外也可用作树脂改性剂、胶黏剂、增塑剂等。

第十二节
胶粉和再生橡胶

胶粉和再生橡胶不同于前面所讲的橡胶材料，二者都是以废旧橡胶（主要是废旧轮胎）为原料制得的，属于废旧橡胶资源的循环利用，是环保工程的一部分。

一、胶粉

硫化橡胶粉（简称胶粉）是以废橡胶制品为原料，通过机械加工粉碎或研磨制成不同粒度的粉末状物质。

胶粉按不同的方法可有不同的分类。

按制备方法分类：常温粉碎、冷冻粉碎和湿法粉碎。

按粒径大小分类：胶屑（>2mm）、胶粒（1~2mm）和胶粉（<1mm）。胶粉按细度不同又可分为粗胶粉、细胶粉、精细胶粉、微细胶粉和超微细胶粉，见表1-25。实际上细度通常用目数表示，现在常用40目、60目、80目、100目、120目等。目数越大，胶粉越细。80目以上属于超细胶粉范畴。

按废橡胶的来源不同分类：废轮胎胎面胶粉、全胎胶粉、鞋材胶粉等。

按是否经过改性分类：普通胶粉和活化胶粉。

表1-25 胶粉分类

分类	粒径/mm	目数/目	粉碎方法
粗胶粉	0.7~0.3	20~47	辊筒，磨盘
细胶粉	0.3~0.25	48~60	辊筒，磨盘
精细胶粉	0.25~0.18	61~68	冷冻，研磨
微细胶粉	0.18~0.07	81~200	冷冻，研磨
超微细胶粉	0.07以下	200以上	冷冻，研磨

胶粉的应用可分为两大主要领域：①作为橡胶工业的原材料用于制造各种橡胶制品，也可与其它原料橡胶并用制造各种橡胶制品，如可用于胶鞋大底、减震垫、塑胶跑道等制品，80目以上的胶粉也可应用于轮胎中。有些制品掺少量胶粉还有一定的好处，如轮胎胎面胶掺80目以上胶粉，用量在10份以下，可提高抗撕裂性能和抗疲劳性能。胶粉也是再生胶的重要原料。②在非橡胶工业领域中应用，如公路工程、铁道系统、建筑工业、公用工程、农业以及与其它聚合物材料共混改性等。在沥青中掺用胶粉用于铺路，可提高沥青的稳定性。

二、再生橡胶

1. 再生橡胶的特点

再生橡胶是指废旧橡胶制品和硫化胶的边角废料经过粉碎、加热、机械与化学处理等物理化学过程，使其从弹性状态变成具有一定塑性和黏性的、能够加工再硫化的橡胶。使用再生胶的主要目的是降低成本，获得良好的加工性能。

再生橡胶除了含有不同数量的橡胶烃外，还有大量的炭黑或白炭黑等填料和其他橡胶助剂，属于复杂的多相混合物。从微观结构来看，它是空间网状结构，因此不能把再生橡胶等同于天然橡胶或合成橡胶。

2. 再生橡胶的分类

再生橡胶可以按照不同的方法来分类。

① 按照制造方法来分类：油法、水油法、动态再生法、常温再生法、微波再生法等。

② 按照废橡胶来源分类：轮胎再生橡胶、鞋类再生橡胶、杂品类再生橡胶。近年来出现了橡胶含量很高的胶乳制品的再生橡胶，质量高于传统的再生橡胶。

3. 再生橡胶的性能

再生橡胶一般具有以下几方面的特性：

① 拉伸强度、伸长率、弹性、耐磨性等都比新胶低，好的再生橡胶拉伸强度也只有 10MPa 左右；

② 硫化速度快，因再生橡胶中已有结合硫，并含有交联的小网状碎片，所以硫化平坦性好；

③ 具有较好的耐老化性能；

④ 良好的工艺性能。

再生橡胶是橡胶工业的重要原料，是橡胶的替代资源，同时废橡胶的再生也有利于环境保护。再生橡胶可以单独制作橡胶制品，也可以在轮胎、管带、胶鞋、胶板等产品中掺用。

4. 再生橡胶工业的发展

橡胶是重要的战略物资。我国是橡胶消费大国，2019 年原料橡胶消耗量达 800 万吨以上，占世界橡胶消耗量的 20% 以上，我国又是橡胶资源十分匮乏的国家，80% 以上的天然橡胶、30% 以上的合成橡胶依赖于进口。我国 2019 年再生橡胶产量达 460 万吨，再生橡胶在一定程度上缓解了橡胶资源的短缺，是橡胶工业的重要原料。我国每年报废的轮胎超过 1 亿条，废轮胎"黑色污染"造成的危害远大于"白色污染"，废旧橡胶的再生有利于环境保护。利用废旧橡胶生产再生橡胶完全符合循环经济发展的方向。

目前，世界上生产再生橡胶的主要国家是中国，约占世界再生橡胶总量的 70% 以上。近年来再生橡胶工业在材料和配方、生产工艺和设备、环保设备方面取得了很大的进步，再生橡胶工业二次污染问题将得到解决，未来向清洁化、自动化方向发展。

思考题

(1) 写出通用橡胶的名称和英文缩写。

(2) 天然橡胶的分级方法有哪几种？烟片胶和标准胶各采用什么方法分级？

(3) 什么是塑性保持率？有何物理意义？

(4) 天然橡胶中非橡胶成分有哪些？各有什么作用？

(5) 什么是自补强性？

(6) 写出天然橡胶的结构式。从分子链结构分析为什么 NR 容易被改性，容易老化。

(7) NR 最突出的物理性能有哪些？为什么 NR 特别适合作轮胎胶料？

(8) IR 和 NR 在结构和性能上有什么不同？

(9) 轮胎胎面胶中使用丁苯橡胶主要是利用其什么特点？为什么 SSBR 比 ESBR 更适合做轮胎胎面胶料？

(10) BR 最突出的性能有哪些？轮胎的胎侧使用 BR 是利用其什么特点？

(11) 什么是冷流性？影响冷流性的因素有哪些？

(12) 为什么乙丙橡胶特别适合作电线电缆的外包皮？为什么乙丙橡胶特别适合作户外使用的橡胶制品如各种汽车的密封条、防水卷材等？

(13) IIR 最突出的性能有哪些？IIR 作内胎是利用其什么特点？为什么 IIR 可以用作吸波材料？

(14) 什么橡胶具有抗静电性？通用橡胶中耐油性最好的橡胶是什么？

(15) 什么是氧指数？哪些橡胶具有阻燃性？
(16) 为什么 CR 的耐老化、耐天候性要优于其他不饱和橡胶？
(17) 耐热性、耐油性最好的橡胶是什么？什么橡胶可以耐王水的腐蚀？
(18) 耐高低温性能最好的橡胶是什么？耐磨性最好的橡胶是什么？可以做水果保鲜材料的橡胶是什么？为什么硅橡胶特别适合制作航空航天器密封材料？
(19) 哪些橡胶具有生理惰性，可以植入人体？
(20) 通用橡胶中，哪些橡胶具有自补强性？
(21) 什么是热塑性弹性体？
(22) SMR5、SCR10、SBR1502、SBR1712 各表示什么橡胶？
(23) 胶粉有哪些生产工艺？不同生产工艺得到的胶粉有什么区别？

参考文献

[1] 朱景芬. 世界合成橡胶产品现状及发展趋势 [J]. 橡胶工业，2002，49（9）：563.
[2] 韩秀山. 茂金属乙丙橡胶的牌号和性能 [J]. 中国橡胶，2001，17（12）：22.
[3] 薛虎军. 杜邦陶氏弹性体公司将扩展其 EPDM 产品范围 [J]. 橡胶工业，2002，49（8）：488.
[4] 叶可舒. 废旧橡胶利用正在发展成为很有前途的环保产业 [J]. 中国橡胶，2001，17（22）：7.
[5] 卢光. 天然胶乳手套蛋白质过敏问题及对策 [J]. 橡胶工业，2001，48（4）：235.
[6] 何映平，张炼辉. 低蛋白质天然胶乳的研究进展 [J]. 橡胶工业，2002，49（7）：438.
[7] 谢遂志. 橡胶工业手册，第一分册，生胶与骨架材料 [M]. 北京：化学工业出版社，1989.
[8] 杨清芝. 现代橡胶工艺学 [M]. 北京：中国石化出版社，1997.
[9] Morton M. Rubber technology [M]. Third edition. New York：Van Norstrand Reinhold，1987.
[10] 布赖德森. 橡胶化学 [M]. 王梦蛟，译. 北京：化学工业出版社，1985.
[11] 梅野昌，刘登海，刘世平. 丁苯橡胶加工技术 [M]. 北京：化学工业出版社，1983.
[12] 周彦豪. 聚合物加工流变学基础 [M]. 西安：西安交通大学出版社，1988.
[13] 加尔莫夫. 合成橡胶 [M]. 秦怀德，译. 2 版. 北京：化学工业出版社，1988.
[14] 姚海龙. 世界合成橡胶技术现状与发展趋势 [J]. 橡胶工业，2002，49（8）：497.
[15] Brydson J A. Rubbery materials and their compounds [M]. Berlin：Springer，1988.
[16] Blackley D C. Synthetic rubbers：their chemistry and technology [M]. London：Applied Science Publishers，1983.
[17] Barlow F. Rubber compounding：principles，materials，and techniques [J]. Crc Press，1993.
[18] 张立群，张继川，廖双泉. 天然橡胶及生物基弹性体 [M]. 北京：化学工业出版社，2014.
[19] 纪奎江，袁仲雪，陈占勋. 硫化橡胶粉：原理·技术·应用 [M]. 北京：化学工业出版社，2016.
[20] 朱信明，辛振祥，卢灿辉. 再生橡胶：原理·技术·应用 [M]. 北京：化学工业出版社，2016.

第二章 橡胶的硫化体系

第一节 概述

橡胶制品因为使用场合的不同,会有不同的性能要求,如高强度、高弹性、耐磨、耐油、耐低温、耐老化、减震等。其中弹性是橡胶材料的主要性能特点。未经硫化的橡胶不仅强度低,而且在受到大的应变后抵抗外力变形的能力差,也不能强有力地恢复变形。因此作为高弹性材料,不仅需要橡胶具有柔性的分子链结构(T_g低),而且需要通过引入交联点限制分子链的运动,保证其变形恢复能力,以达到特定的性能要求。

世界上第一个发明硫化的人是美国人 Charles Goodyear。1839 年,一个偶然的实验使他发现硫黄和橡胶混合加热后得到的橡胶,改变了其原来受热后发黏、流动的弱点,强度和弹性也得到提高。从化学反应的角度看,硫化的本质就是交联,之所以称为硫化,是因为最初的交联是用硫黄反应得到的。直到今天,即使某种橡胶的交联不是用硫黄完成的,这一术语也一直被沿用着。硫黄硫化因其价格低廉、工艺操作性能好而被广泛应用,约占所有硫化体系的 90%。大多数含有双键的橡胶如天然橡胶(NR)、丁苯橡胶(SBR)、聚丁二烯橡胶(BR)、丁腈橡胶(NBR)、三元乙丙橡胶(EPDM)和丁基橡胶(IIR)都可以用硫黄来硫化。而当橡胶中不含双键、双键的活性不够高,或者硫黄硫化无法达到某些性能要求时,才会考虑有机过氧化物、金属氧化物、树脂等硫化体系,因此硫黄硫化是橡胶工业中最重要的硫化体系。

ASTM 标准中是这样定义硫化(vulcanization)的:"硫化是个不可逆的过程,在这个过程中,混炼胶通过改变化学结构如形成交联(crosslinking)使其塑性下降,在有机溶剂里的耐溶胀性能提高,并在很宽的温度范围内赋予橡胶优异的弹性性能。"从化学角度看,硫化是指橡胶的线型大分子链通过化学交联作用而形成三维空间网状结构的过程。硫化从分子水平改变了橡胶的结构,硫化前后橡胶分子链的状态如图 2-1 所示。

硫化后,随着橡胶由线型变为交联结构,其很多性能也都发生了根本变化。如弹性明显提高,加热后不再流动,不再溶于其他溶剂中,硫化胶的模量和硬度明显提高,拉伸强度、撕裂强度和耐磨性等力学性能明显提高,耐老化性能和化学稳定性提高,但介电性能可能下降等。所有这些变化使硫化后的橡胶成为一种性能优良、应用广泛的工程材料。

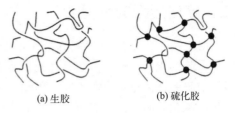

图 2-1　橡胶硫化前后的结构示意图

20 世纪 60 年代末和 70 年代初,热塑性弹性体 (TPE) 的出现使橡胶硫化的概念得到了进一步扩展。之前研究的都是通过化学反应形成的化学交联键,TPE 可以通过分子间的物理作用如结晶、氢键、硬段微区或其它在加工温度下可以解离的化学键如离子键等形成物理交联点。在加工温度下,交联键解开,热塑性弹性体表现为塑性,可以用类似塑料的加工方式如挤出、注射等加工;温度降低后,物理交联键又可以重新生成,弹性体表现出类似硫化胶的性能。嵌段型 SBS 是典型的热塑性弹性体,其网络结构如图 1-33 所示。其中两端梳状结构为聚苯乙烯 (PS) 链段,中间柔性结构为聚丁二烯 (PB) 链段。

橡胶的硫黄硫化,经历了单纯由硫黄硫化到硫黄加无机氧化物的活化复合体系,进而发展到硫黄/无机氧化物/有机化合物的复合体系,形成了由硫化剂、活性剂、促进剂三部分组成的完整硫化体系,硫化时间明显缩短,硫化效率提高,硫化胶性能得到明显改善。

当然,硫黄并不是唯一的橡胶硫化剂。除硫黄外,用于橡胶硫化的还有有机过氧化物、金属氧化物、硒、碲等元素及树脂、醌肟等硫化体系,另外高能射线如 γ 射线、电子束等也可以用于橡胶的硫化。尽管如此,由于硫黄价廉易得,资源广泛,得到的硫化胶性能好,仍在橡胶的硫化中占首要地位,而且经过 100 多年的研究发展,已经形成不同类型的硫黄硫化体系,在大宗的橡胶制品中得到广泛应用。

本章主要对橡胶的化学交联进行介绍。

第二节
橡胶的硫化反应历程及其表征

一、橡胶的硫化历程

橡胶的硫化是一个复杂的多元化学反应。以橡胶的硫黄硫化反应为例,一个完整的硫黄硫化体系由硫化剂、活性剂、促进剂三部分组成。硫化反应包括硫化体系的三部分配合剂与橡胶分子之间的反应。大量的研究表明,大多数含有促进剂的硫黄硫化体系大致经历如下的反应历程:

第一阶段:即硫化反应诱导期。这一阶段没有交联键的形成,发生的是硫化活性剂、促进剂、硫黄之间的相互作用,生成带有多硫促进剂侧基的橡胶大分子。

第二阶段:交联反应阶段。带有多硫促进剂侧基的橡胶大分子与橡胶大分子之间发生交联反应,生成交联键。

第三阶段:网络熟化阶段。形成的交联键发生短化、重排、裂解和主链的改性等反应,交联键趋于稳定。

二、硫化历程的表征

对于一个确定的橡胶配方，如何确定在给定的硫化温度下硫化反应进行到何种程度了？橡胶硫化后，绝大多数物理机械性能和化学性能都发生了变化，而且随着硫化程度的不同，橡胶的性能也会有所不同。因此，可以选取某一项性能指标，把硫化过程中这一性能的变化与硫化时间作图，就可以反映硫化反应的程度。当然，不是任何性能都可以用来反映硫化程度的，这种性能要与硫化程度呈单调关系而且要简单易测。通常会选取橡胶的模量来测量，因为橡胶的模量反映材料抵抗外力变形的能力，与交联密度是成正比的。随着硫化的进行，胶料的交联密度逐渐增大，胶料的模量增加，即产生相同的变形所需要的外力逐渐变大。根据这一原理，就可以追踪胶料的硫化反应过程。根据这一原理设计的测试仪器为硫化仪（rheometer）。硫化仪有有转子硫化仪，也有无转子硫化仪，现在使用的多数是无转子硫化仪，又称圆盘振荡硫化仪（GB/T 9869—2014；ISO 3417：2008），其结构示意图如图 2-2 所示。在预热的模腔内，试样受热硫化，给其施加一固定的剪切形变（通常为 $1°\pm0.02°$），振荡频率为 $1.7Hz\pm0.1Hz$，并开始测试产生此形变所需的转矩随硫化时间的变化，得到的曲线即能反映硫化历程，称其为硫化曲线（cure curve），见图 2-3。

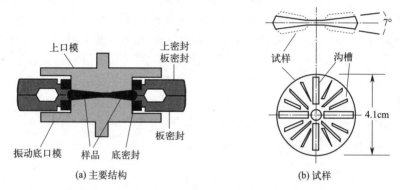

图 2-2　无转子硫化仪（MDR）的结构示意图

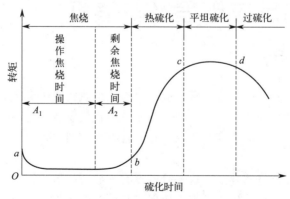

图 2-3　硫化曲线示意图

硫化曲线基本呈 S 形，可以明显地分为四个阶段。

第一阶段是焦烧期（scorch time），是热硫化开始前的延迟作用时间，对应硫化历程的反应诱导期，即从混炼胶加入模腔开始至转矩开始升高这段时间。可以看出，胶料刚加入模腔时，由于温度较低，胶料的黏度较大，因此转矩稍高。随着胶料不断被加热，温度上升，胶料的黏度下降，随后转矩保持不变。焦烧（scorch）是橡胶工业中常用到的一个专业术语，是指混炼胶在储存和加工过程中产生早期硫化的现象。何为早期硫化？就是胶料在完全充满模具之前已经发生硫化的现象。因此焦烧时间的长短决定硫化过程中胶料有没有足够的时间充满模具，即生产的安全性。确切地说，硫化反应诱导期和焦烧时间还不完全相同。因为混炼胶在硫化之前，会经历混炼、挤出、压延、停放等工艺过程，如图2-4所示。这些过程都会在较高的温度下进行，会消耗掉混炼胶的一部分反应诱导期，这部分焦烧时间称为操作焦烧时间，而剩余的那部分诱导期，称为剩余焦烧时间，也就是硫化曲线测出的焦烧时间。操作焦烧时间和剩余焦烧时间之间并没有固定的界限，随胶料的操作和存放条件而定。确定配方时要保证有必要的焦烧时间，这主要取决于硫化剂的用量、促进剂的品种和用量及操作工艺条件。橡胶加工过程中消耗的操作焦烧时间越长，剩余焦烧时间就越短，胶料在模具中保持流动性的时间就越短，这对生产加工是极为不利的，会使混炼胶的流动性变差，充不满模具造成缺胶现象，或者影响复合部件间胶料的渗透，最终影响硫化制品的质量。因此，橡胶加工的各个工艺过程都要严格控制温度、时间等工艺参数，防止出现焦烧现象。在硫化仪测试的硫化曲线中，通常以 t_{s1} 或 $t'_c(10)$ 表示胶料的焦烧时间。

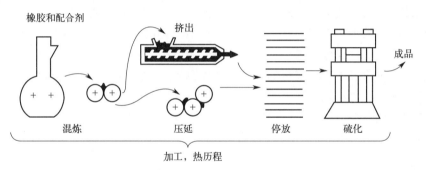

图2-4　橡胶加工过程的热历程

第二阶段是热硫化阶段，对应硫化历程的交联反应阶段。在这一阶段，交联网络逐渐产生并不断加强，使橡胶的弹性模量急剧上升。该段斜率的大小代表硫化反应速度的快慢，斜率越大，硫化反应速度越快，生产效率越高。硫化反应速度的快慢主要与促进剂的品种、用量和硫化温度有关，促进剂的活性越高、用量越多、硫化温度越高，硫化反应速度也越快。

第三阶段为平坦硫化阶段，对应硫化历程中网络熟化阶段的前期。这时，交联反应已基本完成，发生交联键的短化、重排、裂解等反应。这一阶段的特点是硫化胶总的交联密度（crosslink density）基本保持不变，因此硫化曲线呈平坦状态。这个阶段硫化胶的性能保持最佳，工艺上常作为选取正硫化时间的范围。硫化平坦期的长短取决于胶料的配方，包括橡胶的种类、硫化剂与促进剂的用量比例及硫化温度等因素。值得注意的是，平坦硫化期内硫化胶总的交联密度保持不变，并不意味着交联键的种类也不变。其实随着硫化反应的进行，不同交联键（多硫键、双硫键、单硫键）的比例是变化的，多硫键的比例降低，双硫和单硫键，尤其是单硫键的比例增加，如图2-5所示，这必然会对硫化胶的性能产生影响。

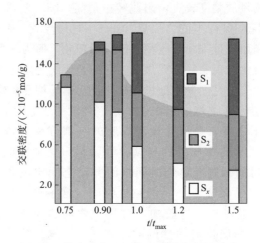

图 2-5　橡胶硫化过程中交联键类型的变化

S_1—单硫交联键；S_2—双硫交联键；S_x—多硫交联键；

t—硫化时间；t_{max}—转矩最高值对应的硫化时间

第四阶段是过硫化阶段，相当于硫化反应中网构熟化的后期。过硫化阶段可能呈现三种形式：第一种是曲线继续上升，是由于该阶段产生结构化作用，通常非硫黄硫化的丁苯胶、丁腈胶、氯丁胶和乙丙胶出现这种现象；第二种情况是曲线长时间保持平坦，如平衡硫化体系，通常硫黄硫化的合成橡胶平坦期都比较长；第三种情况是曲线下降，又称为硫化返原或返硫，是过硫化阶段发生交联网络的裂解或橡胶分子链的断裂，使交联密度下降所致，如天然橡胶的传统硫黄硫化体系在高温硫化时容易出现这种情况。

通过硫化曲线可以得到几个对加工非常有用的参数。

M_L：最小转矩，硫化曲线中转矩的最低值，通常与胶料的黏度和流动性有关。

M_{HF}：平衡状态转矩。

M_{HR}：最大转矩，硫化曲线中转矩的最高值，通常与胶料中形成的交联键的数量有关。

M_H：经规定时间后，在没有获得平衡转矩或最高转矩的硫化曲线上所达到的最大转矩。

t_{s1}：超过 M_L 后，转矩增加 0.1 N·m 对应的时间。

$t'_c(10)$：焦烧时间，又称诱导期，从最低转矩 M_L 增加到转矩值为 $M_L+0.1(M_H-M_L)$ 对应的时间。

t_H：理论正硫化时间，胶料从加入模具中受热开始到转矩达到最大值所需要的时间。

$t'_c(90)$：工艺正硫化时间，最低转矩 M_L 增加到转矩值为 $M_L+0.9(M_H-M_L)$ 时对应的时间。

如果用 3°的振幅代替 1°标准振幅，应用 t_{s2} 代替 t_{s1}。

在硫化反应开始前，胶料必须具有充分的焦烧时间以便进行混炼、压延、压出、成型及模压充模，因此焦烧时间对橡胶的加工安全性至关重要，是生产加工过程中的一个重要参数。

理想的硫化曲线应满足以下条件：

① 硫化诱导期适当，以保证生产加工的安全性；

② 硫化速度足够快，以提高生产效率；

③ 硫化平坦期足够长，不易返原，以保证交联结构的稳定性。

要实现上述条件，必须选择正确的硫化体系和硫化条件，目前比较理想的是以次磺酰胺为促进剂的硫化体系。

第三节
无促进剂的纯硫黄硫化

无促进剂的硫黄硫化只在早期的硫化中使用，那时候每 100 份橡胶中要加入 8 份硫黄，在 140℃要 5h 才能完成硫化反应。氧化锌的加入可以使硫化时间缩短到 3h。而即使只有 0.5 份促进剂的加入，也会使硫化时间缩短到 3min 左右，因此没有促进剂的硫黄硫化早已没有工业价值，但单纯硫黄硫化仍然具有科学和研究价值。唯一的例外是用大量的硫黄（30份甚至更多）在不加或少加促进剂（DPG）的情况下生产硬质橡胶。

一、硫黄的品种

橡胶工业常用的硫黄为结晶性的斜方硫。

硫黄在橡胶中的溶解度大小视橡胶种类、温度不同而异。室温下，硫黄在 NR 和 SBR 中的溶解度较大，而在 BR、NBR 中的溶解度较小。随温度升高，硫黄在橡胶中的溶解度增加。温度降低以后，硫黄在橡胶中的溶解度达到过饱和状态，过量的硫黄会自动地扩散、迁移到胶料的表面，重新结晶出来，形成一层类似霜状的粉末，橡胶工业中称为喷霜（blooming）。任何配合剂在橡胶中的用量超出其饱和溶解度时，都容易产生喷出现象，尤其是溶解度低的配合剂。喷出物未必都呈霜状，有些呈油状，如增塑剂的喷出；有的呈粉状如填充剂、防老剂、促进剂等的喷出。喷出会对混炼胶的成型黏合工艺及产品外观与使用产生不良影响。为防止混炼胶喷霜，要合理设计配方和工艺，可以采用硫黄在低温下加入或采用不溶性硫黄等措施。喷霜对橡胶有"百害"，但也有"一利"，这一利就是喷蜡，喷出的石蜡在橡胶表面会形成一层致密的蜡膜，阻止臭氧对橡胶的攻击，是橡胶臭氧老化的有效防护剂。

1. 粉末硫黄

粉末硫黄是橡胶工业中主要使用的硫黄品种，在自然界中主要以硫八环的形式存在。其熔点为 115℃，在橡胶中的溶解度有限，如室温时在 NR 中的溶解度只有 1%，100℃为 7%左右。室温下低的溶解度使粉末硫黄容易产生喷霜，影响成型黏着性能。

2. 不溶性硫黄

不溶性硫黄为硫的均聚物，又称聚合硫，是无定形态，具有不溶于二硫化碳和橡胶的性质，其最大的优点是混炼胶不易喷霜，胶料的黏合性能好，能节省贴合胶浆和汽油，改善操作环境，已经成为钢丝子午线轮胎及其它橡胶复合制品的首选硫化剂。但不溶性硫黄在热（110℃以上）、化学物质（尤其是胺）的作用下容易转化为可溶性硫黄，给橡胶的加工带来喷霜的危险。而多数橡胶制品在加工成型过程中需要经过高温混炼、压延、压出等工艺过程，因此不溶性硫黄的热、化学稳定性非常重要，一般建议加工温度不超过 105℃。硫化温度下，不溶性硫黄又转变为普通的斜方硫进行正常的硫化反应。

橡胶工业中使用的硫黄还有胶体硫黄和沉淀硫黄等。

二、硫黄的裂解和活性

硫在自然界中主要以 8 个硫形成一种皇冠状环，S_8 分子中的每个硫原子通过 SP 杂化轨道形成的共价键相互联结，S_8 分子间靠分子间作用力联系，因而熔点较低。不溶于水，溶于二硫化碳等溶剂中。119.2℃下熔化为黄色的液体，159℃下环断开变成开链，并且可以连成螺旋状长链，长链纠缠，黏度增高，200℃链达到最长，继续升温到 200℃以上，螺旋状长硫链开始断裂变短，变成短链分子。硫的化学性质活泼，可均裂，产生自由基；也可异裂，当遇到电负性小的原子可接受两个电子，成为 S^{2-}，当遇到电负性大的非金属时，可生成 S^{2+}、S^{6+} 而形成离子键。硫化时均裂和异裂都可能发生，取决于配合及硫化条件。

三、不饱和橡胶分子链的反应活性

不饱和橡胶能够与硫黄发生反应是因为大分子链上的每个链节都有双键。双键的 π 电子云分布在原子平面上下，可以看作电子源，能与缺电子试剂发生亲电的离子型加成反应，或与自由基进行加成反应。具体的反应历程取决于硫黄的活化形式。

不饱和橡胶分子中，与双键相邻的碳原子上的氢即 α-H 的活性大，很容易脱出，形成的烯丙基自由基因共振稳定。通过对硫化过程的研究发现，硫化时双键数目变化不大，说明硫化反应多数是在 α-H 上发生，使大分子成为自由基而进行反应。

四、纯硫黄硫化机理

有研究表明，纯硫黄硫化橡胶按照自由基机理进行。

首先，硫环在热的作用下裂解生成双基活性硫：

$$S_8 \xrightarrow{\triangle} \cdot S_8 \cdot \xrightarrow{\triangle} \cdot S_x \cdot + \cdot S_{8-x} \cdot$$

然后，双基活性硫与橡胶分子链上活泼的 α-H 反应，生成橡胶硫醇：

$$-CH_2-\underset{\underset{CH_3}{|}}{C}=CH-CH_2- + \cdot S_x \cdot \longrightarrow -CH_2-\underset{\underset{CH_3}{|}}{C}=CH-\overset{\cdot}{C}H- + HS_x \cdot$$

$$-CH_2-\underset{\underset{CH_3}{|}}{C}=CH-\overset{\cdot}{C}H- + HS_x \cdot \longrightarrow -CH_2-\underset{\underset{CH_3}{|}}{C}=CH-\underset{\underset{S_xH}{|}}{C}H-$$

生成的橡胶硫醇与其它橡胶大分子反应形成交联键：

$$-CH_2-\underset{\underset{CH_3}{|}}{C}=CH-\underset{\underset{S_xH}{|}}{C}H- + -CH_2-\underset{\underset{CH_3}{|}}{C}=CH-CH_2- \longrightarrow -CH_2-\underset{\underset{CH_3}{|}}{C}=CH-\underset{\underset{S_x}{|}}{C}H-CH_2-\underset{\underset{CH_3}{|}}{C}=CH-CH_2-$$

橡胶硫醇也能与自身结构中的 α-H 反应，形成分子内环化物：

$$-CH_2-\underset{\underset{CH_3}{|}}{C}=CH-\underset{\underset{S_xH}{|}}{C}H-CH_2-\underset{\underset{CH_3}{|}}{C}=CH-CH_2- \longrightarrow -CH_2-\underset{\underset{CH_3}{|}}{C}=CH-\underset{\underset{|}{\underset{S_{x-1}}{|}}}{C}H-CH_2-\underset{\underset{CH_3}{|}}{C}=CH-CH-$$

双基活性硫也可以直接与橡胶大分子的双键发生加成反应，形成连邻位交联键：

$$2-CH_2-\underset{CH_3}{\underset{|}{C}}=CH-CH_2-+2\cdot S_x\cdot \longrightarrow \begin{array}{c} -CH_2-\underset{CH_3}{\underset{|}{C}}-CH-CH_2- \\ S_xS_x \\ -CH_2-\underset{CH_3}{\underset{|}{C}}-CH-CH_2- \end{array}$$

形成的多硫键断裂，夺取分子链中的 α-H，生成共轭三烯，即所谓的主链改性：

$$-CH_2-\underset{CH_3}{\underset{|}{C}}=CH-CH-\underset{CH_3}{\underset{|}{C}}=CH-CH_2-\longrightarrow -CH_2-\underset{CH_3}{\underset{|}{C}}=CH-CH=\underset{CH_3}{\underset{|}{C}}-CH=CH-CH_2-$$
$$\underset{R}{\underset{|}{S_x}}$$

同时，生成的多硫交联键可以发生移位，使交联键的位置发生改变：

$$-CH_2-\underset{CH_3}{\underset{|}{C}}-CH=CH-\longrightarrow -CH_2-\underset{CH_3}{\underset{|}{C}}=CH-CH-$$
$$\underset{R}{\underset{|}{S_x}}\underset{R}{\underset{|}{S_x}}$$

根据模型化合物及对天然橡胶纯硫黄硫化胶的研究分析，天然橡胶纯硫黄硫化胶具有如图 2-6 所示的结构。

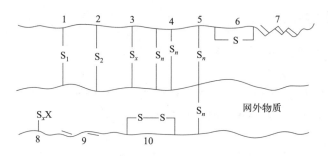

图 2-6　NR 纯硫黄硫化胶的结构
1—单硫交联键；2—双硫交联键；3—多硫交联键（$x=3\sim6$）；
4—连邻位交联键（$n=1\sim6$）；5—双交联键；6—分子内一硫环化物；
7—共轭三烯；8—多硫侧挂基团；9—共轭二烯；10—分子内二硫环化物

由图 2-6 可见，纯硫黄硫化的硫化胶网络结构中，形成了很多对交联无益的结构，如 4、6、7、8、9 和 10，硫黄的利用率太低，硫黄利用率可用交联效率参数 E（形成每摩尔交联键所需要的平均硫原子的物质的量）表示。无促进剂的硫黄硫化体系，硫化初期 E 为 53 左右。随着硫化时间的增加，结合硫的数量、交联密度、交联效率都增加，多硫交联键变短。为缩短硫化时间，提高硫化胶性能，提高 E 值，开发了有活性剂、促进剂的硫黄硫化体系。

第四节
有促进剂、活性剂的硫黄硫化

Oenslager 于 1906 年首先发现苯胺对橡胶硫黄硫化的促进作用，但因其毒性太大而被其与二硫化碳的反应产物二苯硫脲代替；接着胍类促进剂出现，这类促进剂现在虽然仍在使用，但其单用时硫化速度太慢，通常作为辅助促进剂使用；二硫化碳和脂肪胺的反应产物二硫代氨基甲酸盐从1907年就开始应用，其硫化速度和硫化程度在促进剂中仍是活性较高的，缺点是焦烧时间太短，加工安全性差。第一类真正有意义的促进剂是1925年推出的苯并噻唑类促进剂MBT（M）和MBTS（DM），这类促进剂的出现顺应了轮胎工业大规模生产的要求；比噻唑类促进剂的加工安全性更好、硫化速度更快的促进剂是1937年开发的苯并噻唑次磺酰胺类促进剂；1968年，防焦剂的出现使加工安全性变得更好。第二次世界大战以前，促进剂主要以噻唑类为主，20世纪70年代，随着合成橡胶和炉法炭黑的发展、大型橡胶制品硫化技术及高温硫化的出现，发现了次磺酰胺类促进剂，它满足了新硫化条件的要求，现在其应用比例已经超过了噻唑类。目前，噻唑类和次磺酰胺类促进剂的用量占了整个促进剂用量的70%~80%。

有促进剂的硫黄硫化体系是橡胶工业生产中应用最广泛的硫化体系，广泛用于硫化天然橡胶（NR）、异戊橡胶（IR）、丁苯橡胶（SBR）、聚丁二烯橡胶（BR）、丁腈橡胶（NBR）、丁基橡胶（IIR）和三元乙丙橡胶（EPDM）。使用促进剂，不仅大大地缩短了硫化时间，减少了硫黄用量，降低了硫化温度，节省了能耗，提高了硫黄利用率，而且橡胶的工艺性能和物理机械性能也显著提高。未来促进剂的发展方向是"一剂多能"，即兼备硫化剂、活性剂、促进剂、防焦剂及对环境无污染的特点。

一、促进剂的分类

常用促进剂的分类方法有以下三种。

（1）按促进剂的结构分类

按化学结构，促进剂可分为八大类，即噻唑类、次磺酰胺类、秋兰姆类、硫脲类、二硫代氨基甲酸盐类、醛胺类、胍类、黄原酸盐类等。

（2）按促进速度分类

国际上习惯以噻唑类促进剂M对NR的准超速硫化速度为标准来比较促进剂的硫化速度。比促进剂M快的属于超速或超超速级，比促进剂M慢的属于慢速或中速级。

慢速级促进剂：醛胺类和硫脲类促进剂；

中速级促进剂：胍类促进剂；

准速级促进剂：噻唑类和次磺酰胺类促进剂；

超速级促进剂：秋兰姆类促进剂；

超超速级促进剂：二硫代氨基甲酸盐类促进剂。

（3）按pH值分类

按照pH值将促进剂分为酸性、碱性和中性促进剂。酸性促进剂有噻唑类、秋兰姆类、二硫代氨基甲酸盐类、黄原酸盐类；碱性促进剂有胺类、胍类；中性促进剂有次磺酰胺类、硫脲类。

二、常用促进剂的结构与特点

常用促进剂都是由不同的官能团组成，不同的基团在橡胶的硫化过程中又发挥着不同的作用。促进剂中可能含有的官能团有促进基、活性基、硫化基、防焦基等。因为每种促进剂含有不同的官能团，其硫化和促进的特性就有差异。

（一）促进剂的官能团

① 促进基：促进剂中活性最高的促进基是含有—N═C—S—H 互变异构的官能基，如噻唑类、次磺酰胺类、秋兰姆类、二硫代氨基甲酸盐类都有这种促进基团，如图 2-7 中的结构中①。

② 防焦基团：促进剂中有三种防焦基团，分别为 —S—N〈，〉N—N〈 和—S—S—。其作用是抑制硫形成多硫化物，并在低温下减少游离硫的形成。

③ 辅助防焦基团：直接连接次磺酰胺中的氮和连接氧的酸性基团，能增强多硫物形成防焦基的功能，使次磺酰胺具有优异的防焦功能。六种防焦基团分别为：羰基、羧基、磺酰基、磷酰基、硫代磷酰基、苯并噻唑基。

④ 活性基团：促进剂在硫化过程中放出的氨基具有活化作用，能与氧化锌和促进剂生成活化的促进剂络合物，提高其在橡胶中的溶解度，如次磺酰胺类、秋兰姆类及胍类都具有这种功能。图 2-7 所示结构中②代表活性基。

⑤ 硫化基团：硫黄给予体 TMTD、DTDM、MDB、TRA 等分解放出活性硫原子，参与交联反应，称为硫化基团。

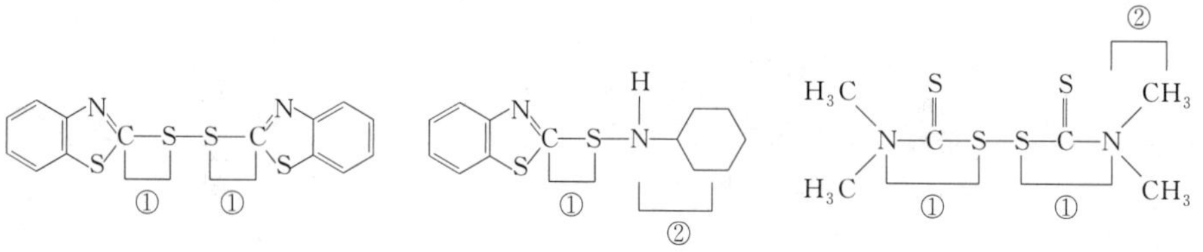

图 2-7　促进剂中的不同官能团结构

在各种促进剂中，有的促进剂有一种功能，有的有多种功能，从而影响其硫化特性；而多种功能促进剂的并用，为橡胶配方的设计提供了广阔的应用范围。

（二）常用促进剂的结构和作用特性

1. 噻唑类

结构通式为：

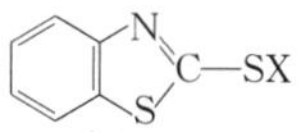

X 为氢、金属离子或其它有机基团。该类促进剂结构中只有促进基，没有活性基、硫化基和防焦基。常用的噻唑类促进剂品种如表 2-1 所示。

表 2-1　常用的噻唑类促进剂品种

中文名称	英文缩写	化学结构
2-巯基苯并噻唑	MBT(M)	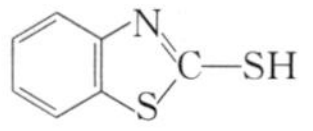
二硫化苯并噻唑	MBTS(DM)	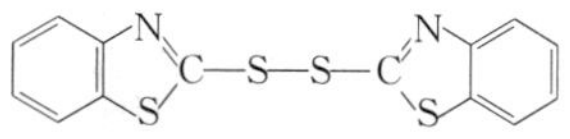
2-巯基苯并噻唑锌盐	ZMBT(MZ)	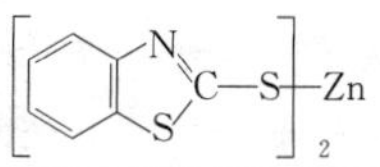

作用特性：噻唑类促进剂属于酸性、准速级促进剂，硫化速度快，硫化曲线平坦性好，硫化胶具有良好的耐老化性能，应用范围广。宜和酸性炭黑配合，槽黑可以单独使用，与炉法炭黑配合时要防焦烧。无污染，可以用作浅色橡胶制品。M、DM 有苦味，不宜用于食品工业。M 硫化速度快，易焦烧；DM 比 M 焦烧时间长。MZ 一般不用于干胶中，常用于天然胶乳中，尤其是用于弹性胶绳的生产中。促进剂 M 还可用作天然橡胶的塑解剂。

2. 次磺酰胺类

结构通式为：

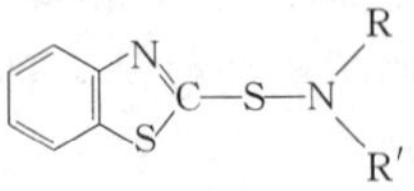

R 为有机基团；R' 为氢或有机基团。这类促进剂既有促进基、活性基，又有防焦基。常用的次磺酰胺类促进剂品种如表 2-2 所示。

表 2-2　常用的次磺酰胺类促进剂品种

中文名称	英文缩写	化学结构
N-环己基-2-苯并噻唑次磺酰胺	CBS(CZ)	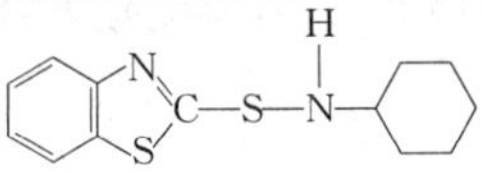
N,N-二环己基-2-苯并噻唑次磺酰胺	DCBS(DZ)	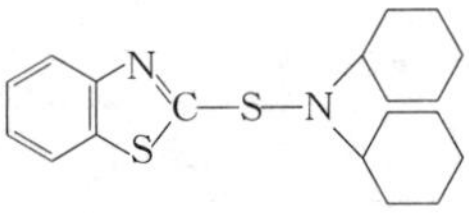
N-叔丁基苯并噻唑次磺酰胺	TBBS(NS)	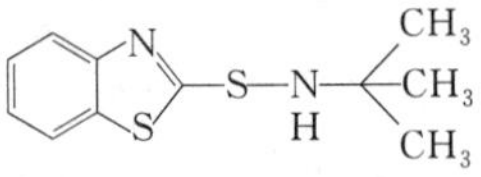
吗啉基苯并噻唑次磺酰胺	MBS(NOBS)	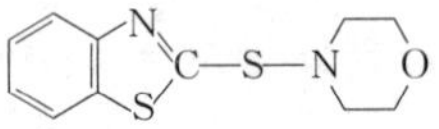
N-叔丁基双(2-苯并噻唑)次磺酰亚胺	TBSI	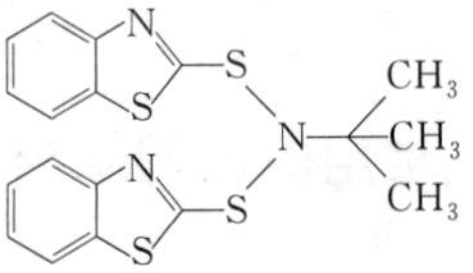
N-叔辛基-2-苯并噻唑次磺酰胺	Vulcafor BSO	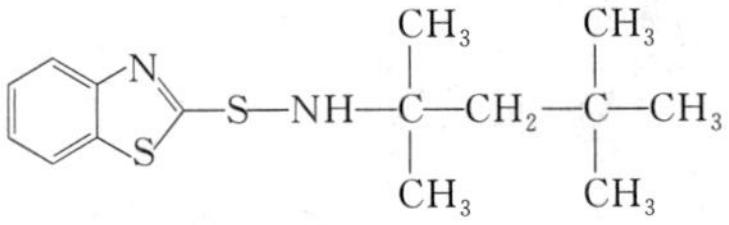
2-(4-吗啉基二硫代)苯并噻唑	MBSS(MDB)	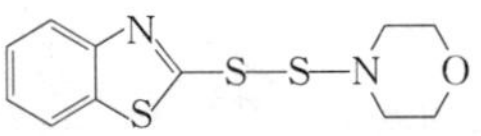
N,N'-二乙基-2-苯并噻唑次磺酰胺	AZ	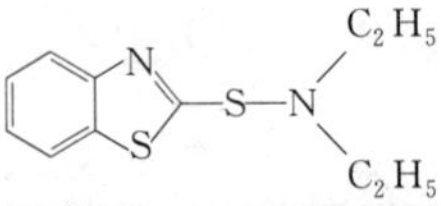
N,N'-二异丙基-2-苯并噻唑次磺酰胺	DIBS	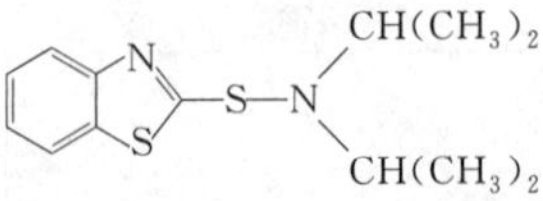
4,4'-二硫化二吗啉(monpholine disulfide)	DTDM	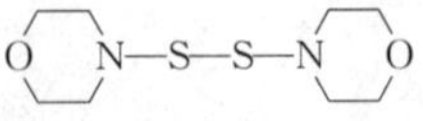
N-氧联二亚乙基硫代氨基甲酸-N-氧联二亚乙基次磺酰胺	OTOS	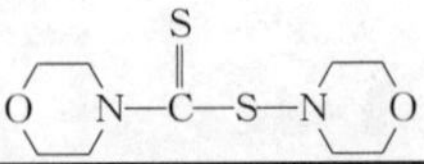

作用特性：次磺酰胺类促进剂与噻唑类促进剂有相同的促进基，但多了一个防焦基和活化基，因此克服了噻唑类焦烧时间短的缺点。促进基是酸性的，活性基是碱性的，所以次磺酰胺类促进剂是一种酸、碱自我并用型促进剂，其特点如下：

① 焦烧时间长，硫化速度快，硫化曲线平坦，硫化胶综合性能好；
② 宜与炉法炭黑配合，有充分的安全性，利于压出、压延及模压胶料的充分流动性；
③ 适用于合成橡胶的高温快速硫化和厚制品的硫化；
④ 与酸性促进剂（TT）并用，形成活化的次磺酰胺硫化体系，可以减少促进剂的用量。

一般来说，次磺酰胺类促进剂诱导期的长短与和氨基相连基团的大小、数量有关。基团越大，基团数量越多，诱导期越长，防焦效果越好。如 TBSI＞DCBS＞NOBS＞CBS。

值得注意的是，使用不同基团取代的次磺酰胺类促进剂硫化橡胶时，由于促进剂分子量的不同，在相同促进剂质量用量时，得到的硫化胶的交联密度并不相同。促进剂的分子量越高，硫化胶的交联密度越低，如图 2-8 所示。

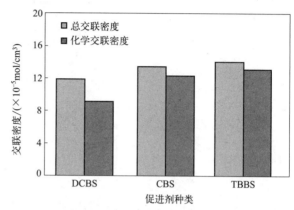

图 2-8 不同促进剂对 NR 硫化胶交联密度的影响（促进剂用量均为 1 份）

由于 TBSI 和 DCBS 的焦烧时间长，因此特别适用于钢丝帘布胶，能保证镀铜钢丝界面处在硫化前有足够的时间生成硫化铜层，以保证胶料和钢丝帘线间有足够的黏合强度。另外，TBSI 用于钢丝帘线胶时，在高温和高湿条件下具有更好的抗水解性能。

3. 秋兰姆类

结构通式：

R、R′为烷基、芳基或其它基团。常用的秋兰姆类促进剂品种如表 2-3 所示。

表 2-3 常用的秋兰姆类促进剂品种

中文名称	英文缩写	化学结构
一硫化四甲基秋兰姆	TMTM	(结构式)
一硫化四丁基秋兰姆	TBTM	(结构式)
一硫化双五亚甲基秋兰姆	PMTM	(结构式)

中文名称	英文缩写	化学结构
二硫化四甲基秋兰姆	TMTD	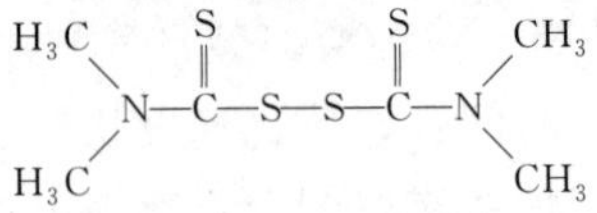
二硫化四乙基秋兰姆	TETD	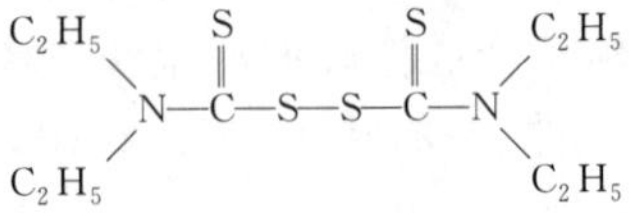
二硫化四丁基秋兰姆	TBTD	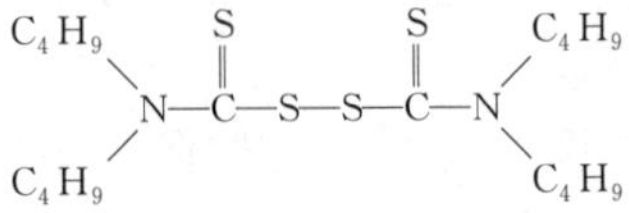
二硫化双五亚甲基秋兰姆	DPTD	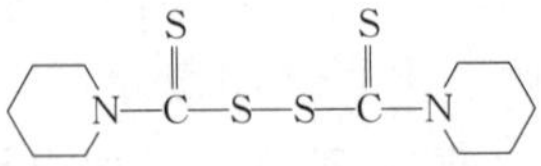
二硫化四苄基秋兰姆	TBzTD	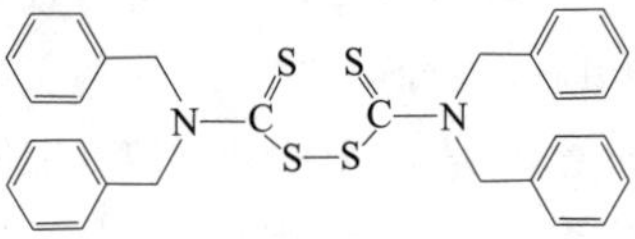
二硫化四异丁基秋兰姆	TiBTD	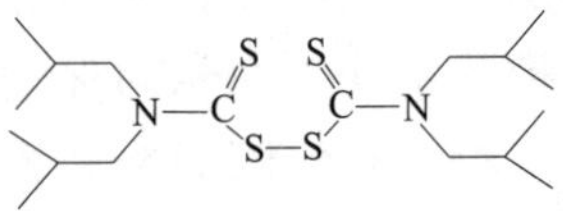
二硫化四-(2-乙基己基)秋兰姆	TOT-N	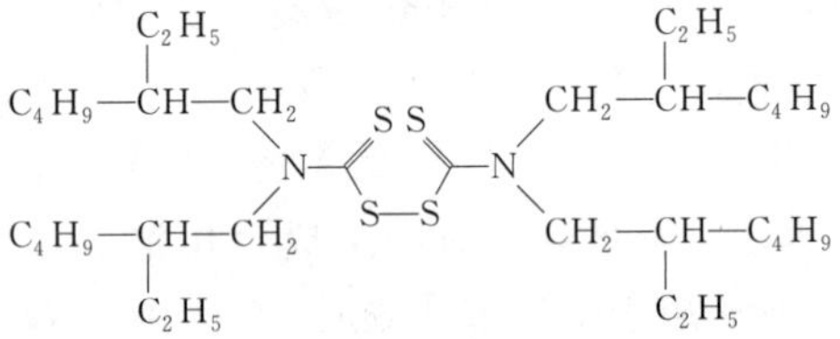
四硫化四甲基秋兰姆	TMTT	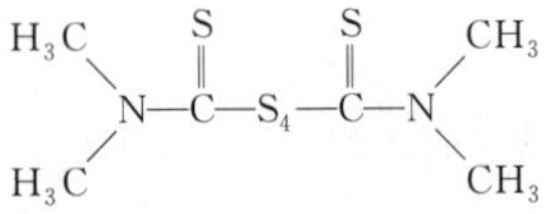
四硫化双五亚甲基秋兰姆	TRA/DPTT	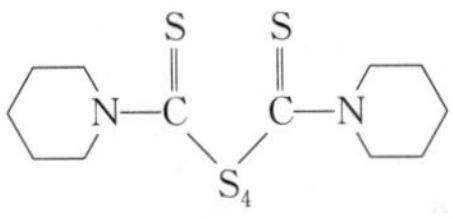
六硫化双五亚甲基秋兰姆	DPPT/DPTH	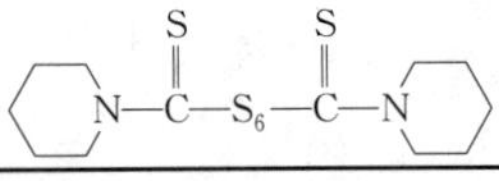

作用特性：秋兰姆类促进剂一般含有两个活性基和两个促进基，但没有防焦基，因此硫化速度快，焦烧时间短，应用时应特别注意焦烧倾向。一般不单独使用，而与噻唑类、次磺酰胺类并用。视硫原子数 x 的大小，秋兰姆促进剂分为一硫化秋兰姆、二硫化秋兰姆和多硫化秋兰姆。当秋兰姆类促进剂中的硫原子数大于或等于 2 时，硫化时能释放出活性硫原子，参与硫化反应，可以作硫化剂使用，用于无硫硫化，制作耐热橡胶制品。秋兰姆类促进剂可以用于浸渍胶乳制品的硫化，高温快速硫化如注射硫化、连续硫化的制品，以及低不饱和度的橡胶如三元乙丙橡胶和丁基橡胶的硫化。但多硫化秋兰姆的焦烧时间一般较单硫化秋兰姆要短。

4. 二硫代氨基甲酸盐类

结构通式：

$$\begin{array}{c} R \\ \\ R \end{array} N-\overset{\overset{\displaystyle S}{\|}}{C}-S-Me-S-\overset{\overset{\displaystyle S}{\|}}{C}-N \begin{array}{c} R \\ \\ R \end{array}$$

R 为烷基、芳基或其它基团；Me 为金属原子或铵盐，最常使用的是锌盐，铋盐、镉盐、铜盐、铅盐、硒盐和碲盐也有使用。常用的二硫代氨基甲酸盐类促进剂品种如表 2-4 所示。

表 2-4　常用的二硫代氨基甲酸盐类促进剂品种

中文名称	英文缩写	化学结构
二甲基二硫代氨基甲酸锌	ZDMC/PZ	$\left[\begin{array}{c}CH_3\\ \\ CH_3\end{array}N-\overset{\overset{S}{\|}}{C}-S\right]_n Zn$
二乙基二硫代氨基甲酸锌	ZDC/ZDEC/EZ	$\left[\begin{array}{c}C_2H_5\\ \\ C_2H_5\end{array}N-\overset{\overset{S}{\|}}{C}-S\right]_n Zn$
二丁基二硫代氨基甲酸锌	ZDBC/BZ	$\left[\begin{array}{c}C_4H_9\\ \\ C_4H_9\end{array}N-\overset{\overset{S}{\|}}{C}-S\right]_n Zn$
乙基苯基二硫代氨基甲酸锌	ZEPC/PX	$\left[\begin{array}{c}C_6H_5\\ \\ C_2H_5\end{array}N-\overset{\overset{S}{\|}}{C}-S\right]_n Zn$
二苄基二硫代氨基甲酸锌	ZBEC/ZTC	$\begin{array}{c}H_2C-C_6H_5\\ \\ H_2C-C_6H_5\end{array}N-\overset{\overset{S}{\|}}{C}-S-Z_n$

作用特性：此类促进剂比秋兰姆类更活泼，结构中除含有活性基、促进基外，还有一个过渡金属离子，使橡胶的不饱和双键更易极化，因而硫化速度更快，属超超速级酸性促进剂，诱导期极短，主要用于快速硫化、室温硫化、胶乳制品的硫化或用于低不饱和度橡胶如 IIR、EPDM 的硫化。这类促进剂中活性最高的是铵盐，其次是钠盐和钾盐，它们都为水溶性促进剂，主要用于自硫胶料、自硫胶浆、快速硫化修补用的胶料、浸渍制品、织物挂胶和胶乳制品的硫化，而一般不用在干胶中，干胶中使用最多的是锌盐。铁、铜、铋、铅盐能使硫化胶着色，不适于制造白色及透明制品；硒、碲盐能使制品稍带淡黄橙色；锌盐、钠盐、铵盐不污染硫化胶且无毒无味，适于制造白色、透明、彩色或与食品接触的橡胶制品。

二硫代氨基甲酸镍是一种防老剂而不是促进剂。

5. 二硫代磷酸盐类

二硫代磷酸盐不会形成有毒的亚硝胺，又能改善天然橡胶的抗硫化返原性，成为二硫代氨基甲酸盐的有效替代品，典型的产品是二丁基二硫代磷酸锌（ZBPD），其结构如下所示。

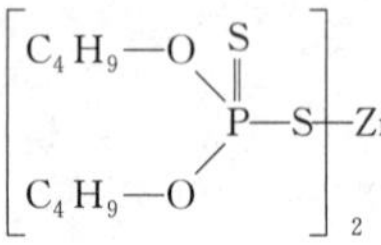

$$\left[\begin{array}{c}C_4H_9-O\\C_4H_9-O\end{array}P\begin{array}{c}S\\\|\end{array}S-\right]_2 Zn$$

它是非污染型的快速硫化促进剂，主要用于三元乙丙橡胶的硫黄硫化，配合噻唑类促进剂，可以达到较高的硫化速度和适宜的焦烧时间。ZBPD 也可用于其它二烯类橡胶的硫化，在普通硫黄硫化体系里取代少量的元素硫可以改善硫黄返原和硫化胶的耐老化性能，而硫化胶的物理机械性能不受影响，用量高至 2 份时也不会有喷霜之嫌。

6. 胍类

结构通式：

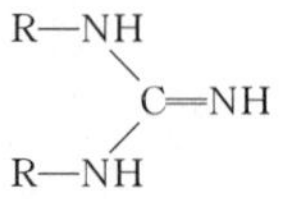

$$\begin{array}{c}R-NH\\ C=NH\\R-NH\end{array}$$

R 为苯基或甲苯基。这类促进剂结构中只有活性基，没有促进基、防焦基和硫化基。常用的胍类促进剂品种如表 2-5 所示。

表 2-5 常用的胍类促进剂品种

中文名称	英文缩写	化学结构
二苯胍	D/DPG	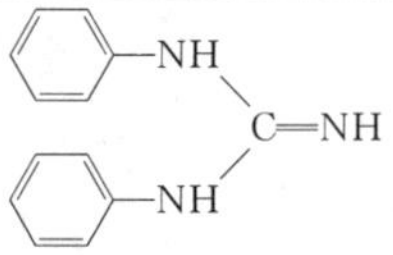 (Ph-NH)₂C=NH
二邻甲基苯胍	DOTG	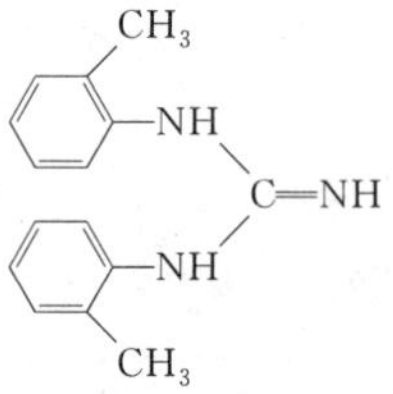 (o-CH₃-C₆H₄-NH)₂C=NH

作用特性：碱性促进剂中用量最大的一种，结构中有活性基，但没有促进基和其它基团，硫化起步慢，操作安全性好，硫化速度也慢。适用于厚制品（如胶辊）的硫化，产品易老化龟裂，且有变色污染性。一般不单独使用，常与 M、DM、CZ 等并用，既可以活化硫化体系又克服了自身的缺点，只在硬质橡胶制品中单独使用。DPG 可以作 CR 和聚硫橡胶的化学塑解剂。在白炭黑补强的橡胶中，可作硫化活性剂使用，以减少酸性白炭黑对硫化的阻碍作用。

7. 硫脲类

结构通式：

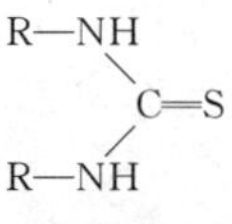

$$\begin{array}{c}R-NH\\ C=S\\R-NH\end{array}$$

R 为烷基或芳基。常用的硫脲类促进剂品种如表 2-6 所示。

表 2-6 常用的硫脲类促进剂品种

中文名称	英文简称	化学结构
N,N'-亚乙基硫脲	NA-22/ETU	环状乙撑硫脲结构
N,N'-二乙基硫脲	DETU/DEU	$C_2H_5-NH-C(=S)-NH-C_2H_5$
N,N'-二丁基硫脲	DBTU	$C_4H_9-NH-C(=S)-NH-C_4H_9$
N,N,N'-三甲基硫脲	TMTU/TMU	$(CH_3)_2N-C(=S)-NH-CH_3$
四甲基硫脲	NA-101	$(CH_3)_2N-C(=S)-N(CH_3)_2$

作用特性：这类促进剂结构中只有活性基，没有促进基、防焦基和硫化基，因此促进效能低，抗焦烧性能差，对二烯类橡胶来说现已很少使用，但对 CR、CO、CPE、ACM 等橡胶的硫化有独特的效能，其中 NA-22 是 CR，尤其是非硫调型 CR 常用的促进剂，适宜以金属氧化物作硫化剂，特别是用氧化镁或氧化锌效果最好。

8. 醛胺类

醛胺类促进剂是醛和胺的缩聚物，主要品种是六亚甲基四胺，简称促进剂 H，结构式如下：

$$\text{六亚甲基四胺结构式}$$

它是一种弱碱性促进剂，4 个活性基氨基都封闭，因此促进速度慢，无焦烧危险。主要用作噻唑类、次磺酰胺类、秋兰姆类、二硫代氨基甲酸盐类促进剂的辅助促进剂或用于厚壁制品。除促进剂 H 外，多数具有污染性或遇光变色性，因而不适用于浅色胶料。H 与间苯二酚、白炭黑一起构成间-甲-白黏合体系，能促进橡胶与纤维的黏合。

其它醛胺类促进剂还有乙醛胺，也称 AA 或 AC，也是一种慢速促进剂。

9. 黄原酸盐类

结构通式：

$$RO-C(=S)-S-M$$

R 为烷基或芳基；M 为金属原子 Na、K、Zn 等。

作用特性：它是一种酸性超超速级促进剂，硫化速度比二硫代氨基甲酸盐还要快，除低温胶浆和胶乳工业使用外，一般都不采用。其代表产品为异丙基黄原酸锌（ZIX）。

三、促进剂的并用

在胶料配方设计中，为了提高促进剂的作用效果及出于工艺上的需要，如避免焦烧、防止喷霜、改善硫化平坦性、改进硫化胶性能等，往往采用促进剂并用。其中主促进剂的用量和硫化特性占主导地位，一般选用酸性或中性的促进剂，酸性促进剂以噻唑类和秋兰姆类使用最多，但以 M 最为常见。秋兰姆类为主促进剂时，仅用于薄膜制品和硫化时间极短的制品。中性的次磺酰胺类为主促进剂时，一般可以不选用副促进剂，少量并用 D 或 TMTD 可以提高硫化速度。副促进剂起辅助作用，用量少，它与主促进剂相互活化，加快硫化速度，提高硫化胶的物理机械性能，一般常用的副促进剂有促进剂 D。常见的并用类型如下。

1. A/B 型并用体系

活化噻唑类硫化体系，并用后促进效果比单独使用 A 型或 B 型都好。常用的 A/B 体系一般采用噻唑类作主促进剂，胍类（D）或醛胺类（H）作副促进剂。采用 A/B 并用体系制备相同机械强度的硫化胶时，优点是促进剂用量少、促进剂的活性高、硫化温度低、硫化时间短，硫化胶的性能（拉伸、定伸、耐磨性）好，克服单独使用 D 时老化性能差、制品龟裂的缺点。如现在最广泛使用的 A/B 并用体系 DM/D、M/D 容易发生焦烧，所以使用减少。

2. N/A、N/B 并用型

活化次磺酰胺硫化体系，它是采用秋兰姆（TMTD）、胍类（D）为第二促进剂来提高次磺酰胺的硫化活性，加快硫化速度。并用后体系的焦烧时间比单用次磺酰胺短，但比 DM/D 体系焦烧时间仍长得多，且成本低，缺点是硫化平坦性差。该体系的优点是硫化时间短、促进剂用量少、成本低。焦烧时间虽缩短，但是仍有较好的生产安全性，N/A 型目前使用较多。表 2-7 是辅助促进剂对 CBS 的影响。

表 2-7　辅助促进剂对 CBS 硫化特性和硫化胶性能的影响

成分		配方①		
		1	2	3
CBS		0.6	0.6	0.6
S		2.3	2.3	2.3
DPG		0	0.2	0
TMTD		0	0	0.2
性能指标				
门尼焦烧	t_5(121℃)/min	28	24	19
150℃硫化特性	t_{s2}/min	3.9	3.0	2.7
	t'_c(90)/min	10.7	8.5	5.1
硫化胶性能 150℃×t'_c(90)	100%定伸应力/MPa	2.6	2.9	3.6
	拉伸强度/MPa	24.9	23.6	25.1
	拉断伸长率/%	530	510	440

① 配方（质量份）：NR 80；BR 20；N375 55；ZnO 4；S_A 2；芳烃油 8；6PPD 2。

3. 常用促进剂及并用的作用特性比较

在选用促进剂时，有两个重要的特性需要考虑，一个是焦烧时间即加工的安全性，另一个是硫化速度即生产效率。促进剂的焦烧时间可以用专门仪器——门尼黏度测试仪来测定，其标准测试方法在 GB/T 1233—2008 中有详细说明；硫化速度的高低可以从硫化曲线得到。常用促进剂及其并用时的焦烧时间和硫化速度见图2-9。

四、促进剂的选择

促进剂的选择主要考虑橡胶的种类及其对性能的要求，主要从促进剂的硫化促进特性和对硫化胶物理机械性能的影响两个方面考虑，此外还要兼顾促进剂的分散性、与橡胶的相容性、对产品颜色的污染性、卫生性和成本。促进剂的硫化促进特性主要考虑焦烧时间、硫化速率、硫化的平坦性和抗硫化返原性等方面。胶料的物理机械性能主要考虑硫化胶的硬度、弹性、拉伸性能、动态机械性能以及耐热老化性能等。

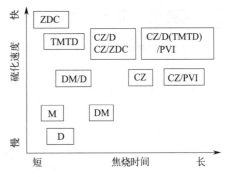

图 2-9　常用促进剂及并用时的焦烧时间和硫化速度对比

随着橡胶工业的发展，基础原料发生了很大的变化，以天然橡胶为主体的胶料逐渐被合成橡胶代替，槽法炭黑被炉法炭黑代替；橡胶加工生产技术朝自动化、联动化发展，对生产的安全性、硫化速度、制品性能、卫生性、环境保护提出了更高的要求。

从加工安全性和硫化速度考虑，近年开发和研究最多的是次磺酰胺类。如美国Goodrich开发的OTOS（N-氧联二亚乙基硫代氨基甲酸-N-氧联二亚乙基次磺酰胺）、Baydege开发的双(2-乙基氨基-4-二乙基氨基-三嗪-6)三硫化物（Triacit-20）等。为提高硫化速度和加工安全性，还发展"就地型"和"包胶型"促进剂。

促进剂的卫生性包含三个方面的内容：一是使用过程中的粉尘污染；二是与食品接触类制品的污染问题；三是硫化烟气中产生有致癌性的亚硝胺问题。为减少粉尘污染，便于称量，目前市场上大多数的商品化促进剂已被制成片状、颗粒状等进行出售，或者将促进剂做成预分散的母胶粒，提高了促进剂在胶料中的快速分散和融合；一般液态促进剂难以计量和操作，因此往往将其制成粉末状（吸附于惰性填料中如碳酸钙、高岭土等）出售。噻唑类促进剂 MBT、MBTS 等和胍类促进剂 DPG 等具有苦味，一般不用于食品、医疗用橡胶制品，而使用二硫代氨基甲酸盐类、秋兰姆类和次磺酰胺类等。

促进剂卫生性的另一个方面是开发无环境污染的促进剂。仲胺类促进剂容易产生亚硝胺，有致癌的可能性。硫化体系中占大部分的秋兰姆类（TMTD、TETD、TMTM）、二硫代氨基甲酸盐类（ZDC）、次磺仲酰胺类（MBS、DIBS、DCBS）及硫黄给予体是产生亚硝胺的来源。不产生亚硝胺的促进剂有：次磺酰胺中的 N-叔丁基-2-苯并噻唑次磺酰胺（TBBS）、N-叔丁基-2-双苯并噻唑次磺酰亚胺（TBSI）和环己基苯并噻唑次磺酰胺（CBS），其中 TBBS 已经成为国内外市场的主导品种；TBSI 的抗硫化返原性比其它次磺酰胺促进剂都好，在焦烧时间、硫化胶物性、硫化速度等方面与 MBS、DIBS、DCBS 在同一范围内，被认为是替代 MBS、DIBS、DCBS 最好的非仲胺类促进剂。秋兰姆类和二硫代氨基甲酸盐类硫化促进剂主要用二丁基二硫代磷酸锌（ZBTP）、异丁基硫代氨基甲酸锌、二硫化四苄基秋兰姆（TB$_z$TD）、二硫化四-(2-乙基己基)秋兰姆（TOT-N）等代替，其分子量大、熔点高、难以分解，所以不会产生亚硝胺。TBzTD 目前已成为极具发展潜力的秋兰姆类硫化促进剂新品种。

美国还研制了取代 NA-22 的硫化促进剂 2,5-二巯基-1,3,4-噻二唑衍生物 Vanax189，用于 CR 的快速硫化，硫化的诱导期较长。

五、硫黄硫化机理

以最常使用的次磺酰胺类促进剂为例，有促进剂的硫黄硫化反应大体可以用图 2-10 表示：

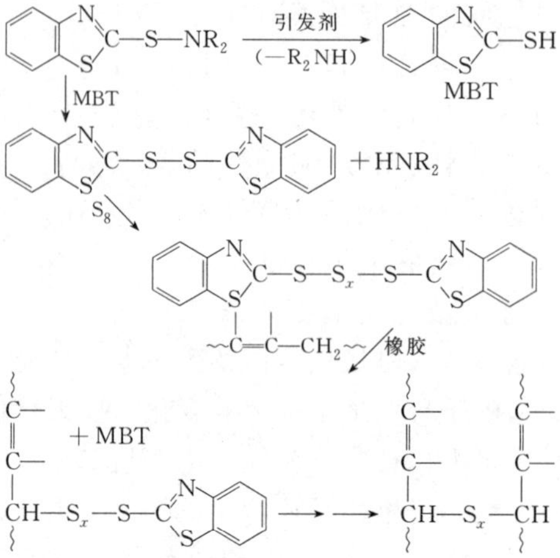

图 2-10 有促进剂的硫黄硫化反应机理示意图

若以 XSH、XSSX、XSNR$_2$ 分别代表噻唑类、二硫代秋兰姆类和次磺酰胺类促进剂，X 代表苯并噻唑基或秋兰姆基，生成促进剂的过硫硫醇锌盐。

① 生成促进剂的锌盐（Ⅰ）：在硫化条件及脂肪酸存在下，促进剂与氧化锌反应。

$$\left.\begin{array}{l}\text{XSH}\\ \text{XSSX}\\ \text{XSNR}_2\end{array}\right\} \xrightarrow[\text{RCOOH}]{\text{ZnO}} \text{XS—Zn—SX}$$

$$\text{Ⅰ}$$

② 生成促进剂锌盐配位络合物（Ⅱ）：橡胶里的胺或者胆碱（NR 里自然存在）与Ⅰ配位络合生成（脂肪酸也能与之络合生成络合物），配位络合物在橡胶中的溶解度很大，使硫化反应能顺利进行。

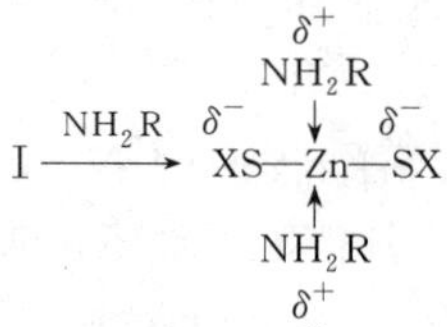

$$\text{I} \xrightarrow{\text{NH}_2\text{R}} \begin{array}{c}\overset{\delta+}{\text{NH}_2\text{R}}\\ \overset{\delta-}{\text{XS}}\text{—Zn—}\overset{\delta-}{\text{SX}}\\ \overset{}{\text{NH}_2\text{R}}\\ \overset{\delta+}{}\end{array}$$

$$\text{Ⅱ}$$

③ 生成促进剂过硫硫醇锌盐（Ⅲ）：络合物Ⅱ中 Zn—S 键不牢固，XS$^-$ 具有较高的亲硫性，这时 S$_8$ 开环产生Ⅲ。

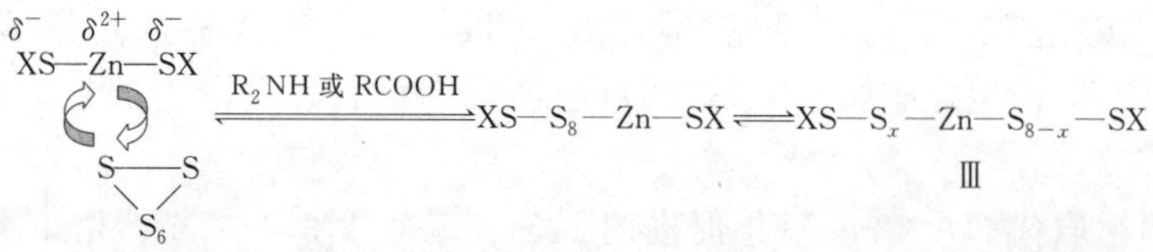

$$\overset{\delta-}{\text{XS}}\text{—}\overset{\delta 2+}{\text{Zn}}\text{—}\overset{\delta-}{\text{SX}} \xrightarrow{\text{R}_2\text{NH 或 RCOOH}} \text{XS—S}_8\text{—Zn—SX} \rightleftharpoons \text{XS—S}_x\text{—Zn—S}_{8-x}\text{—SX}$$

$$\text{Ⅲ}$$

④ 生成带有多硫促进剂侧挂基团的橡胶大分子（Ⅳ）：Ⅳ是交联先驱体。

$$RH + XSS_xZnS_{8-x}SX \longrightarrow \underset{IV}{RS_xSX} + ZnS + XS_{8-x}H$$

⑤ 生成橡胶交联键（V）：Ⅳ与一般橡胶大分子反应产生分子间交联键，形成交联网络。

$$RS_xSX + RH \longrightarrow \underset{V}{R-S_x-R} + HSX$$

⑥ 网络熟化：交联结构继续发生变化，如短化、重排、环化、主链改性等。

由上可见，橡胶的硫化是一个特别复杂的过程，上述的微观反应过程与硫化曲线上的宏观过程有基本对应关系。在配合剂加入后、热硫化之前，是生成带有多硫促进剂侧挂基团的橡胶大分子的浓度积累阶段，对应的是曲线上的诱导期。当体系里Ⅳ的浓度累积达到最大时，热硫化开始进行，对应的是曲线上的热硫化阶段；随反应进行，体系中Ⅳ的数量消耗，当浓度降到最低时，则热硫化阶段结束，进入熟化期。

六、硫载体

硫载体又称硫给予体，是指分子中含二硫或多硫结构的有机化合物，在硫化过程中能分解析出活性硫参与交联反应，所以硫载体硫化又称无硫硫化。

硫载体分两类，一类用于硫化中代替硫黄形成交联键，但对硫化特性没有明显影响。这一类的典型代表是二吗啉代二吗啉（DTDM）和己内酰胺二硫化物（CLD）。另一类除了可以代替硫黄形成交联键外，本身有促进剂的功能。这一类主要是硫原子数在两个及以上的秋兰姆类，如 TMTD、TETD、TRA、DPTT 等。2-吗啉基二硫代苯并噻唑（MBSS）、N-氧二亚乙基-N'-氧二亚乙基硫代氨基甲酰亚磺酰胺（OTOS）也同时具备硫载体和促进剂的功能。除此之外，一些多硫聚合物、多硫化烷基酚、四硫化硅烷 Si-69（TESPT）、二烷基多硫化二硫代磷酸盐也可以作为硫载体使用。

随着对环保要求的不断提高，硫化产生亚硝胺化合物的多数硫载体被限制使用，目前最有发展前景的秋兰姆类替代品是能改善硫化返原及疲劳特性的六亚甲基-双-硫代硫酸盐（HTS）或 1,3-双(柠檬甲基)甲氧苯（BCI）。N,N-二硫代己内酰胺（DTDC）和 TBzTD 被认为是 DTDM 和二硫化或六硫化秋兰姆的最佳替代品，是轮胎等大体积模压橡胶制品、耐热橡胶制品、卫生橡胶制品和彩色橡胶制品的最佳硫化剂。

硫载体的化学结构和含硫量影响硫化特性，如焦烧时间、硫化速度和交联密度。常用硫载体的结构和有效硫含量如表 2-8 所示。

表 2-8 常用硫载体的结构和有效硫含量

名 称	结 构 式	分子量	有效含硫量/%
二硫化四甲基秋兰姆(TMTD)	(H₃C)₂N-C(=S)-S-S-C(=S)-N(CH₃)₂	240	13.3
二硫化四乙基秋兰姆(TETD)	(C₂H₅)₂N-C(=S)-S-S-C(=S)-N(C₂H₅)₂	296	10.8
二硫化四苄基秋兰姆(TBzTD)	(PhCH₂)₂N-C(=S)-S-S-C(=S)-N(CH₂Ph)₂	608	5.3

续表

名 称	结构式	分子量	有效含硫量/%
四硫化四甲基秋兰姆(TMTT)	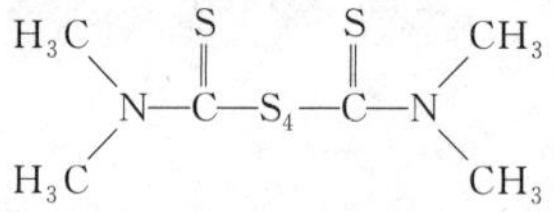 (结构式)	304	31.6
四硫化双环五亚甲基秋兰姆(TRA)	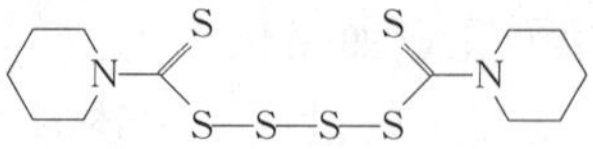 (结构式)	336	28.6
二硫化二吗啉(DTDM)	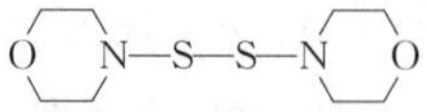 (结构式)	236	13.6
苯并噻唑二硫化吗啉(MDB)	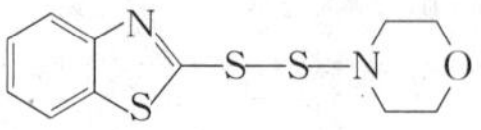 (结构式)	284	11.3
二硫化-N,N'-二己内酰胺(CLD)	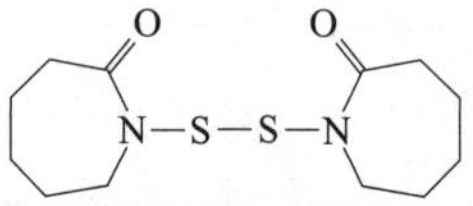 (结构式)	288	11.1

有效和半有效硫化体系配合中一般采用硫载体。含硫量的高低影响硫化特性如焦烧时间和硫化时间，结果如表 2-9 所示。

表 2-9 不同秋兰姆的硫化特性

硫化特性	TMTD(2.5 份)	TETD(3.1 份)	TBzTD(4.3 份)
门尼焦烧(121℃,t_5)/min	17	20	23
门尼焦烧(121℃,t_{30})/min	24	27	38
硫化时间(140℃)/min	15	30	45

由表 2-9 可以看出，含硫量越低，焦烧时间延长、硫化速度慢。TMTD 的焦烧特性较差，喷霜现象严重，应用受到限制。而 DTDM、MDB 的焦烧特性较好，但硫化速度较慢。一般采用 DTDM/TMTD 并用，或者用次磺酰胺和噻唑类调整焦烧期和硫化速度。

七、活性剂

在不饱和橡胶的硫黄硫化过程中，要实现促进剂和硫黄的充分利用，必须加入无机和有机活性剂。氧化锌是最常使用的无机活性剂，对硫化胶的最终硫化程度有重要的影响，其它金属氧化物如氧化镁和氧化铅也有类似功能。最重要的有机活性剂为脂肪酸和硬脂酸，一些弱碱、胍类促进剂、脲、氨基化合物、多元醇和醇胺类也可作活性剂使用。目前在硫黄硫化体系中占主要地位的活性剂还是氧化锌和硬脂酸的组合。为了提高氧化锌的功效，要添加硬脂酸以提高锌盐在橡胶中的溶解度；次磺酰胺类和秋兰姆类促进剂能分解产生胺类化合物，也可以形成可溶性的锌-胺络合物，除此之外，也可以使用细粒子的纳米氧化锌，通过增加比表面积提高其在橡胶中的溶解度。

大量的研究表明，活性剂在硫化中的功能主要体现在以下几个方面：

① 活化硫化体系。氧化锌和硬脂酸作用生成锌皂，提高氧化锌在橡胶中的溶解度；并与促进剂作用形成在橡胶中溶解性良好的络合物，活化了促进剂和硫黄，提高了硫化效率。

② 提高硫化胶的交联密度。氧化锌和硬脂酸生成可溶性锌盐，锌盐与交联先驱体螯合，保护了弱键，使硫化生成较短的交联键，并增加了新的交联键，提高了交联密度。

③ 提高硫化胶的耐老化性能。硫化胶在使用过程中，多硫键断裂，生成的硫化氢会加

速橡胶的老化，但氧化锌和硫化氢作用生成硫化锌，消耗硫化氢，减少了硫化氢对交联网络的催化分解，对交联键起稳定作用。

有机活性剂如硬脂酸除了能进一步提高氧化锌的活化作用外，还能降低混炼胶的黏度，起到增塑剂或润滑剂的作用。在硫化体系中加入可溶的硬脂酸皂除了可以使橡胶更好地硫化外，也能使其在橡胶中分散得更好，常用的有硬脂酸锌和 2-乙基己酸锌。

八、防焦剂

橡胶在加工过程中要经历塑炼、混炼、压延、压出等工艺过程，生热量大，使胶料的焦烧时间缩短，有时甚至到了剩余焦烧时间完全没有的地步，进而出现焦烧现象。现代橡胶工业又朝着高温快速硫化的方向发展，因而胶料的防焦烧措施极为重要。但在橡胶的配方设计中，焦烧安全性和硫化速率往往是矛盾的。若使用快速硫化促进剂，硫化速度加快了，焦烧时间往往较短；使用迟效型促进剂，焦烧时间满足要求了，硫化速度往往又不够理想。防焦剂的出现为这种矛盾的调和提供了可能。

作为防焦剂，一般要满足以下要求：能有效延长焦烧时间，但不参与交联反应，对硫化速度和硫化胶的性能没有影响。目前使用防焦剂的主要品种是硫氮类。1970 年，美国孟山都公司开发了 N-环己基硫代邻苯二甲酰亚胺（CTP），商品名称为 Santogard PVI。由于其防焦效果明显，卫生安全性好等，使其成为应用最多的防焦剂，其结构如图 2-11 所示。

CTP 的优点是不影响硫化胶的结构和性能，硫化焦烧时间的长短与用量呈线性关系，生产容易控制。虽然价格较高，但在橡胶中的用量较小，还是比较经济的。如在 NR 配方中，为提高硫化速度，用少量的（如 0.1~0.2 份）秋兰姆类促进剂 TMTD 替代次磺酰胺类促进剂 TBBS 后，焦烧时间会明显缩短。但在配方中只需添加 0.05~0.25 份 CTP 就能重新获得所需的焦烧时间，而硫化速率没有明显下降。当然，单纯地增加促进剂的用量也可以提高硫化速

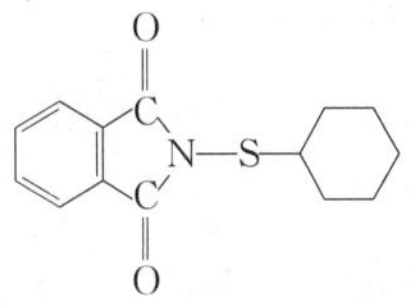

图 2-11 防焦剂 CTP 的化学结构

率，但是为保证相同的交联密度，硫黄的用量需作相应调整，此时得到的硫化胶尽管交联密度保持不变，但由于硫黄和促进剂的比例发生变化，硫化胶的结构和性能也会产生相应的变化。CTP 几乎对所有促进剂的硫黄硫化体系都有效，尤其是对次磺酰胺类促进剂，但对过氧化物、树脂和金属氧化物硫化体系无效。CTP 在常见橡胶中的作用次序如下：NR＞NBR＞SBR＞EPDM＞IIR＞CR。图 2-12 为防焦剂 CTP（Santogard PVI）用量对 NR 门尼焦烧和硫化曲线（纵坐标为硫化转矩）的影响。

其它防焦剂还有有机酸如水杨酸、邻苯二甲酸酐（PA）和亚硝基化合物如 NDPA 等。

第五节

各种硫黄硫化体系

一、普通硫黄硫化（CV）体系

普通硫黄硫化（conventional vulcanization，简称 CV）体系，是指二烯类橡胶通常硫黄用量范围的硫化体系，可制得软质高弹性硫化胶。各种橡胶的 CV 体系如表 2-10 所示。

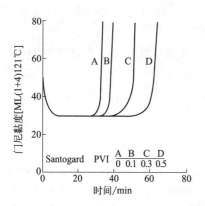 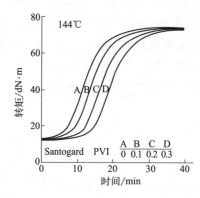

图 2-12　防焦剂 CTP 用量对 NR 门尼焦烧和硫化曲线的影响（NR 100/S 2.5/TBBS 0.6）

表 2-10　各种橡胶的 CV 体系

配方	NR	SBR	NBR	IIR	EPDM
硫黄	2.5	2.0	1.5	2.0	1.5
ZnO	5.0	5.0	5.0	3.0	5.0
硬脂酸	2.0	2.0	1.0	2.0	1.0
NS	0.6	1.0	—	—	—
DM	—	—	1.0	0.5	—
M	—	—	—	—	0.5
TMTD	—	—	0.1	1.0	1.5

由于各种橡胶的结构如不饱和度、成分的不同，使得 CV 体系中硫的用量、促进剂的品种和用量都有差异。NR 的不饱和度高，组成中的非橡胶成分对硫化有促进作用，因此促进剂用量少，硫化速度快。对不饱和度极低的 IIR、EPDM 等，应并用高效快速的促进剂如 TMTD、TRA、ZDC 等作主促进剂，噻唑类为副促进剂。

硫黄用量不变时，增加促进剂用量，硫化诱导期不变，但硫化速度提高，如表 2-11 所示。

表 2-11　促进剂用量对硫化特性的影响

硫黄	2.5	2.5	2.5	2.5
NOBS	0.5	0.75	1.0	1.25
t_{10}(121℃)/min	32	32	32	32
t_{90}(141℃)/min	34	26	19	18

NR 的普通硫黄硫化体系，一般促进剂用量为 0.5~0.6 份，硫黄用量为 2.5 份。

普通硫黄硫化体系得到的硫化胶网络中 70% 以上是多硫交联键（—S_x—），具有较高的主链改性。硫化胶具有良好的初始疲劳性能，室温条件下具有优良的动静态性能，最大的缺点是不耐热氧老化，硫化胶不能在较高温度下长期使用。

二、有效硫化（EV）体系

因为普通硫黄硫化体系得到的硫化胶网络中多数是多硫交联键，因此硫在硫化反应中的交联效率 E 低。实验证明，改变硫/促进剂的比例可以有效地提高硫黄在硫化反应中的交联效率，改善硫化胶的结构和产品的性能，如图 2-13 和表 2-12 所示。

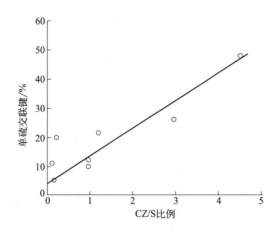

图 2-13 交联键类型与促进剂/硫黄比例的关系

表 2-12 促进剂/硫黄比例 (CZ/S) 对疲劳寿命的影响

促进剂/硫黄比	疲劳寿命(到 1.27mm 裂口)/(千周×10^{-1})	促进剂/硫黄比	疲劳寿命(到 1.27mm 裂口)/(千周×10^{-1})
0.2	19	2	55
0.3	25	3	55
0.4	27	4	53
0.6	35	5	50
1	40	6	40

由图 2-13 和表 2-12 可以看出，促进剂/硫黄比例上升时，硫化胶的网络结构发生变化，单硫交联键的含量上升，硫的有效交联程度增加，但疲劳寿命先上升后下降。

为提高硫在硫化过程中的交联效率，一般常采用的配合方法有两种：

① 高促、低硫配合：提高促进剂用量至 3~5 份，降低硫黄用量至 0.3~0.5 份。

② 无硫配合：即硫载体配合，如采用 1.5~2 份的 TMTD 或 DTDM 代替硫黄硫化的配合。

以上两种配合得到的硫化胶网络中，单键和双键的含量占 90% 以上，网络具有极少的主链改性，这种硫化体系中硫黄的利用率高，称为有效硫化（EV）体系。EV 体系的硫化胶具有较高的抗热氧老化性能，但起始动态疲劳性能差。常用于高温静态制品如密封制品、高温快速硫化体系。

三、半有效硫化（SEV）体系

为了改善硫化胶的抗热氧老化和动态疲劳性能，发展了一种促进剂和硫黄的用量介于 CV 和 EV 之间的硫化体系，所得到的硫化胶既具有适量的多硫键，又有适量的单、双硫交联键，使其既具有较好的动态性能，又有中等程度的耐热氧老化性能，这样的硫化体系称为半有效硫化（SEV）体系。

NR 的三种硫化体系配合如表 2-13 所示。

表 2-13 NR 的三种硫化体系配合

配方成分	CV	SEV		EV	
		高促低硫	硫/硫载体并用	高促低硫	无硫配合
S	2.5	1.5	1.5	0.5	—
NOBS	0.6	1.5	0.6	3.0	1.1
TMTD	—	—	—	0.6	1.1
DMDT	—	—	0.6	—	1.1
交联类型	CV	SEV		EV	
—S_1—/%	0~10	0~20		40~50	
—S_2—/%					
—S_x—/%	90~100	80~100		50~60	

对 NR 硫化胶网络的分析可以清楚地说明硫化网络与硫化体系的关系，如表 2-14 所示。

表 2-14 NR 硫化网络结构与硫化体系的关系

项目	CV	SEV	EV
	硫 2.5 NS 0.5	硫 1.5 NS 0.5 DTDM 0.5	TMTD 1.0 NS 1.0 DTDM 1.0
交联密度/$[(2M_C^{①})^{-1}\times 10^5]$	5.84	5.62	4.13
单硫交联键/%	0	0	38.5
双硫交联键/%	20	26	51.5
多硫交联键/%	80	74	9.7

① M_C 为硫化橡胶中相邻交联点间链段的平均分子量，反映交联密度的高低，M_C 越大，交联密度越低。

四、高温快速硫化体系

随着橡胶工业生产的自动化、联动化，高温快速硫化体系被广泛采用，如注射硫化、电缆的硫化等。所谓高温硫化是指在 180~240℃下进行的硫化，一般硫化温度每升高 10℃，硫化时间大约可缩短一半，生产效率大大提高。但硫化温度升高会使硫化胶的物理机械性能下降，这和高温硫化时交联密度的下降有关。温度高于 160℃时，交联密度下降最为明显，所以硫化温度不是越高越好，采用多高的硫化温度要综合考虑。

1. 高温硫化体系配合的原则

（1）选择耐热胶种

为了减少或消除硫化胶的硫化返原现象，应该选择双键含量低的橡胶。各种橡胶的热稳定性不同，极限硫化温度也不同，如表 2-15 所示。适用于高温快速硫化的胶种为 EPDM、IIR、NBR、SBR 等。

表 2-15 连续硫化工艺中各种橡胶的极限硫化温度   单位：℃

胶种	极限硫化温度	胶种	极限硫化温度
NR	240	CR	260
SBR	300	EPDM	300
NBR	300	IIR	300

（2）采用有效或半有效硫化体系

因为 CV 体系中多硫交联键含量高，在高温下容易产生硫化返原现象，所以 CV 不适于高温快速硫化体系。高温快速硫化体系多使用单硫和双硫键含量高的 EV 和 SEV 体系，其硫化胶的耐热氧老化性能好。一般使用高促低硫和硫载体硫化配合，其中后者采用 DTDM 最好，焦烧时间和硫化特性范围比较宽，容易满足加工要求。TMTD 因为焦烧时间短，喷霜严重而使应用受到限制。虽然 EV 和 SEV 对高温硫化的效果比 CV 好，但仍不够理想，仍无法彻底解决高温硫化所产生的硫化返原现象和抗屈挠性能差的缺点，应该寻找更好的方法。

（3）硫化的特种配合

为了保持高温下硫化胶的交联密度不变，可以采取增加硫用量、增加促进剂用量或两者同时都增加的方法。但是，增加硫黄用量，会降低硫化效率，并使多硫交联键的含量增加；同时增加硫和促进剂，可使硫化效率保持不变；而保持硫用量不变，增加促进剂用量，可以提高硫化效率，这种方法比较好，已在轮胎工业界得到广泛推广和应用。图 2-14 说明在保持硫用量不变，增加促进剂用量的条件下，交联密度和拉伸强度保持率的情况。如果采用

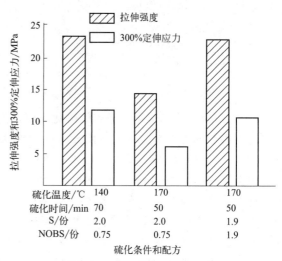

图 2-14　NR/BR 中 S 用量不变，增加促进剂用量对交联密度及拉伸强度的影响

DTDM 代替硫，效果更好，在高温硫化条件下，可以获得像 CV 硫化胶一样优异的性能。

合成橡胶硫化体系对温度的敏感性比 NR 要低，因此 NR 和合成橡胶的并用显得格外重要，并用后的体系既保持了高温硫化时交联密度的稳定性，又保持了硫化胶的最佳物性，是橡胶制品采用高温硫化、缩短硫化时间、提高生产效率的有效方法。

2. 高温硫化的其它配合特点

高温硫化体系要求硫化速度快，焦烧倾向小，无喷霜现象，所以配合时最好采用耐热胶种及常量硫黄、高促进剂的办法。另外，对防焦烧、防老化体系也都有较高的要求。

为了提高硫化速度，须使用足量的硬脂酸以增加锌盐的溶解度，提高体系的活化功能。

为防止高温硫化时的热氧老化作用，保证硫化的平坦性，防老剂在高温硫化体系中是绝对必要的，但也不必过多。例如，在 TMTD/ZnO 中加入 1 份防老剂 D 就能够有效地保持交联密度的稳定和硫化的平坦性，为防止发生焦烧可以在体系中加入防焦剂 PVI。

五、平衡硫化（EC）体系

为克服不饱和二烯烃类橡胶，尤其是天然橡胶 CV 体系硫化返原的缺点，1977 年，S. Woff 用 Si-69 ［双(三乙氧基硅)丙基]四硫化物]在与硫、促进剂等摩尔比的条件下使硫化胶的交联密度处于动态常量状态，把硫化返原降低到最低程度，或消除了硫化返原现象，这种硫化体系称为平衡硫化（equilibrium cure，简称 EC）体系。该体系在较长的硫化周期内，硫化的平坦性较好，交联密度基本维持稳定，具有优良的耐热老化和耐疲劳性，特别适合大型、厚制品的硫化。

Si-69 是具有偶联作用的硫化剂，高温下，不均匀裂解成由双[(三乙氧基硅)丙基]二硫化物和双[(三乙氧基硅)丙基]多硫化物组成的混合物，如图 2-15 所示。

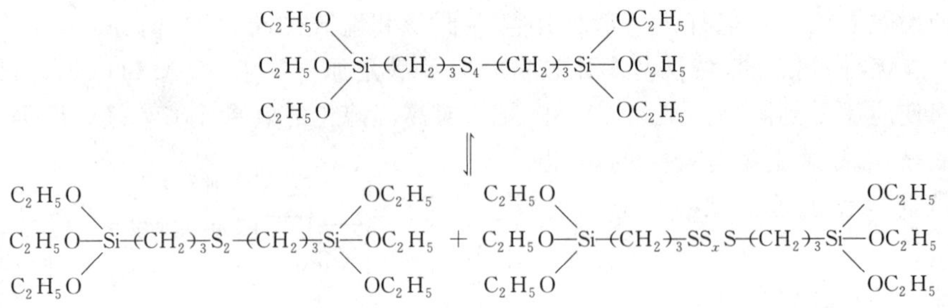

$$\begin{array}{c}
C_2H_5O\text{—}Si(\text{—}CH_2\text{—})_3\text{—}S_4\text{—}(\text{—}CH_2\text{—})_3\text{—}Si\text{—}OC_2H_5 \\
\text{(with } OC_2H_5 \text{ groups)}
\end{array}$$

$$\Updownarrow$$

$$C_2H_5O\text{—}Si(\text{—}CH_2\text{—})_3\text{—}S_2\text{—}(\text{—}CH_2\text{—})_3\text{—}Si\text{—}OC_2H_5 \;+\; C_2H_5O\text{—}Si(\text{—}CH_2\text{—})_3\text{—}SS_x S\text{—}(\text{—}CH_2\text{—})_3\text{—}Si\text{—}OC_2H_5$$

图 2-15 Si-69 反应的不均衡性

Si-69 作为硫给予体参与橡胶的硫化反应，生成橡胶-橡胶桥键，所形成的交联键的化学结构与促进剂的类型有关，在 NR/Si-69/CZ（DM）硫化体系中，主要生成二硫和多硫交联键；在 NR/Si-69/TMTD 体系中则生成以单硫交联键为主的网络结构。

因为有 Si-69 的硫化体系的交联速率常数比相应的硫黄硫化体系的低，所以 Si-69 达到正硫化的速度比硫黄硫化慢，因此在 S/Si-69/促进剂等摩尔比组合的硫化体系中，因为硫的硫化返原而导致的交联密度的下降可以由 Si-69 生成的新多硫或双硫交联键补偿，从而使交联密度在硫化过程中保持不变，使硫化胶的物性处于稳定状态。

在有白炭黑填充的胶料中，Si-69 除了参与交联反应外，还与白炭黑偶联，提高填料-橡胶相互作用，进一步改善了胶料的物理性能和工艺性能。

NR 的 CV 硫化体系和平衡硫化体系的硫化返原率对比如表 2-16 所示。

表 2-16 NR 的 CV 硫化体系和平衡硫化体系的硫化返原率对比

促进剂	硫化返原率(CV)/%	硫化返原率(EC)/%		
		S 1.0	S 1.5	S 2.5
DM	13	0	0	2.6
D	43	44.7	44.2	38.1
TMTD	19.9	2.3	2.5	3.2
CZ	20.6	4.8	5.1	8.7
DZ		4.1	3.7	6.7
NOBS		0	1.0	1.0

注：1. 硫化条件为 170℃，达到正硫化后 30min 测定。
2. 试验配方：NR 100 份，ZnO 4.0 份，硬脂酸 2.0 份，硫黄/Si-69/促进剂变量。
3. 硫化返原率 $=(M_{max}-M_{max+30})/M_{max}\times 100\%$，$M$ 为硫化曲线转矩值。

由表 2-16 可以看出，各种促进剂在天然橡胶中抗硫化返原能力的顺序如下：

$$DM>NOBS>TMTD>DZ>CZ>D$$

在硫化返原过程中，除了发生交联键的破坏外，橡胶本身的结构也有影响。图 2-16 所示为硫化体系为 SEV 的 NR 和 SBR 在不同温度的硫化曲线。可以明显地看出，天然橡胶的硫化返原明显高于丁苯橡胶，尤其是高温硫化时。

主链中烯丙基含量不同及活性不同的一系列橡胶如不同苯乙烯含量的 SBR、BR 和 NR 在 160℃ 硫化达到最高转矩再继续硫化 60min 后转矩的下降率如图 2-17 所示。可以看出，主链中的烯丙基氢含量越高，橡胶的硫化返原率越高，在列出的橡胶中，NR 由于烯丙基氢含量高、烯丙基活性高，硫化返原程度最高。

为改善 NR 硫化返原的缺点，除 Si-69 外，橡胶工业还使用其它抗硫化返原剂。常见的抗硫化返原剂如表 2-17 所示。

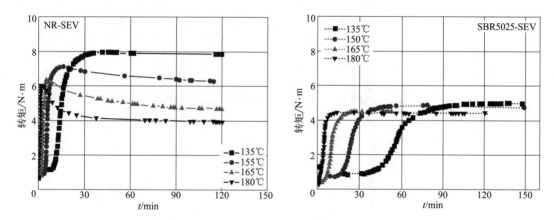

图 2-16 硫化体系为 SEV 的 NR 和 SBR 在不同温度的硫化曲线

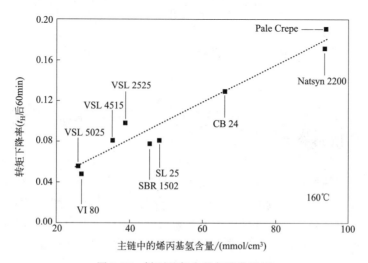

图 2-17 烯丙基氢含量与硫化返原

表 2-17 常见的抗硫化返原剂

化学名称	化学结构	作用原理	商品名称
环己烷-1,6-二硫代硫酸钠二水合化合物	$Na^+ \cdot O^-O_2S-S-(CH_2)_6-S-SO_2-O^- Na^+ \cdot 2H_2O$	形成稳定交联结构	Duralink HTS
1,3-双(柠檬酰亚胺甲基)苯		修复交联网络	Perkalink-900/BCI-MX
N,N'-间亚苯基双马来酰亚胺		修复交联网络	HVA-2/BMI
1,6-双(N,N'-二苯并噻唑氨基甲酰二硫)己烷		形成稳定交联结构	Vulcuren KA-9188

NR 橡胶中加入不同的抗硫化返原剂后的硫化曲线对比如图 2-18 所示。

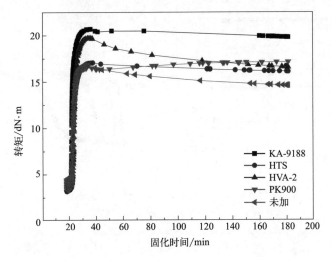

图 2-18　加入不同抗硫化返原剂的 NR 的硫化曲线（160℃）

第六节
非硫黄硫化体系

大多数含有双键的橡胶都可以用硫黄硫化，但有些特殊的场合、对一些特殊的橡胶，硫黄硫化是难以完成的。非硫黄硫化体系包括过氧化物、金属氧化物、酚醛树脂、醌类衍生物、马来酰亚胺衍生物等，有些既可用于不饱和橡胶的硫化，又可用于饱和橡胶的硫化。不饱和橡胶用非硫黄硫化体系硫化可以进一步改善胶料的耐热性，而完全饱和的橡胶则必须用非硫黄硫化体系。

一、过氧化物硫化体系

1. 过氧化物硫化体系的应用范围

过氧化物的硫化范围比硫黄更为广泛，它既能硫化 NR、BR、NBR、SBR、CR、EPDM 等含有双键的不饱和橡胶，也能硫化硅橡胶、卤化丁基橡胶、某些氟橡胶、EPM、HNBR、EVA 等饱和橡胶。但是因为容易引起 IIR 分子链的降解，IIR 不能用过氧化物硫化。

2. 过氧化物硫化机理

过氧化物硫化的第一步是过氧化物在热或其它因素作用下均裂产生自由基，如烷基过氧化物产生两个烷氧自由基，二酰基过氧化物产生两个酰氧自由基，过氧酯则产生一个烷氧自由基和一个酰氧自由基。其中，叔烷基和叔氧基自由基可能进一步裂解产生烷基自由基。

$$ROOR \xrightarrow{\triangle} 2RO\cdot$$

过氧化物硫化不饱和橡胶时，分解产生的自由基可以通过取代反应夺取 α-H，使之形成大分子自由基，然后两个自由基偶合形成交联键，反应如下所示：

$$-CH_2-\underset{CH_3}{\overset{|}{C}}=CH-CH_2- + RO\cdot \longrightarrow -CH_2-\underset{CH_3}{\overset{|}{C}}=CH-\overset{\cdot}{CH}- + ROH$$

$$2\ -CH_2-\underset{CH_3}{\overset{|}{C}}=CH-\overset{\cdot}{CH}- \longrightarrow \begin{array}{c}-CH_2-\underset{CH_3}{\overset{|}{C}}=CH-CH-\\ |\\ -CH_2-\underset{\underset{CH_3}{|}}{\overset{|}{C}}=CH-CH-\end{array}$$

自由基也可以与双键发生自由基加成反应生成大分子自由基，并发生交联反应，反应如下所示：

$$-CH_2-\underset{CH_3}{\overset{|}{C}}=CH-CH_2- + RO\cdot \longrightarrow -CH_2-\underset{\underset{OR}{|}}{\overset{\overset{CH_3}{|}}{C}}-\overset{\cdot}{CH}-CH_2-$$

$$2\ -CH_2-\underset{\underset{OR}{|}}{\overset{\overset{CH_3}{|}}{C}}-\overset{\cdot}{CH}-CH_2- \longrightarrow \begin{array}{c}-CH_2-\overset{CH_3}{\overset{|}{C}}=CH-CH_2-\\ |\\ OR\\ |\\ CH_3\\ |\\ -CH_2-\overset{|}{C}=CH-CH_2-\\ |\\ OR\end{array}$$

过氧化物硫化 NR 时，由于双键上甲基的位阻效应，硫化主要以 α-H 的取代反应为主；而硫化 SBR 和 BR 时，由于双键上无取代基的存在，既可以通过双键的亲电加成反应完成，也可以通过 α-H 的取代反应完成，因此过氧化物对 SBR 和 BR 的交联效率要高于对 NR 的。

过氧化物硫化饱和橡胶时，反应机理主要是夺取氢形成自由基，然后通过自由基偶联形成交联键。

$$-CH_2-CH_2-CH_2-\underset{CH_3}{\overset{|}{CH}}- + RO\cdot \longrightarrow -CH_2-CH_2-CH_2-\underset{CH_3}{\overset{|}{\overset{\cdot}{C}}}- + ROH$$

$$2\ -CH_2-CH_2-CH_2-\underset{CH_3}{\overset{\overset{CH_3}{|}}{\overset{\cdot}{C}}}- \longrightarrow \begin{array}{c}-CH_2-CH_2-CH_2-\overset{CH_3}{\overset{|}{C}}-\\ |\\ -CH_2-CH_2-CH_2-\underset{CH_3}{\overset{|}{C}}-\end{array}$$

过氧化物硫化 PP、EPM 或 EPDM 时，因丙烯结构单元中侧甲基的存在，分子链有产生 β-断裂的可能性，会影响过氧化物的交联效率，尤其是 IIR，β-断裂的结果使其不能形成有效的交联，因此 IIR 不用过氧化物硫化。

$$-CH_2-CH_2-CH_2-\underset{\underset{CH_3}{|}}{\overset{\cdot}{C}}- \longrightarrow -CH_2-\overset{\cdot}{CH}- + CH_2=\underset{CH_3}{\overset{|}{C}}-$$

因此，过氧化物硫化 EPDM 时，经常在配方中加入助交联剂，以提高过氧化物的交联效率，改善硫化胶的拉伸性能。常用的助交联剂有三烯丙基异氰脲酸酯（TAIC）、三烯丙基氰脲酸酯（TAC）、N,N'-间亚苯基双马来酰亚胺（HVA-2）等。这些助交联剂分子结构中含有两个或两个以上的双键或 α-H。根据反应机理的不同，助交联剂分为两类，一类是分子中不含烯丙基氢的，以加成反应参与交联反应，如三羟甲基丙烷三甲基丙烯酸酯（SR350）、三羟甲基丙烷三丙烯酸酯（SR351）、N,N'-间亚苯基双马来酰亚胺（HVA-2）等。另一类是分子中含有烯丙基氢的，主要以取代反应参与交联，如 1,2-聚丁二烯(1,2-PB)、三烯丙基异氰脲酸酯（TAIC）、三烯丙基氰脲酸酯（TAC）、邻苯二甲酸二烯丙酯（DAP）等。这类物质对自由基的反应性高，它们通过加成反应连接到橡胶分子链上，从而降低了因 β 断裂而引起的橡胶分子链的降解。硫黄也是过氧化物硫化的有效助交联剂。

过氧化物硫化杂链橡胶如甲基硅橡胶的反应机理如下：

$$\begin{array}{c}\text{CH}_3\\|\\-\text{O}-\text{Si}-\text{O}-\\|\\\text{CH}_3\end{array} + \text{RO} \cdot \longrightarrow \begin{array}{c}\text{CH}_3\\|\\-\text{O}-\text{Si}-\text{O}-\\|\\\text{CH}_2 \cdot\end{array} + \text{ROH}$$

$$2 \begin{array}{c}\text{CH}_3\\|\\-\text{O}-\text{Si}-\text{O}-\\|\\\text{CH}_2 \cdot\end{array} \longrightarrow \begin{array}{c}\text{CH}_3\\|\\-\text{O}-\text{Si}-\text{O}-\\|\\\text{CH}_2\\|\\\text{CH}_2\\|\\-\text{O}-\text{Si}-\text{O}-\\|\\\text{CH}_3\end{array}$$

由于乙烯基氢的活性远高于甲基氢，因此甲基乙烯基硅橡胶的交联效率远高于二甲基硅橡胶的交联效率。

由反应机理可以看出，用过氧化物交联是自由基反应，由于不需要烯丙基氢的存在，所以非常适合饱和橡胶的交联，这也是用过氧化物硫化的最大优势。

3. 过氧化物硫化的特点

与硫黄硫化相比，过氧化物硫化在橡胶分子链间直接形成 C—C 交联键。

C—C 键的键能高，热、化学稳定性高，因此硫化胶具有优异的抗热氧老化性能，且无硫化返原现象。C—C 键的键长短，硫化胶的压缩永久变形低，但动态性能差，因此在静态密封或高温下的静态密封制品中有广泛的应用。

4. 常用的过氧化物硫化剂及助硫化剂

常用的过氧化物硫化剂有二烷基过氧化物、二酰基过氧化物和过氧酯等，能硫化大部分橡胶。

常用过氧化物硫化剂如表 2-18 所示。

表 2-18　常用的过氧化物硫化剂

化 学 名 称	化 学 结 构	1min半分解温度/℃	简称
二叔丁基过氧化物	$\text{H}_3\text{C}-\underset{\underset{\text{CH}_3}{\mid}}{\overset{\overset{\text{CH}_3}{\mid}}{\text{C}}}-\text{O}-\text{O}-\underset{\underset{\text{CH}_3}{\mid}}{\overset{\overset{\text{CH}_3}{\mid}}{\text{C}}}-\text{CH}_3$	193	DBP
过氧化二异丙苯	$\text{C}_6\text{H}_5-\underset{\underset{\text{CH}_3}{\mid}}{\overset{\overset{\text{CH}_3}{\mid}}{\text{C}}}-\text{O}-\text{O}-\underset{\underset{\text{CH}_3}{\mid}}{\overset{\overset{\text{CH}_3}{\mid}}{\text{C}}}-\text{C}_6\text{H}_5$	171	DCP
2,5-二甲基-2,5-二(叔丁基过氧基)己烷	$\text{H}_3\text{C}-\underset{\underset{\text{CH}_3}{\mid}}{\overset{\overset{\text{CH}_3}{\mid}}{\text{C}}}-\text{O}-\text{O}-\underset{\underset{\text{CH}_3}{\mid}}{\overset{\overset{\text{CH}_3}{\mid}}{\text{C}}}-(\text{CH}_2)_2-\underset{\underset{\text{CH}_3}{\mid}}{\overset{\overset{\text{CH}_3}{\mid}}{\text{C}}}-\text{O}-\text{O}-\underset{\underset{\text{CH}_3}{\mid}}{\overset{\overset{\text{CH}_3}{\mid}}{\text{C}}}-\text{CH}_3$	179	AD/双25

续表

化学名称	化学结构	1min半分解温度/℃	简称
1,1-二(叔丁基过氧)环己烷	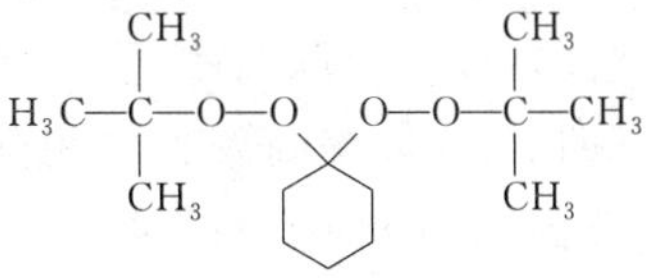 H₃C-C(CH₃)₂-O-O-C(环己基)-O-O-C(CH₃)₂-CH₃	153.8	PHC
1,1-二叔丁基过氧基-3,3,5-三甲基环己烷	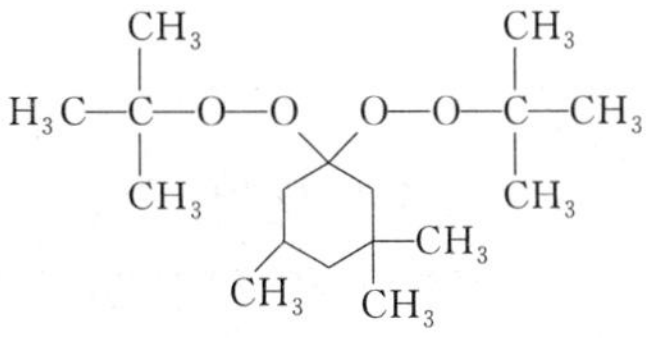 H₃C-C(CH₃)₂-O-O-C-O-O-C(CH₃)₂-CH₃ (三甲基环己基)	148	3M
α,α′-双(叔丁基过氧基)-1,3-二异丙苯	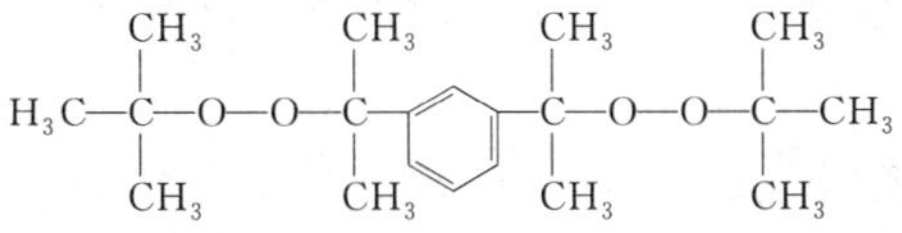 H₃C-C(CH₃)₂-O-O-C(CH₃)₂-C₆H₄-C(CH₃)₂-O-O-C(CH₃)₂-CH₃	175.4	BIBP/BP
过氧化苯甲酰	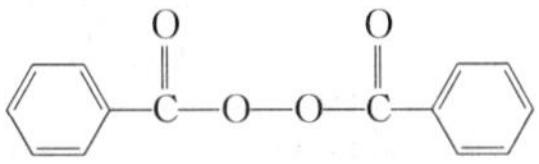 C₆H₅-C(O)-O-O-C(O)-C₆H₅	133	BPO
二(4-甲基苯甲酰)过氧化物	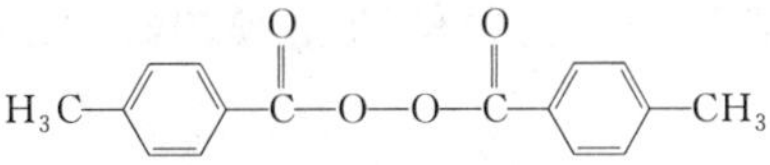 H₃C-C₆H₄-C(O)-O-O-C(O)-C₆H₄-CH₃		PMB
过苯甲酸叔丁酯	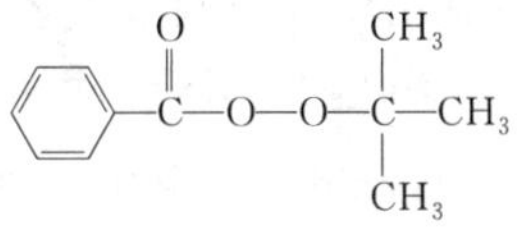 C₆H₅-C(O)-O-O-C(CH₃)₃	166	TPB

过氧化二异丙苯（DCP）是目前使用最多的一种硫化剂，但分解产物有气味。BIBP 的热分解特性类似于 DCP，分解产物异味比 DCP 分解产物低。不过，其另一分解产物和橡胶的相容性差，容易迁移到橡胶表面产生喷霜现象。

选择过氧化物硫化剂时，一般要考虑以下几个方面：
① 贮藏时安全性高，挥发性低，毒性低；
② 与所硫化橡胶的硫化温度相适应；
③ 硫化效率高；
④ 加工安全性好，无焦烧现象；
⑤ 分解产物不易喷出；
⑥ 无难闻的气味；
⑦ 酸碱性物质对它的影响。

为提高过氧化物在橡胶中的分散性，防止其在胶料混炼时飞扬，且实现计量自动化，通常用惰性载体如碳酸钙、陶土或橡胶如乙丙橡胶、乙烯-醋酸乙烯酯橡胶等将过氧化物硫化剂稀释成一定比例，如 40% 的母胶产品，使其成为安全性高的非危险物品。

5. 过氧化物硫化的配合要点

过氧化物的用量随胶种不同而不同，其用量取决于过氧化物在橡胶中的交联效率。过氧化物的交联效率是指 1mol 有机过氧化物使橡胶分子产生化学交联的物质的量。对交联效率高的橡胶如 SBR（12.5）、BR（10.5），DCP 的用量为 1.5~2.0 份，对 NR（1.0），DCP 的用量为2~3份。

由于硬脂酸和酸性填料（如白炭黑、硬质陶土、槽法炭黑）等酸性物质和容易产生氢离子的物质，能使过氧化物产生离子分解而影响交联，所以应少用或不用。而加入少量碱性物质如三乙醇胺等，可以调节酸碱性，提高交联效率。

过氧化物硫化时会添加适量的ZnO以提高胶料的耐热性，而硬脂酸的作用是提高ZnO在橡胶中的溶解度和分散性。为提高过氧化物的交联效率，要加入硫黄、TAIC、TAC、HVA-2等助硫化剂。

6. 过氧化物硫化条件的确定

橡胶的过氧化物硫化温度应该参考过氧化物的1min半分解温度确定。通常采用1min半分解温度±15℃作为硫化温度。一般过了半衰期的6~10倍时间，过氧化物基本消耗尽，所以正硫化时间选取设定硫化温度下过氧化物半衰期的6~10倍。

二、金属氧化物硫化体系

金属氧化物硫化体系对CR、CIIR、CSM、CO、T及羧基聚合物都具有重要意义，尤其是CR，常用金属氧化物硫化。对W型CR，通常还需要有机促进剂如亚乙基硫脲（NA-22或ETU），它能提高CR的加工安全性，并使硫化胶的物性和耐热性得到改善，一般用量为1份左右。

常用的金属氧化物有氧化锌、氧化镁和氧化铅三种。氧化铅用量为10~20份时，可以提高硫化胶的耐水性，但拉伸强度、耐热性、压缩永久变形会受一些影响。

ZnO和MgO都可以单独硫化CR。单用氧化锌时硫化起步较快，胶料容易焦烧，单用氧化镁时，则硫化速度慢。氧化镁在加工温度下起稳定剂的作用，硫化温度下起硫化和促进硫化的作用。氧化锌通常与氧化镁并用，最佳并用量为氧化锌5份，氧化镁4份。此时氧化锌的主要作用是硫化，并使胶料具有良好的耐热性，保证硫化的平坦性；氧化镁则主要是提高胶料的防焦性能，增加胶料的储存安全性和可塑性，同时能吸收硫化过程中放出的HCl和Cl_2。氧化锌通常为间接法氧化锌，氧化镁则为轻质煅烧的沉淀法氧化镁，其活性用碘值，即1g氧化镁所能吸附碘的质量（mg）除以1.27表示。碘值越高，活性越大，一般高活性氧化镁的碘值为100~140mg/g，中活性氧化镁的碘值为40~60mg/g，低活性氧化镁的碘值在25mg/g以下。高活性氧化镁的加工安全性好，硫化胶具有较高的拉伸强度和定伸应力，但高活性氧化镁很容易吸附空气中的二氧化碳使活性下降，因此使用时要注意防止在空气中吸潮和吸二氧化碳。橡胶专用氧化镁（中活性氧化镁）停放后活性变化不大，对混炼胶门尼黏度及焦烧时间的影响比较小。

CR硫化时，利用的是1,2-聚合产生的烯丙基氯结构，硫化过程中，其1,2-结构可能发生如下结构重排，其重排后的氯仍然是烯丙基氯，具有硫化活性，硫化机理如图2-19所示。

三、酚醛树脂硫化体系

反应性的酚醛树脂可以硫化NR、SBR、EPDM等橡胶，但主要用来硫化IIR。酚醛树脂硫化体系一般由树脂硫化剂和活性剂组成。硫化剂为对位取代邻羟甲基酚醛树脂，结构式如图2-20所示。

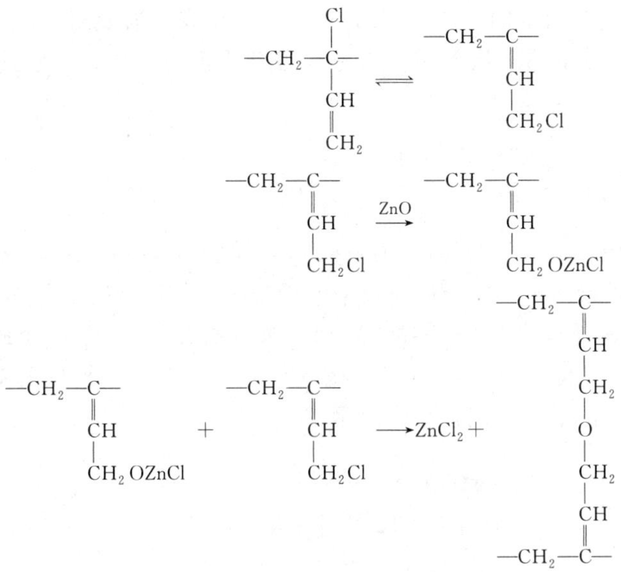

图 2-19　氯丁橡胶的金属氧化物硫化机理

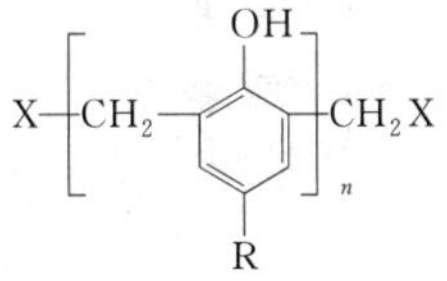

酚醛树脂结构中：R 为甲基、叔丁基和辛基等，其中对辛基和对叔丁基酚醛树脂的硫化效果较好；X 为羟基、卤素等，邻羟基含量 6% 才具有正常的硫化特性。常用的酚醛树脂硫化剂有：对叔丁基酚醛树脂，如 2402 树脂、101B 树脂；对叔辛基酚醛树脂，如 Amberol ST-137、SP-1045 树脂等；溴甲基对叔辛基酚醛树脂，如 SP-1055、SP-1056 等。树脂用量通常在 10 份左右。

图 2-20　酚醛树脂的结构示意图

单独用酚醛树脂硫化时，硫化速度慢，因此要求硫化温度要高。并用活性剂卤化物可以促进树脂硫化，使硫化速度加快。树脂硫化常用的活性剂为含卤聚合物和含结晶水的金属氯化物，如 $SnCl_2 \cdot 2H_2O$、$FeCl_2 \cdot 6H_2O$、$ZnCl_2 \cdot 1.5H_2O$，一般用量为 1.5~2.5 份。含卤素聚合物如 CR、CSM、PVC、BIIR 等在硫化过程中放出氯化氢，与氧化锌作用生成氯化锌，也能加速橡胶的硫化，一般用量为 5~10 份。溴化酚醛树脂无需活性剂也可达到较快的硫化速度。

酚醛树脂硫化机理如图 2-21 所示。

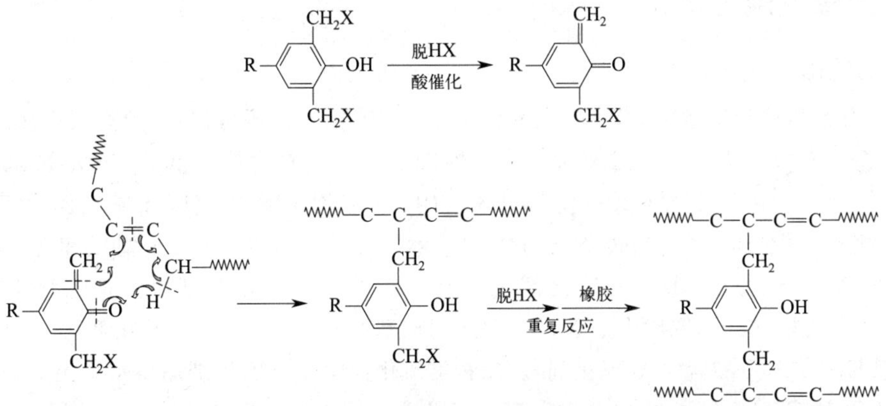

图 2-21　酚醛树脂的硫化机理

酚醛树脂硫化时形成热稳定的—C—C—交联键，硫化胶具有良好的耐热性和低压缩永久变形，如硫化胶在 150℃下热老化 120h，交联密度几乎没有变化，特别适合用于硫化 IIR 做硫化胶囊。

四、醌二肟硫化体系

用苯醌及其衍生物硫化的二烯类橡胶的耐热性好，但因成本高，未实现工业化，只适用于 IIR 的硫化。即使双键最少的 IIR 与硫黄反应较困难时，使用醌肟硫化体系后，也能很容易地进行硫化。常用的是对苯醌二肟（GMF）和二苯甲酰对苯醌二肟（DBGMF），配合时常用氧化铅（Pb_3O_4）等作活性剂生成对二亚硝基苯，再与分子结构中的双键及 α-H 反应形成 C—N—C 交联键，作用机理如图 2-22 所示。

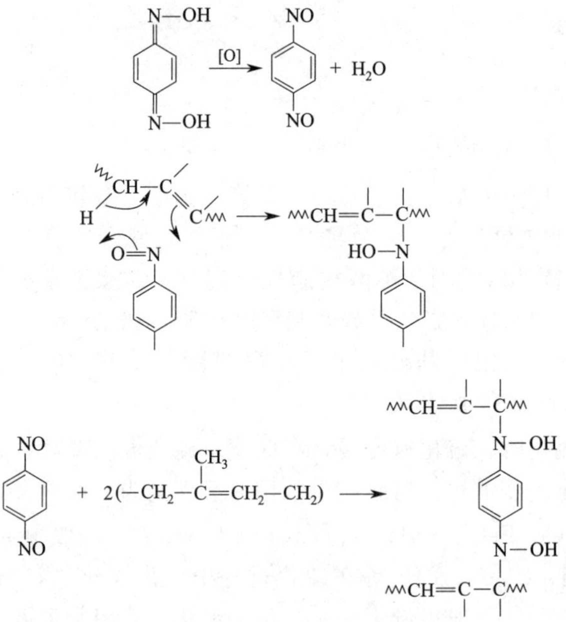

图 2-22　醌二肟的硫化机理

五、特种橡胶硫化体系

1. FPM 的硫化

FPM 为饱和的碳链橡胶，除了可以用过氧化物硫化外，还可以用二胺和双酚 AF 硫化。其硫化体系的选择取决于氟含量及对硫化胶性能的要求。氟含量较低的 FPM 如 23 型 FPM 一般用活性较高的过氧化物如过氧化苯甲酰（BPO）硫化，硫化速度和硫化程度相对较低，胶料的压缩永久变形较大。二胺及其衍生物一般用于 Viton A（即 26 型）和 Viton B（即 246 型）FPM 的硫化。二胺类的硫化剂主要有己二胺、己二胺氨基甲酸盐（1 号硫化剂）、乙二胺氨基甲酸盐（2 号硫化剂）、N,N'-双亚肉桂基-1,6-己二胺（3 号硫化剂）、亚甲基(对氨基环己基甲烷)氨基甲酸盐（4 号硫化剂）。二胺类硫化剂中 3 号硫化剂用得最普遍。以双酚 AF [2,2-双(4-羟基苯基)六氟丙烷] 为硫化剂，配以季铵盐或季鏻盐为促进剂，可以硫化 Viton E 型 FPM。双酚 AF 的硫化工艺性好，胶料流动性好，硫化产品不缩边；硫化胶的压缩永久变形小，大大优于二胺硫化体系。二胺和双酚 AF 硫化得到的硫化胶中都含有双键，因此硫化胶的耐老化性能较差。

有机过氧化物和助硫化剂 TAIC 体系是随着 G 型 FPM、四丙橡胶的出现而开发的。这类氟橡胶中氟含量高（>70%），通常分子结构中含有键能较低的 C—Br 或 C—I 键，可以用过氧化物加助硫化剂 TAIC 硫化。常用的过氧化物有 DCP、双 25。其胶料的耐焦烧性能好，高温下的永久变形低，具有良好的耐高温蒸汽性能。

无论是用哪种硫化剂硫化氟橡胶，硫化过程中都会析出氟化氢，影响橡胶的硫化和硫化胶的性能，因而在氟橡胶的硫化体系中都要添加吸酸剂以中和产生的氟化氢，促进交联密度的提高，赋予胶料好的热稳定性。常用的吸酸剂有金属氧化物如氧化镁、氧化钙、氧化锌等，氢氧化钙和某些盐类如二碱式亚磷酸铅等。

2. 丙烯酸酯橡胶的硫化

丙烯酸酯橡胶（ACM）硫化剂的选择取决于 ACM 中的硫化官能团种类。工业化 ACM 主要的硫化单体有氯乙烯乙酸酯、环氧型甲基丙烯酸甘油酯、烯丙基缩水甘油酯、双键型的 3-甲基-2-丁烯酯、亚乙基降冰片烯、羧酸型的顺丁烯二酸单酯等。ACM 的硫化体系如表 2-19 所示。

表 2-19 ACM 的硫化体系

硫化点	硫化剂
氯	金属皂（硬质酸钠、硬脂酸钾）/硫黄
活性氯	多胺、有机酸、有机铵盐、三嗪、二硫代氨基甲酸盐
环氧基	有机酸铵盐、二硫代氨基甲酸盐、咪唑/酸酐、异氰尿酸、季铵盐
双键	硫黄/促进剂、过氧化物
羧基	多胺/碱类促进剂、季铵盐

目前国内市场上销售的 ACM 绝大多数为活性氯型产品，其最常用的硫化体系有以下几种。

（1）皂/硫黄并用硫化体系

皂/硫黄并用硫化体系的特点是焦烧安全性较好，硫化速度较快，胶料的贮存稳定性较好，对模具的腐蚀性较小。但胶料的热老化性稍差，压缩永久变形较大。常用的皂有硬脂酸钠、硬脂酸钾和油酸钠。

（2）N,N'-二（亚肉桂基-1,6-己二胺）硫化体系

采用该体系硫化胶的热老化性好，压缩永久变形小，但工艺性能稍差，有时稍有粘模现象，混炼胶贮存期较短，对模具的腐蚀性较大。且一段硫化程度不高，一般需经二段硫化。

（3）TCY（1,3,5-三巯基-2,4,6-均三嗪，也称三聚硫氰酸）硫化体系

该硫化体系硫化速度快，可以取消二段硫化。硫化胶的耐热老化性好，压缩永久变形小，工艺性能一般，但对模具的腐蚀性较大，混炼胶的贮存时间短，易焦烧。

过氧化物作硫化剂是针对早期氯型或环氧型 ACM，对活性氯型 ACM 不适用，硫化效果很差。与氯醚橡胶并用的胶料可用促进剂 NA-22 硫化。

环氧型 ACM 常采用多胺、有机羧酸铵盐、二硫代甲酸盐、季铵盐/脲硫化剂；羧酸型 ACM 可以采用异氰脲酸/三甲基十八烷基溴化铵、三聚硫氰酸/二丁基二硫代氨基甲酸锌或季铵盐/环氧化物为硫化体系；而双键型的硫化剂可以作为通用型二烯烃类橡胶的硫化体系。

3. 氯化聚乙烯和氯磺化聚乙烯的硫化

氯化聚乙烯（CPE）不含双键，与仲碳原子相连的氯原子活性又低，因此CPE的硫化体系有限。常用的有以下五类。

① 硫黄-超速促进剂硫化体系：加入适量的氧化锌使CPE脱除氯化氢产生双键，然后用硫黄超速促进剂进行硫化。最有效的促进剂是二乙基二硫代氨基甲酸镉（CED），辅助促进剂可选用DM。

② 胺类硫化体系：代表性的胺类化合物为六亚甲基二胺氨基甲酸酯（Dial No.1）、亚乙基二胺氨基甲酸酯（Dial No.2）、N,N'-双亚肉桂基-1,6-己二胺（Dial No.3）。

③ 硫脲硫化体系：亚乙基硫脲（EDU/NA-22）对CPE的交联效果最佳。硫脲促进剂中N原子上的取代基数目越少、取代基分子量越低，对CPE的交联效果越好。使用硫脲硫化CPE时，通常加入一氧化铅作稳定剂以提高硫化胶的耐化学药品、耐水等特性。配方中并用少量硫黄能使硫化效果明显增加，也常加入氧化镁作为吸酸剂，吸收硫化过程释放出来的氯化氢。

④ 有机过氧化物硫化体系：用有机过氧化物硫化CPE能明显提高硫化胶的耐热性、抗压缩永久变形性和耐油性。为提高硫化速度和硫化程度，通常使用多官能团的TAIC、TAC、DAIC、EDMA等作共硫化剂。

⑤ 噻二唑硫化体系：以噻二唑衍生物与醛胺的缩合物（如促进剂Vanax 808，Vulkacit 576）为硫化剂，胶料的加工安全性好，硫化速率近似于有机过氧化物硫化体系，无需共硫化剂，芳香族矿物油的使用也不会对硫化产生不良影响。

氯磺化聚乙烯（CSM）起交联作用的是聚合物中的亚磺酰基，它含不稳定的叔碳原子和在亚磺酰氯基α-位置上的高活性氯原子。除了可以用以氧化镁、一氧化铅或三碱式马来酸铅为代表的金属氧化物硫化外，还有以季戊四醇为代表的多元醇硫化体系、有机过氧化物硫化体系、环氧树脂硫化体系等。有机过氧化物在硫化温度下分解形成自由基，夺取CSM分子结构中的亚磺酰氯基α-位上的高活性氯原子，形成可发生交联反应的自由基，在活化温度下偶合交联，形成—C—C—交联键，其胶料的耐热老化性能优于采用金属氧化物或含硫配合剂硫化形成的低键能硫碳—C—S—C—交联键的胶料。

4. 氯醚橡胶的硫化

氯醚橡胶不含双键，不能用硫黄硫化，一般都是利用其侧链的氯甲基进行硫化。主要的硫化体系有以下几种。

① 硫脲硫化：这与CPE的硫脲硫化类似，通常硫脲与金属氧化物如氧化铅和氧化镁并用，或者硫脲与硫黄及硫载体并用。硫脲类促进剂以NA-22的硫化速度最快。

② 胺类硫化：胺类硫化有多亚烷基多胺硫化，或者多胺与含硫化合物如多硫化秋兰姆、二硫代氨基甲酸盐等并用；也可与含硫化合物、尿素三者并用。

③ 三嗪衍生物：被2~3个硫醇置换的三嗪衍生物（如TCY）可以硫化氯醚橡胶，硫化速度快，硫化胶的压缩永久变形小且不需要二次硫化。并用胺类可以促进硫化。硫化体系中需加入氧化镁、磷酸钙等酸接受体。

六、通过链增长反应进行的交联

通过链增长反应进行的交联在橡胶的注射成型和原位反应挤出成型加工中具有重要的意

义，它是通过具有反应性官能团的低聚物间的相互反应实现的。反应的类型可以是加成反应，也可以是缩聚反应。要实现真正意义上的交联，要求有三官能度的分子。反应要形成完整的网络结构，要求相互反应的两种官能团数目相等。

可以相互反应的用于链增长的官能团有：

X	Y
—COOH	—OH
—COOH	—NH$_2$
—N=C=O	—OH
—N=C=O	—NH$_2$
—Si—OH	—Si—OH

聚氨酯橡胶是通过链增长实现交联的例子。

七、辐射硫化

二烯类橡胶可以用高能辐射来硫化，但硫化时交联和裂解倾向并存，以哪种反应为主取决于橡胶的结构。一般 NR、SBR、BR、Q 等以交联为主，而 IIR 以裂解为主。辐射交联的硫化程度与辐射剂量成正比，反应机理为自由基反应。

辐射交联的优点是无污染，辐射穿透力强，硫化不受传热的影响，可硫化厚制品，硫化胶的耐热氧老化性能好，但力学性能相对差，加上设备昂贵，因此未广泛应用。

第七节 硫化胶的结构与性能

硫化胶的性能除了与橡胶本身的结构如饱和性、极性等有关外，还与硫化胶的交联结构有关。硫化胶的交联结构包括交联密度和交联键的类型。先来看一下交联密度对硫化胶性能的影响。

一、交联密度对硫化胶性能的影响

硫化橡胶的交联密度可以用单位体积硫化胶内的交联点数目表示，也可以用两个相邻的交联点间链段的平均分子量 M_C 表示。交联点间分子量与聚合物分子量的分布相似，也具有多分散性。交联点间分子量 M_C 越大，硫化程度越低，交联密度越小；反之，M_C 越小，硫化程度越高。

交联密度正比于单位体积内的有效链数目。理想的交联网络结构如图 2-23 所示。理想交联网络的交联密度经常用 $1/2M_C$ 表示。

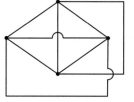

(a) 四官能团网络　　(b) 三官能团网络

图 2-23　理想交联网络结构示意图

理论和实践都表明：无论是硫化胶的静态模量还是动态模量都与交联密度成正比，因为随着交联密度的增加，橡胶分子链的运动受到的限制越来越多，因而产生一定变形所需要的力也越来越大。其它性能如拉断伸长率、永久变形、蠕变、滞后损失都随着交联密度的增加而降低，而硬度、抗溶胀性能增加。交联密度对弹性、疲劳寿命的影响开始时随交联密度逐渐增加到一个峰值，随后随交联密度的升高而下降。硫化胶的性能与交联密度的关系如图2-24所示。

交联密度对拉伸强度、撕裂强度的影响与对弹性的影响相似。即拉伸和撕裂强度不仅与交联密度有关，还与分子链的运动、取向、诱导结晶有关。

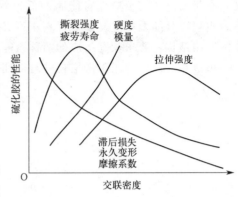

图 2-24　硫化胶的性能与交联密度的关系

如果交联密度过度增加妨碍了交联点间分子链的取向诱导结晶，拉伸强度反而会下降。

二、交联键类型对硫化胶性能的影响

1. 交联键类型对强度的影响

常见的交联键类型与键能的大小如表2-20所示。

表 2-20　交联键的类型与交联键的键能

交联键类型	硫化体系	键能/(kJ/mol)
—C—C—	过氧化物	351.7
	辐射交联	351.7
—C—S—C—	有效硫化体系	284.7
—C—S_2—C—	半有效硫化体系	267.9
—C—S_x—C—	普通硫化体系	<267.9

从表 2-20 可以看出，多硫交联键的键能最低，C—C 交联键的键能最高。而从图 2-25 可以看出，普通硫化体系即多硫交联键的拉伸强度最高，辐射硫化的拉伸强度最低，即拉伸强度的高低与键能的大小刚好相反，这种键能高而强度低的现象与交联键本身的化学特征及变形特性有关。当网络受到外力发生变形时，应力分布不均匀会导致应力集中。对于长且柔顺性好的交联键（如多硫交联键），容易在外力的作用下发生变形，使橡胶的大分子链来得及取向结晶，而且多硫交联键容易发生互换重排，提高了硫化胶抵抗应力集中的能力，从而提高了强度。而对于键能较高的

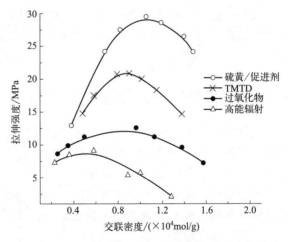

图 2-25　各种硫化体系的交联密度与拉伸强度的关系

C—C 交联键，要么交联键太短（如辐射交联），要么交联键的刚性太大，柔顺性差（如过氧化物硫化），使交联键的断裂伸长率低，橡胶的链段间可能来不及取向，交联键断裂，应力更集中，而且这些交联键往往不具有重新接起来的特点，所以整体强度比较低。

2. 交联键类型对动态性能的影响

不同交联键类型不仅对硫化胶的强度有影响，而且对动态疲劳性能也有影响。通过使用硫化剂/促进剂和硫载体硫化，得到具有相似的交联密度但多硫、双硫和单硫交联键比例不同的两种硫化胶。两种硫化胶的交联密度和不同交联键的比例如表 2-21 所示。

表 2-21　不同硫化胶的交联密度和交联键类型比例

项目	硫黄/促进剂硫化	硫载体硫化
交联密度/($\times 10^4$ mol/g)	15.6	15.5
多硫交联键/%	78.0	28
双硫交联键/%	22.0	30
单硫交联键/%	0	42

两种硫化胶在相同疲劳条件下的耐切口增长能力明显不同，如图 2-26 所示。硫化胶中多硫交联键的存在有利于提高硫化胶的疲劳性能。可能是在一定温度和反复变形的应力作用下，多硫交联键的断裂和重排作用缓和了应力的缘故。

3. 交联键类型对热性能的影响

不同的交联键类型对热氧老化的稳定性不同，这主要与键能的高低有关。—C—C—的键能高，—S_x—键的键能低，因此 DCP 硫化的橡胶耐热氧老化性能好。

交联结构与硫化胶物理机械性能之间的关系如表 2-22 所示。

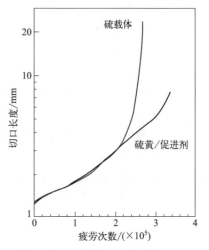

图 2-26　不同交联结构硫化胶的动态疲劳性能

表 2-22　交联结构与硫化胶物理机械性能之间的关系

性　能	多硫交联键	单硫交联键
拉伸强度	高	中等
定伸应力	偏低	中等
伸长率	大	中等
撕裂强度	大	小
抗屈挠疲劳	大	小
耐热老化	低	高
压缩永久变形	高	低

思考题

（1）什么是硫化？橡胶硫化反应过程可分为哪几个阶段？

（2）画出硫化曲线，标出各阶段的名称。从硫化曲线上可以获得哪些信息？最高转矩与最低转矩的差值有什么含义？

（3）什么是焦烧？引起焦烧的原因是什么？如何防止焦烧？为什么胶料在停放过程中会产生焦烧？为什么胶料在夏季比在冬季容易出现焦烧？

（4）什么是工艺正硫化时间？热硫化期时间长短与哪些因素有关？CRI 是什么？有什么含义？

(5) 什么是硫化返原？返原的原因是什么？如何减轻返原？

(6) 理想的硫化曲线应具备什么条件？

(7) 橡胶工业中最常用的硫化剂是什么？

(8) 什么是喷霜？产生喷霜的原因是什么？如何减轻喷霜？某同学在160℃下硫化某制品5min，制品外观很好，长时间停放也不喷霜，但把硫化时间缩短为4min时，制品停放一段时间后产生了喷霜，请分析原因。相同的配方，为什么密炼机混炼的胶料比开炼机混炼的胶料容易喷霜？

(9) EPM只能用什么硫化剂硫化？CR一般用什么硫化？IIR作胶囊时最好采用什么硫化？

(10) 促进剂M、DM、TMTD、CZ、NS、NOBS、ZDC、DZ各属于哪一类促进剂？其中焦烧时间最长的促进剂是什么？最短的是什么？按促进速度分它们各属于哪一类？

(11) 常用的活化型促进剂并用方式有哪些？促进剂并用的目的是什么？

(12) ZnO在硫黄硫化体系、金属氧化物硫化体系、过氧化物硫化体系中主要作用各是什么？

(13) 简要说明传统硫化体系、有效硫化体系和半有效硫化体系的配合方式、交联结构、硫化胶的主要性能。

(14) 制取耐热胶料可选用哪些硫化体系？

(15) 从综合性能上考虑，载重胎胎面胶最好选用什么硫化体系？大型工程轮胎最好采用什么硫化体系？用三元乙丙胶做高压锅密封圈，最好采用什么硫化体系？

(16) 用过氧化物硫化橡胶时，为什么配方中尽可能少用或不用酸性填料？

(17) 交联键的类型对硫化胶的拉伸强度、动态疲劳性能、耐热性有何影响？

参考文献

[1] 朱敏. 橡胶化学与物理 [M]. 北京：化学工业出版社，1984.

[2] 邓本诚，纪奎江. 橡胶工艺原理 [M]. 北京：化学工业出版社，1984.

[3] Brydson J A. Rubber chemistry [M]. London：Applied Science Publishers，1978.

[4] Mark J E, Erman B. Science and technology of rubber [M]. Third edition. 2005.

[5] 山西省化工研究所. 塑料橡胶加工助剂 [M]. 北京：化学工业出版社，2002.

[6] Morton, Maurice. Rubber technology [M]. New York：Van Nostrand Reinhold Co.，1987.

[7] Yutaka, Kawaoka. IRC '85 论文集 [C]//橡胶加工和制品分册. 北京：中国化工学会，1987：49-60.

[8] Yutaka, Kawaoka. IRC '85 论文集 [C]//橡胶加工和制品分册. 北京：中国化工学会，1987：107.

[9] Lee K S, Whelan A. Development in rubber technology [M]. London：Applied Science Publishers，1981.

[10] Monsanto Rubber Chemical Division. Improved processing economics through scorch control. Monsanto Technical Report [R]. 1984.

[11] Alliger G, Stothun I J. Vulcanization of elastomers [M]. New York：Reinhold Publishing Co.，1963.

[12] Barlow F W. Rubber compounding [M]. New York：Marcel Dekker Inc.，1988.

[13] Tan E H, Wollf S. Paper presented at the 131st meeting of rubber division ACS [R]. Mantread Quebec Canada，1987.

[14] Whelan A. Developments in rubber technology：3. Thermoplastic rubbers [M]. London：Applied Science Publishers，1982.

[15] 蒲启君. 现代橡胶助剂的开发 [J]. 橡胶工业，1999，46 (2)：7.

[16] 蒲启君. 不溶性硫黄发展现状 [J]. 轮胎工业，1996，16 (4)：195-198.

[17] 杨清芝. 现代橡胶工艺学 [M]. 北京：中国石化出版社，1997.

[18] 樊云峰,温达. 国内外橡胶助剂进展[J]. 橡胶工业,2003,50(3):180-182.
[19] Fath, Michael A. Tech service [J]. Rubber World. 1990, 209 (3): 17-20.
[20] Ignatz-Hoover. Review of vulcanization chemistry [J]. Rubber World. 2001, 220 (5): 24-30.
[21] Kleiner T, Jeske W, Loreth W. 提高胶料热稳定性的新型交联剂[J]. 轮胎工业,2003,23(5):6.
[22] 刘霞. 利用过硫化稳定剂延长硫化胶的使用寿命[J]. 橡胶参考资料,2003,33(5):5.
[23] 刘祖广,陈朝晖,王迪珍. N,N-间苯撑双马来酰亚胺在天然橡胶普通硫黄硫化体系中的应用[J]. 合成材料老化与应用,2003,32(1):12-15.
[24] 姚钟尧. 新型抗硫化返原剂PK900 [J]. 广东橡胶,2002(6):3.
[25] 樊云峰. 橡胶助剂国内外新产品及发展动向[J]. 中国橡胶,2002,18(6):4.
[26] 周宏斌. NR硫化返原动力学及主要抗硫化返原助剂[J]. 轮胎工业,2000,20(4):195-198.
[27] 翁国文. 实用橡胶配方技术[M]. 北京:化学工业出版社,2008.
[28] Ciesielski. An Introduction to rubber technology [M]. Reinhold, 2000.
[29] Fredrick Ignatz-Hoover, Brendan H. Rubber compounding: chemistry and applications. Chap. 11 Vulcanization [M]. New York: Marcel Dekker, Inc., 2004.
[30] Barlow F. Rubber compounding: principles, materials, and techniques [M]. New York: CRC Press, 1993.
[31] 何敏. 丙烯酸酯橡胶的配合技术[J]. 现代橡胶技术,2014,40(1):27-36.
[32] 金万祥. 氧化铅硫化体系的配合对氯磺化聚乙烯橡胶性能的影响[J]. 特种橡胶制品,2011,32(6):19-24.
[33] 韩澍,白洪伟,马丽,等. 金属氧化物硫化体系对氯磺化聚乙烯橡胶的硫化及性能研究[J]. 弹性体,2015,25(4):1-5.
[34] Zhao F, Ping Z, Zhao S, et al. Characterization of elastomer networks by NMR parameters part II 1: Influence of accelerators on NR vulcanizates [J]. KGK rubberpoint, 2007, 60 (12): 685-688.
[35] 赵菲,毕薇娜,张萍,等. 用核磁共振法研究促进剂对硫黄硫化天然橡胶结构的影响[J]. 合成橡胶工业,2008,31(1):50-53.
[36] Rostek C J, Lin H J, Sikora D J, et al. Novel sulfur vulcanization accelerators based on mercapto-pyridine, pyrazine, and pyrimidine [J]. Rubber Chemistry & Technology, 1996, 69 (2): 180-202.
[37] Datta R N, Helt W F. Optimizing tire compound reversion resistance without sacrificing performance characteristics [J]. Rubber World, 1997, 216 (5): 24.
[38] Nieuwenhuizen P J, Reedijk J, Duin M V, et al. Thiuram-and dithiocarbamate-accelerated sulfur vulcanization from the chemist's perspective: methods, materials and mechanisms Reviewed [J]. Rubber Chemistry & Technology, 1997, 70 (3): 368-429.
[39] Koenig J L. Spectroscopic characterization of the molecular structure of elastomeric networks [J]. Rubber Chemistry & Technology, 2000, 73 (3): 385-404.
[40] Dluzneski, Peter R. Peroxide vulcanization of elastomers [J]. Rubber Chemistry & Technology, 2001, 74 (3): 451-492.

第三章
橡胶的补强与填充体系

众所周知,生胶是线型大分子,性能差,不能直接使用。即使是自补强橡胶的纯胶硫化胶拉伸强度比较高,但撕裂强度低,耐磨性差,不能充分体现橡胶的性能与使用价值。因此,橡胶需要补强。而且,由于许多橡胶的价格比较昂贵,出于成本因素考虑需要在橡胶中填充一些成分来降低成本。另外,因橡胶的高弹性难以加工,也需要在橡胶中加入一些物质来减小橡胶在加工过程中的弹性收缩现象以改善加工性能。所以补强与填充体系对橡胶制品配方设计与制造至关重要。

第一节
概述

一、补强与填充的概念

橡胶的补强(reinforcement)是指在橡胶中添加一种或多种物质后,胶料的拉伸强度、撕裂强度、耐磨性、模量及抗溶胀性等性能同时获得明显提高的行为。具有补强行为的物质统称为补强剂(reinforcing agent),如炭黑、白炭黑、补强树脂、短纤维及无机纳米材料等。

橡胶的填充(filling)是指在橡胶中添加一种或多种物质后,能够增大橡胶的体积,降低成本的行为。具有填充作用的物质统称为填充剂(filler),如陶土、碳酸钙、滑石粉、硅铝炭黑、云母粉、粉煤灰等无机材料及胶粉等。

补强更多的是提高胶料的强度特性,而填充更倾向于降低成本,但二者没有明确的界限。部分补强剂也具有填充的作用,部分填充剂也具有补强作用,如炭黑是典型的补强剂,同时因其价格相对于橡胶便宜,且在胶料中使用量较多,降低成本也很有效;微纳米级的无机填料对非自补强橡胶也具有一定的补强作用。因此,本书将补强剂与填充剂统称为填料。

二、填料的作用

除了少数无机纳米材料昂贵外，大多数填料的价格较橡胶原材料便宜，能够降低胶料成本。在低成本配方设计中，增加填料用量是比较有效且经常采用的方法。除此之外，填料还能影响胶料的加工性能和硫化胶的物理机械性能。由于填料的加入降低了胶料含胶率，提高了胶料黏度，故在胶料加工过程中能减小半成品收缩率，提高半成品表面光滑性，增加加工能耗，影响胶料的充模及硫化速度等。填料对硫化胶力学性能（如拉伸强度、撕裂强度、耐磨性等）、形变性能（如弹性、伸长率、硬度和定伸应力等）、动态性能（如动态模量、损耗因子、耐疲劳性等）影响显著，对热性能（如耐热、耐低温、传热性）、耐介质性（如耐酸、耐碱、耐油性等）、燃烧特性、耐老化性（如耐热氧、耐臭氧、耐天候老化等）及电性能影响不显著。此外，可以利用橡胶的填充特性赋予硫化胶一定的功能性，如导电、导磁、导热、阻燃、着色、屏蔽紫外光等。一般，橡胶中添加各种填料，均会使硫化胶的硬度、定伸应力、动态模量提高，弹性下降，滞后损失和压缩永久变形增大。填料对其他性能的影响视填料的品种和用量及加工工艺而定，同一种填料对不同橡胶的性能影响规律可能不一致。填料的性质（如粒径、结构度、表面活性）及用量对胶料各种性能影响较大。因此，配方设计时要根据制品的性能、加工及成本要求合理选择补强填充剂。

三、填料的分类

填料品种繁多，分类方法不一，主要有：

① 按作用分
- 补强剂：炭黑、白炭黑、有机补强树脂、短纤维、无机纳米材料等
- 填充剂：陶土、碳酸钙、滑石粉、硅铝炭黑、果壳粉、粉煤灰、煤矸石等
- 功能剂：导电炭黑、金属粉、磁粉、阻燃剂氢氧化铝、氢氧化镁等

② 按性质分
- 有机填料：炭黑、石墨粉、树脂、果壳粉、软木粉、木质素、煤粉等
- 无机填料：硅酸盐类、碳酸盐类、硫酸盐类、金属氧化物等

③ 按形态分
- 颗粒状：炭黑、白炭黑、碳酸钙、粉煤灰、硅铝炭黑、果壳粉、树脂等
- 纤维状：短纤维、石棉、碳纳米管、金属晶须等
- 片层状：陶土、云母粉、高岭土、蒙脱土、埃洛石、石墨烯等

④ 按颜色分
- 黑色填料：炭黑、碳纤维、碳纳米管、石墨、石墨烯、煤粉等
- 白色填料：煅烧陶土、白炭黑、碳酸盐、硅酸盐、云母粉、氢氧化铝等
- 其他颜色填料：粉煤灰、果壳粉、硬质陶土、磁粉、金属粉、木质素等

不同的分类方法有助于配方设计人员根据实际需要选择合适的填料品种。尽管填料的分类方法很多，但常常以起主导作用的方面作为依据。本章中将以这种分类方法来介绍常用的各种填料。

四、补强与填充的发展历史

橡胶工业中填料的历史几乎和橡胶的历史一样长。在西班牙统治时代，亚马孙河流域的印第安人就懂得在胶乳中加入黑粉，可能是为了防止光老化或改变橡胶的颜色。后来用胶乳制作胶丝时用滑石粉作隔离剂。在 Hancock 发明橡胶混炼机后，常在橡胶中加入陶土、碳酸钙等填料。之后，人们曾在橡胶中加入氧化锌来提高橡胶的强度。1904 年，S. C. Mote

用炭黑使橡胶的强度提高到 28.7MPa，但当时并未引起足够的重视。直到 1912 年发现炭黑能明显改善胶料耐磨性，人们才重视炭黑对橡胶的补强作用，使得炭黑成为橡胶工业最主要的补强填充剂，广泛应用于各种橡胶制品中。

1939 年首次生产了硅酸钙白炭黑，1941 年德国 Degussa 公司开发出气相法白炭黑，20 世纪 50 年代开发出沉淀法白炭黑，浅色补强填料得以在彩色、浅色或透明的橡胶制品中广泛使用。20 世纪 70—80 年代，无机填料发展迅速，尤其是橡胶原材料及炭黑价格上涨后，无机填料在橡胶中的使用量急剧增大。无机填料的发展趋势是粒径细微化、表面活性化、结构形状多样化三个方向。

近二十余年来，纳米材料已经在许多科学领域引起了广泛的关注，成为材料科学的研究热点。人们也将纳米材料如纳米碳酸钙、纳米氧化锌、纳米氢氧化镁等应用于橡胶中，发现纳米材料即使不经过表面活化处理对橡胶亦有较为明显的补强效果，从而改变了填料对橡胶补强机理的认识。随着橡胶工业的发展，橡胶制品的性能要求越来越高，一些功能性的纳米材料如纳米 ZnO、TiO_2、SiO_2、$Mg(OH)_2$、$Al(OH)_3$、Fe_3O_4、碳纳米管、石墨烯等受到橡胶工业的重视。但研究结果表明，传统的机械混炼法很难将纳米材料均匀地分散在胶料中，粒子团聚是目前纳米材料应用的一大难点。如何提高纳米材料在橡胶中的分散效果，进一步提高纳米材料表面与橡胶基体间的界面结合，是一个非常重要的研究课题。目前，研究者们已经根据不同的纳米材料采取了相应的分散技术并取得了可喜的成果，如插层法解决了片层状纳米材料在橡胶中的分散问题，溶胶-凝胶法解决了纳米 SiO_2 在橡胶中的分散，原位聚合技术实现了不饱和羧酸盐的纳米分散，乳液附聚和接枝技术、种子乳液聚合技术等解决了纳米粉体在橡胶中的分散问题。纳米材料在橡胶中的应用得到了推广，前景广阔。

第二节
炭黑对橡胶的补强

一、概述

1. 炭黑的概念

炭黑是指由许多烃类物质（固态、液态或气态）经不完全燃烧或热裂解而制得的具有高度分散性的黑色粉末物质，主要由碳元素组成，是近乎球形的胶体粒子，这些粒子大都熔结成形状不规则的聚集体。这个定义涵盖了制造炭黑的原材料、制造方法、微观粒子形态及尺寸、元素组成及基本结构单元。符合以上特征的材料都称为炭黑。

我国古代称炭黑为"炱""烟炱"，因生产原料是松树枝，又称为"松烟"。这些名称一直沿用到 19 世纪末。"炭黑（carbon black）"这一名词直到 1872 年近代炭黑工业出现后才使用。近现代炭黑生产原料变为气态（如人造煤气、天然气、高炉煤气、煤层气等）、液态（如乙烯焦油、蒽油、煤焦油、动物油等）或固态（如天然树脂等）的烃类物质，生产方法及设备也有很大的变化，炭黑的品种更加多样化，性能也大大改善，满足了实际生产的需求。

2. 炭黑的生产制造方法

根据烃类物质析出碳的方式不同，炭黑制造方法可分为两大类，如表 3-1 所示。

表 3-1　炭黑生产制造方法及特点

制造方法		主要原料	特点
不完全燃烧法	接触法（槽法、辊筒法、圆盘法）	天然气、煤层气（煤矿瓦斯）、焦炉煤气、芳烃油等	槽法转化率约5%，产率低，污染大，炭黑含氧量大（可达3%），粗糙度高，呈酸性，灰分少（低于0.1%）
	油炉法	芳烃油、蒽油、煤焦油、炭黑油等	转化率40%～75%，含氧量少（约1%），呈碱性，灰分多（0.2%～0.6%），粒子细小
	气炉法	天然气、煤层气（煤矿瓦斯）	转化率28%～37%，含氧少，碱性，灰分多，粒子较大
	灯烟法	矿物油、植物油	产量小，污染大，制色素炭黑
热分解法	热裂法	天然气	转化率30%～47%，炭黑粒子粗大，补强性低，含氧量低（低于0.2%），含碳量达99%以上
	乙炔法	乙炔	炭黑具有高的导电性及吸油性，多用于干电池，可作导电剂用于橡胶或塑料制品
	等离子体法	天然气、芳烃油、蒽油、煤焦油等	原料烃的利用率高，不产生和排放CO、CO_2、SO_2、NO和NO_2等有害废气，尾气少，环保；反应可达到的温度高且范围宽，有利于产品的多样化。目前尚处于研发阶段

不完全燃烧法是目前炭黑生产的主要方法，其中油炉法产量最大，占全部炭黑产量的95%以上。接触法是把原料气燃烧的火焰同温度较低的收集面接触，使不完全燃烧产生的炭黑冷却并附着在收集面上，再加以收集处理的生产方法，包括槽法、辊筒法、圆盘法三种。炉法是先将燃料气通入反应炉内，通入空气点火燃烧，待炉内温度达到工艺要求后，再将原料烃喷入反应炉内，同时减小空气流量，使烃在反应炉内高温裂解，通过急冷水枪插入的深度控制反应时间，再经收集、造粒制备炭黑的方法。反应炉的内部结构及材质、工艺条件、油与空气流量比是决定炭黑粒径大小、结构高低、活性高低的关键因素。通过改变工艺条件及油与空气流量比，同一生产线可以生产不同品种的炭黑。油炉法生产炭黑的工艺流程如图3-1所示。

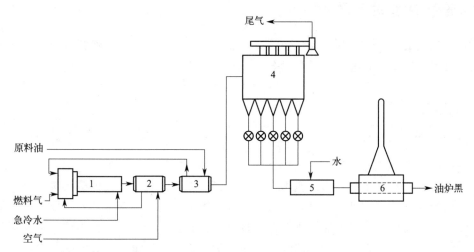

图 3-1　油炉法炭黑生产工艺流程示意图
1—反应炉；2—空气预热器；3—油预热器；4—袋滤器；5—造粒机；6—干燥机

灯烟法是原料烃在敞口的浅盘中不完全燃烧制造炭黑的方法，生产的炭黑多作为色素炭黑，用于油墨和涂料行业。

热分解法是在反应炉内通入天然气或乙炔气及空气，点火燃烧，或用等离子体发生器加热，待炉内温度达到1200～1400℃切断空气，使天然气或乙炔气在隔绝空气的情况下高温裂解制造炭黑的方法。

3. 炭黑发展概况

1864年美国用人造天然气生产炭黑，并于1872年实现工业化生产。1892年美国发明天然气槽法炭黑，直至第二次世界大战期间占"统治"地位。1912年英国人莫特发现炭黑对橡胶有补强作用后，炭黑得到快速发展。20世纪20年代，出现热裂法炭黑和气炉法炭黑，均以天然气为燃料，用于轮胎胎体。20世纪30年代，美国斯诺致力于以油为原料制造炭黑，开发成功油炉法炭黑。1943年，世界上第一座工业化油炉法炭黑生产装置在美国鲍格（Boger）投入生产。1944年发明高耐磨炉黑，20世纪50年代末中超耐磨炉黑、通用炉黑、快压出炉黑工业化生产。1960年出现低结构炉黑，炉法炭黑代替槽法炭黑成为现实，槽法炭黑因收率低、生产成本高且污染环境，又因槽法炭黑有迟缓硫化的作用，故已基本淘汰。1971年开始生产新工艺炭黑，从此炭黑的质量得以控制。20世纪90年代初低滞后（滚动阻力）炭黑开始盛行。

中华人民共和国成立前，我国只在东北抚顺、鞍山等地生产灯烟炭黑，产量仅252t。1949—1957年，我国炭黑工业创业时期，先后建立了11家炭黑厂，生产槽法炭黑、混气、辊筒和喷雾炭黑，产量增加到8.679万吨。1958—1960年，炭黑产量猛增至62万吨，质量差，供过于求，后回落至24万吨。1962年，成立炭黑研究设计院。至1998年，炭黑产量达到57万吨，位居世界第三。2005年中国炭黑产量跃居世界第一。至2016年，中国炭黑产量达520多万吨，占全球炭黑总产量的40%。

世界知名的炭黑企业主要有美国卡博特公司、德国德固萨公司、美国科伦比恩公司、印度博拉公司、中国台湾中橡炭黑、日本东海炭株式会社、美国大陆碳公司、印度塞卡公司、韩国DC公司等，其中卡博特公司的炭黑产量位居世界第一。

二、炭黑的分类与命名

炭黑是橡胶的主要补强剂，为适应橡胶工业发展的要求，人们已经开发出几十种规格牌号。炭黑可以按以下方式进行分类和命名。

（一）炭黑的分类

1. 按制造方法分

炭黑按照制造方法可分为不完全燃烧法炭黑和热裂法炭黑两大类。

不完全燃烧法炭黑主要有槽法炭黑、炉法炭黑、新工艺炭黑。其中槽法炭黑以天然气为原料，表面粗糙度高，含氧基团多，呈酸性，灰分极少，几乎不含多环芳香烃，胶料的硫化速度较慢，是目前为数不多的能用于与食品接触的橡胶制品的炭黑品种。炉法炭黑又分油炉法炭黑和气炉法炭黑两类，以油炉法炭黑为主。炉法炭黑含氧量低，表面孔洞少，由于生产中有碱性物质混入而呈碱性，灰分含量较高，表面吸附有小分子气体及未裂解完全的烃，故挥发分及多环芳香烃含量相对较高，胶料的硫化速度较快。新工艺炭黑是一种改进的炉法炭黑，调整了反应炉的内部结构，增加了炉内炭黑烟气的湍流层数，使炭黑聚集体的尺寸更细小，分布更窄，形态更开放，表面光滑，着色强度提高，胶料的耐磨性提高20%~55%。N375、N339、N352、N234、N299等均为新工艺炭黑。

热裂法炭黑有中粒子热裂法炭黑（MT）和细粒子热裂法炭黑（FT）两种，粒子粗大，结构度较低，着色强度较低，表面含氧量很低，含碳量高，补强效果差，但胶料的弹性好，压缩永久变形较小，硬度和生热低、电导率小，填充量大，适合用于密封制品及轨枕垫等要求弹性高、生热低和绝缘性能好的橡胶制品。

2. 按应用领域分

可将炭黑分为橡胶用炭黑（各种橡胶制品）、色素炭黑（颜料、染料、油墨、涂料、打印机和复印机碳粉等）和导电炭黑（干电池、导电制品）三种。炉法炭黑、新工艺炭黑、槽法炭黑及热裂法炭黑主要应用于橡胶制品，圆盘法炭黑、辊筒法炭黑及灯烟炭黑主要用作色素炭黑。炭黑在橡胶制品中的使用量最大。作为色素炭黑要求着色强度高，杂质和筛余物极低。导电炭黑主要有乙炔炭黑、特高结构炉黑，如N472、N292等。

3. 按炭黑对橡胶补强效果分

根据炭黑对橡胶补强效果来分类，分为硬质炭黑和软质炭黑两类。硬质炭黑主要是原生粒子尺寸在40nm以下或比表面积（单位质量炭黑的总表面积）在$50m^2/g$以上的炭黑，增硬效果明显，补强效果好，如超耐磨炭黑（SAF）、中超耐磨炭黑（ISAF）、高耐磨炭黑（HAF）、细粒子炉黑（FF）等。软质炭黑主要是原生粒子尺寸在40nm以上或比表面积（单位质量炭黑的总表面积）在$50m^2/g$以下的炭黑，增硬效果较差，补强效果差，如通用炭黑（GPF）、半补强炭黑（SRF）、热裂法炭黑（MT、FT）等。快压出炭黑（FEF）有时称为半硬质炭黑，补强性介于硬质炭黑和软质炭黑之间，压出速度快，半成品表面光滑。

（二）标准炭黑命名

我国在20世纪80年代开始采用美国ASTM D1765标准对标准炭黑进行命名。标准炭黑名称由四位数字组成，第一个是英文字母N或S，代表其填充胶料的硫化速度快慢，N表示硫化速度正常，S表示硫化速度慢。N或S后有三位数字，第一位是1～9之间的数字，反映炭黑原生粒子平均粒径大小，该数字越小，平均粒径越小，比表面积越大；后两位数字无明确意义，代表同一系列炭黑中的不同牌号。如N330、N326、N339、N347等都是N3系列中不同牌号的炭黑，硫化速度正常，粒径级别为3，粒径范围为26～30nm。N330是N3系列炭黑中典型品种，正常结构炭黑；N326是该系列中的低结构炭黑；N347是这个系列的高结构炭黑；N339则是该系列中的新工艺炭黑。表3-2是标准炭黑的分类命名。

表3-2 标准炭黑的分类命名

级别	ASTM系列	粒径范围/nm	平均氮比表面积/(m²/g)	典型炭黑品种		
				ASTM名称	英文缩写	中文名称
0		1～10	>150			
1	N100	11～19	121～150	N110、N115、N121、N134	SAF	超耐磨炉黑
2	N200	20～25	100～120	N219、N220、N234、N292	ISAF	中超耐磨炉黑
	S200	20～25		S212	ISAF-LS-SC	代槽炉黑
3	N300	26～30	70～99	N326、N330、N339、N347、N351、N375	HAF	高耐磨炉黑
	S300	26～30		S315	HAF-LS-SC	代槽炉黑
4	N400	31～39	50～59	N472	XCF	特导电炉黑
5	N500	40～48	40～49	N539、N550、N582	FEF	快压出炉黑
6	N600	49～60	33～39	N642、N650、N660、N683	GPF	通用炉黑
7	N700	61～100	21～32	N765、N772、N774	SRF	半补强炉黑
8	N800	101～200	11～20	N880	FT	细粒子热裂法炭黑
9	N900	201～500	0～10	N990	MT	中粒子热裂法炭黑

标准炭黑的命名包含了炭黑对胶料硫化速度的影响及比表面积范围等信息。由于比表面

积是炭黑对橡胶补强的主要性质之一，在一定程度上能反映炭黑对橡胶的补强性，能方便配方设计人员选取合适的炭黑品种，故被许多国家采纳。

三、炭黑的性质及主要技术参数

（一）炭黑的微观结构与形态

1. 炭黑微观结构模型

人们对炭黑的微观结构做了大量研究工作。沃伦（Warren）首先用 X 射线衍射技术研究炭黑内部结构，提出炭黑是由微小的平行排列的石墨层（即炭黑微晶）构成，片层内碳原子位于六角形平面上，片层之间互相平行排列。富兰克林、拉斯顿（Ruston）及沃伦发展了 X 射线衍射理论，并测算出片层间距和微晶尺寸，发现炭黑微晶片层间距略大于石墨片层间距，并有乱层结构，不同于石墨微晶。他们认为这些微晶无规堆砌在一起形成炭黑原生粒子，提出了炭黑微观结构堆砌模型，如图 3-2(a) 所示。后来，人们采用电子衍射方法也证实了炭黑微晶的存在，但粒子表面微晶的排列不是无规堆砌，而是互相平行排列，提出同心取向微观结构模型，如图 3-2(b)、(c) 所示。一些研究人员通过透射电子显微镜研究炭黑的氧化图形，发现炭黑粒子外部微晶取向有序，而粒子内部有序性变差。炭黑微观结构研究取得重大进展是高分辨率的相衬电子显微镜的采用，可以清楚地看出炭黑粒子中微晶围绕一个或几个中心形成连续的同心取向网络（如图 3-3 所示），明确了炭黑同心取向微观模型的合理性。

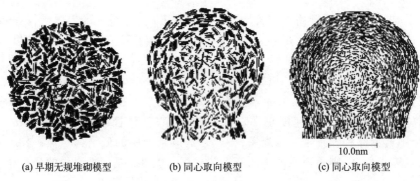

(a) 早期无规堆砌模型　　(b) 同心取向模型　　(c) 同心取向模型

图 3-2　炭黑粒子微观结构模型示意图

2. 炭黑聚集体（aggregate）形态

以前人们认为炭黑是由球形或近球形粒子单个或几个聚结成链枝状聚集体组成，后经高分辨率电子显微镜观察发现，只有热裂法炭黑呈单个球形或椭球形，其他炭黑都是由多个"原生"粒子熔结而成的聚集体，如图 3-4 所示。聚集体是炭黑单独存在的最小实体，也是炭黑在胶料中的最小分散单元。所以炭黑微观形态主要是研究聚集体形态，其形态特性直接影响炭黑的应用性能，如对胶料的定伸应力、挤出口型膨胀、压延效应等影响明显。

梅达利（Medalia）将炭黑聚集体形态分为球形、椭球形和纤维形三大类和六小类，如图 3-5 所示。炭黑各类聚集体分布频

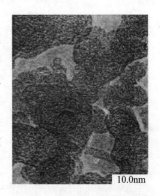

图 3-3　N220 炭黑高分辨率相衬电子显微镜照片

率如表 3-3 所示，可见热裂法炭黑 N990 粒子绝大部分是球形或椭球形，而高结构炭黑纤维形聚集体居多，球形聚集体较少。赫德（Herd）将炭黑聚集体分为球形、椭球形、直线形、链枝形四类。

图 3-4　N330 炭黑微观形态 SEM 照片　　　　图 3-5　炭黑聚集体形态分类

表 3-3　炭黑各类聚集体分布频率

炭黑品种	球形	椭球形			纤维形			
		1	2	3	1	2	3	4
N347	1.4	1.6	14.2	11.3	5.5	33.4	33.4	19.8
N330	8.6	5.8	23.4	8.4	5.3	26.5	26.5	14.5
N327	15.4	7.5	40.7	11.1	8.2	11.2	14.2	1.9
N472	2.5	1.5	16.1	3.4	30.7	21.2	21.2	19.7
N990	85.5	10.3	3.8	0.2	0.2	0.0	0.0	0.0

炭黑填充胶料的性能，如定伸应力、压出膨胀、压延效应等很大程度上依赖于炭黑聚集体的形态结构。多数情况下，炭黑填充胶料的定伸应力随炭黑周长分维数 D_p（该值越大聚集体形态越不规整）增大而增大，口型膨胀率随 D_p 增大而减小，压延效应随 D_p 增大而增大。炭黑填充的 SBR 及充油 SBR/BR 胶料的定伸应力及口型膨胀率与炭黑复合周长分维数 D_p^* 的关系如图 3-6～图 3-8 所示。

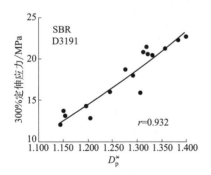
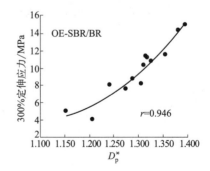

图 3-6　SBR 300% 定伸应力与 D_p^* 的关系　　　图 3-7　OE-SBR/BR 300% 定伸应力与 D_p^* 的关系

（二）炭黑的性质

炭黑的性质主要有炭黑的粒径及分布、比表面积、孔隙性、结构度、化学反应性、酸碱性、密度、光学性质及其他性质。其中粒径（或比表面积）、结构度和表面活性是炭黑的三大基本性质，通常称为炭黑补强三要素。炭黑的酸碱性、密度、光学性质及导电性、燃烧性等对橡胶的物理化学性能也有重要的影响。

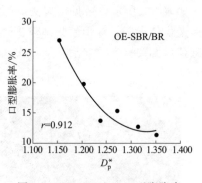

图 3-8　OE-SBR/BR 口型膨胀率与 D_p^* 的关系

1. 炭黑的粒径及比表面积

（1）炭黑的粒径及分布

除了热裂法炭黑中有单个球形粒子存在外，其他炭黑聚集体中几乎没有单个球形粒子，炭黑的粒径通常是指构成炭黑聚集体的原生粒子所在区域的尺寸，通常用算术平均直径或表面平均直径来表示，是用电子显微镜拍照后用粒径分析仪或其他显微测定装置测量，再根据式(3-1)、式(3-2)统计计算得到。

算术平均直径 $\overline{d_n}$：

$$\overline{d_n} = \frac{1}{N}\sum_{i=1}^{h} d_i f_i^* = \sum_{i=1}^{h} d_i f_i \tag{3-1}$$

表面平均直径 $\overline{d_s}$：

$$\overline{d_s} = \frac{\sum_{i=1}^{h} f_i^* d_i^3}{\sum_{i=1}^{h} f_i^* d_i^2} \tag{3-2}$$

式中　N——测定粒子数；

　　　f_i^*——粒子频数，即样品中某一粒径或粒径范围内粒子出现的数目；

　　　f_i——粒子频率；

　　　d_i——某一粒径或某一粒径范围的中间粒径；

　　　h——组数。

构成炭黑聚集体的原生粒子区域的尺寸是不等的，总是呈现某种分布，可绘制炭黑粒度分布曲线表示，也可采用 $\overline{d_s}/\overline{d_n}$ 值来判断炭黑粒径的分散程度，比值越大，粒径越分散，反之粒子大小越均匀。几种国产炭黑的粒径分布曲线如图3-9所示，可见不同炭黑的粒径分布宽度是不同的，一般平均粒径越小的炭黑粒径分布越窄。

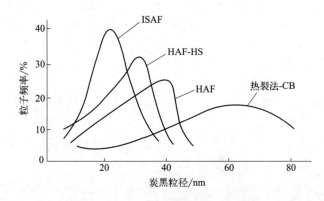

图 3-9　几种国产炭黑的粒径分布曲线

炭黑粒径大小及分布对其应用性能有重要影响。一般炭黑粒径小，填充硫化胶的强度如拉伸强度、撕裂强度、定伸应力和硬度高，耐磨性好，反之上述性能降低，但胶料的弹性变好，生热降低。炭黑粒径分布窄，胶料的拉伸性能及耐磨性好，但滞后大，生热高。近年来新开发的低滞后炭黑粒径分布较宽，滞后小，生热低，有效地降低了轮胎的滚动阻力，降低油耗，而耐磨性与同类新工艺炭黑相当。不同橡胶制品，性能要求不一样，故配方中炭黑品种选取也不同，通常对强度特性要求高时选用小粒径、窄分布的炭黑品种，对弹性及低生热要求高时选用大粒径、宽分布的炭黑品种。

(2) 炭黑的比表面积

炭黑比表面积是指单位质量或单位体积（真实体积）炭黑中所有聚集体的表面积总和，单位为 m^2/g 或 m^2/cm^3。比表面积和粒径一样是炭黑的主要基本性质之一，其大小是区分炭黑品种的主要指标。对表面光滑的炭黑来说，比表面积与粒径成反比，因此可用比表面积来表征炭黑粒径大小。大多数炉法炭黑粒子表面是光滑少孔的，槽法炭黑及色素炭黑由于氧化侵蚀表面或内部粗糙多孔。故炭黑的比表面积有外比表面积（光滑比表面积）、内比表面积（孔隙内比表面积）和总比表面积（外比表面积与内比表面积之和）之分。不同炭黑，由于粒径大小不同，聚集体形态差异，不同炭黑比表面积有很大差异，如粒径最小的超耐磨炭黑 N115 总比表面积达到 $145m^2/g$，而粒径最大的热裂法炭黑的比表面积仅有 $7m^2/g$。粒径大小相当但聚集体形态不同的炭黑比表面积也有所不同，如同为超耐磨炭黑的 N110、N121、N134 的总比表面积最高分别为 $134m^2/g$、$129m^2/g$、$151m^2/g$。比表面积大尤其是外比表面积大的炭黑，具有优异的补强性能及高的着色力，故比表面积是标准炭黑的必检指标。

炭黑比表面积测定方法有电镜法、碘吸附法、低温氮吸附法（BET 法）、CTAB 大分子吸附法等。其中 BET 法的吸附质是氮气（或氢气、氩气），分子吸附截面积为 $0.162nm^2$，分子尺寸小，几乎可以进入炭黑表面所有孔隙，测的是总比表面积；碘吸附法的吸附质是碘分子，分子吸附截面积为 $0.353nm^2$，可以进入较大的孔隙，故测的是外比表面积及部分内比表面积之和；CTAB 法吸附质是十六烷基三甲基溴化铵（CTAB），分子吸附截面积为 $0.616nm^2$，且以胶束的形式吸附在炭黑表面上，胶束尺寸很大，不能进入炭黑表面的孔隙，所测定的 CTAB 比表面积是外比表面积；电镜法比表面积是假定炭黑粒子完全为球形，测量表面平均直径结合炭黑密度通过式(3-3)计算得到，故测的也是外比表面积。由于橡胶烃分子尺寸较大，不能进入炭黑表面孔隙中，所以炭黑的外比表面积相当于橡胶与炭黑的真实界面，故 CTAB 比表面积是反映炭黑粒子大小的重要技术指标。

$$S = \frac{6000}{\overline{d_s}\rho} \tag{3-3}$$

式中 S——电镜法比表面积，m^2/g；

$\overline{d_s}$——表面平均直径，nm；

ρ——炭黑真密度，通常采用 $1.86g/cm^3$。

由于炭黑聚集体中原生粒子间是熔结的，不是独立的球形粒子，电镜法比表面积包含了炭黑粒子接触部分但实际上不存在的表面积，所以电镜法比表面积与 CTAB 比表面积有一些差异，并未列入标准炭黑的技术标准中。碘吸附法比表面积用单位质量炭黑吸附碘分子的质量来表示，故又称吸碘值（单位为 mg/g），其数值不能与其他方法测得的比表面积进行比较。另外，炭黑表面或多或少吸附有残留的焦油状物质及氧化复合物，会干扰碘的吸附，当达到吸附平衡时并不是所有的炭黑表面都被碘分子占据，导致测试结果偏低。因此对焦油残留物及挥发分较多的炭黑直接测吸碘值是不准确的，需要先脱挥或用溶剂抽提后再测吸碘值。虽然碘吸附法存在一些问题，但由于使用仪器简单，操作方便、快速，故常作为炉法炭黑生产质量的控制方法，吸碘值也成为标准炭黑的重要技术指标之一。

2. 炭黑的孔隙性

炭黑的孔隙性一直受到人们的重视。不完全燃烧法制备炭黑过程中有少量空气参与，形成的聚集体表面在高温下被氧化侵蚀，形成孔洞。炉法炭黑聚集体在反应炉内停留时间短，氧化少，只有1系列和2系列炭黑表面有少量的微孔，大部分炭黑粒子表面比较光滑。热裂法炭黑没有氧气参与，表面几乎没有孔隙。只有槽法炭黑、氧化处理炭黑表面及内部存在较多的孔隙。炭黑表面的孔隙根据孔径大小分为大孔（>50nm）、中孔（2～50nm）、微孔（<2nm）。炭黑表面的孔多为微孔。微孔的存在会影响炭黑比表面积及空隙体积的测定结果；由于橡胶分子链不能进入微孔，故微孔的存在也影响橡胶分子链与炭黑的结合，不仅不利于补强，反而使硫化橡胶压缩生热明显升高。但在油墨、涂料体系中，油墨和涂料基体可以进入炭黑微孔，增强炭黑与基体的结合，故色素炭黑通常采取氧化方法增加表面孔隙性。此外，孔隙的存在，在炭黑质量相同时可增大炭黑粒子体积，减小聚集体间的距离，增加导电通路，从而提高炭黑的导电性。

炭黑的孔隙性可通过"t"值法（又称统计层厚度法，是测炭黑比表面积的一种方法）测定炭黑氮统计吸附层厚度t，孔隙直径d是t的2倍。炭黑孔隙性还可用"粗糙度系数"表示。粗糙度系数是指炭黑总比表面积（BET比表面积）与外比表面积（CTAB比表面积或电镜法比表面积）的比值。光滑无孔表面粗糙度系数为1，粗糙表面粗糙度系数大于1，且随孔隙增多而增大。

3. 炭黑的结构度及测定

(1) 炭黑的空隙体积

炭黑聚集体的形态各异，尤其是纤维形聚集体，有较多的链枝结构。多个聚集体堆积在一起形成更大的附聚体团块。突出的链枝结构使得炭黑聚集体及附聚体中含有大量的空隙。刚刚收集的粉末状炭黑中空隙体积达到97%～98%，经过湿法造粒后，其空隙体积仍然有80%。即使是均一球形粒子紧密堆积也有36%的空隙体积。聚集体链枝结构阻碍粒子紧密堆积，空隙体积增大。炭黑中存在大量的空隙体积对其堆放体积、导热性、着色性及在橡胶中的应用性能有重要影响。

(2) 炭黑的结构度

炭黑的空隙体积与聚集体链枝结构有直接关系。把炭黑聚集体链枝结构的发达程度或聚集体表面形态不规整程度称为炭黑的结构度。聚集体中链枝数量越多且越长，聚集体表面形态越不规整，空隙体积越大，结构度越高。所以空隙体积是炭黑结构度的量度。炭黑结构度是炭黑对橡胶补强的重要性质之一。

炭黑结构有一次结构和二次结构两种。一次结构是指炭黑聚集体结构，即炭黑聚集体表面形态的不规整性，称为原生结构，因聚集体坚实牢固，在橡胶加工过程中不容易破坏（仅有很少的长链枝断裂）而被称为永久结构。一次结构是炭黑在橡胶及其他材料中实际存在的最小结构单元，对橡胶的补强及工艺性能有着本质的影响。炭黑一次结构根据聚集体表面形态不同有高结构、正常结构和低结构之分，如以球形粒子占绝大多数的炭黑结构度低，而以纤维形聚集体为主的炭黑结构度高。

二次结构是指多个聚集体靠范德华力凝聚在一起的附聚体（或凝聚体）结构，称为次生结构，因易受压缩或加工过程中的剪切作用而破坏，故又称为暂时结构。炭黑二次结构的牢固性影响其在橡胶及其他材料中的分散难易及滞后生热性。炭黑在橡胶混炼过程中很难都达到聚集体级分散，会有很多二次结构存在于胶料中，影响力学性能和动态性能。炭黑二次结构的牢固性与炭黑粒径、比表面积及湿法造粒时使用的胶黏剂品种和用量有关。一般，粒径小、比表面积大的炭黑二次结构牢固些；胶黏剂用量增多，二次结构牢固；在胶黏剂用量相当时，蔗糖（俗称糖蜜）造粒炭黑的二次结构较木质素造粒炭黑二次结构牢固。

(3) 炭黑结构度的测定

炭黑结构度的测定方法主要有吸液法、压缩比容法和压汞法三种，其中吸液法最常用。

① 吸液法。该法是测量单位质量炭黑吸收湿润性良好的液体如亚麻仁油、矿物油、邻苯二甲酸二丁酯（DBP）或稀盐酸体积的方法。由于DBP质量稳定，故在炭黑标准中结构度的测试方法一直采用DBP吸收值法，测试结果称为DBP吸油值，单位为$cm^3/100g$。只有乙炔炭黑用稀盐酸测定吸收体积。DBP吸油值可采用手工法和吸油计法测量，均列入国家标准。DBP吸油值法测定的是炭黑一次结构和二次结构的空隙体积总和。将炭黑在一定的压力下（165MPa）压缩（4次，每次压缩后用小铲破碎），可以消除聚集体附聚作用产生的二次结构，测得的吸油值称为压缩DBP吸油值，代表炭黑的一次结构。国产典型标准炭黑的DBP吸油值如表3-4所示。DBP吸油值与压缩DBP吸油值的差值可反映炭黑堆积空隙体积大小，一般结构度高的炭黑，堆积空隙体积大，二者的差值大。球形聚集体为主的低结构度炭黑差值小，线型聚集体含量多的炭黑如N472、N550二者差值较大，超过$40cm^3/100g$。炭黑的吸油值除与结构度有关外，还与比表面积有关，在相同结构度的情况下，比表面积大（粒径小）的炭黑具有较高的吸油值。故只有在比表面积相同时，吸油值才能客观地反映炭黑的结构度。

表 3-4 国产典型标准炭黑的 DBP 吸油值 单位：$cm^3/100g$

品种	DBP 吸油值	压缩 DBP 吸油值	品种	DBP 吸油值	压缩 DBP 吸油值
N110	113±6	91~103	N347	124±7	93~105
N134	127±7	97~109	N375	114±6	90~102
N220	114±6	92~104	N472	178±7	107~121
N234	125±7	95~108	N550	121±7	80~90
N326	72±6	62~74	N660	90±5	69~79
N330	102±6	82~94	N774	72±5	58~68
N339	120±7	93~105	N990	43±5	32~42

② 压缩比容法。压缩比容是指单位质量炭黑在一定压力下压缩后的体积，单位为cm^3/g。该法是在一内表面光滑的金属圆筒内，加入已知质量的炭黑（4~5g），插入表面光滑的金属柱塞，在一定压力（通常为10MPa）下压缩炭黑，测量压缩后炭黑圆柱体的体积。压缩比容与DBP吸油值有良好的相关性，因此也可以用作炭黑结构性的量度。

③ 压汞法。该法是在不同压力下将水银压入炭黑空隙的方法。改变压力，水银可以进入不同孔径的空隙中，可以测定炭黑空隙孔径大小及分布。由于汞的毒性，此法目前较少使用。

4. 炭黑的化学性质

(1) 炭黑的元素组成及有害物质

炭黑元素组成来自炭黑本身及其吸附物。炭黑粒子主要是由碳元素组成，含碳量（质量分数）在 90%~99%，还有少量的氢（0.01%~0.7%）、氧（0.1%~8%）和硫（1%以内）。炭黑中的氧来自空气，在炉内高温下与碳发生氧化反应形成含氧基团留在炭黑表面；氢元素来自原料油，是裂解不完全残留下来的，存在于炭黑微晶层面边缘；硫元素来自原料油。除少量氢元素存在于炭黑粒子内部外，其他元素多数键合在炭黑表面碳稠环晶体结构的边缘或角部，或在晶格缺陷部位的碳原子上，形成不同的官能团，使炭黑表面带有一定的化学反应性，改善了炭黑在橡胶、塑料和涂料中的使用性能。热裂法炭黑中氧、氢的含量很低，几乎不含硫；槽法炭黑和色素炭黑表面含氧量较高，达到 3%~8%，氢含量较炉法炭黑高。炉法炭黑含氧量多数在 1.5% 以下，硫含量在 0.6% 左右。

反应炉内成分复杂，除了炭黑粒子外，还有未来得及裂解的原料油，裂解过程中释放出的 H_2，碳氧化释放的 CO、CO_2，氮气氧化形成的 NO_2、N_2O_4，原料油中的 S 氧化形成的 SO_3，急冷水高温汽化成的水蒸气等气体，被炭黑表面吸附。其中气体分子在高温加热时可挥发掉，称为挥发分。挥发分多为酸性气体，会影响炭黑的 pH 值，进而影响胶料的硫化速度。含水率高的炭黑，混炼时间长（剪切力降低），挤出易起海绵，硫化胶会产生气泡。未裂解的原料油含有稠环芳香烃，吸附在炭黑表面形成一层油膜，既影响炭黑与橡胶的结合，又会导致胶料中多环芳香烃含量增加，其填充的橡塑制品出现泛彩现象等。炭黑中还含有铁、锰、铜及钙等金属元素，来自原料油、设备腐蚀及冷却水、造粒水等，在炭黑高温灼烧时以灰分残留，故又称灰分。炭黑中的灰分对胶料的加工性能及物理机械性能影响不大，主要影响胶料的电绝缘性及耐老化性。

（2）炭黑的表面官能团

炭黑表面官能团主要有碳-氧官能团、碳-氢官能团及碳-硫官能团，在炭黑微晶层面边缘还有大量的自由基存在。

① 碳-氧官能团。炭黑表面与碳键合的含氧官能团主要有羧基、酚羟基、醌基和内酯基或 CO_2 凝结层，是炭黑粒子在反应炉及干燥塔内发生热氧化反应，或者炭黑在停放过程中与空气、水接触缓慢氧化形成，也可以后期通过与臭氧、硝酸溶液、溴水、过氧化氢酸性溶液氧化产生，大多存在于表面孔洞周围。故表面粗糙、孔洞多的炭黑表面含氧基团多。这些基团使炭黑表面带有极性和酸性，使炭黑的 pH 值降低，热稳定性下降，在高温（300~800℃）惰性环境下容易分解，析出 CO_2 和水蒸气。含氧高的氧化炭黑通常用于高级印刷油墨、涂料，以及子午线轮胎与镀黄铜钢丝黏合的胶料中提高黏合力。代槽炉黑就是一种氧化炉黑。

② 碳-氢官能团。炭黑中的氢元素主要存在于吸附水、羧基、酚羟基及氢醌基团中，有少部分氢原子直接键合在碳原子上，构成 C—H 键，集中分布在炭黑表面，只有少部分存在于晶格内部。C—H 键化学活性高，可与亲电子试剂发生取代反应、氧化反应和接枝反应。热稳定性较 C—O 键高，在 700℃ 以上惰性环境下解吸附，放出水和氢元素。

③ 碳-硫官能团。炭黑中的硫可以元素硫、无机硫酸盐和有机硫化物等形式存在。元素硫约占硫含量的 10%，在橡胶中有助于橡胶硫化时的交联，影响硫化速度和定伸应力。化学吸附硫以碳-硫复合物出现，热稳定性高，高温下基本不脱去，当在 500~700℃ 用氢作热处理时，可完全解析为 H_2S。

④ 自由基。炭黑表面有大量自由基存在，是原料烃在高温裂解脱碳时形成的，存在于炭黑微晶层面边缘上，对炭黑化学吸附橡胶分子链有较大贡献。可以将炭黑聚集体看成是一个许多自由基的结合体。由于这些自由基与聚集体结构层面间的 π 体系形成共轭，其稳定性较一般自由基高，在炭黑存放过程中可以较长时间保留。

(3) 炭黑的表面活性

炭黑表面的这些官能团及自由基构成了炭黑表面的化学活性，可以发生氧化反应、取代反应、还原反应、离子交换反应、接枝反应等，这是炭黑表面改性的基础，也是炭黑与橡胶牢固结合的活性点，对橡胶的补强有重要贡献。表面活性是炭黑对橡胶起补强作用的三大要素之一，可用反相气相色谱检测表征。

5. 炭黑的酸碱性

碳本身是弱酸性的元素，表面的含氧基团会进一步提升炭黑的酸性，故含氧基团多的槽法炭黑表现出较为明显的酸性，pH 值在 2.9~5.5。炉法炭黑和热裂法炭黑表面含氧基团少，由于炭黑形成、收集、后处理过程中添加了碳酸钾、急冷水及造粒水，引入碱性物质掩盖了炭黑本身的酸性，使得炉法炭黑及热裂法炭黑偏碱性，pH 值在 7~10。

炭黑的酸碱性对胶料的硫化速度有重要影响。一般，酸性炭黑延缓硫化，碱性炭黑加快硫化。故炉法炭黑在使用时应注意硫化促进剂的选取，避免在加工过程中出现焦烧现象。炭黑的酸碱性对胶料的物理机械性能无明显影响。

6. 炭黑的密度

炭黑的密度有真密度和视密度（又称堆积密度、倾注密度）两种。炭黑真密度是炭黑除去空隙后的真实密度，与炭黑粒子大小、结构度、空隙性、压缩程度等均无关，通常采用 X 射线衍射法、比重计法、混炼法测量。X 射线衍射法是利用 X 射线衍射仪测量炭黑微晶参数计算炭黑真密度的方法，未处理的炭黑真密度在 $2.04 \sim 2.11 \text{g/cm}^3$。由于炭黑内部微晶取向规整性不及表面微晶，故 X 射线衍射法测得的真密度与实际密度有一定的偏差。比重计法是使用气体（氦气）或液体（苯、汞）置换炭黑表面和孔隙所吸附的空气来测量炭黑密度的方法，测得的炭黑真密度为 $1.80 \sim 2.03 \text{g/cm}^3$。该法由于气体或液体不能充分进入孔隙而影响测试结果的准确性，但与炭黑在聚合物中应用时的状态接近，比较有参考价值。混炼法是用已知质量分数的炭黑以常规混炼法配合到已知密度的橡胶中，测定胶料的密度再核算出炭黑的真密度。此法测得的炭黑相对密度在 1.80~1.86，更接近于炭黑在橡胶胶料中的实际密度。但炭黑中的重金属离子含量（灰分）对其真密度的测定结果会有影响。橡胶工业通常采用炭黑的真密度为 1.86g/cm^3。

炭黑的视密度是单位体积（堆放体积）炭黑的质量，与炭黑粒子大小、结构度、空隙性、压缩程度等均有关。一般粒径小、结构度高的炭黑视密度小，粉状炭黑的视密度在 $0.03 \sim 0.048 \text{g/cm}^3$，湿法造粒炭黑视密度为 $0.3 \sim 0.5 \text{g/cm}^3$。可见，即使炭黑湿法造粒后粒子内部仍然有较多的空隙体积。

7. 炭黑的其他性质

(1) 光学性质

当光线照射炭黑分散体或干粉时，产生吸收和散射，表现出消光性，通常用黑度表示。炭黑消光性取决于入射光的波长、炭黑的粒径及结构形态、炭黑用量及在介质中的分散性。在制造油墨、涂料时需要考虑炭黑的消光性。入射光的波长对炭黑消光性的影响视品种不同而异，一般对小粒径炭黑，入射光波长增大，消光性下降；对半补强以上的大粒径炭黑，入射光波长增大，消光性变好。即小粒径炭黑更易吸收短波长的光，大粒径炭黑则易吸收长波长的光。故不同粒径的炭黑表现出不同的色相，小粒径炭黑表现出蓝相，黑度值更高；半补强以上的大粒径炭黑表现出红相，黑度值低一些。

炭黑的消光性对其填充的聚合物材料产生两个作用,一是吸收紫外光,减弱紫外光对聚合物的降解作用,对日光老化有一定的防护作用;二是着色,使聚合物材料变成黑色。这是早期橡胶制品中添加炭黑的主要目的。炭黑遮盖聚合物颜色的能力称为着色强度,用待测炭黑与标准炭黑(IBR3)吸光度值(黑度)的比值表示。随粒径增大,结构度提高,粒径分布变宽,炭黑着色强度下降;粒子表面氢原子含量增多或羧基含量较高时,着色强度明显增加;炭黑的分散性好,着色强度高。对外观质量要求高的橡胶及塑料制品炭黑着色强度是重要的技术指标。轮胎用炭黑的着色强度一般在110%~130%。

(2) 导电性

炭黑是一种半导体材料,常用电导率或电阻率来表示其电性能。炭黑本身的导电性与其微观结构、粒子大小、结构度、孔隙度、表面吸附物质有关,其中炭黑结构度影响最大。炭黑微晶赋予炭黑导电性,且表现出各向异性,其同心取向结构使得炭黑的电阻率高于石墨;炭黑粒径减小,结构度提高,表面纯净,粗糙多孔,导电性强。高结构度炭黑因其链枝结构发达,交织联结形成更多导电通路,具有较好的导电性;炭黑粒径小,相同质量情况下有更多的粒子,增加了接触点或在分散体系中减小了粒子间距,使电阻减小,导电性增加;炭黑表面挥发物或残留焦油状物质使炭黑表面形成一层绝缘层,增加了电阻,导电性下降;在填充量一定时,表面粗糙多孔的炭黑比实心炭黑粒子数量多,粒子间距小,导电性好。所以导电性好的炭黑要求粒子细、结构度高、表面纯净、粗糙多孔。

(3) 导磁性

炭黑是抗磁体,不具导磁性。只有易混槽黑和可混槽黑表面具有较高的含氧量而具有微弱的顺磁性。

(4) 热导率

炭黑的热导率很低,几乎与静止的空气差不多,数值在 $0.023\sim0.035W/(m \cdot K)$。原因是炭黑粒子内部有大量的孔隙,所以炭黑是一种良好的绝热材料。炭黑真实的热导率接近石墨,约 $0.908W/(m \cdot K)$。炭黑品种对热导率影响较小,粒径对导热几乎没有影响,结构度提高,导热性稍有提高。N100系列到N700系列,热导率仅变化8%。填充量对导热性影响显著,导热性增加较明显。炭黑的比热容在0~1100℃范围内为 $1.532kJ/(kg \cdot K)$。

(5) 燃烧性及着火点

炭黑在空气或氧气流中加热到一定温度能自燃,延燃时间长,燃烧较慢。如果炭黑中残留有"火种"或局部已自燃,即使长时间停放也不会熄灭,并有进一步扩大使温度升高,提高炭黑燃烧的可能。所以在炭黑生产及贮运过程中为防止炭黑燃烧事故发生,后面炭黑收集系统内不能渗入空气,待炭黑充分冷却后(低于100℃)才可以包装贮存。炭黑发生自燃的最低温度称为着火温度,与其密度、挥发分含量、灰分含量以及组成有关。炉黑的着火点为350~380℃,槽黑着火点一般在290℃左右。

(三)炭黑的技术参数

炭黑的技术参数是配方设计选取炭黑品种时的重要参考依据,也是炭黑生产控制质量稳定的技术数据。不同的炭黑,技术参数内容相同,但具体指标不同。标准炭黑的技术参数主要包括衡量粒径大小的参数如吸碘值、CTAB比表面积、BET比表面积;反映结构度高低的参数如DBP吸油值、压缩DBP吸油值;反映炭黑中不纯物含量的指标如105℃加热减量(水及挥发物含量)、灰分含量、筛余物(杂质)、甲苯透光率(溶剂抽出物);反映光学性质的参数如着色强度;反映造粒炭黑性质的参数如细粉含量、粒子强度、视密度(或倾注密度);反映炭黑补强性的参数如300%定伸应力等。这些技术参数中,吸碘值和DBP吸油值是必检指标,不在标准范围内可判定炭黑不合格;着色强度、压缩DBP吸油值及细粉含量是细检指标,其余为抽检指标。炭黑粒径分布、表面活性、孔隙性、pH值、粒子强度等技术指标并未列入炭黑标准中。所以在炭黑应用时,即使不同厂家生产的相同牌号的炭黑主要技术指标相同,其应用效果可能会不一样,因为以上未列出的指标可能不一样。N375炭黑的技术参数标准见表3-5。

表 3-5 N375炭黑的技术参数标准(GB/T 3778—2021)

项目性能	指标	检测方法
吸碘值/(mg/g)	93±6	GB/T 3780.1
DBP吸油值/(mL/100g)	114±6	GB/T 3780.2
压缩DBP吸油值/(mL/100g)	90~102	GB/T 3780.4
着色强度(IRB3)/%	107~121	GB/T 3780.6
CTAB法比表面积/(m²/g)	89~101	GB/T 3780.5
外表面积/(m²/g)	85~97	GB/T 10722
总表面积/(m²/g)	86~100	GB/T 10722
pH值	7~10	GB/T 3780.7
加热减量(105℃)/%	≤2.0	GB/T 3780.8
灰分(湿法造粒)/%	≤0.70	GB/T 3780.10
灰分(干法造粒)/%	≤0.50	GB/T 3780.10
杂质/%	无	GB/T 3780.12
筛余物(45μm筛)/(mg/kg)	≤1000	GB/T 3780.21
倾注密度/(g/L)	345±40	GB/T 14853.1
湿法造粒细粉含量(散装)/%	≤7	GB/T 14853.2
湿法造粒细粉含量(袋装)/%	≤10	GB/T 14853.2
300%定伸应力目标值S_{300T}/MPa	0.5±1.5①	GB/T 3780.18、GB/T 528

① 样品300%定伸应力和工业参比炭黑(IRC4#)300%定伸应力的差值。

四、炭黑对橡胶加工性能的影响

炭黑加入橡胶中,会显著影响胶料的流动性及胶料加工过程中的弹性收缩行为,因而对混炼、压延、挤出及硫化过程均产生重要影响。

(一)包容橡胶的形成及对橡胶加工性能的影响

1. 包容橡胶的概念

包容橡胶又称吸留橡胶,是指被炭黑聚集体链枝状结构屏蔽或聚集体团聚颗粒包围的那部分橡胶,如图3-10所示。胶料中包容橡胶的形成有两种途径,一是图3-10(a)中所示的被炭黑凸出的刚性链枝结构屏蔽的橡胶,与炭黑本身的结构度有关;二是图3-10(b)中所示的被已经分散开但又重新团聚的聚集体或附聚体颗粒所包围的橡胶,取决于炭黑聚集体的尺寸及炼胶工艺。

2. 包容橡胶的测算及影响因素

Medalia根据炭黑聚集体的电镜观测、模型、计算等大量研究工作提出下列经验公式。

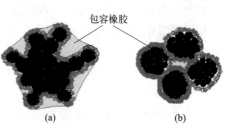

图 3-10 包容橡胶示意图
(a) 被炭黑凸出的刚性链枝结构屏蔽的橡胶;
(b) 被已经分散开但又重新团聚的聚集体或附聚体颗粒所包围的橡胶

$$\phi' = \frac{\phi(1+0.02139\text{DBP})}{1.46} \quad (3-4)$$

式中　ϕ'——胶料中炭黑加包容橡胶的体积分数；
　　　　ϕ——胶料中炭黑的体积分数；
　　　DBP——炭黑的DBP吸油值，$cm^3/100g$。

$$V = \phi' - \phi \tag{3-5}$$

式中　V——包容橡胶的体积分数。

故DBP吸油值越高，即炭黑聚集体结构度越高，聚集体链枝越发达，包容橡胶越多。

团聚的粒子之间会包围一部分橡胶形成包容胶，所以聚集体尺寸小的炭黑，易团聚，包容橡胶也会多一些。此外，高温混炼因胶料流动性好，更容易进入炭黑的孔洞中，已经分散开的炭黑颗粒更容易团聚，包容橡胶也会较低温混炼多一些。

需要说明的是，混炼胶中包容胶含量目前还没有方法准确测定。Medalia公式计算有一定的局限性，没有考虑粒子团聚形成的包容橡胶。用该公式计算填充炭黑胶的应力时，发现计算结果比实测值高，说明在拉伸条件下，包容橡胶中的橡胶大分子还是有一定的活动性。

3. 包容橡胶对橡胶加工性能的影响

包容橡胶被炭黑聚集体链枝状结构屏蔽，或被团聚颗粒包围，不能在拉伸或剪切过程中自由运动变形，失去了大部分的活动性，相当于增大了炭黑的体积，从而使混炼胶的黏度上升，流动性变差。包容橡胶越多，混炼胶的门尼黏度越高。

包容橡胶的形成还会影响胶料中炭黑的最大填充量。胶料中炭黑的添加量不是无限制的，加到一定量时所有的橡胶都变成包容橡胶，提供弹性和变形能力的橡胶没有了，炭黑就加不进去了。对同一种橡胶来说，形成的包容橡胶越多，炭黑在胶料中的最大填充量越小。胶料中炭黑最大填充系数可用式(3-6)估算：

$$\varphi_{max} = \frac{1}{1+1.84DBP} \tag{3-6}$$

式中　φ_{max}——胶料中炭黑最大填充系数；
　　　DBP——炭黑的DBP吸油值，$cm^3/100g$。

（二）炭黑性质对橡胶加工性能的影响

1. 对混炼过程及混炼胶黏度的影响

炭黑的粒径、结构度和表面性质对混炼过程和混炼胶性质均有影响。炭黑与橡胶的混炼过程是通过橡胶的变形实现对炭黑表面的湿润和充分接触，并逐渐渗入炭黑结构的内部空隙，将内部空气完全排除的过程。炭黑-橡胶结合胶块在机械剪切、拉伸变形作用下，被进一步粉碎分开而使颗粒尺寸逐渐变小，分散到整个生胶中。随着粉碎的进行，炭黑与橡胶的接触面积增加，结合橡胶的量增加。

(1) 炭黑性质对混炼的影响

炭黑粒径的影响：粒径小，吃粉慢，生热高，耗能高，分散困难。

炭黑结构度的影响（见图3-11）：结构度高，吃粉慢，生热高，能耗高，但分散快，分散度高。

炭黑用量的影响：用量大，吃粉慢，分散差，能耗高，分散困难。

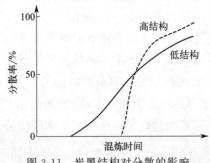

图3-11　炭黑结构对分散的影响

(2) 炭黑性质对混炼胶黏度的影响

混炼胶的黏流性在加工过程中十分重要。一般来说炭黑粒径越小、结构度越高、用量越大，则混炼胶黏度越高、流动性越差。

如果把炭黑粒子看作球形粒子，则填充橡胶可以看作是一种填料粒子悬浮于橡胶基体中的多相分散体系，类似于刚性球悬浮于液体中的情况，因流体力学作用，根据 Einstein-Guth 公式，该悬浮液的黏度可用式(3-7)表示。

$$\eta = \eta_0(1+2.5\phi) \tag{3-7}$$

式中 η——填充炭黑胶料的黏度；

η_0——橡胶基体的黏度；

ϕ——填充橡胶的体积分数。

后来，Guth-Gold 对炭黑填充橡胶的黏度作了修改：

$$\eta = \eta_0(1+2.5\phi+14.1\phi^2) \tag{3-8}$$

式(3-8)中的符号同式(3-7)。若将包容胶体积分数包括到炭黑聚集体中，即将式(3-8)中 ϕ 用式(3-4)中的 ϕ' 代替，所计算的胶料黏度才比较接近实测值。

炭黑填充量越高，混炼胶的黏度越高；炭黑的粒径越小，结合橡胶量也越多，黏度越高；炭黑的结构度越高，包容胶量越多，等于炭黑的有效填充体积分数增大，混炼胶黏度也提高。

2. 炭黑性质对混炼胶自黏性的影响

影响混炼胶自黏性的因素主要有：分子链的活动能力，断链后自由基活性和生胶的格林强度。一般来说，高补强性炭黑能提高混炼胶的格林强度，因而能提高自黏性；炭黑粒径小，表面活性大，结构度高，胶料的自黏性好；随炭黑用量增大，胶料的自黏性先增大后下降。

3. 炭黑性质对压延、压出的影响

影响压延、压出性能的主要因素是炭黑的结构度和用量，而炭黑的粒径和表面性质对压延、压出的影响不大。

一般来说，炭黑的结构度高，混炼胶的压出工艺性能较好，口型膨胀率小，半成品表面光滑，压出速度快。炭黑用量的影响也很重要，用量越多，膨胀率越小。

4. 炭黑性质对硫化的影响

(1) 炭黑表面性质的影响

炭黑表面含氧基团（酸性基团）多，对促进剂的吸附量大，而且炭黑表面酸性基团能阻碍自由基的形成，又能在硫化初期抑制双基硫的产生，所以炭黑 pH 值低，会迟延硫化。

槽法炭黑因粒子表面粗糙，吸附促进剂的量高，相当于减少促进剂的用量，因而会迟延硫化。而 pH 值高的炉法炭黑一般无迟延硫化现象。

(2) 炭黑的结构和粒径的影响

凡加有炉法炭黑的胶料，都有不同程度缩短焦烧时间的趋势。随着炭黑的结构度提高、粒径减小、用量增加，促进焦烧的趋势越显著。炭黑用量对胶料硫化特性曲线的影响如图 3-12 所示。

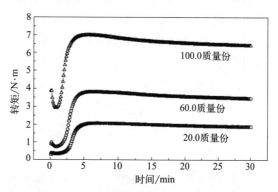

图 3-12 炭黑用量对胶料硫化特性曲线的影响

五、炭黑对硫化胶性能的影响

（一）炭黑结合橡胶及其影响因素

1. 结合橡胶的概念

结合橡胶（bound-rubber）也称为炭黑凝胶，是指炭黑混炼胶中不能被橡胶良溶剂溶解的那部分橡胶。结合橡胶实质是填料表面通过物理和化学作用吸附的橡胶，可用于表征橡胶-填料的界面作用。

通常采用结合橡胶来衡量炭黑和橡胶之间相互作用能力的大小，结合橡胶多则补强性高，所以结合橡胶是衡量炭黑补强能力的标尺。

炭黑结合橡胶可以分为两部分，包括与炭黑粒子紧密结合的初级层（primary layer，或称紧密结合橡胶）、与初级层外部结合的次级层（secondary layer，或称松散结合橡胶）。核磁共振研究已证实，炭黑结合橡胶层的厚度大约为 5.0nm，

图 3-13 炭黑结合橡胶双壳层结构示意图

其中初级层的厚度约为 0.5nm，呈玻璃态，次级层厚度约为 4.5nm，呈亚玻璃态，如图 3-13 所示。

2. 结合橡胶的生成原因

关于结合橡胶的形成机理一直存在争议，一般认为结合橡胶的形成有两个原因：一是吸附在炭黑表面上的橡胶分子链与炭黑的表面基团结合，或者橡胶在加工过程中经过混炼产生大量橡胶大分子自由基与炭黑作用，发生化学结合。二是橡胶大分子链在炭黑粒子表面上的物理吸附，要同时解脱所有被炭黑吸附的大分子链并不是很容易的，只要有一两个链节被吸附，就可能使整个分子链成为结合胶。

有研究表明，结合橡胶的含量随萃取温度的升高而下降，如图 3-14 所示。这说明炭黑和橡胶间形成结合橡胶不完全是共价键，主要是物理吸附作用。

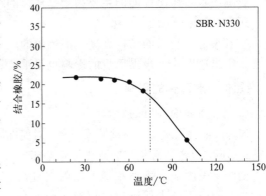

图 3-14 炭黑 N330（50 质量份）结合橡胶含量与萃取稳定的关系

3. 影响结合橡胶的因素

结合橡胶是由于填料表面对橡胶的吸附产生的，所以任何影响这种吸附的因素均会影响结合橡胶的生成，其影响因素是多方面的。

（1）炭黑的影响

炭黑的性质如比表面积、结构度、粗糙度和表面活性对结合橡胶的生成具有重要的影响。结合橡胶含量几乎与炭黑的比表面积成正比，随着炭黑比表面积的增大，吸附表面积增

大，吸附量增加，即结合橡胶增加，如图 3-15 所示。

高结构炭黑的结合橡胶含量较高，主要是由于混炼过程中聚集体较易被打破。炭黑的粗糙度越高，表面的微孔越多，可与橡胶分子触及的表面积越少，形成的结合橡胶越少。炭黑表面活性高，结合橡胶含量高，炭黑石墨化以后，表面的活性基团数量减少，形成结合橡胶的能力变差。

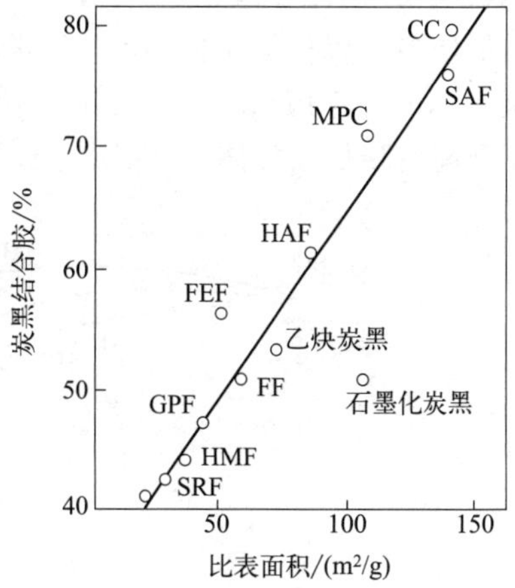

（2）生胶的影响

结合橡胶量与橡胶的不饱和度和分子量有关。不饱和橡胶更容易生成结合橡胶，饱和橡胶对槽法炭黑的亲和力更强。生胶分子量越高，相同条件下生成的结合橡胶量越高。这是因为一个大分子可能只有一两点被吸附住，但这时它的其余链部分都是结合橡胶。

图 3-15 炭黑比表面积与结合橡胶含量的关系

（3）混炼工艺条件的影响

结合橡胶含量在一定范围内随炭黑母胶返炼薄通次数增加而增加，也随混炼温度降低而提高。薄通次数的适当增加，混炼温度的降低，均导致机械应力增加，使自由基增多，炭黑凝胶也就增多。

（4）停放时间与温度的影响

刚混炼完的胶料结合橡胶量较少，停放之后炭黑结合橡胶量逐渐增加，经相当长时间后（大约一周）才趋于平衡。这是因为一方面存于橡胶中的自由基要经历较长时间才能与炭黑起反应，另一方面结合橡胶动态力学平衡过程发生大分子量橡胶分子链逐步缓慢地取代原先吸附在炭黑填料表面的小分子量短橡胶分子链的过程。停放温度的提高，有助于形成结合橡胶。

4. 结合橡胶的测定

结合橡胶的测定和表示方法并未统一。一般将混炼后室温下停放至少一周的混炼胶剪成约 $1mm^3$ 的小碎块，精确称取约 0.5g（W_1）封包于质量为 W_2 的不锈钢网中。浸于 100mL 良溶剂如甲苯中，在室温下浸泡 48h，然后重新换溶剂再浸泡 24h，取出滤网真空干燥至恒重（W_3），按式(3-9)计算结合橡胶的含量。结合橡胶测试装置如图 3-16 所示。

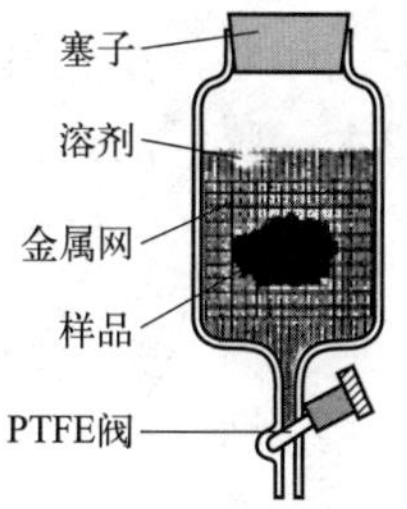

图 3-16 结合橡胶测试装置示意图

$$结合橡胶 = \frac{W_3 - W_2 - W_1 \times 混炼胶中填料质量分数}{W_1 \times 混炼胶中填料质量分数} \tag{3-9}$$

（二）炭黑性质对硫化胶一般技术性能的影响

炭黑性质对硫化胶性能有决定性的影响，因为有了炭黑的补强作用才使那些非自补强橡胶具有了使用价值。总体来说，炭黑的粒径对橡胶的拉伸强度、撕裂强度、耐磨耗性的影响是主要的，而炭黑的结构度对橡胶模量的影响是主要的，炭黑表面活性对各种性能都有影响。

1. 炭黑对硫化胶拉伸强度的影响

在炭黑用量相同及充分分散的条件下，炭黑粒径小，表面活性大，形成的结合橡胶多，其填充的硫化胶拉伸强度高。

炭黑用量对硫化胶拉伸强度的影响因胶种及炭黑品种不同而异。对自补强性橡胶（如

NR、CR、IIR 等），随小粒径炭黑用量增多，硫化胶拉伸强度先升高后下降；随大粒径炭黑用量增多，硫化胶拉伸强度呈下降趋势，如图 3-17(a) 所示。对非自补强性橡胶（如 SBR、BR、NBR、EPDM 等），无论大粒径炭黑还是小粒径炭黑，随用量增多，硫化胶拉伸强度先升高后降低，如图 3-17(b) 所示。

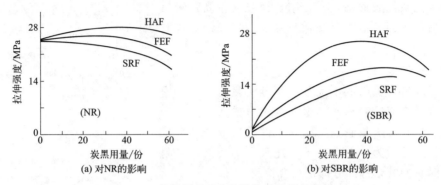

图 3-17　炭黑用量对硫化胶拉伸强度的影响

2. 炭黑对硫化胶撕裂强度的影响

炭黑的粒径小，撕裂强度高，如图 3-18 所示。粒径相同时，对于结晶型橡胶，结构度低的炭黑，硫化胶撕裂强度高；对于非结晶型橡胶，结构度高的炭黑，硫化胶撕裂强度高；随炭黑用量增大，硫化胶撕裂强度先增后降。

3. 炭黑对硫化胶硬度和定伸应力的影响

炭黑比表面积、结构度和用量对硫化胶硬度及定伸应力都有影响，其中以结构度影响最大。一般，在炭黑用量相同时，炭黑粒径小，结构度高，胶料的定伸应力和硬度高；炭黑用量大，胶料的定伸应力和硬度高。炭黑比表面积与硫化胶硬度的关系如图 3-19 所示。

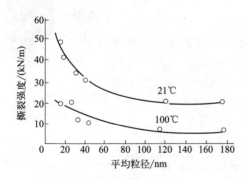

图 3-18　炭黑粒径与撕裂强度的关系

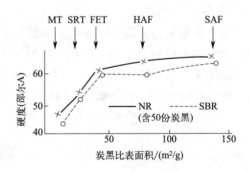

图 3-19　炭黑比表面积与硬度的关系

炭黑的种类和用量对硫化胶定伸应力和硬度的影响要比胶种、硫化体系大得多。炭黑种类和用量对硫化胶硬度的影响规律大体如下：中超耐磨炭黑（ISAF）、高耐磨（HAF）、快压出炭黑（FEF）用量每增加一份，硫化胶的硬度上升 0.5；在用量相同时 ISAF 胶料硬度比 HAF 胶料硬度高 2 度左右；半补强炭黑（SRF）用量每增加一份，硫化胶硬度上升约 1/3；热烈法炭黑（MT、FT）用量每增加一份，硫化胶硬度上升约 1/4。

4. 炭黑对硫化胶耐磨性的影响

炭黑对硫化胶耐磨性影响显著。炭黑粒径小、表面活性大，胶料耐磨性好，炭黑比表面积对 SBR 耐磨性的影响见表 3-6。随炭黑用量增多，胶料耐磨性存在一最佳值。炭黑中孔隙度高，其填充的硫化胶耐磨性差。

表 3-6　炭黑比表面积对 SBR1500 硫化胶拉伸强度及耐磨性的影响

炭黑标准代号	比表面积/(m²/g)	拉伸强度/MPa	Pico 磨耗指数	路面磨耗指数
N110	140	25	1.35	1.25
N234	120	24	1.30	1.24
N220	120	23	1.25	1.15
N330	80	22.5	1.00	1.00
N375	90	22	1.24	1.14
N550	45	18.5	0.64	0.72
N660	37	17	0.55	0.65
N774	24	15	0.48	0.60
N880	14	12.5	0.22	—
N990	6	10	0.18	—
0	—	3	—	—

5. 炭黑对硫化胶弹性的影响

炭黑的比表面积（粒径）、结构度、表面活性、用量对硫化胶的弹性均有影响，其中炭黑用量的影响最大。炭黑粒径小、结构度高、表面活性大、用量大，则胶料的弹性差。随炭黑比表面积增大，硫化胶的弹性几乎成线性下降，如图 3-20 所示。

6. 炭黑对硫化胶拉断伸长率的影响

炭黑的比表面积（粒径）、结构度、表面活性、用量对硫化胶拉断伸长率均有影响，其中炭黑用量、粒径、结构度影响较大。炭黑比表面积对硫化胶拉断伸长率的影响见图 3-21。

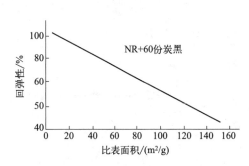

图 3-20　炭黑比表面积与回弹性的关系

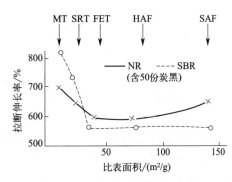

图 3-21　炭黑比表面积与拉断伸长率的关系

7. 炭黑对硫化胶压缩永久变形的影响

炭黑粒径小、结构度高，硫化胶压缩永久变形大。炭黑粒径越小，硫化胶压缩永久变形增加越快；炭黑用量越大，压缩永久变形越大，见图 3-22。

（三）炭黑性质对硫化胶动态性能的影响

橡胶作为轮胎、输送带和减振制品时，受到的力往往是交变的，即应力呈周期性变化，因此有必要研究橡胶的动态力学性质。特别是上述制品绝大多数都用炭黑补强，

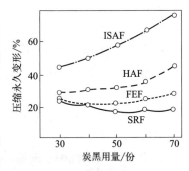

图 3-22　炭黑对压缩永久变形的影响

所以应该研究炭黑及其性质对橡胶动态力学性能的影响。橡胶制品动态条件下使用的特点是变形（振幅）不大，一般小于10%，频率较高，基本上是处于平衡状态下的，是一种非破坏的性质。而静态性质，如拉伸强度、撕裂强度、定伸应力等都是在大变形下，与橡胶抗破坏性有关的性质。

1. 炭黑对硫化胶动态模量的影响

胶料中加入炭黑，硫化胶的储能模量（弹性模量，G'）、损耗模量（G''）均增大。炭黑比表面积大、表面活性高、结构度高、用量多，胶料的G'、G''均增大。HAF炭黑用量对IIR胶料的弹性模量及损耗模量的影响如图3-23所示。G'、G''与应变的关系见图3-24所示。

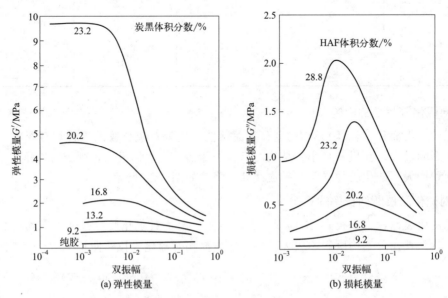

图3-23　HAF用量和振幅对IIR硫化胶G'和G''的影响

从图3-23(a)中可以看出，填充炭黑胶料的动态剪切模量G'还受应变的影响。G'随应变的增大而呈非线性下降的现象称为Payne效应（佩恩效应）。Payne效应被认为是填料间物理结合在剪切应变作用下逐渐被破坏的结果，或更确切地说是由炭黑附聚体（临时结构）形成的网络结构的破坏引起的。二次结构网络是由聚集体间靠范德华力的作用形成的，易于破坏也易于形成。二次结构网络能抵抗流动变形，提高胶料整体的动态模量。当应变增大到某一数值时，二次网络结构破坏（破坏的多于生成的），于是模量下降。当应变再进一步增加时（10%），这些结构差不多被完全破坏，模量趋于一定值。用G'_0表示低应变下的弹性模量，用G'_∞表示高应变下的模量，则$G'_0-G'_\infty$可作为表示炭黑二次结构的参数。

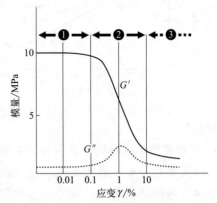

图3-24　G'和G''与应变的关系

损耗模量随应变增大出现明显的峰值，如图3-23(b)及图3-24所示。

2. 炭黑对硫化胶损耗因子的影响

NR胶料中加入炭黑，在玻璃化转变区，胶料的损耗因子随炭黑用量增多而减小，在

0℃以上，胶料的损耗因子随炭黑用量增多而增大，滞后损失加大，如图 3-25 所示。在玻璃化转变区，随炭黑粒径减小，胶料的损耗因子减小；在 0℃以上，炭黑粒径小，损耗因子大，如图 3-26 所示。

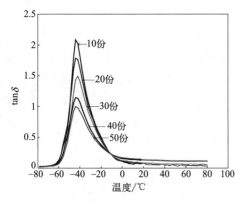

图 3-25　炭黑 N330 用量对 NR 硫化胶损耗因子的影响

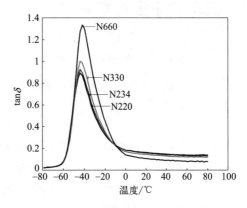

图 3-26　炭黑品种对 NR 硫化胶损耗因子的影响

3. 炭黑对硫化胶耐疲劳性的影响

炭黑粒径减小，团聚力增大，分散性变差，胶料内部应力集中点多，耐疲劳性变差，疲劳寿命短。在定应变疲劳条件下，大粒径炭黑填充的胶料疲劳寿命长；在定应力疲劳条件下，高结构炭黑填充的胶料寿命更长。填充 70 份不同炭黑的 SBR 胶料的疲劳寿命见表 3-7。

表 3-7　填充 70 份不同炭黑的 SBR 胶料的疲劳寿命

炭黑	比表面积/(m^2/g)	DBP 吸油值/(cm^3/100g)	疲劳寿命/千次
N326	95	51	11.5
N347	94	125	50.2
N761	23	68	299.1
N765	33	117	423.2

（四）炭黑性质对硫化胶导电性能的影响

炭黑本身的体积电阻率一般在 $10^{-1} \sim 10\Omega \cdot cm$ 之间，因此含炭黑的胶料电阻率下降。胶料中炭黑的填充量需足够，形成导电通路才可以使橡胶导电。炭黑用量对硫化胶体积电阻率的影响如图 3-27 所示。使胶料体积电阻率突降的炭黑用量范围称为导电阈值。

炭黑性质中结构度对硫化胶电性能影响最明显，其次是比表面积、表面粗糙度及表面含氧基团。炭黑的结构度越高，相同用量时聚集体间的距离小，导电性能好；多数导电炭黑都是高结构度的炭黑，如乙炔炭黑、N472 导电炉黑。炭黑的粒径越小，粒子间的间距越小，电子跃迁越容易，导电性能越好。含氧基团起到绝缘作用，含氧基团多不利于导电。炭黑表面挥发物或残留焦油状物质使炭黑表面形成

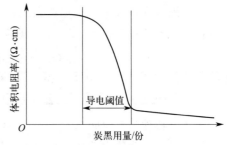

图 3-27　炭黑用量对硫化胶导电性能的影响

一层绝缘层，增加了电阻，导电性下降；在填充量一定时，表面粗糙多孔的炭黑粒子数量

多，粒子间距小，导电性好。炭黑在胶料中均匀分散，使电阻率提高。所以导电性好的炭黑要求粒子细，结构度高，表面纯净，粗糙多孔。

六、炭黑的补强机理

增强是橡胶材料科学与工程领域一个非常重要的问题，如同增韧对于塑料一样。橡胶增强科学和技术的研究是一个十分传统但又十分复杂的课题。由于橡胶材料是一个交联的填充多组分复杂体系，目前仍有很多问题未能得到很好的理解和解释。炭黑补强提高橡胶力学性能的同时，由于炭黑粒子的介入，橡胶内部形成炭黑粒子-橡胶、炭黑粒子-炭黑粒子相互作用构建的多重物理网络，这些网络结构在外力场作用下会产生破坏和部分重构，并且与橡胶大分子链物理网络结构和化学交联网络结构相耦合，表现出复杂的非线性黏弹性，具有代表性的有佩恩（Payne）效应和应力软化效应（Mullins 效应）。Payne 效应和 Mullins 效应均与橡胶的补强有关，Payne 效应已在前文中介绍，本节主要介绍应力软化效应。

1. 应力软化现象及影响因素

（1）应力软化现象

当硫化橡胶在一定的试验条件下拉伸至给定的伸长比 λ_1 时，经历加载—卸载—再加载循环，卸载应力和再加载应力低于第一次加载时的应力。再加载时，随着应变增加，应力-应变曲线先沿卸载路径变化，当应变超过一次拉伸应变 λ_1 时，应力-应变曲线与一次拉伸曲线衔接，这种现象称为应力软化效应，即 Mullins 效应，如图 3-28 所示。关于 Mullins 效应的解释有多种模型，主要有网络结构破坏模型和分子链在填料表面滑移模型。

（2）应用软化效应的影响因素

应力软化效应是滞后损失和能量消耗的根源，本质上是一种黏性的损耗行为，故影响黏弹性的因素对它均有影响。

未填充的纯弹性体也有应力软化效应，但值比较小。填充硫化胶有明显的应力软化效应，取决于填料品种和用量。高补强性炭黑填充的橡胶具有更大的软化效应，补强性弱的无机填料填充的橡胶应力软化效应小，填料品种对胶料应力软化效应的影响见表 3-8。一般，填料引起的应力软化效应由小到大的顺序为：硅酸盐＜碳酸钙＜软质炭黑＜硬质炭黑。炭黑比表面积越大，吸附的橡胶分子链越多，结构度越高，包容胶越多，应力软化效应越大。炭黑用量越高，应力软化效应也越大。

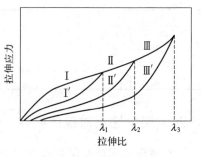

图 3-28 应力软化效应示意图

表 3-8 填料品种对胶料应力软化效应的影响

炭黑	ISAF	HAF	EPC	FEF	SRF	喷雾	MT	煤粉	空白
应力软化效应/%	70.5	74.6	61.2	60.8	59.9	44.7	39.2	32.7	7.7

随两次拉伸间隔时间延长，应力软化效应减轻，在长时间（8h 以上）停放或溶胀后可大部分恢复，表明应力软化有恢复性，因为炭黑的吸附是动态的。在恢复条件下，橡胶大分子会在炭黑表面重新分布，断的分子链可被新链代替。剩下的不能恢复的部分称为永久性应力软化作用。

2. 炭黑的补强机理

半个多世纪以来人们对炭黑补强机理进行了广泛的研究，形成了不同的观点，主要有容积效应、三相结构模型、有限伸长理论、大分子链滑动学说以及填料网络理论等。其中三相结构模型、大分子链滑动学说和填料网络理论比较有代表性。

(1) 三相结构（双壳层）模型理论

三相结构模型的基础是结合橡胶的双壳层结构。结合橡胶的形成是因炭黑粒子与橡胶大分子之间强烈的相互作用，大分子被紧紧地吸附在炭黑表面形成一种硬壳，限制了这部分大分子的活动性，呈玻璃态。在其外围则是较软松散的吸附层，呈亚玻璃态，形成双壳层结构。炭黑外围的结合橡胶相互缠绕在橡胶基体中形成一种三相网络结构，如图 3-29 所示。图中 A 相为能进行自由微布朗运动的大分子，可看成液态；B 相为交联的橡胶大分子结构，是运动受限的液态；C 相为炭黑粒子表面的双壳层橡胶，为固态，其厚度为 $\Delta\gamma_c$。C 相起"骨架"作用联结 A 相和 B 相，构成一个由炭黑与橡胶大分子链结合在一起的整体网络结构。在橡胶发生变形时，靠聚合物细丝（connecting filament）连接的网络结构将应力均匀分布，提高了橡胶的综合性能，体现了补强作用。

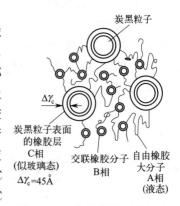

图 3-29 三相结构模型示意图
($1\text{Å}=10^{-10}\text{m}$)

(2) 大分子链滑动学说

这是比较完善和比较全面的炭黑补强理论。该理论认为，被炭黑吸附的橡胶大分子链有一定的活动能力，在应力作用下，被吸附的分子链能在炭黑表面发生滑动，促使应力重新分布，阻止了由于应力集中而引起的分子链断裂，从而提高了橡胶的断裂强度。大分子链滑动补强机理可用图 3-30 表示。图中 (a) 是分子链原始松弛状态，长短不等的橡胶分子链被吸附在炭黑粒子表面；(b) 是开始拉伸时最短的链完全伸长的状态；(c) 为进一步拉伸时，伸直的链产生滑动，次短的链完全伸长的状态。因为滑动所需要的能量远比链切断或脱落时所需要的能量小。图中 (d) 为进一步拉伸，达到最大变形时的状态，最长的链也完全张开，与前述两条链一起承受应力，使受力均匀化，分子链也沿拉伸方向取向。图中 (e) 为除掉外力，收缩缓和后的状态。由于拉伸过程中硫化胶网络结构有破坏和再生，不能完全恢复到原状。由于分子链滑动，粒子间的三条链长度相等，所以再次伸长时，没有紧张的链，使得应力降低，出现应力软化效应。图中 (f) 是试样停放一段时间后，由于分子链运动，链在炭黑表面滑动或重排，粒子间链的长度重新变得不一致，最终恢复到拉伸前的松弛状态（但

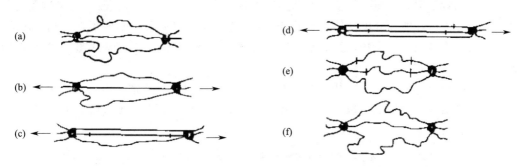

图 3-30 大分子链滑动补强机理模型图

不会恢复到原状）。

该过程先是通过分子链的重排吸收应变能，后通过分子链滑移，承担力的分子链增多，均匀应力，同时分子链沿拉伸方向取向，滑移克服内摩擦，消耗能量，这是炭黑对橡胶补强的原因。该模型既可以解释炭黑对橡胶的补强，又能够很好地解释应力软化现象。

(3) 填料网络理论

王梦蛟和时田（Tokita）等人提出，当胶料中炭黑聚集体之间的距离小到一定值时，炭黑粒子之间可以形成填料网络构造。填料和填料之间、填料和聚合物之间的相互作用，以及聚集体间的距离，是形成填料网络的重要影响因素。填料网络的形成是炭黑对橡胶补强的重要原因之一。

第三节
白炭黑对橡胶的补强

白炭黑是目前橡胶工业广泛使用的、补强效果仅次于炭黑的第二大补强填料，早在20世纪初就开始用于橡胶工业中。它和炭黑一样具有纳米材料的大多数特性，又因其外观为白色粉末，故称为"白炭黑"。它是彩色、白色或透明产品的最佳补强剂，用于胶辊的生产中可以提高胶料与辊芯的黏着力。它与硅橡胶有极好的相容性，是硅橡胶的专用补强剂。自20世纪90年代初，米其林发表第一个绿色轮胎专利后，白炭黑越来越多地用于轮胎胎面中，以改善胎面对湿滑路面的抓着力，同时能降低内耗和生热，降低轮胎的滚动阻力，降低能耗，达到节能的目的。

一、白炭黑的制造

按照生产方法，白炭黑分为气相法白炭黑和沉淀法白炭黑两种。

气相法白炭黑又称为煅烧法白炭黑或干法白炭黑，于1941年由德国Degussa公司成功开发，称为爱罗硅（Aerosil）。它是以四氯化硅（$SiCl_4$）或甲基三氯硅烷CH_3SiCl_3为原料，在高温下与氢气、氧气混合反应得到的烟雾状或絮状水合二氧化硅。

$$SiCl_4 + H_2 + O_2 \xrightarrow{1000\sim1200℃} SiO_2 \cdot nH_2O + HCl$$

气相法白炭黑的粒径小，约为15~25nm，补强性好，但飞扬性极大。由于生产温度高，反应物相对单纯，杂质含量低，产品纯度可达99%。主要用于硅橡胶中，可制备透明、半透明的物理机械性能和介电性能良好的硅橡胶产品。相对于沉淀法白炭黑，气相法白炭黑的制备复杂，价格较高，飞扬性大，给使用和运输带来极大不便，其市场用量仅为沉淀法白炭黑的十分之一左右。

沉淀法白炭黑普遍采用硅酸盐（通常为硅酸钠）与无机酸（通常使用硫酸、盐酸）中和反应的方法来制取。硅酸钠与酸反应得到硅酸，硅酸不稳定，相互间缩合脱水沉淀得到白炭黑。反应示意图如下：

$$Na_2SiO_3 + H_2O + 2HCl \longrightarrow Si(OH)_4 + 2NaCl$$

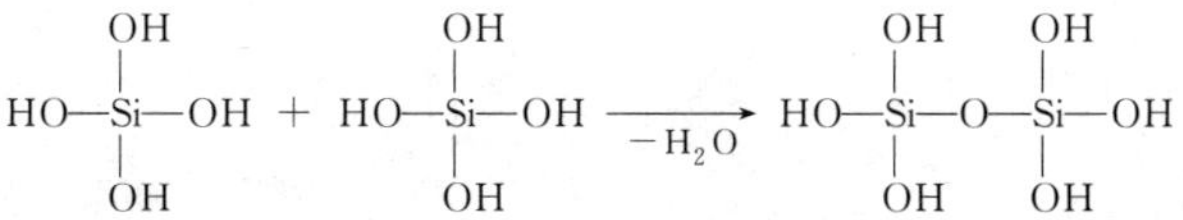

$$\underset{\underset{OH}{|}}{\overset{\overset{OH}{|}}{HO-Si-OH}} + \underset{\underset{OH}{|}}{\overset{\overset{OH}{|}}{HO-Si-OH}} \xrightarrow{-H_2O} \underset{\underset{OH}{|}}{\overset{\overset{OH}{|}}{HO-Si}}-O-\underset{\underset{OH}{|}}{\overset{\overset{OH}{|}}{Si-OH}}$$

沉淀法白炭黑粒径较大，约为 20~40nm，纯度相对气相法白炭黑较低，补强性也稍差。由于反应温度相对低（70~80℃）且在水相中进行反应，所以其结合水含量较高，特别容易吸潮，影响介电性能。但沉淀法白炭黑的价格相对低，工艺性能好，是目前广泛应用的白炭黑品种。可单用于 NR、SBR 等通用橡胶中，也可与炭黑并用，以改善胶料的抗屈挠龟裂性，使裂口增长减慢。

气相法白炭黑与沉淀法白炭黑的对比如表 3-9 所示。

表 3-9 气相法白炭黑与沉淀法白炭黑的对比

指标	气相法白炭黑	沉淀法白炭黑
外观	絮状粉末	粒状或微珠状
比表面积/(m²/g)	50~380	50~200
振实密度/(g/L)	50	200~350
表面特性	亲水的/改性后疏水的	亲水的
加热减量(105℃×2h)/%	<1.5	4.5~6.5
pH 值	3.7~4.7	5.5~7.0
SiO_2 含量/%	>99.8	>97

还有一些白炭黑是通过特殊工艺制得的，如采用溶胶-凝胶法、反相胶束微乳液法等，目前还没有得到广泛的应用。

二、白炭黑的结构

同一个粒子的硅醇间脱水会使白炭黑粒子不断长大，不同粒子间的硅醇脱水则使粒子间相互熔结，结构度变大。通过控制反应的酸碱度和反应温度可以控制粒径的大小和结构度的高低，如图 3-31 所示。

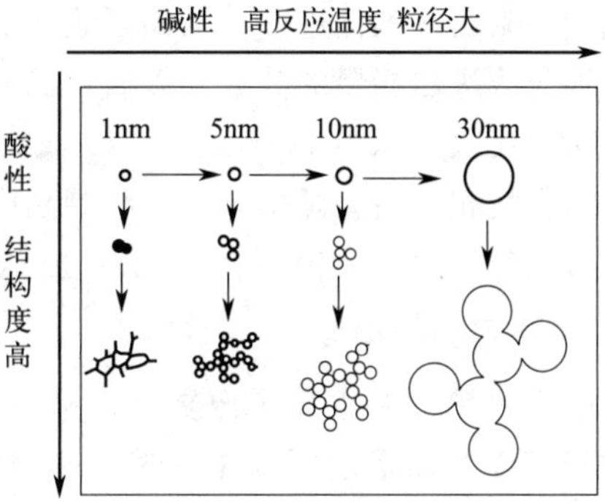

白炭黑 95%~99% 的成分是硅酸间缩合得到的水合二氧化硅（$SiO_2 \cdot nH_2O$）。X 射线衍射证实，气相法白炭黑和沉淀法白炭黑因制法不同，其结构有一些差别。气相法白炭黑由于生产温度高，硅酸间羟基缩合反应完全，其内部结构几乎完全是排列紧密的硅酸缩合得到的三维网状结构，这种结构使粒子的吸湿性小，表面吸附性强，补强作用强。而沉淀法白炭黑由于反应温度低且在水相中反应，硅酸间的缩合反应不完全，因此内部结构中除了生成三维结构的硅酸外，还残存一些未完全缩合硅酸形成的二维结构，这种类似毛细管的结构使白炭黑很容易吸湿，以致降低了它的补强活性。两种白炭黑的结构如图 3-32 所示。

图 3-31 白炭黑粒径和结构度的控制

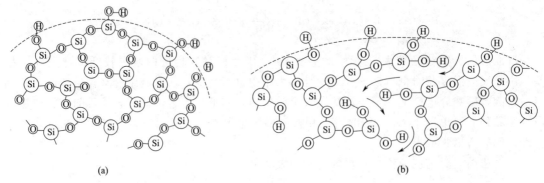

图 3-32 气相法白炭黑 (a) 和沉淀法白炭黑 (b) 的内部结构示意图

三、白炭黑的性质

1. 白炭黑的粒径

跟炭黑一样，白炭黑的粒径也是指其原生粒子的平均直径，一般用比表面积反映，也有氮吸附比表面积（BET 比表面积）和大分子表面活性剂吸附比表面积（CTAB 比表面积）之分。气相法白炭黑的粒径约为 8~25nm，比表面积在 190m^2/g 以上。沉淀法白炭黑的粒径约为 20~40nm，比表面积在 70~190m^2/g 之间。传统的沉淀法白炭黑通常按其比表面积大小分为 A、B、C、D、E、F 共 6 个等级，如表 3-10 所示。A 和 B 等级一般用在轮胎制品中。

表 3-10 沉淀法白炭黑的分类（ISO 5794 1：2010）

等级	比表面积/(m^2/g)	等级	比表面积/(m^2/g)
A	≥191	D	106~135
B	161~190	E	71~105
C	136~160	F	≤70

一般说来，粒子越小、比表面积越大，在橡胶中的补强作用越好。然而比表面积过大时，一方面粒子间内聚力增强，在胶料中不易分散，使胶料在加工过程中黏度大、生热高；另一方面会吸附较多的促进剂，从而延迟硫化。轮胎用白炭黑的比表面积一般为 140~170m^2/g。但是通过改进白炭黑的分散性以后，已开发出比表面积较大（180~250m^2/g）、补强性较好的新品种。比表面积为 190~250m^2/g 或高于 300m^2/g 的白炭黑品种适用于涂料、油墨的增稠，也可替代气相法白炭黑用于硅橡胶制品中；比表面积为 100~140m^2/g 的品种适用于鞋底和一般橡胶制品；比表面积为 35~60m^2/g 的品种适用于高弹性的压出橡胶制品。

2. 白炭黑的结构度

白炭黑的基本粒子像炭黑，呈球形。在生产过程中，这些基本粒子间相互碰撞，粒子间的羟基缩合而形成了以化学键相联结的链枝状结构，这种结构称为白炭黑的聚集体，即一次结构。一次结构是白炭黑能够在橡胶中存在的最小单元，在热或者机械力的作用下，不能再打开。一次结构间彼此以氢键相互作用又形成了附聚体结构，即二次结构。附聚体在白炭黑与胶料进行混炼时，会破裂形成多个较小的附聚体或聚集体。由于白炭黑比表面积大且表面羟基含量高，聚集体间的氢键作用强，使其二次结构在混炼时不如炭黑二次结构那样容易破坏，因此分散较炭黑更困难。

白炭黑的一次结构和二次结构示意图如图 3-33 所示。

一次结构(聚集体)   二次结构(附聚体)

图 3-33 白炭黑的一次结构和二次结构示意图

炭黑 N220 和白炭黑 VN3 的微观形态照片如图 3-34 所示。

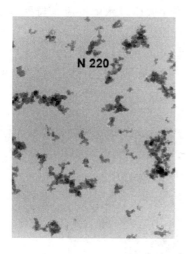
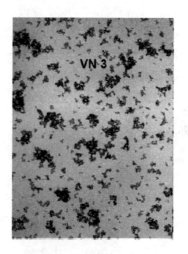

图 3-34 炭黑 N220 和白炭黑 VN3 的 TEM 照片

白炭黑的结构度均比较高。如气相法白炭黑的 DBP 吸油值在 50～300mL/100g；沉淀法白炭黑的 DBP 吸油值约 100～400mL/100g。较高的结构度可在一定范围内改善白炭黑的分散性。

3. 白炭黑的表面特性

无论是气相法白炭黑还是沉淀法白炭黑，总有粒子表面的部分羟基无法参与缩合反应而保留下来，因此，白炭黑的表面上除了有因羟基缩合生成的硅氧烷基团，还有大量的硅羟基，因此白炭黑的表面是极性的，这一点与非极性的炭黑是不一样的。

白炭黑表面的硅羟基以三种方式存在，其表面基团模型如图 3-35 所示。

第一种是相邻羟基，即在相邻的硅原子上都有未缩合的羟基，这种羟基对极性物质如促进剂和防老剂的吸附作用十分重要。

第二种是隔离羟基，即单个硅原子上连有的羟基，而相邻的硅原子上羟基完全缩合，以硅氧烷的形式存在。这种羟基主要存在于脱除水分的白炭黑表面上。这种羟基在气相法白炭黑中比沉淀法的要多，即使升高温度也不易脱除。

第三种是双羟基，即硅酸缩合脱水更不完全，在一个硅原子上连有两个羟基。

白炭黑表面的羟基数目与生产方法有关，气相法白炭黑表面的羟基数量约 3.5 个/nm^2，沉淀法白炭黑表面的羟基数量可达 8.0 个/nm^2，比表面积为 200m^2/g 的白炭黑表面羟基数

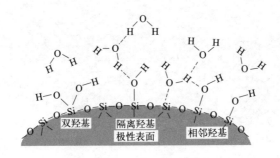

图 3-35　白炭黑的表面基团模型

量约 10^{21} 个/g。

白炭黑表面的基团具有一定的反应性，可以发生失水及水解反应、与酰氯反应、与活泼氢反应等。这些反应可以用来对白炭黑的表面进行改性。

白炭黑表面的极性羟基有很强的吸附作用。它可以和水以氢键形式结合，形成多分子吸附层；也可以与自身的羟基形成氢键键合，如图 3-36 所示。这种强的吸附作用使白炭黑比炭黑更难分散。

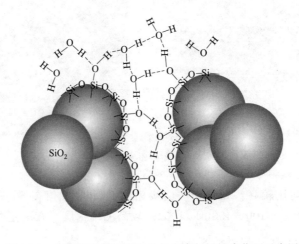

图 3-36　白炭黑表面吸附水及与自身氢键键合作用示意图

将白炭黑加热，其表面吸附的水分就会释放出，随温度升高，释放出水分量增加。在约 120~150℃之前，释放出的水分最多，前者主要是吸附水的脱附。之后失重趋向平缓，是表面羟基缩水反应引起的，如图 3-37 所示。

除此之外，白炭黑表面的羟基还可与许多有机小分子物质发生吸附作用，如硫化的促进剂、防老剂等。吸附促进剂后，会使橡胶的硫化速度变慢，硫化程度降低，最终影响硫化胶的性能。为此，在添加白炭黑的配方中，通常会添加吸附性较高的化合物做活性剂。活性剂一般是含氮或含氧的胺类、醇类、醇胺类低分子化合物。如二乙醇胺、三乙醇胺、丁二胺、六亚甲基四胺等胺类化合物；己三醇、二甘醇、丙三醇、聚乙二醇（PEG）等醇类化合物；或碱性促进剂如胍类促进剂 DPG 等。活性剂用量要根据白炭黑用量、pH 值和橡胶品种而定，一般为白炭黑用量的 1%~3%。

常用白炭黑的技术指标及测试方法如表 3-11 所示。

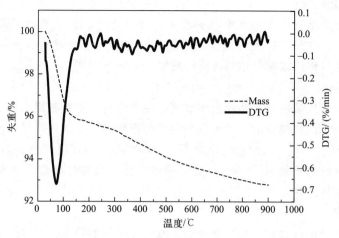

图 3-37 白炭黑的热失重曲线

表 3-11 常用白炭黑的技术指标及测试方法

技术指标	指标说明	测试标准	对橡胶的影响
BET 比表面积	液氮吸附法测试内、外总比表面积	GB/T 10722	对橡胶及小分子的吸附有影响
CTAB 比表面积	大分子表面活性剂十六烷基三甲基溴化铵(CTAB)吸附法测外比表面积	GB/T 23656	与橡胶的有效接触面积，对补强有实际意义
DBP/DOA 吸油值	内部空隙(结构度);吸收邻苯二甲酸二丁酯(DBP)或己二酸二辛酯(DOA)的能力	HG/T 3072	对白炭黑的分散有影响
加热减量(105℃×2h)	吸附水分及挥发分含量	HG/T 3065	对硅烷化反应及硫化有影响
pH 值	水溶液中 H^+ 的浓度	HG/T 3067	对硅烷化反应及硫化有影响
水可溶物	水溶液中的盐含量	HG/T 3748	对制品的透明度有影响
筛余量(筛分法)	水洗后的粗粒子含量	HG/T 3064	对分散、产品表面缺陷有影响
灼烧减量	1000℃下测结合水含量	HG/T 3066	对白炭黑分散、吸附性有影响
SiO_2 含量	纯度	HG/T 3062	对补强和硫化有影响
总 Cu 含量	变价铜离子含量	HG/T 3068	对橡胶的老化有影响
总 Mn 含量	变价锰离子含量	HG/T 3069	对橡胶的老化有影响
总 Fe 含量	变价铁离子含量	HG/T 3070	对橡胶的老化有影响
300%/500%定伸应力 拉伸强度 拉断伸长率	用丁苯橡胶鉴定配方测白炭黑补强性	HG/T 2404	对橡胶补强

四、白炭黑对橡胶加工性能的影响

1. 对混炼的影响

（1）吃料

白炭黑因无机亲水特性，使其与橡胶的相容性差，浸润性差，加上结构度高，倾注密度很小，混炼时吃料比炭黑慢得多。白炭黑湿法造粒可提高倾注密度，表面改性可加快吃料速度。

（2）分散

白炭黑比表面积很大，且表面呈极性，羟基间强的氢键缔合使二次结构牢固，所以白炭黑的分散要比炭黑困难得多，采用表面接枝或包覆改性、分段（两段或三段）混炼或分批投料、混炼时添加硅烷类偶联剂等方法可改善分散性。

(3) 能耗与温升

因白炭黑的特高结构度,混炼时包容胶多,胶料硬化,二次结构牢固,打开需要高能量,故混炼能耗大,放热快。混炼过程中要加强冷却,转子的材质要强化,电机功率要增大,使用啮合型密炼机可以较好地解决这一问题。

(4) 混炼温度

白炭黑胶料混炼宜采用高的初始混炼温度,一方面有利于脱吸附水,另一方面降低粒子间的凝聚力,有利于白炭黑分散。混炼宜采用高的排胶温度,因白炭黑与偶联剂发生硅烷化反应的温度在140~155℃,放出乙醇小分子。但排胶温度不宜超过160℃,因为硅烷偶联剂双三乙氧基硅丙基四硫化物(TESPT)是一种硫载体,温度过高会释放硫原子参与橡胶的硫化反应,引起胶料焦烧。

(5) 加料顺序

由于白炭黑难分散,表面羟基具有吸附含氮小分子(如防老剂、促进剂)的作用,故混炼时白炭黑一般在分段混炼的一段母炼时投加,而防老剂和促进剂放在白炭黑之后投加。

2. 对混炼胶门尼黏度的影响

因白炭黑高的比表面积及特高的结构度,在用量相同时,白炭黑混炼胶的门尼黏度远高于配方相同的 N330 胶料。配方中加入硅烷偶联剂,白炭黑混炼胶的门尼黏度会显著下降;加入相容性好的增塑剂也可有效降低白炭黑混炼胶的门尼黏度。

白炭黑,特别是气相法白炭黑是硅橡胶最好的补强剂,但白炭黑补强的硅橡胶混炼胶在停放过程中会出现门尼黏度随停放时间延长而增加,严重时甚至出现无法返炼的现象,称为"结构化效应"。产生的原因有两种,一种认为硅橡胶的端基与白炭黑表面的羟基发生缩合;另一种认为硅橡胶的硅氧链节与白炭黑表面的羟基形成了氢键。这两种作用都会使混炼胶形成以白炭黑为"交联点"的网络结构,使门尼黏度升高。

为防止硅橡胶混炼胶的结构化,通常会在混炼时加入某些可以优先与白炭黑表面羟基发生反应的物质,如羟基硅油、二苯基硅二醇、硅氮烷等。如当使用二苯基硅二醇时,混炼胶在 160~200℃ 下处理 0.5~1h 后,门尼黏度可以在很长一段时间保持稳定。也可以将白炭黑预先进行表面改性,减少表面羟基的含量,从而消除结构化产生的可能。

3. 对压延挤出的影响

白炭黑混炼胶在压延和挤出时弹性收缩比较小,故半成品表面光滑,尺寸精度较高,口型膨胀较小,但温升快,胶料易焦烧,需加强机头和口型的冷却。不同于炭黑的导电性,白炭黑是一种绝缘材料,故白炭黑胶料的导静电性很差,在压延或挤出过程中容易产生静电积聚而放电现象,带来安全隐患。

4. 对硫化的影响

白炭黑表面的羟基使其本身呈弱酸性,对硫化促进剂有较强的吸附作用,能明显迟延橡胶的硫化,降低硫化程度。通常在白炭黑胶料中添加碱性的促进剂(如促进剂 DPG)或三乙醇胺,或适当提高促进剂的用量,或采用醇类活性剂(如 PEG4000)来抑制迟延硫化现象。

另外,如果白炭黑表面的吸附水含量过高,不仅会影响白炭黑的分散,硫化时吸附水脱吸附,会在制品内形成气泡,影响制品的使用性能。

五、白炭黑对硫化胶使用性能的影响

白炭黑是补强效果仅次于相应的炉法炭黑的白色补强剂,对各种橡胶都有十分显著的补强作用,其中对硅橡胶的补强效果尤为突出。

不加偶联剂时,白炭黑对橡胶的补强性远不及比表面积相当的炭黑,拉伸强度、撕裂强度低,耐磨性差,压缩疲劳温升快,耐疲劳性差。这与白炭黑较炭黑难分散有关。与一定比例的偶联剂(白炭黑用量的8%～12%)同时使用,与粒径相近的炉法炭黑补强的硫化胶相比,白炭黑补强橡胶具有撕裂强度高、绝缘性好、动态生热低的优点,用于轮胎胎面则表现为对干湿路面的抓着力高(抗湿滑性好)、滚动阻力低(节油性好),但耐磨性稍差。如在炭黑(N234)补强的橡胶中,用白炭黑逐渐代替N234,并对硅烷偶联剂及促进剂DPG的用量作适当的调整后,硫化胶在60℃的损耗因子(反映轮胎胎面胶的滚动阻力)和高速行驶后胎肩部位的温度(反映生热高低)都得到明显改善,如图3-38所示。如果将炭黑和白炭黑并用,硫化胶可以获得较好的综合性能。

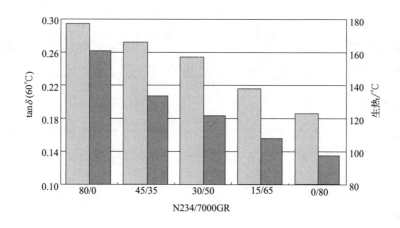

图3-38 白炭黑对硫化胶损耗因子和生热的影响

六、白炭黑的发展与应用方向

与炭黑相比,白炭黑具有分散困难、硫化胶的耐磨性稍差、产品品种相对较少、混炼胶门尼黏度高、加工性能差的特点。

白炭黑朝着高分散性、精细化、造粒化和表面改性化等方面发展。目前,市场上大多数的白炭黑为高分散性白炭黑,如德固萨的Ultrasil系列、罗地亚的Zeosil系列等。为解决白炭黑使用过程中的飞扬问题,多数白炭黑都采用了不同形式的造粒,如微珠(MP-MicroPearl)系列和颗粒(GR-Granulate)系列。

对白炭黑进行表面改性是解决其分散性的最主要方法,目前使用的表面改性剂主要是硅烷偶联剂。硅烷偶联剂的结构通式可以表示为:X_3—Si—R。其中X为能水解的烷氧基、氯等,水解后生成的硅醇基能与白炭黑表面的羟基缩合而产生化学结合;R为巯基、氨基、乙烯基、环氧基、多硫键等有机基团,硫化时可与橡胶产生化学结合。常用的硅烷偶联剂如表3-12所示。

表 3-12 常用的硅烷偶联剂

化学名称	化学结构	常用牌号
双(3-三乙氧基硅丙基)四硫化物	$(C_2H_5O)_3Si-(CH_2)_3-S_4-(CH_2)_3-Si(OC_2H_5)_3$	Si-69(TESTP),Y-6194
双(3-三乙氧基硅丙基)二硫化物	$(C_2H_5O)_3Si-(CH_2)_3-S_2-(CH_2)_3-Si(OC_2H_5)_3$	Si-75, Si-266, A-1589
3-巯丙基三乙氧基硅烷	$(C_2H_5O)_3Si-(CH_2)_3-SH$	KH-580, A-1891
3-巯丙基三甲氧基硅烷	$(CH_3O)_3Si-(CH_2)_3-SH$	KH-590, A-189
3-巯丙基乙氧基二(六乙氧基十三烷基)硅烷	$[C_{13}H_{27}(OCH_2CH_2)_5O]_2(C_2H_5O)Si-(CH_2)_3-SH$	VP Si-363
3-巯丙基甲氧基二(多乙氧基多烷基)硅烷	$[CH_3(CH_2)_x(OCH_2CH_2)_y O]_2(CH_3O)Si-(CH_2)_3-SH$	Si-747
3-氨丙基甲基二乙氧基硅烷	$(C_2H_5O)_2(CH_3)Si-(CH_2)_3-NH_2$	Si-902, A-2100
3-(辛酰硫基)丙基三乙氧基硅烷	$(C_2H_5O)_3Si-(CH_2)_3-S-C(=O)-(CH_2)_6-CH_3$	NXT
3-氨丙基三甲氧基硅烷	$(CH_3O)_3Si-(CH_2)_3-NH_2$	KH-540, A-1110
3-氨丙基三乙氧基硅烷	$(C_2H_5O)_3Si-(CH_2)_3-NH_2$	KH-550, A-1100
3-氯丙基三甲氧基硅烷	$(CH_3O)_3Si-(CH_2)_3-Cl$	A-143
乙烯基三氯硅烷	$Cl_3Si-CH=CH_2$	A-150
乙烯基三乙氧基硅烷	$(C_2H_5O)_3Si-CH=CH_2$	A-151
乙烯基三甲氧基硅烷	$(CH_3O)_3Si-CH=CH_2$	A-171

硅烷品种的选择取决于橡胶基体和硫化体系。硫黄硫化的橡胶可以采用 R 为巯基(—SH)、

硫氰基（—SCN）、多硫化合物（—S$_x$—）的硅烷偶联剂；过氧化物硫化的橡胶如EPM可以采用乙烯基（—CH=CH$_2$）硅烷偶联剂。

白炭黑与硅烷偶联剂硅烷化反应是否充分会影响硫化胶性能。硅烷化反应过程见图3-39。

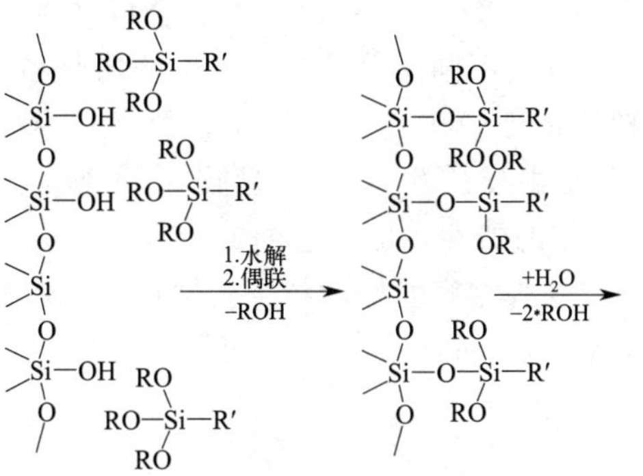

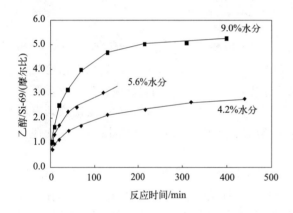

图3-39 硅烷偶联剂与白炭黑间的反应示意图

白炭黑中的水分含量会对硅烷化反应及混炼胶门尼黏度产生影响，随白炭黑含水量的增加，反应产物乙醇的总释放量增加，硅烷化反应程度增加，混炼胶的门尼黏度降低，如图3-40、图3-41所示。

图3-40 白炭黑含水量对硅烷化反应的影响 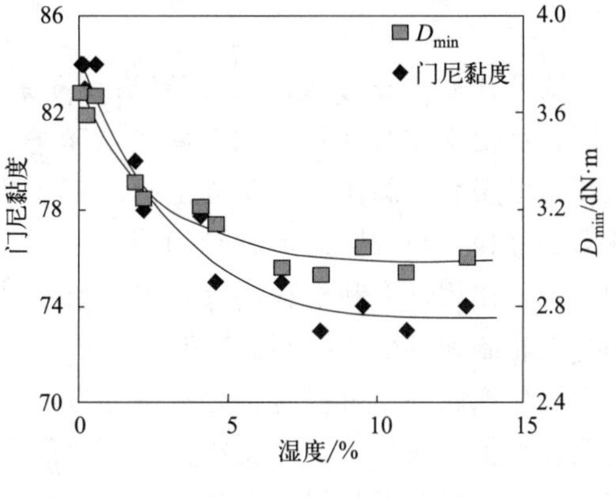　　图3-41 白炭黑含水量对混炼胶门尼黏度的影响

第四节　其它填料

一、有机树脂补强剂

橡胶用有机补强树脂包括合成树脂和天然树脂，但并非所有树脂都可用作补强剂。用作补强剂的树脂多为合成树脂，如酚醛树脂、石油树脂、高苯乙烯树脂、聚苯乙烯树脂及古马隆树脂。天然树脂有木质素、纤维素微晶等。树脂在胶料中往往同时兼有多种功能，如酚醛树脂可用作补强剂、增黏剂、纤维表面胶黏剂、交联剂及加工助剂。石油树脂也有多种功

能。但有机树脂的使用远不及炭黑、白炭黑广泛、大量,其补强能力也不及炭黑优越,只有特殊要求时才使用有机补强剂。

1. 酚醛树脂

酚醛树脂是最早研制成功的合成树脂。酚醛树脂是由酚类化合物和醛类化合物在酸或碱的条件下合成的缩聚物,化学结构特征如图 3-42 所示。根据合成体系中酚类化合物和醛类化合物的物质的量比、反应体系催化剂的不同又分为热塑性酚醛树脂和热固性酚醛树脂两大类产品。作为橡胶补强剂的酚醛树脂属于热塑性酚醛树脂,通常是甲醛和苯酚(摩尔比为 0.75~0.85)及第三单体在酸性介质中反应生成的线型低分子量聚合物(数均分子量为 2000 左右),具有可溶、可熔性及一定的塑性,可通过油或胶乳改性,使其具有高强度、高补强、耐磨、耐热及加工安全性和与橡胶相容性好的特征。常用的橡胶补强用酚醛树脂主要有间苯-甲醛二阶酚醛树脂、妥尔油改性二阶酚醛树脂、腰果油改性二阶酚醛树脂和胶乳改性酚醛树脂。

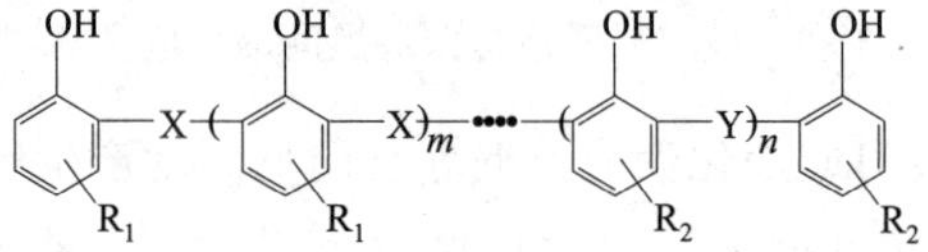

图 3-42 酚醛树脂的化学结构特征
R_1,R_2—不同的烷基;X,Y—非金属原子或烷基

线型补强酚醛树脂必须配 HMT、三聚甲醛、多聚甲醛、六甲氧基三聚酰胺(HMMM)等固化剂使用才有补强作用。两步法苯酚-甲醛树脂,其软化点为 95~105℃,硫化前具有软化、增塑和增黏作用,在硫化过程中与固化剂作用,发生三维树脂化反应,生成硫化胶中的第二固相,与交联的橡胶相组成双相网络穿插结构。这种三维树脂结构对硫化胶具有增硬、补强作用,有利于提高硬度和定伸应力、耐磨性、抗撕裂性能、耐热性,并降低伸长率,是轮胎和其他橡胶制品需要的。

用作橡胶补强材料时,通常用量为 10~20 份,同时配合树脂用量 8%~15% 的固化剂。树脂在混炼前段加入,以发挥树脂的软化或增塑功能;固化剂在混炼后段加入,以确保混炼安全。酚醛树脂补强树脂主要用于刚性和硬度要求很高的胶料中,尤其常用于轮胎胎圈(三角胶和耐磨胶料)和胎面,矿山输送带以及各种耐磨、增硬橡胶制品。

线型酚醛树脂商业化的产品主要有:美国 Occidental 公司的 Durez 系列、Schenectady 公司的 SP 系列、Summit 公司的 Duphene 系列、Polymer Application 公司的 PA53 系列;德国 BASF 公司的 Koreforte 系列;法国 CECA 公司的 R 系列;我国常州常京化学有限公司的 PFM 系列。

2. 石油树脂

石油树脂是石油裂解副产物的 C_5 和 C_9 馏分经催化聚合所制得的分子量不同的低聚物,有的为油状物,有的为热塑性烃类树脂。按照化学成分可分为芳香族石油树脂(C_9 树脂)、脂肪族石油树脂(C_5 树脂)、脂肪-芳香族树脂(C_5/C_9 共聚树脂)、双环戊二烯树脂(DCPD 树脂)以及这些树脂的加氢石油树脂。石油树脂组成成分及化学结构如表 3-13 所示。

表 3-13　石油树脂组成成分及化学结构

种类	成分	化学结构
C_5 石油树脂	异戊二烯 戊二烯 环戊二烯 双环戊二烯 戊烯 甲基丁烯	(结构式)
C_9 石油树脂	苯乙烯 甲基苯乙烯 2-甲基苯乙烯 氧茚 茚	(结构式)
C_5/C_9 石油树脂		(结构式)
DCPD 环状石油树脂		(结构式)

C_5 石油树脂软化点多在 100℃ 左右，主要作为增黏剂用于天然橡胶和异戊橡胶中。软化点在 120℃ 以上的 C_9 石油树脂可用作橡胶补强剂。C_5/C_9 共聚树脂为 C_5 和 C_9 两种成分兼有的树脂，软化点为 90～100℃，主要用于天然橡胶和丁苯橡胶等橡胶和苯乙烯型热塑性弹性体。DCPD 石油树脂软化点为 80～100℃，用于轮胎、涂料和油墨。氢化后的 DCPD 树脂软化点可高达 100～140℃，主要用于各种苯乙烯型热塑性弹性体和塑料中。通常将软化点低于 100℃ 的称为橡胶增黏石油树脂，对于软化点在 120℃ 以上的则叫做橡胶补强石油树脂。

石油树脂在橡胶工业中是一种难得的多功能型配合助剂，具有增黏性、可塑性、软化性、补强性和耐老化性，特别适用于各种轮胎，尤其是在子午线轮胎配方中的使用。在工业橡胶制品中扩大配合量（15～25 份），还可提高橡胶的耐水性、耐酸碱性以及电绝缘性等性能。作为软化剂使用，在橡胶中加入 5～10 份，不仅可明显改进橡胶的混炼性，还可有效提高胶料的塑性及黏性。石油树脂当作补强剂（10～20 份）用时，可使橡胶的拉伸强度、撕裂强度和拉断伸长率提高 10%～30%。石油树脂在橡胶中的配合效果见表 3-14。

表 3-14　石油树脂在橡胶中的配合效果

	性能	石油树脂(5 份)	古马隆树脂(5 份)	无树脂(0 份)
工艺性能	门尼黏度[ML(1+4)100℃]	51.5	51.5	52.7
	门尼焦烧(121℃)/min	61.4	62	54.5
物理性能	拉伸强度/MPa	18.1	18.8	14.4
	300% 定伸应力/MPa	2.8	2.9	2.9
	500% 定伸应力/MPa	4.8	4.6	5.4
	拉断伸长率/%	710	720	640
	邵尔 A 硬度	56	57	58
	撕裂强度/(kN/m)	39	37.9	35.8

注：1. 基本配方（质量份）为 SBR1502 100，ZnO 5，促进剂 DM 1.5，促进剂 D 0.5，硬脂酸 1，碳酸钙 100，硫黄 2。
2. 硫化条件为 141℃×（35～40）min。

从表 3-14 可以看出，石油树脂与古马隆树脂的软化、补强效果几乎一致，而比不含树脂的配方要高。

石油树脂应用于橡胶中，同其它类似材料相比具有下述优越性：

① 价格便宜。石油树脂的价格一般比松香价格低 20%～30%，比古马隆树脂价格低 10%～20%，可完全替代古马隆树脂和部分替代松香和萜烯等天然树脂。

② 一料多用，性能齐全。石油树脂能兼具软化、增黏和补强填充作用。

③ 无毒，不污染环境。可用它适当替代有致癌嫌疑的芳香油作为橡胶的操作油。

④ 种类繁多，资源丰富。

目前我国石油树脂的年产量比较可观，但是我国的石油树脂多为低档产品，主要以 C_5 和 C_9 树脂为主，而精制的石油树脂不多，国内石油树脂企业与国外企业还存在很大差距，一些高档产品还需要从国外进口来满足生产需求。

3. 高苯乙烯树脂

高苯乙烯树脂是苯乙烯与丁二烯的共聚物，苯乙烯质量分数在 70% 以上，常用的高苯乙烯树脂中苯乙烯质量分数约为 85%，有明显的塑料特性。高苯乙烯树脂的性能与其苯乙烯含量有关。苯乙烯含量 70% 的软化温度为 50～60℃；苯乙烯含量 85%～90% 的软化温度为 90～100℃。随苯乙烯含量的增加，胶料强度、刚度和硬度增加。高苯乙烯树脂与丁苯橡胶的相容性很好，可用于 NR、NBR、BR、CR，但不宜在不饱和度低的橡胶中使用。一般多用于各种鞋类部件、电缆胶料和胶辊。高苯乙烯树脂的耐冲击性能良好，能改善硫化胶力学性能和电性能，但伸长率下降。

4. 木质素

木质素是造纸工业的废液经沉淀、干燥制取的，呈黄色或棕色，相对密度为 1.35～1.50。木质素自身含有大量的刚性芳环结构及酚羟基、醇羟基等极性基团，基于苯环的刚性以及木质素与木质素之间或木质素与基体之间形成的氢键和化学键作用，可以进一步提高橡胶材料的交联密度，使橡胶材料具有较好的力学性能和热稳定性。

目前一般方法制造的木质素平均粒径达 $5\mu m$ 以上，只能起到填充作用。将木质素制成纳米颗粒可显著提高其补强作用。木质素纳米颗粒能够与弹性体基体界面构建配位牺牲键，不仅促进了木质素的分散，而且改善了木质素与弹性体基体的界面相互作用，提高了木质素基弹性体复合材料的强度和韧性。

5. 纤维素微晶

纤维素是植物通过光合作用合成的天然高分子材料，它广泛存在于植物、动物和细菌中，每年自然界可产生的纤维素高达 10^{10}～10^{11} t。纤维素具有一定的强度，因此可用作橡胶基复合材料的补强填料。与传统的补强性填料如炭黑、白炭黑和蒙脱土等相比，纤维材料补强橡胶具有以下优势：①丰富的可再生资源；②低成本；③低密度；④高比强度和高比模量；⑤良好的热稳定性；⑥环境友好材料。可用作补强性填料的纤维素材料主要有微晶纤维素（MCC）、纤维素微纤（CNF）和纳米微晶纤维素（CNC）等。

将原生态纤维素经过简单处理去掉大部分无定形结构后即可得到 MCC，其制备工艺简单、成本低廉。但 MCC 粒径较大，一般为 20～90μm，作为填料如果直接应用于橡胶中，其补强效果很差。将纤维素或 MCC 通过酸解、酶解或氧化法，可以去除绝大部分无定形结构，留下高结晶度的 CNC 和 CNF。CNC 是针状或棒状纳米级颗粒，一般直径小于 100nm，表现出高度结晶性、高长径比和高比表面积。CNF 是一种网状缠结的高强度生物质纤维，

CNC 和 CNF 的微观形貌如图 3-43 所示。CNC 具有无可比拟的生物以及理化优势，例如生物相容性、可降解性、低密度、无毒性、超强的刚度、可再生性、可持续性、光学透明性、低热膨胀性等特点，是一种优异的生物质补强性填料。

图 3-43　CNC（a）和 CNF（b）的 TEM 图

二、无机填充剂

在橡胶中无机填料的用量与炭黑的用量大致相当，约占橡胶用量的 50%。若是从整个高聚物领域来看，则无机填料的用量远远超出炭黑的用量，因为塑料工业、涂料工业使用的填料主要是无机的。

1. 无机填料的特点

与炭黑相比，无机填料具有以下特点：主要来源于矿物，价格比较低；多为白色或浅色；制造能耗低；某些无机填料具有特殊功能，如阻燃性、导热、磁性等；绝大部分无机填料表面亲水性高，对橡胶基本无补强性。

2. 无机填料表面改性的主要方法

改变或改善无机填料的表面亲水性是提高无机填料补强性的关键。填料的表面改性一般有下述几种方法：亲水基团调节法、粒子表面接枝、粒子表面离子交换、粒子表面聚合物胶囊化、偶联剂或表面活性剂改性无机填料表面。其中偶联剂或表面活性剂改性无机填料是目前广泛采用的无机填料表面改性方法。

表面改性剂有偶联剂和表面活性剂两种。

（1）硅烷偶联剂

硅烷偶联剂是目前品种最多、用量较大的一类偶联剂，结构通式为 R_n—Si—X_{4-n}，一般 $n=1$。R 为有机基团，是可与橡胶作用形成化学键的活性基团，如氨基（—NH_2）、巯基（—SH）、乙烯基（—CH=CH_2）、环氧基等。X 为易于水解的烷氧基或卤素基因，如甲氧基（—OCH_3）、乙氧基（—OC_2H_5）、氯（—Cl）等，水解后生成硅醇基，能与无机填料表面的羟基缩合而产生化学作用。硅烷偶联剂种类的选择主要取决于橡胶中的硫化体系和填充体系，用量为填充剂用量的 1%～10%。常见硅烷偶联剂的种类见表 3-12。

（2）钛酸酯偶联剂

钛酸酯偶联剂是 20 世纪 70 年代中期开发出来的，在塑料中有较好的应用效果，应用广泛，但对提高橡胶补强效果不明显。钛酸酯偶联剂结构通式如下：

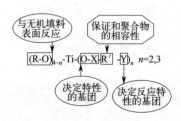

钛酸酯偶联剂在使用时应注意：

① 不要另外再添加表面活性剂，因为它会干扰钛酸酯在填料表面上的反应。

② 氧化锌和硬脂酸具有某种程度的表面活性剂作用，故应在钛酸酯处理过的填料、聚合物以及增塑剂充分混合后再添加它们。

③ 大多数钛酸酯具有酯基转移反应活性，所以会不同程度地与酯类或聚酯类增塑剂反应，因此酯类增塑剂一般在混炼后再添加。

（3）其它偶联剂

有—SCN 基的硅烷类、磷酸酯类、铝酸酯类等。

（4）表面活性剂

橡胶填料表面改性常用的表面活性剂有高级脂肪酸，如硬脂酸、树脂酸；官能化的低聚物，如羧基化的液体聚丁二烯等。

3. 典型的无机填充剂

无机盐中的硅酸盐、碳酸盐、硫酸盐以及金属氧化物和氢氧化物等都是橡胶工业中常用的填料。多年来，它们作为降低成本、改进加工性能的填充剂，在各种橡胶制品中被大量使用。其中，略带补强作用的各类陶土和填充性好的碳酸钙已占到炭黑用量的近一半，占无机填料用量的70%以上。近年来，由于粒子实现了超细化和对其表面进行活化处理，有的甚至已达到纳米级水平，更是受到人们的青睐。

（1）硅酸盐类

硅酸盐类填充剂品种较多，有陶土、滑石粉、蒙脱石粉、硅灰石粉、硅酸钙、云母粉、石棉粉、煤矸石粉、海泡石、硅铝炭黑等。这类填料耐酸碱、耐热、耐油、工艺好、延迟硫化，可采用醇胺类等活性剂克服。其中陶土用量最大，它来源于天然高岭土，经风选、浮选、溶解、沉淀精制而得的天然产硅酸铝，呈片形四面体层状结构。化学组成为含二氧化硅（50%～70%）和三氧化二铝（18%～34%）的含水结晶化合物，故又称水合硅酸铝。我国橡胶用陶土粉分为 Rf1、Rf2、Rf3、Rf4、Rf5 五个等级。通常依据粒子大小（2～5μm）和组成比例又有硬质陶土、软质陶土之分。硬质陶土略有补强性，软质陶土无补强性。粒径小于 1μm 的称为高级陶土，溶解精制的叫再生陶土。改性陶土多用巯基或氨基硅烷、硬脂酸、钛酸酯偶联剂处理，如国产活性陶土 M212 使用钛酸酯偶联剂处理。

近几年来，出现了一种称为纳米陶土的新品种，它是陶土经过粗碎、提纯、剥片、表面改性和再粉碎加工处理的精制高级陶土。尺寸为 300nm，较之纳米材料（1～100nm）要求尚有一步之遥，但经过各种硅烷处理的 NK70、NK80 和 NK85 等改性陶土，其补强性能已大大超出了高级陶土。其拉伸强度已接近（用于丁苯橡胶）和超过（用于天然橡胶、乙丙橡胶）白炭黑的水平，且硬度低、弹性高、伸长大，定伸应力只有其他品种的一半到 2/3，同时它非常容易混炼加工。改性陶土不仅适合于单一大量填充，若与白炭黑组合一起使用更能弥补白炭黑的不足，收到良好的协同效应。特别是它所具有的良好的气密性，已成为轮胎气密层、硫化气囊和球胆等产品不可多得的补强填料。

（2）碳酸盐类

该类填料不耐酸，耐介质性能不如陶土，主要品种有碳酸钙、白云石、碳酸镁等。其中碳酸钙属于使用广泛的填充剂，分为重质碳酸钙（重钙）、轻质碳酸钙（轻钙）、超细碳酸钙、改性碳酸钙等。

重质碳酸钙是由石灰石、大理石、方解石、牡蛎、贝壳等碳酸钙盐矿物通过粉碎制得，碳酸钙含量在90%～95%以上，粒径1～10μm。根据原料来源的不同，有时又分别称为白垩粉、贝壳粉、石灰石粉和大理石粉等。主要特点是填充性特别强，易于混合分散，配合量可达橡胶量的100%～250%，是橡胶工业中主要的低成本填充材料。

轻质碳酸钙主要是由石灰石煅烧的生石灰加水沉淀，通入碳酸气而制得的，故又称沉淀法碳酸钙、湿法碳酸钙，粒径为0.5～6μm。由化学方法合成的碳酸钙，可通过控制反应条件而得到不同粒径和形状结构的产物，是橡胶工业最为普遍使用的廉价填充增量剂。

超细碳酸钙，粒径在0.01～0.1μm之间，具有一定的补强性，但低于白炭黑。

改性碳酸钙是用硬脂酸、树脂酸、木质素、钛酸酯偶联剂或羧化聚丁二烯等进行活化处理，可提高与橡胶的相容性，从而在一定程度上提高了它的性能。

轻质碳酸钙用有机物对其进行活化处理，可以得到粒子微细、带有凝聚结构的活性碳酸钙。主要特点是填充量大、易挤出、光泽性好、硬度低、伸长率大，力学性能可超过陶土达到半软质炭黑的水平，故称之为超微细活性碳酸钙或补强碳酸钙，粒子进入纳米范围的则称作纳米活性碳酸钙。

（3）硫酸盐类

这类填料的化学稳定性很好，常用的品种有硫酸钡和锌钡白（立德粉）。硫酸钡密度大，与橡胶相容性差，影响其使用性能。经肪脂酸处理活化的硫酸钡其粒径可达到10～100μm，比表面积可达35.7m^2/g，具有一定的补强效果，强度和耐磨性也有所提高。锌钡白为硫酸钡与硫酸锌溶液的复分解物（$ZnS \cdot BaSO_4$），亦称立德粉，既是白色颜料，又是略带补强性的填充剂。

（4）金属氧化物及氢氧化物

主要品种有活性氧化锌、轻质氧化镁、氧化铝、氢氧化镁、氢氧化铝、氧化锑等。它们多半兼有功能性，如活化、耐热、着色、阻燃、消泡、磁性等。

三、短纤维补强

短纤维增强橡胶复合材料（SFRC），是将短纤维分散在橡胶基质中，使之与橡胶复合制成类似聚合物共混体系的补强性复合材料。SFRC把橡胶的柔性与纤维的刚性有机地结合起来，使之既保持橡胶独特的高弹性，又兼具低伸长下高模量的特点，这是大多数橡胶制品所需要的，使之赋予高性能和特殊性能。不仅如此，SFRC制品具有高强度、高模量、耐撕裂、抗溶胀等优良性能和吸波、导电等特殊性能。

橡胶中使用长纤维做骨架材料，工艺比较复杂；短纤维可用通用的开炼机、密炼机、挤出机等设备加工成型，工艺简单。短纤维对橡胶的增强效果低于长纤维，高于粉体填料。

1. 短纤维的特点

（1）短纤维的尺寸

短纤维一般是指纤维断面尺寸在1μm到几十微米间，长径比在250以下，通常在100～

200 之间，长度在 35μm 以下，通常为 3～5μm 的各类纤维。

（2）短纤维的种类

橡胶复合材料用的短纤维有：

① 丝、麻、木等天然纤维；

② 聚酯纤维、维纶纤维、人造丝纤维、芳纶纤维等合成纤维；

③ 碳纤维、玻璃纤维等无机纤维；

④ 钢纤维等金属纤维。

2. 短纤维增强的受力分析

当纤维增强复合材料受力时，载荷一般是直接加载在基体材料上，根据复合材料的应力传递理论，载荷通过一定的方式由结合界面传递到纤维上，纤维受力。因此，复合材料的界面不仅是连接增强材料与基体的桥梁，也是外加载荷从基体向纤维传递的纽带，界面的组成、性质、结合方式及界面结合强度的大小对复合材料的力学性能和破坏行为有着重要影响。此外，和粒状填料一样，纤维增强橡胶也存在纤维在橡胶中分散的问题，由于纤维具有一定的长径比，在胶料中还存在取向和断裂的问题。上述这些因素影响了复合材料的性能。

SRFC 的力学性能主要由 5 个补强参数决定：短纤维的长径比、用量、取向状态、短纤维在橡胶基质中的分散以及与基质的黏合状态。在相同长径比下，短纤维直径越小，界面面积越大，而长度却越短，这对于界面剪切强度刚好是两个矛盾的影响。因此界面强度的大小是两者共同作用的结果，单纯追求任何一个都是不合理的。

3. 短纤维应用于橡胶中的某些实际问题

（1）短纤维的分散

为使短纤维在橡胶中能分散开，少遭破坏，可采用下述预分散体方法。

① 短纤维和胶乳或者胶浆共沉制得预分散体；

② 将少量橡胶和一定量润滑剂与大量短纤维均匀制成短纤维预分散体；或用配方中的炭黑等粉状填料混涂纤维使其处于分离状态，制得预分散体。

（2）短纤维与橡胶的界面结合性能

短纤维与橡胶的界面结合性能对复合材料的性能有决定性作用，因为界面是外加载荷从基体向纤维传递的纽带。短纤维表面一般呈惰性，与橡胶基体的黏合性较差。为此，可采用上述预分散体、橡胶基体改性、添加相容剂（分散剂）、对橡胶进行表面处理（臭氧氧化、接枝、高能射线辐照）等方法。

（3）短纤维在橡胶中的取向

短纤维的取向有三个方向，即与压延方向一致的轴向（L）、与 L 处于同一平面并垂直于压延方向（T）和垂直 L-T 平面的方向（Y），如图 3-44 所示。取向程度和取向方向取决于加工过程的工装设备和方法，如要制备不同取向的胶管，就要用不同的取向口型。如果是压片取向，要注意每次过辊胶料的方向。

4. 短纤维在橡胶制品中的应用

短纤维已成功应用于多种橡胶制品中。

（1）胶管

主要用于制造中低压胶管，例如农田和园艺灌溉胶管、汽车中的低压油管、一般水管等。

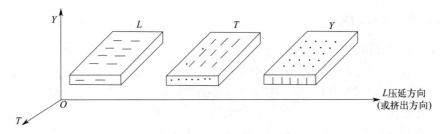

图 3-44　短纤维取向示意图

（2）胶带

短纤维在 V 带中的应用也是短纤维在橡胶中应用比较成功的例子。在 V 带制造过程中可按 V 带使用的性能要求，使短纤维在橡胶基体中取向和定位，以提高 V 带的使用性能，主要包括横向刚度和承受侧面压力的能力。经短纤维补强的底胶使 V 带在横截面上具有高模量，在运转方向具有良好的柔韧性，提高侧向摩擦力和传动效率。在表面层中可增大胶带与槽轮的摩擦力，降低噪声，减少磨损。

（3）轮胎

最近几年，短纤维在轮胎中的应用研究十分活跃，轮胎胶料中加入短纤维可明显提高轮胎的性能，如低滚动阻力、高耐磨性、低生热性、轻量化、低噪声、乘坐舒适等一系列优点，这些性能都是与当前轮胎的高性能化密切相关的。

将短纤维应用于工程越野轮胎，是短纤维在轮胎中的最早应用，并且已经取得了比较显著的效果。由于工程越野轮胎大多是在工矿区、山地等恶劣路面上行驶，路面状况比较差，因此提高轮胎胎面的抗撕裂性能及抗崩花掉块性的能力就显得格外重要，而这正是短纤维-橡胶复合材料所具有的比较突出的性能之一。

将短纤维应用于载重轮胎是短纤维在轮胎中的另一个应用，它可以提高载重胎的承载能力和高速耐久性能。这主要是由于载重轮胎的胎壁比较厚，而短纤维的加入不仅可以提高轮胎的刚性和充气压力，而且还可以显著降低轮胎的内部生热。

短纤维在高性能子午线轮胎中的应用具有巨大的发展潜力。有研究表明将表面接枝有聚合物的尼龙短纤维应用于子午线轮胎中确实提高了轮胎的性能，例如，轮胎的滚动阻力降低了 15.6%，抓着性能提高了 20%，控制响应性提高了 1.1%，舒适性提高了 3.45%。这些性能的改善都是当前子午线轮胎高性能化的重要内容。

5. 短纤维橡胶复合材料的进展

高性能纤维的发展是短纤维/橡胶复合材料发展的先导。纳米纤维，如纳米碳纤维、碳纳米管、纤维素纳米纤维等，由于具有较高的强度和较大的比表面积而备受青睐。短纤维橡胶复合材料另一个发展方向是提高纤维-橡胶界面黏合性能，例如在橡胶基体中原位生成短纤维。Keller 报道了在硅橡胶中原位生成聚丙烯纤维的技术。山本新治、谷渊照夫等提出在天然橡胶中原位生成超细尼龙纤维的技术。原位增强技术可以克服传统短纤维橡胶复合材料加工过程中短纤维难分散、黏合性能差及易断裂等问题，是未来的发展方向。

随着短纤维橡胶复合材料的应用领域逐渐拓宽，人们越来越重视研究该体系结构与性能的内在关系，并在黏合取向、形态、流变和补强理论等方面开展了一些工作，但都不十分深入，许多解释未成定论，尚有争议。关于流变性能、动态性能和断裂理论等研究均处于起步阶段。

四、新型纳米增强技术

纳米复合材料是由两种或两种以上的固相至少在一维方向上以纳米级尺寸（1～100nm）复合而成的复合材料，或者说分散相至少有一维尺寸小于100nm的复合材料。由于纳米粒子的小尺寸效应、表面效应以及量子隧穿效应等纳米效应，与常规复合材料相比，纳米复合材料除了具有更优异的力学性能，同时兼有无机相、有机相以及纳米粒子的特性如光、电、磁于一身，因此在光学、电子学、机械、催化、生物学等方面具有广阔的应用前景。

纳米粒子与橡胶的复合材料一般采用共混法制备。共混法是将填料通过溶液共混、乳液共混、熔融共混、机械共混等方式与胶料混合。共混法的优点是简便、经济。但是纳米粒子尺寸很小，比表面积很大，而橡胶的黏度较高，不易被混入并均匀分散，而且纳米颗粒聚集体的视密度很低，粉体易飞扬，混炼加工时能耗较高，混炼时间较长，加工困难。开发新型的纳米增强技术对于提高橡胶纳米复合材料性能具有重要意义。

为制备高性能的聚合物纳米复合材料，人们提出了原位（in-situ）复合的概念。所谓原位复合是指在复合体系中的分散相（增强体或功能体）和连续相（基体）中，至少有一相不是在复合加工前就存在的，而是在复合加工过程中，在另外一相存在的条件下生成的。原位复合具有分散相的高分散性和分散相的可设计性（物化结构、界面、形状、尺度及其分布等），这是橡胶增强技术追求的理想境界，目前已经成为制备橡胶基纳米复合材料的一条重要技术路线。但是该技术一般比直接共混复杂，工艺条件苛刻而实施成本较高。目前成功制备的橡胶基纳米复合材料有以下几种：

① 利用插层技术制备黏土/橡胶纳米复合材料；
② 利用溶胶-凝胶法（sol-gel法）制备SiO_2/橡胶纳米复合材料；
③ 利用原位聚合技术制备丙烯酸金属盐/橡胶纳米复合材料。

1. 插层复合法

插层复合法主要用于有片层状结构的填料，如黏土、滑石、膨胀石墨等，比较成熟的是层状硅酸盐（黏土）/聚合物纳米复合材料的制备。首先将单体或聚合物插入层状硅酸盐片层结构中，进而破坏硅酸盐的片层结构，使其剥离成单层的硅酸盐，分散在聚合物基体中，以实现聚合物与层状硅酸盐在纳米尺度上的复合。从结构上来看，聚合物/层状硅酸盐纳米复合材料可分为插层型纳米复合材料和剥离型纳米复合材料。其结构示意图如图3-45所示。

按照复合过程，插层复合法可分为两大类。

（1）原位插层聚合

首先将黏土分散于液体单体或者单体溶液中，然后通过热、辐射等引发聚合，或在黏土片层之间插入有机引发剂、无机引发剂、催化剂等引发单体在黏土片层内外聚合。利用聚合产生的大量热量，克服片层间的相互作用力，使片层间距变大甚至剥离，使得硅酸盐片层以纳米尺度分散在聚合物基体中，最终得到插层或者剥离纳米复合材料的方法。这种方法的使用范围广，且易得到高度分散的层状硅酸盐/聚合物纳米复合材料，但是方法比较复杂、反应时间长、反应不易控制、难以实现工业化。

（2）聚合物插层

聚合物插层是聚合物溶液、乳液或熔体与层状硅酸盐混合，利用力化学或热力学作用使层状硅酸盐剥离成纳米尺度的片层并均匀分散在聚合物基体中。聚合物插层又分为聚合物溶液插层、聚合物乳液插层和聚合物熔体插层。

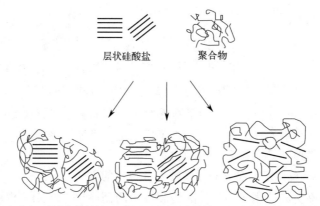

(a) 相分离型微米复合材料 (b) 插层型纳米复合材料 (c) 剥离型纳米复合材料

图 3-45 聚合物/层状硅酸盐复合材料的结构示意图

聚合物溶液插层工艺简单,当溶液浓度很低时,黏土的分散性较熔融共混法高,但插层驱动力仍是物理作用,且分散性越高,黏土的质量分数越大,所需的溶剂越多,脱除和回收溶剂成为很大的难题。因此,在溶液共混插层工艺中,溶剂的选择非常重要,而且存在环境污染、成本较高等问题。

聚合物乳液插层充分利用了大多数橡胶都有乳液形式的优势,操作简单,易控制,成本最低,被认为是目前最有应用前景的方法。但无机黏土的亲水性决定了在填充量较高时、凝聚过程中以及橡胶后加工时会出现团聚体,影响复合材料的性能。

聚合物熔体插层法主要具有以下优点:使用范围广,不同极性或结晶度的聚合物都可以利用此法制得相应纳米复合材料;与目前聚合物成型加工技术(挤出、注射)具有兼容性;由于插层过程中未使用溶剂,从环保及其经济效益角度上来看是非常有利的。但此法也存在一定的局限性,就是共混前要对蒙脱土进行有机改性,其目的是增加蒙脱土的层间距和疏水性,常用的改性剂为季铵盐类化合物。

不同于传统橡胶补强材料如炭黑、白炭黑等球形结构,由于片层结构具有极大的比表面积和形状系数,具有极强的力学性能、阻隔性、阻燃性、透明性、取向与诱导分子链取向特征,并且能钝化支化裂纹尖端,具有耐疲劳等优势。

2. 溶胶-凝胶法

溶胶-凝胶技术是指有机或无机化合物经过溶液、溶胶、凝胶固化,再经热处理而得到氧化物颗粒或其它化合物的方法。溶胶-凝胶法在无机/有机复合材料领域的介入,大大拓宽了这类材料的制备道路。溶胶-凝胶法以其温和的反应条件和灵活多样的合成手段,为制备多功能材料提供了有力的工具。由于反应是从溶液开始,各种组分很容易得到控制,可以制备分子级的复合材料,由于不涉及高温反应,可以制备结构和组分纯净的样品;可以根据需要,在反应的不同阶段,得到薄膜、纤维或块状材料。所以这一技术一经出现,即在无机/有机复合材料的合成领域得到迅猛发展,并成为无机/有机杂化材料制备技术的主体。

(1) 溶胶-凝胶反应机理

一般认为溶胶-凝胶过程通常包括两个步骤,一是反应前驱体[如 $Si(OC_2H_5)_4$、$Ti(OC_2H_5)_4$、$Al(OC_4H_9)_3$、$Zr(OC_3H_7)_4$ 等]的水解过程;二是水解后得到的羟基化合物的缩合及缩聚过程。下面以 $Si(OC_2H_5)_4$ (TEOS) 的溶胶-凝胶过程为例来表示:

水解反应：—Si—O—C$_2$H$_5$ + H$_2$O ⇌ —Si—OH + C$_2$H$_5$OH

缩合反应：—Si—OH + C$_2$H$_5$O—Si— ⇌ —Si—O—Si— + C$_2$H$_5$OH

—Si—OH + HO—Si— ⇌ —Si—O—Si— + H$_2$O

总反应：Si(OC$_2$H$_5$)$_4$ + 2H$_2$O ⇌ SiO$_2$ + 4C$_2$H$_5$OH

TEOS 的水解和缩聚反应在无催化剂存在时进行得非常缓慢，凝胶时间很长。常用催化剂有无机酸或氨。催化剂的存在，不仅加快了反应速度，缩短凝胶时间，而且不同的催化剂还可以改变反应的机理和最后粒子的结构状态。

（2）利用溶胶-凝胶技术制备 SiO$_2$/橡胶复合材料的方法

在硫化胶中原位生成纳米 SiO$_2$ 颗粒是最常用的制备纳米 SiO$_2$/橡胶复合材料的方法。将 TEOS 制成的硅溶胶与 NR 胶乳混合，利用硅溶胶受热发生缩合反应生成硅凝胶的性质，使硅溶胶在一定温度下原位生成纳米 SiO$_2$ 粒子并均匀分散于 NR 胶乳中，凝聚共沉后形成 SiO$_2$/NR 共混胶，经过进一步混炼加工也可得到纳米 SiO$_2$/橡胶复合材料。

（3）利用溶胶-凝胶技术制备 SiO$_2$/橡胶复合材料的性能特点

在 SiO$_2$ 含量相近的情况下，与传统的机械混合法相比，用溶胶-凝胶法所得的原位 SiO$_2$ 补强橡胶复合材料的力学性能（特别是拉伸强度）要明显好于前者。这可能归因于原位 SiO$_2$ 的粒径比传统机械混合分散的 SiO$_2$ 的粒径小，分散更均匀，而且 SiO$_2$ 与橡胶间的界面作用更强。原位 SiO$_2$ 增强橡胶复合材料的动态滞后生热性能尤其卓越，这主要归因于分散均匀性和强的界面相互作用。溶胶-凝胶技术所赋予原位 SiO$_2$ 增强橡胶复合材料的界面、分散性和粒径正是人们所一直追求的，除导电性外，它们几乎可提高所有性能。这为制造更高性能的制品提供了可能性。

3. 原位聚合增强法

所谓"原位聚合"增强，是指在橡胶基体中"生成"增强剂，典型的方法如在橡胶中混入一些与基体橡胶有一定相容性的带有反应性官能团的单体物质，然后通过适当的条件使其"就地"聚合成微细分散的粒子，并在橡胶中形成网络结构，从而产生增强作用。

不饱和羧酸金属盐（MSUCA）增强橡胶就是"原位聚合"增强的典型例子。丙烯酸金属盐作为一类带有反应性基团的不饱和羧酸金属盐活性填料，与橡胶有较好的相容性，在有机过氧化物分解产生的自由基引发下，可以自聚，其自聚物有较高的内聚强度，且自聚物与橡胶不相容或部分相容。因此丙烯酸金属盐在适当的条件下可原位增强橡胶，生成聚丙烯酸金属盐/橡胶纳米复合材料。

（1）MSUCA 增强橡胶纳米复合材料的制备

目前 MSUCA/橡胶纳米复合材料混炼胶的加工方法主要有两种。第一种是在橡胶基体中直接加入 MSUCA 单体颗粒（如甲基丙烯酸锌、甲基丙烯酸镁、甲基丙烯酸铝等），初始分散粒径一般为微米大小；第二种方法是在橡胶的混炼加工过程中加入金属氧化物（常为 ZnO、MgO、Al$_2$O$_3$ 等）和不饱和羧酸液体（常为 MAA 或 AA），使两者在混炼剪切过程中发生中和反应而原位生成 MSUCA 单体颗粒。相关研究表明，采用第二种加工工艺所制备的 MSUCA/橡胶纳米复合材料的力学性能往往优于前者，而且配方容易调节，生成的不饱和羧酸盐的分散性好，同时可得到不同离子的不饱和羧酸盐。

（2）MSUCA 增强橡胶纳米复合材料的性能特点

与传统的炭黑补强相比，不饱和羧酸盐补强橡胶有以下特点：

① 在相当宽的硬度范围内都有着很高的强度；
② 随着不饱和羧酸盐用量的增加，胶料黏度变化不大，具有良好的加工性能；
③ 在高硬度时仍具有较高的伸长率；
④ 较高的弹性；
⑤ 较低的生热；
⑥ 硬度和模量对温度较低的依赖性。

不饱和羧酸盐对极性（如 NBR、EVM）和非极性橡胶（如 SBR、EPDM 等）都有较好的增强效果，其增强橡胶最显著的特点是硫化胶具有优异的力学性能。成熟的工业化产品是日本 Zeon 公司开发的商品名为 ZSC 的 HNBR/ZDMA 聚合物复合材料，拉伸强度高达 60MPa，可作为一种新型材料代替聚氨酯弹性体来使用。目前，ZSC 广泛应用于苛刻环境下使用的橡胶制品，如胶带、各种工业用胶辊、油田用橡胶制品等。美国军方等将 ZDMA 增强的 HNBR 用于坦克履带，硫化胶具有较高的撕裂强度、耐磨性和耐高温性能。但 MSUCA 补强橡胶需要用大量的不饱和羧酸液体，这会腐蚀加工设备，而且制备的复合材料的压缩永久变形比较大，从而在一定程度上限制了其规模化应用。

五、新型碳纳米材料补强

近年来，碳纳米技术的研究相当活跃，多种多样的碳纳米材料层出不穷，比较典型的有球形的富勒烯、管状的碳纳米管和片状的石墨烯。这些碳纳米材料形态、结构不同，性能也各具特点，它们与橡胶的复合，为制备高性能、功能性、智能橡胶复合材料带来了无限可能。

1. 富勒烯

富勒烯是一种球形、笼状结构的纳米材料，与金刚石、石墨一样，都是由碳原子按不同的结构排列而成。1985 年，Kroto 和 Smalley 在研究星际中碳尘埃形成原理时，意外发现了 C_{60} 和 C_{70} 富勒烯（60、70 表示构成富勒烯的碳原子数）。

完美结构的 C_{60} 分子有 60 个顶点，32 个面（20 个正六边形，12 个正五边形），其笼状结构类似于足球，因此也被称作足球烯，如图 3-46 所示。该笼状结构的直径约为 0.7nm，空腔直径约为 0.36nm。

图 3-46　C_{60} 分子结构模型

在橡胶，乃至弹性体领域，有关富勒烯的应用研究较少，主要是由于富勒烯尺寸过小，缺乏简单有效的混合方法，而且富勒烯价格昂贵。目前富勒烯与弹性体进行复合的方式主要以溶液共混法为主，如可将富勒烯溶解在甲苯中超声分散，然后与橡胶的甲苯溶液复合后采用旋涂法可以制备出均匀分散的富勒烯/橡胶复合材料。采用 NR 胶乳与羟基化富勒烯水溶液进行水相共混，亦可制备富勒烯/NR 复合材料。为提高富勒烯的分散，也可将富勒烯沉积在炭黑表面，然后可以通过高温混炼的方式与 NR 进行共混复合。

利用富勒烯作为纳米增强填料，可用于提高弹性体的力学性能。与空白样相比，添加不到 1%（质量分数）的富勒烯，复合材料的拉伸强度和模量均提高 30%，通过扫描电子显微镜（SEM）观察可见富勒烯在基体中均匀分散，无明显团聚现象。但是当富勒烯的用量进一步增加，则富勒烯在橡胶中出现团聚现象，复合材料力学性能均呈下降趋势。富勒烯具有极高的电子亲和特性，能与碳自由基产生亲核反应终止其反应活性。因此利用富勒烯的电子受体特性可将其用于提高橡胶基体的热稳定性（提高热分解温度和热变形温度）以及耐老化特性。

2. 碳纳米管

碳纳米管（CNTs）在 1991 年被日本科学家饭岛澄男（Sumio Iijima）先生最先发现，是一种由大量呈六边形排列的碳原子所组成的石墨层相互卷曲、首尾相接而成的一维管状材料，在一般情况下的长径比可以达到 1000。

（1）碳纳米管的结构

按照层数，碳纳米管可分为单壁碳纳米管（SWCNTs）和多壁碳纳米管（MWCNTs）。单壁碳纳米管是由单层石墨薄片制成的空心圆柱体，其直径在零点几纳米到几纳米，长度可达几十微米；多壁碳纳米管直径在几纳米到几十纳米之间，长度大于 $10\mu m$，层与层之间保持固定的间距，与石墨的层间距相当，约为 0.34nm。CNTS 的管身并非标准的圆管结构，有时会出现各种形状的结构，如 X 形、T 形或 Y 形等，如图 3-47 所示。

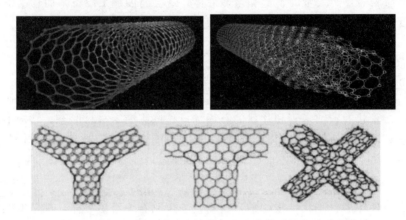

图 3-47　单壁、多壁碳纳米管模型以及其他形状的碳纳米管

CNTs 中的碳原子是以 sp^2 杂化为主、sp^3 杂化为辅的混合形态存在，这会使 CNTs 表面形成许多离域化程度很高的共轭大 π 键，共轭大 π 键是 CNTs 能够结合许多官能团的化学基础。因此，无论是 SWCNTs 还是 MWCNTs，它们都具有结合化学基团的能力。SWCNTs 的纯净程度高，表面存在的缺陷少，因此它能够结合化学基团的数目很少，这就是 SWCNTs 表现出化学惰性的原因；SWCNTs 管壁的不断重叠、堆集而形成了 MWCNTs，因此它的表面缺陷很多，能够结合许多像羟基、羧基这样的官能团。

（2）碳纳米管的性能

依托于自身特殊的结构，CNTs 拥有独特的力学、电学、热学、磁学性能等。表 3-15 总结了 CNTs 的基本性能。

表 3-15　CNTs 的基本性能

性能	SWCNTs	MWCNTs
拉伸强度/GPa	50～500	10～60
弹性模量/TPa	1	0.3～1
电导率/(S/m)	约 10^6	
热导率/[W/(m·K)]	3000	
磁化率/(emu/g)	22×10^6（垂直）；0.5×10^6（平行）	
热稳定性	>700℃（在空气中）；2800℃（真空中）	

另外，CNTs有着独特的光学性能，其既可以吸收光波，也可以散发还原光波。简言之，CNTs可以传输、储存、恢复光波信号。CNTs也有着优良的吸附性能，研究表明，对于大小适合CNTs内径的任何分子，CNTs都可以吸附。

(3) 碳纳米管/橡胶复合材料的制备方法

CNTs这样具有纳米尺寸的材料会产生"纳米尺度效应"，CNTs与CNTs之间相互缠绕形成团聚，与此同时，将CNTs加入橡胶的过程中会加剧CNTs的团聚现象，从而掩盖了单根CNTs所表现出来的优异物理化学性能。因此欲使CNTs在橡胶材料中尽可能多地表现出单根CNTs所具有的优异性能，必须解决好CNTs与橡胶基体的混合问题。常用的CNTs与橡胶共混方法如下。

机械共混法：机械共混法制备CNTs/橡胶复合材料是依靠巨大的机械力，将CNTs挤压到橡胶基体当中。机械共混法是橡胶行业当中最传统、应用最广泛的工艺，可操作性强，工艺流程简单。但也存在着很多的缺点，如干混过程比较繁琐，作业完成的时间长，而且能耗较高，对于CNTs这种本身高度缠结的纳米级填料来说，单纯依靠混炼过程中的剪切力来解决这种缠结并实现CNTs在橡胶中的均匀分散非常困难。同时，橡胶在混炼过程中具有较长的热历程记忆，延长了生产过程，吃料也难，容易造成环境污染，对操作人员的身体健康具有一定的危害性。

溶液共混法：溶液共混法制备CNTs/橡胶复合材料是利用溶剂将固体橡胶溶解，然后将CNTs混入橡胶溶液中，蒸发掉有机溶剂后烘干制得CNTs/橡胶复合材料。这种方法能较好地解决CNTs的分散问题，而且能较大程度地保持CNTs高长径比的特点。溶液共混法的最大缺点是需要大量有机溶剂，溶剂的脱除、回收、再利用会使工艺过程变得复杂且成本很高，这些缺点限制了该方法在工业化生产中的应用。

胶乳共混法：胶乳共混法制备CNTs/橡胶复合材料就是将CNTs混入橡胶胶乳制成复合材料的共混方法。胶乳共混法的具体操作方式为：取适量的去离子水，去离子水中加入表面活性剂，然后将CNTs通过不断地超声、搅拌混入水中；待CNTs混入去离子水中后，再将橡胶胶乳与去离子水混合均匀；接着使用破乳剂（例如甲酸、氯化钙溶液、酒精溶液等）将上述橡胶胶乳破乳，取出破乳后的固体橡胶烘干；最后将胶乳共混后的CNTs/橡胶复合材料放入开炼机或者密炼机，添加硬脂酸、氧化锌、促进剂和硫黄等小料从而制成混炼胶。胶乳共混法不仅能实现CNTs在橡胶中的均匀分散，得到高长径比、高分散的CNTs/橡胶复合材料，而且能有效避免溶液共混法的缺点。

(4) 碳纳米管/橡胶复合材料的性能及应用

力学性能：CNTs独特的结构、较低的密度以及较高的长径比使其成为增强橡胶的优良填料。把CNTs引入橡胶中，可有效提高定伸应力、拉伸强度和硬度等力学性能，提高的幅度与CNTs的用量、其在基体中的分散情况以及与基体的界面作用相关。

导电性能：CNTs本身具有优异的导电性能，而且长径比大，因此只要在橡胶基体中添加少量的CNTs，便可形成完整的导电网络结构，此时复合材料的电导率会出现数量级的变化。

导热性能：橡胶作为一种传统的绝缘隔热材料，其热导率较低。CNTs具有良好的导热性能，理论预测单壁碳纳米管的最高热导率可达$6600W/(m \cdot K)$，多壁碳纳米管的热导率可达$3000W/(m \cdot K)$，而较大的长径比又能使其在橡胶基体中形成完整有效的导电网络结构，因此CNTs可以作为填料改善橡胶的热导率。

吸波性能与电磁屏蔽性能：CNTs具有独特的准一维纳米结构、手性和螺旋特性，表现出良好的吸波性能。电磁屏蔽主要是利用导电或导磁材料降低电磁辐射的影响程度，CNTs作为一种优良的导电材料，自然也是一种良好的电磁屏蔽材料。CNTs以其高导电性、巨大的长径比和优异的力学性能成为聚合物基电磁屏蔽材料理想的增强体，将CNTs作为填料制备电磁屏蔽复合材料具有很大的研究价值。

总而言之，CNTs不仅可以对橡胶复合材料进行高效增强，还可以实现橡胶的功能化。多功能的CNTs/橡胶复合材料在通用橡胶领域、特种橡胶领域和功能橡胶领域均显示出广阔的应用前景。

3. 石墨烯

石墨烯，又称单层石墨，是只有一个碳原子厚度的二维材料。2004年，英国科学家Geim和Novoselov等从理论上证实石墨烯单晶的存在，并利用胶带剥离高定向石墨的方法制得能够真正独立存在的二维石墨烯片层，至此掀起石墨烯科学研究和工程应用的热潮。

(1) 石墨烯的结构与性质

石墨烯是由单层碳原子通过sp^2杂化连接成的二维（2D）平面蜂窝状晶体，如图3-48所示。由于石墨烯中所有的碳原子均在同一个平面上，其厚度仅为0.34nm。

图3-48 石墨烯的结构示意图

横向上，石墨烯中相邻碳原子的sp^2杂化轨道通过σ共价键连接在一起，其键长约为0.142nm，键能很高，难以破坏，这也是石墨烯具有优异力学性能的根本原因。纵向上，石墨烯碳原子中垂直于sp^2轨道的P_z轨道上剩余一个价电子，相邻两个碳原子的P_z轨道发生交叠，形成离域大π键，使其能带结构区别于传统的半导体和金属材料，是一个零能隙的半导体材料，电子可以在片层间自由移动。这也使得石墨烯具有很多优异且奇特的物理化学性质。单层石墨烯的比表面积高达$2630m^2/g$；其杨氏模量约为1100GPa，断裂强度是现有钢铁的100倍，约为130GPa；其热导率约为$5000W/(m·K)$，是常见金属的10倍以上。石墨烯有着远高于现有半导体材料的导电性能，室温下电子在石墨烯中的迁移速率高达光速的1/300，约为$15000cm^2/(V·s)$。石墨烯的光透过率高达97.7%。此外，其独一无二的能带结构还使其具有量子霍尔效应（Hall effect）、温室磁铁效应等一系列独特的性质。

石墨烯对橡胶复合材料表现出极高的增强效率，同时赋予其良好的电学、热学以及气体阻隔等功能，这对于制备高性能及多功能橡胶复合材料具有重要意义。

(2) 石墨烯/橡胶复合材料的制备

由于石墨烯优异的特性，作为橡胶的高性能纳米填充材料已经被广泛报道。在石墨烯/橡胶复合材料中，石墨烯在橡胶基体中的均匀分散是实现其高性能化的前提。而石墨烯的分散与复合材料的制备过程、橡胶的特性、石墨烯的表面化学以及石墨烯与橡胶基体之间的界面作用都有着密切的关系。目前石墨烯/橡胶复合材料的制备方法主要有三种,即直接共混法、乳液复合法以及溶液共混法。这些方法与CNTs/橡胶复合材料的制备方法类似,在此不再赘述。

(3) 石墨烯/橡胶复合材料的性能

① 物理机械性能。石墨烯的高强度、高模量以及大的比表面积使其在橡胶复合材料领域受到了极大的关注。大量研究表明,加入少量的石墨烯就能明显改善橡胶复合材料的力学性能。与其它补强性填料(炭黑、白炭黑、碳纳米管等)相比,石墨烯的增强效率更高,如图 3-49 所示。

② 动态力学性能。橡胶的动态力学性能如耐疲劳、滚动阻力、耐磨性能等对于动态使用的橡胶制品如轮胎等至关重要。石墨烯不仅能有效提高橡胶复合材料的静态力学性能,也能有效改善橡胶复合材料的动态力学性能,如降低滚动阻力、提高耐磨性、提高抗屈挠疲劳龟裂性能以及阻尼性能等。

③ 电学性能。石墨烯具有高的比表面积和电导率,因此石墨烯填充的复合材料拥有高的电导率和更低的导电阈值,这为制备轻质量、高导电性的橡胶复合材料提供了机遇。石墨烯/橡胶复合材料的电导率主要依赖于石墨烯比表面积、石墨烯含量、石墨烯分散以及石墨烯-橡胶界面结合。石墨烯的比表面积越大,复合材料的导电逾渗阈值就越

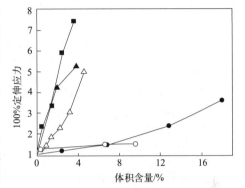

图 3-49　不同填料对橡胶的补强作用
■—石墨烯;▲—黏土;△—碳纳米管;
○—白炭黑;●—炭黑(N330)

低,例如当石墨烯的比表面积为 $400m^2/g$ 时,复合材料的导电逾渗阈值为 1.6%(质量分数),而当石墨烯的比表面积为 $650m^2/g$ 时,复合材料的导电逾渗阈值为 0.8%(质量分数)。更高的比表面积表明石墨烯的剥离分散程度更好,在橡胶基体中更容易相互搭接形成导电通路,石墨烯/橡胶复合材料的导电逾渗阈值就能明显降低。

④ 导热性能。石墨烯具有超高的热导率,其理论热导率高达 $5000W/(m·K)$,明显高于碳纳米管的 $3000W/(m·K)$,因此石墨烯在制备导热橡胶复合材料中也有巨大的应用前景。一般而言,增加石墨烯的含量可以提高石墨烯/橡胶复合材料的热导率,但石墨烯与橡胶之间较弱的热耦合导致两者之间存在较高的界面热阻,因此石墨烯改善橡胶复合材料的热导率并不高。作为无定形聚合物,橡胶复合材料中的热能主要通过声子进行传递,因此强的填料-填料、填料-橡胶耦合有利于热能的传导。因此为了获得具有高热导率的石墨烯/橡胶复合材料,需要降低界面声子损耗,增强石墨烯-橡胶界面作用。

⑤ 耐老化性能。橡胶制品在使用过程中会发生老化,老化会导致橡胶性能的改变并最终失去使用价值。石墨烯是优良的抗氧化剂,石墨烯的加入能显著提高橡胶的耐热氧老化性能。石墨烯由于是片层结构,能提高石墨烯复合材料的氧气阻隔性能,从而有效抑制橡胶的热氧老化。另外石墨烯的加入能有效吸附并清除老化过程中产生的自由基,从而提高橡胶的耐老化性能。

⑥ 气体阻隔性能。在橡胶的应用领域,例如汽车内胎、户外密封、航空和航天的密封件等,许多橡胶制品对橡胶的气体阻隔性能要求极高。目前,高气体阻隔性能的橡胶有两种,第一种是特种橡胶,比如丁基橡胶、氯丁橡胶以及改性的天然橡胶;第二种就是纳米材料填充改性的橡胶。相比而言,纳米材料填充改性橡胶复合材料较为经济廉价,而且对橡胶

的其他性能也有较大提升。相对于零维和一维纳米填料如炭黑、碳纳米管，二维片层石墨烯对橡胶材料气体阻隔性能提高更为有效，因为石墨烯片层在橡胶基体中形成片状网络，有效延长了气体分子在橡胶基体中的扩散路径，从而提高复合材料的气体阻隔性能。如图 3-50 所示，图中 d 为未加石墨烯胶料的气体扩散路径，d' 为加石墨烯胶料的气体扩散路径。

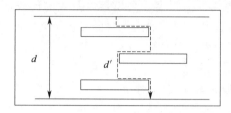

图 3-50　石墨烯片层结构对气体阻隔作用示意图

石墨烯片层的大小、石墨烯在聚合物基体中的取向程度以及石墨烯的剥离程度是影响石墨烯/橡胶复合材料阻隔性能的主要因素。石墨烯片层越大、取向程度越高以及剥离程度越大则复合材料气体阻隔性能越高。另外提高石墨烯与聚合物之间的界面相互作用也能显著提高复合材料的气体阻隔性能。

⑦ 电磁波吸收性能。二维片层的石墨烯在复合材料基体中容易形成二面角堆叠结构，使得电磁波在传播过程中多次反射，传播路径增加从而导致能量的大幅度耗散。石墨烯/橡胶复合材料良好的吸波性能为制备质轻且高性能的航天器吸波材料提供了极大的可能性。

思考题

（1）SAF、ISAF、HAF、GPF、SRF、FEF、FT、EPC 分别表示什么炭黑？

（2）写出炭黑 N347 中各字符的含义。这是一种什么结构的炭黑？

（3）炭黑的微观结构、一次结构、二次结构分别是什么？炭黑的基本结构单元是什么？

（4）什么是炭黑的结构性？炭黑的结构性用什么方法测定？

（5）什么是比表面积？它与粒径有何关系？

（6）什么是炭黑表面粗糙度？对橡胶的补强有何影响？

（7）炭黑对橡胶补强的三要素是什么？

（8）什么是结合橡胶？炭黑的基本性质（表面粗糙度、粒径、结构性、表面活性）及用量对结合橡胶的生成量有何影响？

（9）炭黑的粒径、结构性和表面活性对硫化胶的拉伸强度、撕裂强度、定伸应力、硬度、耐磨性、生热性、导电性、弹性、伸长率有何影响？

（10）炭黑的粒径、结构性和用量对吃粉、分散、胶料的黏度、混炼生热、挤出特性、硫化速度有何影响？

（11）什么是包容橡胶？它对胶料黏度有何影响？

（12）白炭黑有哪几种？

（13）白炭黑在胶料中为什么难分散？为什么能迟延硫化？如何减轻迟延硫化现象？

（14）为什么轮胎胎面胶中经常采用白炭黑加偶联剂取代部分炭黑？

（15）在气相法白炭黑补强硅橡胶时，为什么胶料的黏度会随炼胶时间的延长而不断变硬？如何避免？

（16）要提高短纤维在橡胶中的应用效果，需要注意哪些问题？

参考文献

[1] 朱玉俊．弹性体的力学改性［M］．北京：北京科学技术出版社，1992．
[2] 李炳炎．炭黑生产与应用手册［M］．北京：化学工业出版社，2000．
[3] 王梦蛟，吴秀兰．炭黑-白炭黑双相填料的研究［J］．轮胎工业，1999，19（5）：280-289．
[4] 王梦蛟．聚合物填料和填料相互作用对填充硫化胶动态力学性能的影响［J］．轮胎工业，2000，21（10）：601-605．
[5] 吴淑华，涂学忠，单东杰．白炭黑在橡胶工业中的应用［J］．橡胶工业，2002，49（7）：51-55．
[6] 蒲启君．我国橡胶助剂的现状与问题［J］．橡胶工业，2000，47（1）：40-45．
[7] 杨军，王迪珍，罗东山．木质素增强橡胶的技术进展［J］．合成橡胶工业，2001，24（1）：51-55．
[8] 漆宗能，尚文宇．聚合物/层状硅酸盐纳米复合材料理论与实践［M］．北京：化学工业出版社，2002．
[9] Du A H，Peng Z L，Zhang Y，et al．Effect of magnesium methacrylate on the mechanical properties of EVM vulcanizates［J］．polymer testing，2002，21（8）：889-895．
[10] Sugiya M，Terakawa K，Miyamoto Y，et al．Dynamic mechanical properties and morphology of silica-reinforced butadiene rubber by the sol-gel process［J］．Kautsch. Gummi Kunstst.，1997，50（7）：538-543．
[11] Tanahashi H，Osanai S，Shigekuni M，et al．Reinforcement of acrylonitrile-butadiene rubber by silica generated in situ［J］．Rubber Chem. Technol.，1998，71（1）：38-52．
[12] Poh H，Sanek F，Ambrosi A，et al．Graphene-prepared by staudenmaier，hofmann and hummer methods with consequent thermal exfoliation exhibit very different electrochemical properties［J］．Nanoscale，2012，4（11）：3515-3522．
[13] 王蓉，朱长军，李蕾，等．石墨烯：化学与结构功能化［J］．功能材料，2021，52（8）：81-86．
[14] 郑龙，许宇超，张立群，等．石墨烯/橡胶纳米复合材料的基础研究以及工业化应用［C］．第十四届中国橡胶基础研究研讨会，2018．
[15] 林晨，郝智，汪朝宇，等．碳纳米管增强硅橡胶的导热和力学性能研究［J］．有机硅材料，2021，35（4）：22-27．

第四章 橡胶的老化与防护

第一节 概述

橡胶和橡胶制品在加工、贮存或使用过程中，因受到外部环境因素的影响和作用，出现性能逐渐下降，直至丧失使用价值的现象称为老化。

橡胶和橡胶制品老化的发生和发展，是一个由表及里、由量变到质变的过程。老化后在外观上发生的变化是，表面出现斑点、失光变色或有微裂纹等，手感是变软发黏（如 NR）或变硬发脆（如多数合成橡胶）；老化使橡胶的某些物理化学性能和电学性能发生劣化，综合力学性能出现不同程度的下降，且在一定程度上随老化时间的延长而愈发明显。

橡胶的老化是受内外因素共同作用的结果。内因在于橡胶属于一种有机高分子材料，其分子的化学键能、构成交联网络的化学键能和大分子的内聚能均较低，易受各种侵蚀、破坏而发生老化。外因则可主要概括为三大类：一是物理因素，如热、光、电、高能辐射和机械应力等；二是化学因素，如氧、臭氧、强氧化剂、无机酸、碱、盐的水溶液及变价金属离子等；三是生物因素，如微生物及蚂蚁等。橡胶的氧化、臭氧化反应以及疲劳老化对橡胶造成的破坏最为常见，也最严重。此外热、光等因素往往还对氧化、臭氧化和疲劳老化起到活化或催化作用。生物老化多发生在热带或亚热带地区。

从橡胶的实际使用情况看，老化是多种内外因素综合作用的结果。例如汽车轮胎在滚动中，一方面要与大气中的氧接触发生反应，另外还发生周期性应力-应变，产生力学损耗进而生热，热又活化了氧化反应；另一方面，轮胎在室外使用不可避免地受到阳光照射、风吹和雨雪淋洗以及臭氧侵蚀，会发生光氧老化和臭氧老化。除此之外，轮胎的胎冠部因与地面接触还会受到摩擦及沙石等不可预见性尖锐物的刺扎和切割，这对上述老化又起催化和促进作用。这些同时由多种外因引起的老化最终使轮胎丧失使用价值。

橡胶制品大多数情况下是作为机械装备的配件使用，如因老化而过早地损坏，不仅影响了用户的经济效益，有时还会给生命财产造成重大危害。为了改善橡胶的抗老化性，延长制品的使用寿命，早在19世纪中期就开始了对橡胶老化与防护的研究。这些研究包括各种外部因素导致橡胶老化的作用机理、各种防老剂的开发使用及防护橡胶老化的作用机理等。经长期研究，不仅明确了各种外因对橡胶老化的作用及它们之间的关系，还对各种外因的作用机理有了充分的认识，找到了防护的理论依据。例如橡胶的热氧化机理、臭氧、光、变价金属离子等的作用机理以及酚、胺类等各种防老剂的防护机理已被广泛认可。但对抗臭氧剂作用机理和疲劳老化机理，虽有研究，然而并未形成共识。在橡胶的老化防护方面，现已开发出百余种能抵御不同老化行为的添加型多功能或专用防老剂，有些已在生产实践中广泛应用。为了克服添加型防老剂易迁移、易挥发和防护效能持续时间短的缺点，从20世纪中期又开始着手开发非迁移性和长效性防老剂，至今也取得了一定进展。

橡胶的老化与防护是进行胶料配方设计必须考虑的内容，防老剂则是胶料配方的五大体系之一。研究引起橡胶老化的内外因素，掌握橡胶老化作用的规律，以便采取有效防护措施，延缓橡胶的老化，延长其贮存期限和制品使用寿命，具有极为重要的意义。

此外，橡胶老化的实验与表征方法对深入研究橡胶复合材料的老化机理十分重要，因此，本章对该方面也略作介绍。

第二节
橡胶的热氧老化

橡胶或橡胶制品在贮存或使用过程中，因同时受到热和空气中氧的作用而发生老化的现象称为热氧老化，有时也称之为热空气老化，是各种橡胶及其制品时时刻刻均在发生的一种老化形式，也是造成橡胶损坏的主要原因。橡胶在200℃以下发生热氧老化，氧是引起老化的主要因素，热一般只起到活化氧化、加快氧化速度的作用。但在200℃以上，仅靠热的作用就足以使橡胶大分子链发生降解，温度越高，热降解越占优势，热降解成了橡胶破坏的主要原因，无氧气存在时，该老化形式称为热老化。无论是热氧化还是热降解都是无法杜绝的，但可设法延缓它们的发生，使橡胶制品最大限度地发挥其使用价值。为此应当了解橡胶发生氧化和发生热降解的机理及其影响因素。

一、橡胶的氧化反应机理——自动催化自由基链反应

氧是一种活泼元素，在通常条件下极易与不饱和橡胶发生反应，在较高温度或某些条件下也能与饱和橡胶发生反应。不饱和橡胶被氧化以后，力学性能会发生显著变化。例如1g天然橡胶硫化胶在110℃下吸氧$20cm^3$，其拉伸强度约下降3/4，在120℃下吸氧$3cm^3$，应力松弛速度加快2倍。天然橡胶是综合性能最好的橡胶，也是最早发现且应用范围最广的橡胶品种，同时也是典型的不饱和橡胶。因此，对橡胶氧化机理的研究，首先是从天然橡胶开始的。研究发现，不饱和碳链橡胶的氧化均遵循自由基连锁反应机理，反应具有自动催化特征；反应中的主要产物是过氧化氢物，它对氧化起到自动催化作用。图4-1是典型的不饱和碳链橡胶氧化动力学曲线，纵坐标是吸氧量，横坐标是氧化时间，曲线呈S形，整条曲线存在三个明显不同的阶段。

AB段说明氧化初期吸氧量小，吸氧速度基本恒定。在此阶段，橡胶性能虽有下降但不

显著，是橡胶的使用期。AB 段对应的时间称为氧化诱导期，显然，从应用的角度而言，诱导期越长越好。

BC 段是自动催化氧化阶段。在此阶段，吸氧速率急剧增大，比 AB 段大数个数量级，这种现象说明氧化反应具有自动催化的特征。从图 4-1 中的过氧化氢物积累曲线看到，自动催化氧化阶段正是过氧化氢物累积量达到最大值的阶段，从中可以看出，显然过氧化氢物导致了氧化的自动催化。在 BC 段的后期橡胶已深度氧化变质，丧失使用价值。

CD 段是氧化反应的结束阶段，吸氧速度先变慢，后趋于恒速，最后降至零，氧化反应结束。

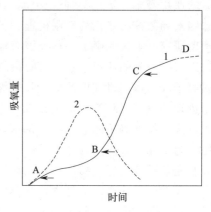

图 4-1　橡胶氧化动力学曲线
1—吸氧量曲线；2—过氧化氢物累积曲线

橡胶氧化反应的自由基连锁反应机理是根据对橡胶等高聚物的模拟化合物氧化研究提出来的，整个反应分为链引发、链传递和链终止三个阶段。

(1) 链引发

橡胶大分子 RH 受到热或氧的作用后，在分子结构的弱点处（如支链、双键等）生成大分子自由基 R·。

$$RH \longrightarrow R\cdot + \cdot H \qquad ①$$

(2) 链传递

自由基 R·在氧的作用下，自动氧化生成过氧化自由基 ROO·和大分子过氧化氢物 ROOH，ROOH 又会分解成链自由基。

$$R\cdot + O_2 \longrightarrow ROO\cdot \qquad ②$$
$$ROO\cdot + RH \longrightarrow ROOH + R\cdot \qquad ③$$
$$ROOH \longrightarrow RO\cdot + \cdot OH \qquad ④$$
$$2ROOH \longrightarrow RO\cdot + ROO\cdot + H_2O \qquad ⑤$$
$$RO\cdot + RH \longrightarrow ROH + R\cdot \qquad ⑥$$
$$ROO\cdot + RH \longrightarrow ROOH + R\cdot \qquad ⑦$$
$$\cdot OH + RH \longrightarrow R\cdot + H_2O \qquad ⑧$$

(3) 链终止

大分子链自由基相互结合生成惰性分子，终止链反应。

$$R\cdot + R\cdot \longrightarrow R-R \qquad ⑨$$
$$R\cdot + RO\cdot \longrightarrow ROR \qquad ⑩$$
$$R\cdot + ROO\cdot \longrightarrow ROOR \qquad ⑪$$
$$ROO\cdot + ROO\cdot \longrightarrow 非自由基产物 \qquad ⑫$$

终止反应生成的过氧化物不稳定，很容易再裂解生成大分子自由基，引起新的链引发和链传递。

在上述反应中，反应②与反应③相比，前者的速度比后者快得多。反应③生成的大分子自由基 R·会重新按照反应②、反应③的方式接连不断地进行下去，于是生成越来越多的橡胶过氧化氢物 ROOH，ROOH 在积累的同时也会按照反应④和反应⑤分解生成新的自由基，这些新的活性中心又加入链引发当中，从而使氧化反应速度迅速加快。这一特征反映在氧化动力学曲线上就是自动催化氧化。将反应④与反应⑤比较，反应⑤在低温下就会发生，它和反应③都是自动催化氧化的关键反应。

当氧化反应进行到一定程度，反应体系中可供引发的活性点越来越少，即新生的 R· 越来越少，此时反应的重点转向 R· 或 ROO· 等自由基相互碰撞结合的终止反应，由于 ROO· 的浓度远大于 R· 的浓度，所以反应⑫成为链终止的主要反应。

用红外光谱等现代化分析测试技术跟踪整个氧化过程，对氧化中间产物和最终产物分析的结果说明，在橡胶氧化的过程中，同时发生了链降解或链交联的反应。究竟以哪种反应为主，取决于橡胶的分子结构。有研究表明，NR 热氧化以后，变软发黏，其氧化产物有二氧化碳、甲酸、甲醛、乙酸、乙酰丙醛和乙酰丙酸等低分子化合物，由此可以断定其老化机理主要是主链键的断裂。BR 热氧化以后，变硬变脆，虽然也检测出含有羟基和羰基等氧化产物，但可以断定它发生的主要是链交联反应。

上述推论，通过对 NR 和 BR 两种常用通用橡胶进行的化学应力松弛实验得到进一步证实。图 4-2 给出了 NR 和 BR 硫化胶于 130℃下的应力松弛曲线。图 4-2 中分别有连续应力松弛和间歇应力松弛两条曲线，前者在整个实验过程中试样始终保持拉伸状态下的应力下降。由于橡胶氧化降解以后重新生成的交联网络不处于应变状态，对应力不做贡献，所以该曲线只反映橡胶网链断裂的数量。后者是指在整个实验过程中，试样不处于拉伸状态，只在测定应力时才被拉伸，测完应力立即解除外力，即试样始终处于间歇应力松弛状态，该曲线反映的应力是由新旧交联网络共同承担的。由此可见，间歇应力松弛与连续应力松弛之差就是氧化期间交联程度的度量。图 4-2 说明，NR 在热氧老化观察时间内网链的断裂占据着优势，BR 在热氧老化的观察时间内，前期是以网链的断裂为主，后期是以产生新的交联为主，总体上以交联为主。

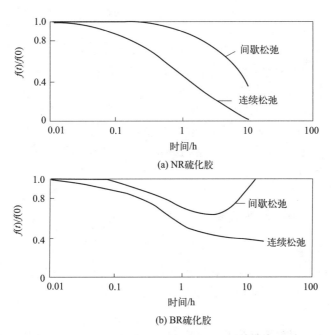

图 4-2　硫化胶在 130℃下的应力松弛曲线

BR 氧化过程中生成的烷氧自由基 RO· 会引起大分子链降解。氧化降解产物之间还会形成化学键合。其反应如下。

1,4-聚丁二烯中亚甲基结构氧化生成的烷氧自由基，按下列几种方式发生降解：

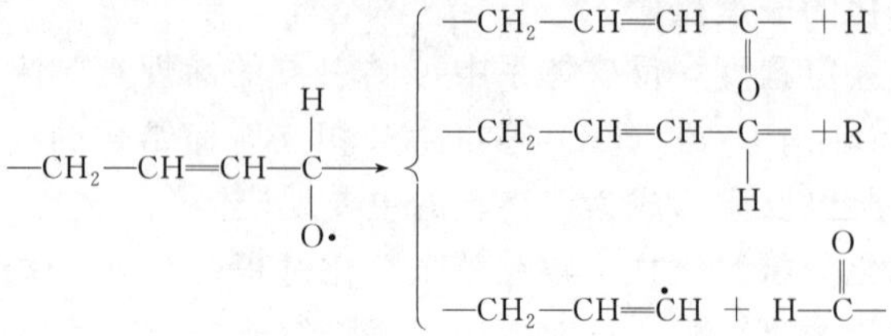

$$-CH_2-CH=CH-\underset{\underset{O\cdot}{|}}{\overset{\overset{H}{|}}{C}}- \begin{cases} -CH_2-CH=CH-\underset{\underset{O}{\|}}{C}- + H \\ -CH_2-CH=CH-\underset{\underset{H}{|}}{\overset{\overset{O}{\|}}{C}}- + R \\ -CH_2-CH=\overset{\cdot}{C}H + H-\overset{\overset{O}{\|}}{C}- \end{cases}$$

自由基和氧化降解产物按下列方式发生交联：

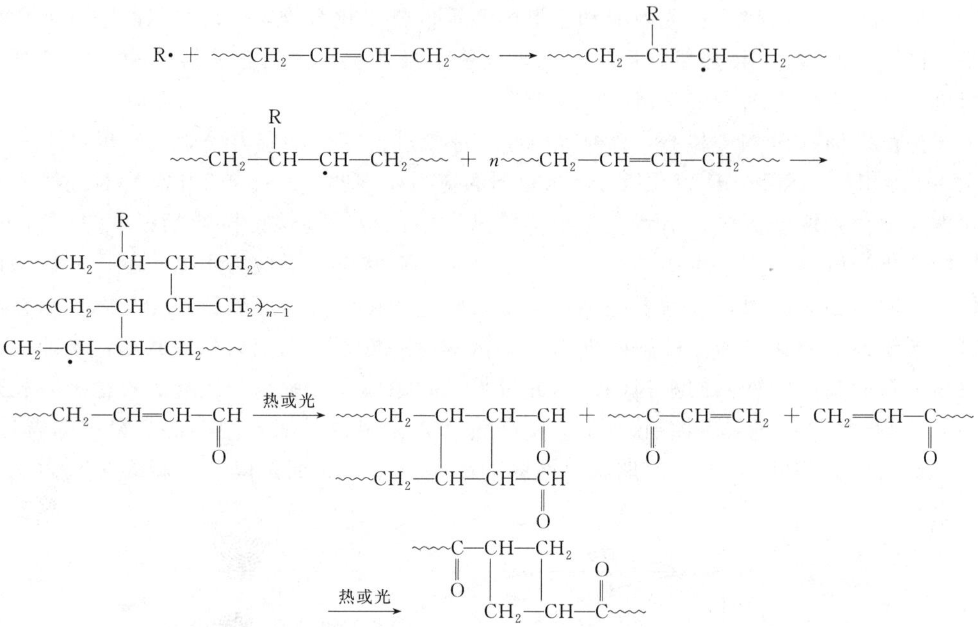

（反应式图）

上述 NR 和 BR 在热氧化过程中发生的结构变化，反映了整个橡胶氧化以后结构变化的两大类型。NR、IR、IIR、EPM、CO、ECO 等以降解为主；而 BR、NBR、SBR、CR、EPDM、FPM、CSM 等则以交联为主。NBR 和 SBR 虽然是共聚物，但或许因其主要单体组分还是丁二烯，故显示与 BR 相似的结构变化特征。实际上橡胶氧化过程中发生的结构变化除了降解和交联以外，还发生了其他结构变化，例如 BR 还发生了顺反异构变化，NR 及 BR 等会发生分子内反应。

二、影响橡胶热氧老化的因素

1. 橡胶分子结构的影响

橡胶分子结构不同，发生氧化的位置不同，受氧化的难易不同，氧化速度不同，氧化过程中产生的结构变化不同，氧化产物也不同。

（1）主链结构的影响

就碳链橡胶来说，饱和碳链橡胶比不饱和碳链橡胶耐氧化。饱和碳链橡胶分子链中，尽管由于电子诱导效应和超共轭效应使叔氢原子具有较大的活性，氧化引发反应往往发生在这一位置，但要使 C—H 键断裂生成活性自由基，与不饱和碳链橡胶分子上的 α-H 键断裂相比，其断裂活化能要高很多，故其不易被氧化。而不饱和碳链橡胶大分子结构单元中的 α-H

原子，具有较高的反应活性，在较低的温度下就能发生氧化脱氢反应，并生成稳定的大分子自由基 R·，接着进行氧化链式反应，其氧化反应具有明显的自动催化特征。饱和碳链橡胶在氧化过程中没有明显的自动催化特征，这是因为饱和碳链橡胶的氧化必须在较高温度下进行，此时所生成的过氧化氢物 ROOH 被很快分解掉，难以充分发挥自动催化作用。对于杂链橡胶（如硅橡胶），因主链由无机硅原子和氧原子交替组成，它没有按自由基分解的倾向反应，氧化的引发反应只能从侧烷基上开始，氧化反应温度比上述橡胶高得多，在 280℃ 以上才开始有低分子挥发物产生，反应的自动催化特征也不明显。这说明它比一般的碳链橡胶更耐热氧化。

(2) 侧基的影响

同是不饱和碳链橡胶，却因双键上有无取代基及取代基的极性不同，其耐氧化性不同（第一章）。饱和碳链橡胶中的丙烯酸酯橡胶与乙丙橡胶相比，前者的取代基是极性的酯基，后者是甲基，则前者的氧化活性比后者也降低了许多。氟橡胶也是饱和碳链橡胶，但与碳原子相连的只有少量氢原子，主要是强极性的氟原子或氟烷基，因而显示出优异的耐氧化性。

(3) 共聚组分的影响

共聚橡胶的耐氧化性与共聚物中第二组分或第三组分的种类和数量有关。SBR 和 NBR 相比，后者的耐氧化性要好于前者，并且随丙烯腈含量的增加耐氧化性增强。这与氰基是一个强极性基团有关，一方面它使得邻近丁二烯结构单元中的 α-H 降低了反应活性；另一方面它使丁腈橡胶有较高的内聚能密度，降低了氧的扩散能力。

SBR 中苯环的体积位阻效应虽然能阻碍氧的扩散，但因苯乙烯含量少且无规分布，其改善抗氧化的效果很有限，因其不饱和度比 NR 低，故它的耐氧化性仅好于 NR，与 BR 不相上下。此外，EPDM 和 IIR 的氧化活性则随不饱和第三组分含量的增加而增大。

2. 硫化的影响

绝大多数橡胶是在硫化以后使用的，橡胶硫化以后形成体型网络结构，使其化学组成发生了变化。交联键、配合剂相互反应生成的网络外物质以及因硫化生成的变异结构等，都会影响橡胶的氧化行为。

(1) 交联键类型的影响

对用传统、有效和过氧化物硫化体系分别硫化的含炭黑 NR 进行氧化试验发现，其氧化速度是按传统＞有效＞过氧化物的顺序递减。如在 100℃ 进行大气氧化试验，它们从大气中吸氧达 0.5%（质量分数）的时间分别是 27h、53h 和 118h。图 4-3 的实验曲线进一步证明了这一特点，这说明交联键尤其是多硫键易发生氧化反应。硫化胶吸氧速度与交联键的解离能高低有关，解离能高则不易被氧化。多硫键与单硫键、双硫键及碳-碳键相比，因解离能最低，易断裂成自由基引发橡胶的氧化。图 4-4 所示的实验曲线说明硫化橡胶中含多硫键越多，越不耐氧化。而多硫键恰恰是普通硫化体系硫化胶中数量最多的交联键类型。

(2) 硫化橡胶中网络外物质的影响

用 TMTD 硫化的 NR 具有很好的耐氧化性。若在氧化之前用丙酮抽提出橡胶在硫化期生成的二甲基二硫代氨基甲酸锌，则硫化胶的耐氧化性不再优于一般的硫黄/促进剂硫化的橡胶。这说明 TMTD 硫化胶的优良耐氧化性，既不是交联键特征也不是分子侧挂基团特征贡献的，而是网络外物质二甲基二硫代氨基甲酸锌贡献的。

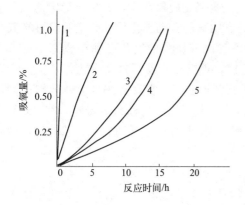

图4-3 不同硫化体系硫化的NR在100℃、0.1MPa
氧压下测定的吸氧曲线（硫化后抽提）

1—纯硫黄硫化（S，10份）；2—硫黄/促进剂硫化
（S/CZ，2.5份/0.6份）；3—无硫硫化（TMTD，4份）；
4—EV硫化（S/CZ，0.4份/6.0份）；
5—过氧化物硫化（DCP，2.0份）

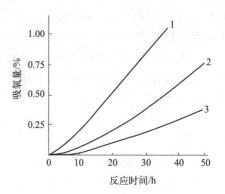

图4-4 多硫交联键浓度对NR
硫化胶氧化行为的影响

1—6.05×10^{-5} mol/g；2—3.6×10^{-5} mol/g；
3—0 mol/g

（3）硫化胶中变异结构的影响

橡胶在硫化过程中，生成的分子内硫环、促进剂/硫黄侧挂基团、共轭三烯等变异结构对橡胶的氧化也有影响。其中分子内硫环有抑制氧化的作用，而促进剂侧挂基团和共轭三烯或共轭二烯则能加速橡胶的氧化。由上可见，硫化改变了橡胶的原有结构并使结构变得复杂起来，这给研究硫化橡胶的氧化机理带来很大的困难。目前还无法对所有问题做出准确的理论解释，许多问题尚有待进一步地深入研究。

（4）温度的影响

温度对橡胶氧化的影响与对其他化学反应的影响一致，即在一定范围内温度每升高10℃，氧化反应速度约加快一倍。例如，厚20mm的橡胶试样分别在25℃、50℃、80℃、120℃和140℃放置24h后，试样中心部位的含氧量分别为表面含氧量的4%、30%、67%、80%和96%。显然，温度升高以后由于橡胶的膨胀，提高了氧的扩散速度，同时也活化了氧与橡胶的反应，橡胶制品使用温度越高，越容易老化。

除了上述因素影响橡胶的热氧老化以外，在进行橡胶热氧老化实验研究时，也必须考虑到氧浓度和橡胶试片厚度对实验结果产生的影响。

三、橡胶的热稳定性

近年来，随着科技的发展，对某些橡胶制品的耐用温度提出了近似苛刻的要求，如要求橡胶输送带能在200℃以上的环境下长期使用等。橡胶的耐高温性不仅取决于它的耐氧化能力，还取决于它的热稳定性。耐热性和热稳定性是老化方面常见的两个概念，有时很少加以区分。笔者认为，耐热性指物质在受热条件下仍能保持其优良的力学性能的性质，一般而言，应属物理性质的范畴。而热稳定性则反映物质在一定条件下发生化学反应的难易程度，应属化学性质的范畴。故两者不可混淆。在此，所谓热稳定性是指橡胶耐高温降解的能力。

橡胶在高温下发生降解的难易主要取决于橡胶分子链上化学键的解离能高低，也取决于交联键解离能的高低，各种化学键的解离能如表4-1所示。由表4-1中看到，Si—O键解离能高达 688kJ/mol，故硅橡胶制品可以在 250℃ 以上长期使用。

表 4-1　各种化学键的解离能

化学键	解离能/(kJ/mol)	化学键	解离能/(kJ/mol)
C—C	348	C—F	431～555
C=C	611	C—Cl	339
C≡C	678	C—Br	285
C—H	415	C—I	218
C—N	306	N—H	389
C≡N	892	O—H	464
C—O	360	O—O	147
C=O	749	Si—O	688

注：C—F 键的解离能随着在同一碳原子上所取代的氟原子数目增加和键长变短而增大。

碳链橡胶的热稳定性受侧基的影响很大，其稳定性按照主链为仲碳、叔碳、季碳原子的结构依次递减。

$$-C-C-C- \ > \ -C-C-C- \ > \ -C-C-C- $$
（对应侧链：无 > C > C 和 C）

当主链碳原子上连接不同原子时，其热稳定性按照以下顺序依次递减。

$$-C-F\ >\ -C-H\ >\ -C-C\ >\ -C-O\ >\ -C-Cl$$

FPM 热稳定性高，可在 315℃ 的高温下短期使用，侧基对不饱和碳链橡胶热稳定性的影响大于主链双键的影响。侧基大小、极性及数量不同，橡胶的热稳定性不同。对几种通用橡胶进行热失重研究，橡胶的热稳定性为：BR＞SBR＞IIR＞IR、NR。

第三节　橡胶热氧老化的防护

由前述知道，橡胶的热氧化反应是按照自由基链式反应机理进行的，反应的活性中心是 R· 和 ROO·，自动催化作用来源于 ROOH 的不断积累和分解。因此要想抑制氧化的进行可以采取两个方法：一是终止已经生成的活性自由基，使它不能进行链传递反应；二是分解不断生成的 ROOH，防止它产生新的引发自由基。橡胶热氧老化的防护就是根据这两个原理进行的。

一、自由基终止型抗氧剂的作用机理

凡是能够捕捉自由基 R· 或 ROO·，并与之结合生成稳定化合物和低活性自由基，以阻止链传递反应的进行，延缓橡胶老化的物质称为自由基终止型或链终止型抗氧剂。虽然有多种有机化合物可作为自由基终止抗氧剂使用，但最重要、最常用的是芳胺类化合物和酚类化合物。酚类化合物和芳胺类化合物分子上分别带有—NH 和—OH 基团，与 N 和 O 相连的氢原子具有比高分子碳链上原子高得多的活性，它易脱出来与大分子链自由基 R· 或 ROO· 相结合，从而中断氧化链的传递，降低橡胶被氧化的速度。例如抗氧剂 N-苯基-α-萘胺分子（常称防老剂 A）与 ROO• 作用后，消灭了大分子链自由基 ROO•，同时也生出一个 N-苯基-α-萘胺自由基。

这个新自由基能否再引起自由基链式反应，取决于它的活性。活性高的新自由基，可以引起新的链式反应，活性低的新自由基，则只能与另一个活性链自由基结合，再次中断一个链式反应。一般说来，无论是胺自由基还是酚自由基，由于它们与苯环处于大共轭体系中，因而这些自由基比较稳定，它们的活性不足以引发链自由基反应，而只能终止链自由基。应当指出的是某些叔胺化合物，虽不含—NH 基团却也有抑制氧化的作用，这是因为当它和大分子链自由基 ROO• 相遇时，会通过电子转移而使活性自由基终止。

自由基终止型抗氧剂（以下用 AH 代表）能够以下列不同方式参与橡胶的自动催化氧化过程。

引发　　$AH + O_2 \longrightarrow A\cdot + HOO\cdot$　　　　①

传递　　$ROO\cdot + AH \longrightarrow ROOH + A\cdot$　　　②

　　　　$AOO\cdot + ROOH \longrightarrow ROOH + ROO\cdot$　　③

终止　　$ROO\cdot + A\cdot \longrightarrow + ROOA$　　　　　④

　　　　$A\cdot + A\cdot \longrightarrow A—A$　　　　　　　　⑤

由于在橡胶氧化过程中 R• 的浓度比 ROO• 的浓度小得多，因此抗氧剂与 ROO• 的反应②是主要反应。又因 A• 是低活性自由基，它的活性不足以引发自由基链反应，即使反应③发生，速度也很慢，但 A• 可按反应④终止链自由基。通过对反应速率常数的测定，发现 ROO• 与抗氧剂 AH 的反应速率远快于在自动催化氧化过程中 ROO• 从橡胶分子上夺取氢的反应速率，故能有效地抑制氧化反应的进行。但不排除一种抗氧剂在这种环境下主要起抗氧剂的作用，在另一种环境下可能有助氧化的作用。另外，如反应①所示，抗氧剂在抑制橡胶氧化过程中，本身被氧化，其生成的自由基 $HO_2\cdot$ 活性很高，也会按下式引发橡胶反应。

$$HO_2\cdot + RH \longrightarrow H_2O_2 + R\cdot$$

尤其在较高的温度下或者在防老剂浓度较高的情况下，这种助氧化反应更容易发生。

为了证明上述抗氧剂通过氢转移抑制橡胶氧化反应机理的正确性，用重氢取代抗氧剂分子中的活泼 H 进行橡胶的氧化实验，观察动力学重氢同位素效应，实验结果如图 4-5 所示。重氢化抗氧剂的 N—D 和 O—D 官能团与 ROO• 的链终止反应速率

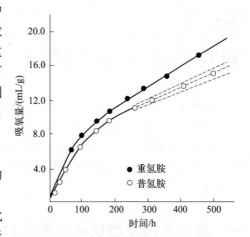

图4-5　3 份 N-苯基-β-萘胺在 SBR 中的动力学同位素效应（90℃，氧压为 0.1MPa）

低于普通抗氧剂的 N—H 和 O—H 与 ROO• 的反应速率，因此，在同样用量情况下，含重氢抗氧剂的橡胶氧化速率会大于含普通抗氧剂的氧化速率，图 4-5 中的同位素效应，用曲线恒

速部分的氧化反应速率常数比值表示，$K_D/K_H=1.8\pm0.3$。这充分说明酚、胺类抗氧剂通过氢转移使橡胶氧化动力学链终止的推理是正确的。

二、分解过氧化氢物抗氧剂的作用机理

通过分解氧化过程中生成的橡胶大分子过氧化氢物（ROOH），使之生成稳定的非活性物质，能有效地抑制橡胶的自动催化氧化。具有这种作用的物质被称为分解过氧化氢物型抗氧剂，硫醇、硫代酯、二硫代氨基甲酸盐和亚磷酸酯等都是有效的过氧化氢物分解剂。由于它们只能在 ROOH 生成以后才能发挥作用，一般不会单独使用，为此又把它们称作辅助抗氧剂。上述的酚、胺类抗氧剂则称作主抗氧剂。上述分解过氧化氢物类抗氧剂在橡胶工业中应用的主要是二硫代氨基甲酸盐类。其分解过氧化氢的反应机理如下：

$$ROOH + \underset{R'}{\overset{R'}{N}}-\underset{S}{\overset{S}{C}}-M-\underset{S}{\overset{S}{C}}-\underset{R'}{\overset{R'}{N}} \longrightarrow RO\cdot + \underset{R'}{\overset{R'}{N}}-\underset{S}{\overset{S}{C}}\cdot + \underset{R'}{\overset{R'}{N}}-\underset{S}{\overset{S}{C}}-M-OH$$

$$\underset{R'}{\overset{R'}{N}}-\underset{S}{\overset{S}{C}}-M-OH \longrightarrow \underset{R'}{\overset{R'}{N}}-\underset{S}{\overset{S}{C}}-SH + MO$$

$$\underset{R'}{\overset{R'}{N}}-\underset{S}{\overset{S}{C}}\cdot + 3ROOH \longrightarrow \underset{R'}{\overset{R'}{N}}-\underset{O}{\overset{O}{\underset{\|}{S}}}-OH + 2ROH + RO\cdot$$

$$\underset{R'}{\overset{R'}{N}}-\underset{S}{\overset{S}{C}}-SH + 3ROOH \longrightarrow \underset{R'}{\overset{R'}{N}}-\underset{O}{\overset{O}{\underset{\|}{S}}}-OH + 3ROH$$

$$\underset{R'}{\overset{R'}{N}}-\underset{O}{\overset{O}{\underset{\|}{S}}}-OH \longrightarrow R'-N=C=S + SO_2 + R'OH$$

由此可见，1mol 二硫代氨基甲酸盐能分解 7mol ROOH，足见效率之高。

三、抗氧剂结构与防护效能的关系

1. 自由基终止型抗氧剂

上述明确了酚、胺类化合物作为有效自由基终止型抗氧剂应具备的条件，是分子中要有易脱除的活泼 H 原子，并且 A—H 键的解离能要小于橡胶的 R—H 键解离能，以确保它们与 ROO· 的反应概率大于与 RH 的反应概率。但是 A—H 键的解离能又不能太低，否则它们将易被氧化过早消耗掉而失去防护橡胶氧化的作用。另外它们脱 H 后生成的自由基 A· 或 AOO· 的活性也应很小，以防止这些自由基参与氧化链传递反应降低防护效能。酚、胺化合物能不能满足上述要求，关键取决于苯环取代基团的类型和空间位阻的大小。

（1）取代基的类型

对芳胺类中的一元胺（R—⟨⟩—NHCH$_3$）或二元胺（R—NH—⟨⟩—NH—R）来说，若取代基 R 是推电子基团（如烷基和烷氧基），容易脱氢，故抗氧化效能高，反之 R 是吸电子基团时抗氧老化效能低（见表 4-2）。

表 4-2 取代基对对苯二胺类（R—NH—⟨ ⟩—NH—R）防护效能的影响

取代基 R	摩尔效率/%	取代基 R	摩尔效率/%
H	25	$(CH_3)_3C-$	96
$CH_3CH_2CH_2CH_2-$	38		
$(CH_3)_2CHCH_2-$	40	$(CH_3)_2N-CH_2CH_2-CH(CH_3)-$	137
$CH_3CH_2CH(CH_3)-$	100	$NC-C(CH_3)_2-$	96

同理，酚类中的对烷基苯酚（HO—⟨ ⟩—R），取代基 R 是甲基、叔丁基、甲氧基等推电子基团，抗氧化效能也高，R 若是硝基、羧基、卤基等吸电子基团，则抗氧老化效能差。

(2) 取代基的空间位阻和位置

取代基的体积大则空间位阻效应大，这使得抗氧剂自由基降低了受氧袭击发生反应的概率，有较高的稳定性，故抗氧老化效能高。如 N,N-二仲丁基对苯二胺（C_4H_9—NH—⟨ ⟩—NH—C_4H_9）的抗氧老化效能是随—C_4H_9 异构体不同而变化的，正丁基、异丁基、仲丁基和叔丁基分别对应的抗氧化效率分别为 0.38、0.40、1 和 0.96。显然，叔丁基和仲丁基表现出最好的抗氧老化性，异丁基次之，正丁基最差。

酚类抗氧剂共同的结构特征是在酚羟基的邻位有一个或两个较大的基团。研究三烷基苯酚的抗氧化效能发现，2,6-位具有空间位阻的酚具有最好的抗氧化效能，酚基邻位取代基的位阻越大，抗氧化效率越高。2,6-二叔丁基-4-甲基苯酚是橡胶工业最常用的抗氧剂之一。

通常将 2,6-位上有叔丁基的三烷基苯酚称为受阻酚，如该取代基的体积小于叔丁基则称为部分受阻酚，部分受阻酚的抗氧化效能比受阻酚低。这种差异的出现是由于苯酚脱氢后所生成的苯氧自由基的稳定性被降低了，使它们易发生一些副反应，甚至还会引发橡胶大分子氧化反应。

与 2,6-邻位取代基的空间位阻效应相反，受阻酚的抗氧化效能随着酚基对位取代基支化程度的增大而降低（见表 4-3）。

表 4-3 对位取代基对受阻酚防护效能的影响

R^3—⟨OH⟩—R^1 ， R^2 在对位	R^2	相对效能
	$CH_3CH_2CH_2CH_2-$	100
	$(CH_3)_2CHCH_2-$	61
	$(CH_3)_3C-$	26

除了单酚以外，由烷基化苯酚缩合生成的某些双酚具有比单酚类防老剂更好的防护橡胶和其它高分子材料氧化的功能。例如，2,2′-亚甲基双(4-甲基-6-叔丁基苯酚)（俗称防老剂 2246）就是典型的代表。双酚防护效能的高低也取决于酚环上连接的取代基的大小及类型。

$$(CH_3)_3C \underset{CH_3}{\underset{|}{\bigcirc}} \overset{OH}{-} CH_2 - \underset{CH_3}{\underset{|}{\bigcirc}} \overset{OH}{-} C(CH_3)_3$$

2,2'-亚甲基双(4-甲基-6-叔丁基苯酚)

从双酚对 NR 和 IR 氧化的防护情况来看，连接双酚的基团使双酚的防护效能按邻亚甲基＞对亚甲基≥硫代基＞对亚烷基＞对亚异丙基的顺序递减。

由邻亚甲基相连的双酚对 NR 硫化胶的防护效能与酚环上取代基的大小及亚甲基上的氢原子是否被取代有很大的关系。对位取代基的体积增大，邻位取代基的体积减小，或者连接双酚的亚甲基氢原子被其他基团取代时，均使其防护效能降低。

2. 分解过氧化氢物型抗氧剂

由于这类抗氧剂一般是作为辅助抗氧剂使用，且涉及的化合物品种较杂，故对它们的防护效能与结构关系的研究比较少，但对长链脂肪族硫代酯研究得较多些。这可能与研究硫黄/促进剂硫化橡胶中硫交联键及内硫环的氧化行为有关。硫代酯分解 ROOH 的效率高低与连接在硫原子两边基团的支化程度和长短有关。例如，当硫原子两侧连接不同的丁基或者一侧连接叔丁基，另一侧连接 1,3-烷基取代的烯丙基时，具有较高的分解 ROOH 效率。

四、抗氧剂的并用效能

将两种以上具有相同或不同作用机理的抗氧剂同时使用，称为抗氧剂的并用。长期以来，人们对抗氧剂的并用效果进行了大量应用探索，并对抗氧剂并用的作用机理也作了深入研究。抗氧剂并用对改善橡胶的抗氧化性显示三种不同效应，即对抗效应、加和效应和协同效应。对抗效应就是并用以后产生的防护效能低于参加并用的各抗氧剂单独使用的防护效能之和；加和效应就是并用后产生的防护效能等于各抗氧剂单独使用的效能之和；协同效应就是并用后的防护效能大于各抗氧剂单独使用的效能之和，这是一种正效应。抗氧剂（或防老剂）并用是现代橡胶制品普遍采用的方法。这不仅是为了追求高防护效能，也是为了克服抗氧剂在使用中遇到的某些实际问题（如喷霜等）。

1. 加和效应

为了抑制含有变价金属离子的橡胶的氧化，将抗氧剂和金属离子钝化剂同时使用往往会产生加和效应。当使用一种抗氧剂时，抗氧剂的用量一旦超过某个值，会出现助氧化的反作用，此时若将两种以上的抗氧剂低用量并用，就会避免助氧化出现且会取得加和的抗氧化效应。又如，将两种挥发性不同的酚类抗氧剂并用，可以在很宽的温度范围内显示加和性的抗氧化效果。

2. 协同效应

研究发现，下列两种情况均可以产生协同效应：一是具有不同作用机理的抗氧剂并用，例如自由基终止型抗氧剂与分解过氧化氢物型抗氧剂并用、自由基终止型抗氧剂与紫外线吸收剂并用、自由基终止型抗氧剂与金属离子钝化剂并用等，都可以产生协同效应，这种协同效应又称为杂协同效应；二是具有相同作用机理但活性不同的抗氧剂并用，例如酚/酚并用、胺/胺并用、酚/胺并用等也产生协同效应，这种协同效应称为均协同效应。

具有不同作用机理的两种抗氧剂并用产生协同效应的机理，可用自由基终止型抗氧剂与分解过氧化氢物抗氧剂的并用加以说明。当橡胶发生氧化时，两种抗氧剂都在按照自己的作用方式抑制氧化的进行，分解过氧化氢物抗氧剂将氧化过程中生成的 ROOH 及时分解掉，使之不能生成活性自由基，使氧化链的引发速率大大降低。而活性自由基数量的减少，自然就降低了自由基终止型抗氧剂的消耗速率，延长了其使用期。与此同时，自由基终止型抗氧剂因捕捉 ROO·或 R·，使得 ROOH 的生成速率大为降低，也就降低了分解过氧化氢物型抗氧剂的消耗速率，同样延长了其使用期。由上可见，两种不同作用机理的抗氧剂并用，实际上是因存在互相保护作用，才得以产生协同效应的。

两种作用机理相同但活性不同的抗氧剂并用，产生协同效应的机理，被认为是高活性的抗氧剂能够首先释放出 H 原子去终止 ROO·，生成的抗氧剂自由基则会从低活性抗氧剂上得到一个 H 原子而再生，从而使高活性抗氧剂的防护效能得以长期有效。

如果一种抗氧剂既具有终止活性自由基的功能又具有分解过氧化氢物的功能，也会产生协同效应，这种协同效应称为自协同效应。某些长效性抗氧剂，因分子中含有两种不同的功能基团而具有这种特征。

第四节
橡胶的臭氧老化和防护

臭氧是导致橡胶在大气中发生老化的又一个重要因素。臭氧比氧更活泼，因而它对橡胶尤其是不饱和橡胶的侵袭比氧严重得多。

大气中的臭氧（O_3）是由氧分子吸收太阳光中的短波紫外光后，分解出的氧原子重新与氧分子结合而成的。在距地球表面 20～30km 的高空中存在一层浓度约为 5×10^{-6} 的臭氧层，随着空气的垂直流动，臭氧被带到地球表面，臭氧的浓度由高空到地面逐渐降低。另外，在紫外光集中的场所、放电场所以及电动机附近，尤其是产生电火花的地方都会产生臭氧。通常大气中的臭氧浓度是 $0\sim5\times10^{-8}$。地区不同，臭氧的浓度不同；季节不同，臭氧的浓度也不同。虽然地面附近的臭氧浓度很低，但对橡胶造成的危害却是不容忽视的。

不饱和橡胶极易发生臭氧化，其臭氧化后的外观特征与热氧老化不同。一是橡胶的臭氧化只在臭氧所接触的表面层进行，整个臭氧化过程是由表及里的过程；二是橡胶与臭氧反应生成一层银白色硬膜（约 10nm 厚），在静态条件下此膜能阻止臭氧与橡胶深层接触，但在动态应变条件下或在静态拉伸状态下，当橡胶的伸长或拉伸应力超过它的临界伸长或临界应力时，这层膜会产生龟裂，使臭氧得以与新的橡胶表面接触，继续发生臭氧化反应并使裂纹增长。另外，裂纹出现后由于基部有应力集中，所以更容易加深裂纹进而形成裂口。裂纹的方向垂直于应力方向，一般在小应变下（如 5%）只有少量裂纹出现，裂纹方向清晰可辨，当橡胶多方向受力时则很难辨出裂纹方向。

一、橡胶臭氧化反应机理

臭氧与不饱和橡胶的反应机理可参照下式说明：

$$\diagup C=C\diagdown + O_3 \longrightarrow \underset{①}{\diagup C-C\diagdown \atop O-O} \longrightarrow \left\{ \begin{array}{c} C=O \\ \text{醛或酮} ② \\ C=O^+ \\ O^- \\ ③ \end{array} \right\} \quad \underset{④}{\diagup C\diagdown \atop O-O} \text{稳定的分子臭氧化物}$$

① 不稳定臭氧化物 ③ 双极性离子

⑤ 二过氧化物   ⑥ 聚合性过氧化物   ⑦ 甲氧基氢过氧化物

当臭氧接触橡胶时，臭氧首先与活泼双键发生加成反应，生成分子臭氧化物①，分子臭氧化物很不稳定，很快分解生成羰基化合物②和两性离子③。在多数情况下两性离子与羰基化合物会重新结合成异臭氧化物④，两性离子也能聚合生成二过氧化物⑤或高过氧化物⑥，另外，当有甲醇等活性溶剂存在时，两性离子还会与之反应生成甲氧基过氧化氢物⑦。

臭氧与不饱和橡胶的反应活化能很低，反应极易进行，反应直到橡胶的双键消耗完毕为止。此时在橡胶的表面生成一层银白色的失去弹性的薄膜，只要没有外力使薄膜龟裂，橡胶将不再继续臭氧化。如若对已经臭氧化的橡胶拉伸或使其产生动态变形，生成的臭氧化薄膜将出现龟裂，露出新的橡胶表面又会与臭氧发生反应，这使得裂纹继续增长。

饱和橡胶因不含双键，虽然也能与臭氧发生反应但反应进行得很慢，不易产生龟裂。

曾有众多研究者对不饱和橡胶臭氧化龟裂的产生和增长做过研究。这些研究者根据自己的实验数据分别提出了龟裂产生及增长的机理。例如有人认为龟裂的产生是由于在应力作用下臭氧化物分解产生的断裂分子链相互分离的倾向大于重新结合倾向。而龟裂的增长则与臭氧的浓度和橡胶分子链的运动性有关。当臭氧浓度一定时，分子链运动性越大，裂纹增长就越快。也有人认为臭氧龟裂的产生和增长与橡胶臭氧化形成的臭氧化物薄层的物性以及与原橡胶表面层的物性不同有关。例如，Murray 认为橡胶的臭氧化过程是物理过程和化学过程共同发生的过程。当橡胶与臭氧接触时，表面的双键迅速与臭氧反应，大部分生成臭氧化物，使原本柔顺的橡胶链迅速转变为含有许多臭氧化物环的僵硬链。当有应力施加于橡胶上时，应力将橡胶链拉伸展开，使更多的双键与臭氧接触，使橡胶链含有更多的臭氧化物环，变得更脆。脆化的表面在应力或动态应力作用下就很容易发生龟裂。

二、橡胶臭氧老化的影响因素

1. 橡胶种类的影响

不同的橡胶耐臭氧老化性不同（见表 4-4 和表 4-5）。造成这种差异的主要原因是它们的分子链中不饱和双键的含量、双键碳原子上取代基的特性以及分子链的运动性等。

表 4-4 不同硫化胶在大气中耐臭氧龟裂性

橡胶	出现龟裂的时间/d			
	在阳光下伸长		在暗处伸长	
	10%	50%	10%	50%
二甲基硅橡胶	1460	1460	1460	1460

续表

橡胶	出现龟裂的时间/d			
	在阳光下伸长		在暗处伸长	
	10%	50%	10%	50%
氯磺化聚乙烯	1460	1460	1460	1460
26型氟橡胶	1460	1468	1460	1460
乙丙橡胶	>1460	800	>1460	>1460
丁基橡胶	>768	752	>768	>768
氯丁橡胶	>1460	456	>1460	>1460
氯丁橡胶/丁腈橡胶共混物	44	23	79	23
天然橡胶	46	11	32	32
丁二烯与α-甲基苯乙烯共聚物	34	10	22	22
异戊橡胶	23	3	9	56
丁腈橡胶-26	7	4	4	4

表 4-5 各种硫化胶的臭氧龟裂增长速度

橡胶	增长速度①/(mm/min)	橡胶	增长速度①/(mm/min)
NR	0.22	NBR-26	0.06
SBR(S/B=30/70)	0.37	NBR-CR	0.22
IIR	0.02	CR	0.01
NBR-30	0.04		

① O_3 的浓度为 1.15mg/L。

(1) 双键含量

由表 4-4 可见，饱和橡胶的耐臭氧老化性远远优于不饱和橡胶，其中 Q、FPM 及 CSM 等饱和橡胶即使在大气中暴露三年也不发生龟裂老化现象。而 NR、SBR、BR 等不饱和橡胶在大气中暴露几十天便出现龟裂老化现象，拉伸的 NBR 在阳光下暴露几天就出现龟裂。比较一下 IIR 和 IR 的耐臭氧老化性可以发现，双键含量降低可以显著改善耐臭氧老化性能。

(2) 双键碳原子上取代基的特性

由于臭氧与双键的反应是亲电加成反应，因而碳-碳双键上的取代基将按照亲电反应的规律影响臭氧老化。故双键上连有烷基等供电子取代基团时，可加快与臭氧的反应；反之，连有氯原子等吸电子基团将不利于反应。CR 的耐臭氧老化性好于 BR 和 NR 的原因，一方面是氯原子的存在降低了臭氧与氯丁胶的反应性；另一方面是氯丁胶的初级臭氧化物分解生成的羰基化合物是酰氯而不易形成臭氧化物，而且酰氯与水分反应在其表面上形成了一层柔软的膜，不因变形或受力而被破坏，故能保护内层橡胶免受臭氧攻击。

(3) 分子间作用力

分子间作用力小，分子链运动能力大，易发生臭氧龟裂且裂口增长速度快。这是因为在臭氧浓度一定的情况下，若分子链的运动性高，则当臭氧使表面的分子链断裂以后，断裂的两端将以较快的速度相互分离，露出底层新的分子链继续受臭氧的攻击，加快了裂口增长。反之则不易发生臭氧龟裂，而且裂口增长得慢。NBR 的耐臭氧老化性综合好于 NR、SBR 及 BR，并且耐臭氧老化性随着丙烯腈含量的增多而提高（见表 4-5），一方面因极性的氰基降低了分子链的运动性；另一方面随丙烯腈含量的增加降低了橡胶的不饱合度。在橡胶中使用增塑剂和软化剂能增大分子链的运动性，因而能加速龟裂裂口的增长。

2. 应力及应变

橡胶产生臭氧龟裂只发生在外力作用下，并且施加在橡胶上的外力要大于临界应力（临界应力可看作是橡胶发生龟裂分离成两个新表面所需要的最低能量）或者外力引起的应变要大于临界应变。当橡胶遭遇臭氧侵袭时，外力引起橡胶应变的大小与龟裂的产生及裂口的增长也有一定的关系。一般在低应变时产生龟裂的数量少，由于裂口尖端的应力比较集中，裂口增长速率大，裂口深；高应变时产生龟裂的数量多，但这些裂口相互干扰，使得裂口端点处的应力集中减弱，裂口浅。观察 SBR 臭氧化裂口增长与应变的关系发现，随着应变增大，裂口增长速率出现一个峰值，应变继续增大，裂口增长速率逐渐降低（见图 4-6）。

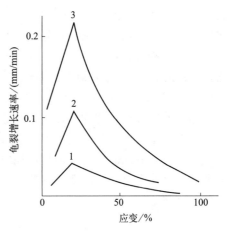

图 4-6　未填充 SBR（30%S）在不同臭氧浓度下的龟裂增长速率与应变的关系
1—臭氧浓度为 2.2×10^{-7} mol/L；
2—臭氧浓度为 11.0×10^{-7} mol/L；
3—臭氧浓度为 16.5×10^{-7} mol/L

3. 温度

温度的改变会影响橡胶分子链的运动性，升高温度意味着增大分子链的运动能力，还会活化臭氧与橡胶双键的反应。因此，升高温度无论对龟裂的产生还是裂口的增长都是有利的。由此可见，升高温度会降低橡胶的耐臭氧老化性，当然橡胶的结构不同降低的程度也不同。

4. 臭氧浓度

臭氧浓度对橡胶的龟裂有影响。一是龟裂出现的时间随着臭氧浓度的增大而缩短；二是裂口增长的速度随着臭氧浓度的增大而增大。

三、橡胶臭氧老化的防护方法

由于臭氧与橡胶的反应是在橡胶表面进行的，在表面设置屏障防止臭氧与橡胶接触是人们防护橡胶臭氧老化最早采用的方法，即物理防护法。多年的实践发现，物理防护法只满足橡胶制品的静态使用。对动态使用的橡胶制品几乎没有意义，化学防护法才是最有效的。

1. 物理防护的作用及其机理

所谓物理防护法就是在橡胶制品表面喷涂一层蜡以形成防护膜；或者在胶料中添加蜡使其迁移至橡胶表面，阻止臭氧与橡胶接触的方法。用于防臭氧的蜡有石蜡和微晶蜡。前者分子量为 350～420，主要由直链烷烃组成，结晶熔点为 38～74℃；后者分子量约为 490～800，主要由支化的烷烃或异构链烷烃组成，熔点为 57～100℃。

利用蜡防护橡胶臭氧老化的机理是蜡能在橡胶制品表面形成一层几微米厚的惰性蜡膜，它将橡胶与空气中的臭氧隔离开，使之不能发生反应。蜡的防护效果与它在橡胶中的迁移性、成膜以后的结晶性、膜与橡胶的黏附性等有很大关系。石蜡在橡胶中迁移速度快，易成膜，但晶粒大易脱落而影响防护效果。微晶蜡在橡胶中迁移速度慢，但与橡胶黏附牢固。如能将两者以适当比例并用取长补短，则将改善防护效果。

蜡对橡胶臭氧老化的防护只对处于静态条件下或屈挠程度不大的动态情况下使用的橡胶有效，若橡胶制品经常处于动态下使用，应使用化学抗臭氧剂或两者结合。

2. 化学防护的作用及其机理

所谓化学防护就是向橡胶中添加有机化合物，借助化学反应起到防护橡胶臭氧老化的方法。具有这种功能的有机化合物称为化学抗臭氧剂。实践发现，胺类抗氧剂也具有抗臭氧的作用，酚类抗氧剂除个别品种外则不具有这种作用。在胺类化合物中取代的对苯二胺，尤其是支化的烷基芳基对苯二胺，对抑制动态条件下的臭氧老化特别有效。我国最常用的抗臭氧剂是 N-异丙基-N'-苯基对苯二胺（4010NA）和 N-环己基-N-苯基对苯二胺（4010），但在使用时需考虑其毒性。

除对苯二胺类化合物以外，某些喹啉化合物、二硫代氨基甲酸的镍盐、硫脲及硫代双酚等也具有一定的抗臭氧效能。

关于抗臭氧剂的作用机理目前还没有统一的说法，许多学者根据自己的研究结果提出的机理往往存在一定的局限性，这些机理包括：①清除剂理论；②防护膜理论；③缝合理论；④自愈合理论。

第五节
橡胶的其他老化及防护

一、橡胶的疲劳老化及防护

橡胶试样或制品在周期性应力和变形作用下出现损坏或发生不可逆的结构和性能变化的现象称为疲劳老化。滚动的轮胎、转动的传动带和输送带、橡胶弹簧等都会发生疲劳老化。疲劳老化会加速橡胶制品的损坏，缩短制品使用寿命，因此有必要了解疲劳老化产生的原因，掌握疲劳老化的防护原理及方法。

1. 疲劳老化发生的机理

虽然橡胶的疲劳是因周期性机械力作用而产生的，但疲劳不是孤立存在的，在疲劳的整个过程中必然伴随着氧化或臭氧化的进行。因此，可以说疲劳老化是应力、氧、臭氧和热多种因素共同作用的结果。疲劳老化的机理既包含了机械力的作用机理，还应包含前述的热氧化机理和臭氧化机理，了解疲劳老化的机理就是要弄清这些不同老化作用之间的关系，以便能有效地预防和减缓橡胶的疲劳老化。

当周期性的机械力施加到橡胶上时会产生两种作用：一是直接拉伸分子；二是虽然不能直接拉伸分子但可以降低橡胶分子链的断裂活化能，起到活化氧化及臭氧化反应的作用。前者是由于橡胶分子先天结构和交联网结构的不均匀性以及橡胶特有的黏弹性滞后使得应力分布很不均匀甚至存在应力梯度，当橡胶分子链上的弱键受到集中较大的应力作用时就会发生断裂，生成活性大分子自由基，从而加速了橡胶的氧化引发反应。

$$R—R \longrightarrow R\cdot + R\cdot$$
$$R\cdot + O_2 \longrightarrow ROO\cdot \longrightarrow 引发氧化$$

后者是由于橡胶分子在机械力的反复作用下使主链或交联键的化学键力变弱，从而降低了氧化反应的活化能，加速了氧化裂解作用。此外，力学损耗产生的热量也同样起到了活化氧化的作用。

在滚动的轮胎与地面之间以及转动的传动（输送）带与传动辊筒之间，由于摩擦产生的静电也会导致臭氧产生，使轮胎或胶带在发生氧化的同时也发生臭氧化，并且这种臭氧化反应所当然地被机械力活化。

2. 影响橡胶疲劳老化性能的因素

橡胶的耐疲劳性常用试样出现损坏时所经受的周期性应力（或变形）次数或试样在预定次数的应力周期中出现损坏时对应的应力振幅最大值表示。前者也称为疲劳耐久性，后者称为疲劳强度。

(1) 应力-应变和力学性能

橡胶的耐疲劳性与橡胶的应力-应变特性及橡胶的某些力学性能有密切关系。硫化橡胶发生疲劳老化存在一个最小临界变形值，NR 硫化胶的临界变形值约为 70%～80%。小于这个临界值时不易出现裂口的增长，故疲劳耐久性非常高。当变形幅度一定时，增加硫化橡胶的刚性可使应力增大，使疲劳耐久性降低；当应力一定时，在一定范围内增加硫化橡胶刚性会使变形程度降低，使疲劳耐久性提高。另外，疲劳耐久性还随橡胶拉伸强度和撕裂强度的提高而提高，与拉断伸长率成正比。当应力很大时，硫化胶的强度性能特别重要，它有一个最大临界撕裂能值，如强度高于这个临界撕裂能值时则不会出现裂口增长。含多硫交联键的 NR 硫化胶具有较大临界撕裂能，而含碳-碳交联键的硫化胶具有较小的临界撕裂能。

(2) 橡胶品种

不同的橡胶疲劳耐久性不同。表 4-6 为几种硫黄硫化橡胶受压缩和拉伸变形时的疲劳耐久性。由表 4-6 可以看出，当受力方式不同时，各胶种的疲劳耐久性不同。另外，不同硫化胶在周期性变形时损坏性质不同。有的橡胶产生裂口早但裂口增长速度慢，有的橡胶产生裂口晚但增长速度快。下列橡胶裂口产生速度和裂口增长速度的顺序分别为：

裂口产生速度：NR＞NBR＞SBR＞CR＞IIR。

裂口增长速度：SBR＞NBR＞CR＞NR＞IIR。

表 4-6　硫黄硫化橡胶的疲劳耐久性和变形条件的关系

橡胶	疲劳耐久性/×10^6 周期	
	压缩-75%～0	拉伸 50%～125%
NR	4	30
SBR	22	0.2
SBR（充油）	30	5.8
SBR（充油）/BR	13	1.3
EPDM	30	23.6

(3) 硫化的影响

耐疲劳性是传统硫黄硫化体系硫化胶（多硫键为主）好于半有效硫黄硫化体系硫化胶（多、双、单硫键共存），也好于有效硫黄硫化体系硫化胶（单、双硫键为主）。

(4) 填料的影响

由于一般常用填料（炭黑、白炭黑等）被视为不可变形的刚性球，在疲劳过程中只有橡胶分子链发生变形，而分子链的变形情况又受到外界条件及填料用量和特性的影响。因此，在一定范围内，填充橡胶的疲劳寿命随填料用量的增多而显著降低，同时其疲劳特性也随填料特性的不同而异。有研究表明，炭黑填充 NR 体系中，随着疲劳时间的延长，体系中的炭黑聚集体随着填料网络、大分子交联网络以及填料-橡胶相互作用的破坏而呈链状排列；而白炭黑填充 NR 体系中，则是随着疲劳时间的延长，体系中的白炭黑聚集体先受到破坏，而后发生局部团聚；作为硫化活性剂的氧化锌（有说是硫化过程中形成的硫化锌）在疲劳过程中作为内部缺陷，成为疲劳破坏的起始点。

3. 橡胶疲劳老化的防护

橡胶的疲劳老化是因动态应力和应变而起，因此解决疲劳老化的防护首先要从制品胶料配方的设计入手，使硫化胶在满足综合使用性能要求的前提下，尽量提高拉伸强度、撕裂强度和拉断伸长率，使橡胶在形变条件下具有较高的抗裂口产生和抗裂口增长强度。其次是向胶料中添加能够抑制屈挠-龟裂产生和增长的防老剂。防老剂 AW、RD、BLE 等是有效的屈挠-龟裂防老剂。具有优异抗臭氧老化性能的对苯二胺类防老剂尤其是防老剂 4010NA、4020 也有很好的抗疲劳老化的作用。这些屈挠-龟裂防老剂改善了橡胶疲劳过程中结构变化的稳定性，特别是在高温条件下，它们能阻碍机械力活化氧化的进行，从而改善橡胶的耐疲劳性。

二、有害金属离子的催化氧化及防护

所谓有害金属离子是指能对橡胶的氧化反应起催化作用的变价金属离子，如铜、锰、钴、镍、铁等离子。这些金属离子以金属氧化物、盐或有机金属化合物形式存在于橡胶之中，它们来自生胶本身及其橡胶制品的加工和制品的使用等过程。虽然它们的含量极微，但对橡胶造成的危害却是不可忽视的（见图 4-7）。将含有变价金属离子的 NR 与不含金属离子的 NR 进行氧化对比试验发现，前者吸氧速度显著增大，且氧化动力学曲线的诱导期短，说明氧化反应比后者激烈得多。这种氧化速度的急剧增大就是金属离子催化的结果。了解金属离子催化橡胶氧化的机理，掌握防护它们的方法很有必要。

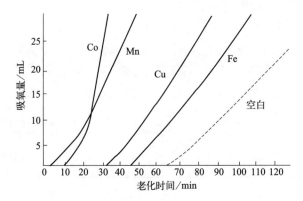

图 4-7 金属硬脂酸盐对 NR 老化的影响
添加量（质量分数）0.1%，氧压 0.1MPa，老化温度 110℃

1. 金属离子催化氧化的机理

二价或二价以上的重金属离子如 Cu^{2+}、Mn^{2+}、Fe^{3+}、Co^{2+} 等，它们是变价的，且具有一定的氧化还原电位，能与橡胶氧化过程中产生的 ROOH 生成不稳定的配位化合物，并通过单电子转移的氧化还原机理，使 ROOH 按下列两种方法分解成自由基。

$$ROOH + M^{n+} \longrightarrow RO \cdot + M^{(n+1)+} + OH^- \quad ①$$

$$ROOH + M^{(n+1)+} \longrightarrow ROO \cdot + M^{n+} + H^+ \quad ②$$

当金属离子是还原剂时（如亚铁离子），按①式进行反应分解出 RO·；当金属离子是氧化剂时（如四乙酸铅），按②式进行反应分解出 ROO·；当金属离子处于相对稳定的两种价态时（如 Co^{2+} 和 Co^{3+}），上述两种反应都能发生。

$$2ROOH \longrightarrow RO\cdot + ROO\cdot + H_2O \qquad ③$$

此时相当于双分子 ROOH 同时分解出自由基,可见 Co 对橡胶的氧化催化作用特别大,对橡胶的危害最严重。

天然橡胶与合成橡胶含金属离子的品种往往不同,且对金属离子的敏感性也不同。天然橡胶常含有铜、锰、铁等离子,对铜、钴离子特别敏感。合成橡胶多含钴、镍、钛、锂等离子,但它们对金属离子的敏感性低,尤其是含极性基团的橡胶,如丁腈橡胶、氯丁橡胶等。由此可见,当用天然橡胶制造某些制品时,对重金属离子进行防护尤其必要。

2. 有害金属离子的防护原理

抑制金属离子对橡胶氧化的催化作用最常用的方法是向胶料中添加金属离子钝化剂,它能以最大配位数与金属离子结合成配位化合物,使之失去促使 ROOH 生成自由基的作用。

专用的金属离子钝化剂多是一些酰肼和酰胺类化合物。它们中的绝大多数具有一定的应用局限性,只有 N,N',N'',N'''-四亚水杨基四(氨基甲基)甲烷对铜、锰、钴、镍和铁等金属离子均具有钝化作用。专用金属离子钝化剂在橡胶工业中很少应用,因为橡胶工业中有多种防老剂如 RD、MB 等就兼具抑制有害金属老化的功能。实践中发现,金属离子钝化剂与酚、胺类抗氧剂并用能显著提高钝化效果。

应当指出的是,并非是金属就必然对橡胶产生危害,其实它们能否对橡胶产生危害作用也与这些金属离子以何种盐的形式出现有关。如二硫代氨基甲酸铜盐、巯基苯并噻唑锌盐、二烷基二硫代磷酸的锌盐和镍盐等,不仅无害反而是很好的分解过氧化氢物型抗氧剂。

三、橡胶的光氧老化及防护

橡胶制品在户外使用过程中,因受大气中各种环境因素的作用发生的老化称为天候老化。在天候老化中,光氧老化是主要老化形式,它是橡胶吸收了太阳的紫外光后引发氧化反应的结果。

太阳光的光谱按照波长分为紫外光、可见光和红外光三个光区,三种光线的波长不同,光波能量不同,所占的比例也不同。后两种光虽然占太阳光的 95% 以上,但因光波能量低,对橡胶不会造成直接损害,只能对橡胶的氧化起活化作用。紫外光虽然占极少的比例,但波长短,光波能量高,照射到地球表面上的是波长为 300~400nm 的紫外光,其能量(397kJ/mol 以上)超过了橡胶的某些共价键解离能(160~600kJ/mol),当紫外光照射到橡胶表面并被吸收后,其分子链会被切断,引起光氧化反应。天然橡胶和二烯类合成橡胶对光照尤其敏感,易发生光氧老化,故它们不适合用作高层楼房顶部敷设的防水卷材。

1. 橡胶光氧化机理

橡胶吸收高能量的紫外光以后,其大分子将进入激发态或发生化学键断裂,光也能激发氧分子,在大气中氧的存在下发生自由基链式的光氧化反应,光氧化机理与一般氧化基本相同,不同之处在于链引发阶段。

橡胶的结构不同,对紫外光稳定性不同,发生光氧化的过程也不完全相同。不饱和碳链橡胶光稳定性不好,饱和橡胶稳定性高得多。合成橡胶中存在的一些诸如催化剂残渣、添加剂以及由于聚合和加工过程的热氧化作用产生的过氧化氢物等杂质都会吸收紫外光,加重橡胶的光氧化。丁苯橡胶因含有苯环,当受光辐照时,主链结构电子呈激发态会移向苯环,并且苯环π电子的激发能可部分转化为热量放出，缓和了主链的激发程度而使丁苯橡胶显示较高的光稳定性。

2. 光氧老化的防护

防止橡胶发生光老化的办法是向胶料中添加光稳定剂。常用的光稳定剂有光屏蔽剂、紫外线吸收剂和能量转移剂等。

① 光屏蔽剂。光屏蔽剂是一些颜料，颜料使橡胶着色后就能够反射紫外光，使之不能进入橡胶内部。这如同在橡胶和光之间设置了一层屏障，因而能够避免光老化。炭黑、氧化锌、钛白、镉红等无机颜料和某些有机颜料等都可以用作光屏蔽剂，炭黑是最好的光屏蔽剂。

② 紫外线吸收剂。紫外线吸收剂是光稳定剂中最主要的一类，按照它们的化学结构分为水杨酸苯酯、邻羟基二苯甲酮、邻羟基苯并三唑几类。其中二苯甲酮类又是最重要和应用最广泛的紫外线吸收剂。

③ 能量转移剂（猝灭剂）。能量转移剂也叫猝灭剂。它的作用是将吸收的光能变为激发态分子的能量并迅速转移掉，使分子回到稳定的基态，从而失去发生光化学反应的可能。能量转移剂与紫外线吸收剂作用的不同在于它是通过分子间能量转移来消散，而后者是通过内部结构的变化来消散能量。能量转移剂是一些二价镍的有机螯合剂，如 $2,2'$-硫代双(4-叔辛基苯酚)镍（光稳定剂 AM-101）、N,N'-二正丁基二硫代氨基甲酸镍（光稳定剂 NBC）等。

四、橡胶的生物老化与防护

1. 生物老化的原因

橡胶或其他高分子材料由生物因素如微生物（霉菌和细菌）、海洋生物及昆虫等引起的老化破坏称为生物老化。其中以微生物造成的长霉现象最为常见，长霉是霉菌在高分子材料体系内生长和繁殖的结果。某些品种的塑料、橡胶和涂料长期在湿热环境下贮存和使用都会发生长霉现象。橡胶生物老化的外观特征是表面变色、出现斑点，甚至还有细微的穿孔。

橡胶等材料发生生物老化的内因是 NR 中的非橡胶烃成分（如蛋白质等）以及橡胶的某些加工助剂，尤其是增塑剂或软化剂能为霉菌滋生提供养料。外因是气候条件，霉菌的生长和繁殖都需要适宜的温度和湿度，热带湿热气候是霉菌生长的良好条件。在热带或亚热带长期贮存和使用的橡胶制品就容易长霉，在这些地区还有白蚁等生物，它们对橡胶的侵蚀也十分严重。

2. 生物老化的防护原理

生物的侵蚀对橡胶有时会产生严重的后果，例如用 SBR、IIR 或 CR 的电线、电缆，如果因霉菌和白蚁的侵蚀而产生细微穿孔就会使绝缘性能下降，尤其是那些不易被人发觉的细微穿孔其危害就更大。因此，在热带或亚热带地区使用的橡胶制品设计胶料配方时，应考虑生物老化的防护。具体做法就是在胶料中添加防霉剂和防蚁剂。防霉剂是一些有机氯化物、有机铜化合物和有机锡化合物，能破坏霉菌的细胞结构或活性，从而起到杀死或抑制霉菌生长和繁殖的作用。防蚁剂也是有机氯化合物，同时也是农业用杀虫剂。

第六节

橡胶防老剂的使用及进展

凡具有能抑制各种老化因素的作用、延长橡胶使用寿命的化合物统称为防老剂。实践证明，适当地选择和使用防老剂可使橡胶制品的使用寿命延长 2～4 倍。按照防老剂防护效能有效性保持时间的长短可将防老剂划分为普通防老剂和长效性防老剂。此外，近年来随着环保意识的不断加强，环保型防老剂也成为防老剂中的研究及应用热点。

一、普通防老剂

普通橡胶防老剂按照它们的防护功能，可划分为抗氧剂、抗臭氧剂、抗屈挠-龟裂（或疲劳）剂、金属离子钝化剂、光稳定剂和防霉防蚁剂等六大类。前四类因有一剂多能的作用，是真正的普通防老剂，后两类因作用单一，可看作是专用防老剂。

抗氧剂是最重要也是用量最多的一类防老剂。按其使用特点分为主抗氧剂和辅助抗氧剂，前者可单独使用，后者必须与前者并用。作为主抗氧剂使用的主要是胺类化合物和酚类化合物，作为辅助抗氧剂使用的有硫代酯、硫醇、亚磷酸酯及二烷基二硫代氨基甲酸盐等化合物。

胺类抗氧剂防护效能高，但有污染性，只适合用在深色制品中；酚类抗氧剂防护效能次于胺类但不污染制品，常被用于对防护效能要求不高的白色或浅色制品、医疗及饮食业用制品中，也可作为合成橡胶的稳定剂使用。

作为抗氧剂的胺类化合物和某些酚类化合物以及作为辅助抗氧剂的含硫化合物等除能防护氧化老化以外，还兼一项或几项其他功能，因此很难将它们按防护功能定位于某一类中，故在实践中将有防老化功能的有机化合物笼统地称为防老剂××，例如防老剂 RD、防老剂 4010、防老剂 4020 等。

普通橡胶防老剂按其化学组成加以分类是国内外普遍采用的方法，国外将其划分为喹啉、对苯二胺和其他三大类，在我国除这三类外暂时还保留了萘胺类。

普通橡胶防老剂常用品种的结构、外观、防护功能及使用要点可参见表 4-7。

表 4-7 普通橡胶防老剂常用品种

类型	商品名	化学名称及结构	外观特征	防护功能及使用要点
喹啉类	防老剂 RD	2,2,4-三甲基-1,2-二氢化喹啉聚合物	琥珀色至灰色树脂状粉末	能防护条件苛刻的热氧老化，对铜、锰、钴等金属离子有较强的钝化作用，防屈挠-龟裂效果较差，不喷霜，有轻微污染性，易引起氯丁橡胶焦烧，常用量 0.5～2 份
	防老剂 AW	6-乙氧基-2,2,4-三甲基-1,2-二氢化喹啉	褐色黏稠液体	对臭氧老化和大气老化有优异的防护功能，对热氧老化、屈挠疲劳老化有良好防护功能，有污染性，常用量 1～2 份，也可 3～4 份

续表

类型	商品名	化学名称及结构	外观特征	防护功能及使用要点
喹啉类	防老剂 DD	6-十二烷基-2,2,4-三甲基-1,2-二氢化喹啉	深色黏稠液体	对热氧老化和苛刻条件下的屈挠龟裂老化有良好防护功能,在橡胶中易分散,不喷霜,污染变色严重,常用量1~4份
	防老剂 BLE	丙酮-二苯胺高温缩合物	深褐色黏稠液体	对热氧老化、疲劳老化有优良防护功能,对臭氧和天候老化也有一定防护功能,在胶料中易分散,不喷霜,有污染性,常用量1~2份
对苯二胺类	防老剂 4010	N-环己基-N'-苯基对苯二胺	灰白色粉末	对臭氧、氧、光、热老化、屈挠疲劳老化有优异的防护功能,对高能辐射老化及有害金属离子有一定的防护作用,效能较防老剂 A 及防老剂 D 好,有污染性,在胶料中易分散,用量超过1份有喷霜现象,对皮肤有一定刺激性,常用量0.5~1份
	防老剂 4010NA	N-苯基-N'-异丙基对苯二胺	紫灰色片状结晶	对臭氧老化及屈挠-龟裂老化的防护效果大于防老剂4010,对热氧老化、光老化有优良的防护功能,全面性能好于防老剂4010,在胶料中易分散,污染严重,对皮肤有刺激性,有微毒性,常用量1~4份
	防老剂 4020	N-(1,3-二甲基丁基)-N'-苯基对苯二胺	灰黑色粒状或片状	防护功能与效果介于防老剂4010与防老剂4010NA之间,是SBR的优秀稳定剂,有污染性,挥发性小,常用0.5~1.5份,最高3份
	防老剂 DNP	N,N'-二(β-萘基)对苯二胺	浅灰色粉末	对热氧老化、天候老化有优良防护功能,也是一种优秀的金属离子钝化剂,污染性很小,可用于浅色制品,用量超过2份有喷霜现象,常用量0.2~1份
	防老剂 H	N,N'-二苯基对苯二胺	灰褐色粉末	防护疲劳老化效果最好,对热氧老化、臭氧老化及有害金属老化也有一定防护作用,特别适于CR使用,污染严重,用量超过1~2份易喷霜,在NR中用量应小于0.35份;在SBR等合成橡胶中用量应小于0.7份
萘胺类	防老剂 A	N-苯基-α-萘胺	黄褐色至紫色结晶块状物	对热氧老化、疲劳老化、天候老化及有害金属老化有良好防护功能,在胶料中溶解度高,易分散,有污染性,常用量1~2份,最高5份,因对人体潜在危害大,国外已弃用

续表

类型	商品名	化学名称及结构	外观特征	防护功能及使用要点
萘胺类	防老剂 D	N-苯基-β-萘胺	浅灰色至浅棕色粉末	对热氧老化防护效果最好,对疲劳老化防护效果良好,效果好于防老剂 A,对有害金属有钝化作用,在橡胶中溶解度低,用量超过2份有喷霜现象,常用量1～2份,因对人体潜在危害大,国外已弃用
其他类	防老剂 SP	苯乙烯化苯酚	浅黄色至琥珀色黏稠液体	对热氧老化、光老化、天候老化有中等防护功能,不变色、不污染、易分散、不喷霜,可用于白色及浅色制品,常用量0.5～2份
其他类	防老剂 264	2,6-二叔丁基-4-甲基苯酚	白色至浅黄色结晶粉末	对热氧老化有中等防护功能,在橡胶中易分散,不变色,不污染,可用于白色及浅色制品,也可用于食品及医疗用制品,常用量0.5～3份
其他类	防老剂 2246	2-2′-亚甲基-双(4-甲基-6-叔丁基苯酚)	白色至乳黄色粉末	对热氧老化防护作用最显著,效果接近于防老剂 A 及防老剂 D,是酚类中效果最佳的品种,不污染,不变色,用于白色及浅色食品、医疗制品,常用量0.5～2份
其他类	防老剂 2246-S	2,2′-硫代双(4-甲基-6-叔丁基苯酚)	白色结晶粉末	对热氧老化有一定防护效果,在干胶中应用效果优于防老剂 2246,不变色,不污染,应用场合同防老剂 2246,常用量0.5～2份
其他类	防老剂 NBC	二丁基二硫代氨基甲酸镍	绿色粉末	对臭氧老化防护效能最好,对热氧老化、疲劳老化也有良好防护效果,尤其适于 CR 及其他含氯弹性体,因对 NR 有助氧化作用,不可用于 NR 中,在胶料中易分散,能使胶料着绿色但不污染,在 CR 中常用量1～2份
其他类	防老剂 MB	2-巯基苯丙咪唑	浅黄色或灰白色结晶粉末	对氧老化、天候老化及静态老化有中等防护作用,单用效能低,与防老剂 D 或防老剂 4010NA 或防老剂 RD 并用产生协同效果,也是铜离子的钝化剂,略有污染性,用量超过2份有喷霜现象,对酸性促进剂有延缓作用,用于透明及浅色制品,常用量1～1.5份
其他类	紫外线吸收剂 UV-9	2-羟基-4-甲氧基二苯甲酮	白至灰黄色结晶	对防护 NR 及合成橡胶的光老化有显著效果,不污染,不喷霜,常用量0.1～0.5份

类型	商品名	化学名称及结构	外观特征	防护功能及使用要点
其他类	防霉剂 O	5,6-二氯苯并噁唑啉酮 $\begin{array}{c}Cl\\Cl\end{array}\!\!\!\bigcirc\!\!\!\begin{array}{c}O\\\|\\N\\\|\\H\end{array}\!C=O$	白色粉末	能有效防止 NR、合成橡胶及塑料制品的长霉现象,常用量0.6～1.5份

目前使用的普通橡胶防老剂主要是上述的一些品种,具有更高效能的新品种还在不断开发中。例如美国尤尼罗伊耳公司成功地开发出了新型防老剂 TABDA,即 2,4,6-三[(1,4-二甲基)戊基对苯二胺-1,3,5-三嗪]。该防老剂具有迁移速度慢、耐抽提、挥发性低的特点,因分子中带有三嗪环结构,故具有优异的耐热性能,适于动态和静态下使用的橡胶制品,由于无污染性,也可用于白色、浅色制品,是理想的抗氧和抗臭氧防老剂。拜耳公司开发的 AFS 是环状缩醛化合物,为非污染抗臭氧剂。

二、长效性防老剂

上述普通防老剂防护橡胶的老化效果显著,因此被广泛采用。但当橡胶制品在高温或真空环境下使用时,橡胶中的防老剂会因为挥发而减少或失去防护作用。又如橡胶制品长期在与液体介质接触下使用,因为防老剂抽出,也会较快地减少或失去防护效能。为了解决这一难题,从 20 世纪 60 年代中期开始,人们就致力于不挥发或低挥发、不抽出或低抽出的长效防老剂的开发研究,目前已经公开的长效性防老剂根据其制备方法分为以下几类。

1. 加工反应型

此类长效性防老剂的制备是首先通过化学反应使普通酚、胺类防老剂分子接上反应性基团,然后在橡胶加工过程中使这些基团与橡胶大分子发生化学结合。由于防老剂分子变成橡胶分子的一部分,从而失去自由迁移、挥发和被抽出的弱点,使防护效能得以长期保持。这类含有反应性基团的防老剂通常称为反应型防老剂。到目前为止已经开发和正在开发研究的反应型防老剂有:①含亚硝基(—NO)的芳香胺类;②含硝酮基($\begin{smallmatrix}O\\\uparrow\\-N=CH-\end{smallmatrix}$)的胺或酚类;③含丙烯酰基($\begin{smallmatrix}-C-C=CH_2\\\|\\O\ CH_3\end{smallmatrix}$)的芳胺类;④含烯丙基(—CH$_2$—CH=CH$_2$)的酚类;⑤含马来酰亚胺基的芳胺类;⑥含巯基(—SH)防老剂。将反应型防老剂添加到胶料中,在硫化过程中这些活性基团就能与橡胶大分子产生化学结合。例如,含亚硝基的对苯二胺(NDPA)可与天然橡胶及二烯类合成橡胶在 α-碳原子处发生化学键合。

将含有 NDPA 和含有普通防老剂的几种橡胶硫化胶用混合溶剂进行抽提，然后再与没有抽提的同种橡胶做氧化对比试验，结果如表 4-8 所示。

表 4-8 NDPA 与普通防老剂的防护效能比较

橡胶	防老剂	120℃吸氧 1%所需的时间/h	
		抽提前	抽提后
NR	NDPA	48	59
	4010NA	57	4
SBR	NDPA	35	36
	4010NA	36	16
CR	NDPA	55	50
	防老剂 D	91	23
NBR	NDPA	84	39
	AH	48	15
BR	NDPA	25	30
	4010NA	25	11

由表 4-8 中看到，含 NDPA 的硫化胶虽经溶剂抽提，但吸氧速度除 NBR 有较大幅度上升外，其他橡胶基本没变，甚至略有减慢，而含普通防老剂的硫化胶吸氧速度大大加快。这类防老剂的缺点是混炼时不易分散，易引起焦烧。

含丙烯酰氧基的 N-(2-甲基丙烯酰氧基-2-羟基乙基)-N'-苯基对苯二胺与二烯类橡胶键合以后，防护效能与普通防老剂 4010NA 相当，抗臭氧性优于防老剂 4010NA，对胶料硫化特性无显著影响。

N-(2-甲基丙烯酰氧基-2-羟基乙基)-N'-苯基对苯二胺

特别值得一提的是，含硫基的酚类防老剂，如 3,5-二叔丁基-4-羟基苄基硫醇，在硫化过程中能脱出氢原子产生自由基，并与橡胶分子的双键产生化学键合。分析这种键合防老剂分子结构可以发现，它相当于含有两种作用机理不同的抗氧剂基团，一部分是取代苯酚基，具有终止氧化链自由基的作用；另一部分是含硫化合物基，具有分解过氧化氢物的作用。因此，当这种防老剂抑制氧化反应时必然会产生高的协同效应。

2. 防老剂与橡胶单体共聚型

这类防老剂是将带有聚合反应性基团的防老剂添加到橡胶单体聚合体系中，通过防老剂分子与橡胶单体发生的共聚合反应制备的。如美国的固特异公司将下列防老剂分别添加到丁二烯与苯乙烯和丁二烯与丙烯腈的聚合体系中进行乳液聚合，制备出了含有防老剂结构单元的 SBR 和 NBR。

$$\text{C}_6\text{H}_5-\text{NH}-\text{C}_6\text{H}_4-\text{NHCOC}(R')=\text{CHR}_2$$

$$\text{HO}-\text{C}_6\text{H}_3(t\text{-Bu})-(\text{CH}_2)_n-\text{OCOC}(R')=\text{CHR}_2$$

$$\text{HO}-\text{C}_6\text{H}_2(t\text{-Bu})_2-(\text{CH}_2)_n-\text{OCOC}(R')=\text{CHR}_2$$

如此制备的 NBR 具有特别好的耐热性和耐油性，其配合和加工与普通 NBR 相同。防老剂结构的存在没有影响到胶料的硫化速度和未老化硫化胶的物理机械性能。此胶可作为氯醇橡胶或丙烯酸酯橡胶的替代品使用。

3. 高分子量防老剂

将某些防老剂与分子中带有—COOH、—COOR、—NH$_2$、—OH、—Cl、—SO$_3$H、—SO$_2$Cl 等反应性官能团的橡胶进行反应，可制备出具有高分子量的防老剂。此类橡胶与防老剂的反应产物可作为防老剂添加到胶料中使用，因分子量大而产生长效防护效能。如带有端羟基的液体聚丁二烯橡胶（PBD-OH）可与二苯胺发生如下键合反应。

$$\text{PBD}-\text{OH} + \text{C}_6\text{H}_5-\text{NH}-\text{C}_6\text{H}_5} \longrightarrow \text{PBD}-\text{C}_6\text{H}_4-\text{NH}-\text{C}_6\text{H}_5 + \text{H}_2\text{O}$$

若橡胶分子不具备上述能与防老剂发生反应的官能团，则可通过适当的化学改性添加上去，如 NR、BR 用过氧化苯甲酸处理，可使其分子上产生环氧基团，从而可与酚类或胺类防老剂发生化学结合。

除上述制备高分子量防老剂的方法外，也有人将含有防护功能基的不饱和低分子量化合物进行均聚，或与其他低分子物共聚，或将某些酚类化合物与甲醛通过缩合反应制备高分子量防老剂。不过如此制得的防老剂并没有完全克服被液体介质抽提的弊端。

三、环保型防老剂

1. 酚类防老剂

该类防老剂不变色、不污染、不喷霜，是一种无污染防老剂，其中含有酚羟基，不会产生有害物质，易捕捉老化反应中生成的某些自由基，从而抑制自由基反应，达到防止橡胶老化的目的。

2. 磷类防老剂

在硫化胶中，使用磷类防老剂不会产生危害环境的有毒物质，它是一种绿色环保防老剂，可以增强橡胶制品的稳定性。

3. 稀土防老剂

橡胶的热氧化过程是自动催化氧化机理。稀土元素中存在大量的空轨道，可与氧化过程中产生的自由基结合，终止链反应，抑制氧化反应的继续。稀土具有很强的络合能力，能与 O^{2-}、N^{3-} 络合形成稳定的络合键，而且不同的稀土元素复合时还会产生特殊的协同作用。稀土元素在热氧化前形成一些络合结构，阻碍了氧化过程的进行；热氧化后产生的烯酸、烯酮等也与稀土形成络合物，可以阻碍氧化反应的继续进行。添加稀土类化合物可以延长橡胶的使用寿命。稀土类防老剂具有高效、环保和多功能的特点，是近年来研究的热点。

四、橡胶防护体系的设计

橡胶防护体系的设计是橡胶制品配方设计工作的一部分，设计的好坏直接关系制品的使用性能及寿命，如何设计才能取得最佳防护效果呢？在此提供下面几条原则。

(1) 设计之前要掌握制品的使用环境或工作条件，确定能导致橡胶老化的主要因素，根据确定的老化因素选择防老剂。先选出用于重点防护的防老剂，再选出用于一般防护的防老剂。在考虑防护效能的同时也要考虑防老剂的毒性和成本。制造白色或浅色制品要用非污染性防老剂。

对结构复杂的制品要弄清不同部件的使用状态和所处的环境有什么不同。例如汽车轮胎的胎冠部位和胎侧部位，应力-应变状态明显不同，遭遇的老化因素、发生老化程度和形式也不同，防护体系的设计就应当区别对待。

(2) 根据拟采用橡胶的品种分析其结构特点和耐老化性，确定是否需要使用防老剂防护。如果橡胶本身的综合耐老化性好，能满足制品使用条件，就不必使用防老剂。除了氟、硅橡胶以外，饱和或低不饱和橡胶如乙丙橡胶、丁基橡胶、氯磺化聚乙烯橡胶以及某些共混改性橡胶等制造的在一般条件下使用的制品，均可不使用防老剂；反之，不饱和二烯类橡胶不管制造什么制品，都应使用防老剂防护。

(3) 为了提高防老剂的防护效能或为了避免某些防老剂出现喷霜现象，将两种以上的防老剂并用是行之有效和普遍采用的办法，现将经过实践检验、证明可以获得优秀或良好防护效果的并用体系列举如下：

① 抗热氧老化优秀效果并用体系：D/MB、D/TNP、4010NA/MB、RD/MB、DNP/RD、RD/DBH、SP/MB、SP/TNP、264/TNP；

② 抗臭氧、疲劳老化优秀或良好效果并用体系：4020/RD、4010NA/AW4010NA/RD（优）、4010NA/MB、4010NA/TNP、D/NBC（良）。

最理想的并用应当是能产生协同效应的并用，加和效应也是可以接受的。防老剂的最佳用量以及并用品种之间的最佳比例最好是采用优选实验法加以确定，防老剂加得过多可能会引起助氧化作用。橡胶防护体系设计是否成功最终还要靠实践去检验。

思考题

(1) 橡胶老化的原因有哪些？橡胶的老化如何防护？

(2) 画出橡胶吸氧曲线，从反应机理分析不饱和橡胶产生自催化氧化反应现象的原因。

(3) 为什么用 NR 做的家用手套使用时间长后会发黏？为什么丁苯橡胶做的橡胶制品在使用过程中会变硬？为什么 NR 做的橡胶制品在潮湿环境下容易发霉？为什么许多橡胶制品在周期性应力作用下使用寿命会缩短？

(4) 为什么橡胶硫化后耐老化性能会提高？

(5) 比较下列橡胶的耐热氧老化性高低，并说明理由。
EPM、IIR、BR、NR、NBR、CR、EPDM

(6) 根据防护机理不同可将橡胶防老剂分为哪两大类？4010NA、RD、MB 各属于哪一类？

(7) 橡胶臭氧老化有什么特征？在低拉伸和高拉伸情况下臭氧龟裂各有什么特点？

(8) 橡胶臭氧老化的防护方法有哪几种？

(9) 下列防老剂中，4010、264、2246S、BLE，属于胺类防老剂的有哪些？能用于与食品接触的橡胶中的是什么？能提高橡胶与金属黏合强度的是什么？

(10) 什么是对抗效应、加和效应、协同效应？防老剂并用的目的是什么？

(11) 为什么自由基终止型防老剂与破坏 ROOH 型防老剂并用能产生协同效应？

(12) 为什么长期在仓库中停放的橡胶制品表面会出现细小的裂纹？为什么 NR、SBR 等橡胶制造的制品在光照下也会产生裂纹？

(13) 某些橡胶制品配方中为什么要加石蜡？

参考文献

[1] 合成材料老化研究所. 高分子材料的老化与防老化 [M]. 北京：化学工业出版社，1979.
[2] Hawkins W L. 聚合物的稳定性 [M]. 吕世泽，译. 北京：中国轻工业出版社，1981.
[3] 桂一枝. 高分子材料用有机助剂 [M]. 北京：人民教育出版社，1981.
[4] 布莱德森 J A. 橡胶化学 [M]. 王梦蛟，译. 北京：化学工业出版社，1985.
[5] Keller R W. Oxidation and ozonation of rubber [J]. Rubber Chemistry and Technology, 1985, 58 (3): 637-652.
[6] 杨清芝. 现代橡胶工艺学 [M]. 北京：中国石化出版社，1997.
[7] 蒲启君. 我国橡胶助剂的现状与问题 [J]. 橡胶工业，2000，47 (1): 40.
[8] 许春华. 加速推动我国橡胶助剂工业的技术进步 [J]. 中国橡胶，2000，47 (5): 292-296.
[9] 赵小彦，郭绍辉，陈俊，等. 环保型橡胶防老剂研究进展 [J]. 石化技术与应用，2010，28 (6): 530-534.
[10] 肖琰，魏伯荣. 天然橡胶硫化胶的热氧老化性研究 [J]. 合成材料老化与应用，2006，35 (2): 21-24.
[11] 郑静，向科炜，黄光速. 红外光谱研究丁基橡胶老化机理及寿命预测 [J]. 宇航材料工艺，2013，43 (1): 89-92.
[12] 李思东，彭政. 用红外差谱表征橡胶的热老化 [J]. 橡胶工业，1998 (8): 494-498.
[13] 肖琰. 橡胶老化研究的方法 [J]. 合成材料老化与应用，2007，36 (4): 34-38.

第五章
橡胶的增塑剂及其它加工助剂

在橡胶制品加工成型过程中,为了改善橡胶混炼、压延、挤出、成型等工艺操作性能,常常需要在橡胶中添加一些物质,比如提高橡胶塑性的分子量比较低的化合物,有助于配合剂分散的化合物,提高胶料润滑性、挺性、黏性或防止焦烧等的化合物,这类物质统称为工艺操作助剂。此类助剂从功能性方面主要包括增塑剂、分散剂、均匀剂、润滑剂、脱模剂、防焦剂等,起到方便操作、缩短加工时间、降低能耗、提高生产效率的效果。本章主要以增塑剂为主进行介绍。

第一节
增塑剂的概念及分类

增塑剂是一类分子量较低的化合物。加入橡胶后,能够降低橡胶分子链间的作用力,改善加工工艺性能,如通过使粉末状配合剂更好地与生胶浸润并分散均匀,改善混炼工艺;通过增加胶料的可塑性、流动性、黏着性改善压延、压出、成型工艺,并能提高胶料的某些物理机械性能如降低制品的硬度、定伸应力,提高硫化胶的弹性、耐寒性,降低生热等;降低成本。

增塑剂的分类方法很多,根据增塑剂性能不同可分为通用增塑剂和特殊增塑剂(包括耐寒增塑剂、耐热增塑剂、阻燃增塑剂等);根据增塑作用机理不同可分为化学增塑剂和物理增塑剂。对于合成类增塑剂也常常按照化学结构进行分类。

物理增塑剂过去习惯上根据应用范围不同分为软化剂和增塑剂。软化剂多来源于天然物质,常用于非极性橡胶,如石油系的三线油、六线油、凡士林等,植物系的松焦油、松香等。增塑剂多为合成产品,一般极性较强,多用于极性合成橡胶和塑料中,例如酯类增塑剂邻苯二甲酸二辛酯（DOP）、邻苯二甲酸二丁酯（DBP）等。习惯上称为软化剂的大多属于非极性物质，称为增塑剂的多为极性物质。由于两者所起的作用相同，目前统称为增塑剂。

化学增塑剂又称塑解剂，它是通过力化学作用，促使橡胶大分子断链，降低分子量，从而增加橡胶可塑性，该增塑方法为化学增塑法，该类增塑剂增塑效力强，用量少，能使生胶在比较短的时间内塑化，而对胶料的物性无不良影响。与物理增塑剂相比，可以降低塑炼温度，提高塑炼效率，降低能耗。化学增塑剂多为合成产品，目前常用的塑解剂大部分为芳香族硫酚的衍生物如 2-萘硫酚、二甲苯基硫酚、五氯硫酚等。促进剂 M、DM 等也有一定的塑解效果，详细内容见加工部分。

本章所谈及的主要是物理增塑剂，该类增塑剂一般是一些低分子量的化合物，能进入橡胶大分子链之间，增大橡胶分子间距，减弱橡胶大分子间作用力，使大分子链间滑动相对容易（黏度降低），亦即增加橡胶的塑性。

物理增塑剂按来源一般分为石油系增塑剂、煤焦油系增塑剂、松油系增塑剂、脂肪油系增塑剂、合成增塑剂等。

根据生产使用要求，理想的物理增塑剂应同时具备如下条件：

① 与橡胶有良好的相容性是选择增塑剂时必须首先考虑的基本因素，若相容性不好，增塑剂容易从橡胶中分离出来；
② 增塑效果好，以较少的加入量获得较好的增塑效果；
③ 挥发性低，减少成型加工以及制品存放过程中挥发损失对制品性能的影响；
④ 不迁移，制品内的增塑剂不应该向所接触的其它介质扩散；
⑤ 耐久性好，耐水、油、有机溶剂的抽提；
⑥ 耐寒性好，要求制品在低温下仍有良好的弹性；
⑦ 耐热性好，要求在加工温度和较高的使用温度下保持稳定；
⑧ 耐光性好；
⑨ 具有耐燃性；
⑩ 电绝缘性好；
⑪ 耐霉菌性好；
⑫ 无臭、无毒、无色；
⑬ 价廉易得。

实际上，没有一种增塑剂能完全符合上述条件，因此使用时只能根据制品的需求、增塑剂的性能和市场情况，选择综合性能较优的品种。在大多数情况下，采用两种或两种以上的增塑剂，或者配用其它功能性助剂（如塑解剂）或工艺措施（如塑炼等），使聚合物获得较为理想的塑性。其中增塑剂并用时，用量多的叫主增塑剂，起辅助作用的称为助增塑剂。

增塑剂按其来源不同可分为五类：①石油系增塑剂；②煤焦油系增塑剂；③松油系增塑剂；④脂肪油系增塑剂；⑤合成增塑剂。

第二节

增塑剂的增塑原理

橡胶的增塑实际上就是增塑剂低分子量物质与高分子聚合物或橡胶形成分子分散的

溶液，这时增塑剂本身是溶剂或者更确切地说是橡胶的稀释剂，只不过橡胶的浓度较高而已。因此，有关聚合物-溶剂体系的相应规律全部可以用于分析聚合物与增塑剂的相互作用。

一、增塑剂与橡胶的相容性

相容性是指两种不同的物质混合时形成均相体系的能力。相容性好，两种物质形成均相体系的能力强。根据橡胶制品的要求，增塑剂应具有与橡胶相容性好、增塑效果大、挥发性小、耐寒性好、迁移性小等特点。增塑剂与橡胶的相容性很重要，否则增塑剂会从橡胶中喷出，甚至难于混合、加工。

因此判断橡胶与增塑剂的相容性可用以下三个原则：一是极性相近原则；二是溶解度参数（δ）或内聚能密度相近原则，$|\delta_1-\delta_2|>1.7\sim2.0\mathrm{MPa}^{1/2}$ 时，它们之间相容性不好；三是增塑剂和橡胶相互作用参数 χ_1 小于 0.5 时相容性好。

增塑剂与橡胶相容性的预测手段一般是采用溶解度参数（δ）。在不考虑氢键和极化的影响下，一般增塑剂与橡胶的溶解度参数相近，则相容性好，增塑效果好。

溶解度参数 δ 按式（5-1）定义。

$$\delta=\sqrt{e}=\left(\frac{\Delta E}{V}\right)^{\frac{1}{2}} \tag{5-1}$$

式中，e 为内聚能密度；ΔE 为摩尔汽化能；V 为摩尔体积。

从热力学角度来看，当考虑自由能变化时，可用式（5-2）表示。

$$\Delta F=\Delta H-T\Delta S \tag{5-2}$$

式中，ΔF 为溶解自由能变化；ΔH 为溶解热焓变化；ΔS 为溶解熵变化；T 为热力学温度。

当 $\Delta F<0$ 时，溶解能自发进行，也就是说 ΔH 是负值或小于 $T\Delta S$ 时，其溶解自动进行，表明相容性好。混合焓变如下：

$$\Delta H=V_{\mathrm{m}}(\delta_1-\delta_2)^2\varphi_1\varphi_2 \tag{5-3}$$

式中，V_{m} 为混合总体积；φ_1、φ_2 为橡胶、增塑剂的体积分数；δ_1、δ_2 为橡胶、增塑剂的溶解度参数。

因为溶解过程 $\Delta S>0$，所以要使 $\Delta G<0$，ΔH 应尽可能小，因此 δ_1、δ_2 要接近。但是实际上增塑剂和橡胶之间的作用还应考虑到两者之间的极性及氢键的影响。

为了使用方便，现列举部分橡胶和增塑剂的溶解度参数于表 5-1 和表 5-2 中。

表 5-1 几种橡胶的 δ 值　　　　　　　　　单位：$\mathrm{MPa}^{1/2}$

橡胶	δ 值	橡胶	δ 值
甲基硅橡胶	14.9	丁苯橡胶	17.5
天然橡胶	16.1~16.8	丁腈橡胶(丙烯腈30%)	19.7
三元乙丙橡胶	16.2	聚硫橡胶(FA)	19.2
氯丁橡胶	19.2	丁吡橡胶	19.3
丁基橡胶	15.8	聚乙烯醇	31.6
顺丁橡胶	16.5		

表 5-2　几种增塑剂的 δ 值　　　　　　　　　　　单位：$MPa^{1/2}$

增塑剂	δ 值	增塑剂	δ 值
己二酸二辛酯(DOA)	17.6	邻苯二甲酸二乙酯(DEP)	20.3
邻苯二甲酸二癸酯(DDP)	18.0	磷酸三苯酯(TPP)	21.5
邻苯二甲酸二辛酯(DOP)	18.2	邻苯二甲酸二甲酯(DMP)	21.5
癸二酸二丁酯(DBS)	18.2	环氧大豆油	18.5
邻苯二甲酸二丁酯(DBP)	19.3	氯化石蜡(含氯量45%)	18.9
磷酸三甲苯酯(TCP)	20.1		

二、增塑剂对橡胶玻璃化转变温度的影响

鉴于增塑剂存在极性与非极性之分，橡胶也有极性橡胶和非极性橡胶，不同极性的橡胶与增塑剂混合在一起时，两者之间的相互作用差别明显，增塑原理也各不相同，根据相容性原则，下面分类探讨不同增塑剂的增塑作用原理。

1. 非极性增塑剂作用原理

非极性增塑剂增塑非极性橡胶时，由于增塑剂分子量小，随机分布在橡胶大分子之间，增大了橡胶分子间的距离，削弱了橡胶大分子间作用力，使橡胶大分子间滑移容易，流动性提高。由于增塑剂与橡胶之间没有显著的能量作用，这种削弱来源于简单的稀释，其推动力是体系熵值的增加。

增塑剂的加入会降低橡胶的玻璃化转变温度 T_g，T_g 下降值与增塑剂的体积分数有直接关系。

$$\Delta T_g = k\varphi_1 \tag{5-4}$$

式中　k——与增塑剂性质有关的常数；

　　　φ_1——增塑剂的体积分数。

应当注意的是只有当增塑剂用量不大时，上述关系式才成立。因为随着增塑剂用量的增大，橡胶大分子之间的相互作用机理会发生很大的变化。同时也要考虑到非极性体系，虽然聚合物与溶剂之间的作用较小，但尚不能认为它对自由能变化的影响小到可以忽略不计的程度。为此，Jenkel 和 Heusch 用增塑剂的质量分数取代体积分数，提出了相类似的公式。

$$\Delta T_g = kW_1 \tag{5-5}$$

式中　W_1——增塑剂的质量分数。

大多数增塑剂的相对密度接近于1，所以式(5-4)和式(5-5)基本一致。

2. 极性增塑剂的作用原理

极性增塑剂增塑极性橡胶时，极性增塑剂分子的极性部分定向地排列于橡胶大分子的极性部位，对大分子链段起包围阻隔作用，通常称之为溶剂化作用，从而增加了大分子链段之间的距离，减小了大分子间相互作用力，增大了大分子链段的运动性，从而提高了橡胶的塑性，降低了橡胶的玻璃化转变温度，其关系如下：

$$\Delta T_g = kn \tag{5-6}$$

式中　k——与增塑剂性质有关的常数；

　　　n——增塑剂的物质的量。

一般地，聚合物的每一个极性基团可以与 1～2 个增塑剂分子作用，再多加入增塑剂，它引起的能量变化减小。所以可以认为增塑剂的效率与其物质的量成正比的条件，只是在增

塑剂的物质的量达到聚合物极性基团 2 倍之前，这种关系式才近似成立。

以上两种增塑机理实际上是两种极端情况。因为大多数增塑剂分子既有极性部分，也有非极性部分，所以兼有上述两种增塑效应。因此要全面、正确地建立 ΔT_g 与增塑剂用量的关系，必须同时考虑组分间混合时熵和焓的变化。

此外，天然物质的增塑剂对胶料的硫化过程和硫化胶的物理性能及老化过程均有影响。它与胶料中的各种成分起着复杂的反应，如聚合、缩合、氧化、磺化等，如松香中含有较为活泼的共轭双键及羧基；松焦油中含有羧酸和酚类等，在加热情况下可能发生缩合反应。可见，天然物质的增塑剂在橡胶中的作用是复杂的。

第三节
石油系增塑剂

石油系增塑剂是石油加工过程中所得的油品，是橡胶工业中应用最广的增塑剂之一，具有增塑效果好、来源丰富、成本低的特点，几乎在各种橡胶中都可以使用。主要品种包括操作油、三线油、变压器油、机油、轻化重油、石蜡、凡士林、沥青及石油树脂等。其中操作油是为了改善胶料加工性能而在混炼时加到橡胶中的石油系增塑剂，也称加工油；另外在橡胶制造过程中，为了降低成本和改善胶料的某些性能，直接加到橡胶中的油品，其用量在 15 份以上时称为填充油，在 14 份以下时称为操作油。

石油系增塑剂对胶料性能和成品使用性能的影响，取决于它们的组成和性质。

一、石油系增塑剂的生产

石油系增塑剂的生产属于石油炼制过程，通过选择适当的原油进行常压和减压蒸馏制得，其生产的基本过程如图 5-1 所示。

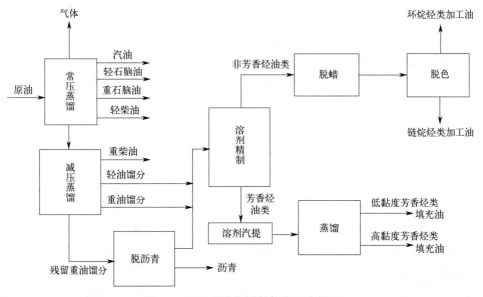

图 5-1 石油系增塑剂制备过程示意图

将减压蒸馏所得的轻质及重质油馏分从特定的溶剂中抽提精制，除去溶剂后进一步减压蒸馏，得到的各种规格的油品可以作为石油系增塑剂使用。

二、操作油

1. 操作油的分类

操作油是石油的高沸点馏分，它是由分子量在 300~600 的复杂烃类化合物组成。这些烃类可分为链烷烃（石蜡烃）、环烷烃和芳香烃，此外还含有烯烃、少量杂环类化合物。可以用如下结构（图 5-2）表征它们：

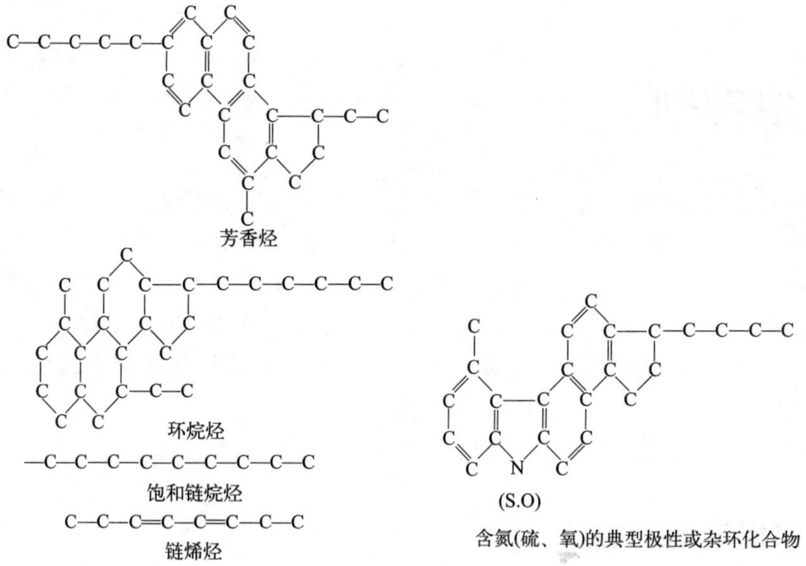

图 5-2　不同烃类化合物的结构

依据操作油的制造工艺及组成组分不同，操作油可分为以下三种。

（1）芳烃油

以芳香烃为主，芳香烃碳原子一般占分子中碳原子数 60%~85%，最低 35% 以上。为褐色的黏稠状液体，与橡胶的相容性最好，加工性能好，吸收速度快。适用于天然橡胶和多种合成橡胶，做填充油用量可达 30 份以上。缺点是有污染性，宜用于深色橡胶制品中。

（2）环烷油

以环烷烃为主，环烷烃碳原子占分子中碳原子数 30%~50%，为浅黄色或透明液体，与橡胶的相容性较芳烃油差，但污染性比芳烃油小，适用于 NR 和多种合成橡胶。

（3）石蜡油

又称为链烷烃油，以直链或支化链烷烃为主，链烷烃碳原子占分子中碳原子数 50% 以上。为无色透明液体，黏度低，与不饱和橡胶的相容性差，在不饱和橡胶中的用量不大于 15 份。加工性能差，吸收速度慢，多用于饱和性橡胶如乙丙橡胶中，污染性小或无污染，宜用于浅色橡胶制品中。本品的稳定性、耐寒性很好，对胶料的弹性、生热无不利影响。

2. 操作油的类型判断

鉴于操作油油液的成分对于橡胶的相容性、污染性、耐候性、耐老化性能有很大的影响,因此,为了合理使用此类油液,正确分析判断操作油油液的类型显得十分必要,也十分重要。一般操作油是含碳数在18~40的不同分子量化合物的混合体,其结构和组成是极其复杂的,即便利用目前最先进的分析仪器也难于把组成的各个组分定量分离。因此目前普遍利用物理性质和化学成分来判断油液的类型,其中比较有代表性的方法是Kurtz物理分析法和Rostler-Sternberg分析法。

(1) Kurtz物理分析法

石油系增塑剂的物理性质对判断它的品质以及对橡胶的作用是很有用的。油的密度、黏度、黏温系数等物理性质与增塑效果有直接的关系,油的平均分子量对橡胶的性质也有很大影响。Kurtz等研究了油的密度、黏度、闪点、苯胺点、折射率等物理参数与油品性质之间的关系,计算出黏度密度常数(VGC)与油品组成的关系。由折射率求出的比折光度可以根据图表得出链烷烃、环烷烃和芳香烃所含的碳原子数(C_P、C_N、C_A)。Kurtz法则规定芳香碳原子数占35%以上者称为芳香类油;环烷碳原子数占30%~45%者称为环烷类油;链烷链碳原子数占50%以上者称为链烷类油。

黏度密度常数(VGC)是和油品组成有关的参数。如果油品中的芳香环及环烷环的数目增加,则黏度相等的油品的密度也随之增大;相反,密度相同的油品则黏度随之增大。VGC能通过不同的方程式计算得到,表5-3中的数据是根据下列式子计算得到的。

$$VGC=\frac{10G-1.0752\lg(v-38)}{10-\lg(v-38)} \tag{5-7}$$

式中 G——油在15.6℃时的密度;

v——油在37.8℃的赛波特黏度(SUS),s。

表5-3 VGC和油品化学组成之间的关系

VGC值	油品类型	C_P/%	C_N/%	C_A/%
0.790~0.819	链烷烃类	60~75	20~35	0~10
0.820~0.849	亚链烷烃类	50~65	25~40	0~15
0.850~0.899	环烷烃类	35~55	30~45	10~30
0.900~0.949	亚环烷烃类	25~45	20~45	25~40
0.950~0.999	芳香烃类	20~35	20~40	35~50
1.000~1.049	高芳香烃类	0~25	0~25	>60
>1.050	超芳香烃类	<25	<25	>60

根据表5-3的黏度密度常数可知油品的类型。表5-4表示各类油品的性质,表5-5表示按照VGC分类的不同油品对橡胶性能的影响。

表5-4 各类油品的性质

油品性质	链烷烃 C_P>50%	环烷类 C_N=30%~45%	芳香烃 C_A>35%
密度	小	中	大
黏度	小	中	大
折射率	小	中	大
苯胺点/℃	>60	50~60	<50
加工性	可	良	优
非污染性	优	良	劣
稳定性	优	良	可~劣
耐寒性	优	良	可

表 5-5　按 VGC 分类的不同油品对橡胶性能的影响

橡胶性能	烷烃类 VGC 0.790~0.849	烷烃类 VGC 0.850~0.899	芳香类 VGC＞0.900
加工难易	稍困难	良好	极好
耐污染性	极好	良好	不良
低温特性	极好	良好	大致良好
生热性	极低	低	稍高
耐老化性	好	较好	较差
弹性	极好	良好	大致良好
拉伸强度	极好	良好	大致良好
300%定伸应力	良好	良好	良好
硬度	良好	良好	良好
配合量	少量	多量	极多量
稳定性	极好	良好	大致良好
硫化速度	慢	中	快

对具有类似的组成而分子量不同的油，其折射率和密度之间有一定的关系，比折光度 γ_f 计算公式如下。

$$\gamma_f = n_D^{20} - \frac{1}{2} d_4^{20} \tag{5-8}$$

式中　n_D^{20}——油在 20℃ 的折射率；
　　　d_4^{20}——油在 20℃ 的密度。

由比折光度和 VGC 通过三角坐标就能够得到油的组成，即能得到油中芳香烃、环烷烃以及链烷烃的各类碳原子（C_A、C_N、C_P）占全部碳原子的比例，见图 5-3。

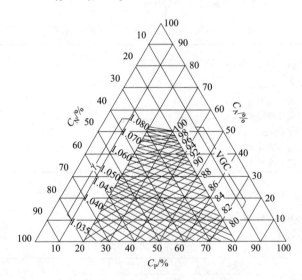

图 5-3　油的组成与 VGC 和比折光度关系图

（2）Rostler-Sternberg 分析法

此法是根据石油系增塑剂及其与硫酸反应生成物在正戊烷中的溶解度的差异，分离出沥青质、氮碱、第一亲酸物、第二亲酸物和饱和烃等五种化学成分，再根据各组分比例确定油品的类型。下面将分别对各组分的构成及对橡胶的作用加以叙述。

① 沥青质。它是石油系增塑剂中不溶于正戊烷的含少量 S、O、N 的化合物，是原油蒸

馏残渣的成分。沥青质在胶料中不易分散,对硫化、拉伸强度及硬度有较大影响,有污染性,含量高会使胶料变硬。

② 氮碱。在已除去沥青质后用 85% 的冷硫酸处理得到的不溶于正戊烷溶液的部分。为高黏度的褐色黏性液体,有污染性,略带吡啶的臭味,其中含有吡啶、硫醇、羧基、醚等各种极性化合物。这类物质对胶料有软化和增黏效果,对橡胶硫化有弱的促进作用,硫化曲线平坦。

③ 第一亲酸物。将去除了氮碱后剩余的油品正戊烷溶液再用 97%~98% 的冷硫酸处理得到的不溶物即第一亲酸物。它是不饱和度高的复杂芳香族化合物的混合物,与橡胶的相容性好,增塑效果好,与一般橡胶及极性的耐油橡胶都有很好的相容性。由于不饱和度高,硫化时易与硫黄作用,故有延迟硫化的倾向。其元素组成为:C 90.0%,H 7.8%,S 1.86%,N 0.34%。

④ 第二亲酸物。用 98% 的硫酸除去了第一亲酸物后所剩下的部分,再用发烟硫酸(含有 20%~30% 的三氧化硫)处理得到的不溶于正戊烷的部分。其不饱和度比第一亲酸物小,与所有橡胶的相容性好,没有污染,对硫化无影响。其元素组成为:C 88.8%,H 9.6%,S 0.94%,N 0.01%,O 0.65%。

⑤ 饱和烃。饱和烃是除去了第二亲酸物后的残留部分。它不与发烟硫酸作用,为各种饱和物质的混合物,其中包括直链烷烃、支链烷烃、环烷烃及带有侧链的环烷烃,是油品中最为稳定的成分。其元素组成为:C 86.5%,H 13.5%。

含饱和烷烃多的油品多用在乙丙橡胶、丁基橡胶等饱和橡胶中,它与不饱和橡胶及极性橡胶的相容性差,但在天然橡胶、丁苯橡胶、氯丁橡胶中有利于胶料的混炼和压出。对黏着性有抑制作用。环烷烃与橡胶的相容性较链烷烃好,溶解力大,不易喷出。直链烷烃与橡胶的相容性最差。

目前又发展起来一种新的油品分析方法,即黏土与硅胶分析法,它可以测定操作油中的沥青质、极性化合物、芳香烃和饱和烃的比例,如 ASTM D2007。

3. 操作油的特性

(1) 操作油黏度

操作油黏度越高,则油液越黏稠,操作油对胶料的加工性能及硫化胶的物性都有影响。采用黏度低的操作油,润滑作用好,耐寒性提高,但在加工时挥发损失大。当闪点低于 180℃ 时,挥发损失更大,应特别注意。

操作油的黏度与温度有很大关系。在低温下黏度更高,所以油的性质对硫化胶的低温性能有很大的影响,采用低温下黏度(在 $-18℃$ 的运动黏度)变化较小的油,能使硫化胶的低温性能得到改善。高芳烃油的黏度对温度的依赖性比烷烃油大。

操作油的黏度与硫化胶的生热有关,使用高黏度油的橡胶制品生热就高。在相同黏度情况下,芳香类油的生热低。拉伸强度和伸长率随油黏度的提高而有所增大,屈挠性变好,但定伸应力变小。相同黏度的油,如以等体积加入,则芳香类油比饱和的油能得到更高的伸长率。

(2) 相对密度

在石油工业中通常是测定 60℃ 下的相对密度。当橡胶制品按重量出售时橡胶加工油的相对密度就十分重要。通常情况下,芳烃油相对密度大于烷烃油和环烷烃油的相对密度。橡胶加工油常常是按体积出售,而在橡胶加工中则按重量进行配料。

(3) 苯胺点

在试管内先加入 5～10mL 苯胺后，再加入同体积的油，然后从下部加热，直至出现均匀的透明溶液，此时的温度为该油的苯胺点。芳香烃类增塑剂的分子结构与苯胺最接近，易溶于其中，故苯胺点最低。苯胺点低的油类与二烯类橡胶有较好的相容性，大量加入而无喷霜现象。相反，苯胺点高的油类，需要在高温时才能与生胶互溶，所以在温度降低时就易喷出表面。操作油苯胺点的高低，实质上是油液中芳香烃含量的标志。一般说来，操作油苯胺点在 35～115℃ 范围内比较合适。此外，苯胺是一个极性化合物，所以测定苯胺点可得知油品的极性大小。

(4) 倾点（流动点）

倾点是能够保持流动和能倾倒的最低温度，取决于增塑剂的分子量及烃的种类、含量和结构。此特性可以表示对制品操作工艺温度的适用性。

(5) 闪点

闪点是指释放出足够蒸汽与空气形成的一种混合物，在标准测试条件下能够点燃的温度。它表示石油系增塑剂中存在低沸点馏分的情况。低闪点的增塑剂在胶料贮存、加工过程中能损失大量的易挥发物质，与橡胶硫化、贮存及预防火灾有直接的关系，同时也可衡量操作油的挥发性。

(6) 中和值

中和值是操作油酸性的尺度，酸性大能引起橡胶硫化速度的明显延迟。中和值可以用中和 1g 操作油的酸含量所需要的 KOH 的质量（mg）来表示。

此外，油液的折射率、外观颜色、挥发分也都能反映其组成情况。

4. 操作油增塑效果的表征

橡胶分子量越大，分子间作用力越大，黏度就越高，从而使加工困难。所以往往需要在这样的橡胶中加入适量的油，使黏度降低，以利于加工。油对橡胶的塑化作用通常用橡胶门尼黏度的降低值来衡量，这个降低值可以用填充指数或软化力来表示。

(1) 填充指数（EI）

丁苯橡胶合成时，把高门尼黏度的丁苯橡胶塑化为门尼黏度 [ML(1+4)100℃] 为 53.0 时所需的油量份数叫做填充指数（即该油对此聚合物的填充指数）。改变油的添加量从充油橡胶的黏度曲线可以图解出填充指数，如图 5-4 所示。由于丁苯橡胶中添加 50 份炭黑时其混炼胶的门尼黏度在 60 左右时加工性能最好，与此相应的生胶的门尼黏度约为 53，因此丁苯橡胶生胶的黏度采用 53 作为标准。

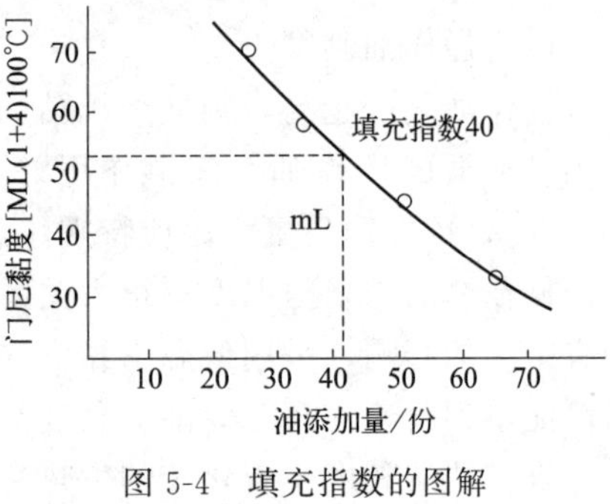

图 5-4 填充指数的图解

油的填充指数越小，表明其对橡胶的塑化作用越强。

(2) 软化力（SP）

在一定温度下，以一定量的油填充橡胶时，其门尼黏度的下降率称为油的软化力。

$$软化力 = \frac{原聚合物的门尼黏度 - 充油聚合物的门尼黏度}{原聚合物的门尼黏度} \times 100\%$$

油的软化力越高，对橡胶的塑化作用越强。一些商品油的填充指数和软化力见表 5-6。

表 5-6 一些商品油的填充指数（EI）和软化力（SP）

序号	油的类型	相对密度 (15.6℃)	门尼黏度 [ML(1+4)100℃]		EI 质量 /份	SP(50 份) /份
	油的添加量(每 100 份聚合物①用油的质量份)					
	质量份		50	—		
	体积份		—	50		
1	芳香的 Sundex 170	0.987	55.0	54.5	52.0	62.0
2	高芳香的 Sundex 1585	0.994	51.0	51.0	48.0	65.0
3	芳香的 Sundex 53	0.982	51.5	53.2	48.0	64.5
4	环烷的 Circosol 2XH	0.945	51.0	52.5	47.0	65.0
5	高芳香的 Sun 85dex	1.017	48.0	47.5	44.0	67.0
6	环烷的 Circolight	0.927	46.0	49.5	42.5	68.5
7	链烷的 PRO551	0.880	46.0	51.5	42.0	68.5
8	环烷的 Circosol NS	0.870	45.0	51.0	42.0	69.0
9	高芳香的(特制品)	1.080	41.5	39.3	39.0	71.5
10	链烷的 PRO521	0.874	42.0	48.0	38.5	71.5

① 原 SBR 聚合物在 100℃时的门尼黏度为 146。

5. 操作油对橡胶加工性能的影响

石油系操作油的主要成分为各类烃类化合物，它们与橡胶混容性的大小主要取决于其中所含芳香烃成分的多少。其中石蜡烃类油中由于芳香烃含量较少，主要是饱和烃类，与一般二烯类橡胶的混容性差，因此容易析出。芳香烃类油因分子结构内含有双键和极性基团（如含有硫和氮），增加了与多数橡胶的亲和性，不易从橡胶中析出。总之，凡是芳香烃含量大，且不饱和度高时，一般与二烯类橡胶的混容性都比较好，对填料的润湿性及胶料的黏着性高。表 5-7 是不同烃类含量的操作油与各种橡胶的混容性。

表 5-7 各种橡胶与操作油的混容性

	项目	操作油		
		石蜡烃	环烷烃	芳香烃
成分/%	石蜡烃碳原子(C_P)	64～69	41～46	34～41
	环烷烃碳原子(C_N)	28～33	35～40	11～29
	芳香烃碳原子(C_A)	2～3	18～20	36～48
性质	黏度 SUS①(37.8℃)	100～500	100～2100	2600～1500
	相对密度(15℃)	0.86～0.88	0.92～0.95	0.95～1.05
	苯胺点/℃	90～121	66～82	32～49
与各类橡胶 (溶解度参数) 的相容性	三元乙丙橡胶(16.2)	好	好	好
	天然橡胶(16.1～16.8)	好	好	好
	丁苯橡胶(17.5)	一般	一般	好
	顺丁橡胶(16.5)	一般	一般	好
	丁基橡胶(15.8)	好	一般	差
	氯丁橡胶(19.2)	差	一般	好
	丁腈橡胶(19.7)	差	差	一般

① 赛波特通用黏度。

(1) 混炼时胶料对油液的吸收

胶料在混炼时，橡胶对油液的吸收速度是混炼过程中的重要问题，它与油的组成、分子量、黏度、混炼条件（特别是混炼温度）以及生胶的化学结构等因素有着密切的联系。一般油液的黏度低、芳香烃含量高、混炼温度高，吸收得快。图 5-5 表示了油液 VGC 值及其分子量与吸油时间的关系。由图 5-5 可见，吸油时间随 VGC 值的增大及油液分子量减小而缩短。但操作油加入量过多，会使得炭黑在橡胶中的分散性变差。此外，混炼时加入操作油，可减小生热、降低能耗。

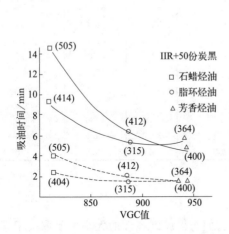 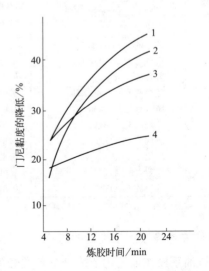

图 5-5　油液 VGC 值及其分子量和吸油速度的关系
括号中数字为分子量；实线为 20 份油；虚线为 10 份油

图 5-6　丁苯橡胶混炼过程中不同油类对黏度的影响
1—芳香烃油；2—环烷烃油；3—石蜡烃油；4—未加油

图 5-6 表明不同组成的油液对丁苯橡胶门尼黏度的影响。由图 5-6 可知，采用芳香烃油的胶料，门尼黏度降低率最大，即它有良好的增塑效果。丁苯橡胶在密炼机中混炼时，增大油液芳香烃含量，可加快吸油速度。而采用石蜡烃油时，分子量越大，吸油速度就越慢。

另外，油的黏度与温度有关，所以吸油速度与混炼温度也有关系。门尼黏度 $[ML(1+4)100℃]$ 为 53 左右的充油丁苯橡胶，可使 50 份炭黑很好地分散。此时丁苯橡胶所填充的油量为 20～27 份，即填充指数为 20～27。当填充指数在 30 以上时，炭黑的分散效果变差；当填充指数超过 34 以上时，则填料的分散效果恶化，以致不能满足实际要求，这说明使用过量油类，将使炭黑的分散性变坏，混炼过程中，若油先于炭黑加入，会使分散性降低，硫化胶物性下降。特别对于超细粒子炭黑来说，混炼时，必须使体系呈高黏度状态。因此，油料不应使胶料黏度有太大的降低。鉴于这种情况，在混炼末期加入油料是必要的。

（2）对挤出工艺的影响

胶料中加入适量的操作油，可使得胶料软化，挤出半成品表面光滑，挤出膨胀小，挤出速度快。当加入等体积的操作油时，油液的分子量越小，黏度越低，相应胶料的挤出速度亦随之增大。挤出口型的膨胀率也会因油液的加入而降低。

（3）对硫化工艺的影响

随着胶料中油类填充量的增加，硫化速度有减缓的倾向。这是由于大量操作油的加入起到了稀释作用，使硫化剂、促进剂在橡胶中的浓度降低，引起硫化速度减缓。石油中含有的某些环化物如硫醇、环烷酸和酚等化合物对硫化速度也有一定的影响。操作油因精制不充分，有时可能存在碱性含氮化合物等，这种物质有弱硫化促进作用。另外，含芳烃类量多的操作油，有促进胶料焦烧和加速硫化的作用。芳香烃油中的极性环化物，不仅影响硫化速度，而且这种极性环化物对橡胶工艺性能、炭黑分散度及硫化胶物性都有很大的影响，所以在使用操作油时，应注意选择。

另外，在橡胶中加有过量的油液时，由于分散的不均匀性，会使油液从橡胶制品的内部迁移至表面，亦称为渗出。若渗出表面，将使硫化胶物性变坏，如伸长率降低、硬度增大等。

6. 操作油在橡胶中的应用

石油系增塑剂与各种橡胶的相容性范围见表 5-8。

表 5-8　石油系增塑剂与各种橡胶的相容性范围

橡胶[①]	油的相容性范围/份		
	链烷烃类油	环烷烃类油	芳香烃类油
丁基橡胶(IIR)	10~25	10~25	不用
二元乙丙橡胶(EPM)	10~50	10~25	10~50
三元乙丙橡胶(EPDM)	5~10	10~50	10~50
天然橡胶(NR)	5~10	5~15	5~15
丁苯橡胶(SBR)	5~10	5~15	5~50
异戊橡胶(IR)	5~10	5~15	5~15
聚丁二烯橡胶(BR)	5~10	10~20	5~37.5
氯丁橡胶(CR)	不相容	5~25	10~50[②]
丁腈橡胶(NBR)	不相容	不相容	5~30
聚硫橡胶(T)	不相容	不相容	2~25

① 各种橡胶中均填充 50 份填料。
② 除某些高黏度氯丁橡胶能填充 50 份外，一般填充 25 份。

(1) 对丁苯橡胶硫化胶性能的影响

研究表明，添加不同组分的操作油没有明显影响丁苯橡胶硫化胶的性能。当添加等体积的各种类型的操作油时，硫化胶的拉伸强度基本相同，但是硫化胶的定伸应力和硬度随操作油 VGC 值的增大而稍有降低。当添加等质量的操作油时，硫化胶的拉伸强度相对较高，这可能是芳香烃油组分密度较大，降低了操作油配合体积的缘故。提高操作油黏度，也可以增大胶料的拉伸强度和伸长率，而定伸应力则随操作油黏度增大而降低。硫化胶的生热亦随着操作油黏度升高而增大。当操作油黏度相同时，芳香烃类油的生热低。

硫化胶的耐屈挠性与定伸应力和伸长率有关。提高定伸应力使胶料屈挠性急剧下降，芳香烃油比链烷烃油的伸长率大，从而具有较大的耐屈挠性。高黏度的操作油可赋予胶料较高的伸长率和较低的定伸应力，从而赋予胶料良好的耐屈挠性能，这方面芳烃油效果更好。

(2) 对顺丁橡胶硫化胶性能的影响

填料在顺丁橡胶中的添加量要比天然橡胶和丁苯橡胶中多，因此相应地需要添加更多的操作油。随着操作油用量的增加，顺丁橡胶性能下降幅度不大。表 5-9 所示的是各类操作油对顺丁橡胶性能的影响。丁苯橡胶也有类似的影响规律。

表 5-9　各类操作油对顺丁橡胶性能的影响

性能	抗龟裂生长	撕裂强度	油混入时间	硬度	拉伸强度	耐磨耗	回弹性	焦烧时间
石蜡烃油	低	低	长	低	低	高	高	长
环烷烃油	高	中	短	中	中	高	中	中
芳香烃油	低	高	短	高	高	低	低	短

(3) 对氯丁橡胶硫化胶性能的影响

普通黏度的氯丁橡胶使用操作油的目的是改善加工性能，所以用量不多，对油品的要求也不严,一般宜用VGC值约为0.855的环烷油。对于高黏度的氯丁橡胶而言,大量填充粉料和油液时,会使胶料的拉伸强度和伸长率下降,由于氯丁橡胶极性较大,当操作油用量过大时,容易发生渗出现象,因此选用VGC值较高(0.95左右)的芳香烃较为适宜。

(4) 对丁腈橡胶硫化胶性能的影响

丁腈橡胶由于极性较大,应注意因增塑剂选择不当而发生渗出现象,因此使用操作油的情况不多,通常使用酯类增塑剂。使用芳烃油能够提高胶料的黏性并略微提高拉伸强度。使用环烷油时能延长胶料的焦烧时间,但不宜大量填充。在丁腈橡胶中大量填充油液有降低硫化胶强度的倾向。

(5) 对丁基橡胶硫化胶性能的影响

丁基橡胶因大分子链运动性较差,因此室温下弹性很低,低温时更会使黏度急剧增大,为便于加工,提高硫化胶的弹性,可以使用低黏度操作油。但需要注意,在高温条件下其油液会从橡胶中挥发,并产生迁移损失。另外,一般油液的VGC值应在0.820以下,即油液极性偏低为宜。一般认为石蜡油、微晶蜡较好。

(6) 对乙丙橡胶硫化胶性能的影响

三元乙丙橡胶一般不适用芳香烃油,因芳香烃油含有稠环化合物,有吸收自由基的作用,妨碍过氧化物交联,另外它与橡胶的相容性也不好。石蜡烃油能赋予胶料良好的低温性能。环烷烃油则使胶料有良好的加工性能,并使硫化胶具有好的拉伸强度。

三元乙丙橡胶使用低黏度操作油时,拉伸强度较低。环烷油则使胶料具有良好的加工性能,同时赋予三元乙丙橡胶优良的综合性能,特别是抗撕裂性能好。石蜡烃油使三元乙丙橡胶具有良好的低温性能,在要求提高耐热性能时,使用高黏度的石蜡烃油效果较好。

三、其它石油系增塑剂

1. 变压器油

变压器油是由石油润滑油馏分经脱蜡、酸碱洗涤或用白土处理得到的浅黄色液体,无污染。它也是常用的石油系增塑剂,耐氧化,凝固点低(约为$-25℃$),有较好的耐寒性及绝缘性,主要用于绝缘橡胶制品。

2. 石蜡

石蜡是由不同分子量的烷烃组成的混合物,但若用于橡胶防护的石蜡则要求分子量及分子量分布均在一定范围内。

一般来说,这类烷烃分为两类,一类基本上是由直链烃构成,称为普通石蜡(paraffin),其结晶度较高,分子量和熔点较低。另一类主要由支化链烷烃构成(含一定量的环烷烃),这些烃以无定形或微晶形式存在,称为微晶石蜡(microcrystal paraffin),具有结晶度较低,分子量和熔点较高的特点。两种石蜡的基本性能如表5-10所示。

表5-10 两种石蜡的基本性能

性能	普通石蜡	微晶石蜡	性能	普通石蜡	微晶石蜡
平均分子量	350~420	490~800	熔点范围/℃	38~75	57~100
正烷烃含量	高	低	典型C原子数	26	60
异烷烃及环烷烃含量	低	高			

目前橡胶工业中使用的微晶防护石蜡并非纯微晶,其中支化结构组分一般只占25%~

45%。这种混合结构的石蜡可通过不同种类石蜡调配或从石油润滑油馏分中直接制取。

石蜡是橡胶的物理防臭氧剂。石蜡加入橡胶中后,蜡从硫化橡胶内部逐渐迁移至表面,形成一层不易穿透的薄膜屏障,它阻止了臭氧与橡胶的接触,成为橡胶的保护层。

微晶蜡的喷出蜡层比普通石蜡喷出蜡层浅薄,结晶细小,质地柔软,在橡胶制品表面形成一层光亮薄膜,透明发亮,具有油性感,故有助于提高制品的外观质量。而且外表蜡层破坏后,在重新形成迁移能力方面优于普通石蜡。石蜡的迁移能力与石蜡在橡胶中的溶解度和逸出度有密切关系。有时普通石蜡与微晶蜡混合使用能获得较好的迁移白霜表层,达到好的防护效果。

石蜡对橡胶有润滑作用,使胶料容易压出、压延,硫化后产品容易脱模,并能改善成品的外观,在胶料中的用量一般是1～2份,增大用量会降低胶料的黏合性,并降低硫化胶的物理机械性能。

3. 石油树脂

石油树脂是由裂化石油副产品烯烃或环烯烃进行聚合或与醛类、芳烃、萜烯类化合物共聚而成的分子量在600～3000之间的树脂状固体,颜色为黄色至棕色,能溶于石油系溶剂,与其它树脂相容性好,用途、用法与古马隆树脂相似,软化点低者,在橡胶中用作软化剂和增黏剂,软化点较高者,可提高合成橡胶的硬度。用于丁基橡胶可以提高其硬度、撕裂强度和伸长率。用于丁苯橡胶可改善胶料的加工性能,并提高硫化胶的耐屈挠性能和撕裂强度。在天然橡胶中可提高胶料的可塑性。在橡胶中的用量一般为10份左右。

4. 石油沥青

石油沥青是由石油蒸馏残余物或沥青氧化制得的黑色固体或半固体,有污染性,高软化点(120～150℃)。属于溶剂型增塑剂,能提高胶料的黏性和挺性,可改善胶料的挤出性能及硫化胶的抗水膨胀性能。在含炭黑的胶料中用量一般为5～10份,对橡胶制品兼有一定的补强作用。用于不饱和的非极性橡胶,其用量达10份,不会降低硫化胶的强度,但会降低弹性和提高硬度。与硫黄反应后生成不溶性物质,故有延迟硫化的作用,使用时应略微增加硫黄的用量。

5. 工业凡士林

工业凡士林是由石油残油精制而成的淡褐色至深褐色膏状物,污染性较小,属于润滑性增塑剂,能使胶料具有良好的挤出性能,能提高橡胶与金属的黏合力,但对胶料的硬度和拉伸强度有影响,有时会喷出制品表面,一般用于浅色制品。由于含有地蜡成分(微晶蜡),故也可做物理防老剂使用。

第四节

煤焦油系增塑剂

煤焦油系增塑剂化学结构中常含有酚基或活性氮化物,因而与橡胶的相容性好,并能提高橡胶的耐老化性,但对促进剂有抑制作用,对硫化有影响,同时还存在脆性温度高的缺点,对屈挠性能有不利影响。此类增塑剂的主要品种有煤焦油、古马隆和煤沥青等。其中最常使用的是古马隆树脂,它既是增塑剂,又是良好的增黏剂,特别适用于合成橡胶。

一、煤焦油

煤焦油是由煤高温炼焦产生的焦炉气经冷凝后制得的,是一种黑色黏稠状液体,有特殊臭味,污染性大。常温下相对密度大于 1.10。主要成分是芳香稠环烃和杂环化合物,所以与橡胶的相容性好,是极有效的活化性增塑剂,可以改善胶料的加工性能。在胶料中能溶解硫黄,因而可以阻止硫黄喷出;含有少量酚类物质,故对胶料有一定的防老化作用。主要用作再生胶生产过程中的脱硫增塑剂,也可作为黑色橡胶制品的增塑剂,但有延迟硫化和脆性温度高的缺点。

二、古马隆树脂

古马隆树脂是橡胶工业中应用历史最久的合成树脂,早在 1890 年就开始作为松香的代用品在橡胶中使用。

古马隆树脂是苯并呋喃(氧茚)和茚的共聚物。其化学结构式如下:

它是通过对煤焦油 160～200℃馏分中所含的苯并呋喃和茚经过处理、精制,然后经催化共聚而得。由于古马隆分子中含芳香杂环结构,因此,它与橡胶的相容性好,有助于溶解硫黄、硬脂酸,减少它们的喷霜倾向。同时,也有助于提高炭黑在橡胶中的分散性,增加胶料的黏性。

根据聚合度的不同,古马隆树脂分为液体古马隆树脂和固体古马隆树脂。液体古马隆为黄色至棕褐色黏稠状液体,软化点为 5～30℃,有污染性,增塑、增黏作用比固体古马隆好,但补强性能较低,主要用作天然橡胶和合成橡胶(丁基橡胶除外)的增塑剂和增黏剂,一般用量为 3%～6%,还可用作橡胶的再生增塑剂。固体古马隆为淡黄色至棕褐色固体,软化点在 35～75℃的为黏性块状固体,可用作增塑剂、黏着剂或辅助补强剂;软化点在 75～135℃为脆性固体,可用作增塑剂和补强剂。

古马隆树脂在橡胶加工中有如下优点。

① 压型工艺顺利,可获得表面光滑的制品。

② 合成橡胶的黏着性差,成型困难,有时甚至在硫化后出现剥离现象,因此在合成橡胶中加入古马隆树脂能明显增加胶料的黏着性。

③ 古马隆树脂能溶解硫黄,故能减缓胶料在贮存中的自硫现象和混炼过程中的焦烧现象。

④ 由于不同分子量的古马隆树脂软化点不同,所以对硫化胶的物性影响也有差异,例如在丁苯橡胶中使用高熔点古马隆树脂时,硫化胶的压缩强度、撕裂强度、耐屈挠性、耐龟裂性能等有显著改善。

丁腈橡胶中用低熔点的古马隆树脂比高熔点的好,对其可塑性及加工性能均有所改善。单独使用时,具有较高的拉伸强度、定伸应力和硬度。古马隆树脂对氯丁橡胶有防焦烧作用,可以减少橡胶在加工贮存过程中所发生的自硫现象,还可以防止混炼好的胶料硬化。在丁基橡胶中采用饱和度大的古马隆树脂为好。

古马隆树脂对于橡胶加工性能的改善及硫化胶的物性提高都带来好的影响。这主要与其分子结构有关，古马隆树脂的分子结构中除含有许多带双键的杂环外，还有直链烷烃。这种杂环结构与苯环相似，可以增加与橡胶的互溶性，甚至在极性较大的氯丁橡胶和丁腈橡胶中也有较好的分散性和互溶性，因此增塑效果很好。同时，古马隆树脂分子中的杂环结构还具有溶解硫黄、硬脂酸等的能力，能减少喷霜现象。此外，还能有效地提高炭黑的分散性和胶料的黏着性。

古马隆树脂是一种综合性能较好的增塑剂（见表5-11），但由于产地不同，质量波动的现象较为明显，所以使用前最好经过加热脱水处理，以除去水分和低沸点物质，对质量进行控制。

表 5-11 添加古马隆树脂与其他增塑剂硫化胶性能的比较

物性	固体古马隆树脂	沥青	松焦油	重柴油
硫化时间(150℃)/min	20	151	20	15
拉伸强度/MPa	23.5	20.3	19.3	19.6
伸长率/%	664	754	667	537
硬度（邵尔 A）	63	61	65	62
300%定伸应力/MPa	7.4	4.8	5.7	8.8
永久变形/%	24.7	26	28.7	12
撕裂强度/(kN/m)	—	98	102	77
屈挠/万次				
初裂	8	15	6	8～20
断裂	124	146	33～38	15～38

注：配方（质量份）为丁苯橡胶100，硫黄2.0，促进剂TMTD 0.3，促进剂DM 2.15，硬脂酸2.0，氧化锌5.0，炭黑60，增塑剂10。

经验表明，古马隆树脂用量在15份以下时，对硫化胶物性无大影响。超过15份时，硫化胶的硬度、强度、老化性能均有下降的倾向。与其他增塑剂并用比单用更能满足胶料性能的要求。在丁苯橡胶中，固体古马隆树脂与重油并用可提高硫化胶耐磨性和强伸性能；在丁腈橡胶中，古马隆树脂与邻苯二甲酸二丁酯并用时，所得硫化胶的强伸性能较高，耐寒性较好，而耐热性一般；在氯丁橡胶中，综合性能以古马隆10份与其他增塑剂5份并用胶为理想。

第五节 松油系增塑剂

松油系增塑剂也是橡胶工业早期使用较多的一类增塑剂，包括松焦油、松香及妥尔油等。该类增塑剂含有有机酸基团，有助于配合剂的分散及提高胶料的黏着性，但由于多偏酸性而对橡胶硫化具有延缓作用。该类增塑剂大部分都是林业化工产品，其中最常用的是松焦油，它在全天然橡胶制品中使用非常广泛，合成橡胶中也可使用。

一、松焦油

松焦油是干馏松根、松干除去松节油后的残留物质，为深褐色黏性液体，有特殊气味，有污染性。与石油增塑剂比较，松焦油品质不够稳定，在合成橡胶中使用量较大时会严重影响胶料的加工性能（如迟延硫化）及硫化胶的力学性能。同时松焦油的动态发热量大，在丁苯橡胶轮胎胶料中不宜过多使用。这也是松焦油在合成橡胶中的使用不如石油系增塑剂广泛的原因。

二、松香

松香是由松脂蒸馏除去松节油后的剩余物再经精制而得，为浅黄色及棕红色透明固体，是能增加胶料黏着性能的增塑剂，多用于擦布胶和胶浆中。松香主要含松香酸，是一种不饱和的化合物，能促进胶料的老化，并有延迟硫化的作用，因此在制品中不宜多用。此外，其耐龟裂性差，脆性大，如经氢化处理制成氢化松香可克服上述缺点。

三、歧化松香（氢化松香）

歧化松香是由松香加热催化而使其中的松脂转化为脱氢松脂酸，或氢化为二氢松脂酸制得的浅黄色脆性固体，是多种树脂酸的混合物。能增加天然橡胶和合成橡胶的黏着性能，并促进填料均匀分散，特别适合于丁苯橡胶，有延迟硫化的作用。

四、妥尔油

妥尔油是由松木经化学蒸煮萃取后所余的纸浆皂液中取得的一种液体树脂再经氧化改性而制得的黑褐色油状黏稠物，主要成分是脂肪酸、树脂酸和非皂化合物。妥尔油对橡胶的增塑效果好，使填料易于分散，且成本低廉，主要用于橡胶再生增塑剂，适用于水油法和油法再生胶的生产。它的增塑效果近似松焦油，可使制得的再生胶光滑、柔软，并有一定的黏性、可塑性和较高的拉伸强度，同时不存在泛黄污染的弊病。其再生胶的特点是冷料较硬，热料较软，混炼时配合剂容易分散均匀。做增塑剂时妥尔油的用量为4～5份。

第六节
脂肪油系增塑剂

脂肪油系增塑剂是由植物油及动物油制取的脂肪酸、油膏等。植物油的分子大部分由长链烷烃构成，因而与橡胶的互溶性低，仅能提供润滑作用。它们的用量一般很少，主要用于天然橡胶。脂肪酸（如硬脂酸、油酸等）有利于炭黑等活性填充剂分散，能提高耐磨性，同时它又是促进硫化的助剂。月桂酸对天然橡胶和合成橡胶都有很大的增塑作用。

一、硬脂酸

硬脂酸是由动物固体脂肪经高压水解，用酸、碱水洗后，再经精制而制得的白色或微黄色的颗粒或块状物。与天然橡胶和合成橡胶均有较好的互溶性（丁基橡胶除外），可促使炭黑、氧化锌等粉状配合剂在胶料中的均匀分散，又能与氧化锌或碱性促进剂反应而增加其活性，所以又是主要的硫化活性剂。

二、油膏

油膏是菜籽油等植物油与硫黄或硫化物的反应产物，是一种有弹性的松散固体。油膏经常作为橡胶的增塑剂、加工助剂、增容剂使用，它可赋予橡胶适度的柔软性，而且这种柔软性不受温度的影响，它也具有防止硫化胶塌模和抗冷流作用。对于硫黄硫化的软质或半软质制品，油膏容易混入任何橡胶，以提高胶料的挤出、压延等加工性能。

油膏分为黑油膏和白油膏。黑油膏是由不饱和的植物油与硫黄加热而制得的褐色半硬黏性固体，具有防止喷霜及耐日光、耐臭氧龟裂和电绝缘性能，主要用于黑色制品。因含有游离硫黄，使用时减少硫黄的用量。但易皂化，不能用于耐碱和耐油制品。能促进SBR的硫化，可减少促进剂用量。

白油膏是不饱和的植物油与一氯化硫反应制得的白色松散固体。为防止其变质，通常加入碳酸钙等。白油膏主要用于白色、浅色橡胶制品，特别适用于擦字橡皮。

三、其它

1. 甘油

甘油即丙三醇，是无色透明有甜味的黏滞性液体。由油脂经皂化或裂解制得，也可由丙烯经氯化或氧化合成得到。可作为低硬度橡胶制品的增塑剂，也是聚乙烯等弹性体的良好增塑剂，也常作为水胎润滑剂和模型制品的隔离剂。

2. 蓖麻油

蓖麻油是脂肪酸的三甘油酯，蓖麻油为几乎无色或微带黄色的澄清黏稠液体。其中含80％以上的蓖麻酸（9-烯基-12-羟基十八酸），可做耐寒性增塑剂，但因含羟基，使用时需注意渗出性。

3. 大豆油

大豆油是半干性油，由大豆压榨、精炼而得。它易使橡胶软化，对制品无不良影响，但有渗出橡胶表面的倾向，应适当控制用量。环氧大豆油还是有些含氯聚合物的稳定剂。

4. 油酸

油酸是浅黄色至棕黄色油状液体，由动植物脂肪经加工制得，对生胶有很好的软化作用，但有加快橡胶老化的倾向。因能使氧化锌活化，所以是天然橡胶和合成橡胶的硫化活性剂。

5. 硬脂酸锌

硬脂酸锌是由工业硬脂酸经皂化后与锌盐进行复分解反应、洗涤而得的白色结晶粉末，能使天然橡胶和合成橡胶软化，对硫化有活化作用，也有分散剂的作用，也可作为隔离剂使用。

第七节

合成增塑剂

合成增塑剂主要用于极性橡胶中，如 NBR 和 CR。由于其价格高，总的使用量较石油系增塑剂少。但是由于合成增塑剂除能赋予胶料柔软性、弹性和改善加工性能外，还能满足一些特殊性能要求，如提高制品的耐寒性、耐油性、耐燃性等。因此，目前合成增塑剂的应用范围不断扩大，使用量日益增多。

一、合成增塑剂的分类及特征

合成增塑剂种类繁多，按化学结构主要分为邻苯二甲酸酯类、脂肪二元酸酯类、脂肪酸酯类、磷酸酯类、聚酯类、环氧类、含氯类等，分别简单介绍如下。

1. 邻苯二甲酸酯类

该类增塑剂的结构通式如下：

$$\underset{\text{COOR}}{\underset{\text{COOR}}{\bigcirc}}$$

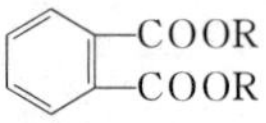

式中，R 为烷基（常用的从甲基到十三烃基）或芳基、环己基等。

这类增塑剂在合成增塑剂中用量最大，用途广泛，品种众多。其性能与 R 基团相关，一般 R 基团小，与极性橡胶的相容性好，但挥发性大，耐久性差；R 基团大，其耐挥发性、耐久性、耐热性提高，但增塑作用、耐寒性变差。其中邻苯二甲酸二丁酯（DBP）与丁腈橡胶等极性橡胶有很好的相容性，增塑作用好，能改善胶料的耐屈挠性、黏着性及耐低温性，但易挥发，在水中溶解度大，因此耐久性差，适用于氯丁橡胶和丁腈橡胶。邻苯二甲酸二辛酯（DOP）在互溶、耐寒、耐热以及电绝缘性等方面具有较好的综合性能。邻苯二甲酸二异癸酯（DIDP）具有优良的耐热、耐迁移和电绝缘性，是耐久型增塑剂，但它的互溶性、耐寒性都较 DOP 稍差，受热时会变色，与抗氧剂并用可以防止变色。

但是近些年来，这类化合物引起环境健康危害，其应用受到了限制。

2. 脂肪二元酸酯类

脂肪二元酸酯类增塑剂的结构通式如下：

$$R_1 - O - \overset{O}{\overset{\|}{C}} - (CH_2)_n - \overset{O}{\overset{\|}{C}} - O - R_2$$

式中，n 一般为 2~11；R_1、R_2 一般为 C_1~C_{11} 的烷基、芳基等。

脂肪二元酸酯类主要作为耐寒性增塑剂，属于这一类增塑剂的主要品种有：

己二酸二辛酯（DOA）：为微黄色或无色油状液体，具有优异的耐寒性，并具有一定的光、热稳定性和耐水性；但耐油性不够好，挥发性大。

壬二酸二辛酯（DOZ）：为淡黄色或几乎无色透明液体，具有优良的耐寒性，耐热性、耐光性、电绝缘性好，挥发性和迁移性、水抽出性小，可单独或与其他增塑剂配合用作丁腈橡胶、丁苯橡胶、氯丁橡胶等合成橡胶的增塑剂。

癸二酸二丁酯（DBS）：为无色或淡黄色透明液体，耐寒性好，用作许多合成橡胶的耐寒增塑剂，可使制品有优良的低温性能和耐油性。同时该品无毒，可用于与食品接触的包装材料。主要缺点是挥发损失较大，容易被水、肥皂水和洗涤剂溶液抽出，因此常与邻苯二甲酸酯类增塑剂并用。

癸二酸二辛酯（DOS）：为无色或微黄色油状液体，是典型的耐寒性增塑剂，其增塑效率高，挥发性低，既具有优良的耐寒性，又有较好的耐热性、耐光性和电绝缘性，而且加热时具有良好的润滑性，使制品外观、手感良好，特别适用于制作耐寒电线电缆料及胶黏剂等。但迁移性较大，易被烃类抽出，耐水性也不太理想，常与邻苯二甲酸酯类并用。

3. 脂肪酸酯类

脂肪酸酯类增塑剂是指除脂肪二元酸酯类外的脂肪酸酯，主要品种有油酸酯、季戊四醇脂肪酸酯、柠檬酸酯类以及它们的衍生物等。

常用品种有油酸丁酯（BO），常温常压下为不易挥发的淡黄色油状液体，当温度低于12℃时变成不透明，有微臭味，具有优越的耐寒性、耐水性，但耐候性、耐油性差，有润滑性。主要用作氯丁橡胶等增塑剂，也用作天然橡胶和合成橡胶的耐寒性增塑剂。

乙酰柠檬酸三丁酯（ATBC）为无色透明液体，无毒，可以替代应用范围受到限制的邻苯二甲酸酯类增塑剂用作合成橡胶的增塑剂。

4. 磷酸酯类

磷酸酯类增塑剂的结构通式如下：

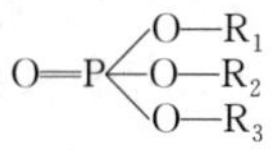

$$O=P \begin{cases} O-R_1 \\ O-R_2 \\ O-R_3 \end{cases}$$

式中，R_1、R_2、R_3 代表烷基、卤代烷基、芳基等。

磷酸酯类是耐燃型增塑剂，其增塑胶料的耐燃性随磷酸酯含量的增加而提高，并逐步由自熄性转变为不燃性。磷酸酯类增塑剂中烷基成分越少，耐燃性越好。在磷酸酯中并用卤族元素的增塑剂更能提高耐燃性。

常用品种有：

磷酸三辛酯（TOP）：为无色无味、透明的黏稠液体，作为阻燃性增塑剂使用，具有低温柔软性、阻燃性、耐菌性等特点，但易迁移，耐油性差，常与DOP并用。

磷酸三苯酯（TPP）：为白色、无臭结晶粉末，微有潮解性，主要用于纤维素树脂、乙烯基树脂、天然橡胶和合成橡胶的阻燃增塑剂。

磷酸三甲苯酯（TCP）：为无色或淡黄色的透明油状液体，具有良好的耐燃性、耐油性、耐候性及电绝缘性，耐寒性能差。用作合成橡胶及黏胶纤维的阻燃性增塑剂。为了提高TCP橡胶的耐寒性，必须与TOP并用。

5. 聚酯类

该类增塑剂一般是指分子量在1000～8000的聚酯，由于分子量大，挥发性低、迁移性小，并具有良好的耐油、耐水和耐热性。聚酯增塑剂的分子量越大，它的耐挥发性、耐迁移性和耐油性越好，但耐寒性和增塑效果随之下降。

聚酯类增塑剂通常以二元酸的成分为主进行分类，称为癸二酸系、己二酸系、邻苯二甲酸系等，癸二酸系聚酯增塑剂的分子量为8000，增塑效果好，对汽油、油类、水、肥皂水都有很好的稳定性；己二酸系聚酯增塑剂品种最多，分子量为2000～6000，其中己二酸丙二醇类聚酯最重要，增塑效果不及癸二酸系，耐水性差，但耐油性好；邻苯二甲酸系聚酯增塑剂价廉，但增塑效果不太好，无显著特征，未广泛使用。

6. 环氧类

环氧增塑剂的分子结构中都含有环氧结构，因此除了增塑作用外，还具有良好的耐热、耐光性能。此类增塑剂主要包括环氧化油、环氧化脂肪酸单酯和环氧化四氢邻苯二甲酸酯等。

环氧化油类，如环氧大豆油（ESO）、环氧化亚麻籽油等，环氧值较高，一般为6%～7%，其耐热、耐光、耐油和耐挥发性能好，但耐寒性和增塑效果较差。

环氧化脂肪酸单酯的环氧值大多为3%～5%，一般耐寒性良好，且塑化效果较DOA好，多用于需要耐寒性和耐候的制品中。常用的环氧化脂肪酸单酯有环氧油酸丁酯、环氧油酸辛酯等。

环氧化四氢邻苯二甲酸酯的环氧值较低，一般仅为3%～4%，但他们却同时具有环氧结构和邻苯二甲酸酯结构，因而改进了环氧油相容性不好的缺点，具有和DOP一样的比较全面的性能，热稳定性比DOP还好。

7. 含氯类

含氯类增塑剂具有阻燃性能，此类增塑剂主要包括氯化石蜡、氯化脂肪酸酯和氯化联苯。

最广泛使用的含氯增塑剂是氯化石蜡，作为石蜡烃的氯化衍生物，其含氯量在30%～70%左右，一般含氯量为40%～50%。氯化石蜡除耐燃性外，还有良好的电绝缘性能，并能增加制品的光泽。随氯含量的增加，其耐燃性、互溶性和耐迁移性增大。氯化石蜡的主要缺点是耐寒性、耐热稳定性和耐候性差。常见类型有氯化石蜡42（淡黄色黏稠液体）、氯化石蜡52（浅黄色至黄色油状黏稠液体）和氯化石蜡70（白色或淡黄色树脂状粉末）。

2017年10月27日，世界卫生组织国际癌症研究机构将平均碳链长度为C_{12}和平均氯化程度约为60%的氯化石蜡列在2B类致癌物清单中。

氯化联苯除耐燃性外，对金属无腐蚀作用，遇水不分解，挥发性小，混合性和电绝缘性好，并有耐菌性。

二、酯类增塑剂在橡胶中的应用

合成增塑剂的化学结构中一般含有极性较大的基团而具有较高的极性，所以合成增塑剂大多用于如聚氯乙烯之类的极性聚合物中。对于橡胶而言，主要应用于极性橡胶如丁腈橡胶、氯丁橡胶等。

1. 在丁腈橡胶中的应用

丁腈橡胶分子结构中含有电负性很强的一个丙烯腈（ACN）基团，因而具有较强的极性，从而具有良好的耐油性和气密性，但是由于其分子间力大，导致其耐低温性能差，加工性能不好，因此需要添加增塑剂以减弱丁腈橡胶分子间的作用力。

表5-12为丁腈橡胶采用一般增塑剂的特性选用实例。

表5-12 丁腈橡胶采用一般增塑剂的特性

特性	DBP	DOP	DOA	DBS	TCP
易混合性					
高拉伸强度		○			○
高伸长率					
高硬度					

续表

特 性	DBP	DOP	DOA	DBS	TCP
低硬度			○		
高弹性	○	○	○		
耐寒性			○	○	
耐老化性		○			○
低压缩永久变形	○	○	○	○	○
耐油性					

注：○表示力学性能良好。

由于丁腈橡胶中丙烯腈含量不固定，其溶解度参数随着丙烯腈含量的增大而增大，因此为了提高所用增塑剂与丁腈橡胶的相容性，必须考虑丁腈橡胶的丙烯腈含量以便使所选用的增塑剂溶解度参数和丁腈橡胶的溶解度参数接近。

耐寒性增塑剂的溶解度参数一般都较低，与丁腈橡胶的相容性差，所以其配合量受到限制。例如丙烯腈含量在30%以上的丁腈橡胶使用耐寒性增塑剂的最高用量一般不超过30份，若用量再增加，其耐低温性能不仅不会提高，反而增加了增塑剂析出的风险。表5-13是不同丙烯腈含量的丁腈橡胶与耐寒增塑剂相容性的关系。

表5-13 不同丙烯腈含量的丁腈橡胶与耐寒增塑剂的相容性

增塑剂种类	丁腈橡胶中丙烯腈含量/%			
	18～24	25～30	31～35	36～42
DOA	无析出	无析出	无析出	析出
DOS	无析出	无析出	析出	析出
DDA	无析出	无析出	析出	析出

注：配方为NBR 100，氧化锌5，硫黄1.5，硬脂酸1.0，SRF 60，DM 1.5，增塑剂30。

表5-14和表5-15是采用不同增塑剂的NBR硫化胶的力学性能。对于有一般性能的增塑剂DOP、TOTM（偏苯三酸三辛酯）、TCP来说，TCP缺乏柔软性和耐寒性，而TOTM热挥发性小，热油老化体积变化也小；耐寒增塑剂DOA、88#脆性温度降低，其他性能没有多大差别。聚酯系增塑剂的耐油性与其分子量有关，分子量为1000的，其增塑性与DOP相当，但耐热老化和耐热油老化性能好，使用ESO的丁腈硫化胶，其拉伸强度大，老化后伸长率降低大。

表5-14 采用不同增塑剂NBR硫化胶的性能

增塑剂	定伸应力(300%)/MPa	拉伸强度/MPa	拉断伸长率/%	脆性温度/℃	增塑剂析出
空白	10.6	26.3	472	−24	
DOP	5.5	21.1	642	−36	○
DOA	4.9	19.1	694	−41	△
88#[①]	5.0	20.4	650	−44	○
TOTM	5.7	21.3	640	−34	△
TCP	6.9	22.1	581	−29	○
ESO	6.1	22.6	632	−35	△
PE-1000[②]	5.5	22.0	673	−35	△
PE-3000[③]	5.6	20.2	610	−32	△

① 亚甲基双丁基硫代乙二醇。

② 己二酸系聚酯，分子量约1000。

③ 己二酸系聚酯，分子量约3000。

注：1. 配方（质量份）为NBR（Nipol 1041）100，ZnO 5，S 0.3，硬脂酸1.0，炭黑50，TMTD 2.0，CBS 1.5，增剂20。硫化条件：150℃×20min。

2. ○表示增塑剂无析出，△表示增塑剂少量析出。

表 5-15　NBR 硫化胶的热老化及耐油老化性能[①]

增塑剂	热老化[②]		耐油老化[③]		
	伸长率变化率/%	质量变化率/%	伸长率变化率/%	体积变化率/%	质量变化率/%
空白	−45	26.3	472	−24	
DOP	−43	21.1	642	−36	○
DOA		19.1	694	−41	△
88#		20.4	650	−44	○
TOTM		21.3	640	−34	△
TCP	6.9	22.1	581	−29	○
ESO	6.1	22.6	632	−35	△
PE-1000	5.5	22.0	673	−35	△
PE-3000	5.6	20.2	610	−32	△

① 表中配方同表 5-13。
② 热老化条件：120℃×72h。
③ JIS1#油，100℃×72h。

如果希望丁腈硫化胶中的增塑剂不析出，可选用反应性增塑剂。

2. 在氯丁橡胶中的应用

氯丁橡胶由于其分子结构中存在电负性大的氯原子而具有较强的极性，加之其在低温下容易结晶，导致氯丁橡胶的耐低温性能较差，为了得到低温柔性好的氯丁橡胶胶料，可以考虑加入耐寒性好的合成增塑剂。

表 5-16 是不同增塑剂对氯丁橡胶耐低温性能的比较。

表 5-16　不同增塑剂对氯丁橡胶耐低温性能的比较

增塑剂种类	−50℃×24h 压缩耐寒系数	−12℃×168h 后硬度变化
无	—	+11
DOS	0.52	+15
油酸丁酯	0.36	+37
DOS/TP95	0.51	+12
DOS/油酸丁酯	0.46	+21
DOS/环氧丁酯	0.40	+20

注：实验配方（质量份）为氯丁橡胶 100，氧化镁 4，硬脂酸 1，炭黑 40，增塑剂 35，氧化锌 5，NA-22 0.5，防老剂 4，其它 4。

各种增塑剂的凝固点如表 5-17 所示。

表 5-17　不同增塑剂品种的凝固点比较

增塑剂品种	凝固点/℃	增塑剂品种	凝固点/℃
油酸丁酯	−10	环氧丁酯	−15
DOS	−40	TP95	−24

由表 5-16 可以看出，单用 DOS 的胶料压缩耐寒系数最好，油酸丁酯和环氧丁酯的耐寒系数和耐结晶性都不太好，可能与其较高的凝固点有关。单一增塑剂大量添加存在喷出的风险，采用并用的方法可有效防止此类问题的发生，DOS/TP95 并用即有良好的低温性能。

3. 在非极性橡胶中的应用

由于合成增塑剂一般极性较大，很少应用于非极性橡胶。但是此类增塑剂由于本身结构不同，可以赋予橡胶一些特殊性能，因此合成增塑剂在非极性橡胶中也有一定的应用。例如对于丁苯橡胶，添加脂肪酸酯类或脂肪酸二元酸酯类增塑剂如 DBS 可以提高其耐寒性。对于丁基橡胶而言，则可选用 DOA、DOS 来改善其耐低温性能。选用聚酯类增塑剂可以提高其耐高温迁移性和耐油性。为了提高橡胶制品的阻燃性能则可考虑添加磷酸酯类增塑剂。

第八节
增塑剂的环保性及耐久性

矿物油是橡胶生产中常用的增塑剂（橡胶填充油），其中高芳烃含量的橡胶油与橡胶的相容性好，当橡胶制品的颜色深浅无关紧要时，使用深色的高芳烃油品则可提高橡胶的加工性能，提高混炼速度，降低加工成本，因此芳香基橡胶油一直广泛应用于天然橡胶和合成橡胶填充，特别是汽车轮胎制品的生产中。但从 20 世纪 70 年代开始，研究发现芳烃油中含有包括萘、蒽、芘、䓛、茚等在内的多种结构复杂的稠环芳烃化合物，这些稠环芳烃化合物具有较强的脂溶性和疏水性，易于沉积到水中的沉积物和有机质中，最终通过食物链浓缩并转移到位于食物链最顶端的食肉生物群中。同时稠环芳烃对于哺乳动物（鼠、兔）的毒害试验发现，其中某些物质对生物体具有较强的致癌、致畸作用和生殖系统毒害性。

为保护环境和人类的健康，欧盟会议和欧盟理事会 2006 年 12 月 18 日正式通过了 REACH 法规，并于 2007 年 6 月 1 日起生效。该法规沿用了欧盟 EU 2005/69/EC 指令对橡胶化学品多环芳烃的限制，使得在橡胶和轮胎中使用高芳烃含量的芳烃抽提油受到限制。目前，国内外推荐的替代产品主要有下面几类：一类是对原芳烃油再精制除去有毒多环芳烃或加氢工艺制得的 TDAE（处理芳烃油）；一类是以石蜡基原油馏分为原料，溶剂浅度精制后再脱蜡精制或采用加氢工艺精制后而成的 MES（浅抽油）；一类是由环烷油基原油馏分油经溶剂精制或加氢精制工艺而得的 NAP（环烷油）；还有一类是以常压残油为原料，经真空蒸馏后脱沥青，再经溶剂重提精制而得的 RAE（残余芳烃抽提物）。

图 5-7 是 TDAE 和 MES 的生成方法。

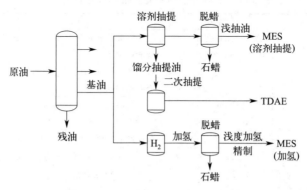

图 5-7　TDAE 和 MES 的生成方法

同时，合成增塑剂中的邻苯二甲酸酯类如 DOP、DOA 也都是具有致癌嫌疑的有毒物质，欧盟 WEEE、RoHs 指令都规定了增塑剂的使用范围，美国 FDA 也早出台相关增塑剂的使用标准规范。目前，柠檬酸类增塑剂如乙酰柠檬酸三正丁酯作为一种性能优良的无毒增塑剂在一些场合如食品、医疗等领域可以作为邻苯二甲酸酯类增塑剂的替代品。

目前常用的物理增塑剂大部分都是一些低分子化合物，与橡胶之间由于化学结构、分子量等方面存在的差异，在高温下制品中的这些增塑剂容易挥发，也容易被接触到的溶剂抽出或发生迁移现象，从而使制品组成改变引起性能发生变化，体积收缩变形，从而影响制品的使用寿命，而反应性增塑剂的出现成为解决这一问题的途径之一。与传统的增塑剂不同，这类增塑剂分子中含有可反应的活性自由基，如双键、端羟基、端羧基等，加入橡胶中后在加工过程中可与橡胶分子链之间发生化学反应，或者在硫化时可以与橡胶分子发生相互交联以化学键结合在橡胶分子上；或本身在一定条件下自行聚合，与基体橡胶缠结在一起，最后形成一个统一的整体，大大减少类似物理增塑剂一样的挥发或被抽出等现象的发生。其中液体橡胶就是此类增塑剂的主要品种之一，如液体丁苯橡胶、液体聚丁二烯橡胶、液体异戊橡胶等，一般为分子量在10000以下的低聚物。

低分子量的偏氟乙烯和六氟丙烯聚合物，也称氟蜡，可用作氟橡胶的增塑剂。

因此，提高增塑剂的环保卫生性、耐久性，寻求廉价原料以及开发功能性增塑剂是该领域今后发展的方向之一。

第九节

增塑剂的质量检验

增塑剂作为橡胶、塑料、涂料等生产或加工工程中的重要助剂之一，对其进行质量检验是重要的，也是必要的。

增塑剂品种很多，常用品种也有上百种，其检验标准既有国际标准和国家标准，也有行业标准和企业自己制定的企业标准。

表 5-18 列出了我国增塑剂常用的一些检验方法标准。表中列出的项目表明增塑剂检测项目范围，不表明每个品种都必须检验这些项目。

表 5-18　国内增塑剂检验方法标准号及其名称

检验项目	标准号	标准名称
密度的测定	GB/T 1884—2000 GB/T 1885—1998	原油和液体石油产品密度实验室测定法 石油计量表
黏度的测定	GB/T 265—1988 GB/T 1660—2008	石油产品运动黏度测定法和动力黏度计算法 增塑剂运动黏度的测定
闪点的测定	GB/T 3536—2008 GB/T 1671—2008	石油产品闪点和燃点的测定　克利夫兰开口杯法 增塑剂闪点的测定　克利夫兰开口杯法
倾点的测定	GB/T 3535—2006	石油产品倾点测定法
苯胺点的测定	GB/T 262—2010	石油产品和烃类溶剂苯胺点和混合苯胺点测定法
色度的测定	GB/T 6540—1986 GB/T 1664—1995	石油产品颜色测定法 增塑剂外观色度的测定
酸值的测定	GB/T 4945—2002 GB/T 1668—2008	石油产品和润滑剂中和值测定法（颜色指示剂法） 增塑剂酸值及酸度的测定
折射率的测定	SH/T 0724—2002 GB/T 6488—2022	液体烃的折射率和折射色散测定法 液体化工产品　折光率的测定
黏重常数（VGC）的测定	NB/SH/T 0835—2010	石油馏分黏重常数（VGC）计算法

续表

检验项目	标准号	标准名称
硫含量的测定	GB/T 17040—2019	石油和石油产品中硫含量的测定 能量色散X射线荧光光谱法
	SH/T 0689—2000	轻质烃及发动机燃料和其他油品的总硫含量测定法（紫外荧光法）
水分的测定	GB/T 260—2016	石油产品水含量的测定 蒸馏法
机械杂质的测定	GB/T 511—2010	石油和石油产品及添加剂机械杂质测定法
稠环芳烃(PCA)含量的测定	NB/SH/T 0838—2010	未使用过的润滑油基础油及无沥青质石油馏分中稠环芳烃(PCA)含量的测定-二甲基亚砜萃取折光指数法
碳型分析的测定	SH/T 0725—2002	石油基绝缘油碳型组成计算法
	SH/T 0729—2004	石油馏分的碳分布和结构族组成计算方法(n-d-M法)
八种多环芳烃(PAHs)之和的测定	SN/T 1877.3—2007	矿物油中多环芳烃的测定方法
加热减量的测定	GB/T 1669—2001	增塑剂加热减量的测定
环氧值的测定	GB/T 1677—2023	增塑剂环氧值的测定
碘值的测定	GB/T 1676—2008	增塑剂碘值的测定
皂化值和酯含量的测定	GB/T 1665—2008	增塑剂皂化值和酯含量的测定
水含量的测定	GB/T 2366—2008	化工产品中水含量的测定气相色谱法
体积电阻率的测定	GB/T 1672—1988	液体增塑剂体积电阻率的测定
结晶点的测定	GB/T 1663—2001	增塑剂结晶点的测定

第十节 其它加工助剂

一、分散剂

分散剂（填料用表面活性剂）是指在混炼时能使炭黑和各种粉状填充剂迅速而均匀地分散于胶料中的物质。这类物质的化学结构中一般同时含有亲水基团和疏水基团，其中亲水基团常为极性基团，如羧酸、磺酸、硫酸、氨基、羟基、酰氨基、醚键等也可作为极性亲水基团；而疏水基团常为非极性烃链，如8个碳原子以上烃链等。根据基团特征和在水中离解状态可分为非离子型和离子型两大类型。

非离子型分散剂处理亲水性填料时，分散剂的极性基团一端朝向填料粒子，并与填料表面的亲水基团产生吸附作用；另一端的疏水基团向外，从而使得填料表面由原来的亲水基团覆盖的亲水性表面转变成由疏水基团覆盖的疏水性表面，因此改善了亲水性填料与橡胶之间的浸润性和亲和性，提高了填料在橡胶中的分散效果，有利于橡胶性能的改善，甚至可以获得一定的补强效果。这类分散剂包括各种多元醇类、脂肪酸酯类等，如二甘醇、乙二醇、丙三醇、聚乙烯醇、聚乙二醇单月桂酸酯等。

离子型分散剂是通过其离子与填料表面的亲水离子基团相互作用或交换来改变填料表面的亲水性能。例如利用有机季铵盐处理蒙脱土时，利用季铵盐阳离子与蒙脱土层间的阳离子进行离子交换后，阳离子部分附着在硅酸盐片层上，有机部分留在层间，改善了层间微环境，使蒙脱土层间由亲水疏油性变为亲油疏水性，提高复合材料中有机相与无机相的相容性。常用的阴离子分散剂包括各种脂肪酸及其皂盐如硬脂酸、松香酸、硬脂酸锌、松香皂、月桂基苯磺酸钠、十二烷基苯磺酸钠等。阳离子型分散剂主要有烷基铵盐、季铵盐等，如正辛胺、正癸胺、十六烷基三甲基溴化铵（CTAB）等。例如，陶土在微碱性介质中（pH=10~11），其表面癸烷醇基团上的氢离子与长链铵碱式盐的阳离子交换反应如下：

$$\equiv SiOH + NaOH \longrightarrow \equiv Si-Na^- + H_2O$$

$$\equiv SiO^- Na^+ + \left[R-\underset{R}{\overset{R}{N}}-R \right] Cl^- \longrightarrow \equiv SiO^- \left[R-\underset{R}{\overset{R}{N}}-R \right]^+ + NaCl$$

目前，还有一类复配型分散剂（即不同化合物混合的分散剂），它的组成一般为脂肪酸酯、脂肪酸皂及其混合物，其作用是通过增加生胶分子链间的润滑作用，降低生胶黏度，使粉状物料与生胶接触时滑动摩擦减少，便于分散。同时加入分散剂还能消除胶料粘辊现象，改善脱模效果，尤其适用于复杂模压制品。

二、均匀剂

均匀剂是指能使溶解度参数不同、极性不同及黏度不同的橡胶混炼均匀的物质。

均匀剂一般是由不同极性的低分子树脂组成的混合物。生产商一般不对外公开其产品的确切成分与配合比。其生产过程一般通过原料或中间体热聚而得；也可将几种树脂按百分比用物理方法掺混为一体，或再经造粒而得。目前在不同极性的生胶并用配方中及丁基内衬层胶料中广泛使用，除此之外还具有增塑、增黏和润滑功能，能提高共混胶料的加工性，降低能耗，例如提高胎面胶挤出速度，提高胶料黏性及物性，是一类非常有效的加工助剂。

三、隔离剂

隔离剂是指能防止橡胶加工半成品黏附的物质。因为橡胶在加工过程中，由于其特有的自黏性，给大规模的工业化生产带来很多不便，特别是给混炼胶和塑炼胶的搬运和再加工造成很大的麻烦。为了减少麻烦，橡胶制品生产厂家往往在混炼胶最终制成成品前，如搬运和储运混炼胶前，挤出和热炼胶之前，都会在相应的胶片上涂上一层隔离剂，以防止胶片相互粘连。

作为操作型助剂，隔离剂的作用机理就是利用隔离剂本身与橡胶的互溶性差异较大，当橡胶胶片浸涂了隔离剂后，橡胶胶片之间形成一层薄薄的隔离层，阻挡或减缓胶片与胶片之间相互粘连，以方便工艺操作。

作为橡胶胶片隔离剂的材料必须符合以下要求：

① 与橡胶的溶解度参数要有一定的差异；
② 安全性高、无毒性、对人体健康无危害、对环境无污染；
③ 能在橡胶胶片表面形成隔离层，以便有良好的隔离效果；
④ 不影响胶料的硫化速度；
⑤ 对橡胶制品力学性能的负面影响要小；
⑥ 工艺操作方便；
⑦ 成本低。

目前已有膏体、液体、粉体、悬浮体四种形态的隔离剂被广大橡胶制品生产厂家使用。

四、脱模剂

脱模剂则指改善橡胶硫化后脱模性的物质。

脱模剂的作用在于减少橡胶与模具之间的外摩擦，使硫化制品有良好的脱模性，防止强行取出对产品造成的损伤，保证制品表面光滑，并保证模具多次使用。

脱模剂一般分为外用型和内用型两种，外用型，即涂覆在模腔表面，习惯上也称作隔离剂，缺点是易留下模垢和痕迹、对模具有腐蚀作用、价格较昂贵等；内脱模剂一般都以助剂形式于炼胶时加入，使用十分方便，且对模具的长期保养有利。另外，内脱模剂还有助于胶料的流动，减少由分子内摩擦引起的生热，是名副其实的多功能助剂，因此，在国外称之为"内润滑剂"。

常用脱模剂有无机物、有机物以及高聚物三类。

无机脱模剂，如滑石粉、云母粉以及陶土、白黏土等为主要组分配制的复合物，主要用作橡胶加工中胶片、半成品防黏用隔离剂。

有机脱模剂包括脂肪酸皂（钾皂、钠皂、铵皂、锌皂等）、脂肪酸、石蜡、甘油、凡士林等。

高聚物脱模剂，包括硅油、聚乙二醇、低分子量聚乙烯等，它们的脱模效率和热稳定性比有机物脱模剂好得多。

脱模剂通常有粉状、半固体和液体之分，粉状和半固体可像蜡脂一样用毛刷或手涂于模具表面。液体可用喷雾或毛刷等工具涂于模具表面，从而形成隔离膜。液体脱模剂以喷涂为佳。

脱模剂的具体性能要求如下：

① 脱模性（润滑性）。形成均匀薄膜且形状复杂的成型物时，尺寸精确无误。
② 脱模持续性好。
③ 成型物表面光滑、美观，不因涂刷发黏的脱模剂而招致灰尘的黏着。
④ 二次加工性优越。当脱模剂转移到成型物时，对电镀、热压模、印刷、涂饰、黏合等加工物均无不良影响。
⑤ 易涂布性。
⑥ 耐热性。
⑦ 耐污染性。
⑧ 成型好，生产效率高。
⑨ 稳定性好。与配合剂及材料并用时，其物理、化学性能稳定。
⑩ 不燃性，低气味，低毒性。

五、其他助剂

混炼时加入胶料能改善胶料自黏性和互黏性的物质称为增黏剂，用作增黏剂的物质通常是天然或人工合成的树脂，例如古马隆-茚树脂、酚醛树脂、二甲苯甲醛树脂、多萜树脂、石油类烃树脂、松香树脂等，用量一般为3～5份。能使未硫化橡胶挺性好并防止塌陷的配合剂称为挺性剂。橡胶用挺性剂有高结构炭黑、氧化镁、氢氧化钙、高苯乙烯树脂等填充剂以及联苯胺、对氨基苯酚、对苯二胺等有机化合物。

思考题

(1) 橡胶中使用增塑剂有何作用？
(2) 橡胶增塑的方法有哪些？哪种方法效果最好？
(3) 橡胶与增塑剂相容性的判断依据是什么？
(4) 什么是填充指数、软化力？对橡胶增塑效果各有何影响？
(5) 增塑剂对橡胶的玻璃化转变温度有何影响？
(6) 操作油按组成不同可分为哪几种？与不饱和橡胶相容性最好的是哪一种？苯胺点最低的是哪一种？
(7) 什么是苯胺点？油的苯胺点对橡胶的相容性有何影响？
(8) 石蜡、机油、石油树脂、古马隆树脂、松香、硬脂酸各属于哪一类增塑剂？
(9) 能减轻硫黄喷出的增塑剂有哪些？
(10) 提高 NBR 橡胶制品的耐寒性，可添加哪些增塑剂？

参考文献

[1] 杨清芝. 实用橡胶工艺学 [M]. 北京：化学工业出版社，2005.
[2] 王梦蛟，龚怀耀，薛广智. 橡胶工业手册（第二分册）修订版 [M]. 北京：化学工业出版社，1989.
[3] 于清溪. 橡胶原材料手册 [M]. 2版. 北京：化学工业出版社，2007.
[4] 刘安华，游长江. 橡胶助剂 [M]. 北京：化学工业出版社，2012.
[5] 科兹洛夫 ПВ，巴勃科夫 СП. 聚合物增塑原理及工艺 [M]. 张留成，译. 北京：轻工业出版社，1990.
[6] 高红，马书杰，刘妍，等. 橡胶油的种类和性能及应用 [J]. 橡胶工业，2003，50（12）：753-759.
[7] 林汉基. 耐低温氯丁橡胶配方的开发研究 [J]. 广州化工，2015，43（13）：125-127.
[8] 李汉堂. 欧盟 REACH 法规对橡胶业界的影响 [J]. 世界橡胶工业，2013，40（4）：44-50.
[9] 肖英，刘云龙. 环保型橡胶增塑剂的发展概况 [J]. 2017，11：5-8.
[10] 于恩强，李明. 环烷基减四线馏分油加氢精制-糠醛萃取制备环保橡胶增塑剂的研究 [J]. 石油炼制与化工，2021，52（3）：46-49.

第六章

混炼工艺

橡胶制品的性能除了与胶料配方、制品结构有关外,还受胶料加工工艺影响。如果说橡胶制品的配方和结构是根本,那么胶料的加工工艺是保障。混炼工艺是将配合剂与生胶混合均匀制备符合性能要求的混炼胶的过程,是橡胶制品制造的第一个环节,也是最重要的环节。混炼胶质量不仅影响后续的压延、挤出、成型、硫化及溶解等工艺过程,而且直接决定了半成品及成品的性能。混炼不好,胶料容易出现可塑度大小不合适且不均匀、配合剂分散性差、焦烧、喷霜、性能波动等现象,导致胶料在后续加工过程中出现许多质量问题,引起成品质量缺陷及不均匀。

第一节
概述

一、橡胶混炼发展历程

橡胶混炼的发展历程就是混炼设备的发展历程。在1820年英国人Thomas Hancock发明双辊机之前,人们对强韧且富有弹性的橡胶块束手无策,只能用胶乳或者橡胶溶液加工橡胶制品。Hancock发明双辊机具有划时代的意义,使固体橡胶加工成为现实,橡胶工业获得快速发展。

1. 开炼机混炼发展历程及趋势

最早的开炼机为2个带铁钉的木制辊筒,由人工驱动。1839年,M. A. Roxboro和Edwin. Chaffee取得炼胶加工设备的专利,这是现代两辊开炼机的鼻祖。1854年以光滑铁辊取代木辊,进一步加强了设备强度。经过了160余年的发展,开炼机的制造和设计水平有了很大的提升,主要表现在产品规格系列化、结构形式多样化和控制方式智能化。

现在开炼机的尺寸规格已达10多种，小到实验室用的150和试验车间用的250微型机，生产用的小型机350、中型机400和450，大到550混炼机和配套密炼机压片的650、700大型机，以及长度超过2.5m和3m的巨型机750、850。橡胶混炼最常用的规格为400×1000中型机、560×1530和660×2130大型机3种，辊筒直径与长度比为1：(2.5～3.2)，速比为1.08～1.15。中小型机前后辊筒直径相同，大型机辊筒前大后小，以利混炼操作。

开炼机控制方式更加趋于完善，开始重视控制系统的安全、高效、合理和智能化。以往开炼机的控制系统只针对单机进行操作，设备的控制和操作非常麻烦。目前开炼机实现了程序控制，并与前后配套设备之间实现了通信控制，可以根据生产线的工作情况确定启动、停止、紧急制动、调整辊筒线速度或自动调整辊距等工作状态，甚至在相对恶劣的工作条件下实现无人看守。开炼机实现智能控制既可以提高生产效率，又可以避免一些安全事故的发生。

为了提高开炼机的混合效果，减小质量波动及劳动强度，一些带有自动控制的附属装置不断得到开发和应用，如气动和电动切刀装置的开发，对胶片进行自动切割和输送；压杆紧急制动装置和防止制动反转的光电开关的使用，使开炼机混炼操作更加安全；自动翻胶装置取代了人工翻胶，减少了人为因素对混炼胶质量的影响，效率更高、更省力；特别是液压调距装置的应用，不仅实现了辊距设定后的自动调整，而且可以在工作过程中对辊筒载荷准确地进行实时监控，并根据程序设定要求，实现对辊筒等核心工作元件的保护，从而避免因设备超载所造成的破坏和人身伤害事故，同时取代了机械安全片，免去了更换安全片这样繁琐的重复劳动，生产的连续性得到了很好保证。

液压技术在开炼机上应用是开炼机结构和性能上的一个重大突破。随着液压调距装置在开炼机上的成功应用，人们越来越认识到液压技术具有的结构简单、动作平稳、控制灵活和安全可靠等机械式结构无法比拟的优势。在国外，特别是在欧洲的一些技术发达国家，液压电机已经普遍作为开炼机的驱动装置。目前，我国液压技术还不是很先进，液压电机等关键液压设备的质量和性能还有待提高，但从国际上开炼机的发展情况来看，发展液压驱动开炼机是一种必然趋势，将来液压驱动开炼机有可能成为主流。

2. 密炼机混炼发展历程及趋势

密炼机全称为密闭式炼胶机，是在开炼机的基础上发展并不断完善的一种间歇式炼胶设备。由于开炼机混炼时粉尘大，严重危害了人体健康，因此人们开发了现代的密炼机。

密炼机最早是由Thomas Hancock于1837年发明的单螺杆搅刀机，用于NR的塑炼；1865年美国Nathanicel Goodwin公司发明了"石英碾磨机"，对橡胶进行碾压和破碎；1875年美国James Barden和Crudden发明了"旋转搅拌机"，用来生产膏状物料。

德国的Harmann Werner、Fergburger、Paul Pfleiderer等人合作成立了W&P公司，于1913年取得GK型密炼机（Gummi Kneter）的技术专利并随后投入生产，制造出了多种型号的密炼机，逐渐发展为今天的GK型密炼机。1914年德国帕特斯巴多夫的John E. Pointon试制了一种新型密炼机，并申请了专利，其密炼室已与现代的密炼室相类似，突棱也是螺旋形，转子为线型啮合的三角形辊筒。

1915年在W&P公司工作过的Fernley H. Banbury发明创造了一种带上顶栓的剪切型密炼机，并以他的名字命名为Banbury密炼机，于1916年在美国法雷尔（Farrel）公司开始生产，几经发展改进，由初始的以数码命名（1、3、9、11、27）到加注英文字母的 A 型、D 型,一直到现今的 F 型。它的特点主要是:转子为线型相切的椭圆形辊筒,转子上有两条螺旋突棱,对胶料可以施加强烈的剪切作用,且具有上顶栓,大大提升了混合效果,混炼效率也明显提升。Banbury 密炼机逐渐成为橡胶混炼的主要机种。

1934 年,英国人 R. Cook 取得与开炼机辊筒形状相同的转子呈圆筒形带齿的咬合式密炼机专利,并在英国 Francis-show 公司投入生产,称为 K 型密炼机。该机从投料量 3L 的 K1 微型机,一直发展到 510 L 的 K10 巨型机,主要用于合成橡胶及难混胶料的混炼。1937 年意大利波米尼(Pomini)公司对咬合式密炼机作了改进,研发出同开炼机一样可调整转子间隙的可变辊距密炼机,接着又出现了转子速度相同的同步转子密炼机。现在,K 型密炼机继 F 型和 G 型之后,已成为橡胶混炼的又一大机种。

第二次世界大战结束后,随着世界经济的快速复苏和发展,世界橡胶工业亦获得飞速发展,产能不断提升,新型密炼机不断开发出来,密炼机的整体结构以及转子结构日趋完善,如麦克利德的"允许液体排放出来的改进型密炼机""四棱转子密炼机""横向剪切型密炼机",福特的"啮合式转子密炼机",依奴等研制的"双螺棱转子密炼机"和伯伦能的"啮合式同向旋转转子密炼机"等十几种新型结构。进入 20 世纪 90 年代后,随着新的先进技术,如计算机、网络以及控制技术的应用发展,大大提升了密炼机的整体水平,使其用于橡胶加工以及高分子材料加工的核心地位更加坚实。

据统计,在橡胶工业中 88% 的胶料是由密炼机制造的,塑料、树脂行业亦广泛使用密炼机。

密炼机混炼的主要发展方向如下:

① 密炼室日趋多样化和大型化,从 0.5~5.0L 的实验机到 5~20L 的微型机、25~40L 的小型机、75~120L 的中型机,发展到 160~250L 的大型机、270~400L 的超大型机以及 540L、620L 乃至 800L 的巨型机。

② 转子的形状出现多元化、异型化和复合化。转子在传统的椭圆形、三角形和圆形的基础上,向着岐形化、多棱化方向发展;剪切式转子由两棱、四棱发展为高效四棱、六棱转子(如日本神户制钢的 4WH 和 6WI),甚至 8 棱转子(如德国 HF 的 MDSC);啮合式转子也由 GK-E 型常用的 PES3、PES5,K 型的 NR2、NR5,发展到同步可调间距的 VIC 和高填的 Co-flow 等。

③ 转子速度向着高速化、变速化发展。两转子相对旋转的速比由异步(1:1.2)、同步(1:1)走向可变速 1:(1~1.5)。20r/min 的单速密炼机早已被淘汰,近年,发展到以直流电机和 MRC 驱动、变频 AC 驱动的 6~60r/min 或 6~80r/min 的可随意调整的多级、无级变速机。对于实验机、小型生产机可达 5~250r/min。

④ 驱动力趋向强力化、节能化。目前大型密炼机几乎已全部改为强力机型,电机功率较之普通型已提高了 1~2 倍;驱动由单电机驱动改为两个电机各对一个转子单独传动。

⑤ 上顶栓由气动改为液压,压力也由原来的 0.3~0.5MPa 提升至 0.6~0.8MPa。

⑥ 温度控制系统(TCU)实行单元化。

⑦ 供料系统基本实现了储运、称量、称料密闭化、自动化。

⑧ 密炼机炼胶由多机、多段、多次走向一机化。

二、混炼工艺及要求

混炼工艺过程包括准备、炼胶、后处理三个阶段。准备工艺是生胶、配合剂及炼胶设备的准备,如生胶的塑炼、配合剂的粉碎、筛选、干燥、母胶和油膏的制备、称量,设备的清理、预热、条件设定等。炼胶是将称量配合好的生胶和各种配合剂用开炼机、密炼机或螺杆式混炼机混合均匀的过程。炼胶工艺条件和工艺方法不同,混炼胶的质量会有明显不同。后处理过程主要包括压片(流片)、冷却、裁断、停放等工序。每个阶段对胶料质量都有影响,其中炼胶工艺条件和方法影响最大。

对混炼胶的质量要求:一是能保证硫化胶具有良好的物理机械性能,满足制品的使用要求;二是具有良好的加工工艺性能,保证加工过程顺利进行。要使硫化胶具有良好的物理机械性能,混炼胶中配合剂要尽可能分散开且分散均匀,配合剂的分散度要达到91%以上,且配合剂颗粒的尺寸应在 $10\mu m$ 以下;橡胶平均分子量要高一些。其中平均分子量对力学性能的贡献较大,配合剂的分散性对硫化胶的动态性能影响更明显一些。要保证胶料有良好的加工工艺性能,需要控制好混炼胶的黏度(或可塑度)及胶料的焦烧时间。炼胶工艺条件和工艺方法对混炼胶黏度、焦烧时间、配合剂分散性、平均分子量均有明显影响,因此选择合适的炼胶工艺条件及工艺方法,是制备合格混炼胶的关键。要达到混炼胶的质量要求,炼胶工艺应满足以下要求:

① 胶料中配合剂要有高的分散性(分散度及分散均匀性);
② 胶料的黏度要合适且均匀;
③ 胶料中补强性填料(如炭黑、白炭黑)表面与生胶产生一定的结合作用;
④ 在保证胶料质量的前提下,尽可能缩短混炼时间,降低能耗,提高生产效率;
⑤ 胶料质量要稳定。

实际生产中通常采用增加炼胶段数、提高转速或速比等方法来提高胶料中配合剂分散性,用高温快速混炼来缩短炼胶时间。这些方法对胶料的性能往往会带来不利的影响。因此,炼胶工艺发展至今,传统的开炼机、密炼机混炼仍然存在不少问题,新的炼胶工艺还在不断探索之中,如低温一次炼胶工艺、湿法连续混炼工艺、恒温混炼等。

三、炼胶设备及其工作原理

目前,混炼胶料大规模生产厂家多采用大型密炼机,中型企业多采用中小型密炼机,小规模生产厂家及实验室多采用开放式炼胶机。一些特种橡胶胶料如氟橡胶、硅橡胶等多采用开炼机炼胶。螺杆式混炼机由于技术还不很成熟,目前应用较少,这里不再叙述。但由于其过程的连续性,将来有可能成为炼胶的主要设备之一。

(一)开放式炼胶机(开炼机)

开炼机由于结构简单,容易操作和控制,在橡胶加工的多个过程中均有使用,如塑炼、混炼、密炼机混炼后的流片、压延工艺和热喂料挤出工艺前的胶料热炼等。因此开炼机仍然有其存在的必要性和重要性。

开炼机主要由辊筒、挡胶板、安全拉杆、接料盘、调距装置、加热冷却系统及驱动系统等组成(结构图见图6-1),核心部件是两个平行排列的中空辊筒。开炼机主要技术参数包括辊筒直径和长度、转速及速比、电机功率等。开炼机炼胶作用原理如图6-2

所示。

图 6-1 开炼机结构图
1—辊筒；2—挡胶板；3—安全拉杆；
4—接料盘；5—手轮；6—电机

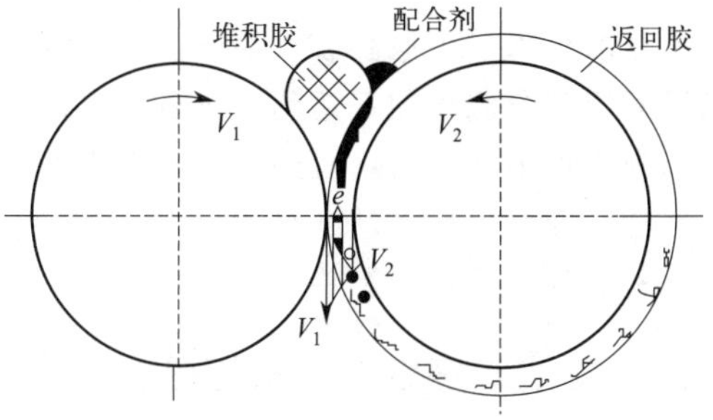

图 6-2 开炼机炼胶作用原理

工作原理：具有速比的两个相对运转的辊筒对通过辊距间隙的胶料产生剪切拉伸作用，剪切速率及辊筒速比见式(6-1)、式(6-2)。剪切作用与辊筒转速及速比成正比，而与辊距成反比。

$$\dot{\gamma} = \frac{V_2(f-1)}{e} \tag{6-1}$$

$$f = \frac{V_1}{V_2} \tag{6-2}$$

式中，$\dot{\gamma}$ 为剪切速率；f 为辊筒速比；V_1、V_2 为后辊、前辊转速或表面旋转线速度，m/min；e 为辊距。

这种剪切作用带来三种结果：①拉伸橡胶分子链，产生弹性变形，将机械能转变成分子势能，形成弹性回缩力，使胶料包辊。②拉伸分子链，使部分长的分子链因来不及松弛产生应力集中而被拉断，降低分子量，使胶料的流动性变好。③作用于胶料中的配合剂团块，使其变形甚至破碎，变成小颗粒，使配合剂在胶料中分散开来。因此辊筒对胶料施加的剪切作用是开炼机混炼的关键，增大剪切作用（如增大辊筒速比、减小辊距），可改善胶料包辊性，加快分子链断裂，提高配合剂分散度。但过大的剪切作用容易使橡胶分子链断裂过度，出现过炼现象。故开炼机混炼时辊速和速比要合适。

胶料加入开炼机，部分胶料包住前辊筒（这部分胶料称为包辊胶或返回胶），部分胶料留在辊缝上方（这部分胶料称堆积胶或余胶）。包辊胶随辊筒旋转返回到辊缝上方，与堆积胶接触，拥挤，形成许多褶皱，外表面的包辊胶与堆积胶在此处发生部分互换。配合剂就是通过包辊胶与堆积胶拥挤形成的褶皱"吃"进去的。适量的堆积胶有利于加快吃料，缩短吃料时间，对配合剂的分散也有促进作用。由于包辊胶与堆积胶的拥挤、吃料、互换只发生在外表面大约三分之二厚度的包辊胶，靠近辊筒表面约三分之一厚度的包辊胶配合剂无法进入，称为"死层"，导致配合剂在包辊胶厚度方向上分散不均匀。另外，加料时也很难保证辊筒轴向加料一致，配合剂在包辊胶宽度方向上分散也不均匀。故开炼机混炼时要对包辊胶进行切割翻炼，左右捣胶，这是保证配合剂分散均匀的重要操作。

剪切作用虽然能使配合剂团块变形，甚至破碎，但还不足以让配合剂在胶料中分散开来。配合剂分散还需另一必要条件：胶料流道变化。平行排列的两个圆柱形辊筒，流道先减小后增大。胶料通过最小辊距后，由于流道变宽，辊筒对胶料挤压力减小，被拉伸的橡胶分子链恢复卷曲状态，将破碎的配合剂小团块分开并包裹，稳定在破碎的状态，配合剂团块尺寸变小。胶料再次通过辊缝时，配合剂团块进一步减小，多次通过辊距后，配合剂在胶料中逐渐分散开来。采取翻胶、薄通、打三角包等操作，配合剂在胶料中进一步分散均匀，从而制得配合剂分散均匀并达到一定分散度的混炼胶。

为了克服开炼机炼胶的缺点，发挥其优点，研究者对开炼机的结构进行了适当的改造，国外已经开发出全自动开炼机，自动加料、自动调距、自动控温、自动翻胶，大大减少了人为因素对胶料质量的影响。

（二）密闭式炼胶机（密炼机）

密炼机自1916年用于橡胶与炭黑混炼加工以来，已有百年的历史，由于生产效率高，混炼胶质量波动小而成为橡胶制品生产中最重要的炼胶设备，得到广泛应用。

1. 密炼机的基本构造

密炼机的主要工作部件由密炼室、两个表面带有突棱且相对运转的转子、上顶栓、下顶栓、驱动系统、冷却系统组成，其中转子是密炼机的核心部件，表面有螺旋状凸棱（二棱、三棱、四棱、六棱），物料在密炼室中通过转子实现分散和混合。密炼机主要技术参数有混炼室总容积、有效容积、转子类型、填充系数、装胶量、转子转速、主电机功率、上顶栓压力、冷却水温度等。密炼机的构造示意图如图6-3所示。常见的密炼机转子如图6-4所示。

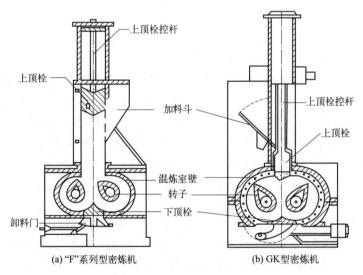

图6-3　密炼机结构示意图

2. 密炼机分类

密炼机的规格、品种比较多，按工作原理分主要有剪切型和啮合型两大类；按转子上突棱的数目分为二棱、三棱、四棱、六棱转子密炼机；按转子的转速分为慢速（≤20r/min）、中速（30～50r/min）、快速（≥60r/min）三类；按速度变化分为单速、双速、变速三种类型；按转子端面几何形状分为三角（棱）形、椭圆形、圆筒形转子密炼机三种类型；按转子的速比分为异步转子和同步转子密炼机；按容量分为大容量（≥310L）、中容量（80～270L）、小容量（10～50L）、微型（10L以内，实验室用）四种。

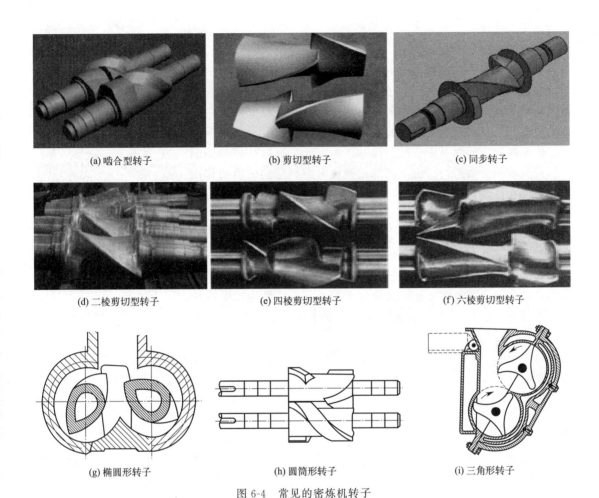

(a) 啮合型转子　　(b) 剪切型转子　　(c) 同步转子

(d) 二棱剪切型转子　　(e) 四棱剪切型转子　　(f) 六棱剪切型转子

(g) 椭圆形转子　　(h) 圆筒形转子　　(i) 三角形转子

图 6-4　常见的密炼机转子

目前使用最广泛的是椭圆形转子密炼机，常用的 F 系列和 GK-N 系列密炼机，如 F270、F370、GK255N、GK400N 等均为椭圆形转子剪切型密炼机，适用于橡胶制品中硬胶料的加工，升温快、混炼时间短、效率高。GK-E 系列密炼机，如 GK190E、GK90E 等为圆筒形啮合型密炼机，升温慢，混炼时间长，适用于橡胶、塑料及其共混物的软胶料加工。F 系列密炼机多配备四凸棱转子，转子端部密封效果好，其中 F270 密炼机的转子速比为 1.17∶1；F370 密炼机为同步转子，其速比为 1∶1，克服了异步转子混炼室温度不均匀的问题，生产效率高，分散均匀，胶料质量好。

3. 密炼机工作原理

密炼机的工作原理比较复杂，不同转子类型的密炼机，其工作原理有差异。椭圆形转子密炼机工作时，两转子相对回转，将来自加料口的物料夹住带入辊缝，受到转子的挤压和剪切作用，穿过转子间缝隙后碰到下顶拴尖棱被分成两部分，分别沿前后室壁与转子之间缝隙再回到转子间隙上方。在绕转子流动的一周中，物料处处受到剪切和摩擦作用。因转子表面螺旋状凸棱使其表面各点旋转线速度不同，两转子表面对应点之间转速比在不断变化，两转子表面间缝隙及转子棱峰与密炼室壁的间隙也在不断变化，使物料无法随转子表面等速旋转，而是随时变换速度及流动方向，从间隙小的地方向间隙大处湍流；在转子凸棱作用下，物料同时沿转子螺槽作轴向流动，从转子两端向中间捣翻，使物料充分混合。由于物料在转子表面流动速度不一样，不同部位胶料存在速度梯度，因而形成剪切，对胶料产生拉伸作用。在凸棱峰顶与室壁处间隙最小，峰顶处胶料的线速度最大，胶料受到的剪切和拉伸作用最大。当物料的形变超过极限形变量时，物料破碎或断裂。由于转子与转子之间、转子与室壁之间间隙在不断变化，物料在间隙小的地方产生大形变，在间隙大的地方恢复形变。物料在通过这些间隙时，反复产生形变、破碎或断裂、形变恢复，使物料中分散相尺寸不断变小，通过凸棱的捣翻作用使分散相分散均匀。由于密炼机混炼时胶料受到的剪切作用比开炼机大得多，炼胶温度高，吃料速度快，使得密炼机炼胶的效率大大高于开炼机。密炼机工作原理如图6-5所示。

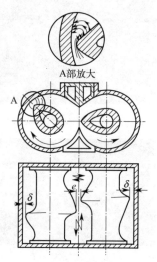

图6-5 密炼机工作原理示意图

需要指出的是，胶料在转子和密炼室间隙中流动时，因剪切和摩擦，分子链断裂及温度快速上升，导致胶料的黏度快速下降。如果胶料的流动性太好，胶料中配合剂团块受剪切破碎作用削弱，配合剂分散性会变差。试验证实，密炼机一段混炼时胶料中炭黑分散度偏低，尤其是混炼油料用量大的低硬度胶料更明显。因此，对配合剂分散性要求较高的动态下使用的橡胶制品，其胶料的混炼一般都要经过多段混炼，以提高配合剂的分散度和分散均匀性。为了克服密炼机炼胶配合剂分散性较差的缺点，研究者在不断开发新型密炼机及炼胶工艺方法，如串联式密炼机、低温一次连续混炼工艺等。

（三）密炼机组

现代化炼胶朝着连续化、自动化方向发展，以密炼机为中心，并与上、下辅机系统联结成一条完整的炼胶生产线，由计算机进行集中控制和管理，生产工艺流程如图6-6所示。

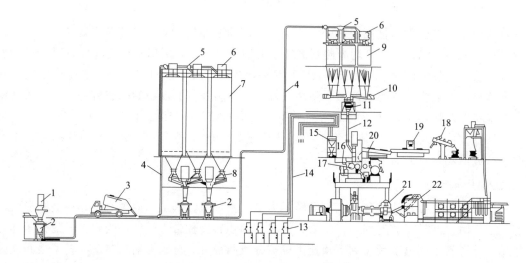

图6-6 现代化炼胶车间生产工艺流程图

1—炭黑解包贮斗；2—压送罐；3—散装汽车槽车；4—双管气力输送装置；5—自动岔道；6—袋滤器；
7—大贮仓；8—卸料机构；9—中间贮斗；10—给料机；11—炭黑自动秤；12—卸料斗；13—油料泵；
14—保温管道；15—油料自动秤；16—注油器；17—密炼机；18—夹持胶带机；19—皮带秤；
20—投料胶带机；21—辊筒机头挤出机；22—胶片冷却装置

1. 上辅机系统

与密炼机配套的上辅机系统主要包括炭黑、油料、胶料、助剂等原材料的输送、贮存、称量、投料装置及集中控制系统。

（1）炭黑与大粉料自动称量及输送系统

炭黑与大粉料自动称量及输送系统如图 6-7 所示。炭黑与大粉料（用量较大的白炭黑、碳酸钙、陶土、氧化锌等）从槽车通过气流输送到地面大型贮仓（6～10 天需用量），再通过"双管低速气力输送系统"输送到炼胶大楼顶部的日贮仓（满足 1 天的需用量），通过贮仓顶部的自动交叉道及旋转分配器向炭黑及大粉料贮仓供料，通过袋式过滤器将空气过滤排空，在贮仓卸料口连接十字加料器，使贮仓内的炭黑均匀排至螺旋输送给料机，经电子自动秤称量后进入卸料斗，然后通过双动秤称量后进入卸料斗，最后通过双管气力输送装置输送到密炼机。

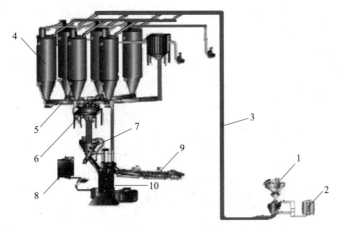

图 6-7 炭黑与大粉料自动称量及输送系统示意图

1—炭黑或大粉料吨包；2—增压装置；3—双管气力输送装置；4—日贮仓；5—螺旋输送给料机；
6—电子自动秤；7—卸料斗；8—油料自动秤；9—胶料电子秤；10—密炼机

双管气力输送系统管路示意图如图 6-8 所示。其工作原理是利用与输料管并列的压缩空气旁通管在输送过程中进行二次补充空气。当物料由压送罐进入输料管内形成一段"长料柱"而导致堵塞时，旁通管立即供给压缩空气，将长料柱自动切割成一段气体和几段"短料柱"，在空气压差的作用下使物料柱产生低速滑移运动，此种柱塞滑移运动使输料管内壁摩擦力大为减小，耗气量仅为流态化输送所需空气的 1/10 左右，固气易于分离，空气过滤量很少，且适应性广，对半补强炭黑、通用炭黑等软质炭黑也能输送，不易堵塞管道，炭黑粒子不易破碎，无环境污染。

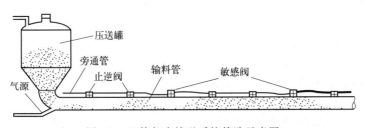

图 6-8 双管气力输送系统管路示意图

现代炼胶车间，已取消炭黑及大粉料地面大贮仓，炭黑及大粉料进厂大都采用吨包装或小袋包装，堆放在专门的料库内。在炼胶车间顶楼安置多个炭黑和大粉料日储仓，可满足1天的用量。先用拆包机拆包往地面压送罐内卸料，然后在密闭状态下通过双管气力输送装置用气流输送到日贮仓内。气体通过贮仓顶部的袋滤器过滤排出，炭黑留在仓内。炭黑日贮仓设有高、中、低三个料位计，以指示物料贮存状况，并可发出声、光信号。低料位时启动输送系统向日贮仓加料，高料位时自动停止输送供料。在日贮仓底部卸料部位设置破拱装置，如在日贮仓底部锥体侧面装有"流态化破拱装置"（如图6-9所示），利用0.05MPa的压缩空气通过微孔板，使空气与物料混合形成流态而便于卸料。或在日贮仓底部装设"摆动式活化锥"（如图6-10所示），使物料顺利卸料。

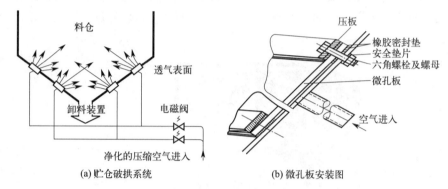

(a) 贮仓破拱系统　　　　(b) 微孔板安装图

图6-9　流态化破拱装置

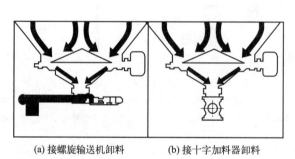

(a) 接螺旋输送机卸料　　(b) 接十字加料器卸料

图6-10　摆动式活化锥卸料

给料机有螺旋给料机和气动溜槽给料机两种，采用快速、慢速、点动三种给料速度，以提高称量精度。自动秤由高精度传感器、放大器与电子计算机连接，可累计称量6～8种物料，一次排料，也可单品种称量分别排料。由计算机设定程序自动变换称量值，控制先快后慢双速给料以及物料落差自动调节。称量后通过软料管输送到密炼机后上方的卸料斗暂时贮存。接到投料指令后，卸料斗下方的阀门打开，通入压缩空气将炭黑送入密炼机。

（2）油料输送与称量系统

液体油料从贮罐中加温脱水后过滤，经输油泵送入中间保温贮罐备用（罐内温度为：松焦油90℃，芳烃油、三线油60℃）。用量大的生产采用管路循环系统（如图6-11）。称量时油料从中间保温贮罐中均匀流出，通过油料自动秤称量后进入加压罐，再通过高压油泵注入密炼机中。油料计量有重量法和容积法两种，油品种单一时可采用容积法，轮胎厂多采用重量法，称量比较准确。

（3）小料称配系统

生产规模大的橡胶制品厂（如轮胎、输送带等企业）多采用全自动的小料称配系统（如图 6-12 所示）。各种小料分别存放在依次排列的贮斗内，贮斗的底部加装有摆动式活化锥，卸料口与十字加料器或螺旋输送机连接。称量前将称量的物料名称、重量及其误差、称量的顺序输入计算机，通过计算机控制称量过程。小料称配系统有螺旋输送机自动秤和直接排料自动秤两种，前者通过螺旋给料机供料，采用同一台电子自动秤称量，可累计称量多种物料，一次排料；后者通过十字加料器直接排料到轨道上的料筐内，电子秤称量达标后料筐移动到下一排料口，通过另一台电子秤累加称量下一物料，一次只能称一种物料。全自动小料称配系统适用于产品品种较少、配方相对固定、材料品种较

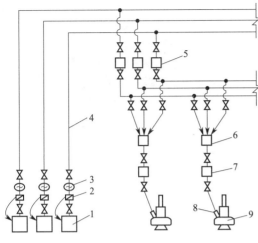

图 6-11　油料输送称量系统图
1—加热脱水罐；2—滤油罐；3—输油泵；
4—保温管道；5—中间保温贮罐；
6—自动秤；7—加压罐；8—高压油泵；9—注射器

少的规模化生产。对于产品和材料品种众多的橡胶制品厂可采用半自动小料称配系统（如图 6-13 所示），机械手按设定的顺序依次从排列的货架上取料，人工称量后再由机械手送回货架。或者采用环形卧式摆放的料斗，自动旋转，待人工称量合格后转走，自动更换成下一个要称量的物料。

图 6-12　全自动小料称配系统

图 6-13　半自动小料称配系统示意图

（4）胶料称量系统

胶块称量的方法是直接将胶块搬到电子皮带秤上称量，不足或超出部分需用切胶机切小块校正或补零至规定的称量值。胶片（如塑炼胶、一段母胶）称量则可采用供胶皮带机连续给电子皮带秤供胶计量，在接近规定称量值时胶片自动被切断，超重或欠量时由人工切割校正。现代化大规模生产中已经实现了胶料的全自动称量。该系统由平行排列的一快一慢两台供胶皮带机给皮带秤供料，皮带机上带有自动切割装置定期割断胶料，初期采用快速皮带机供料，接近称量值时采用慢速皮带机供料至称量值。胶片称量系统如图 6-14 所示。称量后由计算机按生产指令投胶。

上辅机各称配系统自动秤主要关注称量范围、静态和动态下称量精度、超重报警值、称量速度、总称量周期、排料方式等技术参数。

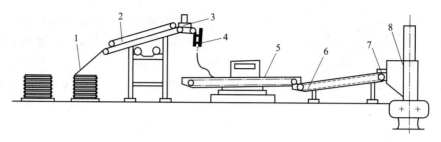

图 6-14 胶片称量系统
1—胶片；2—供胶皮带机；3—自动切刀；4—导向辊；5—皮带秤；
6—投胶胶带机；7—光电装置；8—密炼机

（5）控制系统

控制系统设一级微机和二级微机集中控制。两级控制的前卫机为 PLC，也可采用工业控制计算机。一级微机控制系统由计算机、打印机、模拟操作屏及各种控制台、柜和盘装仪表灯组成，实时控制各物料的称量、投料顺序，炼胶过程中的时间、温度和功率。二级微机控制是远程控制，对整个炼胶过程进行监控，出现故障时报警。

2. 下辅机组

下辅机组是密炼机炼胶后的补充加工机组，由压片机（流片机）、隔离剂槽、胶片冷却吹干装置和折叠停放装置组成。

（1）压片机

压片机有开放式压片机和带辊筒机头螺杆挤出机两种，将密炼机排出的不规则胶料压成片，便于散热和停放。压片机装配方式有一台开放式压片机、两台或多台开放式压片机串联、一台带辊筒机头的螺杆挤出机三种（如图 6-15 所示），分别适用于不同的炼胶工艺。密炼机后用一台开放式压片机连续出片[图 6-15(a)]，辊筒速比为 1∶(1.08～1.12)，此种机组排列可用于 40r/min 密炼机制造的母胶或塑炼胶出片，也可用于 30r/min 密炼机终炼胶料的出片。密炼机后用两台或多台开放式压片机串联排列出片[图 6-15(b)、(c)]，辊筒速比为 1∶(1.06～1.12)，前辊筒靠近表面呈周向钻孔通冷却水冷却。这种排列特别适用于分段混炼的低速密炼机终炼要求低温的胶料混炼，第二台及以后的压片机有补充混炼和冷却胶料的作用，对钢丝帘线胶料的终炼更加合适。此种机组第二台压片机还可用于密炼机一段混炼的加硫工艺，可以减少混炼的段数，加强冷却效果，防止焦烧。这种多台压片机串联的排列方式能加快胶料冷却，改善胶料中配合剂的分散性和保持胶料的表面活性，有利于提高黏合效果，是将来密炼机混炼工艺的重点发展方向。采用辊筒机头螺杆挤出机连续压片[图 6-15(d)]效率非常高，是较为先进的设备，特别适合快速（40～60r/min）密炼机的母炼和塑炼胶料的出片，也可以与中、慢速密炼机配套使用。由于胶料在挤出机螺杆的剪切作用下会进一步升温，所以胶料从机头出来后胶片温度高，需要加强冷却。为了减少剪切和降低温升，近年来倾向于采用螺杆特别短的双螺杆挤出机[图 6-15(e)]，挤出胶片质量均一性提高，螺杆对机筒的磨损大为减小。

压片机的规格型号应与密炼机的容积相匹配，过大、过小均不利于过程的连续性及降温冷却效果。270L 密炼机多配备 ϕ660mm×2100mm 开放式压片机，或螺杆直径为 ϕ450mm 左右的辊筒机头挤出机。密炼机容积减小，应配备尺寸小一些的压片机。

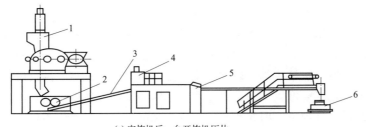

(a) 密炼机后一台开炼机压片

1—密炼机；2—压片机；3—输送带；4—隔离剂槽；5—挂片架；6—折叠停放

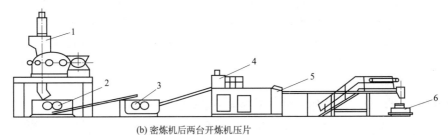

(b) 密炼机后两台开炼机压片

1—密炼机；2，3—压片机；4—隔离剂槽；5—挂片架；6—折叠停放

(c) 密炼机后三台开炼机压片

1—密炼机；2，3—压片机；4—隔离剂槽；5—挂片架；6—折叠停放

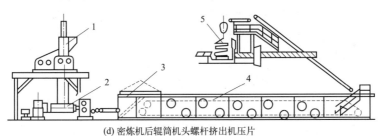

(d) 密炼机后辊筒机头螺杆挤出机压片

1—密炼机；2—辊筒机头螺杆挤出机；3—隔离剂槽；4—挂片架；5—折叠停放

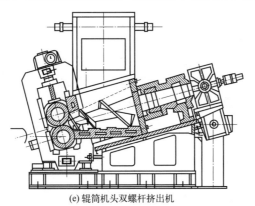

(e) 辊筒机头双螺杆挤出机

图 6-15　压片机排列方式

第六章　混炼工艺　241

(2) 浸涂隔离剂及风干冷却系统

胶料从密炼机排出后温度很高，需要将其快速冷却，以预防焦烧。胶片冷却后要折叠停放，为防止胶片之间粘连，胶料在压片后需要浸涂隔离剂。隔离剂主要为肥皂水、滑石粉或白炭黑水悬浮液、硬脂酸锌水溶液等。胶片冷却从压片机开始，经过隔离剂冷却，最后采用强力风扇吹干冷却至规定的温度以下。由于夏季气温明显偏高，所以夏季炼胶时胶片冷却效果不及冬季，容易出现焦烧现象。因此，夏季炼胶应加强冷却，如采用多台压片机通冷却水冷却，或增加挂片架中风扇的数量，或延长胶片在挂片架中的运行距离。

挂片架有水平式、高台架空式、胶片提升式三种形式，水平式是全部冷却装置在地面上水平排列；高台架空式是冷却装置安装在架空的钢制平台上，下部为叠片与胶料存放用；胶片提升式是母炼胶片通过立式加持胶带机直接提升至二楼，以减少车间的运输量，胶片直接在二楼叠片。

(3) 胶片折叠停放装置

在挂片架末端，胶片提升到一定高度后下垂至地面上的停放架上，为了提高停放量，可采用人工或自动摆动胶片，使其折叠停放在停放架上。胶片达到一定高度后，切断胶片，更换停放架，继续折叠。胶片停放过程中，胶料中炭黑与橡胶会继续发生吸附作用而放热，胶垛的温度会适当升高，所以胶片一定要冷却充分，胶垛的高度不宜过高。

四、炼胶工艺方法

炼胶工艺方法按照炼胶设备分为开炼机炼胶、密炼机炼胶、螺杆机炼胶、开炼机和密炼机组合式炼胶等；按照过程的连续性分为间歇式炼胶（如开炼机炼胶、密炼机炼胶）和连续式炼胶（如螺杆连续混炼、湿法炼胶、低温一次法连续炼胶）；按照胶料混炼的次数分为一段炼胶和分段炼胶；按照混炼温度分为低温炼胶（如开炼机炼胶、湿法炼胶）、高温炼胶（如密炼机、螺杆机炼胶）和恒温炼胶（如串联式密炼机、恒温密炼机炼胶）；按照炼胶时物料的状态可分为干法炼胶和湿法炼胶。此外，还有加料顺序与传统炼胶工艺相反的逆混法炼胶。

第二节
炼胶准备工艺

炼胶前要对生胶、配合剂等原材料进行适当的补充加工，以保证混炼工艺顺利、高效进行，如高门尼黏度生胶的塑炼，固体块状配合剂的粉碎、筛选、干燥，液体配合剂的脱水、升温，难分散配合剂母炼胶或油膏的制备等，并用相应的衡器将各种原材料按照实际配比称量好。准备工艺中生胶的塑炼对炼胶吃料、配合剂分散、混炼胶流动性等影响较大。

一、生胶塑炼

（一）胶料的塑性及增塑方法

塑性是指受外力作用时能产生不可逆形变的性质。橡胶的塑性是指在外力作用下胶料能够产生流动变形的性质。这是橡胶制品成型加工必须具备的性质,通常用可塑度、门尼黏度等表示,可塑度高或门尼黏度低的胶料塑性好一些,容易产生流动。

橡胶最典型的特征是高弹性。橡胶强韧的高弹性状态在受外力作用时更易产生可恢复的弹性形变,塑性比较差,不利于橡胶的成型加工,故需要提高橡胶的塑性。

增加橡胶塑性的主要方法如下。

(1) 物理增塑法

在生胶或胶料配方中添加物理增塑剂,利用其物理溶胀作用,增大分子链间距离,减小分子链间作用力及摩擦阻力,降低胶料的黏度,增加可塑性和流动性。部分高门尼黏度的生胶充油,配方中加操作油等属于此类增塑方法,见第五章。

(2) 化学增塑法

利用低分子量物质对大分子的化学破坏作用使橡胶大分子链断裂成短的分子链,降低本体黏度,增加可塑性和流动性。具有这种作用的低分子量物质通常称为化学塑解剂。由于大多数塑解剂对各种橡胶都不具备溶胀作用,故不能像物理增塑剂那样在生胶中充塑解剂,只能在橡胶加工过程中添加使用,作为辅助增塑的方法。

(3) 机械增塑法

通过机械设备提供的剪切破坏作用或摩擦升温引起的热降解作用使橡胶大分子链断裂成短的分子链,降低本体黏度,增加可塑性和流动性。该法使用最广泛,胶料混炼及后续的热炼、返炼过程中均有机械增塑作用;对黏度特别高的生胶,可在混炼前针对生胶采用机械增塑法,提高生胶的塑性。该法若与物理增塑法、化学增塑法配合使用,可进一步提高机械增塑效果和生产效率。

(二) 塑炼的目的及要求

将生胶由强韧的高弹性状态转变为柔软而富有可塑性状态的机械增塑工艺过程称为塑炼。塑炼工艺仅用于门尼黏度很高的生胶或含有较高含量超高分子量凝胶的生胶,如门尼黏度高于60的丁腈橡胶、乙丙橡胶,含有凝胶的烟胶片、绉胶片、氯丁橡胶等。若生胶初始门尼黏度低,如天然橡胶的标准胶、低温乳聚丁苯橡胶、顺丁橡胶、低温丁腈橡胶等,可以满足加工工艺要求,就不需要塑炼,直接混炼。随着合成橡胶及标准天然橡胶的大量应用,实际生产中生胶塑炼加工的任务已大为减少。

高门尼黏度的生胶平均分子量大或凝胶含量高,弹性大,塑性差,混炼时吃料慢,配合剂分散不均匀,压延、挤出速度慢,收缩变形率大,断面尺寸和形状不准确,表面易出现疙瘩等不平滑现象;胶料与骨架材料的附着力差,压延后胶布容易脱胶或露白;硫化时难以充满模腔;难以被溶剂溶解等。对高门尼黏度的生胶进行塑炼加工的目的就在于减小生胶的弹性,提高可塑性,改善胶料的工艺性能;降低分子量,提高胶料溶解性和成型黏着性。

塑炼胶的可塑度(或门尼黏度)大小要合适。可塑度大小视胶料的力学性能及流动性、溶解性、黏着性要求而定。如胶浆胶、擦胶、海绵胶胶料所用的塑炼胶可塑度高一些;硫化胶力学性能要求较高、半成品挺性好及模压硫化的胶料,其塑炼胶的可塑度低一些;挤出胶料的可塑度介于以上两者之间。塑炼胶的可塑度不宜过大,随生胶可塑度增大,其硫化胶的力学性能变差,如强度、耐磨性和耐老化性降低,永久变形、蠕变和生热性增大;可塑度过大还会导致胶料的工艺性能变差,如加工过程中易出现气泡、半成品挺性差、粘辊等。因此生胶塑炼时要根据胶料的加工性能要求及硫化胶性能要求综合确定合适的塑炼程度。在确保加工性能要求的前提下，尽量减小塑炼程度。常用塑炼胶的可塑度要求如表 6-1 所示。

表 6-1　常用塑炼胶的可塑度要求（威氏）

塑炼胶种类	可塑度要求	塑炼胶种类	可塑度要求
胶布胶浆用塑炼胶		压延胶片用塑炼胶	
含胶率≥45%	0.52~0.56	胶片厚度≥0.1mm	0.35~0.45
含胶率<45%	0.56~0.60	胶片厚度<0.1mm	0.47~0.56
胎面胶用塑炼胶	0.22~0.24	挤出胶料用塑炼胶	
胎侧胶用塑炼胶	0.35 左右	胶管外层胶	0.30~0.35
内胎胶用塑炼胶	0.42 左右	胶管内层胶	0.25~0.30
缓冲帘布胶用塑炼胶	0.50 左右	传动带布层擦胶用塑炼胶	0.49~0.55
海绵胶用塑炼胶	0.50~0.60	V 带线绳浸胶用塑炼胶	0.50 左右

塑炼胶的可塑度要均匀。若不均匀，混炼时配合剂分散不均匀，导致硫化胶的力学性能不均匀；压延、挤出时半成品收缩不一致，尺寸难控制；产品硫化后综合性能下降等。故塑炼胶可塑度的均匀性要加以监控。

（三）生胶的塑炼机理

1. 机械塑炼的理论依据

聚合物熔体及其溶液的流动黏度主要取决于其分子量大小及温度。其表观黏度与分子量之间满足如下指数方程关系，熔体黏度与温度的关系近似满足 Antoine 方程。

$$\eta_0 = A M_w^{3.4} \tag{6-3}$$

$$\lg\eta = B + \frac{C}{t+D} \tag{6-4}$$

式中，η_0 为聚合物熔体的表观黏度；A 为特性常数；M_w 为聚合物的重均分子量；η 为熔体的黏度；t 为温度；B、C、D 为经验常数。

可见橡胶的黏度对分子量的依赖性很大，分子量微小变化会使聚合物黏度发生显著改变。而橡胶的黏度对温度的依赖性较其他聚合物小，虽然温度升高，生胶黏度降低，塑性提高，但这是一种"假塑性"，在温度降低时塑性又下降。所以降低橡胶表观黏度的有效方法是减小分子量。这是生胶机械塑炼的理论依据，其实质就是通过机械设备使大分子链断裂，降低平均分子量，减小黏度，提高可塑度。

2. 生胶塑炼的增塑机理

在机械塑炼过程中，能促使橡胶分子链断裂的因素有机械力、热和氧、臭氧、化学塑解剂及静电。其中机械力、热和氧是大分子链断裂的主要因素，形成了两种断链机理，在机械塑炼过程中都存在，只是在不同塑炼方法、塑炼工艺条件下各自的作用程度不同。

（1）低温塑炼的增塑机理

开炼机塑炼温度低，属于低温机械塑炼。由于低温下氧、臭氧、化学塑解剂与橡胶分子链的化学反应活性均较低，反应速度比较慢，热氧化、热降解、化学断链作用少；分子间作用力大，胶料黏度高，受机械剪切作用大，故低温机械塑炼时大分子链以机械力断链为主。机械力使分子链降解的反应过程如下。

大分子链被机械力破坏生成大分子活性自由基 R·：

$$R-R' \longrightarrow R\cdot + \cdot R'$$

有氧时，大分子自由基立即与氧气反应，使大分子自由基活性终止，生成分子量较小的末端带过氧化氢（—OOH）的稳定分子，使大分子稳定在断链状态。

$$R·+O_2 \longrightarrow ROO· \quad R'·+O_2 \longrightarrow R'OO·$$
$$ROO·+R_1H \longrightarrow ROOH+R_1· \quad R'OO·+R_2H \longrightarrow R'OOH+R_2·$$

新形成的 $R_1·$、$R_2·$ 可以继续与氧气反应形成氢过氧化物。如胶料中加有硫酚类塑解剂（A—SH）时，也可以与断链产生的大分子自由基发生终止反应。

$$R·+A—SH \longrightarrow RH+A—S· \quad R'·+A—SH \longrightarrow R'H+A—S·$$
$$R·+A—S· \longrightarrow R—S—A \quad R'·+A—S· \longrightarrow R'—S—A$$

无氧(如氮气环境中)且没加硫酚类塑解剂时，大分子自由基之间发生耦合终止反应，丧失机械塑炼效果。

$$R·+R'· \longrightarrow R—R'$$

可见，低温机械塑炼有两个必要条件：机械力使分子链断裂、氧气使分子链稳定在断裂状态，二者缺一不可。氧气和化学塑解剂的作用是大分子自由基活性终止剂。

开炼机塑炼，作用于大分子链上的有效作用力 F_0 见式(6-5)。大分子链断链概率可用式(6-6) 表示。

$$F_0 = K_1 \eta \dot{\gamma} \left(\frac{\overline{M}}{M_{max}}\right)^2$$
$$\tau = \eta \dot{\gamma} \tag{6-5}$$
$$\rho = \frac{K_2}{e^{(E-F_0\delta)/RT}} \tag{6-6}$$

式中，F_0 为作用于大分子链上的有效机械力，N；τ 为剪切应力，N；η 为生胶表观黏度，Pa·s；$\dot{\gamma}$ 为剪切速率，s^{-1}，见式(6-1)；$\overline{M}$ 为大分子的平均分子量；M_{max} 为大分子的最大分子量；ρ 为大分子链断链概率（代表机械塑炼效果）；E 为大分子主链 C—C 键能，kJ/mol；δ 为大分子链断裂时的伸长变形；$F_0\delta$ 为大分子链断裂时机械力做的功，kJ；K_1、K_2 为常数。

对于一定的橡胶，E 和 K 为定值，分子链断链概率 ρ 主要取决于 F_0，其值越大，大分子链断裂机会越大。F_0 值的大小取决于机械剪切速率、橡胶的黏度和平均分子量的大小。而胶料受到的剪切速率又取决于辊筒的速比、转速及辊距大小；橡胶的黏度取决于其分子量，受温度影响。所以大分子链断裂概率取决于生胶的分子量及塑炼工艺条件。分子量大的生胶，黏度高，F_0 和 ρ 大，易于断链；降低塑炼温度，胶料黏度增大，增大速比或减小辊距能增大剪切速率，使胶料受到的剪切应力增大，F_0 和 ρ 增大，机械塑炼效果提高。所以高门尼黏度的生胶基本上都可以通过开炼机低温塑炼来提高塑性，尤其是对含有超高分子量凝胶的生胶如烟胶片、绉胶片、氯丁橡胶特别适合。对分子量分布窄、平均分子量较低的生胶如顺丁橡胶，采用开炼机塑炼则必须在低温（40℃以下）、小辊距（1mm 以下）下进行。

(2) 高温塑炼的增塑机理

密炼机或螺杆机塑炼温度高，属于高温机械塑炼。塑炼初期，室温的生胶投入高温的密炼机或螺杆机内，虽然生胶吸热温度升高，但还不是很高，密炼机转子或螺杆机螺杆旋转对胶料施加连续的机械剪切作用，破坏橡胶大分子链，同时克服分子间内摩擦转变成热能使胶料快速升温，1~2min 就能升到 100℃以上。由于温度升高，橡胶分子链间的相互作用力下降，链的运动能力增强，不易应力集中，机械力对大分子链的直接破坏作用大大减小，但大分子链热氧化降解、塑解剂化学断链作用增大。所以，高温机械塑炼初期以大分子链机械力断链为主，后期以热氧化断链为主。热氧化断链遵循自由基连锁反应机理，过程如下：

橡胶大分子在受热情况下，氧气引发大分子脱活泼氢，形成大分子自由基：

$$RH + O_2 \longrightarrow R \cdot + \cdot OOH$$

或胶料中添加过氧化二异丙苯、偶氮二异丁腈等化学塑解剂，受热分解成自由基，再引发橡胶大分子形成大分子自由基：

$$R_1OOR_2 \longrightarrow R_1O \cdot + \cdot OR_2$$

$$R_1O \cdot + RH \longrightarrow R \cdot + R_1OH \quad R_2O \cdot + RH \longrightarrow R \cdot + R_2OH$$

大分子自由基迅速与氧气反应形成大分子过氧自由基：

$$R \cdot + O_2 \longrightarrow ROO \cdot$$

大分子过氧自由基再从其他大分子上夺取活泼氢形成氢过氧化物：

$$ROO \cdot + R_1H \longrightarrow ROOH + R_1 \cdot$$

$R_1 \cdot$ 进一步与氧气作用形成新的氢过氧化物。如此连锁循环反应，胶料中氢过氧化物积累。由于氢过氧化物不稳定，积累到一定浓度发生单分子或双分子分解。对分子链中含异戊二烯单元的生胶，大分子链断链，形成末端带羰基（如醛、酮、酯、羧基）的稳定分子。此反应如不加以控制，会自动继续进行下去，分子量会过度降低而造成过炼。对某些生胶，如丁苯橡胶、丁腈橡胶，塑炼温度超过140℃时大分子自由基之间可以发生终止反应产生局部交联，如不加以控制，会形成分子量很大的凝胶，反而使生胶塑性下降。可见，高温机械塑炼效果取决于胶种、氧气、塑解剂品种和用量及塑炼工艺条件。

对非极性橡胶，标准天然橡胶、异戊橡胶、丁基橡胶等能通过热氧化断链机理提高塑性，但丁苯橡胶、丁腈橡胶因高温塑炼会产生凝胶，不适合采用高温机械塑炼。对大多数极性橡胶，由于分子间相互作用大，剪切摩擦生热大，胶料黏度对温度敏感，升温快，塑炼效果难以控制，也不适合采用高温机械塑炼。凝胶含量高的烟胶片、绉胶片、氯丁胶因凝胶不能完全破坏也不适合采用高温机械塑炼。

高温机械塑炼，机械力和氧气是不可缺少的。机械力在塑炼初期温度还不是很高时起破坏大分子链及使胶料升温的作用，在后期主要起搅拌和活化作用，增加大分子链与氧气或塑解剂的接触面积，降低大分子链氧化反应活化能，提高氧化断链或化学降解的程度和生产效率。机械力大小取决于转子的转速及速比、装胶容量、上顶栓压力及温度。机械力增大，有利于提高塑炼效果。氧气的作用比低温机械塑炼时更重要，既是大分子自由基的引发剂，又是大分子自由基的终止剂。若无氧的作用，机械塑炼效果难以达到。大分子只要结合微量的氧就可以使分子量显著降低。当结合氧含量为0.03%时，分子量可以降低50%；当结合氧含量达到0.5%时，分子量可以从100000降到5000。可见氧的破坏作用是很大的，可以认为是高温机械塑炼最好的塑解剂。所以高温机械塑炼时密炼室或机筒内要有适量的空隙以保证氧气量充足，填充系数要比混炼时略低一些。随塑炼时间延长，密炼室中氧气不断被消耗，生成的低分子挥发物增多，也稀释了氧的浓度，导致热氧化断链变慢，胶料可塑性不能继续提高。如果需要进一步提高可塑度，可采用分段塑炼的方法。

高温机械塑炼时通常添加化学塑解剂来提高塑炼效果和生产效率，即使在氧气不足或惰性环境下也能显著提高塑炼效果，这对螺杆机塑炼尤为重要。按照作用机理不同，化学塑解剂分三类：自由基受体型、引发型和混合型。其中自由基受体型（又称链终止型）如苯醌和偶氮苯等，主要用于低温机械塑炼，防止分子链再结合，使分子链处于稳定的断裂状态。引发型塑解剂如过氧化二苯甲酰、偶氮二异丁腈等，高温下首先分解成自由基，再进一步引发大分子进行氧化裂解反应，只用于高温机械塑炼。混合型塑解剂如五氯硫酚及其锌盐、二邻苯甲酰氨基二苯基二硫化物、促进剂 M 等，兼有这两种作用，高温和低温塑炼皆适用，应用广泛。其中硫酚类塑解剂在使用时通常要配用活性剂如腈化钛或丙酮基乙酸与铁、钴、镍、铜等的络合物才能充分发挥其增塑效果。金属原子和氧分子之间属于不稳定配位络合，能促进氧的转移，引起 O—O 键的不稳定，提高了氧的化学活性。塑解剂在使用时要在胶料中分散均匀，否则胶料可塑度不均匀，增塑效果也会下降。为了提高其分散性，一般以脂肪酸盐作为塑解剂和活性剂的载体，起分散剂和操作助剂作用，并制成母炼胶使用，有利于塑解剂在胶料中快速分散，还能抑制合成胶分子链的环化反应。故商品化的塑解剂多为加有活性剂和分散剂的混合物。化学塑解剂在高温下使用效果好，特别适合密炼机、螺杆机塑炼，开炼机塑炼时需提高辊筒温度。

塑炼温度是高温机械塑炼另一关键因素。由于高温机械塑炼是以热氧化断链为主，温度升高，热氧化反应加剧，塑炼效果提高。但温度过高易过炼，胶料可塑度大小也难以掌控。对某些生胶，过高的温度会导致凝胶的形成，对塑炼效果不利。所以不同的生胶塑炼温度应合适且有所不同。天然橡胶密炼机塑炼排胶温度一般控制在 140～160℃ 范围内，丁苯橡胶排胶温度控制在 140℃ 以下，丁基橡胶排胶温度在 120℃ 左右，氯丁橡胶则不要超过 85℃。

（3）机械塑炼过程中橡胶分子链结构变化

低温机械塑炼时，当机械力作用于生胶分子链，低分子量级分因缠结少，相互作用能小，分子链易于运动，塑性好，能缓冲机械力作用，且机械力能均匀分布在分子链的每一个化学键上，使得每个键所承受的平均作用力很小而不容易断裂。故分子量低于某一极限值的橡胶分子链机械塑炼时不会断链。而高分子量级分在自由状态下呈无规卷曲状态，相互间发生物理缠结多，分子链之间的整体相互作用能远远超过其主链上单个 C—C 键的键能，分子链的运动能力差，受力时机械力不能均分在每个化学键上，大分子链的两端因运动能力强受力较小，而中央部位因运动能力差易产生应力集中且伸张变形大，在机械力作用尚未克服大分子链之间相互作用之前，已经超过主链中央处单个 C—C 键的键能，分子链会在中央处断裂破坏。分子量越大，机械力作用越大，越容易断裂。所以低温机械塑炼时优先断裂的是胶料中的高分子量级分，而低分子量级分则不断裂，1 条高分子链变成 2 条或多条中等分子链，胶料中高分子量级分数量减少，中等分子量级分数量增多，而低分子量级分变化不大，分子量分布变窄，链的数目增多，平均分子量快速下降。在塑炼过程初期机械力断链作用最剧烈，平均分子量随塑炼时间线性下降，随后渐趋缓慢，到一定时间后不再变化，此时的分子量为分子链能够断裂的最低极限值。

高温机械塑炼时，初期机械力使高分子量级分部分断裂，温度升上来后热氧化反应使高、中、低分子量级分均断裂，高分子量级分减少，中、低分子量级分增多，分子量分布也变窄。在塑炼初期因有机械力使高分子量级分断裂，平均分子量线性下降，随时间延长，温度升高，热氧化断链加剧，平均分子量进一步快速下降，随后渐趋缓慢。这可能是氧被不断消耗，生成的挥发物增多造成缺氧所致。

天然橡胶开炼机塑炼和密炼机塑炼后分子量分布曲线如图 6-16 所示。

（四）生胶塑炼工艺

1. 塑炼前的准备

塑炼准备工艺包括选胶、烘胶、切胶和破胶，其中烘胶对塑炼胶质量影响比较大。

（1）选胶

生胶进厂后在加工前需进行外观检查，并注明等级品种，对不符合等级质量要求的应加以挑选和分级处理。

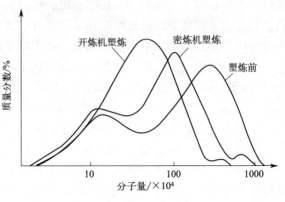

图 6-16　NR 机械塑炼前后分子量分布曲线

（2）烘胶

生胶低温下长期贮存后会硬化，尤其是低温下易结晶的生胶（如 NR、CR）又硬又韧，难以切割和进一步加工，需要通过烘胶使生胶软化和解除结晶。烟胶片、绉胶片需要在专门的烘胶房里进行。烘胶房的下面和侧面均加有蒸汽加热器。将选好的生胶按顺序堆放，不要与烘胶房内的加热器直接接触。烘胶房的温度一般为 50～70℃，不宜过高。烘胶时间：夏秋季 24～36h，冬春季 36～72h。大型轮胎企业可采用恒温（不低于 15℃）仓库贮存生胶，出库生胶无需烘胶即可直接切块塑炼。氯丁胶烘胶温度一般在 24～40℃，时间为 4～6h。胶一定要烘透，胶温要一致，否则塑炼时可塑度不均匀。

（3）切胶

从保护设备角度考虑，生胶升温后破胶前需要按工艺要求切成小块。天然胶用油压切胶机，切成斜长三角形，每块不大于 20kg。有些大型轮胎企业为了确保轮胎质量稳定，将不同产地来源的同一等级的天然胶切成边长约 25mm 的立方块，搅混均匀后再进行塑炼和混炼加工。合成胶除包装后用切胶机切成长条形，每块不大于 6kg。切胶场地要清洁，切胶时胶块不得落地，避免胶块粘上砂子或灰尘。切胶时胶温不低于 35℃。

（4）破胶

切好的小胶块沿辊筒的大齿轮一端放入带有花纹辊的破胶机进行破胶，过辊 2～3 遍后出片即可进行塑炼。

2. 开炼机塑炼工艺

开炼机塑炼温度通常在 100℃以下，属于低温机械塑炼。开炼机塑炼的操作方法主要有包辊塑炼法、薄通塑炼法、爬高塑炼法和化学增塑塑炼法等几种。

（1）包辊塑炼法

胶料通过辊距后包于前辊表面，随辊筒转动重新回到辊筒上方并再次通过辊距，如此反复通过辊距，受机械力剪切破坏而断链，直到达到可塑度要求为止，然后出片、冷却、停放。一次完成的塑炼方法称一段塑炼法。该法塑炼周期长，效率低，辊筒温度上升较快，塑炼胶可塑度低且不均匀。对可塑度要求较高，用一段塑炼达不到可塑度要求的胶料，需采用分段塑炼法。即先将胶料包辊塑炼 10～15min，然后出片、冷却、停放 4～8h 以上，再次回到炼胶机进行第二次包辊塑炼。这样反复 2～3 次，直到达到可塑度要求为止，称为二段或三段塑炼。分段塑炼，胶料可塑度明显提高，可达任意的可塑度要求，均匀性也变好，但增加了胶片停放等管理难度，停放占地面积较大。各种用途的生胶塑炼段数见表 6-2。

表 6-2　轮胎各部件胶料生胶塑炼段数

生胶用途	塑炼段数	生胶用途	塑炼段数
胎面胶	1	衬垫胶	3
胎肩胶	2	胶浆胶	4
缓冲胶	3	水胎胶	2

(2) 薄通塑炼法

将胶料通过 1mm 以下的辊距，不包辊，直接落在接料盘中，等胶料全部通过以后，将其扭转 90°角推到辊筒上方再次通过辊距，直到达到可塑度要求。为了提高胶料可塑度均匀性，薄通时一般要进行切割捣胶或打三角包。然后将辊距调大（12～13mm）让胶料包辊，左右切割翻炼 3 次以上再出片、冷却和停放。该法可达任意可塑度要求，塑炼胶可塑度均匀，质量高，是开炼机塑炼中行之有效和应用最广泛的塑炼方法，适用于各种生胶，尤其是凝胶含量高的烟胶片、绉胶片、氯丁橡胶及特种合成橡胶的塑炼。该法不足之处在于周期长、效率低、劳动强度大。

(3) 爬高塑炼法

这是一种改进的包辊法，在开炼机的上方安装一导辊，胶料从辊距出来后牵引到导辊上，再下垂进入辊距。该法克服了包辊法胶片散热慢、辊筒温度上升快的缺点，塑炼胶的可塑度较一段包辊塑炼法要高。

(4) 化学增塑塑炼法

塑炼时添加化学塑解剂母炼胶，采用包辊或薄通的方法使胶料反复通过辊距。塑解剂起终止大分子自由基的作用，可增加塑炼效果，缩短塑炼时间，并改善塑炼胶的质量，降低能耗。塑炼时辊筒的温度要适当提高（高于 70℃），塑解剂的作用才会体现出来。

影响开炼机塑炼效果的因素如下。

(1) 容量

为提高产量，可适当增加容量。但容量过大，辊距间堆积胶过多，胶料难以进入辊距而在辊距上方翻转，塑炼胶可塑度不均匀，且散热困难，温度升高又会降低塑炼效果；容量过小，生产效率太低。合适的容量由生胶的品种和设备规格决定。对生热大的合成橡胶，容量应相应减少，一般要比天然橡胶少 20%～25%。

(2) 辊速和速比

提高辊筒转速和速比都会提高剪切速率，从而可提高塑炼效果。但速比和转速增大，会加大胶料的生热，升温速度快，需要加强冷却措施保证塑炼效果。

(3) 辊距

辊距对 NR 塑炼效果的影响如图 6-17 所示。辊距减小，机械剪切作用增强，橡胶分子链断裂加剧，胶片薄而散热快，因而可提高塑炼效果。所以薄通塑炼法是最合理有效的。对密炼机难以塑炼的丁腈橡胶，只有开炼机薄通塑炼法比较有效。

(4) 辊温

对开炼机塑炼，辊温升高，胶料变软，塑炼效果下降。在同一辊距下，随塑炼时间延长，高温下塑炼胶门尼黏度较低温下下降慢（如图 6-18 所示），低温下塑炼效果要明显好一些。实验表明，开炼机塑炼温度（T）的平方根与胶料可塑度（P）成反比 [式 (6-7)]。

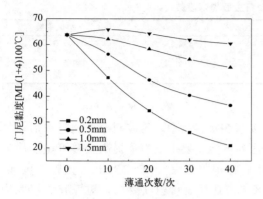
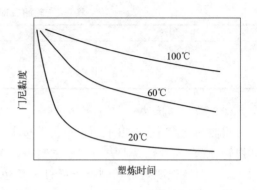

图 6-17　辊距对 NR 塑炼效果的影响　　图 6-18　辊温对 NR 塑炼胶门尼黏度的影响

$$\frac{P_1}{P_2}=\left(\frac{T_2}{T_1}\right)^{\frac{1}{2}} \tag{6-7}$$

但塑炼温度不能太低,否则使设备超负荷而容易损坏,并增加操作危险性。不同生胶,其塑炼温度要求也不一样。NR 塑炼温度在 45～55℃,IR 在 50～60℃,SBR 在 45℃左右。氯丁橡胶在 40～50℃,顺丁橡胶、丁腈橡胶则不超过 40℃。

（5）塑炼时间

包辊法塑炼时间对 NR 塑炼胶门尼黏度的影响也可从图 6-18 看出,在塑炼的初期,塑炼胶的门尼黏度下降很快,一段时间以后下降趋势变缓。这可能有两方面的原因,一是由于长链在初期容易断裂成较短的链,引起平均分子量快速下降,黏度快速下降,一段时间以后,分子量趋于稳定,胶料的黏度也趋于稳定；二是由于塑炼过程中胶料生热升温使胶料黏度降低,分子链断裂减少。因此,包辊法塑炼要获得更高的可塑度,最好分段塑炼,每段时间控制在 15～20min 以内。

（6）化学塑解剂

由于低温下塑解剂与橡胶分子链的化学反应活性低,引发断链及终止自由基活性的作用较弱。开炼机塑炼加化学塑解剂需要升高辊筒温度至 70～75℃才有较好的增塑效果。但温度升高,机械力断链减少,塑炼效果又变差。因此,开炼机塑炼加化学塑解剂增塑效果不是很明显。但可以缩短塑炼时间,提高生产效率,节省能耗,还可以减小塑炼胶停放过程的弹性复原性和加工收缩率。

（7）配合剂

胶料用硫黄硫化时一般都要加氧化锌和硬脂酸。天然胶中加入氧化锌或硬脂酸用开炼机塑炼时,胶料门尼黏度下降较不加时快,如图 6-19 所示。故可将 NR 配方中氧化锌和硬脂酸提前至开炼机塑炼时加入,可以明显缩短塑炼时间。

3. 密炼机塑炼工艺

密炼机塑炼温度在 100℃以上,属于高温机械塑炼。密炼机塑炼工艺方法主

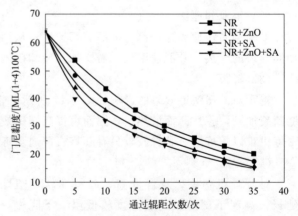

图 6-19　氧化锌和硬脂酸对 NR 塑炼胶门尼黏度的影响

要有一段塑炼法、分段塑炼法和化学增塑塑炼法三种，其中化学增塑塑炼法效率最高，塑炼胶可塑度高，弹性复原性比纯胶塑炼法低，加工能耗低。

(1) 一段塑炼法

整个塑炼过程一次完成，即将破胶后的天然橡胶胶片或块状的合成橡胶投入密炼机，塑炼一段时间后排胶，压片后浸涂隔离剂，再冷却、停放。塑炼NR时采用快速密炼机，塑炼时间控制在13min左右，排胶温度最好不要超过160℃。塑炼丁苯橡胶时要严格控制时间和温度，排胶温度最好不要超过140℃，否则容易生成凝胶，塑炼效果下降。该法制备的塑炼胶可塑度较低，均匀性也较差，适用于可塑度要求较低的塑炼胶。

(2) 分段塑炼法

生胶经密炼机塑炼、排胶、压片、冷却、停放4h后，再次投入密炼机中塑炼，然后排胶、压片、冷却、停放。该法制备的塑炼胶可塑度高，均匀性好，但增加了胶料停放和管理的难度，适用于对可塑度要求较高的塑炼胶的塑炼。

(3) 化学增塑塑炼法

将化学塑解剂母炼胶与生胶一同投入密炼机，塑炼一段时间后排胶、压片、冷却再停放。高温下，化学塑解剂与橡胶大分子的反应性强，分子链氧化降解速度大大加快，塑炼胶的可塑度提高，塑炼时间缩短，能耗降低，甚至可以降低排胶温度。化学增塑塑炼法是目前大规模工厂普遍采用的方法。

影响密炼机塑炼效果的因素较多，如装胶容量、上顶栓压力、转子转速、塑炼温度、时间、塑解剂的品种和用量等。其中化学塑解剂、转子转速、温度影响显著。一般，密炼机塑炼时装胶容量为密炼机有效容积的75%左右，过多过少塑炼胶可塑度都不均匀。在一定范围内适当增大上顶栓压力能增加设备对胶料的剪切和摩擦作用，提高机械塑炼效果和生产效率，上顶栓压力在0.5~0.8MPa为宜。同一台密炼机塑炼相同容量的生胶，胶料达到相同的可塑度要求所需要的塑炼时间与转子转速成反比，转速加快，塑炼时间缩短，但同时又会加大胶料的生热，需要加强冷却，防止过炼。密炼机塑炼效果随温度升高而急剧增大，但容易过炼，降低硫化胶的物理机械性能。塑炼NR排胶温度控制在140~160℃范围内，丁苯橡胶的排胶温度不要超过140℃。排胶温度一定，随塑炼时间延长，密炼机塑炼效果初期线性增大，随后渐趋缓慢。密炼机塑炼采用化学增塑法最合理有效，不仅能有效提高增塑效果，还可降低塑炼温度，提高塑炼胶质量，降低塑炼胶的弹性复原性。硫酚类和二硫化物及其锌盐类塑解剂增塑效果较好，其中2,2′-二邻苯甲酰氨基二苯基二硫化物及五氯硫酚最常用，二硫化物类效果更好一些。塑解剂品种及用量对天然橡胶密炼机塑炼增塑效果的影响如表6-3、表6-4所示。

表6-3　几种化学塑解剂对NR的增塑效果

塑解剂品种	用量/份	塑炼温度/℃	塑炼时间/min	容量/kg	可塑度（威氏）
无	0	140	15	120	0.380
促进剂M	0.5	140	14	120	0.420
五氯硫酚的锌盐	0.2	140	10	120	0.390
五氯硫酚	0.2	140	10	120	0.483
2,2′-二邻苯甲酰氨基二苯基二硫化物	0.2	140	10	120	0.485

4. 螺杆塑炼机塑炼工艺

螺杆塑炼机塑炼排胶温度可达180℃，属于高温机械塑炼，在20世纪50年代较为盛行。虽然过程连续，自动化程度、生产效率高，能耗及劳动强度低，但因塑炼胶可塑度不高（不超过 0.4）、质量不均匀、不能采用化学增塑法塑炼等原因，目前在大型轮胎厂已不再使用，只能用于胶料批量大、可塑度要求较低且品种变换少的塑炼加工。

表 6-4 二硫化物用量对 NR 密炼机塑炼增塑效果的影响

用量/份	塑炼温度/℃	塑炼时间/min	试片压缩后的高度(威氏)/mm		室温停放 12d 后	
			10℃×3min 压缩	100℃×1min 后弹性复原	100℃×3min 压缩	100℃×1min 后弹性复原
0	141	6	3.65	0.60	3.75	0.73
0.0625	141	6	2.53	0.25	2.78	0.35
0.1250	141	6	2.33	0.15	2.55	0.23
0.2500	141	6	2.18	0.08	2.38	0.20
0.5000	141	6	1.85	0.13	2.15	0.13
1.0000	141	6	1.68	0.03	1.90	0.18

5. 塑炼后胶料补充加工和处理

（1）压片

塑炼后的胶料必须压成厚度为 8～10mm 的胶片，以增加散热面积，并便于堆放管理、输送和称量。

（2）冷却

塑炼胶压成片后应立即浸涂或喷洒隔离剂进行冷却隔离，并用风扇吹干，使胶片温度降至 35℃ 以下，防止胶片在贮存停放过程中发生粘连。隔离剂多用肥皂水或脂肪酸盐水溶液。

（3）停放

干燥后的塑炼胶必须停放 4h 以上才可以混炼。

（4）质量检查

塑炼胶出片后，必须按规定逐车取样，停放 2h 后检查其可塑度大小及均匀性，符合要求的塑炼胶才可以投入下道工序使用。若胶料可塑度偏低，要进行补充塑炼；如可塑度偏高，轻微者可以少量与正常胶料掺混使用，严重者必须降级使用。

胶片可塑度的检测主要有威廉式塑度计、华莱士塑性计、德弗塑性计三种，其中华莱士塑性计适合快检，德弗塑性计由于操作误差较大而很少采用。目前，由于可塑度的检测均存在较大的误差，工厂逐渐采用门尼黏度计测胶料的门尼黏度取代可塑度的检测。

6. 通用橡胶的机械塑炼特性

通用橡胶中天然橡胶易于塑炼，不论开炼机塑炼还是密炼机塑炼都能有效提高 NR 的可塑度。绝大部分合成橡胶比天然橡胶难塑炼。究其原因，其一是由于合成橡胶的分子量分布比 NR 窄，平均分子量较 NR 低，初始黏度低，机械力作用下容易发生分子链之间的滑动，降低了机械力的有效断链作用；其二是含丁二烯单元的合成橡胶分子链中不具备 NR 分子的甲基推电子效应，主链 C—C 单键的键能较 NR 分子链中 C—C 单键的键能高，断链难一些，断链后形成的大分子自由基化学稳定性较 NR 低，缺氧时容易发生再结合而失去机械塑炼效果或发生分子间活性传递，产生支化和凝胶而不利于塑炼，即使有氧存在也会同时发生氧化降解及产生支化和凝胶；其三是大部分合成橡胶分子链是无规共聚结构，在机械力作用下不能像 NR 那样产生诱导结晶，剪切变稀现象较 NR 明显，分子链受机械力作用弱，故合成橡胶的加工性能比 NR 差。改善合成橡胶加工性能最理想的办法是调节聚合反应程度，控制好分子量及其分布，使其门尼黏度适宜，不需塑炼而直接进行混炼。通用橡胶的机械塑炼特性如表 6-5 所示。

表 6-5 通用橡胶的机械塑炼特性

生胶品种	塑炼特性	开炼机塑炼工艺条件	密炼机塑炼工艺条件
天然橡胶	易于塑炼,开炼机、密炼机塑炼均可,塑炼后弹性复原性小。其中开炼机薄通法及分段法、密炼机化学增塑法常用。烟胶片、绉胶片必须塑炼,标准胶、恒黏胶视可塑度要求而定	低辊温(40~50℃) 小辊距(0.5~1mm) 时间视可塑度要求定	排胶温度140~160℃ 时间13min左右,视可塑度要求确定
丁苯橡胶	难塑炼,升温快,收缩大,弹性复原性大,适用开炼机塑炼,密炼机塑炼温度高时易形成凝胶。一般不需要塑炼,视可塑度要求确定是否需要塑炼	低辊温(30~45℃) 小辊距(0.5~1mm) 时间视可塑度要求定	排胶温度不超过140℃ 时间视可塑度要求确定
顺丁橡胶	难塑炼,一般不需要塑炼。若工艺要求塑炼,宜采用开炼机塑炼,密炼机塑炼易形成凝胶	低辊温(20~40℃) 小辊距(0.5~1mm)	排胶温度不超过140℃ 时间视可塑度要求确定
氯丁橡胶	难塑炼,易粘结,存放时间长或凝胶含量高的品种必须塑炼,宜采用开炼机低温塑炼,密炼机塑炼易形成凝胶	低辊温(30~40℃) 小辊距(0.5~1mm) 时间视可塑度要求定	排胶温度不超过85℃
丁腈橡胶	难塑炼,韧性大,收缩大,生热快,弹性复原性大,低温聚合的软丁腈胶不需要塑炼,而高温聚合的硬丁腈胶必须塑炼,多采用开炼机薄通法和分段法塑炼,不宜采用密炼机塑炼	辊温 40℃以下 小辊距(0.5~1mm) 时间视可塑度要求定	易形成凝胶,不采用密炼机塑炼
丁基橡胶	分子链短,分布窄,开炼机薄通法塑炼困难,可采用开炼机、密炼机化学增塑法塑炼。对设备的清洁度要求高	低辊温(25~30℃) 先大辊距包辊,后减小辊距;化学增塑法塑解剂DCP、五氯硫酚	排胶温度120℃左右,塑解剂DCP效果最好,其次是二甲基苯硫醇、五氯硫酚

二、原材料的质量检验

控制各种原材料各项指标符合要求是炼胶前非常重要的一道工序,不能忽视。批量采购原材料之前,需要对提供的样品进行详细的检测,并反复进行试验研究,确定样品是否符合要求。原材料批量采购入库后,需要详细登记品种、规格、产地、采购时间、采购量,并检测各原材料的各项指标是否符合要求,对必检项目检测不过关的原材料视为不合格,要求更换或退货,不可投入使用。对采购批量大,在仓库存放时间较长的原材料,由于吸潮、氧化变质等原因,出库前还需要检测,检测合格者方可使用。不同原材料,检测的指标内容不同,对必检的指标项目必须认真检测。如生胶的门尼黏度;炭黑的吸碘值、吸油值、pH值、细粉含量、筛余物等;白炭黑的 SiO_2 含量、105℃加热减量、重金属离子含量;氧化锌的锌含量、重金属离子含量、筛余物等;增塑剂的苯胺点、闪点;硫黄的元素硫含量、灰分含量;不溶性硫黄的元素硫含量、不溶硫含量、充油量、热稳定性等;过氧化物的半衰期;促进剂、防老剂的初熔点、105℃加热减量、灰分含量、筛余物含量等;树脂的软化点等。

三、原材料的补充加工

1. 干燥

对容易吸潮且经检查水分超标的配合剂,使用前需要进行烘干处理,复检合格后才可使用。经干燥处理的原材料最好当天用完,如果使用不完需要贮存在密封的塑料袋中,以免回潮。常用配合剂中，炭黑、白炭黑、碳酸钙、氧化锌、氧化镁、树脂、有机促进剂等容易吸潮，使用前需要检测水分含量，对水分超标的一定要干燥处理，否则在加工过程中会引起气泡、混炼时间延长、硫化速度变慢等加工问题。烘干条件：硫黄、有机促进剂、防老剂等，干燥温度应低于其熔点 25～40℃，防止熔融结块；矿物类填料的干燥温度可在 80℃ 以上，干燥时间根据含水量多少来定，干燥后含水率控制在 1.5% 以内。

2. 块状配合剂的粉碎、筛选

对块状配合剂如松香树脂、古马隆树脂、酚醛树脂、防老剂 RD、防老剂 A、硫黄块等需要粉碎成粉状或片状使用，否则混炼时容易进出或分散不好。粉碎可采用人工粉碎和机械粉碎两种方法，对温度敏感、撞击或研磨时有爆炸危险的块状配合剂，采用手工粉碎比较安全，但劳动强度大，操作环境差。对硬脂酸、防老剂 A、防老剂 RD 等可直接采用粉碎机粉碎。大规模生产多采用粉碎机机械粉碎。粉碎后的颗粒尺寸不大于 10 目。对结块的硫黄须经 80 目筛网筛选后方可使用，如果是造粒的硫黄颗粒，则不需筛选。

3. 液体配合剂的过滤与加热

对有杂质的松焦油、煤焦油、桶底油经 60 目筛网过滤，加热 100℃ 左右后使用。

4. 母炼胶或油膏的制备

对特别难分散的配合剂，需要制成母炼胶或油膏的方式使用，以减小混炼加工时配合剂飞扬损失，减少环境污染，加快吃料速度，提高其在橡胶中的分散效果，降低能耗。如硫黄、氧化锌等可以较大比例与液体配合剂混合制成油膏；炭黑、促进剂和化学塑解剂等可以较大比例与生胶混炼制成母炼胶。

四、配料称量

根据实际生产配方，采用不同的衡器将各种原材料称量出来，供炼胶使用。配料方法有手工称量和全自动称量两种。手工称量操作简单，灵活方便，但容易错称、漏称，配合剂易飞扬，操作环境差，劳动强度大，效率低，不适合大规模生产，多用于实验室小配合、小规模生产及容易产生静电（如硫黄）、微量的助剂（如防焦剂、钴盐等）称量。全自动称量即前文介绍的上辅机各物料的自动称量系统，称量准确，自动化程度高，劳动强度低，操作环境好，效率高，特别适合大规模生产。但全自动称量对系统安全性、稳定性及环境条件要求高，系统出现故障时称量无法进行或不准确，管道堵塞也会造成称量和加料不准确。

称量要求细致、精确、不漏、不错。合适衡器的选用是减小称量误差的措施之一。一般在保证称量能力的前提下尽量选用称量容量较小的衡器，使每次秤的量尽可能接近称的容量。

五、设备的预热与检查

不同橡胶对温度的敏感性不同，随温度升高，胶料黏度降低，流动性变好，有利于吃料，但不利于配合剂分散，故各种胶料有适宜的混炼温度。在混炼开始之前需要将设备预热到规定的温度才可以开始炼胶，尤其是冬天气温低时必须预热设备，否则第一车胶、第二车胶甚至第三车胶因混炼温度不同导致胶料质量不合格，不能直接使用。设备预热可采用蒸汽或导热油。

正式炼胶之前需要对设备运转是否正常进行检查，同时要清理设备上的残留物，尤其是更换配方必须清理设备。

第三节
胶料混炼工艺

各种配方原材料称量配合好后，即可用开炼机混炼、密炼机混炼或其他方法混炼胶料，制备混炼胶。

一、开炼机混炼工艺

1. 开炼机混炼的工艺过程

开炼机混炼的操作过程：先投胶通过辊距后包于前辊，在辊距上方留适量的堆积胶，按规定的顺序投加各种配合剂，每次投料吃料后需要割刀翻炼几遍，使其在胶料中分散均匀。投料结束后需要将辊距减小，将胶料薄通 3～5 遍以进一步提高配合剂在胶料中的分散性，最后放大辊距，胶料包辊赶出气泡后下片，经冷却、停放待用。整个混炼过程可分为包辊、吃粉、翻炼（或捣胶）、薄通、下片五个阶段，各阶段对混炼胶质量均有影响。

（1）包辊

胶料包辊是开炼机混炼的前提，不包辊的胶料不能进行混炼。胶料的包辊性主要由生胶品种及胶料配方决定，还受工艺条件如辊筒温度、辊距、辊速和速比的影响。

胶料包辊的动力来自胶料通过辊缝时受到剪切拉伸作用使分子链伸张后产生的弹性回缩力。弹性回缩力会因分子链断裂、分子运动松弛而快速下降。弹性回缩力大且保持时间长，胶料包辊性好。格林强度高、断裂拉伸比大的胶料不容易破裂，分子运动慢的胶料内应力松弛时间长。故胶料的格林强度、断裂拉伸比、最大松弛时间决定胶料的包辊性。格林强度高、断裂拉伸比大且最大松弛时间长的胶料包辊性好。格林强度是指生胶或未硫化胶的拉伸强度，取决于生胶分子间相互作用力及自补强性。分子量大的分子链物理缠结多，分子间相互作用能大，格林强度高；分子结构和平均分子量相近时，极性分子链分子间作用力大，格林强度高；具有自补强性的胶料格林强度高。断裂拉伸比是指生胶或未硫化胶拉断时伸长的长度与原长的比值，取决于橡胶分子链的运动能力及格林强度，运动能力强且格林强度高的胶料断裂拉伸比大。最大松弛时间是指生胶或未硫化胶受到外力拉伸后，从除掉外力开始至内应力完全松弛掉为止所需要的时间，取决于最大分子量及分子量分布、链的运动能力，分子量大、分布宽、运动能力差的胶料最大松弛时间长。NR 分子量大，分布很宽，且有自补强性，格林强度高、断裂拉伸比大、最大松弛时间长，所以包辊性很好；而 BR、EPDM、SSBR 分子量分布很窄，格林强度低，最大松弛时间较短，包辊性较差。

除了生胶品种影响胶料包辊性外，配方中补强填充剂、具有润滑性的操作油及助剂对胶料包辊性也有影响。开炼机混炼加炭黑等填料时，在吃料过程中由于粉体的润滑作用而使包辊性变差，但当填料被胶料吃进去以后，又因格林强度提高，最大松弛时间延长，胶料包辊性得以改善。操作油、硬脂酸、蜡、凡士林等能增加分子链的运动能力，松弛加快，最大松弛时间缩短,格林强度降低,包辊性下降。

辊温是影响胶料包辊性的重要因素。表6-6是不同温度下胶料在辊筒上的包辊状态。在低温区(Ⅰ区),胶料呈弹性硬固体状态,格林强度高,分子链因分子间作用力大而不易运动,应力松弛慢,故包辊性取决于断裂拉伸比。由于生胶表面不平滑,低温下橡胶黏度高,与辊筒表面的接触面积小,辊筒对胶料的摩擦力小,胶料难以进入辊距,即使强力迫使进入辊缝,分子链受剪切作用强,易于断链,断裂拉伸比低,胶料易破碎掉下,不能包辊。随温度升高(Ⅱ区),分子链运动能力增强,橡胶呈高弹性固体,既有塑性流动,又有适当的高弹性形变,格林强度高,分子松弛慢,断裂拉伸比增大,胶料过辊后呈连续弹性胶带紧包前辊,不破裂,不脱辊,包辊性改善,在某一温度下包辊性达到最佳,既有利于混炼操作,又有利于吃料及配合剂分散。所以开炼机混炼有一最佳温度范围,胶种及配方不同,该温度范围不同。当温度进一步升高(Ⅲ区),分子运动能力大大加强,分子松弛速度明显加快,此时包辊性取决于最大松弛时间,随最大松弛时间缩短,弹性回缩力快速下降,胶料包辊性变差。当胶料包辊筒的力量小于其自身重量时出现脱辊现象,混炼不能正常进行。这就是开炼机混炼后期经常出现脱辊现象的原因。如果温度继续升高到胶料的黏流温度以上(Ⅳ区),胶料处于黏流态,弹性已减至最小,主要表现为塑性变形,对辊筒产生黏附而难以切割翻炼。如果炼胶时间过长,橡胶分子链断裂过度,也会出现粘辊现象。因此开炼机混炼时辊筒温度不能过高,混炼时间不能太长。NR、乳聚SBR在开炼机混炼的温度范围内,始终包紧辊筒;而BR在辊筒温度超过50℃时会出现脱辊现象。另外,NR一般包热辊,而合成橡胶大多数包冷辊。为了便于操作,混炼时胶料包前辊,故混炼NR胶料前辊温度要比后辊高5~10℃,混炼合成橡胶胶料时前辊温度要比后辊低5~10℃。在混炼过程中由于剪切摩擦生热,两个辊筒的温差会发生变化,胶料包辊筒的情况会发生改变,原来包前辊的胶料有包后辊的趋势,导致胶料在前辊脱辊。开炼机混炼过程中如出现脱辊现象,可采用开冷却水降低辊筒温度的方法使其重新包辊。因此开炼机混炼时要注意开冷却水并控制流量,使两辊筒保持合适的温度差,并让胶料始终包于前辊。

表6-6 不同温度下胶料在辊筒上的包辊状态

内容	Ⅰ区	Ⅱ区	Ⅲ区	Ⅳ区
温度范围	0~10℃以下	视胶种不同而异	视胶种不同而异	黏流温度以上
生胶力学状态	弹性硬固体	高弹性固体	黏弹性固体	黏弹性流体
包辊状态	(后/前)	(后/前)	(后/前)	(后/前)
包辊现象	生胶不能进入辊距,强制压入则破碎成块	紧包前辊,连续弹性胶带,不破裂	脱辊,袋囊状或破裂	粘辊,黏流薄片

由式(6-5)可知,胶料在通过辊缝时受到的机械力与受到的剪切应力成正比,橡胶分子链产生的弹性回缩力与受到的机械力成正比,而剪切应力又与剪切速率成正比,故增大剪切速率可以增大弹性回缩力,弹性力完全松弛所需的时间延长,相当于延长了胶料的最大松弛时间,因而包辊性会改善。所以,当胶料出现脱辊,冷却无效时可通过减小辊距、增大转速或速比来改善包辊性。

(2) 吃粉

开炼机混炼吃粉是由堆积胶和返回胶共同完成的。加料时配合剂进入翻转的堆积胶与返回胶相互拥挤产生的狭缝内，逐渐被胶料包住而进入胶料内部。由于开炼机是开放式的，配合剂在被胶料包住的瞬间，由于被包围气体的排出而带动配合剂飞出，使配合剂飞扬，减慢了胶料吃粉速度，也导致环境污染。因此开炼机混炼的吃粉速度比较慢，这是开炼机混炼效率低的原因之一。加快吃粉速度，无疑会缩短混炼时间，不仅可以提高生产效率，还可提高混炼胶的质量。

影响开炼机吃粉速度的因素主要有生胶的黏度、辊筒的温度、配合剂的粒子形态、加料方法、堆积胶的量及混炼操作方法。一般，生胶黏度低，辊筒温度高，胶料流动性好，吃料快；配合剂粒径大，结构度低，吃料快；堆积胶的量合适（堆积胶连续翻转）、摆动加料吃料快；适当的切割翻炼和抽胶，也会加快吃料。

（3）翻炼

配合剂被胶料吃进去后，只能进入胶层厚度的三分之二，靠近辊筒表面大约三分之一的厚度进不去，称作死层或呆滞层，使得配合剂沿胶料厚度（及辊筒半径方向）分布不均匀。加料时很难保证辊筒各部位吃料速度均匀一致，因此配合剂沿辊筒轴线方向分布也不均匀。为了提高配合剂在胶料中的分散均匀性，需要进行切割翻炼操作，如斜切法、直切法、打三角包法、打卷法和抽胶法等，如图 6-20 所示。通常是采用几种方法的并用，不仅提高混合均匀程度，还可加快混炼速度。每次加料、吃料结束后都要进行一定次数的切割翻炼操作。

图 6-20　开炼机混炼翻炼操作方法示意图

（4）薄通

所有的配合剂加料结束后，将胶料割断，取下胶料。调整辊距为 0.5～1.0mm，加入胶料并通过辊缝，将过辊的薄胶片折叠成三角形，倚在辊筒侧上方反打三角包，等所有的胶料通过辊缝后再将三角包投入开炼机，重复上述操作 3～5 遍。由于辊距很小，剪切速率大，胶料受到剪切拉伸作用大，可进一步提高胶料的塑性和配合剂及填料的分散度。打三角包的目的在于进一步提高胶料中配合剂的分散均匀性及可塑度的均匀性。

（5）下片

混炼结束后，胶料需要压成一定厚度的胶片，以加快散热，便于堆放停放。实际生产时出片的厚度在 8～10mm，实验室一般在 2mm 左右。将薄通好的胶料置于调大辊距的开炼机上包前辊，左右切割 2～3 次后待胶料表面光滑无气泡时快速切割下片，立即投入冷却水中冷却，降温后取出用风扇吹干水分，标注批号，在指定位置停放。该法适合中小型开炼机混炼。也可采用下片专用平行支架顶住辊筒，再割断支架间的胶片连续出片，进入隔离剂槽浸涂隔离剂，再经挂片架强力风扇吹干水分，降低温度，最后定长裁断，停放。该下片操作适合大规格开炼机混炼，自动化水平高，质量波动小。

2. 开炼机混炼工艺方法

开炼机混炼多采用一段混炼法，少数对可塑度及配合剂分散性要求很高的胶料采用二段混炼。传统一段混炼法的操作方法如下：

① 核对配合剂的品种和用量，检查设备是否正常（空车运行和刹车），洗车，调整辊距（3～4mm）和辊温（50℃左右）至规定要求。

② 在开炼机辊筒靠近主驱动轮一端投入生胶或塑炼胶、母炼胶，包辊捏炼 3~4min 使形成光滑的包辊胶后将胶料割下。

③ 放宽辊距至 8~10mm，将胶料投入辊距包辊压炼 1min 并抽取余胶，使辊缝上留有适量的堆积胶，按规定的加料顺序加料，待全部配合剂吃入胶料后，将抽取的生胶全部投入混炼 4~5min，其间不得翻炼。

④ 切割抽取余胶，加入硫化剂继续混炼，待其吃粉完毕再将余胶投入翻炼 1~2min。

⑤ 将辊距调整至 2mm 左右薄通 3~4 次，并 90°调头。

⑥ 最后调整辊距至 8mm 左右，辊压密实无气泡后下片，割取快检试样，胶片浸涂隔离剂后冷却 1~2min，取出挂架强风吹干，冷却至 40℃以下叠放 8h 后方可供下道工序使用。

3. 开炼机混炼工艺条件

对某一胶料，对应某一最佳混炼条件使其综合性能达到最佳。胶料配方不同，对应的最佳混炼工艺条件亦不同。合适的工艺条件需要通过大量的实验研究才可以确定。批量生产时，为了保证不同混炼批次胶料质量的一致性，炼胶过程中要严格控制炼胶容量、辊距、辊筒温度、加料顺序、操作方法及混炼时间等工艺条件的一致性，尤其是混炼 NR 及以其为主的胶料，其胶料质量对工艺条件的敏感性要远远大于合成橡胶胶料。其中辊距、辊温、混炼时间对硫化胶性能影响最显著，称为开炼机混炼三要素，混炼时要严加控制。由于炼胶过程中各环节均靠操作者掌控，胶料质量受人为因素影响很大，因此开炼机混炼的胶料存在质量波动在所难免。为了减小质量波动，操作者除了要求有丰富的操作经验外，操作者不要随意更换，工艺条件不要随意变动。另外，全自动开炼机的开发与使用也会大大提高胶料质量的均匀性。

(1) 容量

开炼机炼胶的容量大小需根据设备规格和胶料配方特性合理确定。合适的炼胶量可通过式(6-8)估算。常用开炼机的炼胶量如表 6-7 所示。

$$Q = KDL\rho \tag{6-8}$$

式中，Q 为开炼机一次炼胶量，kg；K 为装填系数，一般取 0.0065~0.0085；D 为辊筒外直径，cm；L 为辊筒工作部分长度（挡胶板之间的距离），cm；ρ 为胶料的密度，g/cm³。

表 6-7 常用开炼机的一次炼胶量

开炼机型号	一次炼胶量/kg	开炼机型号	一次炼胶量/kg
XK-360(14 英寸[①])	25	XK-450(18 英寸)	45
XK-400(16 英寸)	30	XK-560(22 英寸)	60

① 1 英寸=2.54cm。

容量过多、过少，混炼胶质量都不好。容量过大，堆积胶过多而难以进入辊距，散热慢使胶料升温，配合剂分散效果变差，且容易焦烧，还会引起设备超负荷，劳动强度增大。容量过小，生产效率低，因辊距小，剪切速率大而容易过炼，误差大。

(2) 辊距

辊距是影响开炼机混炼的主要因素，辊距过小、过大对混炼都没有好处。辊距减小，胶料受到的剪切速率增大，配合剂分散性变好，混炼速度加快，但加快胶料生热，堆积胶量增多，散热困难，同时橡胶分子链剪切断裂加剧，容易过炼。在合适的容量下，辊距为 4~8mm，使两辊间保持适量的堆积胶为宜。随配合剂的不断加入，胶料的容积增大，为保持堆积胶量，辊距应适当调大。开炼机混炼辊距大小取决于胶种及炼胶量，如表6-8所示。

表6-8　辊距大小与炼胶量的关系

胶量/g	300	500	700	1000	1200
天然橡胶/mm	1.4±0.2	2.2±0.2	2.8±0.2	3.8±0.2	4.3±0.2
合成橡胶/mm	1.1±0.2	1.8±0.2	2.0±0.2		

（3）辊温

辊筒温度影响胶料包辊性、吃料速度及配合剂在胶料中的分散效果，进而影响硫化胶的力学性能。升高温度，可以加快吃料速度，缩短炼胶时间；减少机械断链，有利于提高胶料的力学性能；分子松弛快，收缩变形小，胶料表面平滑。但辊温升高使胶料容易脱辊，混炼操作性变差；胶料变软，配合剂在软的环境中不容易破碎而使分散性变差；热积累效应增多，使焦烧时间缩短。低温混炼，胶料黏度高，利于配合剂分散，但不利于吃粉，橡胶分子链受机械力作用断裂程度加大，分子量下降快，易过炼，力学性能差。因此混炼时辊筒温度有一最佳范围，不同生胶，最佳混炼温度不同。不同生胶混炼时辊温适宜范围如表6-9所示。

表6-9　常用橡胶开炼机混炼适宜的温度范围

胶　种	辊　温/℃		胶　种	辊　温/℃	
	前辊	后辊		前辊	后辊
天然橡胶	55～60	50～55	顺丁橡胶	40～60	40～60
丁苯橡胶	45～50	50～55	三元乙丙橡胶	60～75	85左右
氯丁橡胶	35～45	40～50	氯磺化聚乙烯	40～70	40～70
丁基橡胶	40～45	55～60	氟橡胶23～27	77～87	77～87
丁腈橡胶	≤40	≤45	丙烯酸酯橡胶	40～55	30～50

（4）混炼时间

混炼时间长短影响配合剂分散性及分子链断裂程度。随混炼时间延长，胶料中配合剂分散度及分散均匀性提高，橡胶分子链断裂增多，胶料的流动性变好。但混炼时间过长，一方面能耗增大、效率降低，另一方面橡胶分子链过度断裂，过炼使胶料的力学性能下降；若混炼时间过短，胶料中配合剂达不到分散要求，胶料的性能不佳。故对某一胶料，开炼机混炼有一最佳混炼时间，这需要通过实验研究确定。在保证配合剂达到某一分散度或性能要求时，混炼时间越短越好。加快吃料可以有效缩短混炼时间。

（5）辊速与速比

对大多数开炼机，辊速和速比是固定的，只是规格不同，辊筒线速度和速比有差异；少数可调速的开炼机，辊速和速比可调。辊筒转速加快或速比增大，对混炼的影响与减小辊距的影响规律相似，辊速或速比过大、过小对混炼均没有好处，适宜的速比为1：(1.1～1.2)，混炼时的速比要比塑炼适当减小。

（6）加料顺序

合适的加料顺序是保证配合剂分散性和胶料性能的重要因素之一。加料顺序不当，有可能引起胶料脱辊，无法顺利操作，使混炼时间延长，易发生焦烧或过炼，使配合剂分散性变差，降低混炼胶质量。加料顺序的一般原则是：

① 用量小而作用大的配合剂，如促进剂、活性剂、防老剂、防焦剂、抗返原剂等应先加；

② 与胶料相容性差、难分散的配合剂先加，如 ZnO、固体软化剂（树脂）；

③ 临界温度低、化学活性大、对温度敏感的配合剂，如硫黄和超速促进剂应在混炼后期降温添加；

第六章　混炼工艺

④ 硫化剂和促进剂必须分开加；

⑤ 液体软化剂应在炭黑等填料的后面添加，难分散的填料如白炭黑、碳酸钙、陶土等可在炭黑之前加，量少时可与炭黑一起加；炭黑和液体软化剂用量均较多时，可交替加入。

天然橡胶开炼机混炼的一般加料顺序为：生胶（塑炼胶、母炼胶、再生胶）→固体软化剂（如树脂、松香、蜡等）→小料（促进剂、活性剂、防老剂、防焦剂等）→大料（炭黑、白炭黑、陶土、碳酸钙等）→液体软化剂→硫化剂。油料用量少时也可在填料之前或同时加，用量多时必须放在填料后添加或与填料交替分批添加。某些特殊配方可对加料顺序进行适当调整，如硬质胶硫黄用量较多，可在小料之前加，以保证混合均匀，促进剂需要放到最后加；海绵胶需在加完硫黄之后添加油料，以保证配合剂分散均匀，使海绵的泡孔均匀。

4. 开炼机混炼特点

开炼机炼胶，胶料黏度下降快，配合剂分散性好；清洗机台容易，更换配方方便，适合于配方多变、批量少的生产和实验室加工；炼胶温度低，适于某些特殊配方的混炼。但开炼机炼胶存在效率低、不易连续化、劳动强度大、操作不安全、配合剂飞扬损失大、环境污染大、混炼胶质量波动大等缺点，不适于现代化大规模生产。

二、密炼机混炼工艺

密炼机混炼是橡胶加工最主要的混炼方法。其混炼操作过程是先提起上顶栓，将配方中的各种原材料按规定的加料顺序依次投入密炼室中，每次投料后上顶栓都要落下加压混炼一段时间，然后提起上顶栓再加下一批料，直到混炼完毕，达到要求后打开下顶栓，排料至压片机出片，浸涂隔离剂后强风冷却，切片或折叠停放。密炼机混炼的工艺方法有多种，装胶容量、转子的类型和转速、加料顺序和时间、混炼温度、上顶栓压力等是密炼机混炼需要确定的工艺条件，对混炼胶质量均有不同程度的影响。

（一）密炼机混炼的工艺过程

每次投料，均有吃料、分散和捏炼的过程。炭黑是配方中用量仅次于生胶的配合剂，可用混合炭黑的过程说明密炼机混炼的工艺过程，如图 6-21 所示，通过功率曲线变化可以研究密炼机混炼吃料、分散和捏炼过程。

1. 吃粉（湿润）

炭黑投入密炼机中，随上顶栓落下，炭黑被两侧返回的胶料及上顶栓包围，密炼室中物料容积达到最大，$V_{比} = V_{胶} + V_{炭黑} + V_{空}$。通过胶料流动变形对炭黑粒子表面湿润接触，胶料赶走炭黑附聚体结构空隙中的空气，进而渗入炭黑附聚体结构空隙内部，从而达到对炭黑粒子的分割包围，实现胶料与炭黑之间的充分接触（如图 6-22 所示），这就是密炼机混炼的吃粉（即湿润）阶段。

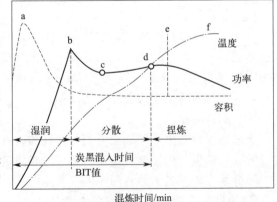

图 6-21 炭黑-橡胶密炼过程示意图
a—加入配合剂，落下上顶栓；b—上顶栓稳定；c—功率低值；d—功率二次峰值；e—排料；f—过炼及温度平坦

进入炭黑附聚体空隙中的橡胶被炭黑链枝结构及聚集体粒子包围，形成包容橡胶，不能流动，也不能提供弹性，起着与炭黑一样的作用，相当于胶料中炭黑的实际浓度加大了，使胶料的黏度快速增大，转子瞬时功率快速增加。随着吃料时间延长，更多的炭黑被胶料"吃"进去，使炭黑内部的空隙不断减少，包容橡胶不断增多。当炭黑被全部"吃"进去时，炭黑内部空隙被完全填满，$V_空 \to 0$，胶料的体积减小到某一最低值不再变化，包容橡胶含量达到最高，胶料黏度及转子瞬时功率达到最高（如图6-21中的b点），吃料过程结束，上顶栓趋于稳定。也有人认为图6-21中的c点$V_空 \to 0$，对应吃料结束。由于炭黑被两侧连续返回的胶料及上顶栓三面包围，密炼室温度高，胶料流动变形能力强，使得吃粉过程很快完成，这是密炼机混炼效率高的原因之一。

(a) 投料　　　　(b) 外表面湿润　　　(c) 内部渗透，分割　　　(d) 完全湿润

图6-22　密炼机混炼炭黑吃粉过程示意图

影响密炼机吃粉速度的因素主要有胶料的可塑度、密炼室温度、炭黑粒子大小及结构度、炭黑含水率、密炼机转子转速等，其中炭黑造粒及细粉含量、含水率对吃料速度影响不可忽视。胶料可塑度高、混炼温度高，分子链运动能力强，湿润快，吃料快。炭黑造粒后粒子尺寸变大，视密度增大，$V_空$减小，吃料时间缩短；造粒炭黑中细粉含量提高，$V_空$增大，且易飞扬，吃料慢；炭黑中含水率高，由于水的汽化而阻碍了湿润过程，因而吃粉速度变慢；转子转速快，单位时间内返回胶量多，加快了生胶对炭黑的分割包围，吃粉速度加快。因此，大规模的轮胎生产企业，母炼阶段大都采用高温快速混炼，缩短吃粉过程和炼胶时间。

2. 分散

炭黑被胶料吃进去后形成浓度很高的炭黑-橡胶团块，分布在不含炭黑的生胶中。这些炭黑-橡胶团块随胶料一起通过密炼机转子间隙、转子与下顶栓、密炼室壁、上顶栓之间的间隙，因转子旋转，凸棱与下顶栓、密炼室壁、上顶栓之间的间隙很小，受到强烈的剪切作用而进一步被破碎变小，被拉伸变形再恢复的生胶包围而稳定在破碎的小颗粒状态，这一过程反复进行，炭黑在胶料中逐渐分散开来。这就是炭黑的分散过程。

炭黑分散有破碎和剥蚀两种机理，如图6-23所示。分散初期，因炭黑-橡胶团块增大了胶料的黏度，受机械剪切作用大，团块主要以破碎的方式变成炭黑附聚体，释放出被包围的包容橡胶［如图6-23(a)］；之后是炭黑附聚体继续受剪切作用被破碎成尺寸更小的附聚体或释放出聚集体［如图6-23(b)］，或者因胶料的流动变形带走炭黑颗粒表层的附聚体或聚集体（剥蚀）［如图6-23(c)］。破碎分散多在胶料黏度高、受剪切作用强的情况下发生，如开炼机混炼、炭黑填充量大的硬胶料混炼、剪切型密炼机混炼等，特点是分散快、生热快、橡胶分子量下降快、混炼时间短，但温度升高后粒子破碎变慢，分散度较低。剥蚀分散多在胶料黏度低、受剪切作用弱的情况下发生，如油多的软胶料密炼机混炼、啮合型密炼机混炼、密炼机高温混炼等，分散慢、升温慢、混炼时间长，但填料分散颗粒细小，橡胶分子量下降慢。

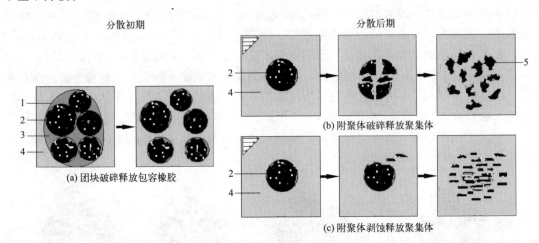

图 6-23　炭黑分散机理示意图
1—炭黑-橡胶团块；2—炭黑附聚体；3—包容橡胶；4—自由橡胶；5—炭黑聚集体

强剪切力打破炭黑-橡胶团块，释放出部分包容橡胶，相当于胶料中炭黑浓度降低，加上料温快速上升，流动性变好，导致转子瞬时功率快速下降。由于大颗粒的附聚体破碎或剥蚀成小粒子，释放出新的表面，吸附橡胶分子链形成更多的结合橡胶，使胶料的弹性复原性逐渐增大，又导致转子瞬时功率增大。在炭黑分散过程中这两种作用均有，转子瞬时功率变化是二者综合作用的结果。初期前者占优，故瞬时功率快速下降；随分散时间延长，前者作用减小，而后者作用开始显现，瞬时功率下降趋缓，当胶料中再没有包容橡胶释放出来时达到最低值（如图 6-21 中的 c 点）；之后后者作用占优，瞬时功率逐渐上升，当胶料中没有新的表面释放出来，炭黑颗粒尺寸达到最小，瞬时功率达到二次峰值（如图 6-21 中的 d 点）时分散过程结束。从炭黑投料开始至炭黑在胶料中分散过程结束所经历的时间称为炭黑混入时间（BIT 值），是密炼机混炼时确定何时加油（增塑剂）的重要参考依据之一。

密炼机混炼的胶料中炭黑大都以附聚体形式存在，其颗粒尺寸在微米级，大的颗粒甚至达到 $100\mu m$，很难达到聚集体级别的分散。研究表明：超过 $10\mu m$ 的颗粒对胶料的力学性能就会产生不利影响，削弱炭黑对橡胶的补强效果。通常认为胶料中 90% 以上的炭黑分散相尺寸在 $5\mu m$ 以下，其分散状态良好，可以满足性能要求。不要片面追求更高的分散度和分散均匀性，要在填料分散性及橡胶分子量之间找平衡，否则对胶料性能不利，还会增加混炼能耗。

影响胶料中炭黑分散的因素主要有胶料配方、混炼工艺方法及工艺条件。胶料配方中生胶的门尼黏度、炭黑品种和用量、加工助剂的品种和用量对炭黑分散影响较大。一般，门尼黏度低的生胶，密炼机一段混炼的胶料填料分散较差；炭黑的粒径越小，结构度越低，粒子强度越大，细粉含量越高，筛余物含量高，用量越多，分散越困难；配方中油用量多，填料不易分散；分散剂可明显改善填料的分散性，还可有效缩短混炼时间，提高生产效率。密炼机分段混炼可以有效提升胶料中填料的分散性，但能耗增大，效率降低，且增加管理难度。密炼机混炼工艺条件如炼胶容量、转子转速、混炼时间、混炼温度（起始温度及排胶温度）、冷却水温度、上顶栓压力等对炭黑分散都有一定程度的影响，其中转速、混炼时间、混炼温度影响显著。

要提高密炼机混炼胶料中的炭黑分散性，可采取低温混炼和分段混炼的方法，选择合适的工艺条件，或在配方中使用表面活性剂，对炭黑进行表面改性，如接枝、包覆等，还可以制备炭黑母炼胶、炭黑造粒等。对造粒炭黑要控制粒子强度及细粉含量、筛余物及含水率等。

3. 捏炼

由于密炼机是密闭的，无法采用人工翻炼，炭黑在胶料中的分散均匀性则通过密炼机转子上的凸棱使胶料沿轴线方向搅混来实现，即捏炼。捏炼的时间不能长，否则会因温度过高导致配合剂分散性变差，橡胶分子链热氧化降解增多，减少结合橡胶量而使胶料性能变差。

（二）密炼机混炼工艺方法

合适的混炼工艺方法依据胶料配方及性能要求而定。根据操作过程的不同，密炼机混炼工艺方法可分为一段混炼法、分段混炼法和逆混法三种。

1. 一段混炼法

一段混炼法是指混炼操作在密炼机中一次完成，胶料无需中间压片、停放，得到的混炼胶即为终炼胶，经冷却、停放，即可送到下一环节使用，又分传统一段混炼和分批投胶一段混炼两种。

传统一段混炼法是按照通常的加料顺序分批逐步加料混炼的方法。每次投料前需提起上顶栓，投料后需落下上顶栓加压或浮动辊一定时间。通常的加料顺序为：生胶、塑炼胶、母炼胶或再生胶→固体软化剂（树脂、硬脂酸、蜡）→小料（促进剂、防老剂、氧化锌）→填料（炭黑、白炭黑、陶土、碳酸钙等）→液体软化剂（环烷油、芳烃油、石蜡油等）→硫黄（或排胶至压片机上加硫）。传统一段混炼法通常采用慢速密炼机，其炼胶周期约需10～12min，高填充配方需要14～16min；排胶温度控制在130℃以下。为保证加工安全性，通常排料至开炼机加硫黄。传统一段混炼法胶料管理方便，节省车间停放面积，不容易混淆；但混炼胶的可塑度低，混炼时间长，容易出现焦烧现象，且配合剂分散不均匀。该法适合于填充量少的天然橡胶胶料的混炼。

分批投胶一段混炼法又称母胶法，是将生胶分成两批次投加，有两种投加方法。第一种方法是先投加60%～80%的生胶和除硫化剂外的所有配合剂，在70～120℃下混炼总时间的70%～80%，制成母胶，然后在密炼机中投加剩余的生胶和硫化剂，混炼1～2min排料、压片、冷却、停放；第二种方法是将60%～80%的生胶和除硫化剂、促进剂外的基本配合剂投入密炼机混炼3min排料至开炼机上加剩余的生胶和硫化剂、促进剂，混炼均匀后下片。第一种方法后加的生胶可降低密炼室温度15～20℃，可提高胶料的机械剪切分散效果，避免发生焦烧，提高装填系数15%～30%，生产效率高，硫化胶的性能好，但增加了操作步骤，该法适用于IR、CR、SBR和NBR胶料的混炼。第二种方法工艺性能良好，不容易出现焦烧现象，配合剂分散性好，硫化胶的性能好，但胶料在开炼机上混炼时间较长，需要多台开炼机联合使用。

2. 分段混炼法

该法是将胶料的混炼过程分为多个阶段完成，在两个操作阶段之间胶料要经过压片、冷却和停放。根据段数可分为两段混炼法、三段混炼法和四段混炼法，其中两段混炼法最常用。

（1）两段混炼法

整个混炼过程分两个阶段完成，第一段快速母炼，第二段慢速终炼。根据投胶情况不同,两段混炼法又分为传统两段混炼法和分段投胶两段混炼法。

① 传统两段混炼法的第一段混炼采用快速密炼机(40r/min、60r/min 或更高),按规定的投料顺序投加除硫黄和促进剂以外的生胶和配合剂,混炼一段时间后制成母炼胶,故称母炼,经压片、冷却、停放一定时间(6~8h)后,投入中速或慢速密炼机进行第二段混炼,投加硫黄和促进剂,混炼 1~2min 排料至开炼机上补充混炼并出片,冷却和停放,完成混炼操作,故第二段混炼又称终炼。由于第二段混炼温度较低,胶料黏度高,配合剂容易受剪切破碎,故该法混炼的胶料质量明显优于一段混炼法制备的胶料,配合剂分散性较好,可塑度较高,压延、挤出收缩率低;但增加了管理的难度,胶料停放场地面积大。该法适合于大多数合成橡胶及硬度高、混炼生热大的胶料的混炼。

② 分段投胶两段混炼法是将生胶分两次投加,第一段母炼投加 80% 的生胶和除硫化剂、促进剂外的全部配合剂,按常规方法混炼总混炼时间的 70%~80% 制成高炭黑含量的母炼胶,排胶后经出片、冷却、停放后,再投入密炼机进行第二段混炼,投加剩余的 20% 生胶和硫化剂、促进剂,在 60~120℃下混炼 1~2min,混炼均匀后排胶。由于后加的 20% 生胶黏度高、温度低,且未经受第一段混炼的剪切和氧化裂解作用,使得终炼胶中配合剂分散性进一步提高,分子链的平均分子量较传统两段混炼法制备的胶料大,因而硫化胶的性能好。传统两段混炼法和分段投胶两段混炼法制备的胶料性能比较如表 6-10 所示。

表 6-10 两种分段混炼法制备的硫化胶性能

项目	传统两段混炼法	分段投胶两段混炼法
门尼黏度[ML(1+4)100℃]	58	64
100%定伸应力/MPa	3	2.8
拉伸强度/MPa	16	21.6
拉断伸长率/%	270	300
拉伸永久变形/%	5	5
撕裂强度/(kN/m)	28	32
硬度	64	60
回弹率/%	41	43
耐寒系数(-50℃)K_B	0.05	0.2

(2) 三段和四段混炼法

全钢子午线轮胎的胎体胶、胎圈胶、带束层胶炭黑含量高,胶质硬,混炼时升温很快,炭黑分散困难。另外,这些配方中均要使用改善与钢丝黏合效果的增黏剂,由于增黏剂分子的极性及羟基之间形成的氢键作用,使其在胶料中很难分散。两段混炼法有时满足不了胶料的质量和性能要求。因此,对于难混炼的胶料及性能上有特殊要求的胶料,需要采用三段甚至四段混炼法混炼。作用重要且难分散的钴盐黏合促进剂一般在第一段母炼时投入,炭黑、白炭黑多分批在第一段、第二段投加,或在第一段、第二段、第三段分批投加,终炼阶段投加硫化剂和促进剂。三段和四段混炼法的第一段母炼多采用高温快速混炼,排胶温度多在150℃以上,混炼时间 3~5min;二、三段由于继续投加炭黑或白炭黑,也称母炼,采用中速密炼机,转速 30r/min,排胶温度在 145℃左右,混炼时间 3~4.5min;四段终炼宜采用转速为 15~20r/min 的慢速混炼,混炼时间 2.5~3min,注意控制排胶温度。尤其在配方中使用不溶性硫黄,投加硫黄的终炼温度最好不要超过 100℃,一般控制在 90~95℃,否则不溶性硫黄易转化成可溶性硫黄,胶料容易喷霜。该法混炼的胶料配合剂分散性好,流动性好,与骨架材料的黏合性好;但过程管理很麻烦,停放胶料的面积大,硫化胶的力学性能稍有下降。

3. 逆混法

该法是先投加除硫化剂和促进剂外的配合剂，再投入生胶混炼的方法，加料顺序与传统的一段和分段混炼法刚好相反，故称为逆混法。即加料顺序为：炭黑→油料→小料→生胶→排胶→开炼机上加硫化剂和促进剂。逆混法能改善高填充配方胶料中炭黑的分散状态，缩短混炼周期，只适用于包辊性、挺性差的高炭黑、高油量配方，最初用于丁基橡胶的混炼，后来主要用于高填充的 BR、EPDM 胶料的混炼。

逆混法根据填料的品种和油的用量不同有两种操作方法。第一种是先投加 1/2 的油和全部炭黑，再加入除硫化剂和促进剂外的小料，投入生胶混炼一段时间后，在 2min 内分 2~3 次加入剩余的油，混炼完毕排料至压片机上加硫化剂和促进剂。该法适用于粒子小的补强性填料和油料量多的配方。另一种方法是先投加全部的炭黑和油料及硫化剂和促进剂外的小料，投入 50%~70% 生胶混炼 1.5min 后投加剩余的生胶，再混炼数分钟后排料。此法适用于大粒子炭黑和油料量多的配方。

使用逆混法混炼胶料时，密炼机的密封性要求高，密炼室装胶容量、上顶栓压力和电机功率都要大一些，防止物料在密炼室内漂移而影响混合分散效果。

（三）密炼机混炼的工艺条件及影响因素

密炼机混炼的胶料质量好坏，除了与工艺方法有关外，还受工艺条件如装胶容量、混炼温度、加料顺序、转子转速、上顶栓压力、冷却水温度和混炼时间等的影响。合适的炼胶工艺条件视胶料配方和性能要求不同而不同，需要通过大量的试验研究才可以确定。

1. 装胶容量

密炼机混炼时装胶容量由填充系数及密炼机的型号决定，可通过式(6-9)估算。

$$Q = KV\rho \tag{6-9}$$

式中，Q 为炼胶容量，kg；K 为填充系数，一般 NR 取 0.7~0.8，合成橡胶取 0.6~0.7；V 为密炼机的有效容积，L；ρ 为胶料的密度，g/cm^3。

填充系数应根据胶料配方特性、密炼机特点、混炼工艺方法、工艺条件等合理确定。对于含胶率低且生热大的配方，慢速密炼机、新设备，填充系数宜低；对于含胶率高、转子转速快、上顶栓压力高、使用时间长的密炼机应适当加大填充容量；啮合型转子密炼机的填充系数小于剪切型密炼机；采用逆混法时，应尽可能加大容量。

密炼机装胶容量过大、过小均对混炼效果不利。容量过大，胶料翻转空间小，对上顶栓推举的力量大，导致上顶栓位置不当，造成物料在加料口口颈处发生滞留，使混炼均匀度下降，而且使设备超负荷，容易导致设备变形或损坏。容量过小，胶料受到的机械剪切和捏炼效果降低，胶料容易出现在密炼室内打滑和转子空转现象，导致混炼效果下降。

2. 加料顺序

密炼机混炼加料顺序的确定应遵循如下原则：生胶（塑炼胶、再生胶、母炼胶）应先投加；表面活性剂、固体软化剂和小料（防老剂、活性剂、准速级促进剂等）应在填料之前加；液体软化剂应在填料之后加；硫化剂和超速级促进剂、防焦剂最后投加；对温度敏感性大的应降温后投加。其中生胶、填料、液体软化剂三者的投加顺序及时间尤为重要。对于顺丁橡胶和乙丙橡胶宜采用逆混法；对于填料和油料用量比例高的胶料，应将填料和油料分批交替投加。

液体软化剂的投加时间不能过早也不能过晚,其最佳的投加时间应在投加炭黑后混炼至其基本分散时,否则对填料的分散不利。过早投加,降低体系黏度和减弱剪切效果,使配合剂分散不均匀;若投加过晚,液体软化剂会黏附于金属表面,使胶料打滑,降低机械剪切效果,造成液体软化剂质量损失及胶料质量波动。液体软化剂加入时间不合适,会使配合剂分散不均匀,尤其是液体软化剂用量较多的软胶料,配合剂分散度偏低,分散速度减慢,混炼周期延长,增加能耗。因此,密炼机混炼时油的加入时间是影响混炼胶质量十分重要的因素之一。

油的最佳加入时间需要通过实验研究才能确定,而且配方不同,最佳加油时间不一样,故混炼不同胶料时加油的时间应有所不同。操作者的炼胶经验往往起到重要作用。生产中通常根据转子瞬时功率的变化或炼胶时间来掌控,其中瞬时功率法比较准确。

3. 混炼温度

混炼温度影响胶料的黏度,进而影响配合剂的分散性、炼胶时间及加工安全性。炼胶温度高,有利于吃粉,但不利于配合剂分散,故炼胶温度要合适。温度过高还容易导致胶料焦烧和过炼,降低混炼胶的质量,因此要严格控制排胶温度在规定限度以下。温度过低不利于混合吃粉,还会出现胶料压散现象,使混炼操作困难。密炼机混炼过程中温度是在不断变化的,而不同批次胶料混炼时很难保证温度变化的一致性,故混炼时胶料的温度难以准确测定和控制,胶料质量存在波动是在所难免的。由于炼胶温度与排胶温度有较好的相关性,故通常采用排胶温度表征混炼温度。密炼机一段混炼法和分段混炼法的终炼排胶温度控制在100~130℃,投加不溶性硫黄时的排胶温度控制在90~95℃;分段混炼的第一段混炼排胶温度最好控制在145~155℃,不要超过160℃。

需要指出的是,混炼过程控制如果仅考虑排胶温度是不准确的,因为混炼起始温度对胶料质量也有明显影响。如果采用温度法控制排胶,起始温度低则混炼时间长;起始温度高,混炼时间短。两种情况对混炼胶质量的影响是不同的,前者配合剂分散性较好,但分子链剪切断裂厉害;后者混合时间短,配合剂分散性较差。实际生产中,每班次生产的前几车胶,因设备温度及传热的影响,起始温度明显不同,所以胶料质量波动大。混炼几车后,设备温度趋于一致,炼胶温度趋于稳定,胶料质量才稳定。因夏季与冬季料温明显不同,投入密炼机降温效果不同,故炼胶起始温度有明显差异,导致胶料质量和加工安全性有明显差异。故要保证不同批次胶料质量的均一性,每车起始温度和排胶温度都应控制基本相同。

混炼温度与胶料配方、炼胶工艺方法、装胶容量、转子转速和速比、环境温度、冷却水、混炼时间和炼胶批次等因素有关。SBR、NBR、CR等为主的胶料,混炼时生热快,温度变化快;表面活性高的高补强性填料如小粒径的炭黑胶料,粒子间相互作用强的白炭黑胶料等混炼时升温快;装胶容量大,混炼生热大,散热慢,升温快;分批投胶法混炼温度略低于传统投胶混炼法;转子转速越快,速比越大,升温越快;环境温度高、冷却水温度高,则密炼室温度高;随混炼批次增多,密炼室温度有升高的趋势。生产中混炼温度通常通过调整转速、控制料温和冷却水温度、提起上顶栓等措施加以控制。

4. 冷却水温度

对于生热快的胶料以及夏季气温高的情况下密炼机混炼,冷却水是控制炼胶温度的有效措施之一。冷却水温度影响转子表面胶料的温度、黏度,进而影响转子的功率消耗、配合剂的分散性、排胶温度、混炼时间及胶料的质量。冷却水温度要合适,过高冷却效果差,密炼室温度高,配合剂分散性差,容易焦烧和过炼;过低则吃料时间长,增大能耗,虽然能提高配合剂的分散效果，但加剧了橡胶分子链的剪切破坏，降低胶料的力学性能。适宜的循环冷却水温度在 40~50℃。

5. 上顶栓压力

密炼机上顶栓的主要作用是将胶料限制在密炼室的主要工作区，并对其施加局部压力作用，防止胶料在金属表面滑动而降低混炼效果，并防止胶料进入加料口颈部而滞留，造成混炼不均匀。密炼机混炼时物料受到上顶栓施加的压力和捣捶作用，可增加机械剪切摩擦作用，提高对胶料的混合分散作用，促进胶料流动变形和混合吃粉，缩短混炼时间。

混炼过程中上顶栓不是静止不动的，也不是一直对胶料施加压力作用，只有当转子推移的大块物料返回，从上顶栓下面通过时才显示瞬时压力，有上下浮动现象。若上顶栓没有明显的上下浮动，可能是压力过大或容量太小；若上顶栓上下浮动过大，浮动次数过于频繁，表明上顶栓压力不足。正常情况下，上顶栓应有上下浮动，浮动距离小于 50mm。当转速提高，容量增大时，上顶栓压力随之提高，混炼过程中胶料的生热升温速度也会加快。一般，慢速密炼机上顶栓压力在 0.5~0.6MPa；中、快速密炼机压力在 0.6~0.8MPa，最高 1.0MPa。对硬胶料混炼，上顶栓压力不能低于 0.55MPa。

上顶栓加压方式对混炼过程有影响。投加粉料，尤其是堆积密度较小的物料，不能立即加压，应缓慢放下，利用其自身重量浮动加压一段时间后，再将上顶栓提起一定高度，通压缩空气加压。否则会导致物料飞扬损失和挤压结块，难以分散，还可使上顶栓在加料口处被物料卡住而影响混炼操作。当配合剂用量大时，应分批投加，分批加压。快速密炼机混炼时，油料是在不提起上顶栓的情况下用压力注入密炼室的。

6. 转子转速

提高转速是强化密炼机混炼过程的有效措施之一。物料在转子凸棱顶面与密炼室内壁间隙区受到的剪切作用最强，转子转速加快，剪切作用增强，配合剂分散性改善，胶料生热升温加快，混炼时间缩短。转速与混炼时间近乎成反比关系，转速增加一倍，混炼周期大约缩短 30%~50%，对制造软质胶料效果更显著。但转速过快，混炼初期对胶料剪切摩擦作用加强，橡胶分子链断裂加剧，温升加快，使胶料的黏度快速下降而导致配合剂分散性变差。为适应工艺要求，可选用双速、多速或变速密炼机混炼，以便根据胶料配方特性和混炼工艺要求随时变换速度，求得混炼速度与分散效果之间的平衡，满足塑炼和混炼过程合并一起的要求。分段混炼的第一段混炼主要完成吃料和初步分散，允许混炼温度维持在较高水平，可采用快速混炼。终炼加硫化剂和促进剂时，因对温度敏感，宜在低温下操作，故采用慢速密炼机混炼。实验室用剪切型小密炼机的适宜转速为 (77 ± 10)r/min。

7. 混炼时间

混炼时间延长，配合剂分散性有一定的改善，但橡胶分子链断裂加剧，尤其是结合在炭黑表面的橡胶分子链的断裂，会降低硫化胶的力学性能；混炼温度高，容易焦烧和过炼，生产效率降低。所以延长混炼时间并没有好处。密炼机混炼时，在保证配合剂分散的情况下应尽可能缩短混炼时间，不仅对胶料的性能有好处，还可降低能耗，提高生产效率。

合适的混炼时间与胶料配方、混炼方法、工艺条件及胶料的质量要求有关，需要通过实验确定。

（四）密炼机混炼质量控制

为了保证胶料的性能处于最佳及不同批次胶料质量的均一性，何时排胶是关键环节。通常以混炼过程中的某种参量作为排胶依据,当混炼过程中该参量达到规定的标准参量时排胶。参量的选取对控制结果的准确性有重要影响。目前,常用的排胶标准参量有混炼时间、排胶温度、混炼效应和能量消耗。

1. 时间控制法

通过实验确定最佳混炼时间,以95%以上的炭黑分散颗粒尺寸达到$5\mu m$以下所需混炼时间为标准,只要混炼时间达到标准,立即排胶。该法简便易行,但工艺条件和原材料质量波动时,混炼质量不稳定。该法适用于性能要求不高且配方固定的胶料混炼的控制。

2. 温度控制法

通过实验确定最佳混炼状态时的排胶温度作为标准,混炼时达到标准温度即可排胶。一般以密炼室内胶料温度上升变缓趋于平衡的温度作为最佳排胶温度。这是根据混炼热效应而采取的控制方法,比时间控制法要合理。但密炼机混炼过程中胶料的温度难以准确测定,环境温度的差异导致炼胶起始温度不同,混炼质量也不稳定。

3. 混炼效应控制法

该控制方法是由混炼时间和混炼温度两个因素决定,在混炼初期采用时间控制,混炼后期采用温度控制,以最佳混炼效果的混炼效应为标准,达到标准规定的混炼效应即可排胶。每种胶料的最佳混炼效应均可由实验确定。这种控制方法控制准确,胶料质量波动小,混炼时间较短,可实现自动控制。如果采用手动控制,则操作过程比较复杂,不易掌控。

4. 能量控制法

以胶料达到最佳混炼状态所消耗的能量作为标准,只要混炼过程的总能耗达到标准值就排胶。该法比较科学和精确,在原材料性能和配方、混炼设备和工艺程序等固定时能保证各批量间的质量均匀。但若混炼条件和原材料质量性能发生变化,其混炼的标准能耗应随之改变,这时需要对照修订,得出不受混炼条件影响的能耗标准或单位能耗设定值作为排胶标准。

该法先通过实验确定胶料的最佳混炼能耗,即胶料达到最佳混炼质量的能耗值,包括总能耗、各投料阶段(如生胶、小料、炭黑、油料等)的累积能耗值,然后编制控制程序通过计算机控制。各阶段的能耗值(W_i)及总能耗(W)可通过功率积分仪测绘混炼过程的瞬时功率消耗(P)与混炼时间(t)的关系曲线(如图6-24所示),并由控制程序自动计算得到。混炼过程中注意控制每车胶各阶段的累积能耗值及总能耗值相当,即可保证各批量胶料之间质量均一。经过不断地改进,能量控制仪已经由功率积分仪发展到胶料自动控制仪、

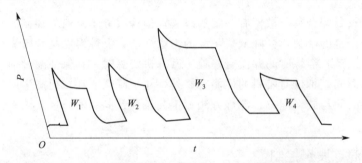

图6-24 密炼机混炼瞬时功率消耗P与混炼时间t的关系曲线

PHC 微处理机系统、PKS$_{20}$ 控制系统和 polysar 系统，并采用模糊控制方法实现了 PLC 单片机的全自动智能控制。这是未来密炼机混炼控制的发展方向。

（五）密炼机混炼后胶料的补充加工和处理

1. 压片与冷却

密炼机混炼后，为了加快胶料的降温，防止焦烧现象发生，便于管理和使用，需要将胶料压成一定厚度的胶片。压片后胶片需要立即浸涂隔离剂，并用强风吹干并进一步冷却至规定的温度（40℃）以下，堆垛停放。对混炼生热大、焦烧时间较短的胶料，加强冷却是防止焦烧的必要措施之一。由于夏季气温高，隔离剂温度和空气温度高，如果采用和冬季相同的冷却设备和工艺，夏季混炼的胶料冷却程度不如冬季混炼的胶料，堆垛停放过程中因胶片内部热扩散以及炭黑与橡胶继续发生相互作用而放热，使得胶垛内部温度升高，长时间停放后即产生焦烧现象，故夏季混炼的胶料在停放过程中容易焦烧。为了避免夏季混炼的胶料焦烧，其冷却工艺应与冬季不同，建议对循环使用的隔离剂加强冷却，或增加风扇的台数，延长胶片在挂片架上的运行距离，或在压片阶段增加开炼机台数，通冷却水冷却兼补充混炼。

2. 滤胶

气密性要求高的胶料，如轮胎内胎、子午线轮胎内衬层、胎圈耐磨衬胶、硫化胶囊等胶料混炼结束后需要进行过滤，以除掉其中的机械杂质、筛余物、大的炭黑凝胶等。方法是将混炼胶通过螺杆挤出机机头与口型连接处的钢制过滤网过滤挤出。内胎胶料一般选用 30 目和 60 目滤网各一层，特殊胶料可选用 40 目和 80 目滤网各一层。

3. 停放

胶料冷却后需要停放 8h（至少 4h）以上才能使用，但停放时间最多不能超过 36h。停放的目的在于使胶料进行应力松弛，减小后序加工时的收缩率；使配合剂在胶料中进一步扩散，提高混合均匀程度；使炭黑与橡胶继续发生物理和化学吸附，增加结合橡胶的含量，进一步提高补强效果。

（六）密炼机混炼的特点

密炼机混炼的优点在于：混炼时间短，混炼效率高；自动化程度高，受人为因素影响小，批量生产时胶料质量波动小；劳动强度低，操作安全，粉尘飞扬少，对环境污染小，适合大规模生产。缺点在于：排胶不彻底，更换配方时需要清理密炼室内残留物，由于密炼室的密闭结构，清洗机台困难；因温升快，混炼温度高，一段混炼胶料中填料分散度不高，且胶料易焦烧、过炼、喷霜；异步转子密炼机前后混合室料温不一致导致胶料门尼黏度及填料分散不均匀，混炼胶质量较差；分段混炼增加了操作过程和胶料管理难度，能耗增加，效率下降。

三、低温一次法连续炼胶工艺

由于开炼机混炼的效率低，但混炼温度低，胶料中配合剂分散性好；密炼机混炼效率高，吃料快，但胶料中配合剂分散性相对较差。低温一次法连续炼胶工艺就是将二者结合，发挥各自优点的混炼工艺方法。该工艺方法最早出现的是法国米其林公司开发的 OMS 混炼技术，近几年在国内发展迅速，已在轮胎厂推广使用。

该混炼新技术是在传统密炼机一段混炼工艺技术基础上的改进优化，保留了上辅机系统、密炼机、下辅机的压片机、胶片水冷和风冷装置及自动摆胶建垛装置，增加了4～6台并联的开炼机、硫化体系助剂自动称量和投料系统、进胶和排胶输送带。并联的多台开炼机组是该技术的核心组成部分，开炼机规格型号完全一样，全自动化操作，连续低温混炼，完成加硫、补充混炼作业，实现胶料混炼过程的自动化和连续化。按开炼机排列方式不同主要有"1+6+1""2+5+1""1+4+2""4+1"四种类型。

"1+6+1"配置的低温一次连续混炼工艺流程图如图6-25所示。生产线由上辅机系统、1台270L、310L或370L快速密炼机、1台ϕ550开炼压片机、6台并联的ϕ660开炼机（布局如图6-26所示，设备的技术参数如表6-11）、1台ϕ610开炼压片机及冷却装置组成。

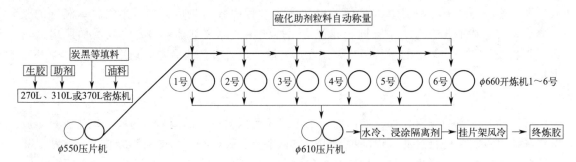

图6-25 "1+6+1"配置的低温一次连续混炼工艺流程图

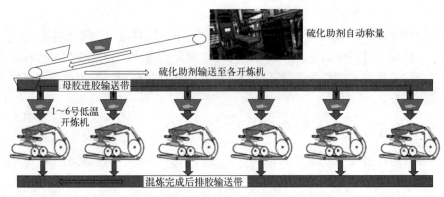

图6-26 低温一次连续混炼开炼机组布局图

混炼时，密炼机主要起吃料的作用，混炼4～5min，第一车胶排胶到开炼压片机上压片，通过进胶输送带输送到并联机组中的1#开炼机上过辊，经提升辊提升后返回两辊筒间隙继续混炼，胶片提升的主要目的是降温。当胶料降低到一定温度后，经过自动称量输送到开炼机上方的硫黄、促进剂、防焦剂等配合剂向开炼机投料，吃料后开炼机下方左右两侧的输送带将胶片夹在中间左右摆动，实施自动翻胶。当混炼到一定程度后，自动切断胶料，胶料落在下方的排胶输送带，送回第二台压片机上压片后浸涂隔离剂，进入风冷装置冷却，最后折叠停放。胶料在开炼机上停留的时间在18min左右。密炼机混炼的第1～6车胶排胶压片后依次进入并联的1～6#开炼机上补充混炼加硫，如此循环，最后连续出片。由于胶料的混合分散主要是在开炼机上进行的，炼胶温度较低，炼胶过程一次完成，故称为低温一次连续混炼工艺,特别适合轮胎胶料的混炼。

表6-11 并联开炼机组的设备参数

内　容	配　置	内　容	配　置
开炼机型号	φ660开炼机	胶片厚度	1～15mm
开炼机数量	6台(并联安装)	翻胶皮带长度	19910mm
开炼机辊筒直径	660mm	生产线速度	0～50m/min
开炼机辊筒长度	2130mm	开炼机温控范围	15～80℃
开炼机前后辊速比	1∶1.09	开炼机温控精度	±2℃
开炼机辊距调节范围	0.5～50mm(液压调距)	冷却水流量	15t/h
开炼机转速	0～50r/min(可调)	加热方式	电加热
胶片宽度	≤900mm		

"2+5+1"配置的低温一次连续混炼工艺流程图如图6-27所示。密炼机下方配置2台φ550开炼压片机,补充混炼、降温,5台φ660开炼机并联,加硫、补充混炼,最后由1台φ610开炼压片机连续出片。该工艺密炼机混炼时间为3～3.5min,胶料在并联开炼机上停留15min左右,生产效率较"1+6+1"配置进一步提高,能耗降低。

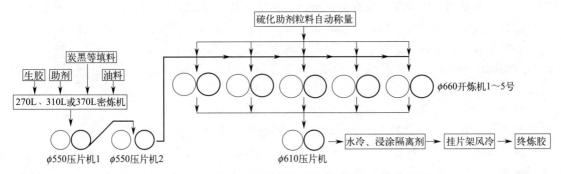

图6-27 "2+5+1"配置的低温一次连续混炼工艺流程图

"1+4+2"配置低温一次连续混炼工艺流程图如图6-28所示。密炼机下方配置1台压片机,加硫、补充混炼用的1号、2号开炼机串联,3号、4号开炼机串联,1号、2号开炼机与3号、4号开炼机并联,混炼结束后经两台串联的开炼机连续出片。密炼机奇数车次胶料压片后经1号开炼机加硫、2号开炼机补充混炼,密炼机偶数车次胶料压片后经3号开炼机加硫、4号开炼机补充混炼。该工艺方法采用慢速或啮合型密炼机,适合油料填充量较大的软胶料的混炼。

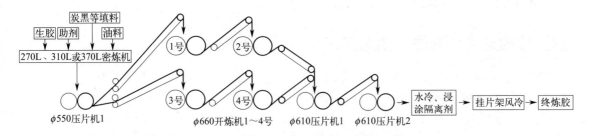

图6-28 "1+4+2"配置的低温一次连续混炼工艺流程图

"4+1"配置的低温一次连续混炼工艺流程图如图6-29所示。该工艺是专门针对白炭黑含量很高的胶料而开发的高效混炼新技术,采用大容量的串联式密炼机(结构如图6-30所

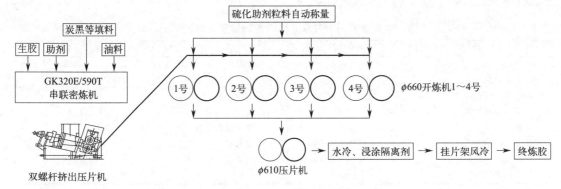

图 6-29 "4+1"配置的低温一次连续混炼工艺流程图

示)混合物料并进行充分的硅烷化反应,排胶到双螺杆辊筒压片机压片,4台 φ660 开炼机并联进行加硫、补充混炼,最后由1台 φ610 开炼压片机连续出片。串联密炼机的上密炼机采用 GK320E,有上顶栓;下密炼机采用 GK590T,没有上顶栓。上密炼机按正常的炼胶工艺混炼胶料,结束后直接排料到下密炼机中,由于下密炼机有效容积大,填充系数小,胶料升温慢,可以保持密炼室温度恒定,利于白炭黑与硅烷偶联剂进行充分的硅烷化反应。该工艺是目前混炼白炭黑含量高的胶料效率最高、能耗最低的炼胶工艺。

低温一次法连续混炼工艺的最大优点是混炼一次完成,中间不需要冷却停放,效率高,能耗低,不易出现焦烧现象,混炼胶的质量好,胶料的流动性及填料分散性、物理机械性能与传统密炼机二段混炼胶料相当,自动化水平高,操作人员少,占地面积小。如果密炼机的容量为 310L,则该生产线产能相当于两条 380L 密炼机二段混炼生产线产能的 80%。该生产线单位质量胶料的混炼能耗比二段混炼法降低 30% 以上。该生产线尤其适合非常难分散的白炭黑及高填充量的硬质胶料的混炼。该法的缺点在于并联的六台开炼机很难达到混炼工艺完全一致,混炼胶的质量波动较大,设备不能出故障,其中任一台开

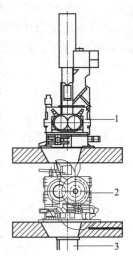

图 6-30 串联式密炼机结构示意图
1—上密炼机;2—下密炼机;3—下排料口

炼机出问题,整条生产线就必须停止工作;另外,在开炼机上投加硫黄、促进剂时容易飞扬,车间粉尘相对较多。硫黄、促进剂和防焦剂如果是用聚合物作载体的造粒粒子,或者提前制成母炼胶,粉尘问题就可以解决。

四、液相连续(湿法)混炼工艺

胶料配方中,炭黑是主要补强填充剂,而且机械混炼过程中炭黑飞扬造成环境污染,混炼能耗高。为了解决这些问题,王梦蛟等研究开发了一种液相连续混炼工艺,1997年由卡博特公司实现工业化生产。该工艺主要流程包括:填料浆的制备,胶乳的预处理,填料浆与胶乳的混合、凝固及脱水过程,其工艺流程如图 6-31 所示。该工艺过程先将炭黑用水湿润,经过搅拌混合均匀制得炭黑浆料,然后将炭黑浆料在高压下连续喷射到连续供料的胶乳槽内与胶乳混合。由于在高压下泄压物料膨胀,团聚的炭黑粒子打开,比表面积急剧增大,瞬间使胶乳破乳凝固,包裹分散开的炭黑粒子,形成凝固的颗粒。将凝固的炭黑母胶用螺杆挤出

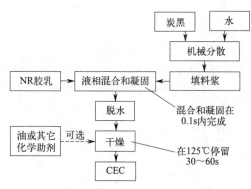

图 6-31 液相连续混炼工艺示意图

机脱水并瞬间高温干燥,再经补充加工连续制得炭黑分散性优异的天然橡胶炭黑母胶,命名为 CEC 胶。米其林轮胎将其用于载重胎胎面,制备出了高抗撕、超高耐磨、低生热的高性能载重胎。该法不使用表面活性剂,也不需要加酸凝固,胶乳凝固瞬间完成,效率高,能耗低,且炭黑在一定范围内可以按任意比例与胶乳混合,制备出不同炭黑含量的 CEC 胶。

吴明生等采用乳液压力共附聚的方法制备出了高分散的天然橡胶炭黑母胶。该法是将湿润的炭黑浆料在搅拌情况下加入天然胶乳中,再经高压均质机在 30~40MPa 压力下处理一次,高压下卸压物料膨胀,炭黑粒子打开,在高压喷射作用下与胶乳粒子碰撞,共附聚形成炭黑胶乳复合粒子,再经酸凝固制得高分散的炭黑母胶。该法的优点是炭黑分散度高,分散均匀;不足之处在于炭黑的添加量受限,用量超过 20 份时炭黑浆料与天然胶乳混合时易导致胶乳破乳凝固,需要加酸凝固。

与常用的干法混炼相比,湿法混炼具有如下优点:

① 胶料中填料的分散性非常优异,混合过程中橡胶分子链没有受到破坏,满足了填料高分散和橡胶高分子量的双重要求,故胶料的力学性能和动态性能优异,硫化胶拉伸强度、撕裂强度、耐磨性、回弹性、耐疲劳性要明显高于传统开炼机、密炼机混炼的胶料,是制备高回弹耐磨胶板的理想混炼方法。

② 混炼工艺过程连续化、自动化水平高,混炼效果不受加料顺序的影响。

③ 流体下混合,能耗低,混合过程快捷,效率高,投资省,可减少开炼机及密炼机等重型混炼设备及操作者的数量。

该法的缺点在于制得的胶料门尼黏度高,流动性差,需要强力机械补充混炼;其他配合剂加入需要提前制成水分散体或乳浊液,胶料需要脱水干燥。若配合剂在补充混炼时加入,橡胶分子链容易机械断链,分子量下降快,牺牲胶料的强度特性。

五、双螺杆连续混炼工艺

1950 年研发成功以螺杆挤出为特征的连续混炼机。螺杆连续混炼机出现后,在塑料工业很快得到应用和发展,但在橡胶工业中发展却很缓慢。经过近 60 年的发展,目前主要有 Farrel 公司研制的 FCM、FTX、KCM、MVX、ACM 等系列 4 代连续混炼机,具有连续混炼、排气、挤出功能;W&P 公司研制的 ZSK、EVK 等系列 6 代连续混炼机,是一种捏炼型的连续混炼机;意大利 Pirelli 研发出更先进的 CCM 型连续混炼机。国内螺杆连续混炼机的研制也在紧锣密鼓地进行,并取得了一定的研究成果,但尚未实现工业化生产。

六、几种橡胶的混炼特性

天然橡胶、丁苯橡胶、顺丁橡胶、丁腈橡胶、氯丁橡胶、丁基橡胶、乙丙橡胶等通用橡胶的混炼特性如表 6-12 所示。

表 6-12 常见橡胶的混炼特性

胶种	开炼机混炼	密炼机混炼
天然橡胶	包辊性好,易包热辊;吃料快,易分散;受工艺条件影响大,易过炼,产生静电,适宜温度为前辊 55～60℃,后辊低 5～10℃	生热较小,含胶率高时多采用一段混炼法;填充量多且对分散要求高时多采用分段混炼;排胶温度最好低于 140℃
丁苯橡胶	包辊性较好,包冷辊;升温快,吃料慢,不易分散;混炼时间长,不易过炼,辊温前辊 45～55℃,后辊 5～10℃,辊距要小,炭黑分批加,增加薄通次数,宜分段混炼	升温快,超过 140℃ 易产生凝胶,排胶温度低于 130℃,最好两段混炼。炭黑也要分批投加,要加强冷却
顺丁橡胶	包辊性差,包冷辊,50℃以上脱辊,生热低,升温慢,低温(前辊 40～50℃)小辊距两段法混炼	多采用两段混炼法,容量及混炼温度适当加大,排胶温度 130～140℃;炭黑填充量大及采用高结构细粒子炭黑分段混炼,或用逆混法
丁腈橡胶	包辊性较好,包冷辊,温度高时会脱辊,升温快,硫黄在其中分散差,可先加,促进剂后加	升温快,超过 140℃ 易产生凝胶,排胶温度低于 130℃,最好两段混炼,混炼过程要加强冷却
氯丁橡胶	包辊性好,生热快,对温度敏感,易粘辊和焦烧,配合剂分散慢,宜采用低温(前辊 40～50℃)混炼,辊距由大到小逐步调节,先加氧化镁,氧化锌最后加	采用分段混炼法,排胶温度在 100℃ 以下,容量要低(填充系数 0.5～0.55),氧化锌在二段混炼排胶后在压片机上添加
丁基橡胶	普通丁基橡胶对设备的清洁性要求高,混炼前必须清洗机台;有冷流倾向,包辊性差,配合剂混合分散困难,高填充时易粘辊,常用引料法和薄通法混炼;辊温前辊 40～60℃,后辊高 5～10℃	填充系数要比 NR 胶料高 5%～10%,尽可能早加补强填充剂,高温(150℃)混合分散效果好;高填充胶料宜采用分段混炼和逆混法混炼
乙丙橡胶	包辊性差,对温度敏感,温度升高易脱辊,高填充时粘辊,不易过炼,容易与配合剂混合;先以小辊距包辊,后逐渐放大;辊温前辊 60～75℃,后辊高 5～10℃;配方中硬脂酸易使乙丙橡胶脱辊,应放在混炼后期添加;加料顺序:乙丙橡胶→部分填料及氧化锌→操作油和剩余的填料→促进剂、硫化剂→硬脂酸	填充系数较其他胶种高 10%～15%;密炼温度一般取 150～160℃。高填充时宜采用逆混法混炼

第四节

混炼胶的质量检验

混炼胶的质量对其后序加工性能及半成品质量和硫化胶性能具有决定性影响。因此,混炼后的胶料必须检验其质量是否符合要求,只有符合要求的混炼胶才可以投入使用,对不合格的胶料则需要返炼,或返回与合格胶按比例掺加使用,对质量相差太大的胶料则要降档处理或报废。评价混炼胶质量的性能指标主要有胶料的可塑度或黏度、配合剂的分散度和分散均匀性、硫化胶的力学性能等。

一、胶料的快速检查

为了控制不同批量胶料质量的均一性,生产中需要快速检查每一车胶料。在胶料下片时从前、中、后三个部位抽取试样进行检查。快检项目主要有可塑度或门尼黏度、硬度、密度、门尼焦烧及硫化曲线,均有相应的标准值或曲线作为参考。其中可塑度或门尼黏度、硬度、密度是检查胶料混炼均匀性的主要快检项目。

1. 可塑度或门尼黏度的测定

生产中通常采用华莱士塑性计快速检测可塑度,用门尼黏度计检测门尼黏度,看其大小和均匀程度是否符合要求。若可塑度偏大或门尼黏度偏低,表明胶料过炼,对胶料的力学性能不利;若可塑度偏低或门尼黏度偏大,则胶料的加工性能较差;若可塑度或门尼黏度不均匀,表明胶料混炼质量不均匀,其加工性能和产品质量也会不均匀。可塑度快检公差范围为±0.03。由于可塑度测定是采用压缩法,测量误差较大,实际生产中倾向于门尼黏度的检测,反映胶料的流动性和加工性能。门尼黏度是用门尼黏度计在某一温度(一般为100℃)下预热1min,转子转动4min时的转矩值,计作××ML(1+4)100℃(大转子)或××MS(1+4)100℃(小转子)。该值大,胶料黏度大,流动性差。对初始门尼黏度值高于设备测量量程时,可在125℃下测试;或将预热时间延长至3min,分别计作××ML(1+4)125℃或××ML(3+4)125℃。

2. 密度的测定

胶料密度的大小及均匀性可以很好地反映胶料中配合剂是否少加、多加或漏加及配合剂分散均匀性。故测量胶料的密度大小及波动情况,可知混炼操作是否正确以及胶料混合质量是否均匀。胶料密度检测的是正硫化点的硫化胶密度。传统方法是比重液法,将胶料放入预先配制好的不同密度的氯化钙水溶液中,胶料悬浮在比重液中部的溶液密度即为胶料的密度。该法不精确,误差较大,比重液使用一段时间后需要标定或重新配制,生产中应用越来越少。目前使用较多的方法是利用浮力原理设计的密度测定仪测定。该法只要称量试样在空气中和已知密度的蒸馏水中的质量,按式(6-10)计算其密度,密度的公差范围为±0.01。

$$\rho = \rho_1 \times \frac{m_1}{m_1 - m_2} \tag{6-10}$$

式中,ρ 为胶料在试验温度下的密度,g/cm^3;ρ_1 为蒸馏水在试验温度下的密度,g/cm^3;m_1 为试样在空气中的质量,g;m_2 为试样在蒸馏水中的质量,g。

3. 硬度的测定

配合剂分散不均匀,不同部位胶料的硬度有差异。故可测硫化胶硬度的波动性反映胶料中配合剂分散均匀性。硫化胶的硬度采用邵尔A型硬度计测定,公差范围为±2。

4. 门尼焦烧时间的测定

门尼焦烧时间是反映胶料加工安全性的重要指标。一般在120℃下用门尼黏度计测定胶料从开始加热起,至胶料的门尼黏度值由最低上升5个单位所需要的时间。该时间越长,表明胶料加工安全性越好,生产中不易出现焦烧现象。

5. 硫化曲线的测定

硫化曲线的测定主要考察胶料硫化助剂的分散均匀性,主要考察指标有焦烧时间 $t_{c_{10}}$、工艺正硫化时间 $t_{c_{90}}$ 及最高转矩 M_H、最低转矩 M_L。每种胶料这四个参数均有合格的范围值,检测时如有参数超过合格范围值即可判定该批次胶料不合格。生产中采用高温快速测定,如在195℃左右用硫化仪快速测硫化曲线,与标准硫化曲线对照,考察胶料硫化特性的一致性。

二、填料分散度的检查

胶料中配合剂分散度是表征混炼均匀程度的重要参量,是决定混炼胶质量重要的因素之一。对填充胶料来说，因填料用量大，其分散状态决定胶料的质量，故测定填料分散度是评价填充混炼胶混炼质量的重要依据。检测胶料中填料分散性的方法主要有以下几种。

1. 定性分析法（A法，ISO 11345、ASTM D 2663-69 A、GB/T 6030—2006）

一种比较粗略的检测方法，通过目测或借助放大镜、低倍双目显微镜观察混炼胶的黑度或硫化胶试样快速切割或撕裂的新鲜断面，ASTM标准将其表面状态与一组分成5个标准分散度等级的断面照片对照比较，判定其最接近的等级，用1～5数字表示，1级最差，2级差，3级合格，4级佳，5级最佳，达到3级以上方为合格。ISO标准及GB/T 6030标准将标准分散度等级照片细分为十级（如图6-32所示），1～2级很差，3～4级差，5～6级不确定，7级可接受，8级好，9～10级很好。GB/T 6030—2006标准对不同填料规定了不同的分散度标准照片。该法误差较大，通常取多次检测结果的平均值表示。

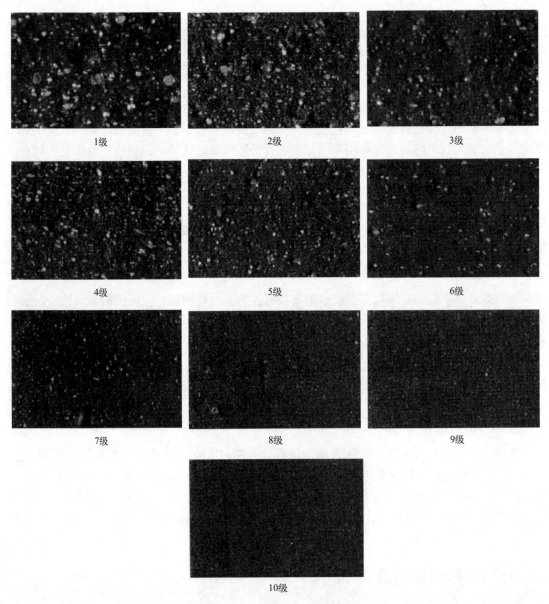

图6-32 炭黑分散度标准照片

2. 定量分析法（B法，ASTM D 2663-69 B）

该法是对硫化胶试样冷冻后超薄（$2\mu m$）切片，用高倍率显微镜或透射电子显微镜观察切片。显微镜目镜带有标准方格计数板，小方格密度为 10000 个$/cm^2$。规定只有尺寸大于半个单元格面积的炭黑附聚体为未分散的炭黑，记录 10000 个小方格中被炭黑粒子覆盖的面积大于半个小方格的方格数目 U（即颗粒大于 $5\mu m$ 的炭黑附聚体个数），用式(6-11)计算胶料中炭黑的分散度值。

$$D = 100 - 0.22U \tag{6-11}$$

式中，D 为分散度，即胶料中已分散的炭黑（颗粒尺寸$\leqslant 5\mu m$）含量占配方中炭黑总量的比例；U 为 10000 个小方格中被炭黑粒子覆盖的面积大于半个小方格的方格数目。

标准规定，炭黑分散度低于 90% 的胶料为不合格。该法可以直观地观察到胶料中炭黑等填料的分散状态，比较准确；但对切片技术要求高，分析结果受切片质量的影响很大。A 法和 B 法分散状况的对应关系如表 6-13 所示。

表 6-13 A 法和 B 法分散状况的对应关系

A 法分散度等级	1	2	3	4	5
B 法分散度/%	70	80	91	96	99
胶料性能评价	差	较差	合格	良	优

3. 专用仪器分析法

（1）炭黑分散度仪

为了便于测定，后人在 ASTM B 法基础上进行了改进，改透射电子显微镜为平行光照射，利用光学成像原理设计出了专用的炭黑分散度仪，试样可以是混炼胶，也可以是硫化胶，也不需要超薄切片，只要快速切割一新鲜断面贴在仪器的"取相"部位，即可在电脑的显示屏上观察胶料的分散状态，测试过程简便快捷，并可统计出测试样品的未分散附聚体颗粒数目、粒子所占的总面积、平均粒径、最大粒径及粒径分布、ASTM 分散度及分散等级等结果，所有测试条件及检测结果均能存储于计算机中。炭黑分散度仪测试结果如图 6-33 所示。

该法对切片机裁刀要求比较高，切出的断面要求无痕、无污染。由于混炼胶裁切时容易黏附刀口，切面容易变形，故需要先冷冻再快速切片。生产中一般采用硫化胶试样切片。该设备主要检测炭黑分散状态，检测白炭黑等无机填料的分散状态时因光线反射多而使测试结果偏低。该法的优点在于快捷、直观、操作方便，适合快检，但因填料附聚体的不规则性及无法区分气泡导致测试结果误差较大。

（2）表面粗糙度仪

采用带有灵敏位移传感器的探针逐行扫描新鲜切割标准尺寸断面，位移传感器能灵敏检测到切割面上因未分散填料团块引起的凸起或凹陷的地方，转变成电信号在电脑显示屏上显示出凸起或凹陷的峰（如图 6-34 所示），扫描结束后统计峰的数目（f）及峰的平均高度（h），通过式(6-12)计算炭黑等填料的分散度。

$$D = 100 - A\exp(fh + B) \tag{6-12}$$

式中，D 为填料的分散度，%；A、B 为测试有关的常数，可通过实验确定；f 为峰的数目；h 为峰的平均高度。

该法对设备及试样断面的要求较高，测试时不能有任何的振动。

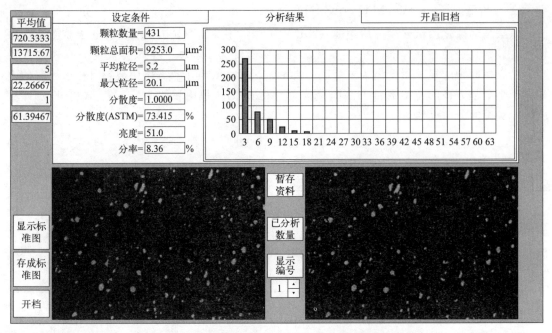

图 6-33　炭黑分散度仪测试胶料中炭黑分散度的结果

4. 间接测定法

(1) 电阻法

通过炭黑导电的原理测试硫化胶的表面电阻或体积电阻的波动来反映胶料中炭黑的分散状态。

(2) 物理机械性能法

从硫化试片上裁取多个试样测试硬度、密度、拉伸强度或撕裂强度，根据测试结果计算偏差，判断填料分散的好坏。其中撕裂强度对填料分散敏感性较大，可用撕裂强度偏差大小来判断胶料中填料分散的好坏。

(3) 动态力学分析法

采用橡胶加工分析仪在固定振幅、频率、温度下对混炼胶或硫化胶进行弹性模量（G'）形变（ε）扫描，得到 $G'\sim\varepsilon$ 曲线（如图 6-35 所示），可用低形变及高形变下 G' 的差值 $\Delta G'$ 来间接评价胶料中填料的分散性。该法忽略了形变增大过程中橡胶分子链间缠结的影响，故在填料用量少时测试结果不准确。

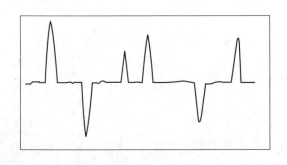

图 6-34　表面粗糙度仪扫描结果示意图

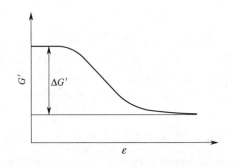

图 6-35　胶料 $G'\sim\varepsilon$ 曲线示意图

第五节

混炼胶微观结构及其调控

硫化橡胶是由相应的混炼胶通过硫化工艺制得，故硫化胶性能与混炼胶结构息息相关，但在橡胶硫化过程中，微观结构发生了改变。

一、混炼胶的微观结构

混炼胶是由粒状配合剂如炭黑等分散于生胶中组成的多相混合分散体系（如图 6-36 所示），其中生胶是连续相或分散介质，粒状配合剂是分散相。从物理化学角度分析，根据大多数配合剂的分散度来衡量，混炼胶属于胶体分散体系。这是因为混炼胶中粒状配合剂既不是以分子状态分散所形成的真溶液，也不是以粗粒子状态分散所形成的悬浮液，而是以胶体尺寸状态分散所形成的多组分混合分散体系，并表现出胶体溶液的特性，如分散状态具有热力学不稳定性，在热力学条件发生变化时分散相会重新聚结成较大颗粒；混炼胶对光具有双折射现象等。但混炼胶的胶体分散体系与低分子胶体溶液在结构性能上又有所不同。如混炼胶的连续相是由一种或多种长短不一的橡胶分子链及溶解在其中的增塑剂、防老剂、部分硫黄等组成；混炼胶的热力学不稳定性因胶料黏度高而表现得不明显。

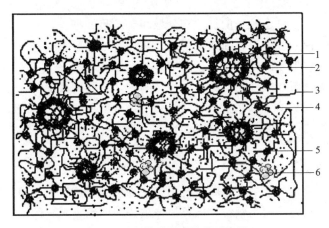

图 6-36 混炼胶微观结构示意图

1—结合橡胶；2—填料附聚体；3—橡胶分子链；4—分散开的助剂；5—填料聚集体；6—未分散的硫黄颗粒

二、混炼胶微观结构与硫化胶性能的关系

在混炼胶微观结构中，组成连续相的橡胶分子链有长有短，分散的配合剂颗粒有大有小，颗粒与橡胶分子链的界面结合有强有弱，共同对胶料的性能起决定作用。故混炼胶微观结构关注橡胶分子量大小及分布、配合剂分散相尺寸、分布均匀性及稳定性、分散相与连续相的界面结合情况（即填料与橡胶的相互作用）。

1. 橡胶连续相

生胶中的长链之间存在相互缠结的现象，物理缠结对胶料的力学性能及弹性有利。在机械混炼过程中，橡胶分子链会受到机械剪切作用或高温热降解作用而断链，链的数目增多，平均分子量下降，物理缠结减少，链的末端数增多。即使硫化后短分子链之间通过交联键连接成网状结构，但物理缠结点减少，末端数目增多的事实不能改变。这些"悬空"的末端有增大摩擦和滞后的作用，同时造成交联网络不均匀。平均分子量降低，虽然能提高胶料的流动性，减小弹性复原现象，但胶料的力学性能下降，动态下的内摩擦增大，硫化胶的性能变差。故机械混炼需要在流动性及力学性能之间达到平衡，混炼时要控制剪切作用、混炼温度及时间。

2. 分散相尺寸、相互作用、稳定性及均匀性

(1) 分散相尺寸

分散相颗粒尺寸是影响胶料拉伸性能、抗撕裂性能、耐磨性及动态性能的重要参数，减小分散相颗粒尺寸是获得高性能的重要措施。初始粒径在十几纳米到几微米的粉状配合剂加入生胶后，经过混炼加工，其粒子实际分散直径有大于、小于和等于粒子初始直径三种情况。对初始粒径在几十微米以上的大粒子，其实际分散直径大都小于或等于其初始直径；但对初始粒径非常小的微纳米粒子，其实际分散直径大都大于其初始直径。如炭黑、白炭黑，其最小结构单元是几百纳米的聚集体，而混炼加工时投料的炭黑、白炭黑是经过黏结剂造粒的毫米级粒子，添加量又大，在混炼胶中要达到聚集体级别的分散非常困难，传统的开炼机、密炼机混炼几乎不能实现。所以传统机械混炼的胶料中炭黑、白炭黑大都以几微米到几十微米的团聚体或附聚体方式存在，其尺寸远远超过聚集体尺寸。再如无机纳米粒子，单个粒子的尺寸在200nm以下，比表面积巨大，吸附力强，加入橡胶中因结团难以达到纳米级分散，其尺寸也远远大于单个粒子的尺寸。分散相颗粒尺寸增大，一方面减少了分散相与橡胶的接触面积，结合橡胶减少，补强效果下降；另一方面在胶料受到拉伸时，容易在颗粒两侧形成应力集中，导致橡胶内部出现早期破坏，产生裂纹，使硫化胶拉伸强度、撕裂强度、伸长率、耐磨性、耐疲劳性等性能下降；另外，附聚体自身的触变效应也会增大胶料的动态生热性。研究发现，胶料中分散相粒子尺寸超过 $10\mu m$ 会降低硫化胶的力学性能、耐磨性，$1\sim2\mu m$ 性价比最佳。尺寸再减小，混炼时间长，能耗大，效率低，橡胶分子链断裂多，硫化胶性能反而会下降。

(2) 填料-填料相互作用

在橡胶与填料的混合过程中，橡胶在转子突棱峰顶与密炼室内壁间隙受到强力剪切而等效为拉伸，填料团块破碎成较小颗粒，橡胶拉伸破碎而回缩。破碎的填料小团块被回缩的胶料包封，随着填料小团块之间的橡胶分子链进一步回缩，填料小团块重新聚在一起，中间有部分橡胶被屏蔽，形成填料网络，如图 6-37(a) 所示。填料网络中的填料小团块是由多个基本结构单元组成的附聚体，如图 6-37(b) 所示。随混炼时间延长，填料附聚体进一步破碎成更小的颗粒，填料网络粒子间的距离 d 逐渐减小，相互作用增大，形成比较牢固的填料凝胶颗粒，如图 6-37(c) 所示。

填料网络对混炼胶初始门尼黏度、硫化胶的弹性模量、动态生热性及产品外观有影响。填料网络结构增多，包裹在其中的橡胶分子链增多，这部分分子链被填料附聚体粒子屏蔽而失去变形能力，使得胶料的流动性变差，初始门尼黏度升高；由于粒子间相互作用力增强，胶料的弹性模量增大；在周期性应力-应变作用下，疏松填料网络的触变效应消耗功转变成热能，增大胶料的动态生热性。若局部的填料网络过强，形成紧密炭黑凝胶颗粒，在软胶料及高温混炼时难以打破，会导致混炼胶或成品表面出现类似于焦烧

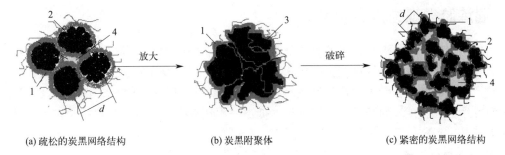

图 6-37 混炼胶中填料网络结构示意图
1—结合橡胶；2—炭黑附聚体；3—炭黑聚集体；4—包容橡胶

颗粒一样的"肿块"，俗称"炭黑焦烧"，影响产品外观质量。理想的填料网络结构是由填料基本结构单元为分散相的网络结构，填料附聚体的触变效应为零，填料网络的触变效应大大减小，可赋予硫化胶高的弹性模量、拉伸强度、抗撕性、耐磨性、耐疲劳性及低的生热性。胶料中填料-填料相互作用可用低形变下的弹性模量（G'_0）与高形变下弹性模量（G'_∞）的差值来反映。

(3) 分散相稳定性

混炼胶是热力学不稳定的分散体系，尤其是胶料中含有无机亲水粒子或者内聚能很高的硬粒子，热力学稳定性更差，即使在混炼过程中通过强大的剪切作用使其充分分散，在长期停放或高温硫化过程中也会重新聚结团聚，分散相尺寸变大，分布的均匀性也变差。实际生产中，已经发现了氧化锌、碳酸钙等配合剂在硫化过程中的团聚行为。

(4) 分散相分布均匀性

胶料中分散相颗粒分布的均匀性也不容忽视。对补强填充剂，分布多的地方胶料黏度高，流动性差，硬度高；分布少的地方黏度低，流动性好，硬度低。这会导致半成品尺寸不稳定，成品的性能不稳定。胶料的宏观性能是由其内部最薄弱的地方决定，填料分布少的地方因补强不够而强度较低，导致胶料的宏观性能较差。硫化剂分散不均匀，则导致交联网络不均匀，同样也会降低硫化胶的性能。

3. 填料-橡胶相互作用

胶料中分散相主要为填料、氧化锌及硫黄等粒子，其中填料颗粒是主体。与橡胶混合后，填料通过物理及化学的方式吸附橡胶分子链，形成结合橡胶。其中化学吸附是强吸附，有选择性单分子层吸附，并伴有放热现象；物理吸附没有选择性，单分子层或多层吸附，没有放热现象。结合橡胶可以认为是填料与橡胶结合的界面结构，故填料-橡胶相互作用可用结合橡胶量来表征，生成的结合橡胶多，填料-橡胶相互作用强。结合橡胶的形成是填料补强橡胶的主要原因之一。化学吸附和物理吸附形成的结合橡胶对橡胶补强的机理有所不同，前者主要通过化学键增强界面强度提高橡胶的强度特性，而后者主要通过滑移均分应力、分子链取向及摩擦消耗功来提高橡胶的强度。很明显，由物理吸附形成的结合橡胶在补强的同时会带来生热大、永久变形大的缺点。

结合橡胶的形成，除了增强作用外，还会影响填料的分散及胶料的弹性复原行为。在混炼初期，形成适量的结合橡胶能提高胶料的黏度，填料团块受剪切作用增强，有利于破碎分散。若形成的结合橡胶过多，反而抵抗剪切破碎，不利于填料分散。结合橡胶增多，胶料的弹性复原性增大，压延或挤出时胶料回缩大，导致半成品尺寸变化大。

三、混炼胶微观结构的调控

从研究角度，胶料混炼追求的是性能最优化，但从工业角度，混炼追求的是性价比最佳化，在满足性能的条件下尽可能提高效率、降低成本。故对混炼胶结构的要求及调控措施有所不同。理想的混炼胶微观结构是橡胶平均分子量大，填料等配合剂达到聚集体级别分散，分散均匀且稳定。传统的开炼机、密炼机、低温一次法混炼均难以达到这一状态，而湿法混炼基本可以达到这一要求。

1. 橡胶分子量的调控

力学性能要求橡胶分子量大，加工性能要求分子量适中。从配方设计角度，生胶选用门尼黏度中等的充油胶种可同时满足高分子量及加工的要求。从工艺角度，控制聚合度，调整机械混炼工艺条件如转速、速比、辊距、温度、时间等都可以调节混炼胶中橡胶平均分子量大小。湿法混炼过程中，橡胶分子量基本不变，只在后期补充混炼获得必要流动性时分子量才会下降。

2. 分散相的调控

可从配方设计、选材、材料改性、混炼工艺方法及工艺条件等方面调控混炼胶中分散相的尺寸、填料-填料相互作用、均匀性和稳定性。

配合剂本身要具备良好的分散性，如比表面积小、结构度高、含水率低、筛余物和杂质少、与橡胶相容性好的配合剂容易分散；对相容性不好的配合剂可通过表面包覆、接枝、种子乳液聚合等方法改性，聚合物载体造粒、在配方中使用分散剂等方法改善分散性。其中聚合物载体造粒既可缩短吃料时间，降低能耗，又可加快分散，不飞扬，是发展趋势；添加分散剂等表面活性剂，通过降低相界面张力改善填料分散性，不仅可以提高配合剂分散度，还可提高分散稳定性，同时可缩短炼胶时间，提高生产效率，改善制品的外观。但分散剂会减弱填料对橡胶分子链的吸附，降低填料-橡胶相互作用。配合剂与橡胶的相容性可通过溶解度参数来判断。

研究表明，混炼工艺方法、工艺条件改变，胶料中配合剂分散性也会发生改变。故对某配方胶料来说，应该有一最佳的混炼工艺方法及工艺条件。这需要建立混炼理论模型，根据胶料的性能要求及成本要求选取合适的混炼方法及工艺条件。在实用的混炼工艺方法中，湿法混炼是目前唯一能制备平均分子量高、分散相尺寸小、稳定且均匀的混炼胶的方法。其他混炼工艺方法在获得高分散的同时会降低平均分子量，填料分散和橡胶分子量需要兼顾。开炼机混炼工艺条件中辊距、辊温、混炼时间对混炼胶微观结构影响显著，密炼机混炼的转子类型、转速及速比、装胶容量、冷却水温度、上顶栓压力、投料顺序、混炼温度、时间等对混炼胶微观结构均有影响。最佳工艺条件需要通过大量的实验研究确定。低温混炼和分段混炼是提高配合剂分散性的常用方法。

开炼机混炼主要通过翻炼割刀方法、加料方法及薄通打三角包等操作方法实现配合剂分散相分布均匀；密炼机混炼则依靠转子表面的凸棱结构及排胶后的补充混炼、多段混炼等来调控。

3. 填料-橡胶相互作用的调控

结合橡胶的生成量与填料品种、性质、胶种及混炼工艺有关。这在第三章中已进行了描述，此处不再赘述。

思考题

(1) 生胶塑炼的目的是什么？
(2) 生胶塑炼的理论依据是什么？
(3) 开炼机和密炼机塑炼时机械力和氧气各起什么作用？
(4) 温度对塑炼效果有何影响？
(5) 化学塑解剂有哪几种？各用于什么场合？
(6) 简述开炼机和密炼机塑炼的工作原理。
(7) 开炼机和密炼机塑炼的工艺方法各有哪几种？哪种方法效果最好？
(8) 混炼前的准备工艺有哪些？
(9) 开炼机混炼过程包括哪几个步骤？
(10) 影响胶料包辊性的因素有哪些？各是如何影响的？
(11) 影响开炼机混炼吃粉快慢的因素有哪些？各是如何影响的？
(12) 密炼机的混炼过程包括哪几个步骤？
(13) 开炼机混炼时加料顺序应遵循哪些原则？
(14) 密炼机混炼的工艺方法有哪几种？
(15) 逆混法适合哪些胶种的混炼？
(16) 密炼机混炼质量的控制方法有哪几种？哪一种最准确？
(17) 胶料混炼后为什么要停放一段时间？
(18) 混炼胶质量的检测内容包括哪些？炭黑分散度的检测方法有哪几种？

参考文献

[1] 汪传生. 同步转子密炼机混炼橡胶的理论和实验研究 [D]. 北京：北京化工大学，2000.
[2] 黄树林. 国产开炼机的发展历程与趋势 [J]. 橡胶工业，2007，54（7）：440-443.
[3] 陈锦波. 橡胶混炼技术的最新研究 [J]. 世界橡胶工业，2005，32（6）：28-33.
[4] 程源. 国内外橡胶机械现状与展望 [J]. 橡胶工业，2000，47（7）：434-440.
[5] Alfred W Blum. 混炼工艺技术的最新趋势 [J]. 李汉堂，译. 橡塑技术与设备，2004，30（9）：15-23.
[6] 张海，马铁军. 密炼机橡胶混炼流变理论和瞬时功率控制法提出 10 年回顾 [J]. 橡胶工业，2003，50（5）：316-320.
[7] James, White L. Development of internal mixer technology of the rubber industry [J]. Rubber Chem. Tech, 1992, 65（3）：527-579.
[8] 唐孝先. 近期橡胶混炼装置及技术开发状况 [J]. 世界橡胶工业，2002，29（5）：30-31.
[9] 秋士. 密炼机微控制系统 [J]. 中国橡胶，2000，5：16.
[10] 杨清芝. 实用橡胶工艺学 [M]. 北京：化学工业出版社，2005.
[11] 张海，赵素合. 橡胶及塑料加工工艺 [M]. 北京：化学工业出版社，1997.
[12] 杨顺根. 密炼机的发展趋势 [J]. 世界橡胶工业，2007，11：31-35.
[13] 于清溪. 橡胶混炼设备使用现状及工艺发展 [J]. 橡胶技术与设备，2007，33（5）：6-16.
[14] 王进文. 橡胶混炼技术进展 [J]. 世界橡胶工业. 2009，36（5）：34-39.
[15] 于清溪. 密闭式橡胶混炼机的技术现状及最近发展 [J]. 橡塑技术与装备，2010，36（9）：4-17.
[16] 李汉堂. 橡胶混炼技术的新发展方向 [J]. 现代橡胶技术，2009，35（2）：2-12.
[17] 赵光贤. 密炼机的混炼过程控制 [J]. 中国橡胶，2009，25（2）：34-36.
[18] 叶文钦. 翻胎翻新工艺技术规程（三）[J]. 中国轮胎资源综合利用，2005，4：3-5.
[19] 何曼君，陈维孝，董西峡. 高分子物理（修订版）[M]. 上海：复旦大学出版社，2000.

[20] 吴明生,周广斌.配合剂对NR开炼机塑炼特性的影响[J].特种橡胶制品,2011,32(4):30-33.
[21] 吴明生,张磊,杜爱华.分散剂Zr-201在橡胶中的应用研究[J].特种橡胶制品,2009,30(4):9-12.
[22] 周广斌.密炼机的混炼工艺对天然橡胶炭黑胶料结构与性能的影响[D].青岛:青岛科技大学,2011.
[23] 周广斌,吴明生.密炼机的混炼时间对天然橡胶结构与性能的影响[J].山东化工,2011,40(4):53-55.
[24] 戴静玉.低温一次混炼工艺分析及性能评价[D].青岛:青岛科技大学,2014.
[25] 陈建军,李群.绿色轮胎开发技术探讨[J].轮胎工业,2015,12:35-36.
[26] 李群.串联密炼机工艺研究及应用[D].青岛:青岛科技大学,2019.
[27] 王梦蛟.炭黑分散技术的新进展[J].炭黑工业,2006,6:14-23.
[28] 吴明生,张磊.乳液压力附聚法制备炭黑/NR胶料的研究[J].橡胶工业,2011,58(1):16-20.
[29] 杨清芝.现代橡胶工艺学[M].北京:中国石化出版社,1997.
[30] 王梦蛟.聚合物-填料和填料-填料相互作用对填充硫化胶动态力学性能的影响(续2)[J].轮胎工业,2000,20(12):737-744.

第七章 压延工艺

压延是橡胶加工最重要的基本工艺过程之一。压延工艺是利用压延机辊筒的挤压力作用使胶料发生塑性流动和变形，将胶料制成具有一定断面规格和一定断面几何形状的胶片，或者将胶料覆盖于纺织物表面制成具有一定断面厚度的胶布的工艺加工过程。压延工艺能够完成的作业形式有胶料的压片、压型和胶片贴合及纺织物的贴胶、压力贴胶和擦胶等。

压延工艺是以压延过程为中心的联动流水作业形式。压延操作是连续进行的，压延速度比较快，生产效率高。对半成品质量要求是表面光滑无杂物，内部密实无气泡，断面几何形状准确，表面花纹清晰，断面厚度尺寸精确，其厚度误差范围在 0.01~0.1mm。因此，为了保证压延质量，减少浪费，对操作技术水平要求很高，必须做到操作技术熟练，对工艺条件掌握严格，细致，不得有任何疏忽。

压延机由辊筒、机架与轴承、调距装置、辅助装置、电机传动装置，以及厚度检测装置构成。辊筒是压延机的主要工作部件。压延机类型依据辊筒数目和排列方式不同而异，如图 7-1 所示。其中最普遍使用的为三辊和四辊压延机，两辊和五辊压延机使用较少。压延机的辊筒排列方式有 I 型、Γ 型、L 型、Z 型、S 型或斜 Z 型等几种类型。三辊压延机还有一种 △ 型排列方式。

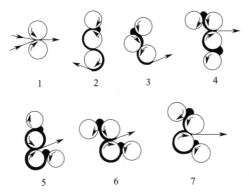

图 7-1 压延机辊筒排列形式及工作原理

1—二辊压延机（贴合）；2—三辊压延机（压片）；3—三辊△型压延机（压片）；4—四辊Γ型压延机（贴合）；
5—四辊 L 型压延机（贴合）；6—四辊 S 型压延机（贴合）；7—四辊 Z 型压延机（贴合）

第一节
压延原理

压延过程是胶料在压延机辊筒的挤压力作用下发生塑性流动变形的过程。所以，要掌握压延过程的规律，就必须了解压延时胶料在辊筒间的受力状态和流动变形规律，如胶料进入辊距的条件和塑性变形情况、胶料的受力状态和流速分布状态、压延效应和压延后胶料的收缩变形等。

一、压延时胶料的塑性流动和变形

压延机辊筒对胶料的作用原理与开炼机基本上是相同的，即胶料与辊筒之间的接触角 α 小于其摩擦角 ϕ 时，胶料才能进入辊距中。因而能够进入压延机辊距的胶料的最大厚度也是有一定限度的。如图 7-2(a) 所示，设能进入辊距的胶料最大厚度为 h_1，压延后的厚度为 h_2，厚度的变化为 $\Delta h = h_1 - h_2$。Δh 为胶料的直线压缩，它与胶料的接触角 α 及辊筒半径 R 的关系为：

若　　　　　　　　　　　　$R_1 = R_2 = R_3$

则　　　　　　　　　　$\Delta h/2 = R - O_2 C_2 = R(1 - \cos\alpha)$

即　　　　　　　　　　　　$\Delta h = 2R(1 - \cos\alpha)$

可见，当辊距为 e 时，能够进入辊距的胶料最大厚度为 $h_1 = \Delta h + e$。当 e 值一定时，R 值越大，能够进入辊距的胶料的最大厚度（即允许的供胶厚度）也越大。

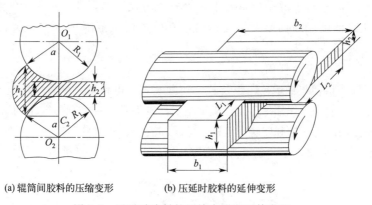

(a) 辊筒间胶料的压缩变形　　(b) 压延时胶料的延伸变形

图 7-2　压延时胶料的压缩变形和延伸变形

二、压延时胶料的受力状态和流速分布

胶料的体积几乎是不可压缩的，故可以认为压延后的胶料体积保持不变。因此，压延后胶料断面厚度的减小必然伴随断面宽度和胶片长度的增加。若压延前后胶料的长、宽、厚分别为 L_1、b_1、h_1 和 L_2、b_2、h_2，体积分别为 V_1 和 V_2，因 $V_1 = V_2$，故 $L_1 h_1 b_1 = L_2 b_2 h_2$，即

$$V_2/V_1 = L_1 b_1 h_1 / L_2 b_2 h_2 = \alpha\beta\gamma = 1$$

式中，γ 为 L_2/L_1，为胶料的延伸系数；β 为 b_2/b_1，为胶料的展宽系数；α 为 h_2/h_1，为胶料的压缩系数。

压延时，胶料沿辊筒轴向，即压延胶片宽度方向受到的阻力很大，流动变形困难，故压延后的宽度变化很小，即 $\beta \approx 1$。所以压延时的供胶宽度应尽可能与压延宽度接近。于是上式变为 $V_2/V_1 = \alpha\beta\gamma \approx \alpha\gamma \approx 1$，即 $\alpha \approx 1/\gamma$，$h_2/h_1 \approx L_1/L_2$。可见，压延厚度的减小，必然伴随着长度的增大。当压延厚度要求一定时，在辊筒上接触角范围以内的积胶厚度 h_1 越大，压延后的胶片长度 L_2 也越大。

压延时胶料在辊筒表面旋转摩擦力作用下被辊筒带入辊距，受到挤压和剪切作用而发生塑性流动变形。但胶料在辊筒上所处的位置不同，所受的挤压力大小和流速分布状态也不一样，如图7-3所示。这种压力变化与流速分布之间是一种因果关系。在 ab 处，胶料在压力起点 a 处受到的挤压力很小，故断面中心处流速小，两边靠辊筒表面的流速较大。随着胶料的前进，辊距逐渐减小，胶料受到的压力虽然开始减小，但断面中心处的流速继续加快。由于两边流速不变，当到达辊筒断面中心点 c 处时，其断面中心部位流速已经大于两边的流速。超过 c 点后，因辊隙逐渐加大而使压力和流速逐渐减小。到达 d 点处，压力减至零，流速又趋于一致，这时胶料已经离开辊隙，其厚度也比辊距中心点 c 处有一定增加。

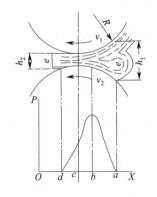
(a) 胶料在辊筒上的受力状态

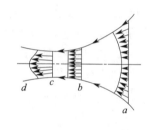
(b) 胶料在辊隙中的流速分布

图7-3　胶料在辊筒上的受力状态和流速分布

压延时，胶料对辊筒也有一个与挤压力作用大小相等、方向相反的径向反作用力，称为横压力。一般来说，胶料黏度越高、压延速度越快、辊温越低、供胶量越多，压延半成品厚度和宽度越大，横压力也越大。

三、辊筒挠度及其补偿

压延时，辊筒在胶料的横压力作用下会产生轴向的弹性弯曲变形。其大小用辊筒轴线中央处偏离原来水平位置的距离表示，称为辊筒的挠度。挠度的产生使压延半成品沿宽度方向上的断面厚度不均匀，中间厚两边薄，从而影响压延质量。为了减小这种影响，通常采用的补偿措施有三种：辊筒中高度法、辊筒轴线交叉法和辊筒预弯曲法，如图7-4所示。

中高度法又称凹凸系数法。它是将辊筒的工作部分制成具有一定凹凸系数的凹形或凸形，凹凸系数用辊筒轴线中央与两端半径之差表示。其大小和配置方法取决于辊筒的受力状态和变形情况，例如三辊压延机各辊筒的变形情况和凹凸系数配置如图7-4(a)和(b)所示，其补偿效果因不能适应胶料性质和工艺条件的变化而受到局限。

轴线交叉法是采用一套辅助装置使辊筒轴线交叉一定角度 α，使辊筒两端的间隙大于中

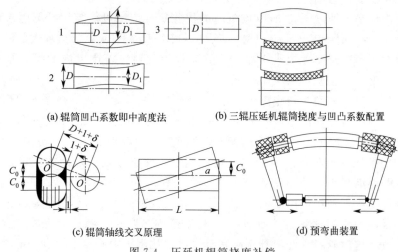

图 7-4 压延机辊筒挠度补偿
1—凸形辊筒；2—凹形辊筒；3—圆柱状

央的间隙，与挠度对辊隙的影响正相反，从而起到补偿作用。其补偿效果随交叉角度增大而增加。α 的取值范围在 $0°\sim 2°$，具体依补偿作用的要求而定。该法的优点是补偿效果可以根据胶料性质和工艺条件进行调整，但因其补偿曲线和辊筒挠度的差异而受到限制。另外该法只适于单辊传动机台。其补偿原理如图 7-4(c) 所示。

辊筒预弯曲法是利用辊筒两端的辅助液压装置对辊筒施加外力作用，使其产生与横压力作用相反的预弯曲变形，从而起到补偿作用，如图 7-4(d) 所示。因该法会加大辊筒轴承负荷而限制了其补偿作用。

可见，上述几种补偿方法单独使用都不能达到完全补偿。因此，通常采用两种或三种方法并用进行补偿。但对操作技术水平要求高，需采用微机操纵。

还有一种更为精确的补偿措施就是采用浮动辊筒法进行补偿，该法用于钢丝子午线轮胎内衬层压延生产线，它是将辊筒外壳与中间轴做成内、外套体结构，工作时中间的实心轴固定不转，只有中空外壳转动。用密封装置将固定轴与外壳之间的空腔分隔为上、下两室，工作时只在辊筒受力面室中充入液压，使外壳与已变形的相邻辊筒表面紧密接触，从而达到整个辊筒长度方向上的压力分布均匀，使压延厚度也均匀。

四、压延胶料的收缩变形和压延效应

从前面的讨论得知，胶料通过压延机辊距时的流速是最快的，因而受到的拉伸变形作用也是最大的，当胶料离开辊距后，因外力拉伸作用消失而必然会立即产生弹性恢复，使胶片产生纵向收缩变形，长度减小，断面厚度增大，这不仅影响半成品厚度精度，而且影响表面光滑程度。压延时胶料的弹性形变程度越大，压延后的半成品收缩变形也越大。

压延后的胶片还会出现性能上的各向异性现象，这叫压延效应。例如，胶片的拉伸强度和导热性沿压延方向大于横向，而伸长率则正好相反。产生压延效应的原因是胶料通过辊距时，外力拉伸作用使线型橡胶大分子链被拉伸变形取向，以及几何形状不对称的配合剂粒子沿压延方向取向排列。

压延效应会影响要求各向同性制品的质量，应尽量设法减小，如适当提高压延温度和半成品停放温度，减慢压延速度，适当增加胶料的可塑度，将热炼胶料调转 90°角供压延机使用或将压延胶片调转 90°角装模硫化等，都是常用的行之有效的方法。另外在配方设计时要尽量避免采用各向异性的配合剂，如陶土、碳酸镁等。当然，对于本身在性能上要求各向异性的制品，压延效应不仅无害，反而可以利用。

第二节　压延准备工艺

压延前必须完成的准备工作有胶料的热炼与供胶、纺织物的浸胶与干燥、化学纤维帘线的热处理等。这些可以独立完成，也可以与压延机组成联动流水作业线。

一、胶料的热炼与供胶

混炼胶经过长时间停放后已经失去了热塑性、流动性，故在压延操作之前必须对胶料进行加热软化，使其重新获得必要的热塑性、流动性，同时也可适当提高胶料的真可塑性，这就是热炼。热炼与供胶一般在开炼机上进行，也有的采用冷喂料螺杆挤出机或连续混炼机完成。目前使用最普遍的是前两种，但冷喂料螺杆挤出机热炼的补充混炼作用很小，主要为预热和供料。开炼机热炼一般分三步完成：第一步粗炼，一般采用低温薄通方法，即以低辊温和小辊距对胶料进行加工，主要使胶料补充混炼均匀，并可适当提高其真可塑性；第二步细炼，较高的辊温使胶料达到加热软化的目的，以获得压延加工所必需的热可塑性；第三步供胶，细炼后的胶料最好再经另一台专用的开炼机割取一定断面规格的连续胶片向压延机连续供胶，特殊情况下亦可由细炼机直接供胶。粗炼和细炼的具体操作方法和工艺条件如表 7-1 所示。

表 7-1　热炼工艺条件

项目	辊距/mm	辊温/℃	操作
粗炼	2~5	40~45	薄通 7~8 次
细炼	7~10	60~80	通过 6~7 次

为了使胶料快速升温和软化，辊筒的速比较大，一般在 1.17~1.28 之间。各种压延胶料的可塑度要求如表 7-2 所示。可以看出，纺织物擦胶所用的胶料可塑度要求较高，以增加胶料对纺织物缝隙的渗透与结合作用；压片和压型胶料可塑度要求较低，是为了增大胶料的挺性，防止半成品发生变形。纺织物贴胶用的胶料可塑度要求则介于以上两者之间。

为了使胶料的可塑度和温度保持恒定，热炼时的装胶容量和辊筒上方的存胶量应保持恒定。为防止胶料在机台上停留时间过长，应经常切割翻炼。

表 7-2　各种压延胶料的可塑度范围

压延方法	胶料可塑度范围（威式）	压延方法	胶料可塑度范围（威式）
纺织物擦胶	0.45~0.65	胶料压片	0.25~0.35
纺织物贴胶	0.35~0.55	胶料压型	0.25~0.35

氯丁橡胶对温度敏感，辊温控制范围较低，在35~45℃之间，无需细炼，粗炼后直接供胶即可，以防发生焦烧。全氯丁橡胶压延胶料的热炼条件如表7-3所示。

表7-3 全氯丁橡胶压延胶料的热炼条件

项目		条件
辊距/mm		8±1
过辊次数/次		4
辊温/℃	前辊	45±5
	后辊	40±5

热炼好的胶料经一台专用的开炼机割取胶条，向压延机连续供料，输送带的速度应略大于热炼机辊筒的线速度，供胶量应略大于压延耗胶量。为防胶料夹带空气，压延机辊筒上的存胶量宜少不宜多，以免胶料冷却导致压延厚度变化或出现表面粗糙、气泡等问题。若是非连续供胶，应增加添加次数，并减少每次添加量；若必须采用次数较少、每次添加量较多的供胶方法，则应采用厚度较大的供胶胶片，且应下托承胶板，以尽可能减慢胶料的冷却速度。供料时应尽可能沿压延宽度方向使供胶量分布均匀。

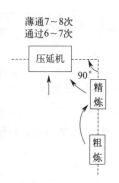

图7-5 热炼机与压延机的布局

随着压延工艺自动化水平和压延速度的提高，对现代化大规模生产已经采用冷喂料销钉式螺杆挤出机进行热炼和供胶。这样不仅简化了工艺，节省机台、厂房面积和操作人员，而且也提高了自动化程度和生产效率，并有利于胶料质量。

另外，为保证供胶质量，热炼机的安装位置应尽可能靠近压延机，为使热炼操作人员能随时看清压延供胶状况，热炼机应安装在与压延机成一定角度的位置上，如图7-5所示。

二、纺织物干燥和拉伸张力控制

纤维纺织物的含水率一般都比较高，如棉纤维织物的含水率可达7%左右；人造丝含水率更高，在12%左右；尼龙和聚酯纤维织物的含水率虽然低，也在3%以上。压延纺织物的含水率一般要求控制在1%~2%范围内，最大不能超过3%，否则会降低胶料与纺织物之间的结合强度，造成胶布半成品掉胶、胶布内部产生气泡、硫化胶制品内部出现海绵或脱层等质量问题。因此，压延前必须对纺织物进行干燥处理。

纤维织物的干燥一般采用多个中空辊筒组成的立式或卧式干燥机完成，辊筒内通饱和水蒸气使表面温度保持在110~130℃左右，纺织物依次绕过辊筒表面前进时，因受热而使水分蒸发。具体的干燥温度和牵引速度依纺织物类型及干燥要求而定。干燥程度过大或过小对纺织物都不利。

干燥后的纺织物不宜停放过久，以免吸湿回潮，故生产上将纺织物烘干工序放在压延工序之前与压延作业组成联动流水作业线，使纺织物离开干燥机后立即进入压延机挂胶。这时纺织物温度较高，也有利于胶料的渗透与结合。

三、纺织物浸胶

纤维纺织物（主要是帘布）在贴胶压延之前须经浸胶处理，即将织物浸入并穿过浸胶槽内的胶乳浸渍液，经过一定接触时间后离开液面，使纤维织物表面和缝隙内部附着和充满一层乳胶，以改善纺织物与橡胶之间的结合强度和胶布的耐动态疲劳性能。如棉帘线经过浸胶后不易折断，耐动态疲劳性能提高约30%～40%；合成纤维纺织物必须经过浸胶后才能保证胶料与织物之间的结合强度。

1. 常用浸渍液的类型

浸渍液分溶剂胶浆和胶乳两种。前者用于胶布浸渍，后者主要用于帘布浸渍，也可用于帆布浸渍。使用最普遍的是胶乳浸渍液。

胶乳浸渍液的主要成分是胶乳，其次是一些改性组分，如蛋白质类和树脂类物质等。根据胶乳类型和改性组分不同，常用的浸渍液主要有两种：酪素-胶乳浸渍液和酚醛树脂-胶乳浸渍液，而以酚醛树脂-胶乳浸渍液应用最普遍。各种浸渍液常用的胶乳类型有天然胶乳、丁苯胶乳、丁吡胶乳和丁二烯-苯乙烯-乙烯基吡啶三元共聚胶乳。天然胶乳和丁苯胶乳成本较低，但浸胶织物与被粘橡胶之结合强度较差；丁吡胶乳和三元共聚胶乳的浸渍增黏效果好，但价格较贵，故应根据帘布种类和压延胶料性质具体选用。或采用天然胶乳与合成胶乳，主要是与丁吡胶乳的并用胶乳，以达到成本与性能之间的平衡。浸渍液中常用的改性树脂有酚醛树脂、环氧树脂、异氰酸酯和脲醛树脂等。

由酚醛树脂和胶乳为主要成分组成的浸渍液，即间苯二酚-甲醛-胶乳（RFL）浸渍液是目前使用最广泛的纤维浸胶液。它不仅适用于棉帘布、维纶、人造丝和尼龙帘布，还可用于聚酯纤维、芳纶纤维和玻璃纤维帘线的第二次浸液。若再加入其他改性物质，如异氰酸酯、环氧树脂等改性后还可直接用于聚酯和芳纶帘线的一步浸渍处理。

RFL浸胶液的配制方法是将胶乳、改性树脂和其他配合成分混合均匀。由于胶乳为乳液水分散体，故各种组分都必须预先制成水溶液或水分散体与胶乳混合。浸胶液配制完毕还必须经过适当时间的熟成之后才能使用。常用的浸胶液及配方组成如表7-4～表7-6所示。

表7-4和表7-5分别适用于棉纺织物的酪素-胶乳浸渍液配方和RFL浸渍液配方。

表7-4 酪素-胶乳浸渍液组成[①]

组分	干固体含量/%	湿含量/%	组分	干固体含量/%	湿含量/%
天然胶乳(62%)	24.4	39.4	软水	—	147.8
酪素液(10%)	3.69	36.9	合计	28.70	230.2
拉开粉液(10%)	0.61	6.1			

①质量份。

表7-5 棉帘线用RFL浸渍液配方

组成	配比	实用量/kg	备注
天然胶乳(30%)	143.16	52.42	淡红色
酚醛母液[①]	306.84	112.38	pH值
合计	450.00	164.80	8～10

①组成为：间苯二酚6.33，甲醛（40%）12.66，氢氧化钠（10%）7.34，水423.67。

表7-6适用于人造丝和尼龙帘线的RFL浸渍液配方，表7-7和表7-8分别为用于聚酯帘线两步浸渍法的浸渍液配方。表7-9为用于聚酯帘线一步浸渍法的浸渍液配方。

表 7-6　人造丝和尼龙帘线使用的 RFL 浸渍液配方[①]

组分		人造丝	尼龙	组分		人造丝	尼龙
酚醛母液	间苯二酚	11.0	11.0	浸胶液	丁吡胶乳(15%)	20.0	100.0
	甲醛	6.0	6.0		丁苯胶乳(41%)	80.0	—
	氢氧化钠	0.3	0.3		酚醛母液	17.3	17.3
合计		17.3	17.3		氨水(28%)	—	11.3
总固体含量/%		5.0	5.0	总固体含量/%		12.0	20.0
pH 值		7.0~7.5	7.0~7.5	pH 值		8.0~8.5	10.0~10.5

① 干质量份。

表 7-7　聚酯帘线两步浸渍法之第一步浸液配方

组分	干质量/份	组分	干质量/份
亚甲基双(4-苯基异氰酸酯)的双苯酚加成物及二辛基硫代丁二烯钠水分散体(40%)	3.6	黄蜡胶	0.04
环氧树脂 EPON812	1.36	总固体含量/%	5.00

表 7-8　聚酯帘线两步浸渍法之第二步浸液配方

组分	干质量/份	组分	干质量/份
酚醛母体	17.3	氨水(28%)	11.3
丁吡胶乳(15%)	100.0	总固体含量/%	20.0

注：两次浸渍之间，纺织物必须经过干燥处理。

表 7-9　聚酯帘线一步浸渍法浸渍液配方

组分	干质量/份	组分	干质量/份
酚醛母液		丁吡胶乳(15%)	100.0
氢氧化钠	1.3	总固体含量/%	20.0
间苯二酚	16.6	pH 值	9.5
甲醛	5.4	H-7 最后浸液	
总固体含量/%	20.0	RFL 浸液	123.3
pH 值	6.0	H-7 树脂	25.0
间-甲胶乳(RFL 浸液)		总固体含量/%	20.0
酚醛树脂母液	23.0	pH 值	10.0

2. 各种帘线的 RFL 浸渍液配方制定注意事项

① 间苯二酚与甲醛的用量应控制在摩尔比 1:2 为宜。甲醛的用量过多容易产生凝胶，且干燥时会产生热固性树脂的交联反应而降低附着力。

② 树脂的用量宜控制在乳胶干胶用量的 15%~20% 范围以内。若在含 100 份橡胶烃的胶乳中加入 17.3 份树脂，则黏合性与加工性最好。树脂的用量过少会降低附着力，用量过多又会降低浸胶帘布的耐疲劳性能。

③ 浸渍液的总固体含量依纤维种类不同而异。一般控制范围为棉帘线 10%~12%，人造丝 12%~15%，尼龙 18%~20%，维纶则应比人造丝的浸液浓度还要低，否则浸胶帘布会发硬。聚酯帘线为 20%。

④ 浸渍液的 pH 值应控制在 8~10 之间，以保持浸渍液稳定。

3. RFL 浸渍液的配制方法

先用少量的水将间苯二酚溶解，再加水稀释至规定浓度，然后加入甲醛并在缓慢搅拌下加入氢氧化钠溶液，控制 pH 值在 8~10，即为酚醛树脂母液。之后在缓慢搅拌下将酚醛母液与胶乳混合均匀，在室温下静置 12~24h 后再用水稀释至规定浓度才能使用。混合时的搅拌速度过快，胶乳易发生胶凝。

天然胶乳的酚醛母液配制后必须先静置熟成一定时间，然后才能与胶乳混合，熟成条件为 25℃×（6～8）h，或 20℃×18h，否则会使浸胶层丧失黏合附着力。用于合成胶乳的酚醛母液则不必经过预先熟成即可与胶乳混合。但所有浸渍液配制好以后都必须经过熟成后才能使用。

4. 纺织物浸胶工艺方法

棉帘布的浸胶过程包括帘布导开、浸胶、挤压、干燥和卷取等工序。其一般工艺流程如图 7-6 所示。帘布导开后经接头机接头，并经过蓄布装置调节，然后按一定速度浸入浸胶槽浸液。经过一定时间接触后离开浸液时，帘线表面和缝隙中附着一层胶乳-树脂聚合物层；再经挤压辊挤压去掉大部分水和过量的附胶，随后进入烘干室干燥至含水率达到规定限度，然后再经扩布辊扩展使两边达

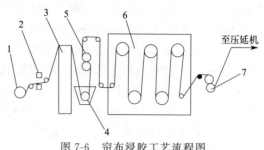

图 7-6　帘布浸胶工艺流程图
1—帘布导开；2—帘布接头；3—蓄布；
4—浸胶；5—挤压；6—干燥；7—卷取

到平整，最后卷取或直接送往压延机覆胶。为了防止帘线浸胶时遇水发生收缩，在浸胶过程中必须对帘布施加恒定而均匀的张力作用。

影响浸胶帘布质量的因素有浸渍液浓度、帘布与浸渍液的接触时间、附胶量多少、挤压力大小、帘布张力大小和均匀程度、干燥程度等。

棉、维纶、尼龙和人造丝帘线只需用 RFL 一次浸胶即可。聚酯帘线和芳纶纤维则必须先经表面改性处理后，再浸渍 RFL 才能保证其必要的黏合效果。也可将改性组分直接加入 RFL 浸渍液中，采用一步法处理。

玻璃纤维帘线也必须先经改性浸渍处理后才能浸 RFL。如玻璃纤维在拉丝过程中先用如下配方改性液（单位为质量份）进行改性浸渍处理：

水溶性清漆	2.0
有机硅烷偶联剂	0.6～1.0
固色剂	5.0
平平加 O	1.0
水	91～91.4

浸渍后的玻璃纤维须经充分干燥后才能用 RFL 进行第二次浸渍处理，浸胶时间为 6～8s，浸渍后的干燥条件为 170℃×（1～2）min，附胶量为 18%～30%。玻璃纤维帘线浸胶时必须充分浸透，让每一根单丝表面都包覆上一层完整的聚合物膜，而且最好是经过两次 RFL 浸渍处理。上述改性液使用的有机硅烷偶联剂有乙烯基硅烷、苯乙烯基乙基硅烷和烯丙基硅烷等。

RFL 浸渍液配方及配制操作顺序如下（单位：g）：

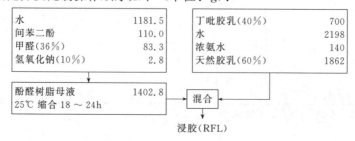

四、尼龙和聚酯帘线的浸胶热伸张处理

尼龙帘线热收缩性大,为保证帘线的尺寸稳定性,在压延前必须进行热伸张处理,压延过程中也要对帘线施加一定的张力作用,以防发生热收缩变形。聚酯帘线的尺寸稳定性虽比尼龙好得多,但为进一步改善其尺寸稳定性,亦应进行热伸张处理。

热伸张处理在工艺上通常分三步完成:

第一步为热伸张区。在这一阶段使帘线处在其软化点以上的高温下,并受到较大的张力作用,使大分子链被拉伸变形和取向,提高其取向度和结晶度。温度高低、张力大小和作用时间长短依帘布种类和规格而异。

第二步为热定型区,温度与热伸张区相同或低5~10℃,张力作用略低,作用时间与伸张区相同。其主要作用是帘线于高温下消除内应力,同时又保持热伸张时大分子链的取向度,从而使外力作用消失后不会发生收缩。

第三步为冷定型区。在保持帘线张力不变的条件下使帘布冷却到其玻璃化转变温度以下的常温范围。因大分子链的取向和结晶状态被固定,内应力也已消除,帘线尺寸稳定性得到了改善。尼龙帘线热伸张处理条件如表7-10所示。

表7-10 尼龙帘线热伸张处理条件

工艺条件	干燥区	热伸张区	热定型	冷定型区
温度	110~130℃	185~195℃(尼龙6)	温度相同或低5~10℃	张力作用下冷却到50℃以下
	—	210~230℃(尼龙66)	—	—
时间	40~60s	20~40s	20~40s	
张力/(N/根)	1.94~4.90	24.5~29.4(1260D/2)	19.6~24.5	
伸长率	2%	8%~10%	2%	①

① 总伸长率为6%~8%。

聚酯帘线的热伸张处理一般是在两次浸胶处理过程中分两步完成。工艺上也分为两个阶段:第一阶段为浸胶、干燥及热伸张处理阶段,热伸张处理温度为254~257℃;第二阶段为浸胶、干燥及热定型处理阶段,热定型处理温度为249~257℃。处理时间皆为60~80s。

帘布浸胶和热伸张处理的工艺路线有两种:一种为先浸胶后热伸张处理,另一种为先热伸张处理后浸胶。前者帘线附胶量较大,一般为5%~6%,胶布耐疲劳性能较好,且附着力比较稳定,但浸胶层物理机械性能会因高温老化而受到损害。后者可使帘线在干燥状态下热伸张定型,然后进行浸胶、干燥,从而可减少浸胶层高温下的热老化损害作用,使压延后的胶布比较柔软,有利于成型操作和提高轮胎成型的生产效率,但浸胶帘布的附胶量较少,帘布与胶料之间的结合强度较差。不同处理程序对帘线性能的影响如表7-11所示。

表7-11 不同处理程序的帘线性能对比①

帘线性能	热伸张/浸胶		浸胶/热伸张	
	尼龙6	尼龙66	尼龙6	尼龙66
拉伸强度/MPa	2.92	2.14	2.87	2.10
断裂伸长率/%	25.6	24.2	24.8	22.6
热收缩率(160℃×4mm)/%	4.9	3.8	5.3	4.4
附胶量/%	3.8	3.3	4.9	4.8
附着力/(N/根)	114	—	158	—
刚度/[(g·cm)/根帘线]	0.3	0.10	0.6	0.28

① 帘线规格:尼龙6为1880dtex/2;尼龙66为1400 dtex/2。

两种技术路线在实际生产中均有应用。如美、日、英采用先浸胶后热伸张处理工艺，国内亦然。法国的某些公司则采用先热伸张后浸胶工艺。

实际生产中帘布浸胶、干燥和热处理工艺可以单独进行，也可以与压延工艺联动，组成联动流水作业生产线。联动作业使压延工艺自动化水平及生产效率大大提高，减少了生产过程中的半成品储运和劳动力配备，但因作业条件不能经常改变，故更换帘布规格品种不够方便灵活。因而联动只适用于帘布规格品种比较单一、胶料配方变化较少、胶布批量较大的大规模生产，大多数中小型轮胎厂均与压延分开单独进行。尼龙帘布由纺织厂进行浸胶和热处理后供给橡胶厂使用。纤维帘布浸胶热伸张处理装置典型工艺流程图如图7-7所示。

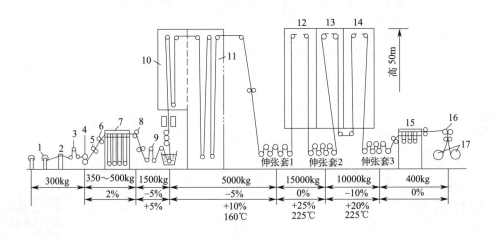

图7-7　纤维帘布浸胶热伸张处理装置典型工艺流程图（速度100/min）
1—导开；2—接头；3—浮辊1；4—牵引1；5—导向；6—吸尘器；7—前蓄布；8—牵引2；9—浮辊2；10—前干燥；11—后干燥；12—伸张；13—定型；14—冷却；15—后蓄布；16—牵引3；17—卷取

目前帘布浸胶热伸张装置的自控水平较高者，其全部拖动系统采用直流电机，定张力自动检测反馈控制，温度调节系统精度沿帘布宽度方向达到±1℃，沿帘布长度方向为±5℃。伸张时帘布总张力一般在10～14tf（吨力）之间，用速度控制张力时，其精度误差已能达到±0.2%。帘布导开过程中的张力可以调节并保持稳定。帘布用平板硫化机接头时，在高温张力条件下有可能被拉断。因此，已普遍采用6～10针缝纫机往复缝合2～3次的接头方法。贮布器设有液压系统以保证帘布的张力恒定，另外还设有橡皮压辊，以减少帘布打滑现象。干燥区有的用蒸汽加热，有的用燃油或煤气为热源，最高温度可达到205℃；热伸张和热定型区一般都用燃油或煤气做热源，个别也有用电热的，最高温度可达到270℃。还有的在热伸张区和热定型区设浮辊装置调节帘布在加热室内的路程或加热时间，遇到事故停车时，浮辊系统可使帘布全部退出加热室外面，减少高温热氧老化对胶布质量的损害作用。浸胶装置一般设有胶乳液面控制系统，误差一般不超过±25mm。双卷取装置由直流电机拖动，自动检测反馈控制张力，张力按布卷里紧外松的趋势变化，以保证卷取质量。

图7-8为适用于帘布两次浸渍和热伸张处理的浸胶热伸张装置，能用于处理尼龙、聚酯和芳纶帘线。用于尼龙帘线时只浸渍一次，聚酯和芳纶帘线则浸渍两次。该设备已采用微机集中控制和自动记录工艺参数，运行速度可达90m/min。

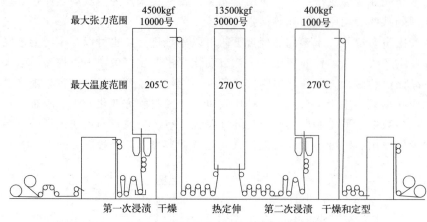

图 7-8　用于帘布两次浸渍和热伸张处理的装置（1kgf＝9.8N）

第三节

压延工艺

一、胶片压延

胶片压延是利用压延机将胶料制成具有规定断面厚度和宽度的光滑胶片，如胶管、胶带的内外层胶和中间层胶片，轮胎缓冲层胶片，隔离胶片和油皮胶片等。当压延胶片的断面厚度较大、一次压延难以保证质量时，可以分别压延先制成两个以上的较薄胶片，然后再将其贴合成规定厚度的胶片，或者将两种不同胶料的胶片贴合在一起制成符合要求的胶片，还可将胶料制成一定断面厚度和宽度，表面带有一定花纹，即断面具有一定几何形状的胶片。因此，胶片的压延包括压片、胶片贴合和压型。

（一）压片

断面厚度在 3mm 以下的胶片可以利用压延机一次完成压延，称为压片。对压延胶片的质量要求是胶片的表面光滑无皱缩；内部密实，无孔穴、气泡或海绵；断面厚度符合厚度精度要求，各部分收缩变形率均匀一致。

压片工艺方法依设备不同有三辊压延机压片和四辊压延机压片两种主要方法。也可以用两辊压延机和开放式炼胶机压片，但其胶片厚度的精密度太低。

1. 压片工艺方法

压片工艺方法如图 7-9 所示。图中 (a)、(b) 为三辊压延机压片，(c) 为四辊压延机压片。三辊压延机压片又分为两种方法，其中 (a) 为中、下辊间无积存胶压延法，(b) 为中、下辊间有积存胶压延法。有适量的积存胶可使胶片表面光滑，减少内部气泡，提高胶片内部的致密性，但会增大压延效应，此法适用于苯橡胶。若积存胶量过多反而会带入气泡。无积存胶法则相反，适用于天然橡胶。

采用四辊压延机压片时，胶片的收缩率比三辊压延机的小，断面厚度精度较高，但压延效应较大，这在工艺上应加以注意。当胶片断面厚度要求十分精密时，最好采用四辊机压片，其胶片厚度范围可达 0.04～1.00mm。若胶片厚度为 2～3mm 时，采用三辊压延机也比较理想。

2. 影响压片的因素

影响压片工艺与质量的主要因素有辊温、辊速、生胶种类、胶料的可塑度与含胶率等。提高压延温度可降低半成品收缩率，胶片表面光滑，但若过高则容易产生气泡和焦烧现象；

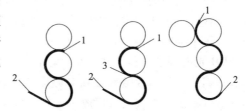

(a) 中、下辊间　(b) 中、下辊间　(c) 四辊压延机压片
　无积存胶　　　有积存胶

图 7-9　压片工艺示意图
1—胶料；2—胶片；3—存胶

辊温过低会降低胶料流动性，半成品表面粗糙，收缩率增加。故辊温应依生胶品种和配方特性、胶料可塑度大小和配方含胶率而定。通常是配方含胶率高，胶料可塑度较低或弹性较高者，压延辊温宜适当高些；反之则相反。另外，为了便于胶料在各辊筒之间按预定的方向顺利转移，还必须使各辊筒之间保持适当的温差。例如，天然橡胶容易包热辊，胶片由一个辊筒转移到后面的辊筒时，后者的辊温就应适当提高些，而合成橡胶则正好相反。各辊筒间的温差范围一般为 5～10℃。各种橡胶的压片温度范围如表 7-12 所示。

表 7-12　各种橡胶的压片温度范围　　　　　　　　　　　　　　单位：℃

胶种	上辊	中辊	下辊
天然橡胶	100～110	85～95	60～70
异戊橡胶	80～90	70～80	55～70
顺丁橡胶	55～75	50～70	55～65
丁苯橡胶	50～70	54～70	55～70
丁腈橡胶	80～90	70～80	70～90
氯丁橡胶	90～120	60～90	30～40
丁基橡胶	90～120	75～90	75～100
三元乙丙橡胶	90～120	65～85	90～100
氯磺化聚乙烯橡胶	85～95	70～90	40～50
二元乙丙橡胶	75～95	50～60	60～70

胶料的可塑度大，流动性好，半成品收缩率低，表面光滑，但若可塑度过大又易产生粘辊现象，影响操作。

压延速度快，生产效率高，但半成品收缩率也大。压延速度应考虑胶料的可塑度大小及配方含胶率高低而定。配方含胶率较低、胶料可塑度较大时，压延速度可适当加快。辊筒之间存在速比有助于消除气泡，但不利于出片的光滑度。为了兼顾两者，三辊压延机通常采用中、下辊等速，而供胶的上、中辊间有适当速比。

不同胶种的压片特性差别较大。NR 胶料比较容易压延，胶片表面光滑，收缩率较小，断面规格尺寸比较容易控制。某些合成橡胶压延后的收缩变形率较大，胶片表面不够光滑，断面规格较难控制。

3. 几种橡胶的压片压延特性

（1）丁苯橡胶

与 NR 相比，SBR 压片收缩率较大，胶片表面粗糙，气泡多而又较难排除。但低温聚合丁苯橡胶优于高温聚合丁苯橡胶；充油丁苯橡胶优于非充油丁苯橡胶。为减小收缩变形率，除适当提高塑炼程度外，在配方上还必须适当增加增塑剂用量，如操作油、古马隆等；油膏、沥青等也可作为增塑剂使用；填料以碳酸钙等粗粒者为佳。

（2）氯丁橡胶

CR压延时弹性收缩率比NR大，且对温度变化敏感，容易发生焦烧和粘辊等现象。根本原因是其分子的高度结晶性和对温度的敏感性。在70℃以下时氯丁橡胶为弹性态，压延出片性好且不易产生气泡，但胶片收缩率较大，不易获得厚度准确、表面平滑的胶片；当升温至70~90℃时，胶料变为颗粒态，胶料自黏性最小，容易粘辊；温度超过90℃时变为塑性态，弹性完全消失，几乎没有收缩性，此时压延胶片的表面最光滑，收缩率最小，但胶料也最容易发生焦烧。所以从工艺上考虑，当压片厚度精度要求不高时，可控制胶料在弹性态进行压片，以防发生焦烧和粘辊现象；反之，当压片厚度精度及表面光滑程度要求很高时，应采用高温使其处于塑性态进行压片。此外，一定要避开颗粒态。

CR压片时必须严格控制辊温，特别是压延1.5mm以下的薄胶片时，辊温不得超过55℃，以防粘辊，热炼温度也应适当调低，辊温以（45±5）℃为宜，时间不宜过长，以包辊胶片达到光滑为度。胶料的可塑度应保持在0.4以上，在胶料中掺用5%~10%的NR或加入20%左右的油膏可防止胶料粘辊，并用胶料的压片温度可适当放宽。

几种主要品种CR的压片压延温度及并用胶的压片温度分别如表7-13和表7-14所示。

表7-13　几种氯丁橡胶的压片温度　　　　　　　　　　　　单位：℃

辊筒	通用型（低温）	54-1型（中温）	通用型与54-1型（高温）①
上辊	52	88	98~110
中辊	47	65	65~98
下辊	冷却	49	49

①适用于两种氯丁橡胶的精密压片。

表7-14　氯丁并用胶料压片温度　　　　　　　　　　　　单位：℃

辊筒	NR/CR(70/30)	CR/NR(90/10)	CR/NR(50/50)	CR/NBR(50/50)
上辊	90~95	50	60	80
中辊	80~90	45	40	90
下辊	85~90	35	60	40

（3）丁腈橡胶

NBR压片的最大问题是收缩剧烈和表面粗糙，故很难压延。但适当调整配方，延长热炼时间，仍可做到顺利操作。配方中应多填充软质炭黑（如半补强或热裂法炉黑100份）或活性碳酸钙等，还要添加50份左右的增塑剂。辊温应比NR低5~10℃，且中辊温度要低于上辊。推荐温度为上辊60~75℃，中辊35~50℃，下辊50~60℃。遇到胶料粘辊时将辊温适当提高，可减小粘辊倾向。

NBR压片胶料中的填料用量不得少于50份；供胶时采用大片添加方式，以利于胶片表面光滑和减少气泡。胶料热炼不充分、压延温度不够等都会使压片表面不光滑。若热炼温度过高、回炼时间过长、供胶方式不恰当等皆会产生气泡。

（4）顺丁橡胶

BR与其他合成橡胶一样，压延时收缩率较大，并用NR可得以降低。高顺式BR在低温压片时收缩率较小，而低顺式顺丁橡胶在高温下的压延收缩较小。

（5）三元乙丙橡胶

EPDM胶料压片加工困难，容易发生粘辊、掉皮和不光滑等问题。对此，采用低温多次回炼的方法除掉胶料中的水分就可以解决。胶料中填料和油的用量较少时，压延温度控制在 40～50℃ 或 90～120℃ 为宜。但采用低温范围时胶料的收缩率大，容易产生气泡。采用 90℃ 以上高温可改善高填充配方胶料的工艺性能；在 120℃ 左右，可制得几乎不收缩的平滑胶片。各辊筒温度范围为：上辊 90～100℃；中辊 80～90℃；下辊 90～120℃。

配方含胶率越高，压片越困难，越易产生气泡，当出片厚度低于 1mm 时不易产生气泡。

（6）氯磺化聚乙烯

压延辊温随配方不同而有很大差异，一般在 60～90℃ 范围内，上辊比中辊温度约高 10℃。温度过高，胶料容易粘辊；辊温低些对消除胶片中的气泡有利。克服粘辊的方法是低温压延时使用硬脂酸和石蜡，高温压延时使用聚乙烯。供胶温度应与中辊温度相同。胶料应在热炼过程中尽量将空气排除，否则软化后很难排除。常用的隔离剂硬脂酸锌会降低胶料的耐热性，故不宜使用。一次压延胶片最大厚度为 1mm 左右。更厚的胶片须分层压延后再贴合。冷热不同的两胶片能很好地贴合。一般压片条件为：上辊 27～38℃；中辊 27～38℃，下辊常温。

（7）丁基橡胶

IIR 压延时排气困难，弹性和收缩率大，容易出现针孔及表面不光滑等毛病，因此采用高温、低速压延。常用的两种辊温范围为：上辊 95～110℃；中辊 70～80℃；下辊 80～105℃（或上辊 80℃；中辊 85～90℃；下辊 50℃）。

IIR 采用酚醛树脂与氯化亚锡硫化体系时对压片不利，粘辊和对辊筒表面腐蚀都很严重。配用高耐磨炭黑和高速机油或古马隆可以得到改善。另外遇到粘辊情况时可采用降低辊温或者辊筒表面撒敷滑石粉或硬脂酸锌等解决。提高胶料热炼温度有利于消除气泡。增加配方中填料用量可减少收缩率；压延后的胶片需充分冷却并两面涂隔离剂，以防胶片互相黏结。

（8）硅橡胶

压延前需经热炼，热炼温度不宜过高，时间不宜过长，否则压延易粘辊。因胶料倾向于黏附冷辊，故辊温宜控制为：上辊 50～60℃；中辊室温；下辊水冷却，上辊温度不宜超过 70℃，以免造成过氧化物分解。为了防止产生气泡，在中、下辊间应保持适量存胶。压延速度一般在 1.5～3m/min，这主要取决于胶料强度和胶片能顺利离开辊筒，速度过快易使胶片被拉断；胶片离开辊筒时的角度也应适当。胶片卷取轴安装位置须低于下辊筒顶部，以保证胶片能顺利离开辊筒表面。

（9）氟橡胶

FPM 热炼温度应在 40～50℃，胶片厚度在 2～3mm，压延要采用高温：上辊 90～100℃；中辊 50～55℃；下辊冷却。

（10）聚硫橡胶

应采用低温压延，适宜温度范围为：上辊 45℃；中辊 40℃；下辊室温。胶片厚度不得超过 0.8mm，压延速度要恒定。

（二）胶片贴合

胶片贴合是利用压延机将两层以上的同种或异种胶片压合为厚度较大的一个整体胶片的压延作业，适用于胶片厚度较大、质量要求高的胶片压延，也适用于配方含胶率高、除气困难的胶片压延，两种以上不同配方胶料之间的复合胶片压延，夹胶布制造以及气密性要求特严的中空橡胶制品生产等。

胶片贴合工艺方法有以下几种。

(1) 两辊压延机贴合

用等速两辊压延机或开放式炼胶机将胶片复合在一起，贴合胶片厚度可达到5mm，压延速度、辊温和存胶量等控制都比较简单，胶料也比较密实。但厚度的精度较差，不适于厚度在1mm以下的胶片贴合。

(2) 三辊压延机贴合

常见的三辊压延机贴合如图7-10(a)所示，将预先压延好的一次胶片从卷取辊上导入压延机下辊，经辅助压辊作用与包辊胶片贴合在一起，然后卷取。该法贴合的两层胶片的温度和可塑度应尽可能接近，辅助压辊应外覆胶层，直径以压延机下辊的2/3为宜，送胶与卷取的速度一致，避免空气混入。

图7-10(b)为用带式牵引装置代替辅助压辊的另一种三辊压延机贴合胶片的方法。一次胶片和二次胶片在两层输送带之间受压贴合，其效果比压辊法更好。

(3) 夹胶防水布贴合

夹胶防水布也可以按胶片贴合的方式用三辊压延机进行贴合，如图7-11所示。坯布经干燥辊干燥后再刮涂胶浆，制成里层和外层不同的两种单面覆胶的胶布，热炼胶料割取小卷送到中、上辊之间的辊缝中，压延胶片包中辊，厚度为0.15～0.20mm，外层胶布递进中、下辊辊缝中直接贴合，然后再送到压合辊与里层胶布贴合即成。

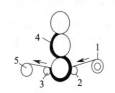
(a) 常见的三辊压延机贴合

(b) 用带式牵引装置代替辅助压辊的三辊压延机贴合胶片法

图7-10 三辊压延机贴合
1—第一次胶片；2—压辊；3—导辊；
4—第二次胶片；5—贴合胶片卷取

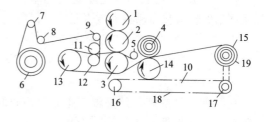

图7-11 夹胶防水布的贴合
1,2,3—压延机辊筒；4—外层布卷；5,9—分布轮；
6—里层布卷；7—托辊；8—压辊；
10—加压螺旋；11,12—压合辊；13,14—冷却辊；
15—夹胶布卷；16—动力轴；17—皮带轮；
18—传动轮；19—自动卷布机

(4) 四辊压延机贴合

四辊压延机一次可以同时完成两个新鲜胶片的压延与贴合。此法生产效率高，胶片质量好，断面厚度精度高，工艺操作简便，设备占地面积小。只是贴合胶片的压延效应比较大，在工艺上应予注意和调节。常用的四辊压延机类型有Γ型和Z型两种。Γ型四辊压延机贴合胶片如图7-12所示。Z型四辊压延机贴合胶片精度更高，能完成Γ型压延机所不能完成的贴合作业。标准Z型四辊压延机由输送带向辊缝上方供料，适用于薄壁制品。斜Z型四辊压延机因加料方便，适用于规格多样化、需经常调整的工业制品。当胶料配方和断面厚度都不相同的两层胶片贴合时，最好是采用四辊压延机贴合，以保证贴合胶片

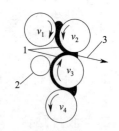

图7-12 Γ型四辊压延机贴合胶片
1—一次胶片；2—压延贴片；
3—贴合胶片

的内部密实，无气泡，表面无皱褶。

（三）胶片压型

压型可以采用两辊、三辊和四辊压延机压延。但不管哪种压延机，都必须有一个或两个花纹辊筒，且花纹辊可以随时更换，以变更胶片的规格与品种。压型压延工艺方法如图 7-13 所示。

(a) 两辊压延机压型　　(b) 三辊压延机压型　　(c) 四辊压延机压型

图 7-13　胶片压型工艺示意图（带剖面线者为花纹辊）

压型工艺与压片工艺基本相似，对半成品要求是表面光滑，花纹清晰，内部密实，无气泡，断面几何形状准确，厚度尺寸精确。

为保证半成品质量，胶料配方含胶率不宜太高，应添加较多的填料和适量的增塑剂。加入硫化油膏和再生胶可增加胶料流动性和挺性，减少收缩率和防止花纹塌扁。胶料的收缩变形率一般应控制在 10%～30% 以内。对压型胶料的塑炼和混炼质量、胶料停放、热炼工艺条件和质量以及返回胶掺用比例等均应保持稳定均匀；压型工艺应采用提高辊温、减慢辊速或急速冷却等措施。

二、纺织物挂胶

纺织物挂胶是利用压延机将胶料渗透入纺织物结构内部缝隙并覆盖到纺织物表面成为胶布的压延作业。

虽然利用涂胶和浸渍法都能使纺织物挂胶，但涂胶法胶布表面附胶量少，生产效率也比压延法低得多，故对附胶层厚度较大的胶布必须用压延法挂胶。

压延胶布使用的纺织物为帘布和帆布。挂胶的目的是使纺织物的线与线、层与层之间通过胶料的作用相互紧密牢固地结合成一个有机的整体，共同承受负荷，减少相互间位移和摩擦生热，并使应力分布均匀，还可提高胶布的弹性和防水性，保证制品良好的抗动态疲劳性能。

对胶布的质量要求主要是：胶料对纺织物的渗透性结合性能要好，附着力要高；附胶层厚度要均匀并符合规定标准；胶布表面无缺胶、起皱和压破纺织物等现象；不得有杂物和焦烧现象。

（一）贴胶

纺织物贴胶是使织物和胶片在压延机等速回转的两辊筒之间的挤压力作用下贴合在一起，制成胶布的挂胶方法。通常采用三辊压延机和四辊压延机进行。三辊压延机每次只能完成纺织物的单面挂胶，所以必须经过两次压延才能完成纺织物的双面贴胶。三辊压延机一次单面贴胶压延如图 7-14（a）所示。用四辊压延机可一次完成纺织物的双面贴胶，如图 7-14（c）所示。其生产效率比三辊压延机高，设备与工艺操作相对简化，故应用最普遍。

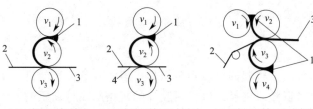

(a) 三辊压延机贴胶　　(b) 三辊压延机压力贴胶　　(c) 四辊压延机两面贴胶
　　($v_2=v_3>v_1$)　　　　　　($v_2=v_3>v_1$)　　　　　　　($v_2=v_3>v_1=v_4$)

图 7-14　纺织物贴胶压延示意图
1—胶料；2—纺织物；3—胶布；4—存放

贴胶压延法的优点是速度快，效率高，对织物的损伤小，胶布表面的附胶量较大，耐疲劳性能较好。但胶料对织物的渗透性较差，附着力低，胶布内容易产生气孔。故该法不适用于未经过浸胶或涂胶处理的白坯帘布和帆布的直接压延挂胶，而主要用于浸胶处理后的纺织物挂胶，特别是帘布的挂胶。

用于纺织物贴胶的胶料可塑度范围，NR 一般为 0.40~0.50，其可塑度大，流动性好，压延收缩率低，胶布表面光滑，胶料对织物的渗透性和结合力高。但若可塑度过大会损害胶料的力学性能。

Γ型四辊压延机采用 NR 胶料进行纺织物两面一次贴胶的压延温度范围一般为：上辊 105~110℃；下、侧辊 100~105℃。NR 易粘热辊，故上、中辊温度高于下、侧辊 5~10℃。胶料可塑度低、补强性填料多、含胶率高的胶料，压延温度应适当提高。压延速度高，半成品的收缩率也大，这时应适当提高压延温度。

（二）压力贴胶

压力贴胶如图 7-14（b）所示，通常在三辊压延机上进行。工艺操作方法与贴胶相同，唯一区别是在纺织物进入压延机的辊隙处留有适量的积存胶料，借以增加胶料对纺织物的挤压力和渗透作用，从而提高了胶料与织物之间的附着力作用。只是胶布表面的附胶层比贴胶法的稍薄一些，积存胶量过多容易导致帘线劈缝、擦股和压扁等质量问题。适宜的存胶量全凭经验控制，故对操作技术水平要求较高。实际生产中多与其他挂胶方法并用，如纺织物一面压力贴胶，另一面贴胶或者擦胶。

（三）擦胶

擦胶是在压延时利用压延机辊筒速比产生的剪切力和挤压力作用将胶料挤擦入织物组织缝隙中的挂胶方法。该法提高了胶料对织物的渗透作用与结合强度，适用于未经浸渍处理的结构比较紧密的帆布挂胶。

1. 纺织物擦胶压延方法

擦胶压延一般在三辊压延机上进行，如图 7-15 所示。上辊缝供胶，下辊缝擦胶，中辊转速大于上、下辊，速比范围控制在(1∶1.3)~(1.5∶1)，上、下辊等速；中辊温度也高于上、下辊。

擦胶压延有两种操作方法，一种为包擦法，压延时中辊全包胶，包胶厚度细布为 1.5~2.0mm，帆布为 2.0~3.0mm，纺织物通过辊缝时只有一部分胶料附着于纺织物表面上；

包擦法的特点是中辊温度较低，以防胶料发生焦烧。纺织物附胶量较少且基本稳定，耐疲劳性能较差，胶料对织物的渗入深度较浅、附着力较差；胶布表面不够光滑，但压延过程对织物的机械损伤小，适用于平纹细弱布类的压延覆胶。

另一种是光擦法。纺织物通过中、下辊缝隙后胶料全部附着到织物上，压延过程中中辊只有半圆周包胶，另一半圆周无胶料。光擦法胶布附胶量较大，故胶布的耐疲劳性能比包擦法好。但这种方法胶料对织物的渗透性深度较大，胶布表面光滑，压延时对织物造成的损伤较大，故主要适用于厚度较大的帆布。

帆布擦胶通常采用三辊压延机加工。擦胶又分帆布单面擦胶和双面擦胶两种。图 7-16 为纺织物单面厚擦示意图。

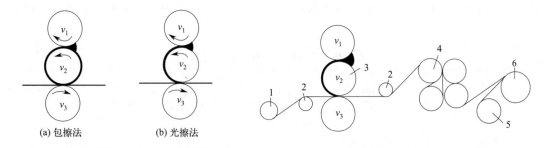

图 7-15　纺织物擦胶压延（$v_2 > v_3$）示意图　　　图 7-16　三辊压延机单面厚擦工艺流程
　　　　　　　　　　　　　　　　　　　　　　　1—干布机；2—导辊；3—压延机；4—烘布辊；5—垫布卷；6—胶布

双面擦胶也有两种方式。第一种方式如图 7-17 所示。在两台压延机之间安装一个翻布辊，当第一台压延机将织物的正面擦胶之后，翻布辊将布料翻转进入第二台压延机在第二面擦胶。第二种方式是用两台运转方向相反的三辊压延机进行双面擦胶，如图 7-18 所示。

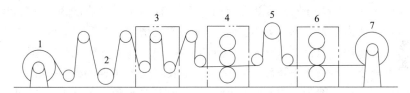

图 7-17　两台三辊压延机一次两面擦胶示意图
1—坯布；2—打毛；3—干燥辊；4,6—压延机；5—翻布辊；7—胶布辊

纺织物的贴胶、压力贴胶和擦胶三种方法各有优缺点，生产上应根据纺织物种类、胶布用途和性能要求具体选择一种或几种方法并用进行覆胶。对于输送带、传动带和轮胎中使用的帆布，若未经浸涂处理，可采用一面贴胶，另一面擦胶的压延方法覆胶，或一面压力贴胶另一面贴胶。对于经过预先浸涂处理的帘布和帆布均可采用一次两面贴胶的压延方法。

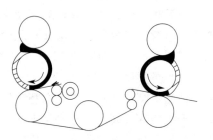

图 7-18　两台压延机双面擦胶示意图

2. 纺织物擦胶工艺和胶料配方上的注意事项

（1）配合方面

配方应具有较高的含胶率，最少不得低于 40%，有的可达 70%，主要是利用胶料的黏弹性质。补强剂应根据擦胶层厚度选用。厚擦胶料宜用氧化锌、软质陶土和锌钡白之类使胶

第七章　压延工艺

料柔软的配合剂；薄擦要多加硬质陶土和碳酸钙等。NR胶料宜选用松焦油和低熔点古马隆树脂类增塑剂，以利于胶料包辊；不宜采用矿物油和脂肪酸等润滑性增塑剂。NBR和CR胶料宜选用酚醛树脂、古马隆树脂和酯类增塑剂，用量范围宜在5～10份。

(2) 纺织物热处理

擦胶用的纺织物必须经过充分预热干燥，使含水率降至1%以下。布类的温度应保持在70℃以上。为防止收缩，擦胶时应对布类施加一定的伸张力。张力大小范围为：棉和人造丝帘线0.49～1.47N/根，尼龙和聚酯帘线≥1.96～2.45N/根。

(3) 压延温度

提高温度有利于胶料的流动和对织物的渗透结合，故热炼后的胶料温度应保持在80～90℃，压延擦胶辊温要求较高，一般控制在90～110℃。具体依橡胶种类和擦胶方法不同而定，如表7-15所示。

表7-15 几种橡胶的擦胶温度范围

辊筒	温度/℃			
	天然橡胶	丁腈橡胶	氯丁橡胶	丁基橡胶
上辊	80～115	85	50～120	85～105
中辊	75～100	70	50～90	76～95
下辊	60～70	50～60	30～65	90～115

另外，对于同一胶种由于擦胶要求不同，辊温不一样。在厚擦的情况下对NR应使中辊温度低于上、下辊温度；第二面擦胶时的温度应低于第一面的温度，这样可以减少粘辊现象。

(4) 辊筒速度与速比

辊速快生产效率高，但过快会降低胶料对织物的渗透力，从而影响压延质量，这对合成纤维织物最为明显。另外还必须考虑织物强度，织物强度高压延速度可加快。如厚帆布及帘布的压延速度可采用30m/min甚至更高，而一般薄细布的压延速度为5～25m/min。胶料对织物的渗透深度可通过辊距和压延存胶量加以调节。增大辊筒速比可改善擦胶效果，提高胶料对织物的渗透作用，但会加大对纺织物的力学损伤，并易导致焦烧。速比过小会使胶料与布料间摩擦力减小，不利于渗透结合，易使包辊胶料脱辊而难以顺利操作。上、中、下三个辊筒之间的适宜速比范围为(1:1.3)～(1.5:1)。厚帆布和帘布可采用1:1.5:1的速比范围；对于强度较低的薄细织物应采用1:1.3:1的较小速比范围。

(5) 中辊包胶问题

压延机中辊包胶是保证顺利操作的必要条件。若中辊的包胶稍有松动或脱辊便不能进行擦胶，对胶料充分塑炼，增加物理增塑剂的用量，提高坯布干燥程度和中辊温度等都可预防胶料脱辊。

(6) 可塑度

适当提高胶料的可塑度有利于提高胶料的流动和渗透作用，故擦胶胶料的可塑度要求较高，但可塑度过高也不利，且不同胶料的可塑度要求也不一样。例如CR本身具有良好的粘辊性，故胶料的可塑度要求就比较低。几种胶料的适宜可塑度范围见表7-16。

表7-16 几种胶料的适宜可塑度范围

胶种	可塑度(威式)	胶种	可塑度(威式)
天然橡胶	0.50～0.60	氯丁橡胶	0.40～0.50
丁腈橡胶	0.55～0.65	丁基橡胶	0.45～0.50

另外不同的擦胶方法对同一种胶料的可塑度要求也有差别。如采用包擦法压延时，胶料的可塑度要求就比较高，一般不应低于0.60，同时还应考虑半成品类型对可塑度的不同要求，如表7-17所示。

表7-17 不同NR制品对擦胶可塑度的要求

制品类型	V带包布	V带芯层帘布	传送带	外胎包布
可塑度范围(威式)	0.48～0.53	0.40～0.45	0.55～0.60	0.50～0.60

（四）纺织物挂胶压延工艺中常见的质量问题及解决措施

擦胶作业中常见的质量问题有掉皮、上辊、露白及焦烧等。其产生原因和解决方法如下。

① 掉皮。掉皮是包擦时中辊包胶的一部分掉下落到纺织物的表面上，从而影响压延操作。主要原因是：纺织物干燥不好，含水率过高；压延过程中纺织物温度太低；胶料热炼不足，可塑度或压延温度过低，纺织物表面不清洁，有油污或灰尘；辊距过大；配方设计不合理。改进措施：使纺织物含水率降到1%以下，确保纺织物的预热温度符合要求；严格保证胶料的热炼质量，并适当提高压延辊温；确保纺织物表面清洁；调整胶料配方，采用增黏性软化剂，降低胶料黏度。

② 胶布表面不光滑。胶料起麻面或小胶疙瘩，主要原因是胶料热炼不足和不均匀，热炼和压延温度过高造成胶料焦烧。严格控制压延温度，避免辊筒上的积胶停留辊上的时间太长，保证供胶热炼程度适当。

③ 上辊。纺织物随中辊包胶一起进入中、上辊缝的现象。产生原因有压延供胶不及时、存胶耗尽。解决的方法是及时供胶，保持存胶量适当。

④ 露白。是指胶料擦不上布面而露出白坯底面或出现小白点的现象。胶料热塑性不足，压延机辊温太低或布面不洁，干燥程度不足等都是可能的产生原因。所以在操作中应保证胶料的热炼程度和热塑性符合要求，迅速提高上、中辊温度，保证坯布干燥程度，防止布面沾污等。

⑤ 帘布出兜。这是帘布两边紧中间松的现象。主要原因是：辊缝积存胶过多或积胶宽度小于帘布宽度，帘布中间受力大，两边受力小；下辊温度过高胶料对下辊的黏附力较大；帘线排列密度不均匀，压延伸张不均匀。改进措施：控制存胶量适当；供胶要均匀，使积存胶宽度与帘布宽度一致；适当调低辊温；控制帘线排列密度均匀。

⑥ 焦烧。混炼胶含有自硫胶，热炼温度高及热炼时间过长，压延存胶量过多，在辊上翻滚时间过长等都会导致焦烧，应根据具体情况加以控制。

三、钢丝帘布压延

钢丝帘布的压延是子午线轮胎生产的重要工艺。钢丝帘布的挂胶可以采用单根或多根钢丝帘线用螺杆挤出机挂胶后卷在圆形转鼓上，再根据需要裁成一定宽度的胶帘布使用。但这种方法只能用于钢丝帘布需要量少的生产。当胶布需要量较大时，必须用压延方法制造。

钢丝帘布挂胶采用一次两面贴胶法压延。生产上又有两种方法：冷贴压延法和热贴压延法。

冷贴压延法是将预先制好的冷胶片用压延机贴于钢丝帘布表面，然后再卷取使用。此法适用于生产批量较小的加工，设备投资大约只相当于普通热贴压延设备的1/3，但胶布中帘线排列的均匀性、帘线伸张程度的均匀性、冷胶片的质量、胶布上下覆胶层厚度及胶布的总厚度等均难以控制,故多数还是采用热贴压延法。

热贴压延法是胶料经过热炼后再供胶压延,它又分有纬帘布压延法和无纬帘布压延法两种贴胶法。

有纬帘布是用尼龙或聚酯的单丝作为钢丝帘布的纬线,这样可用普通纤维纺织物使用的压延设备进行挂胶,只是压延过程中易出现帘布纬线断裂和帘线排列不均匀等难以克服的问题。

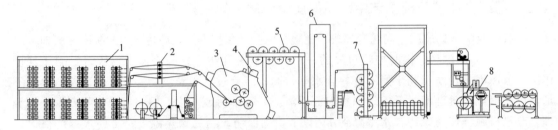

图 7-19 无纬钢丝帘布热贴压延工艺流程图

1—帘线导开筒子架;2—帘线排列装置;3—Z型压延机;4—测厚装置;5,7—胶布冷却装置;6—真空除气;8—胶布卷取装置

无纬钢丝帘布热贴压延工艺流程如图 7-19 所示。它包括帘线导开、定张力排线、压延贴胶、厚度检测、胶布冷却、卷取和裁断等工序。从图中可以看出,压延联动线前面设有帘线导开装置,即帘线筒子或锭子架,一般为两台,上下或左右配置,以便交替使用。当更换帘布规格时可减少非作业时间。导开架放在隔离室内,室温保持在 30℃ 左右,相对湿度不超过 40%,若钢丝帘布表面不够清洁,在帘线导开后可用汽油浸泡 10s 使其清洗干净,再经 (60±1)℃ 的静态热空气干燥 50s。若用筒子密封包装的钢丝帘线,筒内放有干燥剂或充以惰性气体,帘线再经过排列装置按要求的密度均匀排列后才进入压延机贴胶。为保证帘布质量,在帘线的排列和压延过程中必须给予较大而均匀的恒定张力作用,故要求对帘线的导开装置必须采用经济可靠和精确有效的方法控制帘线的张力。目前广泛采用张力传感的应变传感器,其原理如图 7-20 所示。它除了能控制每根帘线的张力稳定在给定的恒定值外,还能在发生夹线等意外情况下保证压延联动线紧急停车,以避免筒子架损伤或帘线断裂。每个筒子处都再加上设有

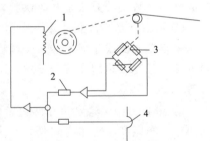

图 7-20 钢丝帘线张力传感器
应变计反馈控制装置

1—自动线圈;2—张力信号;
3—应变计传感器;4—张力给定电位计

单独的制动器和张力控制系统配套。使用较广泛的是电磁式单面制动器。帘线的张力大小范围一般为 2.16~2.94N/根。

钢丝子午胎要求帘布胶料必须具有较高的定伸应力、良好的耐屈挠疲劳性能以及较高的与钢丝的黏着力,故胶料比较硬,压延速度也比较慢,一般在 3~6m/min。压延后的胶帘布立即进入冷却器冷却,再按需要裁断和卷取后送去停放待用。

四、压延半成品厚度的检测控制

压延工艺属于连续作业过程,速度较快,对半成品厚度精度要求高,故对厚度的连续精

确检测不仅对保证产品质量意义重大，对减少原材料消耗、降低产品成本亦有重大的意义。

（一）压延厚度的检测方法

压延半成品的厚度利用各种测厚计进行检测。测厚计类型按工作原理不同分为机械接触式、辊筒式、电感应式、气动式测厚计和射线式自动测厚计等几种类型，使用最普遍的是各种射线式自动测厚计。

放射线式自动测厚计是利用各种发射源发出的高能射线，如β射线和γ射线对被测材料的穿透作用测量厚度的变化情况。使用的放射源有人造放射性同位素铊-204、锶-90、铈-137等。最常用的放射源为钴-60，它发出的β射线对高聚物材料具有穿透能力，且透过后的射线强度与被测厚度成正比，只要测得透射线的强度变化便可得知厚度的波动情况。利用辅助电子系统可以实现连续检测，放大和记录显示出厚度的测试结果。

β射线自动测厚计又分为反射式和透射式两种，分别如图 7-21 和图 7-22 所示。反射式测厚计用于压延机包辊胶片厚度测量，由于β射线不能穿透金属，透过胶片后被辊筒反射回来再次穿过胶片时被检测出来，透射式自动测厚计用于胶布的厚度检测。

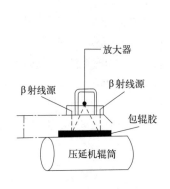

图 7-21　反射式β射线测厚计

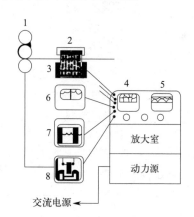

图 7-22　透射式β射线测厚计

1—压延机；2—β射线源；3—检测器；4—偏差指示计；5—重量指示计；6—遥控偏差指示计；7—重量记录计；8—自动控制器

β射线测厚计能够检测的厚度范围为 0.1～3.2mm，精度误差为±0.01mm。其优点是仪器不接触被测物，不仅能连续测量，还能按预定的方式对被测材料进行扫描，从而可测知任意方向上厚度的连续变化或波动情况。因此该仪器特别适用于现代化大规模生产。

（二）压延厚度的自动控制

压延厚度的自动控制是通过比较厚度的测定值跟预定值之差进行的。已采用数字计算机对压延生产进行集中控制，即通过数字计算机对厚度的测量、辊距及压延工艺条件的调整进行连锁和自动反馈。数字计算机控制系统比模拟计算机控制系统有更多的优点：比如它能对胶布进行连续扫描和快速计算分析，并迅速作出校正决定，其精确度更高；还能对容许范围内的偏差进行监测并观察其倾向和预先进行校正，以防发生更大偏差；能将材料的辐射吸收系数精确地固定在某个正确的数值上；它还能在运行中每隔10s左右自行校正一次，而无需特殊工具和标准样品，无需耗费熟练工人的作业时间；能对压延的所有偏差和物料的实际情况，包括各个胶布卷之间的差异等作出总结性记录和数字显示，从而使质量检控人员获得质量波动状况的连续统计报告，以便于及时采取改进措施来保证质量；能正确地计算压延供胶量，当配方和工艺条件改变时也能迅速地加以调整，从而可节约胶料；控制精度的提高又可提高压延速度和生产效率。数字计算机控制系统具有记忆功能，能迅速自动调整辊距和其他作业参数，从而可节约启动和调整非作业时间及其相应的物料消耗。此外，还能借助于穿孔卡提供的数据向辊温控制系统给出辊温的预定值，并接受控制系统反馈显示辊温调节状况。

数字计算机测控系统在压延工艺上的应用、测厚计在压延机上的配置与测量方法示例如图 7-23 所示。

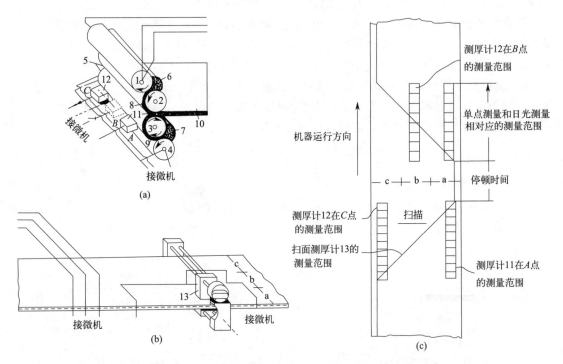

图 7-23 压延厚度的自动检测与计算机控制示意图
(a) 包辊胶片的厚度检测方法；(b)、(c) 胶布厚度的检测方法
1~4—辊筒；5—纺织物；6~9—胶；10—压出的胶布；11~13—自动测厚计

图 7-23（a）中压延系统采用 S 型四辊压延机对纺织物进行双面一次贴胶。在 3 号辊筒两端装有反射式 β 射线自动测厚计 11 和 12，用以测量包在辊筒表面上的下层胶片厚度。测厚计 11 固定于辊一端的 A 点，测厚计 12 可置于辊筒轴线的中点 B 或另一端 C 点，可在两点之间移动。也可以采用两台测厚计分别固定于 B、C 两点而不必移动。图 7-23（b）为一台穿透式自动扫描测厚计 13，配置于压延后的胶布处，它可以横向扫描经过其下面的胶布，测量整幅宽度胶布的总厚度。将测厚计 13 的扫描形成划分成若干小节段，如图 7-23（c）所示。例如，幅宽 1524mm 的胶布可以划分成 76.2mm 一段的共 20 个小节段分别进行扫描，每扫描一次应将瞬时测得的数值按节段进行平均，并将各段的平均值贮存于贮存器中再进行平均。这些平均值基本上可以表示出整幅宽度胶布上总厚度的均匀程度。

压延方向上厚度的控制方法是首先由测厚计 11 和 12 测得辊筒上 A、B、C 三点处的下层胶片厚度值，并分别用平均装置进行平均和贮存，然后将这些平均值送至另一平均装置得出总的平均值。再由计算机的差值计算装置将总的平均值与下层胶厚度的给定值进行比较得出下层胶片的厚度误差值，并由下层胶厚度控制装置给出调距。由于从测厚计到调距机构之间的传递时间极短，故下层胶厚度能迅速校正至给定值。

上层胶厚度的控制方法同下层胶相同。先得出上层胶片厚度误差值和调距修正量值，再传给1号辊筒的调距螺杆调距。但各种误差值均必须以同一种胶布长度范围内的测定值为依据。

胶布横幅上的厚度控制方法如图7-23（c）所示，将胶布横幅上划分出a、b、c三个区段，分别求出各区段的下层胶厚度平均值，并将其平均得出下层胶厚度总平均值。再进一步求出各区段厚度的偏差值，并计算出调距螺杆和轴交叉装置需要调节的修正量值传给4号辊的调距装置和轴交叉装置，但必须按同一节段上的测定数据作为计算基础。上层胶在胶布横幅上的厚度控制方法和下层胶的控制方法类同。

思考题

（1）压延时胶料进入辊距的条件是什么？为什么供胶的厚度不能太大？
（2）压延时胶片沿压延方向收缩，导致厚度增大，请分析原因并给出解决措施。
（3）什么是压延效应？其产生的原因是什么？如何减轻压延效应？
（4）什么是辊筒的挠度？如何补偿？
（5）压延前胶料需要热炼，粗炼和细炼的目的各是什么？
（6）压延前帘布为什么要干燥？
（7）三辊压延机和四辊压延机各适合压延多厚的胶片？要压延3mm以上的胶片应采用什么方法？用压延机制取三角胶条的工艺方法是什么？
（8）帘布和帆布各采用什么压延方法挂胶？子午线轮胎的0°带束层、胎体帘布各采用什么方法挂胶？
（9）擦胶的方法有哪两种？各适用于什么帆布的压延？
（10）压延时胶片厚度不均匀的原因有哪些？
（11）纺织物挂胶时常出现掉胶现象，请分析其原因。
（12）钢丝帘布的压延方法有哪几种？

参考文献

[1] 邓本诚，纪奎江. 橡胶工艺原理 [M]. 北京：化学工业出版社，1984.
[2] 陈耀庭. 橡胶加工工艺 [M]. 北京：化学工业出版社，1987.
[3] 唐国俊. 橡胶机械设计（上册）[M]. 北京：化学工业出版社，1984.
[4] 郑秀芳. 橡胶工厂设备 [M]. 北京：化学工业出版社，1984.
[5] 王贵恒. 高分子材料成型加工原理 [M]. 北京：化学工业出版社，1982.
[6] 化工部科技情报研究所. 国外橡胶工业生产技术资料（第二辑）[M]. 1977.
[7] 梁星宇. 橡胶工业手册，三分册，修订版 [M]. 北京：化学工业出版社，1992.
[8] 谢遂志. 橡胶工业手册（修订版）第一分册：生胶与骨架材料 [M]. 北京：化学工业出版社，1989.
[9] 冯良为，邓源芳，杨伟雄. 辊筒中高度加工曲线方程的探讨 [J]. 特种橡胶制品，1984，2：52.

第八章 挤出工艺

挤出是使胶料通过挤出机筒壁和螺杆间的作用，连续地制成各种不同形状半成品的工艺过程。挤出工艺通常也称压出工艺，它广泛地用于制造胎面、内胎、胶管以及各种断面形状复杂或空心、实心的半成品。它还可以用于胶料的过滤、造粒，生胶的塑炼以及上下工序的联动，如密炼机的补充混炼下片，热炼后对挤出机的供胶等。

挤出工艺的主要设备为挤出机。挤出过程是对胶料起到剪切、混炼和挤压的作用。通过挤出机螺杆和机筒结构的变化，可以突出某种作用。若突出混炼作用，它可用于补充混炼；若加强剪切作用，则可用于生胶的塑炼、再生胶的精炼和再生等。

挤出机的适用面广、灵活机动性大，其挤出的半成品质地均匀、致密、容易变换规格。此外，挤出机设备还具有占地面积小、重量轻、机器结构简单、生产效率高、造价低、生产能力大等优点。

挤出工艺是橡胶工业生产中的一个重要工艺过程。

第一节 橡胶挤出设备

橡胶挤出机有多种类型，按工艺用途不同可分为螺杆挤出机（图 8-1）、滤胶挤出机、塑炼挤出机、混炼挤出机、压片挤出机及脱硫挤出机等。按螺杆数目的不同可分为单螺杆挤出机、双螺杆挤出机、多螺杆挤出机。按喂料方式的不同可分为热喂料挤出机和冷喂料挤出机。但无论哪种挤出机，都是由螺杆、机身、机头（包括口型和芯型）、机架和传动装置等部件组成。

挤出机的规格是用螺杆外直径大小来表示的。例如，型号 XJ-115 的挤出机，其中 X 表示橡胶，J 表示挤出机，115 表示螺杆外直径为 115mm。挤出机的主要技术特征包括螺杆直径、长径比、压缩比、转速范围、螺纹结构、生产能力、功率等。

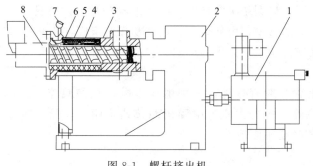

图 8-1 螺杆挤出机

1—整流子电动机；2—减速箱；3—螺杆；4—衬套；5—加热、冷却套；6—机筒；7—测温热电偶；8—机头

挤出机的螺杆由螺纹部分（工作区）和与传动装置连接的部分组成。螺纹有单头、双头和复合螺纹三种。单头多用于滤胶，双头多用于挤出造型（出料均匀）。复合螺纹加料端为单头螺纹（便于进料），出料端为双头螺纹（出料均匀且质量好）。螺杆的螺距有等距和变距的，螺槽深度有等深和变深的，而通常多为等距不等深或等深不等距。所谓等距不等深，是指全部螺纹间距相等，而螺槽深度从加料端起渐减。所谓等深不等距是指螺槽深度相等，而螺距从加料端起渐减。此外，随着挤出机用途的日益扩大，挤出理论的不断发展，螺杆和螺纹结构种类也日益增多，例如有主副螺纹的、带有混炼段的、分流隔板型等多种。

螺杆外直径和螺杆螺纹长度之比为长径比，它是挤出机的重要参数之一。如长径比大，胶料在挤出机内走的路程就长，受到的剪切、挤压和混炼作用就大，但阻力大，消耗的功率也多。热喂料挤出机的长径比一般在 3～8 之间，而冷喂料挤出机的长径比为 8～17，甚至达到 20。

螺杆加料端一个螺槽容积和出料端一个螺槽容积的比叫压缩比，它表示胶料在挤出机内能够受到的压缩程度。橡胶挤出机的压缩比一般在 1.3～1.4 之间（冷喂料挤出机一般为 1.6～1.8），其压缩比愈大，挤出半成品致密程度就愈高。滤胶不需要压缩，因此滤胶机的压缩比一般为 1。

机头的主要作用是将挤出机挤出的胶料引到口型部位，也就是说将离开挤出机螺槽的不规则、不稳定流动的胶料，引导过渡为稳定流动的胶料，使之到挤出口型时成为断面形状稳定的半成品。机头结构随挤出机用途不同有多种，其中有直向机头、T 型和 Y 型机头等。直向机头是挤出胶料的方向与螺杆轴向相同的机头，其中该机头的锥形机头〔见图 8-2（a）〕可用于挤出纯胶管、内胎胎筒等，而喇叭形机头〔如图 8-2（b）〕可用于挤出扁平的轮胎胎面、胶片等。T 型和 Y 型机头（胶料挤出方向与螺杆轴成 90°角称 T 型，成 60°角称 Y 型）适用于挤出电线电缆的包皮、钢丝和胶管的包胶等。此外，还有一些特殊用途的机头，例如能生热硫化的剪切机头，用于挤出制品的连续硫化，以及多机头复合在一起的复合机头等。

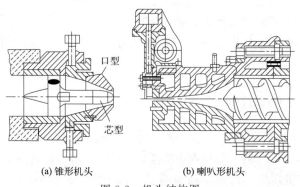

(a) 锥形机头　　(b) 喇叭形机头

图 8-2 机头结构图

第八章 挤出工艺

机头前安装有口型，口型是决定挤出半成品形状和规格的模具。口型一般可分为两类：一类是挤出中空半成品的口型，由外口型、芯型及支架组成，芯型有喷射隔离剂的孔道；一类是挤出实心半成品或片状半成品用的口型，它是一块有一定几何状态的钢板，如胎面、胶条、胶板的口型等。

挤出机的传动装置一般有三种：一种由异步电动机和减速箱组成，由调节变速齿轮进行调速；一种由直流电动机和减速机组成；第三种由三相交流整流子电动机和减速机组成。

第二节

挤出原理

胶料在挤出过程中的运动状态是很复杂的。挤出原理主要是研究胶料在螺杆和机头口型中运动和变化的规律。对螺杆来说，有喂料段的固体输送理论、压缩段的塑化熔融理论和挤出段的流体输送理论。除螺杆工作部分，挤出中还有口型系统的挤出过程，这个过程有两个问题，即压力与挤出速度的关系以及挤出物料的特性。为便于讨论，现从挤出机的喂料到半成品的挤出成型分别加以叙述。

一、挤出机的喂料

挤出机喂料时，胶料能顺利进入挤出机中应具备一定的条件，即胶料与螺杆间的摩擦系数要小，也就是说螺杆表面应尽可能光滑；胶料与机筒间的摩擦系数要大，即机筒内表面要比螺杆表面稍粗糙些（为此，机筒加料口附近也可沿轴方向上开沟槽）。如果胶料和螺杆间的摩擦系数远远大于胶料和机筒间的摩擦系数，则胶料与螺杆一道转动，而不能被推向前进，这时胶料在加料口翻转而不能进入。此外，挤出机喂料时胶料能顺利进入挤出机中，加料口的形状和位置也很重要。当以胶条形式连续喂料时，加料口与螺杆平行方向要有倾斜角度（33°~45°），这样胶条在进入加料口后才能沿螺杆转动方向从螺杆底部进入螺杆和机筒间。为了更好地喂料，有的挤出机还加有喂料辊，以促进胶条的前进。

胶料进入加料口后，在旋转螺杆的推挤作用下，在螺纹槽和机筒内壁之间做相对运动，并形成一定大小的胶团，这些胶团自加料口处一个一个地连续形成并不断被推进，如图8-3所示。

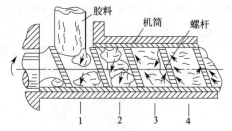

图 8-3　胶料的挤出过程
1—喂料；2—压缩塑化；3—胶料渐成流动状态，但仍有空隙；4—胶料开始完全成为连续流体

二、胶料在挤出机内的塑化

胶料进入挤出机形成胶团后，在沿着螺纹槽的空间一边旋转，一边不断前进的过程中，进一步软化，而且被压缩，使胶团之间间隙缩小，密度增高，进而胶团互相粘在一起，见图8-3。随着胶料进一步被压缩，机筒空间充满了胶料。由于机筒和螺杆间的相对运动，胶料

就受到了剪切和搅拌作用，同时进一步被加热塑化，逐渐形成了连续的黏流体。

三、胶料在挤出机中的运动状态

胶料进入挤出机形成黏流体后，由于螺杆转动所产生的轴向力进一步将胶料推向前移，就像普通螺母沿轴向运动一样。但和螺母运动不同的是，胶料是一种黏弹性物质，在沿螺杆前进过程中，由于受到机械和热的作用，它的黏度发生变化，逐渐由黏弹性体变成黏流性流体。因此，胶料在挤出机中的运动又像是流体在进行流动，也就是说，胶料在挤出机中的运动，既具有固体沿轴向运动的特征，又具有流体流动的特征。

胶料在机筒和螺杆间，由于螺杆转速的作用，其流动速度 v 可分解为与螺纹平行方向的分速度 v_z 和与螺纹垂直方向的分速度 v_x。

胶料沿垂直于螺纹方向的流动称为横流，在横流中当胶料沿垂直于螺纹的方向流动到达螺纹侧壁时，流动便向机筒方向，以后又被机筒阻挡折向相反方向，接着又被另一螺纹侧壁阻挡，从而改变了流向，这样便形成了螺槽内的环流，如图8-4所示。横流对胶料起着搅拌混炼、热交换和塑化作用，但对胶料的挤出量影响不大。胶料沿螺纹平行方向向机头的流动称为顺流（正流）。在顺流中螺槽底部胶料的流动速度最大，靠近机筒部位的流动速度最小，其速度分布见图8-5。由于机头压力的作用，在螺槽中胶料还有一种与顺流相反的流动，该种流动称为逆流。逆流时靠近机筒和螺杆壁部位胶料的流动速度小，中间速度大，其速度分布如图8-5中（2）所示。顺流和逆流的综合速度分布如图8-5中（3）所示。

此外，由于在机头的阻力作用下，胶料在机筒与螺杆突棱之间的间隙中还产生一种向机头反向的逆流，该种逆流称为漏流（或称溢流）。漏流一般流量很小，当机筒磨损，间隙增大，漏流流量就会成倍地增加，其漏流示意图如图8-4所示。

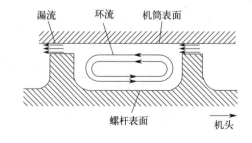

图8-4 环流与漏流

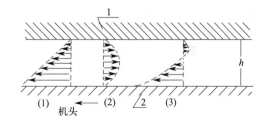

图8-5 顺流和逆流的综合速度分布

(1)—顺流；(2)—逆流；(3)—顺流和逆流的综合速度分布；
h—螺槽深度；1—机筒内壁；2—螺杆

总之，胶料在机筒中的流动可分解为顺流、逆流、横流和漏流四种流动形式，但实际上胶料的流动是这几种流动的综合，也就是说胶料是以螺旋形轨迹在螺纹槽中向前移动，其可能的流动情况如图8-6所示，胶料各点的线速度大小和方向是不同的，因而各点的变形大小也不相同，所以胶料在挤出机中能受到剪切、挤压及混炼作用，这种作用随螺纹槽深度的增加而增加，随螺槽宽度增大而减小。

四、胶料在机头内的流动状态

胶料在机头内的流动，是指胶料在离开螺纹槽后，到达口型板之前的一段流动。已形成黏流体的胶料，在离开螺槽进入机头时，流动形状发生了急剧变化，即由旋转运动变为直线运动，而且由于胶料具有一定的黏性，其流动速度在机头流道中心要比靠近机头内壁处快得多，速度分布曲线呈抛物线状，如图8-7所示。胶料在机头内流动速度的不均，必然导致挤出后的半成品产生不规则的收缩变形。为了尽可能减少这种现象，必须增加机头内表面的光洁度，以减少摩擦阻力。

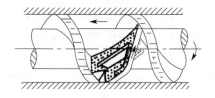
图8-6　胶料在螺纹槽内流动示意图

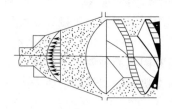
图8-7　胶料在挤出机头内的流动

为了使胶料挤出的断面形状固定，胶料在机头内的流动必须是均匀和稳定的。为此，机头的结构要使胶料在螺杆到口型的整个流动方向上受到的推力和流动速度尽可能保持一致。例如，轮胎胎面挤出机头内腔曲线和口型的形状设计（见图8-8），就是为了能够均匀地挤出胎面半成品。此机头的内腔曲线中间缝隙小，两边缝隙大，即增加了中间胶料的阻力，减小两边缝隙的阻力。机头内腔曲线到口型板处才逐渐改变为胎面胶所要求的形状。这样，胶料流动速度和压力才较为均匀一致。

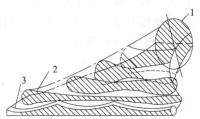
图8-8　胎面胶挤出机头内腔曲线和口型的形状设计图
1—机头与螺杆末端接触处的内腔截面形状；
2—机头出口处内腔的截面形状；
3—口型板处缝隙的形状

总之，机头内的流道应呈流线型，无死角或停滞区，不存在任何湍流，整个流动方向上的阻力要尽可能一致。为了保持胶料流动的均匀性，有时还可在口型板上加开流胶孔（见图8-9、图8-10），或者在口型板局部阻力大的部位加热。

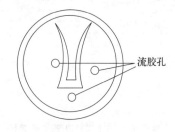
图8-9　口型加开流胶孔示意图之一

图8-10　口型加开流胶孔示意图之二

五、胶料在口型中的流动状态和挤出变形

胶料在口型中的流动是胶料在机头中流动的继续，它直接关系到挤出物的形状和质量。由于口型横截面一般都比机头横截面小，而且口型壁的长度一般都很小，因此胶料在口型中流速很大，形成的压力梯度很大，所以胶料的流动速度是呈辐射状的，如图8-11所示。图中 AB 直线为原始截面，1、2、3曲线为三种不同胶料的流动速度轮廓线。这种辐射状的速度梯度直到胶料离开口型以后才会消失。

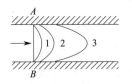 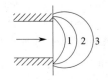

(a) 在口型内流动速度分布　　(b) 离开口型后的流动变形分布

图 8-11　胶料在离开口型前后流动速度分布示意图

1，2，3—不同胶料

胶料是一种黏弹性体，当它流过口型时同时经历着黏性流动和弹性恢复两个过程。当口型流道较短时，胶料在口型中停留的时间短，胶料拉伸变形来不及恢复，挤出后产生膨胀现象。这种变形的原因产生于"入口效应"。当口型流道较长时，胶料的拉伸变形可在流道中恢复。但是胶料剪切流动中法向应力也会使挤出物呈现膨胀现象。入口效应和法向应力两者对挤出变形都有影响，在口型的长径比较小时，以入口效应为主；当长径比较大时，以法向应力为主。挤出膨胀量主要取决于胶料流动时可恢复变形量和松弛时间长短。如果胶料松弛时间短，胶料从口型出来，其弹性变形已基本上松弛完毕，就表现出较小的挤出膨胀量；如果胶料松弛时间长，胶料经过口型后，留存的弹性变形量还很大，挤出膨胀量也就大。同理，如果口型壁长度大，胶料在口型中停留的时间长，胶料的弹性变形有足够时间进行松弛，挤出膨胀量就小，反之则大。

挤出膨胀或收缩率的大小，不仅与口型形状、口型（板厚度）壁长度、机头口型温度、挤出速度有关，而且还与生胶和配合剂的种类、用量、胶料可塑性及挤出温度有关。一般说来，胶料可塑性小、含胶率高、挤出速度快，胶料、机头和口型温度低时，挤出物的膨胀率或收缩率就大。

第三节

挤出机的生产能力及挤出机的选型

一、挤出机的生产能力

1. 理论计算

根据前面分析的胶料在机筒内及机头口型中的流动状态，挤出机的生产能力应为顺流、逆流、横流和漏流四种流动的综合。其中横流起到混合胶料的作用，对挤出能力没多大影响。因此，挤出机的生产能力 Q 为：

$$Q = Q_D - Q_P - Q_L \tag{8-1}$$

式中，Q 为挤出量，cm^3/min；Q_D 为顺流流量，cm^3/min；Q_P 为逆流流量，cm^3/min；Q_L 为漏流流量，cm^3/min。

如把胶料看成牛顿型流体（即黏度不随剪切应力和剪切速率变化），在等温和层流条件下，不考虑螺纹侧壁的影响，利用黏流运动方程式可导出：

$$Q_D = \alpha N \tag{8-2}$$

$$Q_P = \beta P/\eta \tag{8-3}$$

$$Q_L = \gamma P/\eta \tag{8-4}$$

式中，N 为螺杆转速，r/s；P 为螺杆末端胶料的压力（机头压力），Pa；η 为胶料黏度，Pa·s；α、β、γ 为随螺杆规格尺寸而变的系数，cm³。

因此，挤出机的挤出量为：

$$Q = \alpha N - (\beta + \gamma)P/\eta \tag{8-5}$$

当胶料的黏度 η 一定，挤出机规格一定（即 α、β、γ 为常数）时，由式(8-5)可知，挤出量 Q 与螺杆的转速成正比，与机头压力成反比。如果将 Q-P 作图，则式(8-5)就为一直线，其斜率为 $-(\beta + \gamma)/\eta$，这一直线表达了螺杆的几何特性，称为螺杆特性曲线（如图8-12所示）。当转速 N 不同时，得到相互平行的直线。由此特性可以看出，当机头全部敞开，即机头压力为零，挤出量最大，当机头全部关闭，即机头压力最大，挤出量为零。

从螺杆输送来的胶料总要经过机头口型才能挤出。当胶料流过机头口型时，可按流体力学在层流时的流量公式计算出挤出量：

$$Q = kP/\eta \tag{8-6}$$

式中，Q 为通过机头口型的流量，cm³/min；P 为机头压力，Pa；η 为胶料黏度，Pa·s；k 为机头口型系数，cm³，与机头、口型大小和形状有关。k 值越大，机头口型阻力越小。

由式(8-6)可知，如胶料黏度一定，口型尺寸一定（k 一定），则机头的流量与机头压力成正比。式(8-6)也是一个直线方程，其斜率为 k/η。它表达了机头口型的特性，称为机头特性曲线，如图8-12所示。

通常，胶料挤出时机头的流量等于挤出量，因此解式(8-5)和式(8-6)两个方程便可求得挤出机的生产能力。但实用上经常将式(8-5)和式(8-6)做成图形（如图8-12）来表示，利用图解法可直接求得。图中 N_1、N_2、N_3 为不同转速的螺杆特性曲线（$N_1 < N_2 < N_3$），k_1、k_2 为不同口型系数的机头特性曲线。当转速一定，k 一定时，两直线的交点即为挤出机的生产能力。

但实际上，胶料并非牛顿黏性流体，即 η 不是常数，是随流动速度而变化。此外，大多数情况下挤出机也不是在等温条件下工作的。因此，螺杆特性线与机头特性线不是一条直线，而是曲线，如图8-13所示。

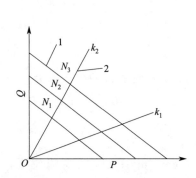

图8-12 螺杆-机头特性曲线
1—螺杆特性曲线；2—机头特性曲线

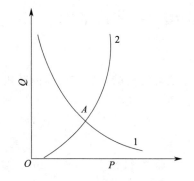

图8-13 挤出机的工作特性曲线
1—螺杆特性线；2—机头特性线；A—某挤出机的工作状态

2. 实际生产常采用的计算方法

除了应用理论公式计算挤出机的压出量外，在工厂的实际生产中常采用实测法和经验公式来确定实际挤出量。现分别介绍如下：

① 实测法。实际测定从口型中挤出的半成品线速度和单位长度的质量，然后按下式计算：

$$Q = vG\alpha \tag{8-7}$$

式中，Q 为挤出机的实际流量，kg/min；v 为挤出半成品的线速度，m/min；α 为设备利用系数；G 为半成品每米长度的质量，kg/m。

用这种方法算出的产量比较准确，但只能在现有机台上进行实测使用。

② 经验公式法。国产橡胶挤出机推荐按下述半经验公式进行计算：

$$Q = \beta D^3 n\alpha \tag{8-8}$$

式中，Q 为挤出机的挤出量，kg/h；β 为计算系数，由实测产量分析确定：对压型挤出机，$\beta = 0.00384$，对滤胶挤出机，$\beta = 0.00256$；D 为螺杆直径，cm；n 为螺杆转速，r/min；α 为设备利用系数。

二、挤出机的选型

挤出机的选型要满足几个要求：满足生产能力的要求；满足制品质量的要求；满足可靠性的要求及具有先进性。

1. 满足生产能力的要求

影响挤出机生产能力的因素有很多，如螺杆的直径、螺槽的深度、螺纹的升角、螺杆的构型及喂料段结构的形式等。但是，影响最显著的是螺杆的直径。如式(8-8)所示，挤出机的生产能力与螺杆直径的立方成正比。因此，在选择挤出机的生产能力时，首先考虑的就是挤出机的直径，即挤出机的规格。根据挤出机的规格就能造出满足挤出生产能力的设备。

2. 满足制品的质量要求

挤出机挤出的半成品必须塑化质量好、外观光滑、内在致密。

胶料的塑化质量与螺杆构型和螺杆的长径比相关最大。热喂料挤出机与冷喂料挤出机比较，一般说来，冷喂料挤出机的塑化综合质量要比热喂料挤出机好。

温度对于挤出机的半成品质量是至关重要的。温度过高会引起胶料焦烧，过低会使半成品表面粗糙。温度受螺杆的转速、胶料的黏度、外加热源的温度、口型结构与几何尺寸及喂料方式的影响。通常，螺杆转速是挤出温度的决定因素，在一定范围内，挤出温度与螺杆转速成正比。因此在选择挤出机的螺杆转速时，不但要考虑电机的驱动功率能否满足螺杆的最高转速，而且要考虑挤出升温允许螺杆的最大转速。

另外，选择挤出机时，同时要考虑挤出机塑化能力与各种用途相匹配的机头。

第四节　口型设计

一、口型设计的一般原则

口型设计通常应注意以下原则：

① 根据胶料在口型中流动状态和挤出变形分析，确定口型断面形状和挤出半成品断面形状间的差异（如图 8-14 所示）及半成品的膨胀程度。

② 口型孔径大小或宽度应与挤出机螺杆直径相适应，口型过大，会导致压力不足使出胶量不均，半成品形状不一；口型过小，会引起胶料焦烧。挤出实心或圆形半成品时，口型孔的大口宜为螺杆直径的 1/3～3/4。对于扁平形的口型（如胎面胶等），一般相当于螺杆直径的 2.5～3.5 倍。

③ 口型要有一定的锥角，口型内端口径应大，出胶口端口径应小。锥角越大，挤出压力越大，挤出速度越快，挤出的半成品光滑致密，但收缩率大。

④ 口型内部应光滑，呈流线型，无死角，不产生涡流。

⑤ 挤出机遇到以下几种情况之一时，在口型边部可适当开流胶口。

a. 机筒容量大而口径过小时，为了防止胶料焦烧及损坏机器应加开流胶口。

b. 挤出半成品断面不对称时，在小的一侧加开流胶孔以防焦烧，见图 8-10。

c. 胎面挤出型一般在口型的两侧开流胶口。

d. T 型和 Y 型机头易形成死角，可在口型处加开流胶口。

⑥ 对硬度较高、焦烧时间短的胶料，口型应较薄；对于较薄的空心制品或再生胶含量较多的制品，口型应厚。

图 8-14 口型和挤出半成品的差异
有剖面线的是挤出物形状；无剖面线的是口型

二、口型的具体设计

要掌握好口型的设计首先要了解胶料挤出膨胀率。影响胶料挤出膨胀率的因素很多，其具体规律如下。

① 胶种和配方：胶种不同，其挤出膨胀率不同，天然橡胶的较小，而顺丁橡胶、氯丁橡胶、丁腈橡胶和丁苯橡胶的较大。配方中含胶率高时挤出膨胀率大，填充剂量多时挤出膨胀率小。白色填充剂如碳酸钙、陶土挤出膨胀率较小，而炭黑较大，此外炭黑品种不同挤出膨胀率也不同（详见第三章）。

② 胶料可塑度：胶料可塑度越大，挤出膨胀率越小；可塑度越小，挤出膨胀率越大。

③ 机头温度：机头温度高，挤出膨胀率小；温度低，挤出膨胀率大。

④ 挤出速度：挤出速度越快，挤出膨胀率越大。

⑤ 半成品规格：同样配方的胶料，半成品规格大的，挤出膨胀率小。

⑥ 挤出方法：胶管管坯采用有芯挤出时，挤出膨胀率比无芯挤出时要小。

由于影响挤出变形的因素太多，所以口型很难一次设计成功，需要边试验，边修正，最后得到所需的口型。现对不同形状挤出制品口型的具体设计步骤叙述如下。

（一）几何形状规则的制品（胶管、内胎、圆棒、方形条等）口型设计

几何形状规则的制品口型设计比较简单，首先在规定的操作条件（温度、挤出速度等）

下，选一个接近制品尺寸的现有口型，然后按略小于此口型尺寸开模、试验、修模，直到符合要求。

例如，要想设计一个内径为 12mm，壁厚为 2mm 胶管的新口型，若选用直径为 15mm 的现有胶管口径挤出一段胶管坯外径为 21mm 时，则

$$膨胀率 = \frac{管坯外径}{口型直径} = \frac{21}{15} = 1.4 = 140\%$$

用该膨胀率除以新胶管外径，即得新口型尺寸：

$$\frac{12 + 2 \times 2}{1.4} = 11.43 \approx 11.4 (mm)$$

然后用 11mm 作为口型的理论近似直径开模、试验、修模，直至达到标准。

（二）几何形状不规则的制品（胎面、异形胶条等）的口型设计

现以胎面为例进行叙述：
① 先制造一个近似的口型，求出半成品各部位的变形（膨胀或收缩）率，其法同上。
② 测定定型生产的胎面胶料硫化前后各部位的厚度、宽度，以求得各部位的压缩系数。
③ 新设计成品所要求的各部位厚度、宽度除以各部位的压缩系数所得之商，可作为未硫化胎面胶各部位所需的厚度与宽度。
④ 由③求得的胎面胶各部位的厚度与宽度除以挤出膨胀率，得到应制作口型的各部位尺寸。

第五节 挤出工艺

一、热喂料挤出工艺

热喂料挤出工艺一般包括胶料热炼、挤出、冷却、截断及截取等工序。

（一）胶料热炼

胶料在进入挤出机之前必须进行充分的热炼预热，以进一步提高混炼胶的均匀性和胶料的热塑性，使胶料易于挤出，得到规格准确、表面光滑的半成品。热炼一般使用开放式炼胶机，可分两次进行。第一次为粗炼，采用低温薄通法（45℃左右，辊距 1~2mm）提高胶料的均匀性；第二次为细炼，细炼时辊温较高（60~70℃），辊距较大（5~6mm），提高胶料的热塑性。第二次热炼后便可用传送带连续向挤出机供胶，或采用人工喂料方法。连续生产的挤出工艺所需胶料量较大，供胶方法一般多采用带式输送机，即由开炼机上割取的胶条，以带式输送机向挤出机连续供胶，胶条宽度比加料口略小，厚度由所需胶料量决定。采用这种供胶方法，挤出半成品的规格比较稳定，质量较好。此外利用这种供胶方法有的在加料口处加一压辊，构成旁压辊喂料。此种结构供胶均匀无堆料现象，半成品质地致密，能提高生产能力，但功率消耗增加 10%。另外，有的将胶条卷成卷后再通过喂料辊喂料，或将胶条

切成一定长度堆放在存放架上,按先后顺序人工喂料。无论哪种喂料都应连续均匀,以免造成供胶脱节或过剩。细炼后的胶料在供胶前停放时间不应过长,以免影响热塑性。

一般来说,胶料的热塑性越高,流动性越好,挤出就越容易。但热塑性太高时,胶料太软,缺乏挺性,会使挤出半成品变形下塌,因此挤出中空制品的胶料应防止过度热炼。

(二) 挤出工艺

挤出操作开始前,先要预热挤出机的机筒、机头、口型和芯型,以达到挤出规定的温度,以保证胶料在挤出机的工作范围内处于热塑性流动状态。

开始供胶后,应及时调节挤出机的口型位置,并测定挤出半成品的尺寸、均匀程度,观察其表面状态(光滑程度、有无气泡等)及挺性等,调整到完全符合工艺要求的公差范围和质量为止。

在调节口型位置的同时,也应调节机台的温度。通常是口型处温度最高,机头次之,机筒最低。这样挤出的半成品表面光滑,挤出膨胀率小,不易产生焦烧等质量问题。

挤出工艺过程中常会出现很多质量问题,如半成品表面不光滑、焦烧、起泡或海绵、厚薄不均、条痕裂口、半成品规格不准确等。其主要影响因素如下。

(1) 胶料的配合

配方中含胶率大的胶料挤出速度慢、膨胀(或收缩)率大,半成品表面不够光滑。此外胶料不同挤出性能也不同。

胶料随填充剂用量的增加,挤出性能逐渐改善,膨胀(或收缩)率减小,挤出速度快,但某些补强填充剂用量过大,会使胶料变硬,挤出时易生热过高而引起胶料焦烧。快压出炭黑和半补强炭黑用量增加时硬度增加不大,挤出性能较好。

在配方中加入油膏、矿物油、古马隆、硬脂酸、蜡类等润滑性增塑剂能增大胶料的挤出速度,并能使制品的外表面光滑。再生胶和油膏可降低收缩率,加快挤出速度,降低生热量。炭黑、碳酸镁、油膏可减少挤出物的停放变形。

(2) 胶料的可塑度

胶料挤出应有一定的可塑度,但可塑度过高,会使挤出半成品失去挺性,形状稳定性差,尤其是中空制品,该现象特别明显。不同制品其可塑度要求不同。例如汽车内胎可塑度一般应控制在 0.40~0.46;而大型胶管内层胶的可塑度要求在 0.2 左右。同一制品由于采用胶种不同,对可塑度的要求也不同,如天然橡胶胎面胶可塑度要求为 0.2~0.26,而天然橡胶与顺丁橡胶并用胶(天然橡胶含量为 50~70 份)可塑度要求则为 0.28~0.32。一般来说,可塑度增大,胶料挤出生热小,不易焦烧,挤出速度快,表面状态光滑。

(3) 挤出温度

挤出机各段温度选取得正确与否,对挤出工艺是十分重要的,挤出机各段的要求是不同的。通常情况是口型温度最高,机头次之,机筒温度最低。采用这种控温方法有利于机筒进料,其挤出半成品表面光滑,尺寸稳定,膨胀(或收缩)率小。此外,如果挤出温度较高时,挤出顺利,挤出速度快,焦烧危险性小,但如果温度过高,又会引起胶料自硫、起泡等。如果挤出温度过低,挤出物松弛慢,收缩率大,断面增大,表面粗糙,电流负荷增加。另外不同的胶种和含胶率对挤出的温度不同。表 8-1 列出了常用几种橡胶挤出温度的参考数据。如果胶料含胶率高,可塑性小,可取该胶种挤出温度的参考数据上限,相反可取下限。

表 8-1　几种橡胶的挤出温度

胶种	机筒温度/℃	机头温度/℃	口型温度/℃
天然橡胶	40～60	75～85	90～95
丁苯橡胶	40～50	70～80	90～100
丁基橡胶	30～40	60～90	90～110
丁腈橡胶	30～40	65～90	90～110
氯丁橡胶	20～25	50～60	70

（4）挤出速度

挤出速度由螺杆的转速所决定，螺杆转速快，挤出速度快，螺杆转速慢，挤出速度慢。但在一定的螺杆转速下，胶料的配方和性质对挤出速度影响也很大，如胶料的可塑度大，挤出速度快。此外，挤出温度高，挤出速度亦快。

挤出速度调好后，应尽量保持不变，如挤出速度改变，机头压力就会改变，这会导致挤出物的断面尺寸发生变化。如要改变挤出速度，其它影响挤出的因素如挤出温度、胶料组成及性质、口型等都应作出相应的调整。

（5）挤出物的冷却

挤出的半成品离开口型时，温度较高，有时可高达 100℃ 以上。为了防止热塑变形及存放时产生自硫，对挤出的半成品必须进行冷却。

冷却方法采用水槽冷却和喷淋冷却，但对断面形状厚度相差较大或较厚的挤出物，不宜骤冷，以免冷却程度不一，收缩快慢不同，导致变形不规则。

挤出半成品长度收缩、厚度增加的现象，在刚刚离开口型时变化较快，以后逐渐减慢。所以在生产上，某些制品采用加速松弛收缩的措施，如采用收缩辊道，大型的半成品（如胎面）一般采用此种方法预缩处理，使松弛收缩在冷却降温前完成大部分。半成品经此收缩过程后，在实际停放和使用时间内，收缩基本停止，断面尺寸稳定。

经过冷却后的半成品，有些（如胎面）需经定长、裁断、称量等步骤，然后停放，而胶管、胶条等半成品在冷却后可卷在绕盘上停放。

（三）常用橡胶胶料的挤出特点

橡胶种类不同，其挤出特点不同，因此其胶料配合及挤出工艺条件也应有所不同。

天然橡胶的挤出性能较好，但其黏性与弹性的逆变化敏感，易使挤出物表面粗糙。为了改善挤出性能，在天然橡胶中宜添加多量补强填充剂、再生胶、油膏等。

丁苯橡胶挤出比较困难，膨胀（或收缩）率大，表面粗糙，所以经常与天然橡胶和再生胶并用。此外，为了改善挤出性能可选用快压出炭黑、半补强炭黑、白炭黑、活性碳酸钙等作填充剂。

顺丁橡胶挤出性能接近于天然橡胶，但膨胀率和收缩率比天然橡胶大，挤出速度慢。配方中配用低结构炭黑和增塑剂有利于提高挤出速率，而配用高结构细粒子炭黑能使膨胀率减小。

氯丁橡胶挤出性能类似于天然橡胶，但易焦烧，对挤出温度的敏感性大，故挤出温度应比天然橡胶低 10℃ 左右。氯丁橡胶的挤出膨胀率大于天然橡胶，小于丁基橡胶。由于氯丁橡胶黏着性较大，配方中应选用润滑性增塑剂，如硬脂酸（0.5～1份）、凡士林（2～4份）。炭黑以高耐磨炭黑和快压出炭黑较好。另外，油膏也有利于氯丁橡胶的挤出。

丁腈橡胶由于分子间内聚能大，生热性能大，所以膨胀率大，挤出性能较差。因此生胶需经充分塑炼，胶料在挤出之前也要充分预热回炼。提高丁腈橡胶的挤出温度能显著增加挤出速度。含胶率较高的丁腈橡胶料挤出膨胀率大，加入适当的补强填充剂（如炭黑、碳酸钙、陶土等）与润滑性增塑剂都能改善挤出工艺性能。例如，加入2~3份硬脂酸及石蜡有助于挤出，但再多易喷出，同样，加入20份油膏可显著地降低变形。

丁基橡胶挤出膨胀率大，故以高填充配合为好。炭黑以炉法炭黑为宜，无机填料以陶土和白炭黑为佳，加入5~10份聚乙烯也可有效地减小挤出膨胀率。丁基橡胶的另一特点是挤出速度缓慢，可配用增塑剂如操作油、石蜡、硬脂酸锌来提高挤出速率。

二、胎面及内胎挤出

（一）胎面挤出

轮胎胎面胶半成品大多数都是用挤出机挤出的，其优点是胎面胶质量高，更换胎面尺寸规格比较容易，生产效率高。

挤出的轮胎胎面胶可分为胎冠、胎冠基部层和胎侧三部分，见图8-15。但普通结构轮胎胎面胶一般是将三部分制成一个整体，供成型使用。

胎面的挤出方法分为整体挤出和分层挤出两类。胎面胶的整体挤出即使用一种胶料、一台挤出机，使用扁平机头挤出，其机头结构如图8-16所示。此外也可用圆形口型机头挤出，切割展开即成。胎面胶整体挤出还可以用两种胶料、两台挤出机，使用复合机头挤出。其中，一种胶料为胎冠胶，一种胶料为胎侧胶（包括胎冠基部层），或者是一种为胎冠胶（包括胎冠基部层），一种为胎侧胶。这种复合机头结构和复合机头示意图如图8-17所示。两种胶料在复合机头内压合为一整体胎面。

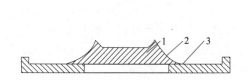

图8-15 胎面断面结构示意图
1—胎冠；2—胎冠基部层；3—胎侧

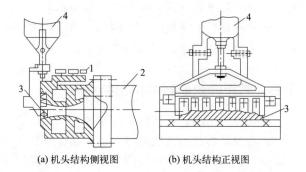

(a) 机头结构侧视图　　(b) 机头结构正视图

图8-16 胎面挤出机的机头结构示意图
1—机头；2—机身；3—口型；4—气筒

胎面的分层挤出是用两台挤出机、两种胶料，分别挤出胎冠和胎侧（包括胎冠基部层），在输送带上热贴合，并经过圆盘活络辊压实为整体。目前，在生产上多采用这种方法。这种方法比较简单，且挤出的复合胎面不同的部位对应不同性能的配方，从而提高了轮胎的质量。

此外，还有用三种胶料制造胎冠、胎冠基部层和胎侧复合胎面的。

轮胎胎面胶分层挤出用联动装置一般包括两台挤出机及其附属的热炼供胶装置、胎面胶的挤出输送带、胎面贴合用多圆盘活络辊、标记辊、检查秤、收缩辊道、冷却水槽、吹风干燥机、胎面胶定长称量裁断装置、胎面胶堆放装置等。此外，有的联动装置还包括胎面打磨

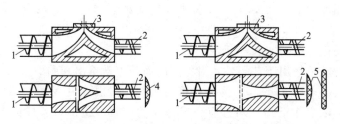

(a) 胎冠和基部层为一种胶,胎侧为另一种胶料用的复合机头

(b) 胎冠为一种胶料,胎侧和胎冠基部层为另一种胶料用的复合机头

图 8-17 挤出机复合机头示意图

1,2—挤出机；3—口型板；4,5—胎面胶

机和涂胶浆设备。联动装置流水线布置有多种方案，除与主机的选择和配置有关外，还受车间厂房等实际因素的影响。图 8-18 即为胎面胶分层挤出联动装置方案之一的示意图。

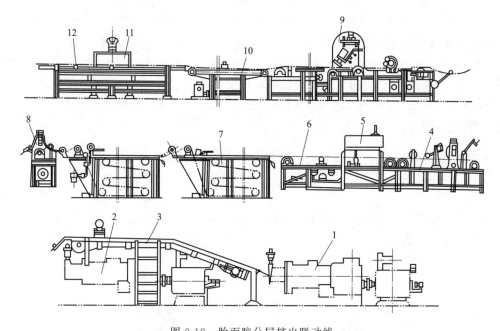

图 8-18 胎面胶分层挤出联动线

1,2—挤出机；3—过桥部分；4—接取运输装置；5—带式自动秤；6—自动秤运输装置；
7—冷却装置；8—刷毛装置；9—裁断装置；10—链式运输装置；11—辊道秤；12—胎面取出装置

分层挤出的挤出机一般选用螺杆直径为 150mm 和 200mm 的各一台，或者螺杆直径为 200mm 和 250mm 的各一台，这要视轮胎规格大小而定。分层挤出用的两台挤出机可以前后放置，也可以上下配置，即在一台挤出机的上方，建一小平台安放另一台挤出机。

胎面的分层挤出，一般流水线中的第一台挤出机挤出胎冠，第二台挤出机挤出胎侧和胎冠基部层，然后输送带将胎冠和胎侧运送到多圆盘活络辊下，压合为一条完整的胎面。在称量辊道上检查单位胎面胶条长度的质量是否在规定的误差范围内，如超出了误差范围，则需调整。然后进入收缩辊道，它是由一排直径从大渐渐变小，转速相同而线速度逐渐减小的辊子组成。胎面胶条在收缩辊道上的收缩率随胶料配方而异，一般可达 10%。

挤出胎面胶的排胶温度应控制在 120℃ 以下，胎面胶条经过辊道收缩后，还必须给予充分的冷却。冷却方法有水槽冷却、喷淋冷却，或者两者并用。水槽冷却一般使用两个冷却水槽,第一个水槽温度约为40℃,第二个水槽温度控制在15～20℃左右。胎面胶冷却后,一般要求温度达到25～35℃,在夏季也要冷却到40℃以下,这时胎面胶的收缩基本停止。冷却后的胎面胶,要进行自动定长裁断。

严格遵守胎面胶的挤出工艺条件,对保证胎面的正常挤出和胎面质量是很重要的。挤出胎面胶的供胶温度一般以45～50℃为好。挤出机的各段温度见表8-2。对全天然橡胶胶料,挤出机各段温度可取表中低值；对掺有合成橡胶的胶料,挤出机各段的温度可取表中较高的值。

表8-2 胎面挤出机各部位温度

部位名称	整体胎面挤出	分层胎面挤出	
		胎冠	胎侧
机筒温度/℃	55±5	55±5	55±5
机头温度/℃	68±5	75±5	65±5
口型温度/℃	85±5	85±5	85±5
螺杆转速/(r/min)	60	50	30

挤出速度与挤出机的规格、挤出半成品的断面大小有关,也受胶料和配合剂性质的影响。螺杆直径为200mm的普通挤出机的挤出速度为4～12m/min。大规格胎面胶的挤出速度较小,小规格的较大。掺有顺丁橡胶的胶料挤出速度快,掺有丁苯橡胶的胶料较慢。

(二)内胎挤出

内胎胶料如含有杂质,对制品的气密性和抗撕裂性有很大影响,因此在挤出内胎胎筒前,内胎胶料必须先进行滤胶,后加硫黄,通常滤网是由里往外依次为20目、40目、60目三层。

内胎胎筒的挤出,视其规格大小,一般选用 ϕ150～250mm 的挤出机。挤出机机头由芯型和口型组成,其结构如图8-19所示。内胎胎筒的厚度由机头芯型和口型筒间隙的大小决定。芯型和口型可以更换,以挤出不同大小的内胎胎筒。

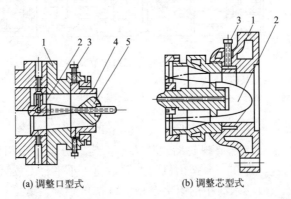

图8-19 内胎挤出机机头结构
1—机头；2—芯型支持器；3—调整螺栓；4—口型；5—芯型

内胎胎筒的挤出应严格掌握好挤出工艺条件。通常内胎胎筒的挤出温度应掌握在表8-3所示的温度范围内,而挤出速度一般为6～10m/min。例如,胶料为天然橡胶的9.00-20轮胎内胎胎筒的挤出速度为9m/min左右,而掺有30%丁苯橡胶的天然橡胶胶料为8～

8.5m/min。

表 8-3　内胎挤出机各部位温度

品种	全天然橡胶胶料	掺有 30% 丁苯的天然橡胶胶料	丁基橡胶胶料
供胶温度/℃	60~70	65~80	70~80
机筒温度/℃	40~55	50~70	30~40
机头温度/℃	50~70	60~80	60~90
口型温度/℃	70~90	80~100	90~120

为了防止内胎胎筒内壁黏着，需喷入隔离剂。隔离剂常利用滑石粉或它的悬浮液，但粉尘大、易飞扬，因此目前橡胶厂多采用液体隔离剂（如肥皂液），无粉尘、效果好。

内胎胎筒挤出后，由输送带接取。输送带的速度要与挤出速度配合，以控制胎筒的挤出厚度和质量。冷却可同时采用喷淋和水槽两种方法。冷却后的胎筒，经定长、切断、称量检查，然后停放。一般要停放 24h 才送去接头成型。

三、冷喂料挤出工艺

螺杆挤出机用于橡胶加工已有 100 多年的历史，早期的挤出机螺杆较短，且喂料必须经热炼机预热，因此通常将这类挤出机称热喂料挤出机。近 60 多年来，工业上已研制出螺杆较长、挤出前胶料不必预热直接在室温下喂料的挤出机，该类挤出机称冷喂料挤出机。

采用冷喂料挤出机克服了热喂料挤出机需配用热炼设备，致使劳动力和动力消耗大，质量不稳定的缺点。因此，冷喂料挤出得到了广泛迅速的发展。

（一）冷喂料挤出机

热喂料挤出机螺杆的长径比较小，L/D 为 3~8，冷喂料挤出机的长径比较大，L/D 达 8~17，且螺纹深度较浅。

对于热喂料挤出机，因为胶料已经预热，在机筒中不需再另外加热，所以这种挤出机在设计上应使胶料温升保持最小值，其螺杆的作用主要是压实和输送胶料。冷喂料挤出机的螺杆除了压实和输送胶料之外，还必须塑化胶料，因此热喂料挤出机与冷喂料挤出机的螺杆结构的不同，见图 8-20 和图 8-21。

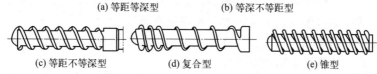

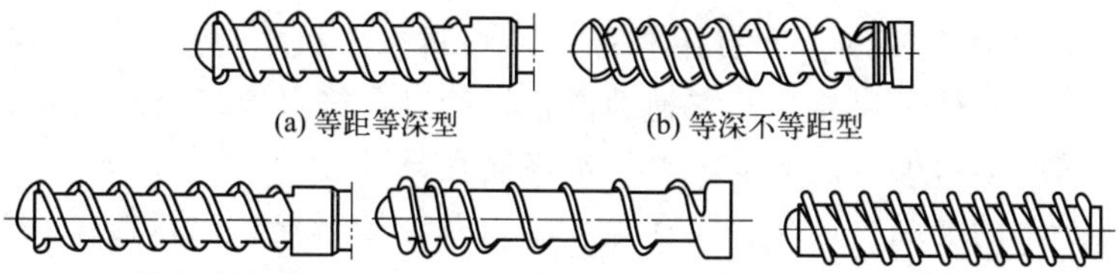

(a) 等距等深型　(b) 等深不等距型　(c) 等距不等深型　(d) 复合型　(e) 锥型

图 8-20　热喂料挤出机螺杆的结构形式

冷喂料挤出机常用的螺杆结构多为分离型，即主副螺纹型结构。它的特点是副螺纹的高度略小于主螺纹，而副螺纹的导程又大于主螺纹，胶料通过副螺纹、螺峰与机筒壁之间的间隙时受到强烈的剪切作用，塑化效果好，生产能力大，但胶料摩擦生热较大。冷喂料挤出机机筒外露面积大，螺纹深度较浅，所以其表面温度易控制，有利于胶料温度的热交换。此外，使用冷喂料挤出机，由于不需要预热炼，相对来说胶料从室温到口型挤出的时间短，即使挤出温度较高也不会发生焦烧。

冷喂料挤出机的机身较热喂料的长，且在机身尾部加装有一般挤出机所没有的加料辊，它的位置在装料口之下。加料辊的尾部有一联动齿轮，与主轴的附属驱动齿轮啮合，直接由螺杆轴带动。当加料辊运转时，一方面因它与螺杆摩擦而生热，另一方面因它与螺杆保持一定的速比，能使胶条匀速地进入螺杆，保证挤出物均匀。

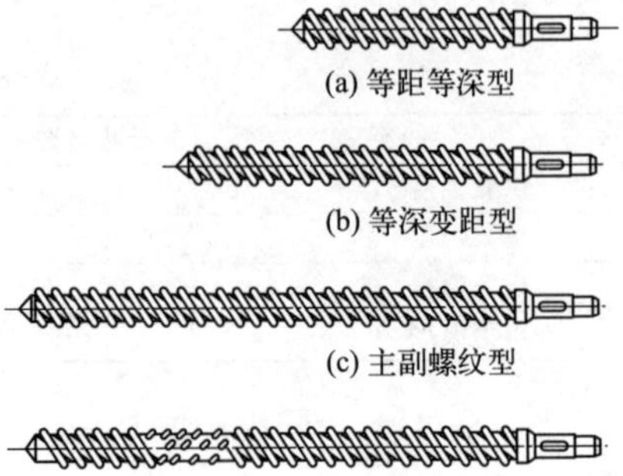

冷喂料挤出机与热喂料挤出机相比，其螺纹深度较浅，螺杆较长，为了达到降低胶料黏度的目的，必须使胶具有足够的能量和停滞时间，所以挤出机所需能量大。因此对同规格的挤出机，冷喂料挤出机需配有较大的驱动设备和传动装置。

(a) 等距等深型
(b) 等深变距型
(c) 主副螺纹型
(d) 销钉型

图 8-21　冷喂料挤出机螺杆的结构形式

（二）冷喂料挤出工艺及其优缺点

1. 冷喂料的挤出工艺操作

在加料前，机身与机头通蒸汽加热，并开快转速，以使各部位的温度普遍升到120℃，然后开放冷却水，在两分钟内使温度骤降到如下的标准：机头为65℃，机身为60℃，装料口为55℃，此时方可加料。如挤出合成橡胶胶料时，加料后可不通蒸汽，但要一直开放冷却水。如为天然橡胶胶料时，挤出机各部位的温度应掌握得高一些。

冷喂料挤出单位时间的产量大致与热喂料挤出相同，且与螺杆转速成正比。

2. 冷喂料挤出的优缺点

与热喂料挤出相同，冷喂料挤出有如下特点：

① 冷喂料挤出对压力的敏感性小，尽管机头压力增加或口型压力增大，但挤出速率降低不大。

② 由于不需热炼工序，减少了质量影响因素，从而挤出物更加均匀。

③ 胶料的热历程短，所以挤出温度较高也不易发生早期硫化。

④ 应用范围广，灵活性大，可适用于天然橡胶、丁苯橡胶、丁腈橡胶、氯丁橡胶、丁基橡胶等。

⑤ 冷喂料挤出机的投资和生产费用较低。冷喂料挤出机本身价格比热喂料挤出机高出50%，但它不再需要开炼机喂料和其它辅助设备，所以在挤出量相同的条件下，利用冷喂料挤出机挤出，所需劳动力少，占地少，总的价格便宜。

目前挤出机挤出的电线、电缆、胶管等产品以及轮胎行业，已广泛采用冷喂料挤出机，而冷喂料挤出机的其他应用范围也正在日益扩大。

四、其他类型挤出机挤出

随着橡胶工业的发展，目前又出现了很多特种用途的挤出机，以满足橡胶生产的需要。

（一）排气式挤出机（抽真空挤出机）挤出

该类挤出机的螺杆由加料段、第一计量段、排气段和第二计量段组成。胶料经加料段、第一计量段、排气段和第二计量段后挤出。胶料在加料段其压力逐渐提高，进入第一计量段后减压，在排气段开始处螺纹槽的截面积突然扩大，胶料前进速度减慢。此时胶料不能完全充满螺纹槽，且温度要在80～100℃左右，胶料中气体或挥发成分在外部减压系统的作用下，从排气孔排出气体。第二计量段把胶料压实后通过机头挤出。为保证机器正常操作，必须保证第一计量段和第二计量段的产量相同。

由排气挤出机挤出的半成品，气孔少，产品密实。排气挤出机常与微波或盐浴硫化设备组成连续硫化流水线，生产电线、电缆、密封条等挤出产品。

（二）传递式螺杆挤出机挤出

传递式螺杆挤出机又称剪切式混炼挤出机，主要用于胶料的补充混料、胎面挤出及压延机供胶。

该挤出机的螺纹槽深度由大渐小乃至无沟槽，而机筒上的槽由小至大，互相配合，一般在挤出机上这样的变化有2～4个区段。当螺杆转动时，胶料在螺杆与机筒的槽沟内互相交替，不断更新对胶料的剪切面，致使胶料产生强烈的剪切作用，从而导致十分有效的混料效果。

（三）挡板式螺杆挤出机挤出

挡板式螺杆挤出机可用于快速大容量密炼机排料后补充混料，也可用于挤出胎面及最终混炼。

挡板式螺杆挤出机的主要工作部分是一个带有横向挡板和纵向挡板的多头螺杆，胶料在挤出过程中多次被螺纹和挡板进行分割、汇合、剪切、搅拌，完成混合作用。在挤出过程中，胶料各质点运动的行程不同，但它们经过纵向和横向的挡板数却是相同的，因此所受到的机械剪切、混合作用相同，胶料质地均匀。此外，最大剪切作用发生在靠近机筒壁处，传热效果好，胶料温升不大，操作比较稳定。

（四）高强力型螺杆挤出机挤出

高强力型螺杆挤出机螺杆具有伴随微小剪切的掺混作用，因此当提高螺杆转速、增加挤出量时，胶料温度不会过分增高。

（五）销钉型挤出机挤出

销钉型挤出机装有穿过机筒并指向螺杆轴线的销钉。该类挤出机由于胶料的流动与传递均伴随着一个低的剪切梯度，所以胶料的掺混程度与均匀现象特别好，温升也不太高，此外，它还有优越的自洁性。

（六）槽穴式挤出机挤出

槽穴式挤出机挤出在挤出机内有许多槽穴，胶料在挤出机内要经过许多槽穴，挤出时胶料在挤出机内受到两种不同的作用。当胶料进入一个空穴时，就经历一次简单的剪切作用，胶料再转移至下一个空穴中的时候，即受到切割并朝初始方向翻转90°角，因此该类挤出机能使胶料温度稳定,组分混合均匀。

思考题

(1) 挤出机螺杆为什么要设压缩比?

(2) 胶料在压出段有哪几种流动方式?

(3) 什么是口型膨胀?产生口型膨胀的原因是什么?如何减轻口型膨胀?

(4) 口型设计应遵循哪些原则?口型设计时必须考虑胶料的什么参数?

(5) 胶料在挤出时产生气孔的原因有哪些?

(6) 胶料在挤出时产生破裂现象的原因是什么?影响挤出破裂的因素有哪些?如何减轻挤出破裂?

(7) 根据工艺条件不同,可将挤出工艺分为哪两种?

(8) 用热喂料挤出工艺挤出三方四块胎面胶,热炼均采用开炼机,至少需要多少台挤出机和开炼机?

(9) 轮胎胎面挤出的工艺方法有哪几种?

(10) 与热喂料挤出工艺相比,冷喂料挤出工艺有哪些优点?

参考文献

[1] Chung C I. New ideas about solids conveying in screw extruders [J]. SPE Journal,1970,26 (5):32.

[2] Naunton W J S,Applied science of rubber [J]. London:Edward Amold Ld,1961.

[3] 邓本诚,纪奎江. 橡胶工艺原理 [M]. 北京:化学工业出版社,1984.

[4] 郑秀芳,赵嘉彭. 橡胶工厂设备 [M]. 北京:化学工业出版社,1984.

[5] 陈耀庭. 橡胶加工工艺 [M]. 北京:化学工业出版社,1982.

[6] 橡胶工业手册编写小组. 橡胶工业手册(第三分册):基本工艺 [M]. 北京:化学工业出版社,1982.

[7] 周彦豪,陈福林,刘洪涛,等. 橡胶挤出技术的新进展 [J]. 中国橡胶,2004 (02):19-21.

第九章
硫化工艺

第一节
概述

橡胶制品生产的最后一道工序就是硫化,在这一工艺过程中橡胶制品的宏观特征、微观结构都发生了变化,从而获得制品要求的物理机械性能和相应的使用性能。例如,轮胎制品必须经过胎坯的正确硫化才能最终得到合格的轮胎,总之绝大部分的橡胶制品必须经过硫化工序才能最终变为合格产品。当然,也有极少数橡胶制品不需要硫化,如橡胶腻子等。

制品的硫化过程是在一定的温度、时间和压力条件下发生和完成的,这些条件称为硫化条件或硫化三要素。

一、硫化的意义

1. 理论正硫化

这是指交联程度达到最高的硫化状态,通常是通过硫化仪进行测试,这时相对应的硫化胶的剪切模量最大,硫化胶的综合物理机械性能指标也都达到比较高的水平,其中定伸应力、硬度与交联密度的变化是一致的。

2. 工艺正硫化

指达到最大交联密度90%时的硫化程度,此时考虑到试片或制品在离开硫化热源后存在一定量的余热,可完成剩余的交联。对应的硫化时间用 t_{90} 表示,对于形状较简单的厚度在 6mm 以下的制品其硫化时间可选用 t_{90}。

3. 工程正硫化

工程正硫化是对制品硫化而言的,它是以理论正硫化为根据的,达到工程正硫化时,制品的实际硫化程度要在胶料试片硫化仪测定正硫化平坦区内的硫化效应范围内,这样制品的性能才能达到相应胶料正硫化时的性能，应该可以满足制品的使用性能所达到的硫化程度，就可以认为达到了工程正硫化。

实际生产的制品往往有一定的厚度，由于厚度的存在造成硫化时热传导需要一定的时间，在厚度方向上的各部位的硫化效应并不相同，硫化出模后，内部的温度仍然较高，制品还存在后硫化问题。为达到制品的使用性能，必须使该胶料的硫化平坦期足够长，以保证内部达到正硫化的同时接近热源的部分不至于过硫。厚度在 6mm 以下的制品可以忽略热传导问题。厚度过厚的制品有时采取内部、外部配方的硫化速度不同来控制各部位胶料的硫化效应，尽量使各部位胶料在同一时刻达到制品使用性能要求。另外，还要考虑制品的骨架对硫化时热传导的影响，骨架材料的加入，改变了制品硫化时的热导率，应重新考虑硫化时的热传导规律，使其在硫化时间内各部位胶料硫化效应都在胶料实测最大正硫化时间和最小正硫化时间范围内。也就是说工程中确定制品的正硫化程度，要综合考虑平衡各部件各部位的性能。由此可以看出理论正硫化不仅对研究硫化胶的硫化性能有科学性和指导意义，而且是确定工程正硫化的依据。工程正硫化的正确确定更具有指导生产的实际意义和经济意义。

本章将讨论硫化条件的制定及硫化工艺的实施方法、技术要求和常见硫化的后处理和不同制品常见硫化质量问题的出现原因及处理方法。

二、正硫化的测定方法

目前测定胶料硫化程度的方法一般分三大类：即物理-化学法、物理机械性能法、专用仪器法。这些方法从不同角度对胶料的硫化程度进行测定。

1. 物理-化学法

（1）游离硫测定法

通过对不同硫化时间的硫化试片中游离硫量的测定，可作出游离硫量与对应时间的曲线，游离硫量最少时对应的时间即为理论正硫化时间，因为这时游离硫以外的硫黄都应该参与橡胶的交联，交联密度达到了最大值。但该法不适用于非硫黄硫化体系胶料。

（2）溶胀法

测定不同硫化时间胶料的平衡溶胀率，平衡溶胀率最低值对应的硫化时间为正硫化时间。

2. 物理机械性能法

各项物理机械性能的变化与交联程度有密切关系，低伸长下定伸应力与交联密度成正比关系，与硬度成正向关系，与拉断强度、撕裂强度等力学性能成峰值关系，制品的使用往往取决于性能，所以早期没有硫化仪时，人们多用物理机械性能测定胶料的硫化程度，故该法可以认为是早期测定方法的延续。虽然对于不同的制品可能要求不同的关键物理机械性能，可选最优物理机械性能对应的时间作为正硫化时间，现分述如下。

（1）拉伸强度法

一般采用拉伸强度的最大值或曲线平坦区起始点对应的时间作为正硫化时间。

（2）压缩永久变形法

测定不同硫化时间胶料的压缩永久变形值，在硫化过程中，胶料交联密度逐渐上升，热塑性不断下降，硫化胶压缩后的弹性恢复性逐渐增加，压缩永久变形逐渐减小。压缩永久变形-时间曲线的转折点或拐点对应的时间即为正硫化点对应时间。如图 9-1 所示。

（3）综合物理机械性能测试法

分别测定拉伸强度（T）、硬度（H）、压缩永久变形（S）、定伸应力（M）最佳值时所对应的硫化时间，按下式加权平均作为工程正硫化时间。

$$正硫化时间 = \frac{4T + 2S + M + H}{8} \quad (9-1)$$

3. 专用仪器法

硫化仪是专门用来测定胶料硫化时间的仪器，其测定原理是在硫化过程中给胶料施加一定振幅的应变，通过传感器测定相应的剪切模量，典型的就是圆盘式硫化仪。硫化仪又分为有转子型和无转子型，国产 M200 型、优肯公司的 EK-2000P 型以及美国孟山都公司的 MDR2000 型等都属于无转子硫化仪。无转子硫化仪与有转子硫化仪相比其突出的优点是升温快、效率高，并且重现性好，另外解决了黏结性胶料在硫化仪测定时粘转子的问题。

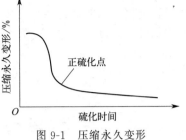

图 9-1 压缩永久变形与硫化时间的关系

第二节　硫化条件的确定

橡胶制品的硫化条件一般是指硫化时的温度、压力、时间，它们是构成硫化条件的主要因素，通常也称"硫化三要素"。

一、硫化温度的确定及其影响因素

硫化是橡胶与交联体系助剂之间复杂的化学反应过程，温度是交联反应的必要条件，硫化温度高，硫化速度快，生产效率高，反之硫化速度慢，生产效率低。因此，应该探讨影响硫化温度的因素。

1. 胶料配方

最主要因素是橡胶的种类和硫化体系。橡胶品种的影响主要体现在两方面：一是反应对温度的敏感性，二是其对温度的耐受性。一般以天然橡胶为主的配方硫化温度相对较低，过高胶料易返原，丁苯橡胶、丁腈橡胶硫化温度可再高些。常用胶料硫化温度范围见表 9-1。

表 9-1　常用胶料最宜硫化温度范围

胶料种类	最宜硫化温度/℃	胶料种类	最宜硫化温度/℃
天然橡胶胶料	143	丁基橡胶胶料	170
丁苯橡胶胶料	150	三元乙丙橡胶胶料	160～180
异戊橡胶胶料	151	丁腈橡胶胶料	150～180
顺丁橡胶胶料	151	硅橡胶胶料	160
氯丁橡胶胶料	151	氟橡胶胶料	160

硫化体系对硫化温度的影响也较大，采用不同硫化剂和硫化促进剂对硫化性能有较大的

影响，如图 9-2、图 9-3 所示。树脂硫化体系要求的硫化温度一般较高，一般在 160℃ 以上；而硫黄硫化体系的活化能相对较低，硫化温度比树脂硫化温度低，当然还取决于体系使用的促进剂种类；过氧化物硫化温度主要取决于过氧化物分解的半衰期的温度，特别是半衰期为 1min 的温度。

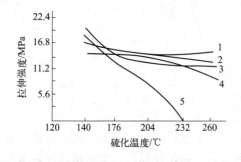

图 9-2 不同硫化温度对几种
硫化体系 NR 拉伸强度的影响
1—2,2-四甲基双(4-氯-6-甲苯酚)；
2—叔辛基酚醛树脂；3—DCP；4—对醌二肟；5—硫黄

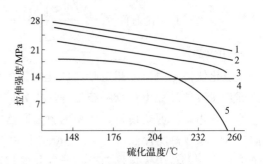

图 9-3 不同硫化温度对几种
合成橡胶拉伸强度的影响
1—硫黄硫化 NBR；2—金属氧化物硫化通用型 CR；
3—金属氧化物硫化 54-1 型 CR；
4—酚醛树脂硫化 IIR；5—硫黄硫化 IIR

通常氟橡胶、硅橡胶、丙烯酸酯橡胶等需要二次硫化，其二次硫化温度往往比上述列表中的硫化温度要高，例如，硅橡胶、氟橡胶在 200～250℃ 下进行二次硫化。

2. 硫化方法

不同的硫化方法也影响硫化温度的选择。例如，注射、连续硫化两种工艺需要的硫化温度较高而模压较前两种低，另外，为提高生产效率很多制品可采用高温快速硫化。

3. 制品外形尺寸

若生产制品的外形尺寸较厚，规格较大，硫化温度不宜过高，考虑到橡胶是热的不良导体，温度过高可能造成表面过硫或内部欠硫，所以硫化温度要求低些。

二、硫化时间、等效硫化时间的确定和等效硫化效应的仿真

（一）硫化时间的确定

硫化时间是硫化反应必要的条件。对于制品来说硫化时间通常是指在硫化过程各部位达到相应最佳性能或最佳硫化效应范围所需要的时间，它是由硫化温度、厚度、制品形状、胶料自身的硫化特性决定的。胶料自身的硫化特性取决于配方，胶料配方固定后，硫化温度和制品厚度是决定硫化时间的主要因素。温度、制品厚度与硫化时间的关系，可用等效硫化时间和等效硫化效应来确定。

（二）等效硫化时间的计算

1. 范特霍夫方程

范特霍夫方程描述的是硫化温度和硫化时间的关系，用下式表示：

$$\frac{\tau_1}{\tau_2} = K^{(t_2-t_1)/10} \tag{9-2}$$

式中，τ_1 为温度为 t_1 时的正硫化时间，min；τ_2 为温度为 t_2 时的正硫化时间，min；K 为硫化温度系数。

K 值的确定方法较多，通过测定不同温度胶料正硫化时间就能确定 K 值，K 值随配方和硫化温度的变化而变化。表 9-2 列出了几种橡胶在 120～180℃ 的 K 值变化。

表 9-2 在 120～180℃ 范围内各种胶料的 K 值

胶料种类	温度范围/℃			
	120～140	140～160	160～170	170～180
NR	1.70	1.60	—	—
SBR	1.50	1.50	1.95	2.30
CR	1.70	1.70	—	—
IIR	—	1.67	1.80	—
NBR-18	1.85	1.60	2.00	2.00
NBR-26	1.85	1.60	2.00	2.00
NBR-40	1.85	1.50	2.00	2.00

例：已知某胶料在 140℃ 时正硫化时间为 20min，计算此胶料在 130℃ 和 150℃ 时的等效硫化时间，$K=2$。

已知：$t_2=140℃$，$\tau_2=20\text{min}$，$K=2$

当 $t_1=130℃$ 时，$\tau_1 = K^{(t_2-t_1)/10} \times \tau_2 = 2^{(140-130)/10} \times 20 = 40(\text{min})$

当 $t_1=150℃$ 时，$\tau_1 = 2^{(140-150)/10} \times 20 = 10(\text{min})$

从这个例子可以看出，胶料的 K 值为 2 时达到相同的硫化程度，温度变化 10℃，则硫化时间增加一倍或缩短一半。

2. 阿伦尼乌斯方程

同样描述的是硫化温度与时间的关系，公式反映的是假定反应活化能不变的条件下，其反应温度与时间的相关性。如下式：

$$\ln\left(\frac{\tau_1}{\tau_2}\right) = \frac{E}{R}\left(\frac{t_2-t_1}{t_2 t_1}\right) \tag{9-3}$$

或

$$\lg\frac{\tau_1}{\tau_2} = \frac{E}{2.303R}\left(\frac{t_2-t_1}{t_2 t_1}\right) \tag{9-4}$$

式中，t_1、t_2 为硫化温度，K；R 为气体常数，$R=8.314\text{J}/(\text{mol}\cdot\text{K})$；$E$ 为硫化反应活化能，kJ/mol。

利用上式可以求出不同温度下的等效硫化时间。

例：已知胶料的硫化反应活化能 $E=92\text{kJ/mol}$，在 140℃ 时正硫化时间为 30min，利用阿伦尼乌斯方程计算 150℃ 时的正硫化时间。

已知：$t_1=273+140=413\text{K}$
$t_2=273+150=423\text{K}$ $\tau_1=30\text{min}$

求：$\tau_2=?$

解：$\lg 30/\tau_2 = \dfrac{92}{2.303\times 0.008314}\left(\dfrac{423-413}{423\times 413}\right)$

$$\tau_2 = 15.7 \text{min}$$

阿伦尼乌斯方程计算的结果较范特霍夫方程准确性高。

3. 列线图法

根据范特霍夫方程和阿伦尼乌斯方程,可以把式(9-2) 和式(9-3) 作成列线图（图9-4、图9-5），这样可以方便查出不同温度下的等效硫化时间。

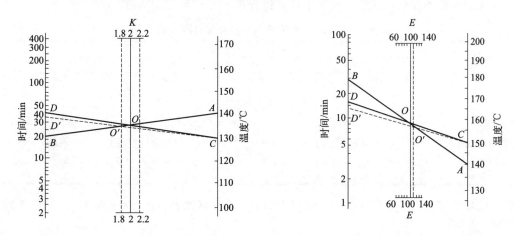

图9-4　根据范特霍夫方程描绘的等效硫化列线图　　图9-5　根据阿伦尼乌斯方程描绘的等效硫化列线图

例：已知某一胶料在140℃时正硫化时间为20min，求130℃和150℃的等效硫化时间。

解题步骤可先从温度轴上找出140℃为 A 点，从时间轴上找出20min 为 B 点。将 A 与 B 相连，连线与 K 轴（$K=2$）相交于 O 点，然后再在温度轴上找出130℃的点 C，从 C 向 O 作连线，将此线延伸，与时间轴交于 D 点，D 点即为所求的在130℃时的等效硫化时间（40min）。同理求150℃时的等效硫化时间为10min。由于考虑到 K 值随各种胶料而变化，所以列线图标出的 K 值为1.8、2.0、2.2三条轴线。

图9-5列线图的用法和图9-4相同，只不过中间轴换成活化能数值。E 的数值亦随胶料配方而变化，需由实验确定。E 值确定方法也很多，但最简单的还是使用硫化仪。用硫化仪分别求出胶料在 t_1 和 t_2 温度下的正硫化时间 τ_1 和 τ_2，然后代入式（9-4）中就可求出 E 值。实验表明，常用硫化体系的胶料的 E 值为84～104kJ/mol，取中值则为94kJ/mol。

4. 厚制品的等效硫化时间

利用等效硫化效应原理按下述方法计算，将厚制品的工程正硫化时间对应的硫化效应换算成胶料试片的等效硫化时间 τ_E，再检查 τ_E 是否落在试片硫化仪实测的正硫化时间范围内。如是，说明制品的工程正硫化时间选的正确，τ_E 的计算方法见式(9-5)。

$$\tau_E = \frac{E}{I_t} \tag{9-5}$$

式中，E 为制品的硫化效应；I_t 为试片在 t 温度下的硫化强度；τ_E 为计算的试片的等效硫化时间。

（三）用等效硫化效应确定厚制品的工程硫化时间

确定厚制品的硫化时间或者因为厚制品硫化条件临时变故而需要调整硫化时间需要使用等效硫化效应方法。

硫化效应这个术语的意义如下：厚制品硫化时靠近热源部分升温快，远离热源部分升温慢，不均匀，所以各部位微单元（或部件）有各自的升温曲线，有各自的硫化程度，在整个硫化进程中的各个微单元在同一硫化时间，它们的硫化程度多半不同。各个小单元的累计硫化程度工程上叫做硫化效应。同理也适用于胶料试片硫化效应的计算。

硫化效应计算公式如下：

$$E = I\tau \tag{9-6}$$

式中，E 为硫化效应；I 为硫化强度；τ 为硫化时间，min。

硫化强度是指胶料在一定温度下，单位时间所取得的硫化程度。它主要由胶料配方特别是硫化体系及硫化温度决定，硫化强度与硫化温度和硫化温度系数的关系见表 9-3。在硫化温度发生变化时硫化强度也变化，但可通过变化硫化时间来获得不同温度下的等效硫化效应。硫化强度、硫化温度系数和硫化温度的关系如下。

$$I = K^{\frac{t-t_0}{10}} \tag{9-7}$$

式中，K 为硫化温度系数（一般通过实验测定）；t 为硫化温度，℃；t_0 为规定硫化效应所采用的温度（一般 $t_0 = 100$ ℃）。

表 9-3 硫化强度略表（$t_0 = 100$ ℃）[①]

t/℃	$K=1.86$	$K=2.00$	$K=2.17$	$K=2.50$	t/℃	$K=1.86$	$K=2.00$	$K=2.17$	$K=2.50$
90	0.54	0.50	0.46	0.40	148	19.60	27.90	41.30	81.30
100	1.00	1.00	1.00	1.00	149	20.90	29.90	44.70	89.00
110	1.86	2.00	2.17	2.50	150	22.30	32.00	49.20	97.60
120	3.46	4.00	4.71	6.25	151	23.70	34.30	52.10	107.00
130	6.43	8.00	10.22	15.60	153	26.80	39.40	60.80	128.00
140	12.00	16.00	22.20	39.10	155	30.30	45.30	71.30	154.00
141	12.7	17.2	24.0	42.8	157	34.30	52.00	63.00	186.00
143	14.40	19.70	28.10	51.40	159	38.90	59.70	97.00	222.00
144	15.40	21.10	30.30	56.30	160	41.00	64.00	105.00	244.00
145	16.30	22.60	32.70	61.90	162	46.90	73.60	122.00	293.00
146	17.40	24.20	35.30	67.70	166	60.00	97.10	167.00	423.00
147	19.50	26.00	38.20	74.10					

在实际的橡胶制品生产中，由于制品不同部位要求不同性能，因此应用不同的胶料配方，为使制品各部位都有较好性能，其硫化效应尽量达到一致。为达到这一目的，使远离硫化热源的胶料硫化速度快些，而离热源近的胶料的硫化速度慢些，这样就可能实现在同一时间达到相同的硫化效应，但很难准确控制；另一种方法，也是通常使用的方法，使每一种胶料的硫化效应都有一段平坦期，对于同一种配方的胶料其硫化效应只要在这段平坦期范围内，胶料的性能就与最佳性能接近或看成最佳性能；对于不同部位不同种配方，把直接接触热源的胶料配方的硫化效应平坦期设计得较长，而使所有远离热源的胶料配方在达到正硫化时正好落在接近热源的胶料硫化效应平坦区内，这样就能使整个制品达到正硫化。

即

$$E_{\min} < E < E_{\max}$$

例：某一橡胶制品胶料的硫化条件为 130℃×20min，硫化平坦期范围为 20~120min，硫化温度系数为 2，则最小和最大硫化效应为：

$$E_{\min} = 2^{\frac{130-100}{10}} \times 20 = 160$$

$$E_{\max} = 2^{\frac{130-100}{10}} \times 120 = 960$$

例：轮胎缓冲层胶料的硫化温度系数为 2，在硫化温度 143℃ 时的硫化平坦期为 20～80min，在模具中硫化 70min（测得该部位的硫化温度为 141℃），问该部位的胶料是否达到正硫化？

从表 9-3 中可以查到：

$I_{143℃} = 19.7$，$I_{141℃} = 17.2$

硫化 20min 时的硫化效应为 $19.7 \times 20 = 394$

硫化 80min 时的硫化效应为 $19.7 \times 80 = 1576$

在 141℃ 时硫化 70min 的硫化效应为 $17.2 \times 70 = 1204$

可以看出在 141℃ 时硫化 70min 的硫化效应是在该种胶料的硫化平坦期范围内，所以该部位胶料能达到正硫化。

对于厚制品，其各部位的热传导时间不同，每一部位的升温规律各有不同，理论上在制定硫化时间时就要考虑温度上升对硫化效应的积累作用，各部位达到工程正硫化时硫化效应的积累当然都应该在胶料配方的最小和最大硫化效应之间，为计算各部位的硫化效应，必须先知道相应部位的温度，温度可以通过实际各部位热电偶的埋设或计算机模拟得到，这样就可以得到从制品加热起，每经一定的时间间隔对应的温度，将温度 t 对时间 τ 作图，就可得到温度-时间的曲线，图 9-6 是热电偶测得的制品某部位在整个硫化过程中的温度变化情况，t 是时间的函数。该部位在硫化过程的硫化强度-时间曲线与横坐标围成的面积即为该部位胶料的硫化效应，如图 9-7 所示。

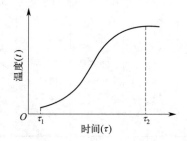
图 9-6 由热电偶测得的制品内层温度-时间曲线

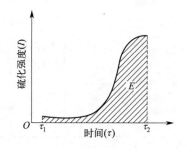
图 9-7 硫化强度与硫化时间关系曲线

即制品某部位的硫化效应

$$E = \int_{\tau_1}^{\tau_2} I \, dt \tag{9-8}$$

积分式(9-8)可以近似简化为

$$E = \Delta\tau \left(\frac{I_0 + I_n}{2} + I_1 + I_2 + \cdots + I_{n-1} \right) \tag{9-9}$$

式中，$\Delta\tau$ 为测温或模拟时设置的时间间隔；I_0 为硫化开始温度 t_0 的硫化强度；I_1 为第一个时间间隔温度 t_1 的硫化强度；I_n 为最后一个时间间隔温度 t_n 的硫化强度。

值得注意的是，有些橡胶制品的厚度较厚，其在出模后的温度不能很快地降下来，由于温度的存在，会产生一定的后硫化效应，这在硫化工艺中必须加以考虑，总的硫化效应应该是 $E_A + E_B$，如图 9-8 所示。

（四）用有限元法对制品硫化效应的仿真

随着计算机以及有限元分析软件的应用，可以对较厚的制品或几何形状厚薄不匀的制品的各部位硫化效应进行模拟计算，确定硫化条件，并能为各部位配方硫化体系的调整提供一定的依据。硫化效应的模拟计算过程如下。

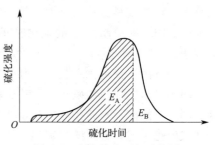

图 9-8　硫化效应面积示意图

E_A—硫化效应面积；E_B—后硫化效应面积

1. 通过温度场模拟得到制品各部位的硫化温升曲线

① 确定制品的几何模型和材料模型，如图 9-9 所示，图 9-10 为输送带的几何尺寸和断面材料组成情况。

图 9-9　输送带断面的几何模型

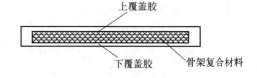

图 9-10　输送带断面的材料模型

② 确定硫化的初始条件，如硫化温度、装模温度、模具初始温度、环境温度等。

③ 实测硫化胶的硫化参数

a. 某硫化温度下的正硫化时间、硫化的平坦区；测算出硫化温度系数，测算出最大、最小硫化效应；

b. 实测或查出胶料的热传导系数、对流换热系数、热辐射系数等。

④ 求出制品某个微单元（或部件）的硫化温升曲线（即 $t\text{-}\tau$ 曲线），用实测温度校对和调整仿真温度场的准确性。橡胶硫化的传热属于非稳态热传导。应用傅里叶传热方程及相应的计算方法（如有限元法）可以计算出各个微单元的温度曲线，如图 9-11 所示。

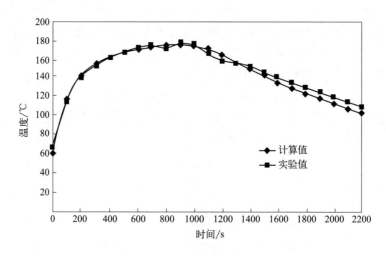

图 9-11　输送带断面某点模拟硫化温升曲线

2. 利用微机做出各个部位的硫化强度 I 对硫化时间的曲线（I-t）

该曲线包围的面积就是硫化效应。如果对此曲线积分可得到相应的硫化效应 E。再用硫化仪测出部件胶料试片的最大、最小硫化效应，若制品的硫化效应落在胶料的最大、最小硫化效应之间，对应制品 E 的硫化时间就是该制品的工程正硫化时间。这就是等效硫化效应的方法。

另一方面，在硫化工艺中，计算机通过科学控制制品的合理硫化效应实现对制品的硫化，而非只单纯地控制硫化时间，也就是说计算机在硫化过程中通过不断地采集硫化温度并且自动对时间间隔不断积分求和，并与模拟正确的硫化效应进行比较，只要达到此硫化效应就完成硫化工艺，否则继续硫化，从而实现了硫化工艺的智能化管理。

三、硫化压力的确定

硫化压力通常不是硫化反应的必要条件，但却是绝大多数橡胶制品硫化的必要条件，压力的作用主要在于：使胶料在模腔中充分流动充满模腔；使胶料与骨架材料紧密接触并提高它们之间的黏合性；排除空气并防止硫化胶在硫化过程中由于混炼胶中微量的水分或挥发性物质等而产生气泡，使胶料致密；硫化出合格的制品。

常压硫化为防止产生气泡，在胶料中可加入氧化钙、石膏等，可以在硫化过程中吸收水分。例如，胶布制品的硫化。

在实际生产中，硫化压力的确定还与装模的温度有关，温度直接影响混炼胶的黏度，在 100～140℃ 装模时，一般压力在 2.5～5MPa，若在 50℃ 左右注压装模就要施加 55～80MPa 的压力。另外，随着硫化压力的增加，胶料与骨架帘布层的密着力和耐屈挠性能有所提高，见表 9-4。

表 9-4　硫化压力与骨架帘布层耐屈挠性能的关系

硫化压力/MPa	帘布层屈挠到破坏的次数/万次
1.6	4.65～4.70
2.2	9.00～9.50
2.5	8.00～8.20

通常在确定硫化压力时要考虑到制品的尺寸、厚度等结构的复杂程度、混炼胶的门尼黏度等因素。在生产中应遵循这样的规律：门尼黏度小，压力低；产品厚、层数多、结构复杂，压力高。常用硫化工艺采用的硫化压力见表 9-5。

表 9-5　常用硫化工艺采用的硫化压力

硫化工艺	加压方式	压力/MPa
汽车轮胎外胎硫化	水胎胶囊过热水加热	2.2～4.8
	外模加压	0.45
模型制品硫化	平板加压	24.5
V 带硫化	平板加压	0.9～1.6
输送带硫化	平板加压	1.5～2.5
注压硫化	注压机加压	120.0～150.0
汽车内胎蒸汽硫化	蒸汽加压	0.5～0.7
胶管直接蒸汽硫化	蒸汽加压	0.3～0.5
胶布直接蒸汽硫化	蒸汽加压	0.1～0.3

硫化压力一般由液压泵通过平板硫化机把压力传递给模具，模具再传递给胶料，或由硫

化介质直接加压，注射成型硫化的制品其压力来自注压机螺杆或注射杆。

第三节
硫化介质及其热传导性

一、硫化介质

在硫化过程中热的传递必须有一定的介质，加热胶料过程中传递热能的物质，就是通常所说的加热介质。因其是在硫化过程中使用的，所以也称硫化介质。

常用的硫化介质有：饱和蒸汽、过热蒸汽、过热水、热空气、热水、氮气等。另外，一些高能射线也不断被采用作为硫化能源，如常用的微波硫化已被广泛应用，并充分发挥其优越性。

1. 饱和蒸汽

这是一种应用最为广泛的硫化介质，它的热量来自汽化潜热。它的给热系数大，热导率高，放热量大，加热较均匀。通过控制蒸汽的压力可以准确地控制加热温度，同时又能排除硫化容器中的空气，减少制品表面的热氧老化作用。饱和蒸汽的压力与温度的对照表见表9-6。

表 9-6 饱和蒸汽压力与温度的对照表

压力/kPa	温度/℃	压力/kPa	温度/℃	压力/kPa	温度/℃	压力/kPa	温度/℃
0.0	100.0	215.7	135.0	411.9	152.5	980.7	183.0
49.0	110.8	274.6	140.0	431.5	153.9	1078.7	187.1
58.8	112.7	294.2	142.8	441.3	154.6	1176.8	190.7
78.5	116.3	313.8	144.6	451.1	155.3	1274.9	194.1
98.1	119.6	333.4	146.3	490.3	159.9	1372.9	197.4
147.1	126.8	343.2	147.1	637.4	166.7	1471.0	200.4

饱和蒸汽的缺点：若硫化容器较大，蒸汽易冷凝，造成局部低温，同时对硫化容器有一定的腐蚀性，对于表面涂有亮油的制品，饱和蒸汽对亮漆膜的固化有一定的影响，再有该介质不宜用于硫化易水解的橡胶制品。使用这种硫化介质一般需要系统配置汽水分离器。

2. 过热水

过热水也常被用作硫化介质，其既能保证较高的温度，又能赋予半成品较高的硫化压力，故常用在高压硫化的场所，其温度一般在170～180℃，压力在2.2～2.6MPa。过热水的优点在于能产生较高的压力，热量传递较均匀；不过过热水的热含量较小，给热系数比饱和蒸汽小，导热效率较低，并要有一套专用的过热水发生器装置和除氧装置，而且温度不易控制均匀。

3. 热空气

热空气也是常用的硫化介质，有常压和加压的，它的优点是：加热温度不受压力控制，可以方便地调节压力和温度；介质环境比较干燥，不含水分；硫化后表面光滑，可以硫化易水解的橡胶。缺点是：给热系数小，导热效率低，硫化时间较蒸汽硫化时间长，空气中含有氧气，易造成制品的氧化，所以在用热空气硫化天然橡胶等易老化的橡胶时，硫化温度一般不要超过150℃。为克服它的缺点实际硫化生产过程采用热空气和蒸汽混合的硫化介质，即先用热空气定型，第二阶段再通入蒸汽进行硫化，这样既能保证制品的外观质量，又能加快硫化速度，缩短硫化时间。另外，在连续硫化中，热空气的温度可提高到400℃（原来250℃），该硫化方法的特点是因温度高，效率较高，定型快，制品尺寸稳定，表面硫化后再进入微波系统进一步硫化，产品外观质量及外形误差很小。

4. 过热蒸汽

过热蒸汽是饱和蒸汽通过进一步加热得到，若在饱和蒸汽的硫化罐中架设加热管道使罐内蒸汽的温度进一步提高，饱和蒸汽就成为过热蒸汽。这种方法可以在不提高蒸汽压力的情况下使硫化温度有一个较大的提高，可提高40℃左右，并且可使硫化过程的冷凝水大大减少。过热蒸汽给热系数较饱和蒸汽低，该硫化介质温度误差不易控制到±1℃；另外，过热蒸汽的腐蚀性较饱和蒸汽更甚，对设备的腐蚀性更大，应用上受到一定限制。

5. 热水

热水作为硫化介质，有常压的也有加压的，该介质传热比较均匀，制品变形较小。但热水热含量低，导热率低，热损耗大，硫化时间长。主要用于硫化薄的浸渍制品等，如化工容器的衬里，常用常压热水长时间硫化。

6. 氮气

氮气作为硫化传热介质目前已被重视并在国际上广泛使用。氮气硫化，实质上是氮气和蒸汽的混合气体的硫化。这个方法是待轮胎坯定型合模后，将1.4~1.7MPa的高压蒸汽通入胶囊中，2~8min后，通入高压高纯度（99.99%以上，最好99.999%）氮气，温度必然会随时间下降，所以是高压变温硫化，但到硫化结束时温度不应该低于150℃。这种硫化方法的优点是：没有氧气，胶囊不容易氧化，延长胶囊和水胎的使用寿命，据称胶囊寿命可以延长25%~100%；可以节约蒸汽，效率高，可靠性高，成本低，是无污染的绿色工艺。现在它已经成为轮胎硫化的主要方法。蒸汽充氮气硫化能保证硫化时的高温和高压，并且氮气与蒸汽混合后达到热平衡时吸收的热量比空气少，氮气不溶于水，故在蒸汽冷凝时氮气不会有减少，可保证硫化时压力稳定，能大大地提高制品的硫化质量。

7. 低熔点固体介质

这类硫化介质通常是指熔点较低的固体，优点是导热效率高，常用的有共熔金属合金、共熔盐混合物。通常用在压出制品的连续硫化，硫化温度较高，一般在150~250℃，硫化时间较短。共熔金属最常用的是铋、钨合金（58∶42），其熔点是140℃，但缺点是相对密度太大，易将压出半成品压变形；共熔盐混合物一般是一种配比为53%的硝酸钾、40%亚硝酸钠和7%的硝酸钠的混合物，熔点为142℃，能为制品提供良好的外观，适于硫化各种胶条、海绵条、橡胶电线等。但由于熔体的密度较大，半成品易漂浮。硫化完介质附着于制品表面，必须进行成品表面冲洗处理。

8. 玻璃微珠

直径在0.13~0.25mm的玻璃珠，在硫化时这种玻璃微珠与剧烈翻腾的热空气构成有效相对密度为1.5的沸腾床，半成品通过它加热硫化。其导热效率较高，又称沸腾床硫化。

9. 有机介质

硅油、亚烷基二元醇等耐高温有机物也可以作为硫化介质，使其在管道中循环，利用高沸点提供热量和温度，使制品在低压或常压下硫化。

总之，作为硫化介质必须具有良好的传热性、热分散性及较高的储热能力。几种常用介质的性能比较见表 9-7。

表 9-7　几种常用介质的性能比较

性能		热空气	过热水	饱和蒸汽		过热蒸汽
压力/Pa		3	17～22	—	5	3
温度/℃	开始	150	150	142.9	158	200
	终止	140	140	142.9	158	160
比容/(m³/kg)		0.295	0.001	0.1718	0.3214	0.5451
密度/(kg/m³)		3.39	1000	2.12	3.11	1.83
含热量/(kJ/kg)		151.14	628.02	2737.75	2756.17	2800.42
使用热量/(kJ/kg)		10.09	41.87	2136.11	2088.79	85.41

从表 9-7 可以看出，饱和蒸汽放出的热量最大，热空气放出的热量最少。故如何选择硫化介质要根据产品特点、实际工艺情况、技术要求及生产设备综合考虑后选定。

二、硫化热传导计算

橡胶制品在加热硫化过程中，热量和温度的传递总是由接触热源的表面向内部传导。由于橡胶是热的不良导体，制品内部硫化过程热的传递及温度的上升规律是确定硫化条件的主要依据之一。目前，这种规律的确定有三种方法：第一种是直接测量法，埋制热电偶在制品的相应位置，记录温度和时间数值，得到该位置在一定时间的温升情况，归纳总结出制品的温升规律，这种方法虽然实用但耗时、花费大，并对有些制品无法实施；第二种方法是用理论计算，橡胶硫化的热传导属于不稳定的热传导，因此根据非稳态热传导计算公式来计算，因制品形状不同，应用不同形式的热传导计算公式；第三种方法是应用合理的热传导规律，使用有限元计算方法，应用计算机计算热传导过程，确定制品各部位的温度-时间曲线。

1. 薄制品的热传导计算（一维热传导的计算）

对于长度和宽度都比厚度大很多的制品可以作为薄层制品，如胶板、胶片等，视为一种无边界薄板，应用一维（只有厚度方向）热传导公式：

$$\frac{t_s - t_c}{t_s - t_0} = \frac{4}{\pi}\left[\exp\left(-\pi^2\frac{\alpha\tau}{L^2}\right) - \frac{1}{3}\exp\left(-9\pi^2\frac{\alpha\tau}{L^2}\right) + \frac{1}{5}\exp\left(-25\pi^2\frac{\alpha\tau}{L^2}\right) + \cdots\right] \quad (9\text{-}10)$$

式中，t_s 为薄板的表面温度，℃；t_c 为薄板中心层温度，℃；t_0 为薄板的原始温度，℃；τ 为热传导时间，s；α 为热扩散率（试验测定），cm²/s；L 为薄板的厚度，cm。

式(9-10)说明胶板、胶片等薄板制品导热时，中心层温度 t_c 是薄板厚度 L 和传热时间 τ 的函数。如经实际测得 t_s、t_0、α、L，中心层的温度 t_c 和时间 τ 的关系便能算出不同时刻 τ 对应中心层的温度 t_c。

为应用方便，将式(9-10)进行简化，令

$$Z = \frac{\alpha\tau}{L^2}; S(Z) = \frac{t_s - t_c}{t_s - t_0} \quad (9\text{-}11)$$

$$S(Z) = \frac{4}{\pi}\left[\exp\left(-\pi^2\frac{\alpha\tau}{L^2}\right) - \frac{1}{3}\exp\left(-9\pi^2\frac{\alpha\tau}{L^2}\right) + \frac{1}{5}\exp\left(-25\pi^2\frac{\alpha\tau}{L^2}\right) + \cdots\right] \quad (9\text{-}12)$$

则

$$S(Z)=\frac{4}{\pi}\left[\exp(-\pi^2 Z)-\frac{1}{3}\exp(-9\pi^2 Z)+\frac{1}{5}\exp(-25\pi^2 Z)+\cdots\right] \tag{9-13}$$

其中 $S(Z)$ 是一种无穷级数，对应数值见表9-8。

表9-8 $S(Z)$ 及 Z 值略表

Z	$S(Z)$	Z	$S(Z)$	Z	$S(Z)$
0.001	1.0000	0.075	0.6068	0.360	0.0365
0.005	1.0000	0.080	0.5778	0.420	0.0202
0.010	0.9992	0.085	0.5500	0.440	0.0166
0.015	0.9922	0.090	0.5236	0.480	0.0112
0.020	0.9752	0.095	0.4985	0.500	0.0092
0.021	0.9700	0.100	0.4745	0.510	0.0082
0.025	0.9493	0.104	0.4561	0.560	0.0051
0.030	0.9175	0.106	0.4472	0.600	0.0034
0.035	0.8824	0.110	0.4299	0.680	0.0016
0.040	0.8458	0.114	0.4133	0.720	0.0010
0.045	0.8088	0.120	0.3895	0.760	0.0007
0.050	0.7723	0.160	0.2625	0.800	0.0005
0.055	0.7367	0.200	0.1769	0.900	0.0002
0.060	0.7022	0.250	0.1080	1.000	0.0001

应用式(9-11)、式(9-13)和表9-8中的函数值，可求出薄层制品传热时中心层的温度 t_c 随时间 τ 的变化，从而求出在不同时刻中心层的温度。

例：某薄层橡胶制品厚度1.27cm，原始温度22℃，现模型温度144℃，胶料热扩散率 $7.23\times10^{-4}\,\text{cm}^2/\text{s}$，双面硫化，试计算制品中心层温度达143℃时所需要的时间。

解：已知 $t_s=144℃$；$\alpha=7.23\times10^{-4}\,\text{cm}^2/\text{s}$；$L=1.27\text{cm}$

$$S(Z)=\frac{t_s-t_c}{t_s-t_0}=\frac{144-143}{144-22}=0.0082$$

查表可知 $Z=0.510$

$$\tau=ZL^2/\alpha=\frac{0.51\times1.27^2}{7.23\times10^{-4}}=1138(\text{s})=19(\text{min})$$

2. 多层制品的热传导及当量厚度的计算

对于一些有骨架材料且几何形状较复杂、厚度不是很厚的橡胶制品如输送带、胶管、力车胎等，它们的传热方式与无界薄板非常相似，故可以沿用无边界薄板计算公式，但计算时需使用当量厚度。

在多层制品中往往各层的厚度不同，有时各层的材料也不相同，造成热扩散系数不一样，因此不能直接应用薄板公式，必须将各层厚度换算成相当于某一基准层的传热当量厚度，再将各层的当量厚度加起来作为整体厚度才能应用薄板的计算公式。

设基准层的热扩散系数为 α_1，现要将热扩散系数为 α_2、厚度为 L_2 的胶层换算成基准层的当量厚度（设为 L_{2c}），可按下式计算：

$$L_{2c}=\sqrt{\frac{\alpha_1}{\alpha_2}}\times L_2 \tag{9-14}$$

下面举例计算。

例：有一自行车外胎，原始温度为20℃，在模型和风胎的温度均为155℃条件下进行硫化。试求胎冠中心线中心层达到150℃时所需的传热时间。已知各层的厚度和热扩散系数如下：

胎面　$L_1 = 0.2\text{cm}$　$\alpha_1 = 1.27 \times 10^{-3} \text{cm}^2/\text{s}$;

帘布层　$L_2 = 0.25\text{cm}$　$\alpha_2 = 1.143 \times 10^{-3} \text{cm}^2/\text{s}$。

解：(1) 总厚度计算

可按式（9-14）将帘布层厚度换算成胎面的当量厚度：

$$L_{2c} = \sqrt{\frac{\alpha_1}{\alpha_2}} \times L_2 = \sqrt{\frac{1.27 \times 10^{-3}}{1.143 \times 10^{-3}}} \times 0.25 = 0.264 (\text{cm})$$

胎冠中心线上的总厚度为：

$$L_c = L_1 + L_{2c} = 0.2 + 0.264 = 0.464 (\text{cm})$$
$$L_c^2 = 0.464^2 = 0.215 (\text{cm}^2)$$

(2) 传热时间计算

$$S(Z) = \frac{t_s - t_c}{t_s - t_0} = \frac{155 - 150}{155 - 20} = 0.037$$

查表得 $Z = 0.36$（近似）

故 $\tau = \dfrac{ZL_c^2}{\alpha_1} = \dfrac{0.36 \times 0.215}{1.27 \times 10^{-3}} = 61$ （s）

胶管、胶带等制品也可以按上例方法计算。但对深沟花纹轮胎，胎面花纹及各部位的厚度相差较大，结构较复杂，是一个多维非稳态热传导问题，应用上述方法计算误差较大。

3. 立方体、短圆柱体制品的多维热传导计算

立方体、短圆柱体制品的热传导是多维的、不稳定的热传导，因此不能用一维热传导公式计算。试验表明，只要原始温度、表面温度维持不变，在大多情况下，多维热传导可以用 n 个一维热传导解的乘积求得，因此可用下列公式计算。

(1) 长为 L、宽为 M 的长方形制品

$$\frac{t_s - t_c}{t_s - t_0} = S\left(\frac{\alpha\tau}{L^2}\right) \times S\left(\frac{\alpha\tau}{M^2}\right) \tag{9-15}$$

(2) 长为 L、宽为 M、高为 N 的立方体制品

$$\frac{t_s - t_c}{t_s - t_0} = S\left(\frac{\alpha\tau}{L^2}\right) \times S\left(\frac{\alpha\tau}{M^2}\right) \times S\left(\frac{\alpha\tau}{N^2}\right) \tag{9-16}$$

(3) 半径为 R、长为 L 的短圆柱体制品

$$\frac{t_s - t_c}{t_s - t_0} = C\left(\frac{\alpha\tau}{R^2}\right) \times S\left(\frac{\alpha\tau}{L^2}\right) \tag{9-17}$$

式中，$C\left(\dfrac{\alpha\tau}{R^2}\right)$ 为连续函数，其值可以查表9-9，表中 $C(X)$ 为 $C\left(\dfrac{\alpha\tau}{R^2}\right)$。

例：有一圆柱形橡胶制品，高为11cm，半径为4.2cm，原始温度为20℃，热扩散系数 $\alpha = 0.00143 \text{cm}^2/\text{s}$，在130℃下加热硫化。求30min时，圆柱体的中心层温度 t_c。

解：① 先求 $C\left(\dfrac{\alpha\tau}{R^2}\right)$ 和 $S\left(\dfrac{\alpha\tau}{L^2}\right)$：

因为 $X = \dfrac{\alpha\tau}{R^2} = \dfrac{0.00143 \times 1800}{4.2^2} = 0.146$

$Z = \dfrac{\alpha\tau}{L^2} = \dfrac{0.00143 \times 1800}{11^2} = 0.021$

从表 9-8、表 9-9 查到 $C(0.146) = 0.67$，$S(0.021) = 0.9700$。

② 将上述数据代入式(9-17) 得：

$$\frac{130 - t_c}{130 - 20} = 0.67 \times 0.97$$

所以，$t_c = 130 - 0.97 \times 0.67 \times (130 - 20) = 58.5$（℃）

表 9-9　X 值与对应的 $C(X)$ 值[①]

X	$C(X)$	X	$C(X)$	X	$C(X)$
0.010	1.0000	0.200	0.5015	0.800	0.0157
0.020	1.0000	0.240	0.3991	0.850	0.0177
0.030	0.9995	0.250	0.3768	0.900	0.0088
0.040	0.9993	0.300	0.2825	0.950	0.0066
0.050	0.9871	0.350	0.2116	1.000	0.0049
0.060	0.9705	0.400	0.1585	1.200	0.0016
0.070	0.9470	0.500	0.0887	1.400	0.0005
0.080	0.9177	0.560	0.0628	1.500	0.0003
0.090	0.8844	0.580	0.0560	1.600	0.0002
0.100	0.8484	0.600	0.0499	1.700	0.0001
0.150	0.6618	0.700	0.0280		

①详见《橡胶工业手册第三分册》。

三、制品硫化热传导的有限元分析

硫化橡胶是热的不良导体，对于较厚橡胶制品来说，硫化时各部位受热历程差别较大，硫化期间各处温度（t）不仅是空间位置（x, y, z）的函数，也是时间（τ）的函数，即：$t = f(x, y, z, \tau)$。从传热学的角度考虑，制品硫化显然是一个非稳态过程，要定量地掌握硫化过程中内部温度的变化规律，就必须对非稳态热传导的规律有一个深入的了解。对于体积为 V，表面积为 Γ 的连续介质，可建立能量守恒式：

$$-\frac{\partial q_i}{\partial x_i} + Q - \rho c \frac{\partial t}{\partial \tau} = 0 \tag{9-18}$$

式中，x_i 为 x 空间方向的某一位置；t 为温度；Q 为单位体积的热生成率；q_i 为热流矢量的分量；ρ 为单位体积的质量密度；c 为比热容；τ 为时间。

按傅里叶定律，热流可用温度梯度表示成：

$$q_i = -\lambda_{ij} \frac{\partial t}{\partial x_j} \tag{9-19}$$

其中 λ_{ij} 是材料在指定方向上的热传导率张量分量，对各向同性材料，热传导率在各个方向上保持同一常数，x_j 为 x 方向的张量分量位置。

将式(9-19) 代入式(9-18)，整理可得域 V 内所满足的热传导抛物型微分方程：

$$\frac{\partial}{\partial X_i}(\lambda_{ij}\frac{\partial t}{\partial X_j})+Q-\rho c\frac{\partial t}{\partial \tau}=0 \tag{9-20}$$

从描述热传导问题的微分方程和相应的硫化边界条件导出其有限元求解方程。用有限元将连续区域离散后，每个单元内的温度分布可近似地表示为：

$$t(X_i,\tau)=\sum_{i=1}^{n}N_i(X_i)t_i(t)=\underline{N}^t\underline{t} \tag{9-21}$$

式中，$\underline{N}$ 是描述温度在单元内变化的插值函数向量；$\underline{t}$ 是依赖于时间的单元温度向量。

由于用式(9-21)近似描述的温度通常不能精确满足热传导微分方程(9-18)，也就是说将式(9-21)代入式(9-18)后，方程右端通常非零，而是等于残差 R：

$$R=\frac{\partial}{\partial X_i}\left[\lambda_{ij}\frac{\partial}{\partial X_j}(\underline{N}^t\underline{t})\right]+Q-\rho c\frac{\partial}{\partial t}(\underline{N}^t\underline{t}) \tag{9-22}$$

根据加权余量的 Galerkin 法，用插值函数 $\underline{N}$ 作为权函数，使式(9-22)的残差在 Galerkin 加权积分意义上等于 0，即：

$$\int_{V^e}N_iR\,\mathrm{d}V=0 \qquad i=1,2,\cdots,n \tag{9-23}$$

式中，V^e 为单元体积；n 为单元个数。对每个单元都采取上述加权残差处理后，积分式(9-23)可得：

$$\underline{C}\frac{\partial \underline{t}}{\partial \tau}+(K+F)\underline{t}=\underline{Q} \tag{9-24}$$

式中，$\underline{t}$ 为温度向量；$\underline{Q}$ 为节点热流向量。

矩阵 C 是热容矩阵，它同瞬态热传导过程中单元内贮存的热量有关：

$$\underline{C}=\sum_{i=1}^{n}\int_{V^e}\underline{N}^t\rho c\underline{N}\,\mathrm{d}V \tag{9-25}$$

K 为热传导矩阵，它与传热导过程中单元内热量传导有关：

$$\underline{K}=\sum_{i=1}^{n}\int_{V^e}\left(\frac{\partial N}{\partial x_i}\right)^t\lambda_{ij}\frac{\partial N}{\partial x_j}\,\mathrm{d}V \tag{9-26}$$

F 是与边界条件有关的矩阵：

$$\underline{F}=\sum_{i=1}^{n}\int_{\Gamma^e}N^thN\,\mathrm{d}\underline{\Gamma} \tag{9-27}$$

式(9-24)是关于时间的一维微分方程，采用后差分格式对时间离散可得：

$$\frac{\partial t}{\partial \tau}=\frac{\underline{t}_\tau-\underline{t}_{\tau-\Delta\tau}}{\Delta\tau} \tag{9-28}$$

其中 $\underline{t}_t$ 和 $\underline{t}_{t-\Delta t}$ 分别是 τ 和 $\tau-\Delta\tau$ 时刻的节点温度矢量。$\Delta\tau$ 是时间步长。将式(9-28)代入式(9-24)可得：

$$\left(\frac{\underline{C}}{\Delta t}+\underline{K}+\underline{F}\right)\underline{T}_t=\frac{\underline{C}}{\Delta t}\underline{T}_{t-\Delta t}+\underline{Q}_t \tag{9-29}$$

材料的比热容、热导率等热物理参数依赖于温度，或者对流放热系数随温度变化时，则式(9-29)代表非线性热传导问题，其后差分形式的温度递推格式为：

$$\left[\frac{\underline{C}(t^*)}{\Delta\tau}+\underline{K}(\underline{t}^*)+\underline{F}(\underline{t}^*)\right]\underline{t}^n=\frac{\underline{C}(t^*)}{\Delta\tau}\underline{t}^{n-1}+\underline{Q}(\underline{t}^*) \tag{9-30}$$

其中，t^* 是增量 $\Delta\tau$ 内温度的平均值。每个增量步结束时的温度值需迭代式(9-30)才能得到近似解。在第 n 个增量步的初次迭代时，t^* 由前两个增量步迭代温度的收敛值外推获得，即：

$$t_1^* = \frac{1}{2}(3t^{n-1} - t^{n-2}) \tag{9-31}$$

第 i 次迭代时，t^* 用平均温度表示成：

$$t_i^* = \frac{1}{2}(t^{n-1} + t_i^n) \tag{9-32}$$

迭代一直进行到 $\|t_{i-1}^* - t_i^*\|$ 小于等于给定允许的最大误差容限为止，从而可求出在某些特定硫化条件下制品内温度与时间的关系，对硫化过程中制品热的传导进行了仿真。

第四节

硫化方法

橡胶制品的硫化方法较多，不同类型的橡胶制品原则上有各自的硫化方法，分述如下。

一、介质热硫化

橡胶制品的绝大部分是采用热硫化的方法硫化，当然热硫化又有其具体的方法。

1. 直接蒸汽硫化罐硫化

这种硫化的温度及压力都来源于蒸汽，其方法为：直接将蒸汽通入硫化罐中进行硫化，又分立式硫化罐、卧式硫化罐。它包括：

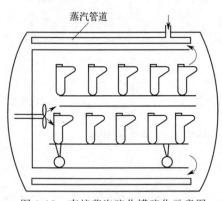

图 9-12　直接蒸汽硫化罐硫化示意图

① 裸硫化法，即将半成品不进行任何包覆送入通有蒸汽的硫化罐中硫化，一般适用于胶管等的硫化，易产生外观质量瑕疵；

② 包布法硫化，将半成品缠上湿水布，放入通有蒸汽的硫化罐中硫化，由于水布提供了硫化时对半成品的压力，硫化的质量较好，但表面有水布的纹理，适用于胶管、胶辊等的硫化，还有包铅、包塑的胶管硫化；

③ 模型硫化法，将半成品放入模具中盖好模具并用螺栓固定，放入罐中并通入蒸汽硫化，一般适用于规格较大的模型制品，如齿型带、三角带等。

直接蒸汽硫化罐硫化的优点是效率较高，传热效果好，温度分布较均匀，硫化温度好控制，但制品表面易被水渍污染，表面不光滑，如图 9-12 所示。

2. 热空气硫化

在硫化罐内通入一定压力（一般 0.1~0.3MPa）的蒸汽或其他热源加热的热空气，通过空气的热传导完成对制品的硫化，同时又对制品产生一定的压力。典型应用在胶鞋硫化和胶布制品的硫化，其优点是可以避免直接用蒸汽硫化对制品表面产生瑕疵等表面质量缺陷，但由于热空气的含热量少，所以硫化时间较长。有时也采用先用有一定压力的热空气定型后再采用蒸汽进一步硫化的方法。

3. 过热水压力硫化

以过热水为导热介质，硫化压力来自过热水，这种硫化方法一般是与蒸汽间接加热硫化配合使用，通常在轮胎硫化时使用，这时过热水在提供温度的同时提供硫化压力，以保证轮胎成品的花纹和几何形状。其特点是温度较高（一般在 165～185℃），硫化时间相对缩短；压力较大，硫化过程能保证制品断面较密实。系统要求水中氧气的含量较低否则会加快硫化胶囊、水胎的老化，因此要有相应的除氧设备。

4. 个体硫化机硫化

主要应用于轮胎制品的生产；传统的个体硫化机为垂直翻转式，其缺点在于上下两半模具不同轴，使用活络模时受力不均匀，模具易损坏，降低其使用寿命。现在较先进的是：

① 垂直平移式定型硫化机，其在更大程度上保证了模具开合运转过程的重复精确性并改善了活络模的受力状况，延长使用寿命，如桂林橡胶机械厂生产的 1525B 型垂直平移式子午胎定型硫化机；

② 垂直升降机械式硫化机，其吸收了液压硫化机的优点，采用机械传动使横梁产生升降运动，解决普通硫化机横梁"漂移"的问题，如桂林橡胶机械厂生产的 1310RIB 型垂直升降机械式硫化机；

③ 液压硫化机，它是轮胎硫化机发展的方向，其特点是工作精度高、自动化程度高、成品硫化均匀、适用氮气硫化、结构紧凑节省空间，主要型号有 1220 型等。工作原理如图 9-13 所示。

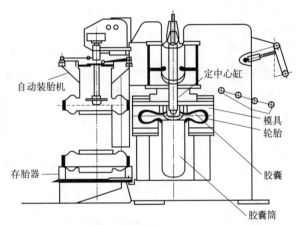

图 9-13 液压硫化机工作原理

二、压力热硫化

1. 平板硫化机硫化

平板硫化机的种类较多，它包括单柱塞和多柱塞平板硫化机，前者主要用于硫化小规格的模压制品，后者一般用于硫化输送带等较大制品。平板硫化机还分单层和双层平板，平板小到 300mm×300mm，大到宽度为 3800mm（胶带制造），压力来自油压或水压，压力范围轻泵 15～20MPa，重泵 200～250MPa，如图 9-14 所示。另外，现在模压制品硫化机一般为推出式自开模硫化机，与老式硫化机相比其采用微机控制，开模、推出、合模自动完成；传

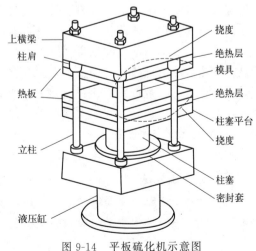

图 9-14 平板硫化机示意图

递式平板硫化机，其功能介于普通平板硫化机和注射机之间，主要特点是在模具上方有柱塞注射机构，在一定压力下将胶料注入模具中，适用于生产有金属嵌件或规格较大的制品。真空平板硫化机的广泛使用，可以生产出无气泡的高致密性橡胶制品（如可进一步提高丁基胶模型制品的合格率）。另外，新型平板硫化机通过对控制系统的改进，实现了硫化程度的自动控制，使工人劳动强度降低，自动化程度进一步提高。

2. 注压机硫化

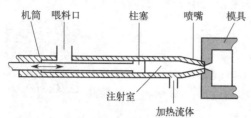

图 9-15　螺杆型注压机注射硫化工艺过程

也称为注射模压硫化法，混炼胶通过自动供料，在注压机中加热、塑化再定量地通过注射孔充满被加热的模具硫化，注压机分立式、卧式两种，系统由注射装置、合模装置、加热冷却装置、液压系统、电气控制系统五部分组成。此法适用于橡胶零配件、密封件、胶鞋工业等领域，其特点是生产效率和自动化程度高，产品致密性好。其生产过程如图 9-15 所示。

三、连续硫化

随着橡胶制品工业化水平的不断提高，制品的生产正在向高质量、连续化、自动化、高产量发展。连续硫化方法的使用可以使产品无长度限制、无重复硫化区，既提高了生产效率又提高了产品质量。它包括以下几种形式。

1. 鼓式硫化机硫化法

其特点是用圆鼓进行加热，圆鼓外缠绕环形钢带，制品位于圆鼓与钢带之间进行加热硫化，钢带起加压作用，压力在 0.5~0.8MPa。圆鼓可转动，转速用硫化时间加以控制。主要用于连续硫化胶板、胶带、胶布、V 带等。硫化过程如图 9-16 所示。

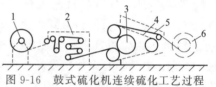

图 9-16　鼓式硫化机连续硫化工艺过程
1—导开辊；2—伸张装置；3—加热鼓；
4—钢带；5—产品；6—卷取装置

2. 胶带平板硫化机连续硫化法

为克服鼓式硫化机在连续硫化时压力较小、平板硫化机硫化时接头重复硫化的缺点，近年国际上出现了使输送带等大型胶带制品实现接头无重复硫化的设备，该设备融合鼓式硫化机，能够连续硫化，使硫化更合理，是目前最先进的胶带硫化设备。其生产过程是胶带半成品进入被加热的不断前进的钢带之间，液压缸随着胶带的进入逐步加压，同时上下热板对胶带进行加热，热板把热量传给链条上的辊筒，再传递到钢带，从而实现对胶带的热硫化，使钢带中间夹着的胶带按照一定的速度在一定的时间内完成硫化。其硫化特点是胶带定型较准，精度较高，外观好，并能实现自动化控制，目前该机最大硫化宽度为 1.8m，最小厚度为 5mm，硫化前进速度在 0.2~2.5m/min 之间，其主机结构简图见图 9-17，该机包括热机和凉机两部分，生产全塑、橡塑的胶带时使用冷机部分对制品进行冷定型。

3. 热空气连续硫化法

此法主要用于海绵、薄壁制品等的连续硫化，半成品通过硫化室进行硫化，硫化室分为预热、升温、恒温硫化三个阶段，应根据配方调节硫化速度或控制生产线的长度。

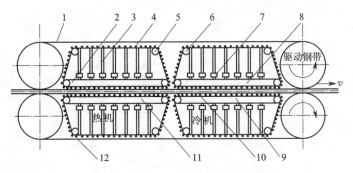

图 9-17 胶带连续硫化机主机结构简图

1—上钢带；2—热机上热板；3—框板；4—辊棒及辊棒链；5—辊棒链导轮；6—辊棒驱动电机；
7—液压缸；8—冷机上热板；9—冷机下热板；10—胶带；11—热机下热板；12—下钢带

4. 蒸汽管道硫化法

这种硫化方法是挤出制品连续通过密封的管道进行硫化，密封管道长度在100～200m左右，硫化温度在180℃左右。它由一条较长的钢管道与挤出机相连，与挤出机相连的一端由套筒密封，另一端采用水法密封或橡胶密封，防止高压蒸汽泄漏，管道尾部用高压冷却水进行冷却。该方法的特点是：热传导速度快，一般硫化不起泡；但生产线较长，需要压力密封，温度调节范围小。主要用于生产电线电缆制品，其工艺流程如图9-18所示。

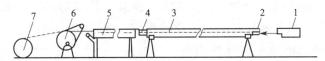

图 9-18 卧式蒸汽管道连续硫化示意图

1—压出机；2,4—防泄装置；3—硫化管道；5—冷却槽；6—牵引装置；7—卷取装置

5. 盐浴硫化法（liquid curing media，LCM）

盐浴硫化法是 DuPont 公司于1961年开发并使用，挤出机与硫化浴及成品修整机直接相连，挤出半成品被送入一定长度的盐浴池，制品硫化后用热水冷水冲洗。硫化介质可以是易熔的硝酸钾、亚硝酸钠、硝酸钠按 53∶40∶7 的比例混合，控制混合物的熔点来控制硫化温度。LCM 硫化法的优点：热传导好，可硫化各种硬度的橡胶制品，可用过氧化物硫化生产低压缩永久变形的产品。缺点是耗能较大，较适应规模生产，不宜生产软质产品、海绵制品，耗水量较大、耗盐量大，环境较脏等。生产过程如图9-19所示。

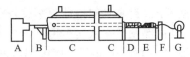

图 9-19 盐浴硫化箱

A—压出机；B—输送带；C—装有排气的金属带的盐浴；D—冲洗装置；E—冷却装置；F—牵引装置；G—滚动装置

6. 红外线硫化法

红外线是一种热辐射，它能被大多数物质吸收并转化为热量，使物体的温度升高。同时红外线还能穿透一定厚度的物体，使物体的内部受热，因此其是一种良好的热源。红外线灯泡、石英灯管、石英碘钨灯、红外线板等都能产生不同波长的红外线，长波红外线适用于较厚的制品，短波红外线适用于薄制品。在硫化箱中安装红外线灯泡，使半成品以一定的速度通过红外线发热源之间，受到辐射加热，通过速度应视硫化条件等因素而定。这种硫化方法

较适用于乳胶制品及胶布制品的硫化。工艺流程如图9-20所示。

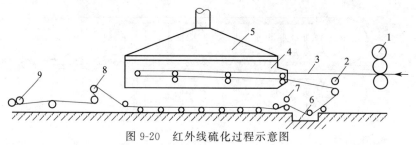

图 9-20 红外线硫化过程示意图

1—压延机；2,8—冷却辊；3—胶布；4—红外线硫化箱；5—通风罩；6—粉箱；7—压辊；9—卷取

7. 沸腾床硫化法

沸腾床硫化主要由一个槽构成，槽底用多孔陶瓷砖块或不锈钢网制成，槽内放有玻璃微珠，粒径在0.1~0.2mm之间，这样的玻璃微珠作为加热介质，槽中装有加热器，把空气加热到250℃左右，从底部吹入压缩空气，使玻璃微珠悬浮在气体中上下翻动形成沸腾状态的加热床，不用金属带夹持和浸渍就可以在高温浴池中硫化橡胶半成品，这种方法主要用于有金属骨架的型材制品。硫化后必须用刷子将型材制品刷净，并将玻璃珠回收。此法的优点在于硫化介质是惰性的，硫化时介质没必要浸没产品，传热速度较均匀；缺点是清除制品上的玻璃微珠较困难，耗能高。卧式常压沸腾床结构如图9-21所示。

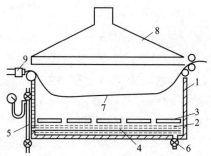

图 9-21 卧式常压沸腾床结构

1—槽体；2—微孔陶瓷板；3—加热器；
4—风管；5—通风管；6—阀门；
7—玻璃微珠；8—通风罩；9—压出机

8. 微波硫化

微波通常是指频率在300~300000MHz之间的电磁波，其波长比普通的电磁波短很多，故称微波。由于波长很短，频率很高，所以能穿透像橡胶等导电性能较差的材料，非常高的频率使橡胶等材料中产生变化速度很快的交变电磁场，造成橡胶等物质的分子偶极化，偶极化分子沿自身轴的振动频率总是滞后高频交变电磁场的频率，因此产生强烈的分子内摩擦并使其内部发热，从而被用于预热或硫化橡胶制品。微波硫化是上述连续硫化技术中发展最快的，20世纪70年代，欧洲把微波技术用于橡胶制品的连续硫化，随后美国把此技术加以完善，用于模压、传递模压、挤出制品的预热和连续硫化。我国现在的一些挤出制品生产厂也在使用此法进行硫化，如车窗密封条的连续硫化、橡胶绝缘电线电缆制品的连续硫化等。目前橡胶工业中使用的微波频率一般在915~2450MHz，微波加热的最大特点是热从被加热物体的内部产生，克服了通常采用加热介质传热造成的表面与内部的较大温差，有利于提高橡胶制品的硫化质量并可大大缩短硫化时间。微波加热硫化炉是连续硫化的主要部件，它包括微波发生器、波导、加热器及微波控制器件和传感器等。微波硫化胶料配方应具有如下的特点：

① 由于加热器的长度受到限制，胶料总的停留时间约1min，要求快速升温快速硫化，要求尽量短的焦烧时间；

② 配方中不能使用后效性促进剂；

③ 防止半成品在常压下起泡，加入适量的干燥剂，并使用低挥发性的增塑剂；

④ 为使微波得到较好的吸收，配方应选用介电常数 ε_r 和功率损耗因子 $\tan\delta$ 较大的胶种和填料。

不同胶种和填料的微波吸收能力如下：

胶种：丁腈橡胶＞氯丁橡胶＞丁苯橡胶＞顺丁橡胶＞天然橡胶＞乙丙橡胶。

填料：导电炭黑＞ISAF＞HAF＞FEF＞SRF＞白炭黑＞陶土＞轻质碳酸钙。

其他：三乙醇胺＞甘油＞二甘醇＞氯化石蜡＞凡士林＞机油。

值得注意的是，极性强的橡胶中不宜选取吸收微波能力极强的填料，以防止混炼胶吸收微波的能力太强，造成升温过快而失去控制，引起局部过热甚至燃烧。一般是极性橡胶填料选择吸收微波较弱的填料，而非极性橡胶选吸收微波较强的填料，加以互补。实验表明，炭黑的粒径、结构度、加入量对吸收微波的能力影响较大。粒径小，升热快；同种炭黑，结构度低的比结构度高的升热快。常用的半补强和高耐磨炭黑一般通过调整并用比可控制加热速度。图 9-22 是橡胶微波加热生产线示意图。图 9-23 是针织胶管微波-热空气连续硫化生产线工艺流程示意图。

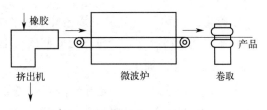

图 9-22　橡胶硫化用微波加热生产线示意图

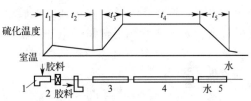

图 9-23　微波-热空气连续硫化生产线工艺流程示意图

1—挤出机；2—针织机；3—微波器；4—硫化箱；5—冷却槽；t_1—挤出加热；t_2—自然冷却；t_3—微波加热；t_4—硫化段；t_5—冷却段

另外，微波还广泛地应用在模型制品的硫化前预热，预热的胶料温度一般在 110～120℃，放入模具中合模后开始流动，可以缩短胶料充模时间，提高硫化效率。此外，还可以应用于硫化胶的再生，提高生产效率。表 9-10 给出微波硫化的优缺点。

表 9-10　微波硫化的优缺点

优　点	缺　点
挤出橡胶制品体形较大，也能快速均匀硫化 制品表面清洁度好，无需清洁 硫化变形小 热效率高，硫化准备时间少	仅对极性橡胶或体系效果较有效 不宜使用金属模具 胶料被氧化的倾向大 若炭黑分散不均匀可产生局部高温，系统投资较大

四、其他硫化方法

1. 反应性注射模压硫化（reaction injection molding，RIM）

RIM 是指在高压（14～20MPa）下撞击混合两种或两种以上组分，然后将按一定比例混合均匀的物料经注射机定量注射到有一定温度的模腔中进行硫化（固化），成型为制品。RIM 在生产过程中将原料的聚合反应和制品的模塑成型合二为一，混合速度快，混合质量高，并简化了生产步骤，提高了生产效率。例如，多元醇共混物和异氰酸酯在约 14MPa 的压力下通过计量泵进入混合室，在混合室内产生湍流充分混合后由注射口进入模腔，在 80～100℃间保压硫化一定的时间，即可得到制品。

2. 室温硫化

在室温及常压下对制品进行硫化的工艺方法，通常称室温硫化法。如室温硫化的胶黏剂，胶黏剂通常制成双组分：硫化剂、促进剂及惰性配合剂与溶剂配成一组分；橡胶等配成另一组分。用时根据需要混合使用。室温硫化胶浆选用的硫化促进剂大都为二硫代氨基甲酸盐或黄原酸盐类等超超速促进剂，制成的胶浆常用于硫化胶的接头或橡胶制品的修理等。

3. 冷硫化法

冷硫化法又称一氯化硫溶液硫化法。将半成品浸入含 2%～5%一氯化硫的二硫化碳、苯或四氯化碳的溶液中，经过一定时间的浸泡完成硫化。

4. 电子束辐射连续硫化

电子束辐射连续硫化是电子束技术在橡胶工业生产中的一种新的应用。它与微波硫化的不同之处在于可以实现室温使橡胶大分子交联，电子束可直接使胶料离子化、活化，并产生交联反应。高速电子穿过受照胶料（通常打开一个化学键需要能量 125～500kJ/mol），与橡胶中的电子相互作用，将能量传递给橡胶分子，最终完成交联反应。辐射硫化条件的确定主要是确定额定电压和辐射剂量。电子束辐射硫化的特点在于：可在常温下快速连续硫化，交联程度可通过调整电子束的剂量加以控制，且操作简便；通过屏蔽不用的电子，进行胶料的局部硫化。

第五节
硫化橡胶的收缩率

橡胶制品硫化后，其几何尺寸与相应模具的尺寸存在差异。所有橡胶制品都在硫化后呈现收缩的现象，用收缩率 C 表示。

$$C=\frac{A_{模型}-A_{制品}}{A_{制品}}\times100\% \tag{9-33}$$

式中　$A_{制品}$——室温测得的硫化制品尺寸；

$A_{模型}$——室温测得的模型尺寸。

各种橡胶硫化后的收缩率一般在 1.2%～3.5% 的范围内，收缩率的存在有利于硫化后的启模，但使制品尺寸的稳定性难以控制。

收缩量主要取决于硫化温度下硫化胶和模具材料间热膨胀系数之差，主要的影响因素是硫化温度和混炼胶中生胶的种类及填充剂的种类和用量等。

一、制品硫化收缩率和制品准确收缩率的确定

硫化收缩率的确定方法较多，经验性较强，包括线膨胀系数法、胶料邵尔硬度法。

1. 线膨胀系数法

$$C=(\alpha-\beta)\Delta TR\times100\% \tag{9-34}$$

式中，C 为制品的收缩率；α 为橡胶的线膨胀系数，$℃^{-1}$；β 为模具金属的线膨胀系数，$℃^{-1}$；ΔT 为硫化温度与测试温度之差，$℃$；R 为生胶、硫黄和有机配合剂在胶料中的体

积分数。

某些材料的线膨胀系数见表 9-11。

表 9-11 常用橡胶、填充剂、金属的线膨胀系数

原材料	线膨胀系数/$\times 10^{-6}℃^{-1}$	原材料	线膨胀系数/$\times 10^{-6}℃^{-1}$
天然橡胶	216	丁基橡胶	194
丁苯橡胶	216	填充剂	5~10
丁腈橡胶	196	钢	11
氯丁橡胶	200	轻金属	22

2. 以邵尔硬度计算制品收缩率的经验公式

$$C=(2.8-0.02K)\times 100\% \tag{9-35}$$

式中，C 为制品的收缩率；K 为胶料的邵尔 A 硬度。

3. 制品准确收缩率的确定

用式(9-34)、式(9-35)计算制品的收缩率有一定的误差，要获得较准确的收缩率，就应该用制品本身实测尺寸按式(9-33)计算。

二、胶料收缩率的影响因素

影响制品收缩率的因素很多，包括胶料、制品形状（同一制品的不同部位收缩率不同）、硫化温度、工艺方法等。下面简述几个主要因素。

1. 硫化胶硬度

胶料收缩率随硬度的增加而减小，在 75~85（邵尔 A 硬度）出现最小值。

2. 橡胶品种

各种不同分子结构的橡胶对收缩率有不同的影响，如在加入同量的补强剂（20 份半补强炭黑）时，经不同温度硫化得到的各种硫化胶的收缩率为：氟橡胶＞硅橡胶＞三元乙丙橡胶＞丁苯橡胶＞天然橡胶＞丁腈橡胶＞氯丁橡胶，几种橡胶在不同温度下硫化的具体收缩率数据如表 9-12 所示。

表 9-12 几种橡胶在硫化温度下硫化的收缩率

胶种	收缩率/%	胶种	收缩率/%
天然橡胶	1.4~2.4	丁腈橡胶/氯丁橡胶	1.5~2.0
三元乙丙橡胶	1.6~2.2	丁腈橡胶/聚硫橡胶	1.4~1.5
丁苯橡胶	1.5~2.0	硅橡胶	2.2~3.0
氯丁橡胶	1.3~1.8	氟橡胶	2.8~3.5
丁腈橡胶	1.4~2.0		

3. 填充剂

混炼胶中的填充剂对硫化胶的收缩率也有较大的影响，特别是填充量较大的填充剂，随着用量的增加，硫化胶的收缩率降低。另外，填料种类不同，对硫化胶收缩率的影响也有所不同。常用填充剂及其用量对天然胶硫化后收缩率的影响见表 9-13。

表 9-13　不同填充剂及不同用量填充 NR 硫化后的收缩率

填充剂		硫化收缩率/%			NR＋丙酮抽出物所占体积/%
品种	份数	纵向	横向	平均值	
碳酸钙	0	2.49	2.49	2.49	99.0
	50	2.09	1.06	1.58	85.3
	100	1.74	1.69	1.72	74.5
	200	1.73	1.24	1.49	59.8
	300	1.05	1.00	1.03	50.0
	400	0.74	0.81	0.78	42.8
硫酸钡	100	1.88	2.01	1.95	82.5
	200	1.50	1.60	1.55	70.5
	300	1.23	1.35	1.29	61.5
	400	0.97	1.08	1.03	54.6
	500	0.78	0.91	0.85	49.2
轻质碳酸镁	40	1.89	1.80	1.85	85.3
	80	1.39	1.39	1.39	74.8
	120	1.04	1.01	1.03	66.5
	160	0.82	0.70	0.76	60.0
	200	0.55	0.49	0.52	54.3
炭黑	15	2.16	2.11	2.14	92
	30	1.90	1.96	1.93	86.1
	45	1.75	1.81	1.78	81.1
	60	1.50	1.59	1.55	76.0
	75	1.41	1.43	1.42	72.0
	90	1.29	1.29	1.29	68.2

4. 硫化温度

硫化温度对制品的收缩率也有一定的影响，硫化收缩率随温度升高而增大。通过适当降低硫化温度可以降低收缩率，几种胶料随硫化温度升高硫化收缩率的变化规律见表 9-14。

表 9-14　几种橡胶在不同硫化温度下的硫化收缩率　　　　　　　　单位:%

硫化温度/℃	丁苯橡胶	天然橡胶	氯丁橡胶
126	2.21	1.82	1.48
142	2.48	1.96	1.73
152	2.68	2.08	1.94
162	2.87	2.18	2.07
170	3.00	2.28	2.16

5. 骨架材料

制品有织物骨架时，棉骨架制品收缩率在 0.2%～0.4%，涤纶骨架制品收缩率在 0.4%～1.5%，尼龙骨架制品收缩率在 0.8%～1.8%。层数越多，收缩率越小。嵌金属件制品的收缩率较小，面向金属的一面收缩，收缩率在 0～0.4%，单向黏合制品收缩率在 0.4%～1.0%。

第六节　橡胶制品的硫化后处理

橡胶制品在硫化完成后往往还需要进行某些后处理，才能成为合格的成品。这包括：橡胶模具制品的切边修整，使制品表面光洁、外形尺寸达到要求；经过一些特殊工艺加工，如对制品表面进行处理，使特种用途制品的使用性能有所提高；对含有织物骨架的制品如胶带、轮胎等制品要进行热拉伸冷却和硫化后在充气压力下冷却，只有这样才能保证制品尺寸、形状稳定，具有良好的使用性能。

一、模具制品硫化后的修整

橡胶模具制品在硫化时，胶料必然会沿着模具的分型面等部位流出，形成溢流胶边，也称为毛边或飞边，胶边的多少及厚薄取决于模具的结构、精度、平板硫化机平板的平行度和装胶的余胶量。现在无边模具生产的制品，胶边特别薄，有时启模时就被带掉或轻轻一擦就可以去掉。但这种模具成本较高，易损坏，大多数橡胶模具制品在硫化之后都需要修整处理。修整的方法较多，如图 9-24 所示。

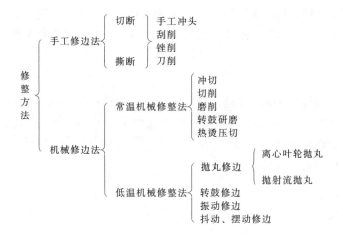

图 9-24 修整方法

（一）手工修整

手工修边是一种古老的修边方法，它包括手工用冲头冲切胶边，用剪刀、刮刀等刀具去除胶边。由于手工操作，不同的人修整的产品质量和速度也有较大的差异，要求修整后制品的几何尺寸必须符合产品图纸要求，不得有刮伤、划伤，产品不得有变形。修整前必须清楚修整部位和技术要求，掌握正确的修整方法和正确使用工具。

（二）机械修整

机械修整是指使用各种专用机器和相应的工艺方法对橡胶模具制品进行修边的过程。它是目前较先进的修整方法，例如对于骨架油封、皮碗类制品，主要采取相应刀具机械切削修整；而对于 O 型圈、杂件制品除常温下修整外，部分采用低温冷冻去边法。

1. 机械冲切修边

借助压力机械和冲模、冲刀，去除制品的胶边。此方法适用制品和其胶边能放在冲模或冲刀底板上的模型制品，如瓶塞、皮碗等。对于含胶率较高、硬度小的制品一般采用撞击法冲击切边，这样，可减少由于制品弹性较大造成刀切后边部不齐、侧面不平的现象；而对含胶率较低、硬度较高的制品，可以直接采取刀口模的方法冲切。另外，冲切还分为冷切和热切，冷切是指在室温条件下冲切，要求设备的冲切压力较高，冲切的质量较好；热切指在较高的温度下，冲切时应防止高温接触制品的时间过长，影响产品质量。

2. 机械切削修边

适用于外形尺寸较大制品的胶边修整，使用切削刀具切除制品的胶边。一般切削机械都是专用机器，不同制品使用不同的切刀。例如，轮胎硫化后表面排气眼和排气线部位有长度不一的胶条，必须在轮胎旋转条件下使用带有沟槽的刀具将胶条削除。

3. 机械磨削修边

对于带有内孔和外圆的模具制品，胶边通常使用磨削的方法除去。磨削的刃具为粒子一定粗细的砂轮，当制品胶边与转动的砂轮接触时，胶边即被磨落，完成修边。磨削修边的精度较低，修边质量不易保证，磨削表面较粗糙并有可能夹有残余的砂粒，影响使用效果。

4. 低温抛丸修边

对于修边质量要求较高的精细制品，如O型圈、小皮碗等，可采用此法修边。将制品用液氮或干冰迅速冷却到脆性温度以下，然后高速喷入金属弹丸或塑料弹丸将飞边打碎脱落，完成修边。低温抛丸修边对厚胶边制品，在除去飞边的同时也可能将制品的表面损伤。所以，只有在胶边较薄时，才能起到良好的修边效果。

5. 低温刷磨修边

它是借助两个绕水平轴旋转的尼龙刷将冷冻的橡胶制品的胶边刷除。特别适用于各种有许多小表面制品的修边。

6. 低温转鼓修边

它是最早采用的冷冻修边方式，利用转鼓转动产生的撞击力以及制品之间的摩擦力，使已被冷冻到脆化温度以下的制品飞边断裂并脱落。鼓的形状一般为八角形，以增大制品在鼓中的撞击力。鼓在转动时的速度直接影响修边的效率和质量，速度过快，制品粘浮在鼓壁上，不能获得制品之间的相互碰撞，效率很低；转动的速度过慢，鼓内制品之间、鼓壁与制品之间的摩擦力较弱，同样不能达到较好的修边效果。在鼓中适当地加入磨蚀剂，可以促进胶边的有效去除，磨蚀剂一般采用细小的钢粒、塑料粒、陶瓷粒、木粒等。如电解电容器橡胶塞的修边工艺，就是采用低温转鼓修整。

7. 低温振动修边

又称振动冷冻修边，制品在环行密封箱中做螺旋状振动，制品之间及制品与磨蚀剂之间存在较强的撞击作用，致使冷冻脆化的胶边碎落。低温振动修边比低温转鼓修边好，该制品做有规则的螺旋状连续运动，制品损坏率低，加工时间短，生产效率较高。

8. 低温摆动、抖动修边

小型或微型的制品或含有金属骨架的微型制品一般采用低温摆动、抖动修边，与磨蚀剂一起修去产品孔眼、边角、槽沟中的胶边。

各种胶料制品低温机械修整的冷冻温度范围见表9-15。

表 9-15　各种胶料制品低温机械修整的冷冻温度范围

制品胶种	温度范围/℃	制品胶种	温度范围/℃	制品胶种	温度范围/℃
天然橡胶	−130～−110	氯化丁基橡胶	−110～−90	硅橡胶	−184～−87
丁苯橡胶	−100～−80	三元乙丙橡胶	−120～−100	氟橡胶	−100～−80
丁腈橡胶	−100～−80	二元乙丙橡胶	−120～−100	氯醚橡胶	−120～−100
丁基橡胶	−110～−90	氯丁橡胶	−110～−90	聚氨酯橡胶	−130～−110

对于一种制品其修整方法的选择是很重要的，选择的正确与否直接影响产品的外观质量和使用性能。表 9-16 列出了不同修整方法的适用范围。

表 9-16　常用修整方法的适用范围

修整方法	适用范围	修整方法	适用范围
手工修边	生产量较少、制品飞边结构相对简单的制品	低温摆动、抖动修边	小型或微型模型制品
机械冲边	胶边与制品可平放在冲床和冲模上的制品	低温刷磨修边	形状复杂的小型或微型制品
机械切削	体积较大、外形较简单的制品	冷冻抛丸修边	对质量要求较高，胶边不十分厚的精细模型制品
机械磨削	存在内孔、外圆胶边，须除去的制品	低温转鼓修边	生产批量较大，对修边质量要求不很高的制品
低温振动修边	胶边较薄的小型模具制品		

二、橡胶模型制品的后处理

这里所指的后处理技术是应用一定的物理、化学方法，使制品的使用性能进一步提高，使用寿命进一步延长。

1. 热处理

实践表明，在热空气介质中对某些橡胶产品进行热处理，能够稳定力学性能，使交联结构更加完善，消除模压硫化产生的内应力，能大大降低压缩永久变形，提高使用寿命。例如，对硅橡胶、氟橡胶、丙烯酸酯橡胶等的制品进行二次硫化就是出于此目的。另外，有的耐介质的橡胶产品在一些介质中进行加热钝化处理，可改善其耐介质性能。

2. 表面化学处理

对某些制品特别是密封制品有时用表面卤化处理，可以提高橡胶的表面硬度，但不影响本体材料的弹性和强度，主要降低动态密封如油封的摩擦系数，可降低至原来的 1/5～1/3，提高使用寿命。对丁腈橡胶样品进行表面卤化处理，通过红外光谱测定和扫描电镜的观察，发现橡胶表面发生聚合物链的环化并生成极性基团，使橡胶表面出现微观不均匀的凹凸不平，从而降低了摩擦系数，也降低了接触区域的运转温度。国内多采用氯化液进行卤化处理，用 24% 的氯水加盐酸配制成水溶液，将制品清洗后，放入氯化液中氯化一定的时间，用次氯酸钠中和，再用水洗净，放入烘箱中烘干即可。

3. 表面涂层

制品表面涂层是为了改善其表面的某些性能。如聚异丁烯涂层可提高不饱和橡胶耐臭氧和耐天候老化性；聚氨酯涂层能够提高异戊二烯橡胶、丁苯橡胶、顺丁橡胶的耐候性、耐油性；聚四氟乙烯-聚酰亚胺涂层可使橡胶制品的静、动摩擦系数大大降低。可通过静电喷涂、浸泡成膜、渗透成膜等方法进行涂层。

三、含纤维骨架的橡胶制品的后处理

1. 胶带制品的硫化后处理

目前，用于生产输送带、V带等制品大多使用的骨架材料是棉纤维、尼龙、涤纶等，尼龙和涤纶其自身的特点在于温度超过它的软化温度时，在没有拉应力的情况下，就会发生收缩。硫化是在热的状态下进行的，硫化完成后胶带的温度不会马上降到织物的软化温度以下，所以硫化后必须进行热拉伸冷却定型，只有这样才能保证制品的外观形状和良好的使用性能（避免胶带在使用过程中由于温度的升高造成带体伸长）。一般尼龙、涤纶带芯输送带硫化后热拉伸定型的热拉伸率为5%～8%，待带体温度降至60℃以下方可去掉拉力。

2. 轮胎制品的硫化后处理

轮胎使用的骨架材料一般是尼龙帘线、涤纶帘线，它们同样存在硫化卸压后的热收缩问题，对于使用定型硫化机硫化的轮胎在硫化出模后，应尽快（3min之内）将140℃左右的外胎装入后冲气装置，并在其中充入该轮胎正常使用1.2倍的标准气压，直到轮胎自然冷却到80℃以下，才能取下轮胎；使用硫化罐硫化生产，在完成硫化后，必须用冷水将硫化水胎中的过热水排除并保证冷水有一定压力，在罐中模具外侧用冷水喷淋，当外胎温度低于100℃时，才能将轮胎取出。

四、橡胶海绵制品的后处理

橡胶海绵制品的收缩率较其他非发泡制品的要大得多，可达到15%左右，收缩率的大小除与胶料配方有关外，还与制品的硫化方法和硫化后处理有一定的关系。二次硫化法或将硫化后的制品投入沸水中煮沸一定的时间，都能使海绵制品硫化尺寸稳定。

第七节

橡胶制品常见的质量缺陷分析

硫化工艺是影响制品质量的重要因素之一，与硫化工艺方法、胶料在模型中的流动性及硫化过程的加热历程有较大的关系。

一、橡胶制品质量缺陷与混炼胶性能的关系

（一）胶料的焦烧时间

橡胶与硫化剂、促进剂及各种配合剂混合过程中，以及在胶料以后的加工过程中，随温度和时间的积累胶料的焦烧时间不断被消耗，距离焦烧起点越来越近，甚至在硫化前就出现

部分交联现象,会给加工带来困难,使混炼胶塑性下降、丧失良好的流动性等,这便是工艺生产中常说的焦烧现象。压延、压出表面粗糙,收缩率大,胶料溶解、粘接困难,硫化时胶料不易充满模腔,造成制品外观缺胶和海绵胶硫化不易发泡等现象。

解决焦烧现象首要保证制品胶料配方有足够的焦烧时间;另外,在生产的各工艺过程中,保证混炼时的温度不能过高,时间不能过长;压出时机筒和螺杆的温度不能过高,胶料在机筒中的停留时间不能过长;混炼胶的储藏温度不能过高;硫化装模时胶料与较热的模具接触时间不要过长。一般制品较适宜的加工焦烧时间在 10~25min 左右。

(二)胶料门尼黏度

混炼胶料的门尼黏度不适当也能造成制品硫化缺陷。若胶料的门尼黏度过高,硫化压力无法使胶料在模具中较好地流动,必然造成制品局部缺胶;胶料与骨架的黏着性差,胶与胶的融合性也较差。另外,若混炼胶的门尼黏度过低,合模后空气还没完全排出,胶料就将模具的排气线和排气孔堵住,由于模内的空气传热较差并占有一定体积,硫化后造成局部欠硫和气泡明疤。一般制品适宜加工的门尼黏度在 40~65 之间,海绵制品的门尼黏度更低。

二、胶带制品常见的硫化质量缺陷

胶带硫化质量缺陷产生的原因分析及解决办法见表 9-17。

表 9-17 胶带硫化中常见质量缺陷和处理方法

硫化缺陷	产生原因	处理方法
胶层、布层之间鼓泡	1. 胶帆布含水率较大 2. 压延胶布或胶片中混有杂质 3. 硫化压力不足、欠硫 4. 硫化平板压力不均匀	1. 提高烘干温度,延长烘干时间,调整帆布含水率 2. 保持半成品清洁 3. 严格控制硫化压力、时间 4. 压铅,测试调整平板压力的均匀性
带边海绵、裂缝	1. 带坯厚度过薄或硫化拉伸过大 2. 边胶渗入隔离剂 3. 垫铁放置不当,没与带坯接触	1. 检查垫铁厚度,硫化拉伸力适当 2. 防止隔离剂在操作中渗入边胶中 3. 检查垫铁放置
表面明疤	1. 胶料流动性差 2. 胶料焦烧 3. 带体厚度不均匀 4. 平板上升过快,没有合理放气	1. 调整胶料的门尼黏度 2. 加快装带坯速度,缩短硫化装锅时间 3. 采取二次放气,排出多余的空气
带身横向水波纹	1. 硫化时拉伸应力过小 2. 成型时胶帆布打折	1. 适当加大硫化拉应力 2. 注意成型操作
带身纵向水波纹	1. 垫铁间距太窄 2. 硫化装锅操作时间过长,表面焦烧,合模后胶料向两侧流动不匀	1. 重新确定垫铁位置 2. 快速装锅,或用物品将带体与热板隔开
带身弯曲	1. 成型时带体两边张力不匀 2. 带体断面厚薄不匀 3. 平板硫化机前后夹持装置不在一直线	1. 成型时尽量保持带体张力均匀 2. 重新调整硫化生产线

续表

硫化缺陷	产生原因	处理方法
带体重皮,起泡	1. 带体隔离剂涂刷过多 2. 硫化操作时间过长	1. 注意隔离剂的正确使用 2. 缩短硫化操作时间

三、轮胎制品常见的硫化质量缺陷

轮胎制品在硫化过程中常见的质量缺陷原因分析和解决方法见表 9-18。

表 9-18　轮胎硫化时常见的外观质量缺陷产生原因及解决措施

质量缺陷	产生原因	解决措施
胎里跳线(胎里第一层帘线裂缝并析出)	1. 胎里有水 2. 胎里残余空气 3. 隔离剂太多	1. 硫化时保证硫化胶囊与夹盘结合紧密,保证水胎嘴不发生漏水 2. 保证定型时不发生漏气现象,胎坯要扎透眼 3. 隔离剂浓度不宜过大,胶囊表面隔离剂要刷匀
胎侧明疤	1. 合模后出现瞬间掉压 2. 模型排气孔或排气线少或堵塞 3. 内压不足	1. 保证硫化内压水阀门动作正确 2. 检查排气孔、排气线的畅通,增加排气孔和排气线 3. 增加过热水压力
胎里扒缝	1. 帘线接头脱开 2. 帘线横向位移	1. 提高帘布卷取和贴合工艺质量 2. 保证胶囊均匀伸展,定型时间不宜过长,把握定型时机
胎里气泡	1. 胎体内存在空气或杂质 2. 胎坯与胶囊(水胎)之间残存空气 3. 成型时使用的汽油没有完全挥发	1. 保证半成品帘布清洁,各层帘布贴合紧密,烘胎扎眼彻底 2. 保证胶囊(水胎)排气线顺畅,定型时保证胶囊均匀舒展 3. 成型时汽油挥发干净再进行下一步操作,胎坯多扎眼
钢丝圈变形	1. 成品与胶囊粘接 2. 卸胎动作不协调 3. 成品与上模钢圈粘接	1. 胶囊表面均匀涂刷隔离剂 2. 掌握正确的取胎操作 3. 模型上钢圈涂刷隔离剂

四、橡胶模型制品常见的硫化质量缺陷

橡胶模型制品常见的质量缺陷及其解决方法见表 9-19。

表 9-19　模型制品常见的质量缺陷及原因和解决方法

缺陷	产生原因	处理措施
制品缺胶	1. 半成品单耗不足或装胶量不足 2. 平板上升太快,胶料没有充分流动 3. 模具封不住胶料 4. 模具排气条件不佳 5. 模温过高	1. 重新确定模具装胶量 2. 减慢平板上升速度并反复放气 3. 改进模具设计 4. 降低模温,加快操作速度

续表

缺陷	产生原因	处理措施
胶边过厚,产品超重	1. 装胶量过大 2. 平板压力不足 3. 模具没有相应的余胶槽	1. 严格控制半成品单耗 2. 增大平板压力 3. 改进模具设计
卷边、抽边、缩边	胶料加工性能差(氟橡胶等流动性差,收缩性大)	1. 采用铸压、注射法生产 2. 降低胶料的门尼黏度
裂纹	1. 胶料脏污 2. 隔离剂过多 3. 胶料焦烧	1. 保证半成品清洁 2. 合理使用隔离剂 3. 延长焦烧时间
气泡	1. 配合剂中含有硫化分解气体的物质 2. 工艺加工时窝气,模腔中的空气没有完全排出 3. 模具无排气线	1. 模前反复放气,模具加开排气线 2. 配方中加入氧化钙
出模制品撕裂	1. 隔离剂过多或过少 2. 启模太快,受力不均匀 3. 胶料流动性差,半成品粘接性差 4. 模具棱角、倒角不合理	合理使用隔离剂,启模时制品均匀受力,减小胶料的门尼黏度,改进模具设计
制品过于粗糙	1. 模具表面粗糙 2. 混炼胶焦烧时间过短	1. 清洗模具 2. 延长焦烧时间

思考题

(1) 正硫化的测定方法有哪些?

(2) 橡胶硫化时必须具备的条件有哪些?

(3) 橡胶制品在硫化时为什么要加压?压力为什么不能太大?硫化压力如何确定?

(4) 硫化温度如何确定?

(5) 什么是等效硫化时间?硫化温度系数 K 有何含义?

(6) 什么是硫化强度?什么是硫化效应?硫化时间如何确定?

(7) 某一胶料的正硫化条件为 140℃×20min,该温度下的平坦硫化范围为 20~40min,问硫化条件①145℃×10min;②145℃×20min,哪一种达到正硫化?(已知 $K=2$)

(8) 某胶料在 150℃下用硫化仪测得焦烧时间为 3min,工艺正硫化时间为 25min,平坦硫化范围在 25~60min。如果在 150℃硫化 10min 后再改用 140℃硫化,问硫化的总时间应为多长?(已知 $K=2$)

(9) 轮胎外胎的缓冲层,在实验室 140℃下,测得正硫化时间为 23min,平坦范围在 23~120min,在实际生产中硫化了 60min,测出温度变化如下($K=2$),判断缓冲层硫化状态。

测温序号	0	1	2	3	4	5	6	7	8	9	10	11	12
测温时间/min	0	5	10	15	20	25	30	35	40	45	50	55	60
温度/℃	30	50	70	80	90	100	110	120	130	140	140	140	140

(10) 硫化轮胎外胎的设备有哪些?各采用什么传热介质?

(11) 连续硫化方法有哪些?

(12) 影响硫化橡胶收缩率大小的因素有哪些?各是如何影响的?

(13) 橡胶模具设计时必须考虑硫化橡胶的什么参数?

参考文献

[1] 梁星宇,周木英. 橡胶工业手册(第三分册):配方与基本工艺 [M]. 北京:化学工业出版社,1992.
[2] 杨清芝. 现代橡胶工艺学 [M]. 北京:中国石化出版社,1997.
[3] 郑秀芳,赵嘉彭. 橡胶工厂设备 [M]. 北京:化学工业出版社,1984.
[4] 陈耀庭. 橡胶加工工艺 [M]. 北京:化学工业出版社,1982.
[5] 邓本诚. 橡胶工艺学 [M]. 北京:化学工业出版社,1984.
[6] 刘印文. 橡胶密封制品实用加工技术 [M]. 北京:化学工业出版社,2002.
[7] 周彦豪. 21世纪世界橡胶工业科技发展新动向(二)[J]. 中国橡胶,2005,21(4):20.

第十章 橡胶工业的环保与法规

在人类生存环境日益受到重视的今天，橡胶行业在应用高新技术来提高产品质量的同时，还要解决好环保问题。近年来，我国橡胶工业在环保方面面临的压力越来越大。欧盟发布的一系列环保法律、法规对我国橡胶制品的出口提出了更高的要求。橡胶制品在加工和使用过程中的致癌问题和污染问题对橡胶材质提出的挑战及解决对策，也引起了行业对环保问题的关注。

第一节 橡胶工业的环保问题

橡胶工业面临的环保问题主要涉及固体废弃物污染、粉尘污染、气体污染、有毒物质污染、水污染及能耗等。其中橡胶原材料带来的环境污染主要集中在固体废弃物污染、粉尘污染、气体污染和毒性物质污染。橡胶工业的这些环保问题可归结为三个方面：一是原材料带来的污染；二是生产过程对环境造成的污染；三是固体废弃物带来的污染。

一、各类原材料的环保问题

1. 生胶

大部分干胶都无需特殊防范，它们在储运或加工中一般都不散发有毒物，但有些合成胶中添加过量防老剂 D 者为例外。生胶加工时应注意以下各点。

① 加工充油合成橡胶时会散发大量油气，应在有关场所设置抽、排气设备。

② 合成橡胶中可能存在未反应的游离单体（特别是合成胶乳），对这些游离单体的溢出量应控制在 25mg/L 以下。在耐热、耐油制品中，应用较多的 NBR/PVC 共混胶，由于共混温度高达 150℃，所以丙烯腈和氯乙烯两种单体都有可能游离出来，造成污染，危害人

体,故规定它们的释放量应小于 1mg/L。

2. 补强填充剂

橡胶制品中大量使用各种补强填充剂,补强剂以炭黑为主,各类填充剂以无机物为主,应注意以下问题。

(1) 炭黑

炭黑的主要原料是石油系油,它们含有少量多环芳烃(PAHs),其中一些多环芳烃已被确定为致癌物。

PAHs 是指分子中含有两个或两个以上苯环的碳氢化合物,可分为芳香稠环型,如萘、蒽、菲、芘等,以及芳香非稠环型如联苯等。PAHs 在环境中分布广泛、稳定性强、生物富集率高,迄今为止已发现致癌性的多环芳烃及其衍生物达 400 多种。早在 1979 年美国环保局就颁布了 129 种优先检测污染物,其中有 16 种是 PAHs;而 1989 年我国政府也在"水中优先控制污染物"中列出了 7 种 PAHs。欧盟于 2005 年 12 月发布了 2005/69/EC 指令,该指令主要针对填充油和轮胎中的 PAHs 含量,并对直接投入市场的填充油或用于制造轮胎的填充油所应符合的技术参数做了相应的规定,该法令于 2010 年 1 月 1 日开始实施。针对填充油和轮胎的新"PAHs 指令"不仅规定了填充油和轮胎中的 PAHs 含量,同时也明确规定了相应的测试标准。

在 REACH 法规中规定了 8 种 PAHs 在填充油及轮胎中的限制含量,如表 10-1 所示。REACH 法规中对 8 种 PAHs 的限制为:①苯并[α]芘不得超过 1mg/kg;②PAHs 总量不得超过 10mg/kg。

表 10-1　欧盟 REACH 法规中在填充油和轮胎中限制的 PAHs

序号	CAS 号	英文名称	中文名称
1	50-32-8	benzo[α]pyrene	苯并[a]芘
2	192-97-2	benzo[e]pyrene	苯并[e]芘
3	56-55-3	benz[a]anthracene	苯并[a]蒽
4	218-01-9	chrysene	屈
5	205-99-2	benz[b]fluoranthene	苯并[b]荧蒽
6	205-82-3	benzo[j]fluoranthene	苯并[j]荧蒽
7	207-08-9	benzo[k]fluoranthene	苯并[k]荧蒽
8	53-70-3	dibenz[a,h]anthracene	二苯并[a,h]蒽

(2) 石棉

石棉是致癌物,且国际癌症研究中心(IARC)将其正式列为致癌物质,人体吸入后可能患胸部和胃肠部癌,应坚决抵制使用,或寻找代用材料。此外,对云母、滑石粉、陶土、白炭黑等的 TLV 值(阈限值)统一规定为 $50mg/m^3$。

3. 促进剂

次磺酰胺、秋兰姆、二硫代氨基甲酸盐是目前使用较多的几类促进剂,它们在硫化中都产生致癌物——亚硝基类化合物。涉及的促进剂品种有 TMTD、NOBS、BZ、EZ 和 DTDM 等。应采取的对策是使用安全环保的促进剂代替传统品种,如表 10-2 所示。

表 10-2　会产生亚硝胺的橡胶助剂及其替代品

产品类别	会产生亚硝胺的促进剂	可选择的替代品
次磺酰胺类	NOBS(2-吗啉基苯并噻唑次磺酰胺) DIBS(N,N-二异丙基-2-苯并噻唑次磺酰胺) OTOS(N-氧联二亚乙基硫代氧基甲酰-N氧联二亚乙基次磺酰胺) MBSS(2-吗啉基苯并噻唑)	NS(N-叔丁基-2-苯并噻唑次磺酰胺) CZ(N-环己基-2-苯并噻唑次磺酰胺) TBSI DZ CBBS XP-580
秋兰姆类	TMTD(二硫化四甲基秋兰姆) TMTM(一硫化四甲基秋兰姆) TETD(二硫化四乙基秋兰姆) TBTD(二硫化四丁基秋兰姆) DPTT(四硫化双戊亚甲基秋兰姆)	TBzTD(二硫化四苄基秋兰姆) 双(40甲基哌嗪)二硫化秋兰姆 IT(二硫化四异丁基秋兰姆)
二硫代氨基甲酸盐类	PZ(二甲基二硫代氨基甲酸锌) EZ(二乙基二硫代氨基甲酸锌) ZEPC(乙基苯基二硫代氨基甲酸锌) NBC(N,N-二正丁基二硫代氨基甲酸镍) BZ(二丁基二硫代氨基甲酸锌)	ZBEC(二苄基二硫代氨基甲酸锌) ZDTP(二烷基二硫代磷酸盐) AC-P84(O,O-二烷基二硫代磷酸盐) ZIX(黄原酸盐)
硫黄给予体	DTDM(二硫化吗啉)	DTDC(二硫化-N,N-二己内酰胺) Si-69(硅烷偶联剂) VPKA9188(朗盛公司产品)

4. 硫化剂

硫载体型硫化剂常用于无硫配合，典型例子是 TMTD、DTDM，见促进剂部分的介绍。

有机过氧化物硫化剂主要用于耐热配方，其危害并非毒性而是易爆，故防护等级列入 B 级，需存放于小于 30℃ 的阴凉避光处，习惯上与惰性填料混合，以降低其活性。由于它在加工中易散发烟气，需加强通风排气，在空气中的浓度应限为 $1mg/m^3$。

5. 增塑剂

有些增塑剂有致癌作用，大量的动物试验证明，某些增塑剂确能诱发动物致癌、致畸、致突变乃至死亡，如邻苯二甲酸酯类。为了避免增塑剂由各种途径进入人体而产生潜在危害，多年来许多国家政府和管理机构对增塑剂的安全使用都制订了严格规定，如在所有玩具及育儿物品中邻苯二甲酸酯类增塑剂的含量不得超过 0.1%。

有的增塑剂含有 PAHs，如芳烃油、煤焦油等。

6. 防老剂

苯胺类防老剂 D 在我国是一个量大面广的品种，但国外早在 20 世纪 50 年代即被确定为致癌物质。萘胺类防老剂中含有的 β-萘胺并不是材料的构成物，而是防老剂生产过程中的副产物。动物和人体试验都充分证明，β-萘胺对人有致癌性。防老剂 D 在我国历史上用量曾占首位，虽然目前轮胎厂已基本不用，但橡胶制品生产上仍大量使用。

7. 树脂

各类产品中常用的树脂及防护等级：石油树脂，无毒；酚醛树脂，在高温下放出酚蒸气，如吸入体内，会使人感到刺激和不适，其在大气中的含量应小于 1%，按 A 级管理；古马隆树脂，含多环芳香烃，内含 $1\sim 2mg/L$ 的苯并芘，毒性大，属 B 级。

8. 溴类阻燃剂

按照欧盟有关指令，多溴联苯（PBB）和多溴二苯醚（PBDE）属于禁限用之列。所谓

"多溴"是指"一溴"至"十溴"。其中，十溴二苯醚是目前世界上使用广而且效果好的阻燃剂。自从 EU-D 2002 95 EC 指令（EEE RoHS 指令）规定"自 2006 年 7 月 1 日起，投放市场的新的电气电子设备不含有铅、汞、镉、六价铬、多溴联苯（PBB）或多溴二苯醚（PBDE）"以来，围绕十溴二苯醚引起欧盟内部很大的争议，因为橡塑行业目前难以找到可以代替它的有效阻燃剂，消防部门也提出异议。尽管欧盟委员会对 2002 95 EC 指令作出修改，决定豁免"聚合物应用中的十溴二苯醚"。但是，一些国外的电气电子设备生产商至今仍坚持对"一溴"至"十溴"二苯醚的禁限用。

另一种常用的阻燃剂——四溴双酚 A，欧盟也正在进行"危险评估"中。因此，开发和应用无卤阻燃剂（特别是无溴阻燃剂）是橡胶助剂生产厂和橡胶制品厂共同的迫切任务。

9. 重金属

橡胶制品原材料中最常见的重金属是铅和镉，也可能含有其他重金属。原材料的型号、品级都会影响它们的含量，如氧化锌常用作硫化剂或活性剂，间接法氧化锌和直接法氧化锌中对铅的限量要求不同。因此，在配方设计和生产中要特别注意原材料的质量和配合量。对于铬和镍，要注意避免或减量使用含铬和镍的原材料（例如锌铬黄含六价铬，防老剂 NBC 含镍）。模具和骨架的镀铬层也会将铬元素带到胶料中来，要开发以三价铬替代六价铬的镀铬新技术。胶鞋行业要注意纺织物和皮革染料中的重金属限制值，要限用含铜、铬、镍金属的络合染料，避免被检出含有较高水平的镍和偶氮染料，而遭到"有毒"调查的困扰。

另外值得注意的是，某一橡胶制品中重金属的含量并不只来源于其中一两种重点原材料，而是所有材料（包括生胶）重金属量的总和。有些原材料中虽然重金属含量极微（如白炭黑和高岭土），但"积少成多"，亦要留意。

随着欧盟相关指令的陆续实施，橡胶制品的配方设计和生产工艺实现"无铅化"就成为重要课题，并已取得相应的进展。①含铅硫化体系的替代——氯醚橡胶和氯磺化聚乙烯橡胶（CSM）常用含铅硫化体系进行硫化，存在严重的环保问题，目前都采用新型的硫化体系代替。如由硫化剂 TCY（2,4,6-三巯基均三嗪）和 Ca/Mg 吸酸稳定剂（碳酸钙或硬脂酸钙/氧化镁）组成的体系作为氯醚橡胶的无铅硫化体系，该体系已取代 NA-22 Pb_3O_4 或"二盐"的有铅硫化体系，已在汽车燃油胶管的内、外胶中得到应用；用无铅硫化体系（如季戊四醇）代替 PbO 用于 CSM 的硫化。②取消胶管包铅硫化工艺，用包塑工艺替代——包 TPX 树脂（聚-4-甲基-1-戊烯）、尼龙、聚丙烯或尼龙/聚丙烯混合物。③使用环保型胶黏剂——某些橡胶/金属热硫化型胶黏剂组分中含有铅化合物，会造成制品中铅超标，生产胶黏剂的公司已开发出无铅环保型胶黏剂。

10. 其他配合剂

胶料中的某些有机颜料（着色剂），特别是偶氮类着色剂，可能含有这些特定胺。所谓"特定胺"是指在特定（即还原）条件下从偶氮染料中分解产生的可致癌的芳胺，共有 24 种。防霉剂，如特定有机锡化合物，能诱发癌变。塑解剂如五氯硫酚及锌盐也有致癌性。

二、生产过程对环境的污染

1. 烟气

橡胶制品工业生产废气主要产生于下列工艺过程或生产装置：炼胶过程中产生的有机废气；纤维织物浸胶、烘干过程中的有机废气；压延过程中产生的有机废气；硫化工序中产生的有机废气；树脂、溶剂及其它挥发性有机物在配料、存放时产生的有机废气。具体来源主要有以下三个方面。

① 残存有机单体的释放。生胶如异戊橡胶、丁苯橡胶、顺丁橡胶、丁基橡胶、乙丙橡胶、氯丁橡胶等，其单体具有较大毒性，在高温热氧化、高温塑炼、燃烧条件下，这些生胶解离出微量的单体和有害分解物，主要是烷烃和烯烃衍生物。橡胶制品工业生产废气中可能含的残存单体包括丁二烯、戊二烯、氯丁二烯、丙烯腈、苯乙烯、二异氰酸甲苯酯、丙烯酸甲酯、甲基丙烯酸甲酯、丙烯酸、氯乙烯、煤焦沥青等。

② 有机物的挥发。橡胶行业普遍使用汽油等作为有机稀释剂，可能使用的有机溶剂包括甲苯、二甲苯、环己酮、松节油、四氢呋喃、环己醇、乙二醇醚、乙酸乙酯、乙酸丁酯、乙酸戊酯、二氯乙烷、三氯甲烷、三氯乙烷、二甲基甲酰胺等。除了有机溶剂外，加工油和各种助剂在加工条件下也会产生挥发物。

③ 热反应生成物。橡胶制品生产过程在高温条件下进行，易引起各种化学物质之间的热反应，形成新的化合物。橡胶加工过程中，许多工序都会产生烟气，尤其是炼胶和硫化过程中产生的烟气，是橡胶加工污染环境的主要渠道。硫化烟气量约为硫化橡胶质量的 0.05%，已鉴定出硫化烟气中有 200 多种化合物，其中 100 多种化合物的含量已被确定。硫化烟气中有致癌的成分。在硫化烟气的众多化学成分中，以 N-亚硝胺和 PAHs 的致癌性最强，本文前面已经阐述。

目前橡胶行业对烟气的处理方式是通过收集系统将产生的烟气收集起来，集中处理。处理方式有活性炭吸附、等离子处理、紫外光光解处理等，经过处理后达标排放，如图 10-1 所示。

图 10-1　橡胶行业对烟气的处理方式

2. 粉尘

许多橡胶配合剂是微粉状物质，粉尘污染危害操作人员的身体健康，容易发生"尘肺病"。橡胶工业上常见的尘肺病有：①硅沉着病，主要由白炭黑等含硅的粉尘引起；②炭黑尘肺；③滑石尘肺；④混合尘肺。

为了防止尘肺病的发生，橡胶行业已采取了一系列的措施。如炭黑湿法造粒、配合剂造粒、炭黑散装/气力输送代替人工投料、用低熔点塑料袋包装小料投料、自动配料系统、袋滤除尘、用液体隔离剂代替滑石粉、内胎挤出改用内喷粉式工艺等，而最重要的是必须采取有效的通风除尘措施。

3. 溶剂挥发气

橡胶厂许多工序都涉及溶剂，操作人员接触的溶剂主要有汽油、苯、甲苯、二甲苯、乙酸乙酯和氯苯等，在半成品或成品干燥过程中产生溶剂挥发气而使工人受到伤害，工人长期接触后易得慢性病，严重的会患上白血病及损害神经系统。橡胶制品生产车间空气中溶剂的控制标准（mg/m³）：苯和甲苯＜40，二甲苯＜100，汽油＜350。

预防溶剂中毒的措施：

① 采用无毒或低毒溶剂或无溶剂的黏合剂，如无"三苯"（苯、甲苯和二甲苯）的胶黏剂、热熔胶、水基黏合剂等。

② 在作业场所设置排风系统，在操作点安装排气筒或排风罩，加强通风排气。

③ 可把含苯类空气经排风系统送至燃烧炉，在800℃温度下进行燃烧，苯类被氧化成无害的CO_2和H_2O，冷却后排至大气。

④ 对于有机溶剂品种单一而且空气中溶剂含量较高的作业点（如经典喷涂、涂胶），可视所含溶剂排气中的浓度及其经济价值，采取活性炭吸附、再生的办法回收溶剂。

另外，溶剂挥发气也会引发起火或爆炸，常用溶剂因燃点低（除氯化烃外）都极易燃烧。当空气中溶剂挥发气体的浓度达到爆炸范围时，任何火种均可引爆。几种常用橡胶溶剂的爆炸范围见表10-3。

表10-3　几种常用橡胶溶剂的爆炸范围

溶剂名称	爆炸范围			
	按溶剂蒸气在空气中的体积浓度/%		按溶剂蒸气在空气中的质量浓度/%	
	上限	下限	上限	下限
汽油	1.2	7.0		
苯	1.4	9.5		
二甲苯	1.0	5.5		
二硫化碳	1.0	5.5	1.0	4.5

4. 节能降噪

橡胶行业是能耗较大的行业，炼胶、硫化是橡胶加工过程中能耗较大的工序。在橡胶行业中应采用各种方式降低混炼能耗。除了采用低温混炼、湿法混炼降低能耗外，加工助剂（如塑解剂、均匀剂等）可以改善胶料的加工性能，同时改善填料的分散性，并缩短混炼时间，从而降低能耗。轮胎、减震制品等大型厚制品普遍存在过硫问题，不但降低了制品的品质和使用性能、造成硫化设备利用率低下，而且浪费能源。可通过对厚制品进行硫化温度的测定，并依据测温结果制定一个使其各部位硫化程度匹配且较为合理的工艺条件，从而达到节能降耗的目的。

噪声也是一种污染。橡胶加工过程中，由于机械摩擦、振动、撞击所产生的机械噪声、动力性噪声和电磁噪声等，使长期处于高噪声环境中操作的工人身体健康受到影响。国家标准规定，生产车间及作业场所噪声控制值小于90dB。国际通行的噪声控制指标见表10-4。

表10-4　国际通行噪声控制指标

场所	噪声限量/dB	
	昼	夜
居民区	55	45
居民/工厂混杂区	60	50
工厂区	65	55
交通要道	70	65

三、固体废弃物对环境的污染

废旧橡胶制品是固体废弃物中的一类，也是宝贵的二次资源。废轮胎堆放场为老鼠和传播疾病的昆虫和蚊子提供了理想的繁殖场所。已发现废轮胎堆放场为四种传播重要疾病的蚊子提供了理想的繁殖和栖息地，而且堆放场大大增加了在自然繁殖条件下所能达到的蚊子数量和规模。已证实生活在废轮胎堆放场附近的人比生活在自然产生带菌蚊子地区的人更容易感染传染病。

除了为蚊子提供了繁殖场所外，废轮胎堆放场还容易引发火灾，导致严重的大气污染和土壤污染。在加拿大、美国大的轮胎堆放场发生的火灾已证实了轮胎火灾对环境的严重影响。在火灾中生成的大量芳香族化合物，如苯和甲苯导致了严重的环境污染。

处理废橡胶制品是世界性的课题，这不仅是对再生资源合理和有效的循环利用，而且还能防止对环境造成的污染。我国正在建设资源节约型和环境友好型社会，既是国策，也是实现美丽中国的必由之路。

废橡胶主要是通过以下四条途径循环利用，解决污染问题。

1. 制造胶粉

胶粉的生产工艺与装备不断进步，目前采用的工艺有常温法、冷冻法和湿法。不同工艺得到的胶粉目数不同，可用于不同的领域。①用于橡胶工业，如掺用于橡胶制品中以代替部分橡胶原料和填料，或者直接用于制造低档橡胶制品；②用于各种建筑工程，如运动场跑道、儿童乐园保护垫、缓冲板、隔声墙等；③胶粉改性沥青铺装在公路上。

2. 生产再生胶

再生橡胶生产工艺技术不断创新，在传统高温动态再生法之后，又推出了常压连续再生工艺。目前我国每年的再生胶产量已达400多万吨，一定程度上缓解了橡胶资源短缺的瓶颈。再生橡胶被称为继天然橡胶、合成橡胶之后的橡胶替代资源。

3. 热解

废橡胶热解是在缺氧或遁形气体中进行的不完全热降解过程，可产生液态、气态烃类化合物、钢丝和炭残渣。国内外先后出现了许多不同工艺的废轮胎热解工业化生产系统，根据处理要求的不同，处理规模从每天数吨到数百吨不等。通过转化可以有效地回收炭黑、钢丝、富含芳烃的油和高热值燃料气，实现能源的最大回收和废轮胎的充分再利用，具有较高的经济效益和环境效益。与制造胶粉和再生胶、焚烧等废旧轮胎处理方法相比，热解具有废轮胎处理量大、效益高和环境污染小等特点，更符合废弃物处理的资源化、无害化和减量化原则。热解技术代表了当今废轮胎资源化处理的重要方向。

4. 热能利用

由于废轮胎具有较高的热值，可作为优良的燃料使用，燃烧效率优于煤炭、油和木材。轮胎可以整体焚烧和粉碎燃烧，燃烧方式取决于燃烧设备的类型，主要用于焙烧水泥、金属冶炼、热干燥工业等。

第二节
橡胶行业涉及的环保法规

许多国家都颁布了本国的环保法规，其中欧盟最为严格，而我国却相对滞后。

欧盟成立以来，传承欧洲经济共同体（EEC）和欧共体（EC），发布了许多有关环保的条例、指令、决定、建议和意见,其中以指令最多。

欧盟重要环保法规中涉及橡胶的主要指令(下文 EU-D 表示欧盟指令)有:

① EU-D 67/548/EEC,系有关危险物质的分类、包装和标记的指令;

② EU-D 76/769/EEC,系有关限制销售和使用某些危险物质及制品的指令(简称 RoHS 指令);

③ EU-D 94/62/EC,系有关包装及包装废弃物的指令,规定了四种重金属的极限值;

④ EU-D 2000/53/EC,系有关报废车辆的指令(简称 ELV 指令),涉及铅、镉、汞和六价铬;

⑤ EU-D 2002/95/EC,系有关电气电子设备的指令(简称 EEE RoHS 指令),涉及铅、镉、汞、六价铬、多溴联苯、多溴联苯醚,2006 年 7 月 1 日实施;

⑥ EU-D 2003/113/EC,系禁用邻苯二甲酸酯类增塑剂的指令;

⑦ 欧盟 REACH 法规(EC)No1907/2006,从 2006 年颁布以来进行了多次修订,其中的限制物质也从初期的 52 项增加到现在的 65 项。

其他国家也有一些环保法规,重点有德国《关于有害物质的技术法规》TRGS 552、TRGS 615、TRGS 905,日本《化学物质控制法》等。

下面简单介绍一下 REACH 法规和轮胎标签法。

一、REACH 法规

欧盟化学品立法框架下的指令和规定很多,但对化学品的管理上不统一,欧盟市场上的化学品分成现有化学品和新化学品,新化学品是 1981 年后投入市场的化学品(超过 3800 种)。要求新化学品在上市前要通报,且要强制进行严格检测。但对于那些"现有"的化学品来说,并没有这种限制,使得现有化学品不能提供充分的信息。在这一背景下出台了 REACH 法规,它对所有化学品采用统一管理模式,也就是说达到一定量的化学物质要进行注册确定危害性,并授权或者限制使用。从本质上讲,与原有复杂的法规体系不同,REACH 法规对出口到欧盟的化学品提出了更严格的环境保护和安全要求,全面取代原有的 40 多项有关化学品的指令和法规,将在欧盟范围内创建一个统一的化学品管理体系,使企业能够遵循同一原则生产新的化学品及其产品。REACH 法规是欧盟提出的关于化学品注册、评估、授权和限制的一个新规则,这个法规于 2007 年 6 月 1 日生效,2008 年 6 月 1 日开始实施。它是防止或减少化学品对人体及环境危害的管理方面的一个革命性的预防性原则法规。

这个法规虽然是欧盟的法规,但它对直接和间接向欧盟出口原材料或成品的许多企业都产生了影响,原材料包括物质和混合料,对于橡胶行业来说混合料包括混炼胶、预分散母胶粒等。也就是说我国的化学品出口到欧盟,必须根据 REACH 法规要求对化学物质进行相应的注册、评估、授权和限制,这样就导致我国出口企业将产生较高的注册和检测费用,甚至某些化学品将不能进入欧盟。因此这些企业迫切地需要做出相应的对策。

1. REACH 法规的特点

REACH 法规有三大理念和原则。

① 预防原则:传统观点认为"一种化学物质,只要没有证据表明它是危险之前,它就是安全的"。REACH 法规认为一种化学物质只要没有证明它是安全的,则这种物质被认为是有害的。也就是说,欧盟对化学品采取严格的"预防"措施。

② 谨慎责任原则:整个供应链包括制造商、进口商和下游用户都应该保证化学品或配

制品不得危害人类健康或环境。

③ 举证倒置原则：将现行制度中由政府举证改为产业部门举证，也就是说以前是由政府职能部门检测化学品的成分、毒性，现在改为产业部门来提供证据。整个供应链中所有参与者都有责任来保证安全使用化学物质。这样生产和经营者需要负担庞大的检测费。

2. REACH 法规的内容

该法规核心内容是以一套完整的关于化学品的登记、评估、许可和限制制度来统一控制现有化学品和新化学品的生产、销售和使用。与该法规配套的还有 RoHS 指令、《关于限制多环芳烃（PAHs）的指令》等，我国正逐步实施。橡胶行业正在实施限制及禁用的一些有毒或含致癌物的配合剂应寻找开发新的配合剂或寻找替代物。

REACH 法规主要内容包括以下四方面：注册、评估、授权或限制。

注册：REACH 法规规定，所有出口到欧盟境内的化学品都必须在 3 到 11 年内完成注册。

评估：包括档案评估和物质评估。档案评估是核查企业提交注册资料的完整性和一致性。物质评估是指确认化学物质危害人体健康与环境的风险性。

授权：对具有一定危险特性并引起人们高度关注的化学物质（SVHC）必须经过授权后才能销售和使用。

限制：如果认为某种物质或其配置品、制品的制造或使用导致对人类健康和环境的风险不能被充分控制，将限制其在欧盟境内生产或进口。

3. REACH 法规对我国橡胶行业的影响

（1）REACH 法规涵盖范围

REACH 法规涵盖了所有化学物质，包括了独立存在的物质或者是在配制品中使用的物质。只要在欧盟境内生产或者进口大于 1t/a（指每个生产厂家或进口商）的化学物质，则强制生产商或进口商向欧洲化学品管理局提出该化学品的相关信息，并交注册费，超过 100t 的要评估，毒性特别大的要经过授权才允许使用。可以说 REACH 法规涵盖了所有化学品，包括化学物质、配制品和成品。在这里再特别强调一下高度关注物质，这类物质必须经过授权以后才能销售和使用。高度关注物质超过 1500 种，分为四大类，CMR 类，致癌、致诱变、致生殖毒性物质；PBT 类，持久性、生物累积性、毒性物质；vPvB 类，高持久性、生物累积性物质；其他对人体或环境产生不可逆影响的物质。

（2）对橡胶原材料生产商的影响

REACH 法规的实行，首先直接面对挑战的是各种原材料、助剂的生产商，特别是直接出口原材料到欧盟的生产商，如橡胶促进剂和防老剂大量出口到国外，大部分出口量大于 100 万吨，必须在规定的期限内完成注册。国内还在生产和使用的某些配合剂如某些次磺酰胺类促进剂在加工过程中容易产生亚硝胺，这些物质属于严格控制的进口物质，必须更新换代，采用环保助剂。我国出口到欧盟的化学品，根据 REACH 法规的要求必须通过欧盟境内的进口商进行注册，国内没有欧盟认可的权威化学品检测评估机构，企业需要支付高昂的测试费用，这样就使化学品出口成本大大提高，削弱产品竞争力。我国许多橡胶化学品产品相关信息数据或者不全，或者不能达到欧盟的技术标准和认可，需要原材料供应商建立完整的信息库。

（3）对橡胶制品行业的影响

REACH 法规是针对化学物质本身，橡胶制品中使用大量的配合剂如交联剂、活性剂、促进剂、防老剂、黏合剂、偶联剂等均属于 REACH 法规所涉及的化学物质，此类化学物质在欧盟境内直接生产或进口必须进行注册；橡胶制品中使用的钢帘线、油类增塑剂则属于 REACH 法规所涉及的配制品，此配制品在欧盟境内生产或进口，其成分也需要分别按照 REACH 法规要求进行注册。

橡胶制品如轮胎则属于 REACH 法规对物品的规定范围，物品的生产或进口商应履行 REACH 法规对物品的规定。也就是说，欧盟的用户从我国进口的橡胶制品并不需要注册，但制品中使用的原材料如果超过 1t/a，该原材料就必须由欧盟用户注册，这些费用可能需要生产企业承担。

REACH 法规的实施对我国化工及相关产品的出口造成障碍，削弱我国出口产品的竞争力；但法规的实施对我国石油和化学工业的长远发展有一定的积极意义。

二、轮胎标签法

1. 轮胎标签法主要内容

所谓标签法，就是采用轮胎标签的形式来标明轮胎自身性能的法规。在轮胎的 15 个主要性能中，欧盟精选了对技术要求最高的"滚动阻力""湿地制动"和"行驶噪声"作为衡量指标。欧盟委员会出台了轮胎标签法规——EC1222/2009，自 2012 年 11 月 1 日起，要求在欧盟销售的轿车胎、轻卡胎、卡车胎及公共汽车轮胎必须加贴标签，标明轮胎的燃油效率、噪声和湿抓着力的等级。这一法规对轮胎三大性能进行了标准化规定：燃油经济型（即轮胎滚动阻力要求），分为 A 到 G 共 7 个等级；潮湿路面抓地力等级，分为 A 到 G 共 7 个等级；道路噪声等级，按照规定测试噪声值分为 3 个等级：N≤LV-3，LV-3LV，并用黑色标签来表示，如图 10-2 所示。

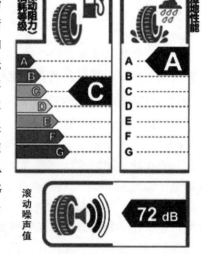

图 10-2 轮胎标签

对于乘用轮胎、轻卡轮胎、载重轮胎这三种轮胎，能耗等级对应的滚动阻力不同。同样是 E 级，滚动阻力差别很大，如表 10-5 所示。

表 10-5 轮胎滚动阻力和能耗等级

燃油效率等级	C1 轮胎 RRC/(N/kN)	C2 轮胎 RRC/(N/kN)	C3 轮胎 RRC/(N/kN)
A	RRC≤6.5	RRC≤5.5	RRC≤4.5
B	6.6≤RRC≤7.7	5.6≤RRC≤6.7	4.1≤RRC≤5.0
C	7.8≤RRC≤9.0	6.8≤RRC≤8.0	5.1≤RRC≤6.0
D	9.1≤RRC≤10.5	8.1≤RRC≤9.0	6.1≤RRC≤7.0
E	RRC≥10.6	RRC≥9.1	RRC≥7.1

2. 轮胎标签法的目的

轮胎标签系统旨在减少运输部门的温室气体排放和噪声污染，推进低能耗、低噪声安全轮胎的使用，以提高公路运输的安全性、经济效率和环境效率。该法规将为终端用户购买轮胎提供更多的信息参考。轮胎标签法新规则可以让消费者在选择新轮胎的时候获取到更多的信息，比如涉及轮胎的燃油效率、湿地抓地力和噪声等参数。消费者在购买新轮胎时可根据标签信息做出比较，并最终做出具有成本效益和环境友好的购买决定。轮胎（主要是由于其滚动阻力）占车辆燃料消耗的20%~30%，因此，降低滚动阻力有助于降低排放，同时由于降低了燃油消耗，还为消费者节省了成本。

2012年11月1日，欧盟轮胎标签法正式实施。欧盟是中国轮胎第一大出口市场，欧盟标签法的施行，对中国轮胎业是个巨大考验。欧盟"绿色轮胎"强制性标签法案分为两个阶段执行。目前我国大部分半钢轮胎可以满足欧盟第一阶段标准，30%的全钢轮胎不能满足。此外，我国大部分半钢轮胎达不到欧盟第二阶段标准，70%的全钢轮胎达不到第二阶段标准。2016年以后，F、G级轮胎被视为不合格而禁止出口到欧盟境内或在欧盟境内销售。

自欧盟提出轮胎标签法后，其他国家和组织都在布局其轮胎标签法规，如美国、中国、日本、海湾国家标准组织（GSO）等。

2012年我国也开始制定"绿色轮胎"自律性标准和轮胎标签非强制性分级办法，并加快推进"绿色轮胎"行业自律标准升级为行业标准、国家标准，采用先自愿后强制性的步骤。国内的绿色轮胎标准制定从绿色轮胎产品指标、绿色轮胎环保原材料标准、绿色轮胎生产工艺、绿色轮胎资源能源环保指标等四个方面展开。其中，前两个指标更为关键。标准的制定基本参照欧盟关于轮胎C1/C2/C3的分类，从滚动阻力、湿滑抓地力、噪声三方面分别进行测试方法以及限值标准的设定，尤其是滚动阻力将完全采用欧盟标准，湿滑抓地力和噪声可能会依据中国国情略有不同。轮胎标签是继家电节能标签之后的又一大为推动节能减排而实施的标签制度，将推动相关政府部门采取类似于家电和节能汽车的补贴政策，按照能效等级不同进行分级补贴。

思考题

(1) 橡胶行业中的配合剂可能带来哪些污染问题？
(2) 轮胎标签法主要对轮胎哪些性能指标做出了规定？
(3) 谈一下轮胎标签法实施的目的，它对我国轮胎行业可能产生哪些影响？
(4) 谈谈你对碳达峰碳中和的理解。

参考文献

[1] 谢忠麟. 橡胶制品的环保问题及对策 [J]. 橡胶工业，2002，49（2）：106-114.
[2] 赵光贤. 橡胶工业的环保问题及其治理 [J]. 中国橡胶，2005，21（8）：3-5.
[3] 谢忠麟. 关于我国橡胶工业环保和节能问题的思考（一）[J]. 世界橡胶工业，2007，34（2）：44-49.
[4] 谢忠麟. 关于我国橡胶工业环保和节能问题的思考（二）[J]. 世界橡胶工业，2007，34（3）：49-54.
[5] 谢忠麟. 关于我国橡胶工业环保和节能问题的思考（三）[J]. 世界橡胶工业，2007，34（4）：44-50.